国家“十二五”规划重点图书

中　国　地　质　调　查　局
青藏高原1∶25万区域地质调查成果系列

中华人民共和国

区域地质调查报告

比例尺 1∶250 000

克克吐鲁克幅、塔什库尔干塔吉克自治县幅

(J43C003002)　　　(J43C003003)

项目名称： 新疆1∶25万叶城县幅、塔什库尔干塔吉克自治县幅、克克吐鲁克幅区调

项目编码： 200213000004

项目负责： 王世炎　彭松民(副)

图幅负责： 王世炎

填图人员及报告编写： 王世炎　彭松民　马瑞申　张彦启　吕际根　白国典　谢朝永　高廷臣　任建德　刘品德　杨俊峰　方怀宾　李春艳　吕宪河　李香资　杨瑞西　杜凤军　庞运超　张戈红

编写单位： 河南省地质调查院

单位负责： 王建平(院长)
燕长海(院总工程师)

内 容 提 要

报告共分7章，对项目工作、图幅地质特征及取得的主要新认识和进展进行了论述，并对图幅内的矿产、生态、旅游资源和灾害地质概况进行了总结。通过本次调查，发现了一批重要化石，为准确厘定地层时代、地层区划和区域构造演化研究提供了重要证据；查明原赫罗斯坦群主体为一套变质变形侵入体，内部仅见有少量角闪质等可能的表壳岩包体；原划库浪那古群、欧阳麦切特群、拉斯克姆群、科冈达万群属同物异名，统一命名为库浪那古岩群；确定了3条主要构造边界(板块结合带)，对应于3条蛇绿岩带；在塔什库尔干陆块布伦阔勒群内发现北西向带状展布的石榴石角闪岩带，为退变质的高压变质岩；新发现乔普卡里莫、老并、吉尔铁克等沉积变质型磁铁矿，远景资源量可达大型以上规模；新发现欠孜拉夫、司热洪、库克西里克等铜、铅锌矿点，总远景资源量也可达大型以上规模。

图书在版编目(CIP)数据

中华人民共和国区域地质调查报告·克克吐鲁克幅(J43C003002)、塔什库尔干塔吉克自治县幅(J43C003003)：比例尺1：250 000/王世炎，彭松民等著. —武汉：中国地质大学出版社，2014.7

ISBN 978-7-5625-3446-4

Ⅰ.①中…
Ⅱ.①王…②彭…
Ⅲ.①区域地质调查-调查报告-中国
Ⅳ.①P562

中国版本图书馆CIP数据核字(2014)第113485号

中华人民共和国区域地质调查报告
克克吐鲁克幅(J43C003002)、
塔什库尔干塔吉克自治县幅(J43C003003)　比例尺1：250 000

王世炎　彭松民　等著

责任编辑：马新兵　刘桂涛　　责任校对：张咏梅

出版发行：中国地质大学出版社(武汉市洪山区鲁磨路388号)　　邮政编码：430074
电　话：(027)67883511　　传　真：67883580　　E-mail：cbb@cug.edu.cn
经　销：全国新华书店　　http://www.cugp.cug.edu.cn

开本：880毫米×1 230毫米 1/16　　字数：614千字　印张：18.75　图版：10　附件：1
版次：2014年7月第1版　　印次：2014年7月第1次印刷
印刷：武汉市籍缘印刷厂　　印数：1—1 500册

ISBN 978-7-5625-3446-4　　定价：489.00元

前　言

青藏高原包括西藏自治区、青海省及新疆维吾尔自治区南部、甘肃省南部、四川省西部和云南省西北部，面积达260万km^2，是我国藏民族聚居地区，平均海拔4 500m以上，被誉为"地球第三极"。青藏高原是全球最年轻的高原，记录着地球演化最新历史，是研究岩石圈形成演化过程和动力学的理想区域，是"打开地球动力学大门的金钥匙"。

青藏高原蕴藏着丰富的矿产资源，是我国重要的战略资源后备基地。青藏高原是地球表面的一道天然屏障，影响着中国乃至全球的气候变化。青藏高原也是我国主要大江大河和一些重要国际河流的发源地，孕育着中华民族的繁生和发展。开展青藏高原地质调查与研究，对于推动地球科学研究、保障我国资源战略储备、促进边疆经济发展、维护民族团结、巩固国防建设具有非常重要的现实意义和深远的历史意义。

1999年国家启动了"新一轮国土资源大调查"专项，按照温家宝总理"新一轮国土资源大调查要围绕填补和更新一批基础地质图件"的指示精神，中国地质调查局组织开展了青藏高原空白区1∶25万区域地质调查攻坚战，历时6年多，投入3亿多资金，调集25个来自全国省（自治区）地质调查院、研究所、大专院校等单位组成的精干区域地质调查队伍，每年近千名地质工作者奋战在世界屋脊，徒步遍及雪域高原，实测完成了全部空白区158万km^2共112个图幅的区域地质调查工作，实现了我国陆域中比例尺区域地质调查的全面覆盖，在中国地质工作历史上树立了新的丰碑。

1∶25万克克吐鲁克幅、塔什库尔干塔吉克自治县幅区域地质调查是"新疆1∶25万叶城县幅（J43C003004）、塔什库尔干塔吉克自治县幅（J43C003003）、克克吐鲁克幅（J43C003002）区调"项目之一部分，由河南省地质调查院承担，工作区位于塔里木陆块与西昆仑-喀喇昆仑造山带交接部位。目的是通过对调查区进行全面的区域地质调查，合理划分测区的构造单元，力争在成矿有利地段取得找矿新发现，最终通过盆地建造、岩浆作用、变质变形及山-盆耦合关系研究，反演区域地质演化历史，建立测区构造模式。

本项目工作时间为2002—2004年，累计完成地质填图面积为31 066km^2（其中，塔什库尔干塔吉克自治县幅和克克吐鲁克幅国内面积为16 330km^2），实测剖面393.2km，地质路线5 160km，采集种类样品4 515件，探槽1 004m^3，全面完成了设计工作量。主要成果有：①发现了一批重要化石，为准确厘定地层时代、地层区划和区域构造演化研究提供了重要证据；②查明原赫罗斯坦群主体为一套变质变形侵入体，内部仅见有少量角闪质等可能的表壳岩包体；③原划库浪那古群、欧阳麦切特群、拉斯克姆群、科冈达万群属同物异名，统一命名为库浪那古岩群；④确定了3条主要构造边界（板块结合带），对应于3条蛇绿岩带——柯岗蛇绿岩带（塔里木板块的西南活动大陆边缘，与库地蛇绿岩不是同一条蛇绿岩带）、瓦恰蛇绿岩带（向东南与库地蛇绿岩带断续相连，是西昆仑构造带的西南边界）和塔阿西蛇绿岩带（是明铁盖陆块的东部活动大陆边缘，取得变玄武岩锆石U-Pb SHRIMP 433±20Ma的年龄）；⑤在塔什库尔干陆块布伦阔勒群内发现北西向带状展布的石榴石角闪岩带，为退变质的高压变质岩，获得了该石榴石角闪岩锆石U-Pb SHRIMP 451±22Ma的年龄；⑥证实西昆仑-喀喇昆仑造山带的构造演化方式不是单向增生、逐级拼贴的，而更类似于多岛洋的演化特征；⑦新发现乔普卡里莫、老并、吉尔铁克等沉积变质型磁铁矿，远景资源量可达大型以上规模；新发现欠孜拉夫、司热洪、库克西里克等铜、铅、锌矿点，与瓦恰岛弧蛇绿岩建造组合有密切的成因联系，总远景资源量也可达大型以上规模。

2005年3月，中国地质调查局组织专家对项目进行了最终成果验收。评审认为："该项目完成了任务书和设计的各项工作任务。报告章节齐全、内容丰富。采用了区调填图新理论、新方法，解决了区内存在的主要基础地质问题，在区调找矿方面取得了丰硕的成果。在西昆仑造山带物质组成与时代的研究方面有新进展，提高了区域地质研究程度，符合《1∶25万区域地质调查技术要求(暂行)》等有关技术规定及要求。”综合评定为优秀级。2007年1月16日，河南省国土资源厅组织专家对该成果进行了科技成果鉴定，认为“本报告总体上达到国内同类成果领先水平”。

参加本项目野外工作及报告编写的有王世炎、彭松民、马瑞申、张彦启、吕际根、白国典、谢朝永、高廷臣、任建德、刘品德、杨俊峰、方怀宾、李春艳、吕宪河、李香资、杨瑞西、杜凤军、庞运超、张戈红，由王世炎编纂定稿。

在整个项目实施和报告编写过程中得到了中国地质调查局西安地质调查中心、北京大学、地科院地质所、陕西省地质调查院以及工作区当地政府的大力支持和帮助，中科院肖序常院士、地科院地质所姚建新研究员、王永博士、迟振卿博士、北京大学张立飞教授、周辉副教授、艾永亮博士、李旭平博士、曲军峰硕士等多次赴测区指导或协助工作，并帮助测试样品，中国地质大学(武汉)周汉文教授在电子探针测试和温压计算方面给予了具体的帮助，通过与南京地矿所张传林博士的交流，对项目工作也有很大启发，西安地调中心李荣社处长多次对项目工作给予指导，提出了许多宝贵意见和建议。在此，谨对他们的辛勤劳动和帮助表示衷心感谢。

为了充分发挥青藏高原1∶25万区域地质调查成果的作用，全面向社会提供使用，中国地质调查局组织开展了青藏高原1∶25万地质图的公开出版工作，由中国地质调查局成都地质调查中心与项目完成单位共同组织实施。出版编辑工作得到了国家测绘局孔金辉、翟义青及陈克强、王保良等一批专家的指导和帮助，在此表示诚挚的谢意。

鉴于本次区调成果出版工作时间紧、参加单位较多、项目组织协调任务重以及工作经验和水平所限，成果出版中可能存在不足与疏漏之处，敬请读者批评指正。

“青藏高原1∶25万区调成果总结”项目组

2010年9月

目　　录

第一章　绪　论

第一节　任务与要求

1∶25万克克吐鲁克幅、塔什库尔干塔吉克自治县幅区调是西安地质矿产研究所负责实施的《青藏高原北部空白区基础地质调查与研究》实施项目(2004年改称计划项目)的子项目(2004年改称工作项目)《新疆1∶25万叶城县幅(J43C003004)、塔什库尔干塔吉克自治县幅(J43C003003)、克克吐鲁克幅(J43C003002)区调》的一部分,中国地质调查局于2002年4月28日下达了《中国地质调查局地质调查子项目任务书》,任务书编号为基[2002]001-17,子项目编码为200213000004,由河南省地质调查院承担。项目工作性质为基础调查,工作起止年限为2002年1月—2004年12月。测区地理坐标为:东经74°27′25″—75°00′00″,北纬36°55′51″—38°00′00″及东经75°00′00″—78°00′00″,北纬37°00′00″—38°00′00″,总面积为31 066km²。

根据子项目任务书,本次工作的总体目标任务是:按照《1∶25万区域地质调查技术要求(暂行)》和《青藏高原艰险地区1∶25万区域地质调查技术要求(暂行)》及其他相关的规范、指南,运用造山带填图的新方法、新技术、新手段,以区域构造调查与研究为先导,合理划分测区的构造单元,对测区不同的地质单元、不同的构造-地层单位采用不同的填图方法进行全面的区域地质调查,力争在成矿有利地段取得找矿新发现。最终通过盆地建造、岩浆作用、变质变形及山-盆耦合关系研究,反演区域地质演化历史,建立测区构造模式。工作中应加强以下方面的工作:

1. 工作区位于塔里木陆块与西昆仑-喀喇昆仑造山带交接部位,地质构造复杂,成矿地质条件有利,具有良好的地质找矿前景,要加强多金属成矿带地质背景调查,为本区经济发展提供基础资料;

2. 工作区有数条重要的构造边界,著名的库地蛇绿岩带由测区通过,加强对蛇绿岩构造带的构造组成与演化研究,为欧亚板块和古特提斯构造带的形成、发展演化研究提供基础地质资料依据。

第二节　位置及交通

该两图幅是本次联测的3个图幅的西部两个图幅,位于新疆维吾尔自治区西南部昆仑山系西段,行政区划分属喀什地区的塔什库尔干塔吉克自治县、叶城县、莎车县以及克孜勒苏柯尔克孜自治州的阿克陶县管辖,西部分别与塔吉克斯坦共和国、阿富汗共和国和巴基斯坦共和国接壤。地理坐标为:东经74°27′25″—75°00′00″,北纬36°55′51″—38°00′00″以及东经75°00′00″—76°30′00″,北纬37°00′00″—38°00′00″。两幅图国内总面积为16 330km²(图1-1)。

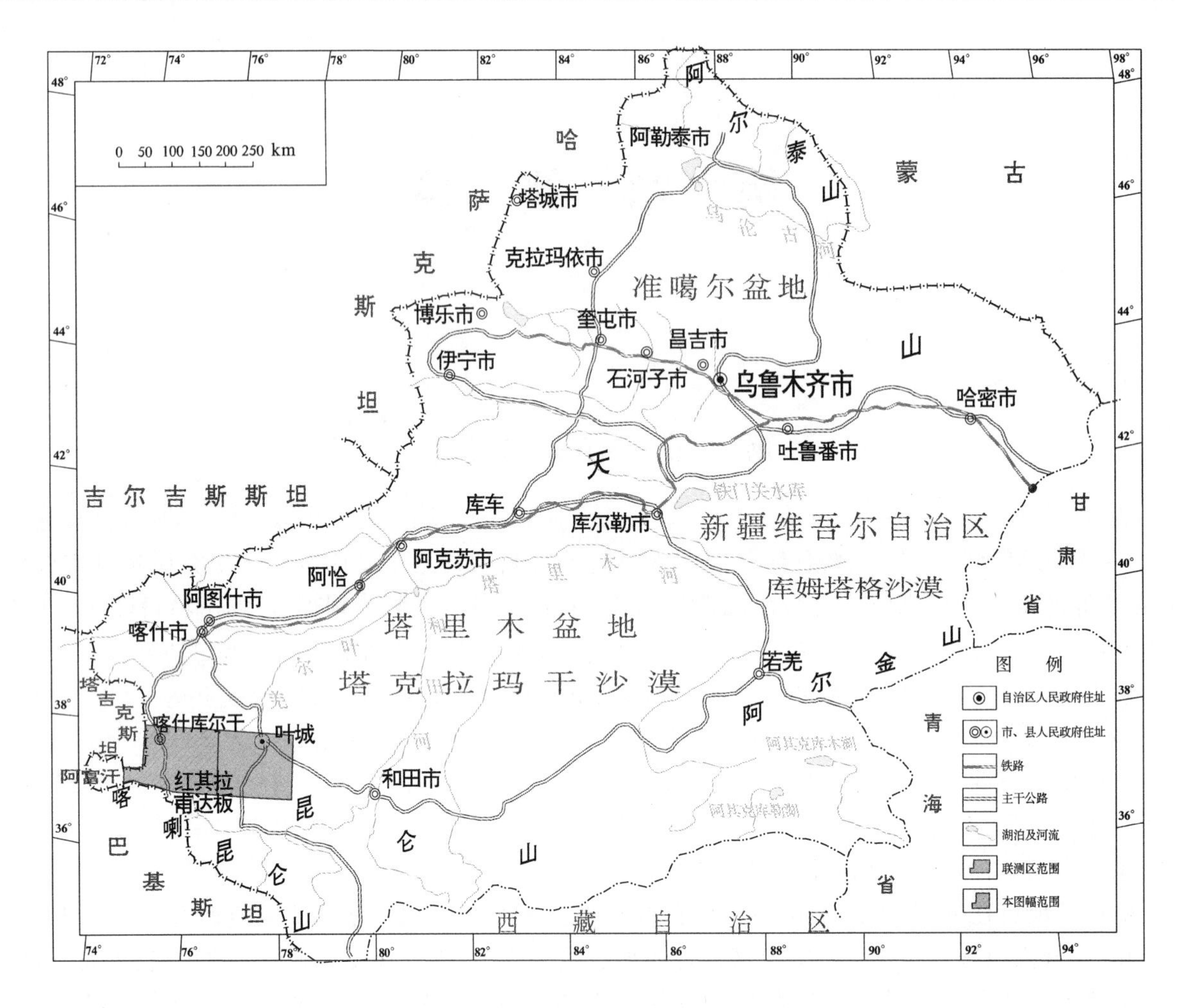

图 1-1　交通位置图

图幅内交通条件相对较差，除中-巴公路（G314 线，自北向南贯穿图幅中西部）基本可常年通行（遇大雪、持续降雨等恶劣气候条件也会暂时中断），莎（车）-塔（什库尔干）公路、塔（什库尔干）-马（尔洋）公路以及边境地区少量简易公路可季节性通行外，其他绝大多数地区人迹罕至，仅只能步行或靠牲畜（以毛驴为主）驮运物资，部分区段通常情况下由于山高谷深并常有河水的阻隔，根本无法通行。

第三节　自然地理及经济概况

图幅跨昆仑山系西段，西部跨入帕米尔高原和喀喇昆仑山脉，属高原中高山区，总体地势西高东低，山脉走势呈北北西—北西向的弧状弯曲，海拔高度一般为 2 000～6 000m，平均在 4 500m 左右；图幅中西部为塔什库尔干河谷地，地势较为平坦，海拔为 3 000～4 000m，其两侧山势雄伟，峰峦叠嶂，冰峰林立，地形切割强烈，相对高差达 1 500～4 000m，图幅最高峰位于塔什库尔干塔吉克自治县南侧约 25km 处，海拔高度为 6 368m，其他主要山峰有西克克吐鲁克（5 750m）、勒吾尔·恰尔巴森山（5 376m）、琼塔什阔勒（5 645m）、萨雷阔勒岭（5 864m）、莫喀尔特克尔（5 348m）等。

区内水系属高山区内陆水系，主要河流有叶尔羌河及其支流塔什库尔干河、皮勒、马尔洋大里亚、克其克谢、勒吾尔哈茨、达木斯河以及塔什库尔干河的支流明铁盖河、辛滚河、普塔吾亚尔、瓦卡-半的代里亚等，总体构成树枝状水系，最终均汇入塔里木盆地。

测区气候属典型的大陆性寒温带干旱季风气候。其特点是干燥寒冷，以温差大（昼夜温差>15℃）、干燥少雨为特征，年平均气温约3.3℃，光照较充足，年平均降雨量约68mm，由于植被覆盖率较低，山体大多裸露，蒸发量大于1 500mm。

测区土壤属南疆极干旱荒漠土，植被属荒漠带。土壤和植被垂直分带比较明显。一般4 800m以上属高山冰碛粗骨土和高山冷荒漠土，植被稀少；4 000～4 800m属高山草甸土和泥碳质草甸土，植被矮小，草本，生长期很短；3 000～4 000m属山地草原和高山草甸粟钙土带，发育草本及木本植物，以草本为主；3 000m以下属山前荒漠草原灰钙土，植被稀疏，发育木本及草本植物，木本植物生长较好，但主要分布于居民地附近水源充足的河道两侧，无居民居住区和山地上基本无木本植物生长。

测区居民较少且分布极不均匀，多聚集于县城以及公路沿线，其他地区分布零星。民族以塔吉克族为主，另有少量维吾尔族、柯尔克孜族、汉族等居民。区内属半农半牧区，以牧业为主，主要农作物为青稞，少量小麦、玉米、水稻、棉花、豆科、油料作物、瓜果等；土特产有核桃、黑叶杏、巴旦木、羊、牦牛等；野生动物有棕熊、雪豹、狐狸、野山羊、盘羊、狼、野鸡、野鸭、旱獭等；野生药用植物有索阳、大叶秦芝、马先蒿、甘草、党参、红花、紫草、麻黄等；矿产资源主要有铁、铜、铅、锌、宝玉石、金、煤、石膏、建材等。工业不发达，以采矿业为主，另有发电（水电为主，少量太阳能小型电站等）、建筑、粮油加工、编织、印刷、食品加工、电讯等行业，正在建设的下坂地水电工程是国家重点工程，它的建设将为当地的工农业发展提供充足的能源。

第四节　地质矿产研究程度

测区的地质研究工作始于20世纪早期，中华人民共和国成立之前，仅有少量零星的路线地质观察和矿产概查工作涉及测区，少部分编制有1∶100万、1∶50万、1∶20万和1∶10万的概略路线地质草图或个别矿种的概查报告，其中比较重要的成果有B·M·西尼村和H·A·别良耶夫斯基1940—1946年合编的《西昆仑山喀喇昆仑山塔里木盆地和邻区地质》（附1∶100万地质图）和黄汲清1944—1945年所著的《中国主要地质构造单位》，对该区的区域地质调查研究做出了开拓性的贡献。

中华人民共和国成立之后，为适应我国经济建设对矿产资源的需要，测区内的地质工作得到迅速加强和展开。研究（工作）形式有区域地质、矿产调查、区域地球化学调查、专题研究及区域地质编图，涉及地层、岩石、构造、矿产等各个方面。

一、区域地质矿产调查

1958年地质部第十三大队完成了《棋盘幅（J-43-ⅩⅩⅢ）西昆仑托赫塔卡鲁姆山脉北坡1∶20万地质测量与普查工作报告》、《昆仑山西北坡（J-43-ⅩⅩⅨ、J-43-ⅩⅩⅢ）1∶20万地质测量与普查工作报告》、《西昆仑山北坡1∶20万地质测量与普查工作报告》等，涉及图幅东部边缘。这是按照国家的统一部署、在区内开展的1∶20万正规区域地质调查工作，是区内首次开展的面积性、综合性地质调查，对地层、岩石、构造、矿产均进行了系统的综合研究，为以后的地质矿产调查与研究奠定了基础。

1967年新疆地质局区域地质测量大队完成了《西昆仑地区木吉—塔什库尔干一带1∶100万路线地质、矿产调查报告》，涉及测区西北部。报告对调查区的地质特征进行了概略调查，检查了部分矿（化）点，为基础地质研究和矿产调查提供了较丰富的地质矿产资料。

1984年新疆地质矿产局第一石油大队完成了《西昆仑山叶尔羌河上游地区1∶100万区域地质调查报告》，涉及图幅南部地区。该报告对区域地层进行了比较系统的划分，初步建立了叶尔羌河上游地区的地层层序，在地层时代厘定方面获取了不少新的古生物化石依据；对岩浆岩、变质作用、地质构造及矿产也进行了较系统的研究。

1994年新疆地质第二地质大队完成了《西昆仑西部1∶50万区域化探》，获取了系统的区域地球化学资料，圈定了大量地球化学异常，为测区矿产普查提供了很多有用的信息。

2000年新疆地质调查院第二地质研究所完成了图幅北中部班迪尔幅(J43E014015)、下拉夫迭幅(J43E015015)1∶5万区域地质调查，出版了1∶5万地质图及其说明书，对其工作范围内的地层、岩石、构造及矿产进行了较系统的研究。

二、综合研究及编图

1985年新疆地质矿产局第二地质大队编制完成了《1∶50万新疆南疆西部地质图、矿产图及说明书》，详细划分了该区的地层、岩浆岩，较为详细地探讨了区内矿产分布和形成的时空规律，指出了下一步矿产工作应注意加强研究的方向，对本次工作的矿产工作有较强的指导意义。

1986年新疆地质矿产局第一区域地质调查大队编制完成《新疆维吾尔自治区大地构造图(1∶200万)及说明书》、《新疆维吾尔自治区变质图(1∶200万)及说明书》，对新疆的大地构造、变质作用及其分布进行了系统总结。

1993年新疆维吾尔自治区地质矿产局编制并公开出版了《新疆维吾尔自治区区域地质志》，对新疆1985年底之前的地质调查、研究成果进行了全面、系统的总结。

1999年新疆维吾尔自治区地质矿产局编写并公开出版了《新疆维吾尔自治区岩石地层》，对全区地层按多重划分对比进行了系统厘定。

2000年王元龙、王中刚等编写并公开出版了《昆仑-阿尔金岩浆活动及成矿作用》，对岩浆岩地质与演化特征进行了总结，指出了岩浆岩类型与成矿作用的关系，并划分出成矿远景区，对本区进一步找矿有一定的指导意义。

多年来许多地质学家在测区及邻区进行了大量针对某些地质问题的专门研究，如程裕淇、汪玉珍、姜春发、郝诒纯、肖序常、高联达、丁道桂、邓万明等对元古宙、古生代、中—新生代地层、超基性岩类、中酸性岩类、大地构造及重要断裂带、库地蛇绿岩等进行了研究，他们的研究成果在区内甚至全国产生了较大的影响，大大提高了区域地质研究程度。

测区主要区域性调查工作见图1-2。

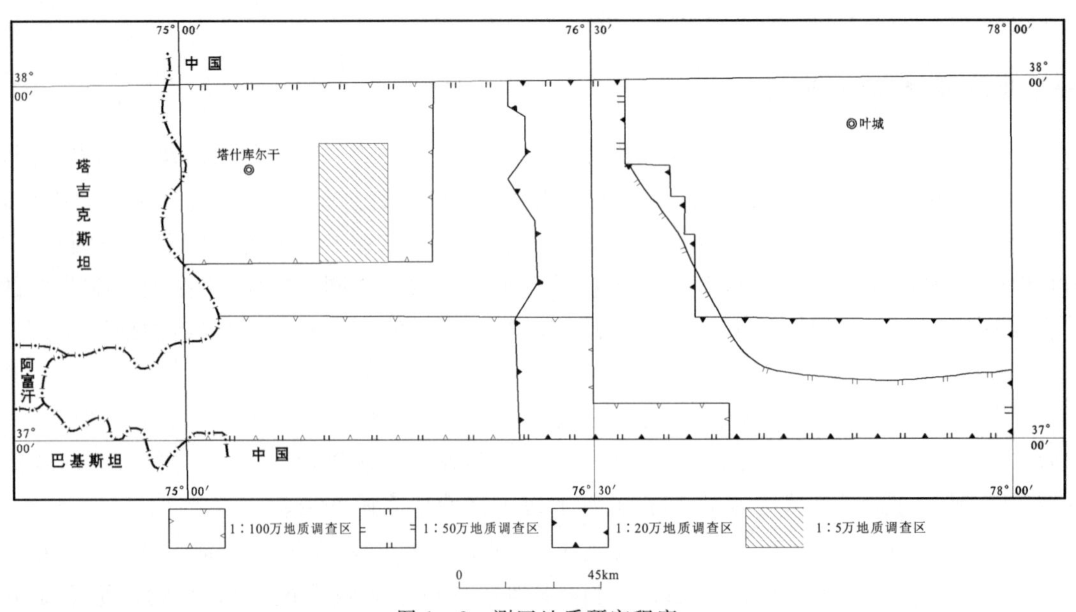

图1-2 测区地质研究程度

第五节　工作概况

一、各阶段工作情况及工作进度

本项目工作从2002年开始，大致可分为4个阶段进行。

（一）资料收集、踏勘、试填图及设计编写（2002年1月—2003年2月）

项目组于2002年初成立，随即对区内和邻区有关地质、矿产、科研资料进行了初步收集和分析研究，2002年5月接到项目任务书后，又对有关资料进行了补充收集和全面研究，进行了遥感影像的初步解译，对测区存在的主要地质矿产问题有了大致了解，制订了年度工作方案。

2002年下半年，赴测区及相邻有关地区对涉及测区的地层、侵入岩、构造、矿产进行了全面、系统的野外踏勘，共完成踏勘路线519km；稍后，在塔里木盆地边缘及西昆仑山前地带开展野外试填图和部分剖面测制工作，并在叶城县幅内完成试填图面积9 000km^2。野外工作期间，还对遥感解译标志进行了验证、补充和修改。

在野外踏勘、试填图以及对已有资料分析研究的基础上，项目组于2002年10—11月完成了项目总体设计的编制，并于当年12月中旬在西安通过中国地质调查局西北项目办组织的设计评审。

根据设计评审会上评审专家对项目总体设计提出的修改意见，项目组及时进行了修改完善，并于2003年1月将修改好的设计书送西北项目办进行了认定。

本阶段参加工作的主要技术人员有：王世炎、彭松民、白国典、谢朝永、吕际根、马瑞申、艾永亮、庞运超、张戈红。

（二）野外调查及专题研究（2003年3月—2004年5月）

经过2002年底—2003年初的野外资料整理、年度工作计划编制以及出队前准备等工作，2003年3月下旬起，开始全面的野外调查及专题研究工作。

2003年4月—11月上旬，项目组分成3个填图分队、一个矿产分队自东向西全面展开路线地质调查、剖面测制、专题研究等野外作业，工作开始阶段，正值"非典"在全国肆虐时期，项目人员不仅需要克服山高路险、高寒缺氧等困难条件和山洪、泥石流、暴风雪、风沙等恶劣气候影响，更受到由于"非典"而产生的各种通行、食宿等人为条件的限制。经过全体工作人员的艰苦努力，克服了常人难以想象的困难，圆满完成了当年的野外调查工作任务，全年完成填图面积20 000km^2。

2004年4—5月抽调部分人员赴野外继续完成剩余2 066km^{2}的填图、剖面补测以及重点地段检查、展体研究等工作。至此，本项目野外调查工作全面结束。

两年多来的野外工作共投入97个组月，全面完成了任务书及设计规定的各项野外任务和实物工作量。

本阶段参加工作的主要技术人员有：王世炎、彭松民、张彦启、白国典、任建德、方怀宾、高廷臣、吕际根、谢朝永、杨俊峰、刘品德、李春艳、李香资、吕宪河、杨瑞西、庞运超，杜凤军、卢书炜、薛承兆参加了部分野外工作，另外，北京大学张立飞、周辉、艾永亮、曲军峰、李旭平等参加了项目专题研究工作。

（三）年度资料整理（2002年11月—2003年3月及2003年11月—2004年3月）

对年度所取得的野外资料进行全面的扣合，对鉴定结果进行批注，对已工作完毕的地区进行实际材料图的编制，对野外和室内所取得的资料，结合区域地质特征进行综合研究，提出了阶段性初步认识。据此，对下一步工作进行了有针对性的工作布置。同时加强技术人员的业务培训，提高其业务素质，以保证整个工作过程各个环节的质量。

(四)野外验收前资料整理及野外验收

2004 年 4—5 月，对各类原始资料进行了全面系统的整理，在此基础上编制了地层、侵入岩、火山岩、变质岩的构造卡片和野外工作总结等。

2004 年 5 月 28 日—6 月 4 日，西安地调中心聘请有关专家在新疆叶城县和塔什库尔干县对《新疆 1∶25 万叶城县幅(J43C003004)、塔什库尔干塔吉克自治县幅(J43003003)、克克吐鲁克幅(J43003002)区调》项目进行了野外验收，专家组听取了项目野外工作汇报并进行了提问答疑和室内比较全面的实际资料抽查，然后赴野外实地进行了路线地质抽查。验收会议认为：“项目人员经过艰苦努力，克服高原缺氧、交通艰难、山洪、泥石流、暴风雪、风沙等恶劣气候以及‘非典’等各种困难，圆满完成了任务书、总体设计书和项目合同书规定的各项野外调查任务和工作量，野外调查所取得的实际材料内容丰富，信息量大，质量管理体系健全，质量检查原始记录资料齐全、详实、可靠，提交野外验收的资料符合中国地质调查局区域地质调查野外验收要求。”按照中国地质调查局区域地质调查野外原始资料检查要求和野外验收评分标准，塔什库尔干塔吉克自治县幅、克克吐鲁克幅区调综合评分为 90.5 分，为优秀级。专家组一致同意通过野外验收，并建议项目组针对存在的问题补做适当野外工作后，尽快转入资料综合整理和报告编写工作。

(五)最终资料整理及报告编写阶段

2004 年 6 月开始，项目组针对野外验收提出的具体问题补做了适当的野外工作，对各项资料进行了进一步整理，对原始资料又进行了全面的扣合，对区内的各类测试数据进行了系统的计算、列表做图和统计，对实际材料图上的地质界线、代号、有关符号逐一确定，然后分工开始报告编写。

本阶段参加工作的主要技术人员有王世炎、彭松民、张彦启、白国典、吕际根、谢朝永、高廷臣、刘长乐、曲军峰，张立飞、艾永亮、郝遂生、彭江涛、叶萍等参加了部分室内资料工作和专题研究工作。

区域地质调查报告编写分工如下：第一章绪论由王世炎执笔；第二章地层由吕际根、谢朝永执笔，方怀宾、杨俊峰、张戈红、杜凤军参加；第三章岩浆岩由彭松民、白国典执笔，任建德、刘品德、李香资参加；第四章变质岩由张彦启执笔，吕宪河参加；第五章地质构造由王世炎、马瑞申执笔，李春艳参加；第六章矿产、旅游资源及灾害地质概况由高廷臣、白国典执笔，庞运超、杨瑞西参加；第七章结束语由王世炎执笔。各部分完成后由王世炎统编定稿，实际材料图、地质图由刘长乐等编制，数字地质图及报告插图由刘献华、许国丽、袁桂香、晁红丽、王凌云等完成，报告打印由郭晓燕等完成。

报告中各类样品的测试、鉴定单位如下：岩石化学、稀土及微量元素测试由武汉综合岩矿测试中心承担；化石主要由中科院南京地质古生物研究所鉴定，部分由地科院地质所鉴定；同位素测年样由天津地质矿产研究所测试分析；稳定同位素、包体测温、长石有序度由地科院矿产资源研究所测试分析；电子探针由中国地质大学(武汉)探针室测试；其余化学样、水系沉积物样等由河南地质调查院基础地质调查中心实验室完成。

二、实物工作量完成情况

对照设计书和项目合同书，项目主要实物工作量绝大部分已完成和超额完成，各主要填图单位(地层、岩体、主要断裂带等)都有剖面控制，并系统采集了薄片、岩石化学、稀土、微量元素、同位素年龄等配套样品，沉积地层都尽量采集了化石样以确定时代(表 1-1)。

表 1-1　项目(3幅)实物工作量完成情况表

项目名称	单位	设计数	完成数	完成率(%)	备注
1∶25万填图	km^2	31 066	31 066	100	
填图路线	km	5 000	5 160	103.2	
1∶5 000地层剖面	km	150	170.1	113.4	含少量1∶2 000剖面
1∶5 000岩体剖面	km	148	177.1	119.7	含2条路线剖面
1∶5 000构造剖面	km	30	46.0	153.3	含构造-地(岩)层剖面
1∶25万遥感影像解译	km^2	31 066	31 066	100	
化学分析	件	150	235	156.67	
硅酸盐分析	件	100	167	167	
微量元素分析	件	100	167	167	
稀土元素分析	件	100	167	167	
岩石薄片	块	1 800	2 391	132.8	
标 本	块	200	188	94	
定向薄片	块	30	25	83.33	
粒度分析	块	150			
古地磁	件	30			协助地科院采集
长石有序度	件	50	25	50	
电子探针	点	50	242	484	
大化石	个	1 000	703	70.3	不包括未得到结果的数量
微体化石	件	100	118	118	
包体测温	件	20	18	90	
Rb-Sr年龄样	组	1			
Sm-Nd年龄样	组	1	4	400	
锆石U-Pb年龄样	件	5	7	140	
$^{40}Ar-^{39}Ar$年龄样	件		4		
K-Ar年龄样	件	6	12	200	
热释光	件	13	10	77	
^{14}C年龄样	件	3	1	33.33	
$\delta^{18}O$	件	50	31	62	
探槽	m^3	1 000	1 004	100.4	
矿点检查	处		8		

三、工作方法和精度

本项目工作类型采取实测方式，充分利用了“3S”技术，对区内不同地质单元、构造地层单位采用不同的填图方法进行了全面的区域地质调查。本次工作共完成各类地质观察路线总长5 160km，各类地质点2 491个，路线间距一般为4～8km，大面积第四系分布区和极难通行地区的路线间距适当放宽，但最大均不超过15km，全区路线间距平均为6.5km。

野外手图、实际材料图采用中国人民解放军总参谋部1985年出版的1∶10万彩色地形图，1∶25万地质图底图根据1∶25万国家数字图库中图形数据简化而成。野外地质点定位以GPS数据为准，辅以地形和交绘法校准。经实地验证误差小于100m。地质体、地质界线、岩性花纹、特殊地质现象(标志层、褶皱、糜棱岩带、片理化带等)、产状要素、样品、观察点、地质路线均按要求在野外手图上予以标示。填图过程中对遇到的直径大于500m、宽度大于100m的地质体及长度大于500m的断层均在图上进行了标定，对有重要意义的特殊地质体适当夸大表示。半数填图路线有信手剖面图，并全部有路线小结。

剖面对地质体的控制程度已满足设计要求，保证了每个地层单元、较大侵入体、蛇绿岩带都有剖面控制，部分地质单元有两条剖面控制。剖面比例尺一般为1∶5 000，个别地层为1∶2 000。

遥感技术应用贯穿于区调工作的始终，遥感解译遵循初步解译—野外验证—再解译—再验证的原则，首先在踏勘和设计编写前对卫片进行了全面初步解译，参照已有的地质资料，建立了全区岩性和构造解译标志，编绘了遥感地质解译草图；野外试填图过程中对初步解译建立的解译标志进行了进一步修改、补充和完善，初步厘定了填图单位和测区地层序列，作为编制地质矿产草图（设计图）的重要基础；野外地质调查阶段又对所建立的解译标志进行了不断的修改和补充，再进行系统解译，制作遥感地质图。

根据项目任务书及总体设计，本次工作开设了2个课题进行专题研究，即：测区主要构造边界特征研究和塔里木盆地西南缘推覆构造研究。为了提高研究的质量，本着产、学、研相结合的原则，项目组邀请以北京大学张立飞教授为首的科研组参加专题研究工作，研究的重点为塔阿西-色克布拉克结合带（蛇绿混杂岩带）的特征及其大地构造意义，投入大量野外及室内研究及测试工作，对第二个专题则重点放在野外的详细观察研究上。

项目质量管理工作严格按照《河南省地质调查院质量管理体系》运行，根据设计书和有关规范开展工作，建立了地调院、基础中心、项目部、分队和作业组五级质量检查制度，开展经常性的自检、互检工作（自检、互检率达100%），项目负责人检查20%，基础中心抽检10%，地调院抽检5%，并对年度原始资料和成果进行了全院展评活动，本项目由于质量较好，地质找矿成果突出，连年获得了院成果奖，并获2011年度国土资源科学技术奖一等奖（KJ2011-1-09：西昆仑西段地质矿产调查评价与喀什钢铁资源基地的发现）。

第二章　地　层

测区位于塔里木-南疆地层大区西南隅，跨多个大地构造单元。根据地层发育情况、沉积类型和沉积建造特征、古地理特征、古生物特征、大地构造位置、区域断裂的分布以及与构造相关的岩浆活动和变质作用等，结合前人的划分意见①，分别以柯岗（科汗）结合带（南东段为西昆仑山前逆冲推覆带前缘断裂）、康西瓦-瓦恰结合带的主断裂为界，将测区划分为3个地层区，自北东向西南依次为塔里木地层区、秦祁昆地层区和羌北-昌都-思茅地层区。塔里木地层区在区内称铁克里克小区，秦祁昆地层区在区内为西昆仑地层分区，羌北-昌都-思茅地层区在区内为喀喇昆仑地层分区，又以塔阿西-色克布拉克断裂为界，以东为塔什库尔干小区，以西为明铁盖小区（图2-1，表2-1）。

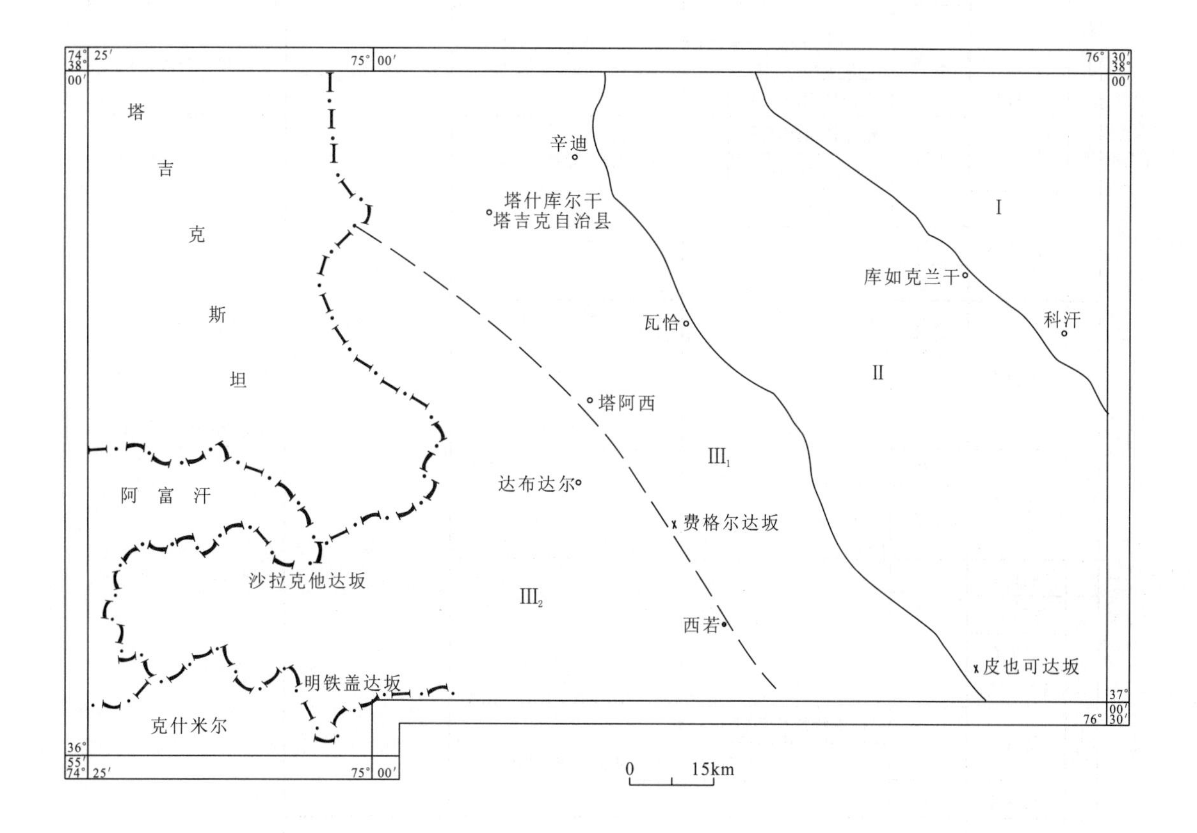

图2-1　测区地层区划图

① 新疆地质矿产局第二地质大队．1∶50万新疆南疆西部地质图、矿产图及说明书．1985．

表 2－1　测区地层单位序列表

岩石地层区划 / 年代地层			塔里木地层区	秦祁昆地层区	羌北－昌都－思茅地层区	
			塔南地层分区	西昆仑地层分区	喀喇昆仑地层分区	
			铁克里克小区		塔什库尔干小区	明铁盖小区
新生界	第四系	全新统	松散堆积			
		更新统				
	新近系					
	古近系					
中生界	白垩系	上统	英吉莎群(K_2Y)			
		下统	克孜勒苏群(K_1Kz)	下拉夫底群(K_1X)		K_1
	侏罗系	上统	库孜贡苏组(J_3k)			
		中统	叶尔羌群($J_{1-2}Y$)			龙山组($J_{1-2}l$)
		下统				T—J
	三叠系					T
上古生界	二叠系	上统				
		中统	棋盘组(P_2q)			P_2
		下统	塔哈奇组(P_1t)			
	石炭系	上统	阿孜干组(C_2a) 卡拉乌依组(C_2k) C	C_2		恰提尔群(C_2Q)
		下统	和什拉甫组(C_1h) 克里塔克组(C_1k)			
	泥盆系	上统	奇自拉夫组(D_3q)			
		中统				
		下统				
下古生界	志留系	顶统				
		上统				
		中统				
		下统		O—S		温泉沟组(S_1w)
	奥陶系	上统				
		中统	玛列兹肯群($O_{1-2}M$)			
		下统				
	寒武系					
新元古界	震旦系					
	南华系					
	青白口系					
中元古界	蓟县系		博查特塔格组(Jxbc) 桑株塔格群(JxS)	库浪那古岩群($Pt_2K.$)		
	长城系					
古元古界			赫罗斯坦岩群($Pt_1H.$)		布伦阔勒岩群($Pt_1B.$)	

———— 整合接触　　－－－－ 不整合接触　　…… 断层接触或未见接触

塔南地层分区以古元古界为变质基底，其上发育蓟县系碳酸盐岩-碎屑岩组合、中—下奥陶统碎屑岩-碳酸盐岩组合、上泥盆统碎屑岩组合、石炭系碳酸盐岩-碎屑岩组合、中二叠统碎屑岩-碳酸盐岩夹火山岩组合、中生界陆相沉积组合(其中，下—中侏罗统为含煤建造，上侏罗统及白垩系为陆相红层，膏盐层普遍发育，三叠系在本区缺失)，古近系及新近系不发育，第四系冲洪积及冰碛层沿沟谷发育。

西昆仑地层分区以元古宇为变质基底，并占据该区大面积区域；奥陶—志留系(未分)以碎屑岩、碳酸盐岩建造为主夹中基性火山岩；石炭系以发育复理石-火山岩建造为特征；下白垩统以碎屑岩、碳酸盐岩互层为特征；新生界不发育，仅有下更新统山间磨拉石建造及全—更新统山麓相-冲洪积相松散堆积，另见有冰碛层。

喀喇昆仑地层分区以古元古界为变质基底，下志留统以碎屑岩-碳酸盐岩为主夹少量火山岩；上石炭统主体为碳酸盐岩；中二叠统为碎屑岩-碳酸盐岩夹火山岩；三叠系—侏罗系为碳酸盐岩；下—中侏罗统为碳酸盐岩-硅质岩-火山岩组合；第四系发育河谷及阶地洪冲积相、山麓堆积相及高山冰碛相。

本次区调对显生宙沉积地层采用岩石地层及生物地层为主的多重地层划分，辅以年代地层划分；变质地层采用构造-岩石地层划分；对火山地层采用岩相-地层双重划分。据此建立了测区地层序列格局(表 2-1)。

本报告地层单位名称主要采用《新疆维吾尔自治区岩石地层》建立的岩石地层单位名称，并以本次 1∶25 万区调新资料为基础，参考前人的工作成果，通过区域对比，对各地层单位进行了合理界定。地层单元建立于具可填图性、特征易于识别的基础之上，并对时代确定依据进行了论述。

第一节 古元古界

古元古界属测区最古老的变质基底，在测区出露于塔南、喀喇昆仑地层分区，总体呈北西—南东方向，展布方向与区域构造线方向一致，多呈不同规模的面状、带状、透镜状及不规则状出现。根据大地构造位置及岩石组合特征进一步划分为赫罗斯坦岩群(塔南地层分区)和布伦阔勒岩群(喀喇昆仑地层分区)。

一、塔南地层分区赫罗斯坦岩群($Pt_1H.$)

仅在测区东部喀拉瓦什克尔南一带小面积出露，大地构造位置位于塔里木板块西南缘铁克里克陆缘断隆带内，地层区划属塔南地层分区。本报告所指赫罗斯坦岩群系从前人划分的赫罗斯坦群解体出古老变质变形侵入体后剩余的中—深变质表壳岩系，呈不同规模的长条状、透镜状或不规则状展布，与周围地层呈断层接触或被蓟县系不整合覆盖，主体分布于东邻图幅。区内出露面积仅约 $14km^2$。

由于该群在区内出露面积有限，总体岩石组合特征与邻区基本一致，本报告引用东邻图幅所测剖面以叙述。

(一)剖面描述

叶城县探勒克古元古界赫罗斯坦岩群($Pt_1H.$)实测剖面(图 2-2)

剖面位于叶城县探勒克东，起点坐标为：$X=4\ 124\ 350$，$Y=13\ 645\ 935$；终点坐标为：$X=4\ 124\ 728$，$Y=13\ 649\ 394$。剖面方位 84°，总长度约 4.2km，与两侧地质体均呈断层接触。

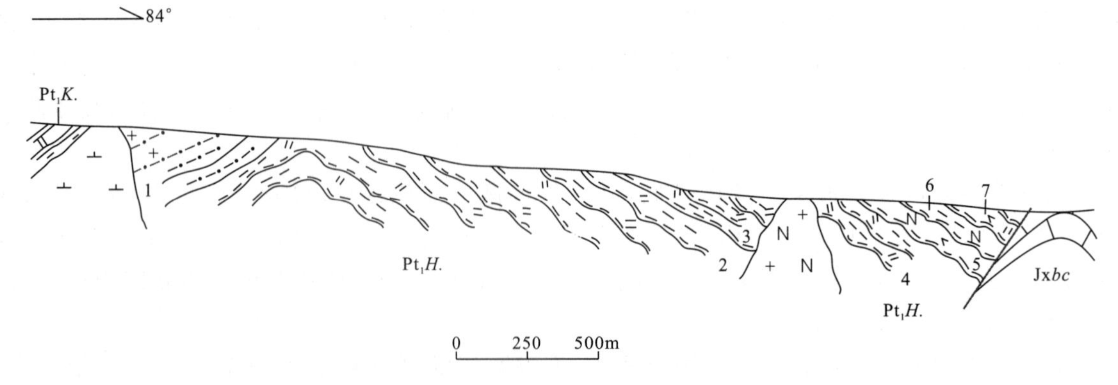

图 2-2 叶城县探勒克古元古界赫罗斯坦岩群($Pt_1H.$)实测剖面图

蓟县系博查特塔格组(Jx*bc*):浅灰色厚层状微晶灰岩

═══════ 韧性剪切带 ═══════

古元古界赫罗斯坦岩群($Pt_1H.$)	**片褶厚度>1 155.5m**
7. 绿灰色脉状角闪二长片麻岩	101.2m
6. 灰白色条纹状黑云斜长片麻岩,辉绿岩脉极发育	24.1m
5. 灰绿色条纹状角闪斜长片麻岩,发育大量宽度不等的辉绿岩脉	46.3m
4. 灰白色黑云二长片麻岩,发育宽度不等的辉绿岩脉	134.6m
3. 浅灰红色黑云二长片麻岩,发育大量宽度不等的辉绿岩脉	163.9m
2. 灰白色眼球状黑云二长片麻岩,发育宽度不等的辉绿岩脉	545.4m
1. 灰白色黑云二长浅粒岩。暗色矿物与浅色矿物组成成分条带,发育宽度不等的辉绿岩脉	140.0m

═══════ 断　层 ═══════

中元古界库浪那古岩群($Pt_2K.$):灰色薄板状泥板岩、纹层状大理岩或闪长岩体

(二)岩性特征及横向变化

赫罗斯坦岩群为一套条带状、眼球状、条纹状、脉状混合岩化片麻岩,主要岩性有黑云二长片麻岩、角闪二长片麻岩、黑云斜长片麻岩、黑云二长浅粒岩等,并常见辉绿岩墙(脉)、闪长岩脉穿插其间。该岩群常呈大小不一的包体出现于古老变形侵入体中,普遍具强烈混合岩化,部分显示较清楚的中酸性火山岩特征,受填图精度所限,表壳岩在图面上大多难以单独圈出。由于经历了多期次、深层次的变质变形作用改造,原岩结构构造已消失殆尽,现存的片麻理是后期构造作用的产物,总体该套变质地层呈片状无序构造-岩石地层单元,片褶厚度大于 1 155.5m。该群大部分分布于东邻图幅探勒克一带,主体岩性变化不大,除局部混合岩化程度不同外,没有明显的规律可循。

(三)原岩建造

赫罗斯坦岩群为一套片麻岩系,变质程度达高角闪岩相,原岩结构、构造已无保留,主要依据岩石的矿物成分、产状、共生组合,结合岩石化学和地球化学特征进行原岩恢复,其中黑云二长片麻岩、黑云斜长片麻岩、角闪二长片麻岩除片麻理外,其他面理不发育,成层性不明显,黑云二(斜)长片麻岩原岩为钙碱性花岗岩,角闪二长片麻岩原岩为钙碱性石英二长岩。斜长角闪片麻岩一般出露形态不规则,分布不连续,原岩应为基性火山岩。

（四）地层划分及对比

对该套地层以往的研究程度甚低，新疆第十三地质大队七中队最早涉及该套地层①，因其普遍混合岩化而将其定为岩体，时代定为太古—元古代。后经新疆第二地质大队进一步工作，认为该群为一套经混合岩化的角闪岩相变质地层，只是混合岩化强度存在一定差异，并能追索出一个个混合中心②。本次工作通过系统路线调查及剖面研究认为，原赫罗斯坦群主体为变质变形侵入体，仅有少量强变质变形及混合岩化的表壳岩，故改称岩群。

（五）时代归属讨论

鉴于侵入该岩群的阿卡孜岩体同位素年龄为 2 261±95/75Ma（锆石 U－Pb）、1 408Ma（Rb－Sr 全岩等时线）、1 508Ma（K－Ar），为该套地层提供了界定依据，即赫罗斯坦岩群的变质年龄与阿卡孜岩体的形成年龄大致相当或略早，应为古元古代早期。

另外，区域上赫罗斯坦岩群和埃连卡特群的最老盖层均为蓟县系，而埃连卡特群上覆的塞拉加兹塔格火山岩的 Rb－Sr 等时年龄为 1 764 Ma，虽然赫罗斯坦岩群与塞拉加兹塔格群没有直接接触，但也间接证明赫罗斯坦岩群与埃连卡特群的时代大致相当，即都早于中元古代。

故此，将赫罗斯坦岩群时代置于古元古代。但从变质、变形程度判断，赫罗斯坦岩群的时代比埃连卡特群的要老，至于有否属太古宙的组成部分还需进一步工作探讨。

二、喀喇昆仑地层分区布伦阔勒岩群（$Pt_1B.$）

喀喇昆仑地层分区的布伦阔勒岩群出露于康西瓦-瓦恰断裂与塔阿西-色克布拉克断裂之间，沿可莫达坂—马尔洋—空木达坂一线呈不规则面状展布；在测区西北角卡英代-卡日巴生岩体内部，呈规模不等的包体形式出露，向南、向北均延出测区。测区内布伦阔勒岩群与周围地层多呈断层接触，在班迪尔—下拉夫得一带河谷两侧被下白垩统下拉夫底群高角度不整合覆盖，小热斯卡木、卡英代-卡日巴生等岩体侵入其中，出露面积约 1 643 km^2。

（一）剖面描述

塔什库尔干县走克本-塔米尔古元古界布伦阔勒岩群（$Pt_1B.$）实测剖面（图 2－3）

剖面起于塔什库尔干县马尔洋乡西约 10km 的走克本，止于下拉夫得东南约 10km 的塔米尔，起点坐标为：X＝4 138 334，Y＝13 556 304；终点坐标为：X＝4 158 099，Y＝13 561 746。剖面方位：南段 59°，北段 344°。总长度约 19.1km，南端被岩体吞噬，北端与石炭系呈断层接触。

未分上石炭统（C_2）：灰黑色黑云斜长变粒岩

═══════ 断　层 ═══════

古元古界布伦阔勒岩群（$Pt_1B.$）　　　　　　　　　　　　**总片褶厚度＞5 874.1m**

28. 纹层状大理岩夹纹层状石英大理岩。大理岩具黑色纹层，常为揉皱状　　51.0m
27. 夕线石榴黑云石英片岩夹薄层状石榴石英岩，或二者互层，含大量夕线石、石榴石。自南向北有石英岩增多、夕线石减少、石榴石渐小趋势。片麻理强烈揉皱，有较多宽 0.5～2m 的花岗闪长质、伟晶岩脉体及大量肠状、透镜状长英质及石英细脉平行片麻理分布　　40.8m
26. （黑云母）石英大理岩与石榴黑云斜长片麻岩及石榴黑云石英（片）岩不等厚互层，岩石流状构造极发育。石英多呈多晶条带，长石碎斑多具旋转特征。大量伟晶岩脉大致平行或斜交片麻理穿插　　300.7m

① 地质部第十三地质大队. 棋盘幅（J－43－ⅩⅩⅢ）西昆仑托赫塔卡鲁姆山脉北坡 1∶20 万地质测量与普查工作报告. 1958.

② 新疆地质矿产局第二地质大队. 1∶50 万新疆南疆西部地质图、矿产图及说明书. 1985.

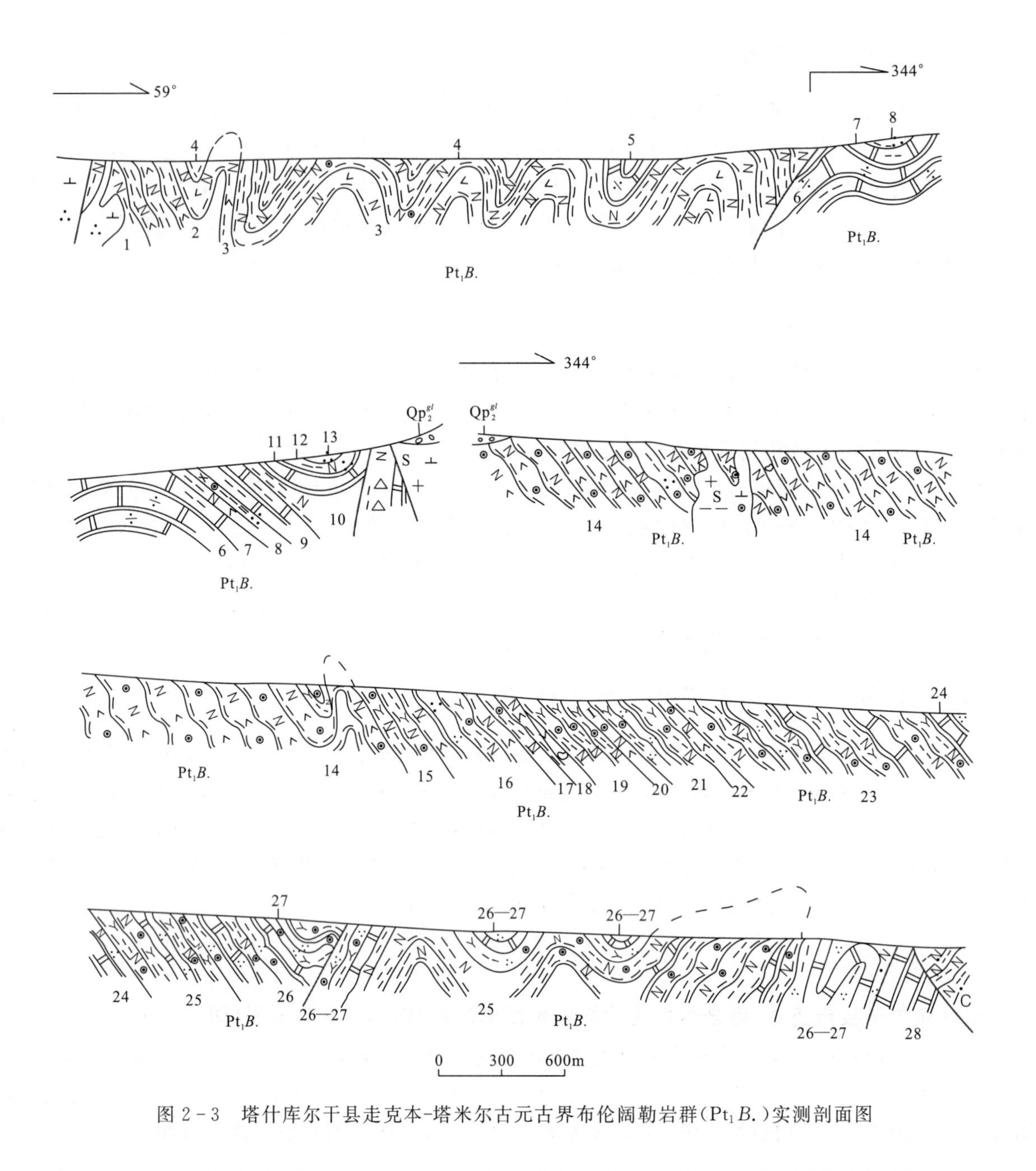

图 2-3 塔什库尔干县走克本-塔米尔古元古界布伦阔勒岩群(Pt₁B.)实测剖面图

25. 夕线石榴黑云斜长片麻岩为主,夹少量含石榴石英岩及大理岩。含石榴石英岩中石英呈矩形条带,自北向南夕线石含量有减少趋势 404.9m

24. 大理岩夹夕线石榴黑云斜长片麻岩及石榴石英岩。大理岩呈灰白色—灰绿色,薄—中厚层状,结晶颗粒较粗(0.5～1mm),具不均匀透辉石蚀变。石英岩的部分石英细纹构成多晶条带,常有长石、石榴石旋转碎斑 124.1m

23. 夕线石榴黑云斜长片麻岩,夹少量大理岩及石榴斜长石英岩。大理岩具透闪石、透辉石蚀变,大量闪长岩脉、伟晶岩脉大致平行或斜交片麻理穿插,宽一般20～100cm,片麻理强烈揉皱,自南向北石英岩渐多 761.8m

21. 夕线石榴黑云石英片岩与夕线石榴黑云斜长片麻岩不等厚互层,夹少量薄层状石英岩(单层不超过1m,与片麻岩呈过渡关系),岩石成分不均匀,局部夕线石、石榴石可达40%左右,形成夕线石榴片麻岩,片麻理强烈揉皱 169.9m

20. 含石榴透辉斜长角闪片麻岩 31.4m

19. 灰色—灰红色夕线石榴黑云斜长片麻岩。石榴石呈2～5mm的浑圆状变斑晶,局部富集成石榴石岩(含量可达 60%),夕线石呈针柱状、毛发状。大量闪长岩脉、伟晶岩脉大致平行或斜交片麻理穿插,宽一般 20～100cm　200.4m

18. 斜长角闪片麻岩,夹少量变杏仁状安山岩。变余杏仁约 5%,不规则状,大小 3～13mm。斜长角闪片麻岩中含较多角闪岩条带,条带宽一般 5～15cm,长 30～80cm,角闪石为 1～2mm 的粗晶,与斜长角闪片麻岩渐变　48.8m

17. 含石榴黑云斜长片麻岩　28.2m

16. 斜长角闪片麻岩为主,夹少量含夕线石榴黑云斜长片麻岩及薄层状石英岩,发育大量平行片麻理长英质细脉　218.5m

15. 含夕线石榴黑云斜长片麻岩　84.0m

14. 含石榴斜长角闪片麻岩,夹少量含石榴黑云斜长片麻岩及石英岩、含石榴黑云石英片岩,局部地段可见变杏仁状安山岩薄层。杏仁体多为椭圆状,直径 1～10mm,含量约 20%,白色为主,少量黑色,成分为长石、石英、绿泥石化黑云母等。石榴石呈褐红色或玫瑰色,含量不均匀,大小不一,自南向北渐多,个体渐大,矿物强烈定向。大量闪长岩脉、伟晶岩脉大致平行或斜交片麻理穿插,宽一般 20～100cm　2 104.9m

13. 斜长石英岩,局部黑云母含量增加,向黑云母斜长石英岩过渡　71.8m

12. 黑云斜长石英岩,结晶颗粒细小,黑云母常聚集成细条纹,构成成分纹层,其间石英含量相对较高　28.2m

11. 条纹状黑云母大理岩夹石英大理岩,揉皱强烈　108.3m

10. 灰色黑云斜片麻岩,结晶颗粒细小,多小于 0.5mm　52.9m

9. 灰白色条纹状黑云母大理岩与石英大理岩互层,局部石英大理岩呈夹层,揉皱强烈　162.6m

8. 黑云斜长角闪片麻岩为主,夹少量含红柱石石榴二云石英片岩。角闪石常呈放射状、柱状集合体,长可达 2cm 以上,含量约 10%。部分长英质矿物聚集成 2～5mm 的集合体,似变余杏仁。大量闪长岩脉大致平行或斜交片麻理穿插,宽一般 20～100cm　51.4m

7. 灰白色条纹状黑云母大理岩为主,夹薄层状石英大理岩,局部呈不等厚互层状　63.5m

6. 灰色透闪石大理岩与斜长透闪黑云片岩近等厚互层,单层厚 5～20cm　5.8m

5. 淡绿色透闪石透辉石大理岩,颗粒 1～3cm,呈强烈揉皱的薄层状平行成分纹层　26.1m

4. 含石榴黑云斜长片麻岩,夹斜长角闪片麻岩薄层或细脉。中部石榴石含量较高,两侧渐少或无。斜长角闪片麻岩沿片麻理展布,角闪石往往呈粗大的斑晶,颗粒大者可达 1cm×5cm,较多花岗闪长岩脉顺片麻理侵入　401.6m

3. 斜长角闪片麻岩,大量闪长岩脉穿插　88.3m

2. 黑云斜长角闪片麻岩夹黑云斜长片麻岩,有较多闪长岩脉穿插　176.0m

1. 深灰色—灰色黑云斜长片麻岩为主,夹少量红柱夕线片岩。有大量闪长岩脉及黑色基性岩脉穿插　81.7m

(未见底,石英闪长岩侵入)

(二)岩性特征及区域变化

布伦阔勒岩群的内部岩性组合可分为含铁岩段、(含石榴石)斜长角闪片麻岩段、夕线石榴片麻岩-石英岩段、大理岩段 4 套变质建造组合。

含铁岩段分布于该岩群西部,主要岩性组合为层状—条带状磁铁矿、磁铁石英岩、(含磁铁)黑云斜长片麻岩夹斜长角闪片(麻)岩、大理岩等,具典型的沉积-变质型磁铁矿特征。该含铁建造在区内总长度达 110km 以上。

斜长角闪片麻岩段主体分布于该岩群中部,主要岩性组合为斜长角闪片麻岩、石榴角闪片麻岩夹少量石榴黑云石英片岩、二云斜长片麻岩。该段局部可见残余杏仁状、气孔状构造,具火山熔岩外貌特征,横向延伸稳定,纵向表现出从下至上深色调岩石与浅色调岩石韵律性重复出现,反映出火山多次喷发的韵律特征。

夕线石榴片岩-石英岩段主体分布于该岩群中东部,岩石富含石榴石、夕线石等特征变质矿物,含量高者可达 20%～30%。主要岩石组合为含石榴黑云石英片岩、含夕线石榴斜长黑云石英片岩、含石榴石英岩、含石榴石大理岩、含(夕线)石榴黑云斜长片麻岩，夹少量角闪片岩和斜长角闪片岩等，局部出现夕线石片岩及石榴石岩。石榴石、夕线石结晶粗大，石榴石大者可达 4cm，颜色多呈玫瑰红色。

大理岩段主体分布于该岩群东部，主要岩性组合为黑云母大理岩、透闪石大理岩，夹石榴黑云石英片岩、片麻岩等。

区域上该套元古界地层在西昆仑山北西向弧弯地区广泛出露，尤以塔什库尔干县城东空木达坂、皮尔、三素、维布隆一线出露最好，区域上岩石组合及变形特征差别不大，具很好的可对比性。由于强烈的变质变形，各地出露片褶厚度变化较大。在空木达坂一带视厚度(片褶厚度)超过 7 000m，在瓦恰地区大于 5 170m，在马尔洋一带大于 5 874m，在维布隆地区逾万米。

(三)变形特征

该套地层岩石中片麻理及脉体揉皱较强，构造置换强烈，原始构造形态已难以恢复。褶皱表现为一系列片麻理的平卧褶皱、斜卧褶皱以及片内无根褶皱等，并形成一系列复式背向形构造。塑性流变特征明显，石英脉体拉长，部分地段显示较清楚的变晶糜棱结构，镜下可见石英多晶条带、长石旋转碎斑等，表现其遭受过强烈的韧性剪切变形。岩石中有大量长英质、花岗质岩脉体，亦强烈揉皱，呈不规则肠状或拉断成石香肠状。总体上原始的结构构造已经过区域变质作用彻底改造，难以寻觅，只有变质火山岩中残留有杏仁状构造特征。断裂也多为走向断裂，与区域构造线方向一致。总体上已呈层状或片状无序的构造岩石地层单元，片褶厚度大于 5 874m。

(四)含矿特征

该套变质地层中含铁建造为区内重要的含矿层位，在塔合曼—达布达尔—西若一带形成规模巨大的富磁铁矿成矿带，总长度超过 110km。

另外，布伦阔勒岩群中发育大量的伟晶岩脉，显示较好的成矿性，产白云母、水晶、绿柱石等矿产。

(五)原岩建造及环境分析

布伦阔勒岩群为一套中基性火山岩-碎屑岩-碳酸盐岩建造。依据岩石的野外地质特征、岩石化学、地球化学及副矿物特征等，将布伦阔勒岩群主要岩石类型的原岩恢复如下：片岩类原岩主要为泥岩、粉砂质泥岩，部分为泥质粉砂岩；片麻岩类原岩主要为杂砂岩，部分角闪石含量偏高而石英含量偏低的岩石原岩中可能为中酸性火山岩或有火山碎屑物质的加入；大理岩类原岩主要为灰岩，部分岩石原岩中含有少量泥砂质外来碎屑；石英岩类原岩主要为石英砂岩和长石石英砂岩；斜长角闪质岩类原岩主要为中基性火山岩。

从岩石组合和沉积建造综合分析认为，布伦阔勒岩群形成于海相沉积，火山活动强烈，具多旋回喷发特征，并自西向东(原始沉积层序已无法恢复)形成硅铁建造-中基性火山岩建造-碎屑岩建造-碳酸盐岩建造组合。

(六)地层划分及时代归属讨论

关于布伦阔勒岩群的时代，前苏联的马尔科夫斯基(1956)划为前寒武系。汪玉珍①等将该套

---

① 新疆地质矿产局第二地质大队．1∶50 万新疆南疆西部地质图、矿产图及说明书．1985．

地层的时代定为元古代，称布伦阔勒岩群。新疆地调院①进一步细分为瓦恰岩组、五古力牙特岩组，部分划为赛图拉岩群塔米尔岩组，并在该套地层中获得锆石 Pb-Pb 蒸发年龄为 1 174±35Ma，时代定为长城纪。

根据布伦阔勒岩群的变质程度达高角闪岩相，变形强烈，与区内仅轻微变质或未变质且常含丰富微古植物化石的长城系地层的总体面貌相差甚远，显然，布伦阔勒岩群的形成时代应早于长城纪，前苏联曾在西帕米尔与该群相当的变质岩系获得锆石 U-Pb 和全岩 Rb-Sr 等时线 2 130～2 700Ma的同位素年龄。另外，该群发育的含铁建造具有古元古代的一个典型建造特征，具全球性对比意义，故本报告将布伦阔勒岩群的形成时代置于古元古代。

第二节　中元古界

区内的中元古界出露于西昆仑地层分区和塔南地层分区，在西昆仑地层分区变质岩系称为库浪那古岩群。测区东北部塔南地层分区铁克里克陆缘断隆带内分布有桑株塔格群碎屑岩-碳酸盐岩建造和博查特塔格组碳酸盐岩建造两个地层单元。

一、西昆仑地层分区库浪那古岩群($Pt_2K.$)

库浪那古岩群出露于柯岗结合带西侧，属西昆仑地层分区。主体发育于柯岗断裂与大同西岩体之间，呈北西长带状展布，在大同西岩体南部及其内部呈不规则状出露，与周围地层呈断层接触或被岩体吞噬，出露面积为 817km^2。

(一)剖面描述

1. 塔什库尔县库如克兰干-大同林场库浪那古岩群($Pt_2K.$)实测剖面(图 2-4)

该剖面起于塔什库尔干县库如克兰干东北，止于大同林场北，起点坐标为：X=4 172 600，Y=13 608 248；终点坐标为：X=4 164 320，Y=13 607 565。剖面方位 184°，总长度约 8.7km。下(东)与奥陶系玛列兹肯群为断层接触，上(西)被岩体侵入，未见顶。

中元古界库浪那古岩群($Pt_2K.$)　　(未见顶，岩体侵入)　　**片褶厚度>4 871.6m**

32. 黑云斜长片(麻)岩夹石英岩，硅化强烈，发育大量平行片理的石英细脉　60.0m
31. 含透闪石大理岩，重结晶颗粒粗大，达 1～0.5mm。透闪石呈无色或淡绿色针状、纤维状晶体，含量 1%～5%，不均匀分布　210.0m
30. 石英大理岩，局部夹石英岩薄层，二者多呈过渡关系　381.7m
29. 滑石化硅质条带大理岩，局部成分层呈强烈揉皱状　409.3m
28. 二云石英片岩。片理呈皱纹—揉皱状，沿片理长透镜状或肠状、钩状石英细脉发育，脉宽一般 0.5～2cm　71.6m
27. 斜长变粒岩与石英岩互层，夹少量透闪石大理岩、石英大理岩　148.6m
26. 二云石英片岩夹黑云石英片岩，有少量片麻状石英闪长岩及黑云斜长片麻岩细脉穿插。黑云石英片岩中沿片理分布不规则条带状、囊状等石英细脉　160.8m
25. 黑云斜长片麻岩，含大量未完全熔融的黑云石英片岩包体(残留体)，具密集、粗糙的浅-暗相间的条纹，构成片麻理，强烈揉皱　53.1m

① 新疆地质调查院. 1∶5 万班迪尔幅(J43E014015)区域地质图及说明书. 2000.

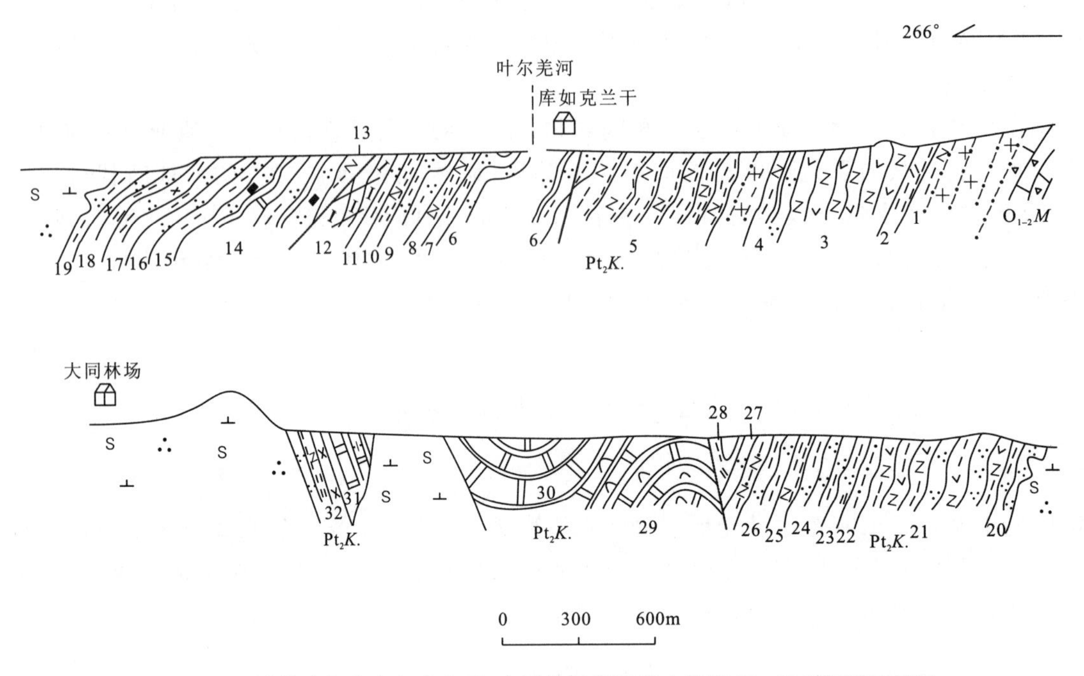

图 2-4 塔什库尔县库如克兰干-大同林场库浪那古岩群($Pt_2K.$)实测剖面图

24. 黑云石英片岩为主，夹少量石英岩，或二者呈不等厚互层状 202.0m
23. 绢云石英片岩，局部夹透闪石钙质石英岩 26.3m
22. 薄层状浅粒岩与黑云斜长片岩互层，局部夹斜长角闪片岩，内有少量片麻状石英闪长岩及伟晶岩细脉穿插，常呈揉皱状 50.9m
21. 黑云斜长角闪片岩为主，夹石英岩及黑云石英片岩 671.9m
20. 黑云石英片岩为主，夹少量石英岩、黑云斜长角闪岩，内有大量片麻状石英闪长岩及伟晶岩脉穿插 194.6m
19. 黑云石英片岩，有大量闪长岩细脉大致平行片理贯入，岩脉占 1/3～1/2 158.3m
18. 绢云黑云石英片岩为主，夹石英岩、钙质石英岩、红柱黑云石英片岩。夹层厚 0.2～1m，红柱石常聚集产出 270.0m
17. 黑云石英片岩为主，夹薄层状石英岩、红柱石黑云石英片岩及大理岩。沿片理有不规则透镜状石英脉贯入，片理多呈皱纹状弯曲 88.0m
16. 纹层状石英岩夹黑云石英片岩 17.5m
15. 黑云石英片岩夹薄层状石英岩，二者成分连续变化，常呈“韵律层”状，局部夹红柱黑云石英片岩。红柱石呈长柱状，直径为 0.2～2cm，长约 3cm，沿片理呈边缘圆化的压扁状，含量高者可达 20%～30% 49.5m
14. 纹层状磁铁石英岩为主，夹少量黑云石英片岩、大理岩。褶(揉)皱强烈 295.8m
13. 黑云斜长片岩为主，夹黑云石英片岩及少量石英岩 25.2m
12. 透辉石矽卡岩，内有少量花岗岩脉穿插 36.1m
11. 灰黑色—灰色黑云石英片岩，局部为黑云斜长片岩或黑云斜长石英片岩。岩石中可见同斜近倾竖褶皱 18.2m
10. 黑云斜长片麻岩夹石英岩。石英岩呈半透明乳状，细密、光滑，可作玉料，局部保留黑白相间的原始沉积纹层 85.9m
9. 黑云石英片岩，局部黑云母含量减少，呈黑云变粒岩夹层产出，有较多花岗质细脉平行片理或斜切片理贯入，花岗岩细脉约占 1/5 40.6m
8. 黑云斜长片麻岩，夹少量绿帘角闪石英片岩及石英岩。石英岩为变晶糜棱岩，片理面上发育一组明显的矿物生长线理，有较多伟晶岩脉顺片理贯入 50.1m
7. 二云石英片岩为主，局部为黑云斜长片岩或黑云石英片岩，夹长石石英岩。有较多具肠状揉皱的花

岗质细脉沿片理贯入 72.3m

6. 白色石英岩为主，夹少量黑云石英片岩。石英岩具沉积纹层，与片理方向不一致，并具强烈揉皱，局部破碎成碎裂岩 99.9m

5. 黑云斜长片麻岩为主，夹少量斜长角闪片岩和石英岩，有较多花岗岩及伟晶岩脉穿插 573.3m

4. 黑云斜长片(麻)岩夹纹层状石英岩。局部石英岩具变晶糜棱岩特征，较多花岗质细脉沿片理贯入，占 1/3～1/4 104.5m

3. 斜长角闪片岩为主，有较多伟晶岩及花岗岩脉平行或斜切片理贯入 303.2m

2. 黑云二长片麻岩，较多花岗岩细脉大致平行片理贯入，占 1/3～1/4 49.8m

1. 黑云斜长片麻岩夹透闪石片岩。岩石呈褐黄色间夹灰白色条纹，条纹宽约 1cm，有大量宽 0.2～2m 的伟晶岩及花岗岩细脉穿插，约占 1/3，揉皱强烈 22.6m

═══════ 韧性剪切带 ═══════

奥陶系玛列兹肯群($O_{1-2}M$)：砾状灰岩

2. 叶城县奎乃西中元古界库浪那古岩群($Pt_2K.$)剖面(图 2-5)

该剖面起于叶城县奎乃西，止于叶城县苏提盖希，起点坐标为：X=4 110 575，Y=13 622 783；终点坐标为：X=4 114 832，Y=1 362 223。剖面方位 353°，总长度约 4.5km，两端均被岩体吞噬。

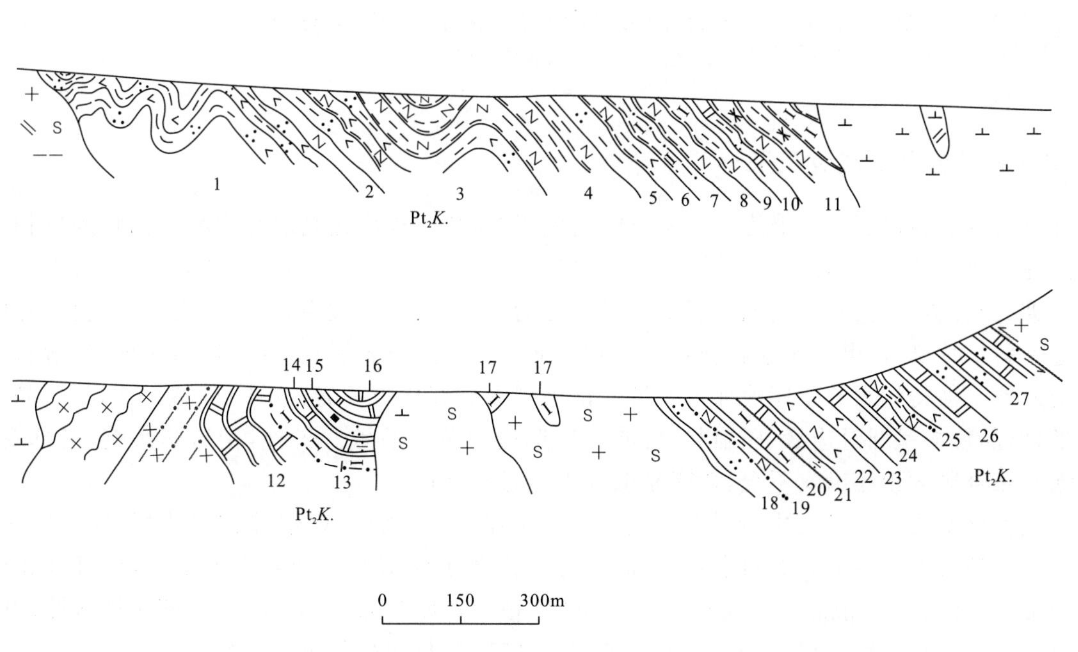

图 2-5 叶城县奎乃西中元古界库浪那古岩群($Pt_2K.$)剖面图

中元古界库浪那古岩群($Pt_2K.$) (未见顶，岩体吞噬) **厚度>1 152.5m**

27. 浅灰色石英大理岩 127.2m

26. 白色粗粒大理岩，可见灰色条纹状平行变成层理 37.6m

25. 浅灰红色黑云斜长变粒岩为主，夹灰黑色透辉石角闪片岩，共组成 5 个韵律 47.0m

24. 白色粗粒透辉石大理岩 98.7m

23. 黑色钙质角闪片岩 9.4m

22. 灰黑色斜长角闪岩 61.6m

21. 白色透闪透辉石大理岩 8.8m

层号及岩性	厚度
20. 灰白色粗粒透辉石大理岩	58.2m
19. 斜长浅粒岩与黑云斜长变粒岩互层	11.5m
18. 深灰色石英岩、浅灰色黑云斜长浅粒岩、细粒黑云斜长变粒岩韵律性互层	17.7m
17. 白色透辉石变粒岩。透辉石粗大，半自形板柱状，1.5～3cm，大者达 5cm	10.3m
16. 白色大理岩	45.3m
15. 黑色磁铁石英岩。磁铁矿呈 0.1～0.3mm 的他形粒状，不均匀分布	6.6m
14. 白色透闪石大理岩	1.3m
13. 灰褐色透辉石变粒岩。透辉石呈 3mm 的柱状，杂乱不均匀分布，含量为 5%～30%	9.1m
12. 浅灰白色粗晶透闪石大理岩，发育青色或灰色条纹，宽 0.5～1cm	40.5m
11. 灰红色黑云斜长片麻岩夹少量透辉石岩。个别石英呈圆状砂屑形态	197.9m
10. 青灰色黑云石英大理岩	21.7m
9. 青灰色黑云透辉斜长片麻岩为主，夹灰红色黑云透辉斜长片麻岩	29.0m
8. 灰色、灰红色黑云斜长片麻岩	29.7m
7. 青灰色透辉变粒岩	20.0m
6. 灰红色角闪黑云斜长片麻岩	15.7m
5. 灰黑色黑云石英片岩	23.5m
4. 灰色黑云斜长片麻岩，顺片麻理发育白色石英脉	48.0m
3. 灰白色角闪斜长片麻岩与灰红色角闪黑云石英片岩互层。韵律层厚度约 20cm，向上片岩渐少，向片麻岩过渡	99.1m
2. 灰白色角斜长片麻岩夹灰红色角闪黑云石英片岩，共见 4 个韵律层	19.7m
1. 灰红色角闪黑云石英片岩。片理褶曲较强烈，个别石英保留砂状形态，石英脉极发育	57.4m

（未见底，岩体吞噬）

（二）地层特征及横向变化

区内出露的库浪那古岩群为一套中—深变质岩系，变质程度达高绿片岩相—高角闪岩相，部分叠加接触变质。总体包括两套岩性组合，下部岩段以各种结晶片岩（白云母片岩、黑云石英片岩、二云片岩、二云石英片岩、斜长角闪片岩等）、石英岩为主，其次为大理岩、片麻岩类（黑云斜长片麻岩、黑云透辉斜长片麻岩、黑云阳起斜长片麻岩）等，夹少量变火山岩层；上部岩段为大理岩，滑石、透闪石蚀变强烈。值得注意的是库浪那古岩群内部出现多层红柱石片岩，红柱石呈粗大的变斑晶，可达数厘米，但晶形多呈圆滑边缘、压扁状，可能系后期应力改造所致。另外，受岩体影响，南部变质变形略强。该群区内顶底出露不全，片褶厚度大于 1 152.5m。

区域上该套中元古界变质地层在西昆仑广泛出露，尤以大同、库浪那古河流域、库塞图拉北侧出露较好。该群在区域上岩石组合特征基本一致，由北东向南西大理岩逐渐增多，厚度变化较大，大同一带厚 4 872m，库浪那古河流域厚 3 375m，库地一带厚 3 025～3 669m，赛图拉地区厚2 990m。上述地区该套地层岩性组合、变质、变形特征吻合性较好，具很好的可对比性。

（三）变形特征

除其中少量火山岩夹层中见残留的气孔状、杏仁状构造外，其他岩石难见残余结构、构造，原始层理已难寻觅。局部地段组成复式背、向形构造，露头内可见层内紧闭褶皱、倾竖褶皱、肠状及不规则状褶皱等。部分岩石中石英颗粒呈拉长状，亚颗粒发育，显示了强烈塑性流变构造岩石特征，总体已呈层状无序的构造-岩石地层单元。

（四）原岩建造及环境分析

通过原岩恢复，变粒岩、片麻岩类原岩为石英砂岩、长石砂岩、杂砂岩等碎屑岩类；片岩类原岩为泥岩或粉砂质泥岩;大理岩原岩为灰岩,斜长角闪岩原岩为玄武岩。由此看出,库浪那古岩群原岩为一套碎屑岩-碳酸盐岩夹基性火山岩建造。其中,下部为碎屑岩建造,中部为碎屑岩、碳酸盐岩建造,上部为碳酸盐岩建造。根据岩石组合、沉积建造综合分析认为,库浪那古岩群应属于浅海相沉积,伴有弱的火山喷发沉积。

(五)地层划分及对比

库浪那古岩群由新疆第十三大队七中队创名①,命名地点在叶城县库浪那古河。区域上该套中元古界变质地层在西昆仑山一带广泛出露,前人曾对该套变质地层命名为库浪那古岩群、欧阳麦切特群、拉斯克姆群、科岗达万群等不同名称,并赋予不同时代含义。本次工作通过系统路线调查和剖面研究对比认为,它们的出露位置基本相同,主要岩性均以各类结晶片岩、石英岩和大理岩为主,夹少量火山岩,变质、变形特征基本一致,具很好的可对比性,属同物异名现象。据此,本报告统一命名为库浪那古岩群。

(六)时代归属讨论

库浪那古岩群与别的地层未见正常接触关系,缺少可靠的时代归属依据。区域上大同西岩体及新-藏公路128km岩体侵入库浪那古岩群,大同西岩体的同位素年龄值为U-Pb(Zr)480.43±5Ma、新-藏公路128km岩体的同位素年龄值为U-Pb(Zr)495Ma、K-Ar(Hb)527.6Ma,据此界定该套地层应属前寒武纪。考虑到库浪那古岩群变质程度相对不是很深,与其仅有一条断层之隔的赫罗斯坦岩群的变质变形程度都明显高于库浪那古岩群,从侵入两套变质地层的岩体时代推断,库浪那古岩群的形成时代也反映其可能要晚于赫罗斯坦岩群。

据此,本报告把库浪那古岩群的时代暂定为中元古代。

二、塔南地层分区

(一)蓟县系桑株塔格群(JxS)

桑株塔格群主要出露于阿克陶县库斯拉甫西、克森达坂、克音勒克达坂等地,除在克音勒克达坂—喀拉瓦什克一带呈北宽南窄的楔状被米亚断裂截断尖灭外,其余多呈规模不等、形态不规则的断块出露,桑株塔格群与周围地层多呈断层接触关系或被岩体侵入,出露面积约230.6km^2。

1.剖面描述

阿克陶县库斯拉甫西蓟县系桑株塔格群(Jx*S*)实测剖面(图2-6)

剖面位于阿克陶县库斯拉甫西莎(车)-塔(什库尔干)公路边,起点坐标为:X=4 205 242,Y=13 613 034;终点坐标为:X=4 204 827,Y=13 612 380。剖面方位235°,长度670m。该剖面露头较连续,但受断层影响,顶底出露不全,地层重复出现,本报告取其中一段叙述。

(未见顶)

断 层

蓟县系桑株塔格群(Jx*S*) **厚度>312.2m**

5. 灰黄色片理化细晶灰岩 19.3m

4. 灰黄色细晶灰岩,发育纹层构造 9.7m

① 地质部第十三地质大队.昆仑山西北坡(J-43-ⅩⅩⅨ、J-43-ⅩⅩⅢ)1:20万地质测量与普查工作报告.1958.

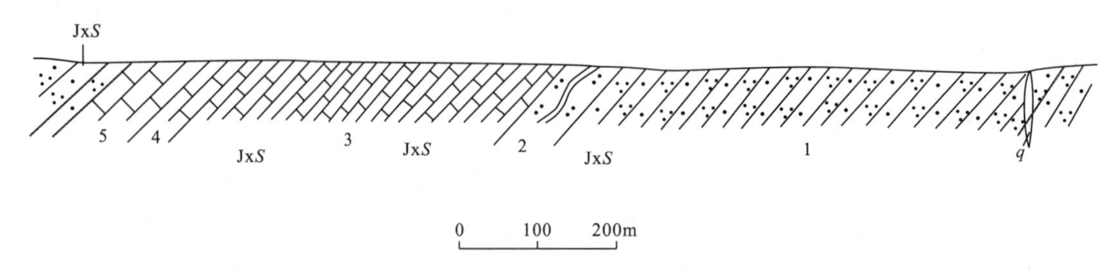

图 2-6 阿克陶县库斯拉甫西蓟县系桑株塔格群(JxS)实测剖面图

3. 灰黄色、灰绿色薄板状细晶灰岩,单层厚度 1～5cm 105.8m

2. 灰黑色粉砂质板岩 23.3m

1. 灰黄色中薄层状变细粒石英砂岩,单层厚 5～20cm,平行层理发育 154.1m

断 层

(未见底)

2. 地层特征及横向变化

桑株塔格群在区内顶底出露不全,与周围地层多呈断层接触关系,系一套轻微变质的地层单元。区内下部为碎屑岩,主要岩性为灰黄色变砂岩、灰黑色粉砂质板岩;上部为灰黄色、灰绿色细晶灰岩,单层厚度较薄。常发生轻微变质而形成各种类型的大理岩。由于受断层截切、褶皱改造、岩体侵入等原因,使其已呈支离破碎的断块,原始层序已难以恢复。根据剖面研究及路线观测结果,该套地层具以下特点:以灰色、灰黄色为主,单层厚度较薄,水平层理发育,总体呈向上粒度变细的退积结构特点,从其岩性组合、生物面貌、沉积构造等各方面综合分析,本区的桑株塔格群为海进序列滨-浅海环境沉积的产物,出露厚度大于 312.2m。

区域上该套地层岩性组合有碳酸盐岩(灰岩和各种大理岩)和碎屑岩(各种板岩、石英砂岩、粉砂岩、变砂岩、各种片岩、片麻岩等),在各地碳酸盐岩和碎屑岩的比例各不相同,岩石变质程度由西向东逐渐加深,厚度增大。

3. 地层划分及对比

由于研究程度较低,长期以来,分布在西昆仑山以北的这一套变质岩地层被命名为不同名称并赋予不同的含义。对区内这套地层汪玉珍等①曾将其归入未分长城系,1999 年《新疆岩石地层》将出露于恰尔隆萨依地区的一套浅变质岩称桑株塔格群,并将测区北邻图幅的也提木苏达坂剖面和恰隆萨依剖面选为层型剖面和参考剖面,空间展布上与本区所划桑株塔格群相连,本报告沿用这一划分方案。

4. 时代归属讨论

①桑株塔格群在区内未见其与周围地层正常的接触关系,区域上其被有古生物依据的侏罗系叶尔羌群角度不整合超覆,时代应早于叶尔羌群。

②前人①曾在区内库斯拉甫西侧叶尔羌河边黑色板岩中的礁状叠层石灰岩透镜体夹层中采获 *Jacutophyton*(雅库叠层石),经缪长泉鉴定其时代为蓟县纪。区域上该套地层中亦有 *Jacutophy-*

① 新疆地质矿产局第二地质大队. 1∶50 万新疆南疆西部地质图、矿产图及说明书. 1985.

ton、*Conophyton*、*Baicalia*、*Paraconophyton* 等叠层石发育，从其主要分子特征看类似于新疆蓟县纪金雁山组合。

③本次工作在阿孜拜迪村南近 1.5km 处侵入桑株塔格群的阿孜别里地岩体中采集一组锆石 U－Pb 同位素年龄样，经天津地质矿产研究所测试，获得上交点年龄为 1 301±15Ma。

④新疆地质矿产局第二地质大队综合组① 1983 年在侵入桑株塔格群的亚瓦勒克岩体中采集角闪石 K－Ar 测年样结果为 532Ma。

综上所述，将桑株塔格群的时代置于蓟县纪。

（二）蓟县系博查特塔格组(Jx*bc*)

博查特塔格组沿塔里木盆地西南部边缘出露，广泛分布于坎地里克—苏库里克—坎埃孜一带，出露面积约 86km²，向东延出测区，区内往往顶底出露不全，本报告引用东邻图幅剖面叙述。

1. 剖面描述

叶城县探勒克东蓟县系博查特塔格组实测剖面(图 2－7)

该剖面位于叶城县探勒克东，起点坐标为：X＝4 123 653，Y＝13 650 437；终点坐标为：X＝4 124 357，Y＝13 650 514。剖面方位 10°，剖面长度约 0.7km，下与赫罗斯坦岩群呈断层接触，上与苏玛兰组呈整合接触。

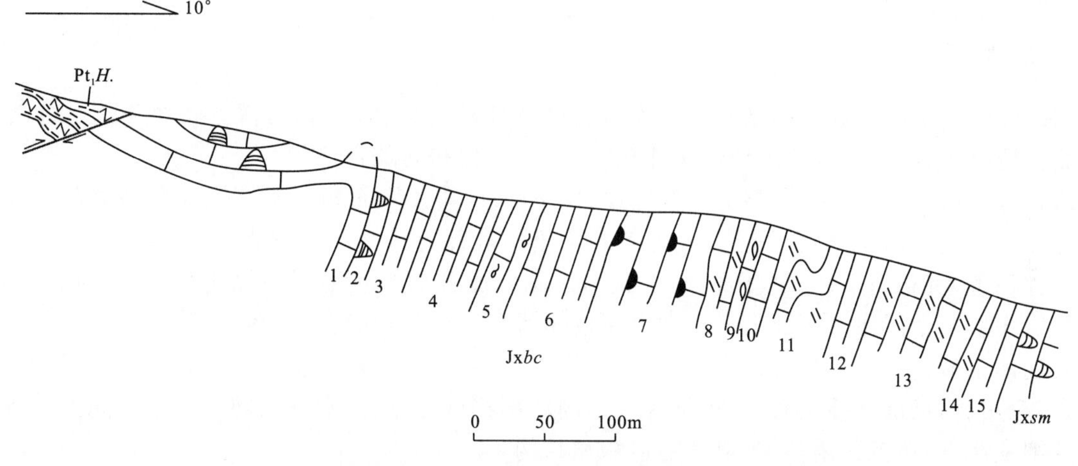

图 2－7　叶城县探勒克东蓟县系博查特塔格组(Jx*bc*)实测剖面图

蓟县系苏玛兰组(Jx*sm*)：紫红色厚层状叠层石灰岩

——————　整　合　——————

蓟县系博查特塔格组(Jx*bc*)	**厚度＞456.9m**
15. 灰色厚层状微晶灰岩，单层厚 70～80cm，岩石表面发育褐色铁质锈斑	23.52m
14. 浅灰红色薄层状白云岩，单层厚 20～30cm	4.7m
13. 浅灰色厚层状白云岩，单层厚 60～80cm	70.56m
12. 黑色巨厚层状泥灰岩，单层厚度大于 2m	16.75m
11. 浅灰白色巨厚层状细晶白云岩，单层厚度大于 2m	23.93m
10. 黑色巨厚层状泥灰岩，单层厚度大于 2m	16.80m
9. 灰色中—厚层状砾屑灰岩，单层厚 20～30cm，砾屑为内碎屑，含量约 30％	2.97m

① 新疆地质矿产局第二地质大队. 1：50 万新疆南疆西部地质图、矿产图及说明书. 1985.

8. 灰色巨厚层状白云质灰岩，单层厚 1.5～1.8m	24.53m
7. 灰色厚层状含燧石团块中—细晶灰岩，单层厚 60～80cm，燧石团块约 8%，1～3cm	73.49m
6. 浅灰黑色薄板状粉晶灰岩，单层厚 5～8cm，发育水平纹层	58.67m
5. 灰黑色薄板状硅质条带泥晶灰岩，单层厚 2～7cm，硅质条带多为 0.5～1.5mm	18.39m
4. 灰黑色薄层状泥晶灰岩夹灰红色薄板状泥晶灰岩，二者比例为 8∶1～10∶1，共 4 个韵律	55.17m
3. 浅紫红、灰白色薄板状粉晶灰岩，组成互层颜色条带，单层厚 3～7cm	29.59m
2. 灰白色中—厚层状叠层石灰质白云岩，单层厚 40～60cm	9.84m
1. 灰黑色中—厚层状泥晶灰岩，夹少量砂屑灰岩，单层厚 40～60cm	9.84m

═══════ 断　层 ═══════

古元古界赫罗斯坦岩群（$Pt_1H.$）：灰白色黑云二长片麻岩

2. 岩性特征及横向变化

该套地层总体色杂，底部往往有一层砾岩，上界以鲜艳叠层石灰岩大量出现与上覆苏玛兰组区分。主要岩石类型有微晶灰岩、粉晶灰岩、泥质灰岩、砾屑灰岩、硅质条带泥晶灰岩、弱白云岩化微晶灰岩、白云岩、白云质灰岩，厚大于 456.9m。在坎地里克、许许达腊等地见玄武岩、安山岩及安山质角砾岩、碎屑岩夹层。

区内博查特塔格组与下伏赫罗斯坦岩群呈角度不整合接触，上被泥盆系奇自拉夫组超覆，区域上与上覆苏玛兰组整合过渡关系，各地的出露厚度为 330～3 171m 不等，厚度变化呈自西向东、由北向南逐渐增厚的趋势，总体上西部以碳酸盐岩夹喷发岩和碎屑岩为主，向东则以碳酸盐岩为主。

3. 层序特征

在剖面研究及路线观察的基础上对该组层序特征进行了初步划分，博查特塔格组总体为典型碳酸盐台地沉积，沉积相可分为台地潮坪相、开阔台地相和局限台地相。

博查特塔格组构成一个完整的三级层序（图 2－8），其底界面相当于塞拉加兹格群与博查特塔格组之间的不整合面，不整合面之上的博查特塔格组底部为陆上冲积扇部分，厚度小于 5m，横向分布不十分稳定，沉积物系冲积成因的砾岩、砂岩，砾岩成分为下伏地层的风化物，属Ⅰ型层序界面，该三级层序属Ⅰ型层序。剖面上可识别出海侵体系域、饥饿段和高水位体系域。

海侵体系域包括博查特塔格组下部，主要为一套薄板状、薄层状灰岩组合，岩性有砂屑灰岩、粉晶灰岩、泥灰岩，局部含叠层石，沉积物具台地潮坪相特点，形成于潮坪潮间带环境。向上陆源碎屑沉积变细变薄，内源沉积增多，为显著的退积型结构。

饥饿段位于海侵体系域之上，发育单层厚度极薄的灰岩和硅质岩，颜色较深，细密水平纹层极发育，两种岩性韵律性叠置，具明显的沉积速率减缓的饥饿期加积结构特点，形成于海泛最大时期的浅海陆棚环境。

高水位体系域位于该组中、上部，显著特征之一就是发育广阔的碳酸盐台地沉积相序，主要岩性为厚层状中细晶灰岩、硅质条带灰岩、巨厚层状白云岩和白云质灰岩，具向上呈增厚、进积结构特征，沉积相序为开阔台地、局限台地，指示开阔海清水环境，属开阔台地相，往上向局限台地演化，局限台地发展末期曾有短暂暴露事件发生，所以在高水位体系域顶界出现铁质锈斑风化特征。总体海平面呈缓慢下降的过程，并长期保持海平面相对较高的状态。

博查特塔格组的砂岩类型主要有石英砂岩和长石石英砂岩，碎屑的主要成分为单晶石英，平均为 93%，长石平均为 7%，岩屑成分少见，基本组合为 QF 型，说明此时期为稳定陆表海盆地沉积环境。

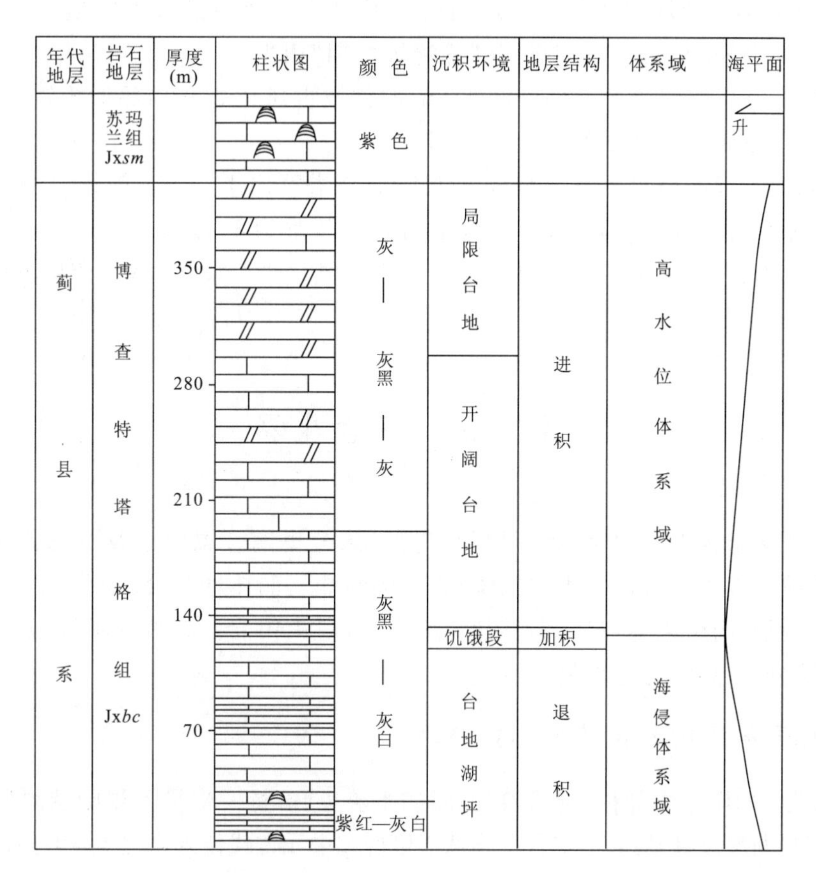

图 2-8 博查特塔格组沉积层序图

4. 地层划分及对比

博查特塔格组由新疆第十三大队创名①，称为博查特塔格岩系，时代置于寒武纪—早奥陶世。汪玉珍、马世鹏等将其时代置于蓟县纪②，并在本组之下建立了布卡吐维组、拉依勒克组、卡拉克尔组；《新疆维吾尔自治区岩石地层》将其时代厘定为青白口纪。本次工作经路线地质调查及剖面研究，在与博查特塔格组整合接触的苏玛兰组顶面发现一厚约 1.5m 的铁质古风化壳，二者间为微角度不整合接触，从而将其时代重新厘定为蓟县纪，不整合面其上划为青白口系。

5. 时代归属讨论

（1）前人②在区内新疆公路 103～101km 处采得叠层石？*Acalellia* f.，*Colonnella* f.，*Parmites* f.，*Collenia* f.，*Jurusania* f.；在阿卡孜采获叠层石 *Jurusania bozhaietagensis*，*Parmites* f.，*Siluphyton kunlunshanense*，？*Tungussia* f.，？*Minjaria* f.；在棋盘乡阿其克能依其沟采获叠层石 *Boxonia* f.，还有大量微古植物 *Trachysphaeridium* cf. *laminarites*，*T. simplex*，*T. incrassatum*，*T. rugosum*，*T. cultum*，*Pseudozonosphaera* sp.，*P. asperella*，*P. verrucosa*；在坎地里克采获 *Scopulimorpha* f.，？*Conophyton* f.，？*Paniscollenia* f.。认为博查特塔格组叠层石、微古植物组合面貌相当于蓟县系剖面Ⅴ组合，亦有部分Ⅲ、Ⅳ组合分子，时代相当于蓟县系晚期或青白口纪。

① 地质部第十三地质大队. 西昆仑山北坡 1∶20 万地质测量与普查工作报告. 1958.

② 新疆地质矿产局第二地质大队. 1∶50 万新疆南疆西部地质图、矿产图及说明书. 1985.

(2)1981年新疆第二地质大队与新疆地质研究所对该套地层进行了古地磁研究，其结论为反极性期：$\lambda=173.6°$，$\varphi=40.9°$，$\varphi_{古}=-19°$，与“铁岭极性期”相当。

(3)本次工作在苏玛兰组顶部见到厚约1.5m的铁质古风化壳并局部形成铁矿层，不整合证据确凿，从而将青白口系底界上移至苏玛兰组顶部。

(4)东邻图幅博查特塔格组不整合覆盖在塞位加兹塔群之上，1978年新疆第二地质大队在阿其克河中游塞拉加兹塔格群角斑岩Rb－Sr全岩等时线年龄为1 764Ma。

综合上述古生物、古地磁资料及苏玛兰顶部的饫质风化壳等证据，将博查特塔格组的时代置于蓟县纪。

第三节　下古生界

下古生界在测区出露下—中奥陶统玛列兹肯群、未分奥陶—志留系及下志留统温泉沟组3个地层单元。玛列兹肯群为一套富含生物的碎屑岩-碳酸盐岩韵律性组合，未分奥陶—志留系为低绿片岩相变质地层，温泉沟组以碎屑岩、碳酸盐岩为主，少量火山岩。三者互不接触，分属于塔南地层分区、西昆仑地层分区、喀喇昆仑地层分区。

一、塔南地层分区玛列兹肯群($O_{1-2}M$)

该群在叶尔羌河两岸琼阔如格、阿依希隆、阔如木鲁克、恰特一带呈不规则港湾形态展布，上未见顶，与下伏地层多呈断层接触，局部不整合在桑株塔格群和中元古代侵入岩之上，出露面积约300km²。

(一)剖面描述

莎车县恰特下—中奥陶统玛列兹肯群($O_{1-2}M$)实测剖面(图2－9)

该剖面位于莎车县恰特村一带，起点坐标为：X＝4 186 293，Y＝13 620 551；终点坐标为：X＝4 187 675，Y＝13 616 261。剖面方位274°，剖面长约5.4km，下与桑株塔格群呈不整合接触，上未见顶。

下—中奥陶统玛列兹肯群($O_{1-2}M$)　　(未见顶)	**厚度＞1 625.8m**
36. 灰色粉砂质泥岩夹薄层状钙质细粒石英砂岩。泥岩页理发育，总体向上变粗变厚	＞120.6m
35. 灰色含碳粉砂质微晶灰岩夹浅灰色钙质细粒石英砂岩，总体向上变厚变粗	30.7m
34. 灰色粉砂质泥岩，页理发育	53.8m
33. 灰黑色碳质泥岩，底部1.2m为薄板状灰岩夹泥岩，向上泥岩含量增加，厚度变大，页理发育	15.4m
32. 灰色薄层状含生物碎屑泥晶灰岩，向上变细变薄。产海百合茎、双壳、腹足等，约10%，向上渐少，水平层理发育	127.6m
31. 灰色中—厚层状细—中粒石英砂岩，平行层理发育，局部可见交错层理，为退积结构	18.3m
30. 灰色中—薄层状含生物屑泥晶灰岩，平行层理发育，下部不明显进积结构，上部进积结构特征显著，含少量完整的底栖类动物化石	69.0m
29. 灰色厚层状细粒石英砂岩，总体为退积结构，局部为进积结构，双向交错层理发育	21.0m
28. 浅灰色薄层状钙质细粒石英砂岩，向上变细变薄	10.2m
27. 灰色薄层状生物碎屑泥晶灰岩夹含生物碎屑泥晶灰岩。产海百合茎、双壳、腹足等，生物含量最高可达30%。水平层理发育，产 *Ormoceras* sp.，*Labechia denticulate* Dong et Wang，*L. altunensis* Dong et Wang，*Goniasma* sp.，*Pseudozygipleuya* ? sp.，*Ptychompalina rotustelina*(Aiao)，*Orththonema* sp.，Strophomenids，*Nicolalla* sp.	137.2m

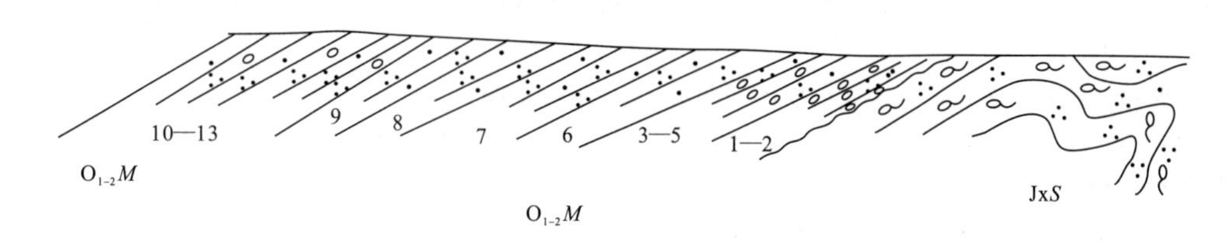

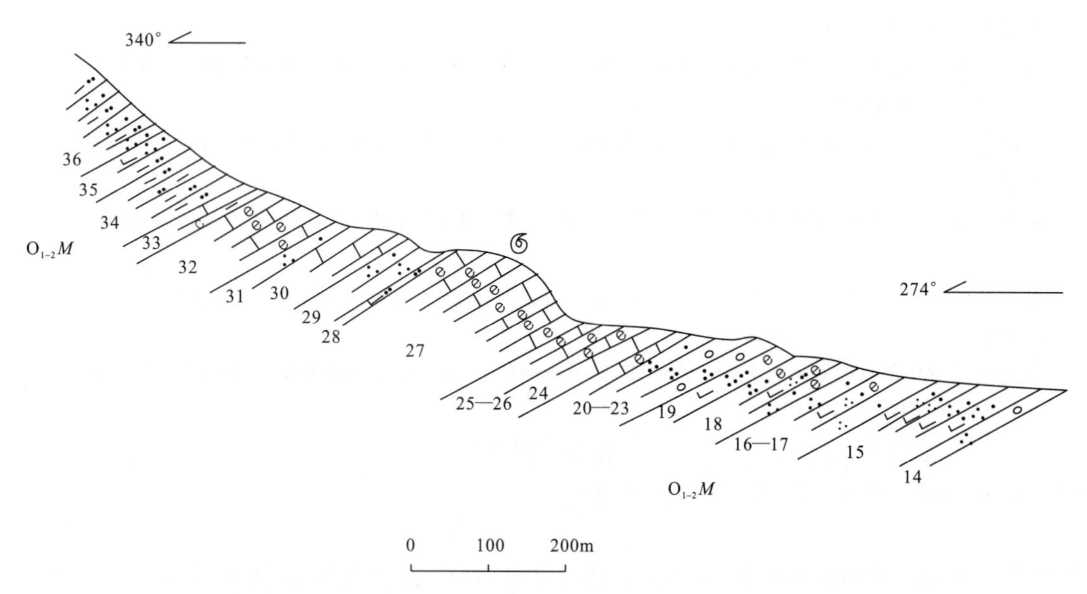

图 2-9　莎车县恰特下—中奥陶统玛列兹青群($Q_{1-2}M$)实测剖面图

26. 灰色薄层状生物碎屑泥晶灰岩夹薄层状泥晶灰岩　9.2m
25. 灰色薄层状生物碎屑泥晶灰岩夹薄层状含生物微晶灰岩,总体向上变薄　28.5m
24. 灰色中层含生物微晶灰岩夹灰色薄层状泥灰岩,页理发育。产海百合茎、双壳、腹足、珊瑚、棘皮等,向上变厚变细　39.7m
23. 灰色厚层状细粒石英砂岩与灰色中—薄层状含生物微晶灰岩互层,由下向上砂岩减少灰岩增多,总体向上变细变薄　8.8m
22. 灰色厚层状细粒石英砂岩夹灰色薄层状含生物屑微晶灰岩。产海百合茎、双壳、腹足、珊瑚、棘皮等碎屑,向上变细变薄　21.5m
21. 灰色、绿色、紫红色厚层状中—粗粒石英砂岩,局部夹砾质砂质透镜体,双向交错层理发育,总体向上变细　28.9m
20. 灰绿色、局部紫色厚层状砾质粗粒石英砂岩。砾石为石英岩和石英砂岩,含量为 2%～28%,总体向上为细砾石减少　14.2m
19. 浅灰色中—厚—薄层状含生物屑钙质石英粉砂岩,向上变厚　26.4m
18. 浅灰色厚层状含生物屑细粒石英砂岩夹灰色薄层状含生物屑钙质石英粉砂岩,二者比例约 7∶1,生物屑有海百合茎、双壳等。粉砂岩中水平层理发育,向上变厚变粗　36.5m
17. 灰色厚层状细粒石英砂岩与灰色薄层状含生物屑钙质细粒石英砂岩互层,向上变粗　16.3m
16. 灰色厚层状细粒石英砂岩夹灰色薄层状含生物屑钙质细粒石英砂岩,二者比例约 4∶1,向上灰岩夹层增多,生物屑有海百合茎、双壳等,含量约 18%　11.9m
15. 灰色厚层状钙质石英砂岩,韵律层厚 1～2.6m,向上变厚变粗　68.7m
14. 灰白色厚层状粗粒石英砂岩夹灰白色薄层状细粒石英砂岩,二者比例约 8∶1,向上变厚变粗　17.3m
13. 灰色细粒石英砂岩,底有厚 1.1m 的粗粒石英砂岩,向上变厚变粗　7.0m

12. 灰白色厚层状含砾粗粒石英砂岩夹褐色薄层状细粒石英砂岩，向上变细变薄 23.0m
11. 灰白色厚层状中粗粒石英砂岩与灰绿色厚层状细粒石英砂岩互层，向上变细变薄 1.0m
10. 灰白色厚层状中—粗粒石英砂岩夹灰色厚层状细粒石英砂岩，向上变细变薄，二者比例为 5∶1～10∶1 8.0m
9. 灰色厚层状细粒石英砂岩夹灰绿色粉砂岩薄皮，发育平行层理 33.5m
8. 灰绿色中—薄层状细粒石英砂岩夹灰绿色薄层状粉砂岩，向上变细变薄。粉砂岩中页理发育，韵律层厚约 90cm 33.5m
7. 灰绿色薄层状细粒石英砂岩夹灰白色中粒石英砂岩，向上变细变薄，平行层理发育，韵律层厚约 8m，二者比例约 10∶1 79.8m
6. 灰绿色厚层状细—中粒石英砂岩 48.3m
5. 灰绿色薄—厚层状含砾中—粗粒石英砂岩，呈楔状体，底有砾岩，向上变细，冲洗层理及交错层理发育，局部见浪成波痕 22.3m
4. 灰红色厚层状砾岩。砾石主要为石英岩、石英砂岩，大小为 4.5～11cm，含量约 90%，向上砾石减少，交错层理发育 14.8m
3. 灰绿色含砾中—粗粒石英砂岩。砾石主要为石英岩，磨圆好，含量约 7%，向上砾石减少减小，交错层理发育 0.8m
2. 灰色厚层状细砾岩夹粗粒石英砂岩透镜体，槽状交错层理发育，砾石向上变小，含量减少，槽状交错层理发育 32.6m
1. 灰色厚层状细砾岩夹砾质石英砂岩透镜体，二者比例约 8∶1。砾石主要为硅质、砂岩质，砾径多为 1～5cm，磨圆好，略具平行定向 8.8m

～～～～～～ 角度不整合 ～～～～～～

蓟县系桑株塔格群(JxS)：条带状变石英砂岩、大理岩

新疆第二地质大队[①]曾在此剖面采获丰富的化石，其中相当剖面第 16—19 层中有头足类 *Wutinoceras kunlunense*（昆仑五顶角石），*Adamsoceras xinjiangense*（新疆亚当斯角石），*Georgina duyeri*（德怀尔乔治娜角石），*G. kongurensis*（公格尔乔治娜角石），*Mesaktoceras sinicum*（中国间珠角石），*Armenoceras* sp.（阿门角石）；腹足类 *Mchelia* sp.（小爪螺），*Ecculiomphalus* sp.（松旋螺），*Donaldiella*? sp.（冬纳螺），*Loxonema* sp.（曲线螺），*Maclurites*? sp.（马氏螺）；三叶虫 *Proetidella*? sp.（小蚜头形虫），*Pliomerdae*（多股虫科）；层孔虫 *Tuvaechia formosa*（美丽图瓦层孔虫），*T. altunensis*（阿尔金图瓦层孔虫）；腕足类 *Valcourea* sp.（发库贝）等。在相当此剖面第 24—27 层中采获腕足类？*Dalmanella* sp.（？德姆贝），*Strophomena* sp.（扭月贝），*Platystrophia* sp.（平扭贝），*P.* cf. *lynx*（山猫平扭贝），*P. qiatea*（恰特平扭贝），*Rafinesquina* sp.（瑞芬贝），？*Playfairia* sp.（？蒲雷霏贝），？*Valcourea* sp.（？发库贝），？*Productorthis* sp.（？长身正形贝）；层孔虫 *Labechia crassiplata*（厚板拉贝希层孔虫）；腹足类 *Ecculiomphalus* sp.（松旋螺），*Donaldiella*? sp.（冬纳螺），*Lophospira* sp.（脊旋螺）等。

（二）地层特征及横向变化

该群据岩石组合特点可划分为 3 个岩性组合段，下部总体为碎屑岩，岩石类型主要有石英砾岩、石英砂岩，呈向上变细结构特征，斜层理较发育，沉积面貌具冲积扇、辫状河特点；中部韵律性明显，韵律层为（含砾）砂岩→砂质灰岩→生物灰岩，砂岩段往往具双向斜层理，该段富含生物，种类较多，有头足类、腕足类、腹足类、层孔虫等，总体为滨-浅海沉积；上部为一套细碎屑岩，呈细粒石英砂岩、碳质泥岩（粉砂质泥岩）韵律性互层，夹少量砂质灰岩，含笔石 *Dicranograptus* sp.，*Glyptogra-*

① 新疆地质矿产局第二地质大队. 1∶50 万新疆南疆西部地质图、矿产图及说明书. 1985.

ptus euglyphus, *G.* cf. *teretiusculus* 等，为滞流海湾环境沉积。

该群横向厚度变化较大，岩性组合基本一致，往往顶底出露不齐全（图2-10），叶尔羌河沿岸多见构造重复的碎屑岩段，少量碳酸盐岩，并且出现较多粗砾岩，砾石直径可达5～10cm，受柯岗结合带强烈挤压影响，使玛列兹肯群下部砾岩的砾石强烈压扁拉长定向，部分地段长短轴之比可达5∶1～10∶1；有些地段形成数十米的糜棱岩带或构造片理化带，灰岩已变成大理岩。

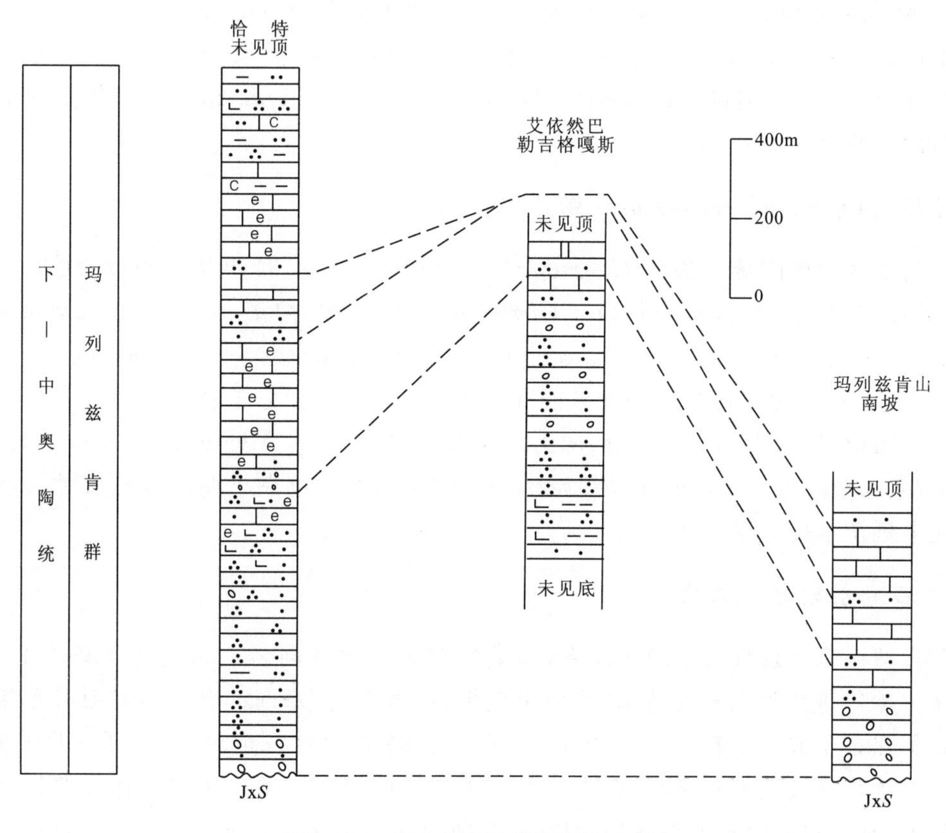

图2-10　玛列兹肯群区域柱状对比图

（三）含矿特征

区内在提特勒—喀特列克一带断裂带及大理岩（灰岩）中具铅、锌多金属矿化，矿化断续出露，宽度达数十米，指示该地层具有较好的含矿性。

（四）生物地层特征及对比

该区的奥陶系含大量古生物化石，主要生物门类有腕足类、腹足类、头足类、层孔虫、笔石等，可建立头足类 *Wutinoceras*-*Armenoceras* 组合带、腕足类 *Productorthis*-*Rafinesquina* 组合带、笔石类 *Glyptograptus teretiusculus* 带。

1. 头足类 *Wutinoceras*-*Armenoceras* 组合带

该组合带分布于玛列兹肯群中部（恰特剖面第16—19层），地方性色彩明显，特征分子有：*Wutinoceras kunlunense*, *Armenoceras* sp., *Ormoceras* sp.。该组头足类组合可以与华北地区下马家沟组 *Wutinoceras*-*Ploydesmia* 组合、上马家沟组 *Armenoceras taleiwai*-*Ormoceras* 组合及北喜玛拉雅地区阿来组 *Ormoceras*-*Wutinoceras* 组合对比，*Armenoceras* sp. 为北祁连山下奥陶统阴沟群的常见属种。该组合带的时代为早奥陶世早期。

2. 腕足类 *Productorthis* - *Rafinesquina* 组合带

该组合带分布于玛列兹肯群中上部(恰特剖面第24—27层)。由于研究程度不够,该组合带划分粗略,特征分子有 *Rafinesquina* sp. , *Productorthis* sp. ,共生分子有 *Platystrophia* sp. ,*Strophomella* sp. , *P.* cf . *lynx*, *P. qiatea*, ? *Dalmanella* sp. , ? *Playfairia* sp. 等。其中 *Productorthis* sp. 为大兴安岭东部兴隆—罕达气地区下奥陶统上部西秋河组 *Productorthis* - *Diparelasma* 组合的典型分子;*Rafinesquina* sp. 是北喜玛拉雅地区中奥陶统沟陇日组 *Rafinesquina* - *Sowerbyella* 组合的典型分子。与上述地区对比,将 *Productorthis* - *Rafinesquina* 组合的时代定为中奥陶世晚期—中奥陶世早期。

3. 笔石 *Glyptograptus teretiusculus* 带

该带与扬子区中奥陶统庙坡组 *Glyptograptus teretiusculus* 带层位一致,时代相当于兰代洛阶,特征分子有 *Orthograptus calcaratus*, *Glyptograptus euglyphus*, *G.* cf. *teretiusculus* 等,伴生分子有 *Dicranograptus nicholsoni*, *D. breviaulis*, *Dicellograptus divaricatus* ,*D. sextans exilis* 。其中 *Glyptograptus* 也见于阿尔金山地区的环形山组(中奥陶统)。王朴(2001)认为 *Dicranograptus nicholsoni* 和 *Orthograptus calcaratus* 为晚卡拉道克中期的常见分子,*Glyptograptus euglyphus*, *Dicellograptus divaricatus* 和 *D. sextans exilis* 为卡拉道克早期的常见属种。该笔石带的时代有可能上延至卡拉道克中期。

(五)岩石地层划分及对比

玛列兹肯群由玛列兹肯岩系演化而来,由地质部十三大队创名[①],并分上下两个岩系;新疆地质二大队汪玉珍等进一步划分恰特组、坎地里克组、博塔干组、库维希组[②],并将其顶部细碎屑岩段划归志留系买热孜干群;《新疆维吾尔自治区岩石地层》全部合并统称玛列兹肯群;王朴在买热孜干群下部泥页岩中采到大量笔石化石,新建上奥陶统秋久博依那克组。本次工作在路线调查及剖面研究的基础上,从可填图性角度考虑仍沿用《新疆维吾尔自治区岩石地层》的划分方案。

(六)层序特征

1. 层序分析

根据海平面变化及层序界面特征将玛列兹肯群划分为4个旋回性层序(图2-11)。除$Ⅲ_1$层序底界为Ⅰ型层序界面外,其余均为Ⅱ型层序界面。

(1)层序1

位于玛列兹肯群下部,层序1的底界为区域性角度不整合面,属Ⅰ型层序界面,层序为Ⅰ型层序。由低水位体系域、海侵体系域、高水位体系域构成。

低水位体系域相当于剖面第1—4层,主要由砾岩、砂岩、粉砂岩夹薄泥质层组成,以砾、砂岩为主,总体向上粒度变细,表现为往上砾石变小、变少,砂岩比例相应增加,二元结构清晰。沉积发育于陆上—海岸附近,这些砂砾岩应当是河口沉积物经波浪改造的产物。

海侵体系域相当于剖面第5—12层,海侵面位于低水位体系域顶部,底为一突变面,主要岩性为中—细粒石英砂岩、粉砂岩。由一系列向上变细变薄的退积型副层序叠置构成,局部可见海侵高

---

① 地质部第十三地质大队. 昆仑山西北坡(J-43-ⅩⅩⅨ、J-43-ⅩⅩⅢ)1:20万地质测量与普查工作报告. 1958.

② 新疆地质矿产局第二地质大队. 1:50万新疆南疆西部地质图、矿产图及说明书. 1985.

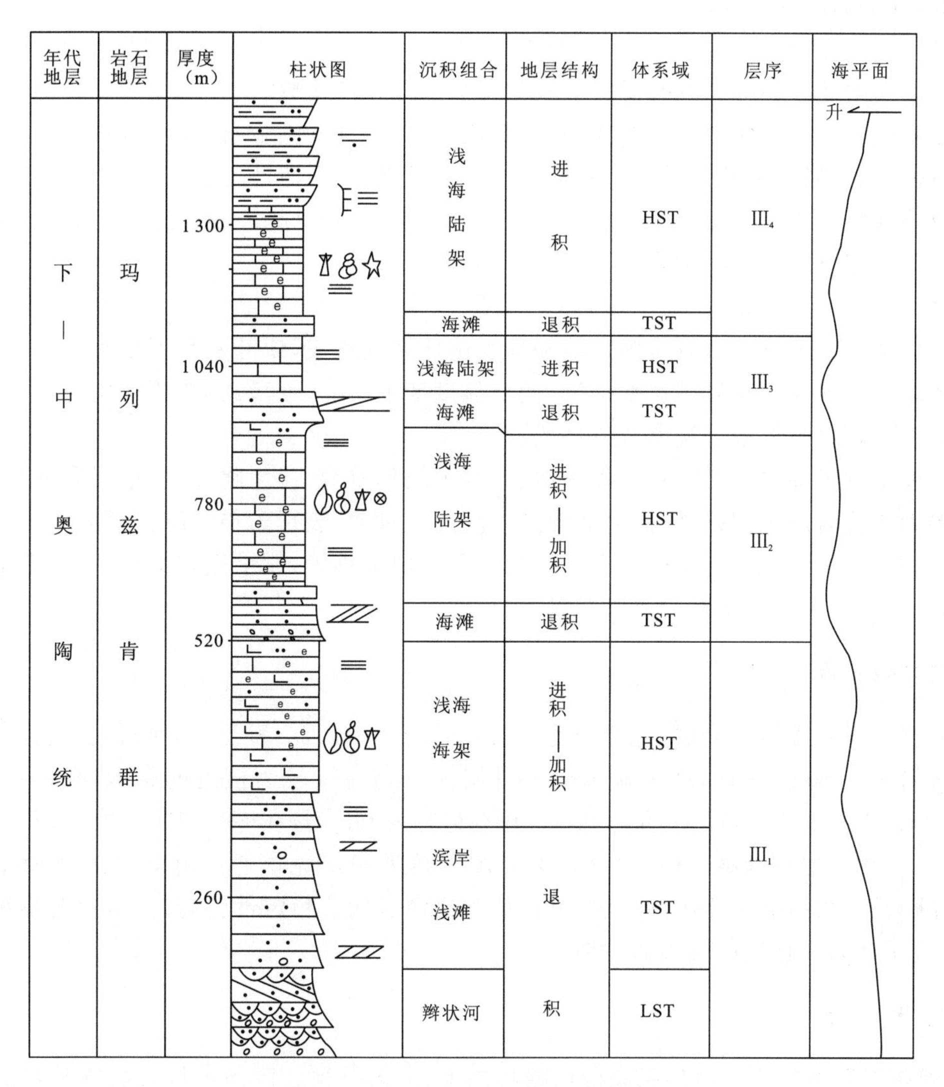

图 2-11 玛列兹肯群沉积层序柱状图

流速砾石层，发育水平层理、冲洗层理及低角度交错层理，顶部有保存良好的浪成波痕构造，总体表现出浅滩堆积特点。

高水位体系域相当于剖面第 13—19 层，主要为钙质细粒石英砂岩和微晶生物灰岩，二者呈不等厚韵律，总体呈向上变粗的进积结构特征，向上灰岩比例增大，其中含丰富的浅海相双壳类、腕足类、腹足类、海百合茎，化石大多保存完整，灰岩中的生物碎屑含量明显多于钙质砂岩中的，说明砂形成于浑水环境，生态环境较恶劣，灰质沉积于静水环境，含较完整的底栖群落化石，水平层理极发育，形成于浅海陆棚上部。

(2)层序 2

相当于剖面第 20—27 层，由海侵体系域及高水位体系域构成。

海侵体系域底为一突变面，主要岩性为砾质粗粒石英砂岩、中—粗粒石英砂岩，具总体向上粒度变细的进积结构特征，其中发育海侵滞留砾石，局部夹砾质砂质透镜体，低角度双向斜层理较普遍。

高水位体系域主体为一套富含生物的灰岩，夹薄层状泥晶灰岩，产底栖生活的海百合茎、双壳、腹足、珊瑚等，局部生物含量最高可达 30%。向上岩层呈变薄趋势，水平层理发育，总体形成于浅海陆棚下部，顶部为临滨环境沉积。

(3)层序 3

相当于剖面第 28—30 层，由海侵体系域和高水位体系域构成。

海侵体系域底面与下伏岩层呈突变，略有起伏，主要岩性为细粒石英砂岩，总体向上变薄变细，退积结构特征显著，局部见低角度双向交错层理，形成于滨岸海滩环境。

高水位体系域为灰色薄层状含生物屑泥晶灰岩，下部进积结构不很明显，上部进积结构特征显著，向上变粗，含完整的底栖类动物化石，形成于清水浅海环境。

(4)层序 4

位于剖面第 31—36 层，由海侵体系域和高水位体系域构成，顶部发育不完整。

海侵体系域底界与下伏岩层突变接触，向上粒度变细，层厚变薄，具退积结构特征，平行层理发育，局部可见交错层理，形成于滨海浅滩环境。

高水位体系域下部由浅海静水灰泥→滩相，水平层理发育，含生物介壳，单层向上变薄，生物屑减少。上部为滞流海湾沉积组合，向上渐向潮坪潮间带过渡，表现为单层厚度较薄，水平层理发育，呈泥-砂岩单调韵律性互层，韵律层厚十几厘米至几十厘米不等，显示进积结构特征，产丰富的笔石化石，指示海水与外海交流不畅的海湾背景。

2. 碎屑模型分析

玛列兹肯群发育大量砂岩层，主要类型有石英砂岩、长石石英岩类、钙质石英砂岩、岩屑石英砂岩等。通过对 17 个样品统计，结果显示砂岩骨架成分有一个较为接近的指数，平均指数为：$Q=96.6\%$，$F=1.66\%$，$L=1.66\%$，$C/Q=0.02$，基本组合为 QF 型，在库克(1974)的 QFR 图解上落入陆壳稳定区；在维罗尼和梅纳德(1981)的 QFL 图中落入稳定克拉通浅海盆地区(CR)；在 Dickinson(1979)的 QFL 图中落入陆块物源区，可以认为物源区构造稳定性较高，指示主要物源来源于塔里木古陆，说明此时为稳定的陆表海盆地。

(七)时代讨论

1. 玛列兹肯群不整合于蓟县系桑株塔格群之上，上未见顶。区内该群可建立头足类 *Wutinoceras*－*Armenoceras* 组合带(特马道克期)、腕足类 *Productorthis*－*Rafinesquina* 组合带(早奥陶世晚期—中奥陶世早期)和笔石类 *Glyptograptus teretiusculus* 带(兰代洛期)。

2. 托赫塔卡鲁姆山岩体被奥陶系不整合覆盖，该岩体的 Rb－Sr 等时线年龄值为 1 567Ma①。

3. 亚瓦勒克岩体被奥陶系玛列兹肯群不整合覆盖。该岩体角闪石的 K－Ar 年龄为 532Ma①。

据以上综合分析，玛列兹肯群的时代为早—中奥陶世。

二、西昆仑地层分区奥陶—志留系

奥陶—志留系总体沿科科什老克、司热洪、阿特巴希达坂一带呈不规则形态展布，此外在被提克古尔、阳给达坂等地也见零星出露，并被岩体大面积侵吞。出露面积为 332km^2。

(一)剖面描述

1. 塔什库尔干县司热洪奥陶—志留系实测剖面(图 2－12)

该剖面位于塔什库尔县司热洪，起点坐标为：$X=4\ 186\ 067$，$Y=13\ 542\ 801$；终点坐标为：$X=$

① 新疆地质矿产局第二地质大队. 1∶50 万新疆南疆西部地质图、矿产图及说明书. 1985.

4 187 411,Y=13 547 609。剖面方位 71°,总长度约 6.2km,顶底出露不全。

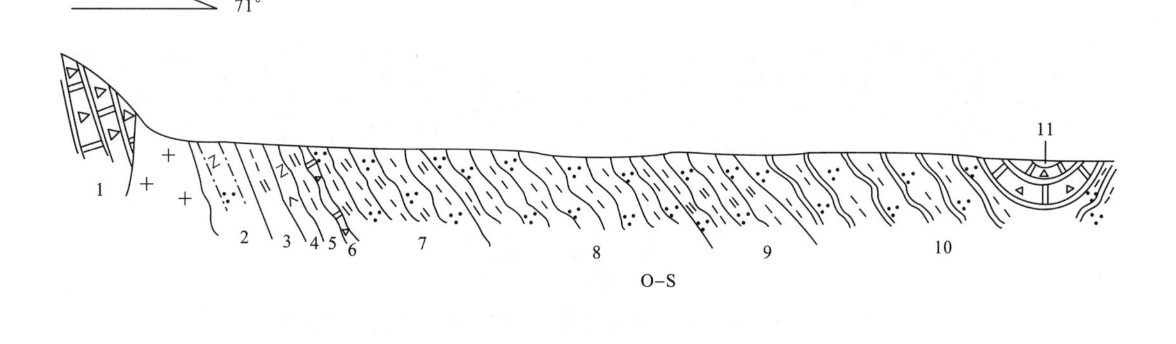

图 2－12　塔什库尔干县司热洪奥陶—志留系实测剖面图

奥陶—志留系	(未见顶)	片褶厚度>1 092.2m
11. 灰黄色碎裂大理岩		98.7m
10. 黑云母石英岩,局部具糜棱岩化		154.1m
9. 二云石英片岩		106.3m
8. 黑云石英片岩		234.6m
7. 二云石英片岩		212.6m
6. 碎裂大理岩		10.5m
5. 二云石英片岩		17.3m
4. 角闪斜长片岩。角闪石变斑晶含量约 10%,多呈 1cm 以下长柱状、针状,部分呈团块状分布不均匀		25.2m
3. 二云石英片岩,具糜棱岩化		44.1m
2. 灰白色蚀变长英质碎粒岩		87.3m
1. 浅黄色、灰白色碎裂大理岩,夹灰黑色窝状或透镜体状磁铁矿矿体,地表可见呈串珠状分布,另有较明显的孔雀石化		101.5m
	(未见底,覆盖)	

2. 塔什库尔干县科科什老克奥陶—志留系实测剖面(图 2－13)

该剖面位于塔什库尔干县科科什老克塔什库尔干河北岸,起点坐标为:X=4 189 297,Y=13 566 039;终点坐标为:X=4 190 656,Y=13 568 708。剖面方位 60°,剖面总长度为 3.6km,两端被岩体侵入。

奥陶—志留系	(未见顶)	片褶厚度>2 007.3m
17. 浅灰色钙质二云石英片岩夹角闪斜长片岩,褶皱极发育		113.8m
16. 浅灰黑色硅质岩与粉砂质中晶灰岩互层。岩石多呈薄板状,单层厚 1～2cm,保留有较清晰的原始层理		28.4m
15. 浅灰色钙质构造片岩或钙质糜棱岩及长英质糜棱岩		49.9m
14. 浅灰黄色变石英粉砂岩,石英脉发育		4.9m
13. 变杏仁状安山岩。杏仁体由石英充填而成,并定向分布		477.6m
12. 浅灰白色中薄层状大理岩,夹浅灰绿色石英岩和变安山岩,向上变安山岩增多,三者交互产出,紧闭褶皱发育		144.6m

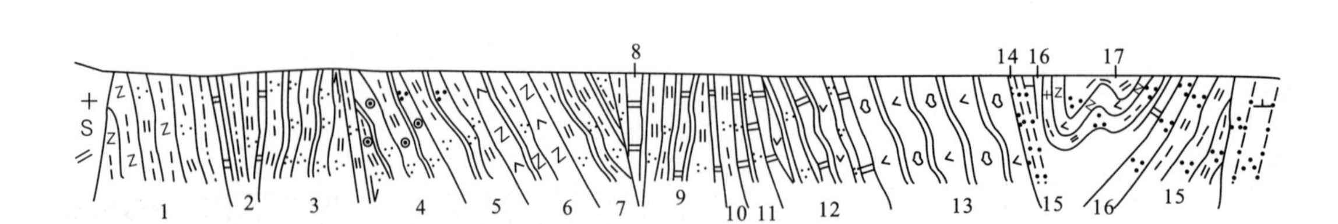

图 2-13 塔什库尔干县科科什老克奥陶—志留系实测剖面图

11. 浅灰色中薄层状石英大理岩	23.7m
10. 浅灰黑色二云石英片岩，局部含石榴石	35.5m
9. 浅灰色二云石英片岩与黑云母大理岩不等厚互层，二者比例约 3∶1	156.9m
8. 灰黑色大理岩，紧闭褶皱发育	27.2m
7. 浅灰绿色黑云母石英岩与灰绿色二云石英片岩不等厚互层	99.5m
6. 浅灰色、浅灰绿色黑云斜长石英岩与蚀变斜长角闪片岩不等厚互层	153.1m
5. 浅灰黑色黑云石英岩与二云石英片岩不等厚互层，偶含石榴石，单个韵律层厚 0.4～3.8m	99.6m
4. 浅灰色含石榴黑云石英岩与浅灰黑色石榴二云石英片岩不等厚互层，向上石榴石渐少	146.2m
3. 浅灰黑色二云石英片岩夹浅灰白色石英岩，局部二者呈互层状	195.0m
2. 浅灰白色细粒大理岩、浅粒岩、云母石英片岩不均匀互层。绿帘石蚀变普遍，零星可见颗粒较小的石榴石，岩石中发育石英脉	120.6m
1. 浅灰黑色黑云斜长片岩与灰色二云石英片岩、浅灰白色浅粒岩不等厚互层。上部渐以浅粒岩为主，偶含堇青石，具绿帘石化，紧闭褶皱发育	130.8m

（未见底，二长花岗岩侵入）

3. 塔什库尔干县看因力达坂奥陶—志留系实测剖面（图 2-14）

该剖面位于塔什库尔干县看因力达坂北坡，起点坐标为：X=4 178 382，Y=13 567 080；终点坐标为：X=4 178 842，Y=135 677 772。剖面方位 120°，总长度约 1.0km，顶底出露不全。

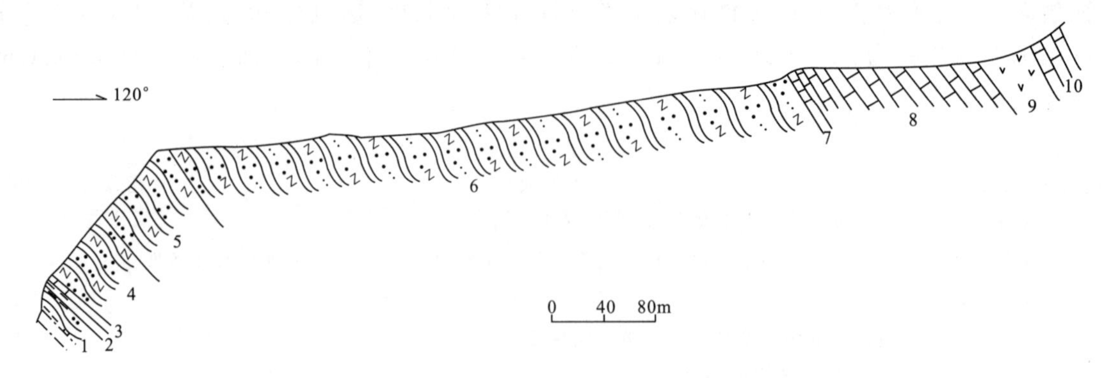

图 2-14 塔什库尔干县看因力达坂奥陶—志留系实测剖面图

奥陶—志留系	（未见顶）	**厚度＞484.6m**
10. 浅灰白色片理化灰岩		19.0m

9. 浅灰色变中性火山岩	13.9m
8. 浅灰色片理化泥晶灰岩	50.8m
7. 深灰色片理化泥晶灰岩	1.0m
6. 浅灰黑色变长石石英粉砂岩	212.9m
5. 浅灰黑色含碳泥质粉砂质板岩，碳质含量约5%	83.8m
4. 浅灰黑色变长石石英粉砂岩	64.0m
3. 浅灰色纹层状微晶灰岩，纹层宽1～2mm	1.6m
2. 浅灰黑色含粉砂质钙质泥岩(板岩)	4.7m
1. 变泥质石英粉砂岩(板岩)	32.9m

(未见底)

(二)岩性特征及横向变化

区内奥陶—志留系为一套经历了低绿片岩相区域变质作用的变质岩系，岩石类型有板岩(粉砂质板岩、泥质板岩、硅质板岩)、结晶灰岩、变砂岩及少量变火山岩夹层。受慕士塔格、安大力塔克等岩体影响，接触变质明显，靠近该岩体的岩石变质程度明显变深，结晶颗粒明显较粗，绿帘石、石榴石蚀变普遍，形成各种结晶片岩、大理岩、变粒岩、石英岩、变安山岩，少量斜长角闪片岩、黑云斜长片麻岩。其与大同西岩体、布伦阔勒岩群等均呈断层接触，被慕士塔格、安大力塔克、大同西等多个岩体侵入。片褶厚度大于2 007.3m。

前人在喀拉满南侧大理岩中采到扭月贝类 Stropheodontidae 及海百合茎①，本次工作也采得大量海百合茎 *Cyclocyclicus* sp. 等。

(三)变形特征

该套地层大部分地段原岩结构、构造保存完好，在看因力克一带火山岩中可见变余斑状结构、残余杏仁构造，并能见到变质较浅的变粉砂岩、结晶灰岩等岩石类型，原始沉积组构清晰，板岩具变余粉砂状结构、变余粉砂泥质结构、鳞片粒状变晶结构，板状构造。由于局部叠加了较强的接触变质并受到动力变质作用影响，变形较为强烈，原始的结构构造已难寻觅。总体上该套地层为呈层状或片状无序不均匀的构造岩石地层单元，褶皱构造极发育，形成一系列紧闭褶皱；韧性剪切特征尤为突出，表现出强烈的流变特征，石英脉往往被剪断、拉长、揉皱；张性断裂多为走向断裂，并成为重要的运矿储矿构造。

(四)含矿特征

该套地层为区内的重要含矿岩系，其中大理岩为重要含矿层，沿司热洪—欠孜拉夫—科科什老克一带形成区内重要成矿带。在该成矿带上已发现嘎尔吉蒙拉卡铅锌矿点、司热洪铜锌矿点、喀拉满铜矿化点及卡尔曼马达哈拉铜矿化点，矿化层控性及成矿专属性特征明显。

(五)原岩建造及环境分析

依据岩石的矿物成分、产状、共生组合关系等特征，将奥陶—志留系主要岩石类型的原岩恢复如下：片岩原岩为泥岩或粉砂质泥岩、泥质粉砂岩；片麻岩类原岩为石英砂岩、长石砂岩、杂砂岩等碎屑岩类；石英岩原岩为石英砂岩，大理岩为灰岩；角闪斜长片(麻)岩类原岩为基性火山岩；板岩类原岩为粉砂岩、粉砂质泥岩、钙质泥岩与含碳质泥质粉砂岩；变砂岩原岩为长石石英砂岩；变火山岩

① 新疆地质矿产局第二地质大队. 1∶50万新疆南疆西部地质图、矿产图及说明书. 1985.

类原岩主要为安山岩。由此可以看出原岩建造为碎屑岩-碳酸盐岩夹基性火山岩。

从其原岩岩石组合、生物面貌分析，区内的奥陶—志留系应为浅海环境，并伴有火山喷发沉积。

（六）地层划分及对比

该套地层1967年新疆区测大队称其为木孜塔群并分为a、b、c、d四个组，时代置于寒武—奥陶纪，上部碎屑岩段称为看因力克群，时代置于中晚石炭纪①；1985年新疆第二地质大队划为奥陶—志留系及下二叠世统赛力亚克群②，1996—1997年新疆第二区调队称为赛图拉岩群，并进一步分出班迪尔岩组、苏斯岩组和塔米尔岩组，时代置于长城纪③。

本次工作通过路线调查及剖面研究认为，该地区的看因力克群或赛力亚克群与下部地层为整合渐变过渡关系，由于局部叠加了较强的接触变质，局部受到动力变质作用影响，使得岩石变质变形存在较大差异，故将其统归为奥陶—志留系。

（七）时代归属探讨

1. 该套地层在区内未见其与周围地层的正常接触关系，前人曾冠以不同名称并赋予不同时代含义。前人在喀拉满南侧大理岩中曾采到扭月贝类 *Stropheodontidae*②。本次工作在该套大理岩中也采获海百合茎，*Stropheodontidae* 的时代为中奥陶世—志留纪。

2. 慕士塔格岩体侵入本地层，本次工作在协力波斯西南公路边该岩体中采获锆石的U-Pb年龄为212.2±0.7Ma。

因可靠的化石资料少，故暂且笼统地将该套地层的时代置于奥陶—志留纪。

三、喀喇昆仑分区温泉沟组(S_1w)

温泉沟组分布于塔阿西断裂以西达布达尔东北—盖家克达坂、甫卡来河流域、卡拉秋库尔苏河流域等地，多呈不规则面状形态，出露面积约1 100km²，向南延入巴基斯坦（巴控克什米尔），向西延入阿富汗。与周围地体呈断层接触或被岩体侵吞。

该地层在区内原划为二叠系加温达坂组，本次工作在其中发现了丰富的早志留世笔石化石及志留纪孢粉化石，故将其对比为下志留统温泉沟组。

（一）剖面描述

1. 塔什库尔干县罗布盖孜河下志留统温泉沟组(S_1w)实测剖面（图2-15）

该剖面位于塔什库尔干塔吉克自治县明铁盖达坂—罗布盖孜河下游，起点坐标为：X=4 098 124，Y=13 487 884；终点坐标为：X=4 105 809，Y=13 499 136。剖面方位65°，总长度约16km，顶底出露不全。

下志留统温泉沟组	（未见顶）	**厚度>4 289.6m**
17. 浅灰色中厚层状硅质岩，单层厚40～60cm，水平纹层发育		14.0m
16. 灰黑色细粒石英砂岩		104.6m
15. 灰色微晶灰岩与灰黑色细粒石英砂岩不等厚互层。灰岩单层厚10～20cm，局部层厚达50cm		115.2m
14. 灰色—灰黑色粉砂质泥板岩，有闪长岩脉侵入		323.5m

① 新疆地质矿产局区域地质测量大队．西昆仑地区木吉—塔什库尔干一带1∶100万路线地质、矿产调查报告．1967.

② 新疆地质矿产局第二地质大队．1∶50万新疆南疆西部地质图、矿产图及说明书．1985.

③ 新疆地质调查院．1∶5万班迪尔幅(J43E014015)、下拉夫迭幅(J43E015015)地质图及说明书．2000.

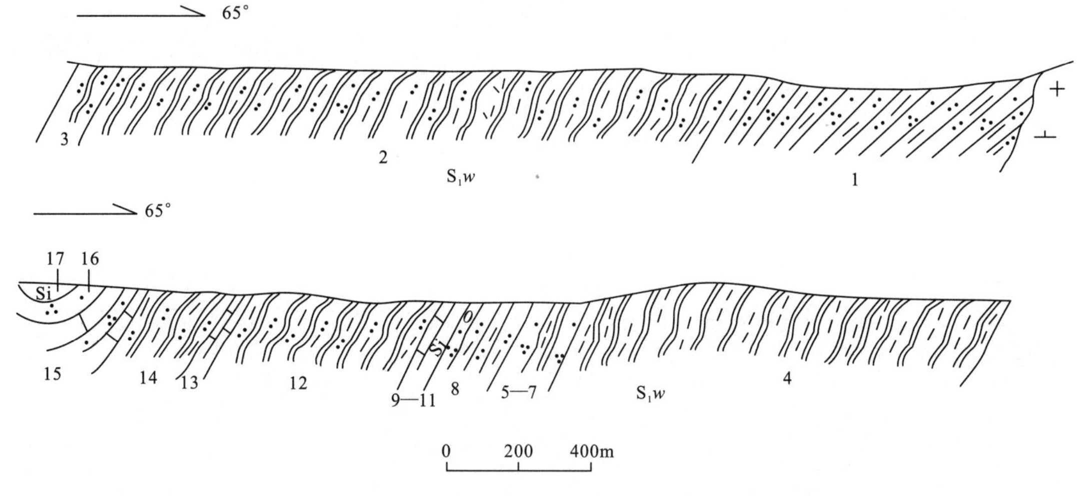

图 2-15 塔什库尔干县罗布盖孜河下志留统温泉沟组(S_1w)实测剖面图

13. 浅灰色中层状泥晶灰岩,单层厚 30～40cm 44.8m
12. 深灰色泥质粉砂质板岩与灰黑色粉砂质泥板岩不等厚互层 311.9m
11. 灰色薄板状粉晶灰岩,单层厚 3～8cm 51.2m
10. 淡青色薄板状硅质岩,单层厚 2～3cm,强烈揉皱 34.2m
9. 浅灰色厚层状复成分砾岩与浅灰色薄层状中粒石英砂岩不等厚互层,二者比例约 8∶1。砾石为硅质岩、石英砂岩、泥质板岩,次圆状—次棱角状,大小为 0.3～1.3cm 34.2m
8. 灰黑色泥质石英粉砂岩,单层厚 50～80cm,局部呈薄板状,单层厚 2～5cm 146.0m
7. 灰白色厚层状细粒石英砂岩,单层厚 60～80cm 73.4m
6. 灰黑色泥质板岩,风化后呈薄板或页片状 36.7m
5. 灰白色厚层状细粒石英砂岩,单层厚 70～90cm 30.0m
4. 灰黑色中厚层泥质板岩,单层厚 40～60cm 1 023.2m
3. 灰黑色中厚层状粉砂质板岩,单层厚 40～50cm 63.3m
2. 灰黑色中厚层状粉砂质泥板岩,单层厚 40～60cm,偶夹浅灰色中层状细粒石英砂岩,紧闭-同斜褶皱发育,有闪长岩脉侵入 1 468.5m
1. 灰黑色中厚层状粉砂质泥岩与灰白色厚层状细粒石英砂岩互层,二者比例为 1∶1～5∶1,砂岩层向上变薄变少,渐变为夹层出现 414.9m

(未见底,岩体吞噬)

2. 塔什库尔干县达布达尔乡沙依地库拉沟下志留统温泉沟组(S_1w)实测剖面(图 2-16)

该剖面位于塔什库尔干县达布达尔乡沙依地库拉沟,起点坐标为:X=4 131 184,Y=13 540 329;终点坐标为:X=4 133 216,Y=13 548 575。总方位 73°,总长度约 8.7km,未见顶底。

下志留统温泉沟组 (未见顶) **厚度>1 220m**

8. 浅灰色—深灰色变长石粉砂岩夹少量变粉砂质理岩,与第 7 层呈渐变过渡。过渡带呈深色浅色相间的互层状,岩石具平行沉积纹层或条带,近平卧的同斜褶皱发育 >50.0m
7. 浅灰色中厚层状变细粒长石砂岩,具沉积细纹层状水平层理,并伴有大量近平卧的同斜褶皱 19.0m
6. 灰黑色条带—纹层状泥板岩、碳质板岩与浅色条带状变粉砂岩不等厚互层,夹少量纹层状大理岩(或结晶灰岩)。板岩中局部含星点状黄铁矿,高者可达 10%,多为 1mm 左右较均匀分布的单晶;碳质板岩中碳质含量可达 20%左右,易污手。碳质板岩中含笔石 cf. *Climacograptus*

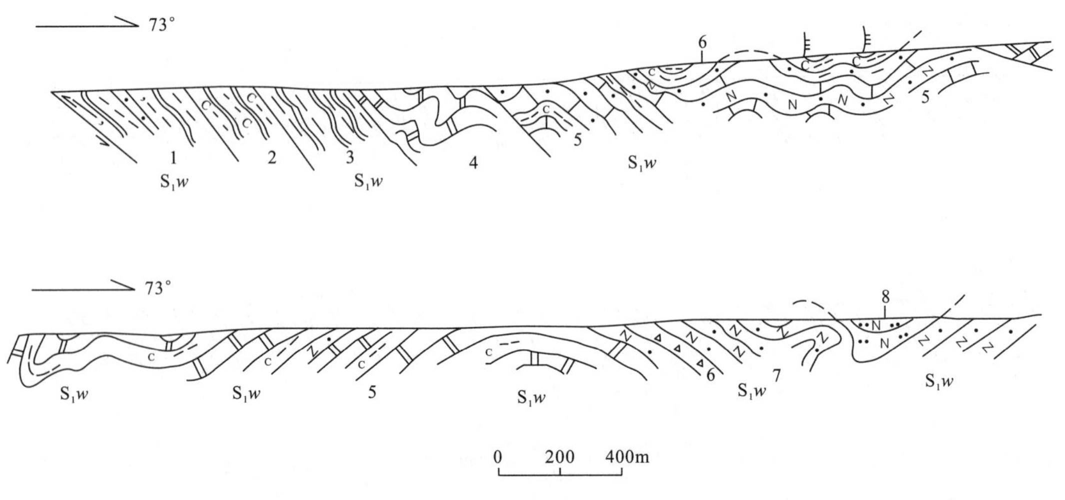

图 2-16 塔什库尔干县达布达尔乡沙依地库拉沟下志留统温泉沟组(S_1w)实测剖面图

anjiensis(Yang),*C.* cf. *minutus carruthers*,cf. *Diplograptus deformis* Huang et Lu 45.0m

5. 褐灰色、灰黄色中—薄层状含砂质细晶灰岩或大理岩为主,夹碳质板岩、细粒长石砂岩,沉积纹层发育 225.0m

═══════ 断 层 ═══════

4. 灰色片理化大理岩夹少量条带状大理岩及灰黑色碳质板岩薄层,片理密集发育,与成分纹层平行,并伴有大量近平卧的同斜褶皱 65.0m
3. 棕褐色泥板岩夹少量碳质板岩,平行劈理发育褐黄色斑纹(褐铁矿) 22.0m
2. 黑色碳质板岩。碳质含量可达30%左右,平行劈理发育褐黄色斑纹(褐铁矿) 200.0m
1. 灰色纹层状泥质斑点板岩、泥板岩夹灰白色变细粒石英砂岩和石英粉砂岩。斑点为黄铁矿,约10%,大小为0.25~1.5mm,不均匀分布,岩石具强烈揉皱 225.0m

(未见底)

(二)地层特征及区域变化

该组主体为笔石相碎屑岩沉积,轻微变质,主要岩性为粉砂质泥(板)岩、钙泥质粉砂岩、石英砂岩、结晶灰岩、少量硅质岩、硅质砾岩等。该组颜色以灰黑色为主,呈薄层状—薄板—页片状,水平层理发育,局部砂岩中发育波痕构造。

温泉沟组火山岩夹层横向上不太稳定,罗布盖孜河下游及卡夫拉吉勒尕沟出露岩性为灰白色英安岩、灰绿色安山岩,与上下层均为整合接触关系,并和围岩一起发生褶皱,未变质或轻微变质。在哈尼沙里地则主要为块状、枕状玄武岩,并有大量辉长岩、辉橄岩、辉绿岩伴生,为一套被肢解的蛇绿混杂岩的岩石组合。

本次工作在塔什库尔干县达布达尔乡沙依地库拉沟采获笔石 cf. *Climacograptus anjiensis* (Yang), *C.* cf. *minutus Carruthers* , cf. *Diplograptus deformis* Huang et Lu 等,在塔什库尔干县明铁盖哨班附近采获几丁虫 *Ancyrospora* sp. , *Conochitina*(*Belenochitina*) cf. *robusta* (Eisenack),*C.* cf. *microcantha*(Eisenack), *Rhabdochitina* cf. *hedlundi* Taugourdeau;颖源类 *Gorgonispaeridium* sp. , *Priscogalea* sp. ,*P.* cf. *striatula* (Vavrdova),*Buedingisphaeridium* sp. , *Florisphaeridium castellum* Lister;虫颚 *Scolecodont*。

区内温泉沟组与上下地层未见正常接触,区域上其上为泥盆系或上石炭统不整合覆盖,叶尔羌河上游可见其与上覆中—上志留统达坂沟群呈整合接触,其下与奥陶系呈不整合接触,总体岩性变化不大，主要为泥(板)岩、粉砂岩、石英砂岩、灰岩、硅质岩、硅质砾岩，夹少量火山岩，含笔石、几丁虫等化石。叶尔羌河上游一带厚为 2 944～4 687m，向东在新-藏公路康西瓦一带不完整厚度为 1 058～2 200m，岩性为灰色、浅灰色、灰绿色片理化粉砂岩、细砂岩、钙质板岩、千枚岩等。

(三)变形特征及沉积环境分析

该组构造变形以褶皱最为突出，露头上可见大量不同级别的近平卧同斜褶皱，轴面稳定向北东倾，自东向西轴面产状渐陡。断裂亦较发育，走向多为北西—北北西向。

由于褶皱强烈，原始层序恢复已相当困难。据剖面资料及路线调查，温泉沟组下部以细碎岩为主，沉积构造表现为水平层理极为发育，沉积环境相当于浅水陆架相带。上部灰岩相应增加，夹硅质岩，少量硅质角砾岩，沉积构造表现为水平层理发育，说明从下部的浅水陆架相带过渡为深水陆架相带。靠近顶部砂岩增加，砂岩的顶面尚可见波痕构造，说明后期随海平面下降又转变为滨海环境。地层结构为退积→进积型，从温泉沟组垂向环境迁移特点反映出海退序列特点，总体面貌为滨-浅海环境。

(四)时代归属

1. 区域上可见温泉沟组不整合于奥陶系之上、泥盆系或上石炭统之下，说明温泉沟组的形成时代应晚于奥陶纪、早于泥盆纪或晚石炭世，叶尔羌河上游可见其与上覆中—上志留统达坂沟群呈整合接触。

2. 区内温泉沟组含笔石，经中国地质科学院黄枝高研究员鉴定，其时代均为早志留世，其中 *Climacograptus*、*Diplograptus* 见于巴楚小海子地区早志留世鲁丹期至艾隆期 *Glyptograptus persculptus* -*Akidograptus* 组合。此外，该组中含丰富的几丁虫和疑源类，经中国地质科学院高联达研究员鉴定认为，与温泉沟地区所产化石相似，时代亦相同，主要是志留纪常见的属种。

3. 区内格林阿勒岩体侵入温泉沟组，新疆地质矿产局二大队 1985 年在该岩体中获取黑云母的 K-Ar 同位素年龄值为 110.90Ma①。

4. 本次工作在哈尼沙里地该组火山岩中获得锆石的 U-Pb 离子探针 SHRIMP 年龄值为 435±15Ma，与笔石的年龄一致。

综合以上证据，本报告将温泉沟组的时代置于早志留世。但由于构造强烈，也不排除混有其他地质时期的小断片。

第四节　上古生界

分布于图幅东北部塔南地层分区、中南部西昆仑地层分区和南部—西北部喀喇昆仑地层分区。

一、塔南地层分区

主要出露泥盆系上统、石炭系、二叠系下、中统地层。

(一)泥盆系

仅发育泥盆系上统奇自拉夫组。主要分布在测区东北部库斯拉甫东—玉孜干力克一带，呈近南北向展布，由于断裂影响，向南尖灭于玉孜干力克南，向北因岩层褶皱而露头渐宽，最宽达 8km，

① 新疆地质矿产局第二地质大队. 1∶50 万新疆南疆西部地质图、矿产图及说明书. 1985.

向北延出测区。其西部不整合覆盖在蓟县系博查特塔格组之上或与侏罗系呈断层接触，东部与石炭系或二叠系中统棋盘组呈断层接触。在喀拉瓦什克尔北东呈北西—南东向条带状展布，南西部不整合覆盖在蓟县系博查特塔格组之上，北东部被石炭系下统整合覆盖，西部被断层截断，向南东延出测区。总出露面积约 108.2km²，为一套滨海-陆相正常沉积的碎屑岩沉积建造。

1. 剖面描述

叶城县喀腊坎厄格勒西上泥盆统奇自拉夫组(D_3q)实测地层剖面(图 2-17)

该剖面位于叶城县棋盘乡喀腊坎厄格勒西，起点坐标为：X=4 151 446，Y=13 637 085。交通较便利，有简易公路可通车。剖面地层发育完整，基岩露头较好，接触关系清晰，构造相对简单。

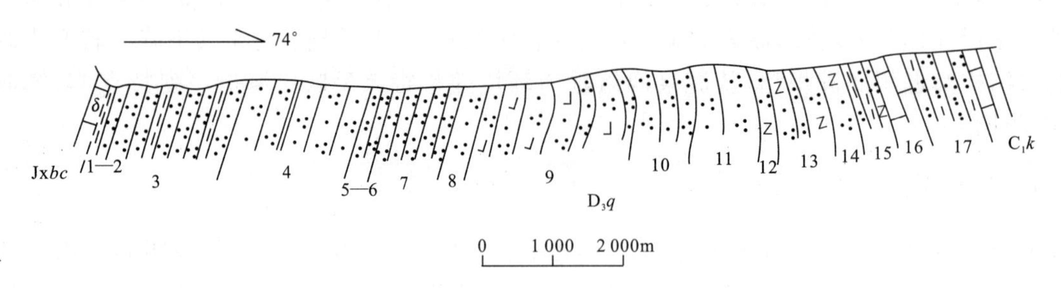

图 2-17 叶城县喀腊坎厄格勒西上泥盆统奇自拉夫组(D_3q)实测地层剖面图

石炭系下统克里塔克组(C_1k)：浅灰色厚层状粉晶灰岩

——————— 整　合 ———————

泥盆系上统奇自拉夫组(D_3q) **厚 1 027.4m**

17. 灰绿色薄层状泥质石英粉砂岩夹薄板状细粒石英砂岩。粉砂岩页理发育，砂岩单层厚 8cm 左右，约占 7%，二者突变 72.67m
16. 灰色薄层状粉晶灰岩，单层厚 5～12cm 37.31m
15. 灰绿色泥质粉砂岩夹灰绿色厚层状细粒长石石英砂岩，二者比例为 14∶1。泥质粉砂岩页理发育，砂岩单层厚 60cm 左右，界面截然 40.86m
14. 灰绿色厚层状细粒长石石英砂岩，槽状交错层理发育，基本层序厚 1.0m 左右，向上变厚变粗再变薄变细，顶底平行层理发育 28.43m
13. 灰绿色厚层状细粒长石石英砂岩与紫红色薄层状粉砂岩互层，二者比例为 2∶1。砂岩槽状交错层理发育，单层厚 1.2m，粉砂岩水平层理发育。二者突变，界面平直 65.73m
12. 浅灰红色薄层状细粒长石石英砂岩，槽状交错层理发育 26.73m
11. 灰绿色中层状细粒石英砂岩与褐红色细粒石英砂岩互层，底部二者比例相近，向上渐为 7∶1。前者层厚 1.4m 左右，槽状交错层理发育；后者含有灰绿色斑点；顶底变细变薄 56.35m
10. 灰褐色中厚层状细粒石英砂岩。砂岩单层厚 20～80cm，局部具灰白色斑点 61.40m
9. 灰褐色含灰绿色斑点厚层状钙质细粒石英砂岩夹灰褐色中厚层状细粒石英砂岩(两大层)，二者比例为 10∶1。前者偶夹中—厚层状砾质细粒石英砂岩 139.17m
8. 褐色厚层状细粒石英砂岩，底部含有约 20%砾径为 0.2～0.8cm 的硅质砾石，向上砾石减少、渐细 33.06m
7. 浅灰褐色薄层状细粒石英砂岩，平行层理发育，单个基本层序厚约 1.2m，向上变细，基本层序总体上向上变粗变厚再变细变薄 110.27m
6. 浅灰色厚层状细粒石英砂岩夹灰绿色薄层状细粒长石石英砂岩及粉砂质泥岩(比例约 3∶1)。夹层细砂岩水平层理发育，泥岩页理发育。总体向上变细，顶部泥岩厚约 3cm 9.19m
5. 灰褐色薄板状粉砂岩夹薄层状细粒石英砂岩。粉砂岩水平层理发育。总体向上变粗变厚再变细变薄 18.38m
4. 灰褐色厚层状细粒石英砂岩夹薄层状粉砂岩。其基本层序为上、下部细，中间粗，顶部粉砂岩厚 8.7cm，页理发育 138.87m
3. 灰褐色中—厚层状细粒石英砂岩夹紫红色泥岩(二者比例为 3∶1～6∶1)与灰褐色厚层状细粒石

英砂岩间层(各两大层)。砂岩槽状交错层理发育,泥岩页理发育 155.5m

2. 灰褐色厚层状细粒石英砂岩夹紫红色泥岩(二者比例为 8∶1~12∶1)。砂岩槽状交错层理发育,泥岩页理发育 19.18m

1. 紫红色粉砂质泥岩夹褐红色薄层状中—细粒石英砂岩,二者比例为 5∶1。砂岩中部较粗,底部 35cm 含有下伏地层砾石,砾径为 0.8~1.6,含量约 38%,向上变小变少。底界为突变面,略有起伏,切割下伏层理 14.38m

平行不整合

蓟县系博查特塔格组(J*xbc*):浅灰色、浅黄灰色条带状厚层状泥晶灰岩

2. 岩石地层划分及其特征

该组为正常沉积的碎屑岩,中—下部以灰褐色及紫红色为主,上部以灰绿色为主。主要岩石组合为中—细粒石英砂岩、钙质细粒石英砂岩、细粒长石石英砂岩及少量薄层状粉砂岩、泥质粉砂岩和泥岩,上部夹一层灰色薄层状粉晶灰岩,中部偶见砾石层。砂岩中发育槽状交错层理或平行层理,粉砂岩、泥岩发育水平层理。该组下部基本层序为向上变粗变厚再变薄变细,上部为向上变细型,底部平行不整合或微角度不整合覆盖在震旦系及以前不同层位之上,底界略有起伏,切割下伏层理,底部常含滞留小砾石,与上覆石炭系下统克里塔克组为整合接触。

图幅内该组岩性横向稳定,在叶城县喀腊坎厄格腊西一带厚 1 027.49m。图幅内在喀拉娃什克尔北东该组厚度较小,粒度较细;在库斯拉甫东粒度粗,厚度大,厚 3 000 余米,以厚层状细—粗粒长石石英砂岩为主,底部及中部夹较厚砾石层。

3. 生物地层划分及其特征

(1)生物地层特征

根据朱怀诚的研究,在莎车县达木斯乡艾特沟剖面奇自拉夫组产孢子 24 属 56 种(含 10 新种),为两个孢子组合带——下部 *Leiotriletes microthelis* - *Punctatispori tesirrasus*(MI)带和上部 *Apiculiretusispora rarma* -*Retispora lepidophyta*(RL)带,对应于奇自拉夫组上部。RL 带又进一步细分为两个亚带——下部 *Retispora lepidophyta* -*Ancyrospora furcula*(LF)亚带和上部 *Retispora lepidophyta* - *Spelactriletes pallidus*(LP)亚带。孢子组合带的特征表明,孢子地层的时代为晚泥盆世。孢子个体普遍偏小,个体较大的少,为经历一定程度搬运、分选的远源孢子组合,指示奇自拉夫组为海相沉积。

据陈中强的研究,在达木斯剖面奇自拉夫组顶部及克里塔克组底部的白云质泥灰岩中含有丰富的 *Cyrtospirifer* - *Tenticospirifer* 腕足化石组合,代表分子包括 *Cyrtospirifer wangi* Tien, *C. hsinchiwaensis* Ozaki, *C. liujiaotangensis* Hou, *Tenticospirifer vilis* Grabau, *Ptychomaletoechia* sp. 等,属 *Cyrtospirifer* 动物群代表分子,其时代应属晚泥盆世最晚期。

(2)生物地层与年代地层对比

据陈中强对奇自拉夫组顶部 *Cyrtospirifer* 腕足动物群的研究,可与法国、比利时盆地艾特隆期沉积对比,时代为晚泥盆世法门阶晚期,其所在地层为晚泥盆世最晚期沉积。

朱怀诚研究奇自拉夫组孢子组合时认为,晚泥盆世世界性分布孢子 *Retispora lepidophyta*(时代为法门阶,Fa2d - Tnlb)在艾特沟剖面位于 MI 带之上的 RL 带底部,据此将 MI 孢子带的时代定为晚泥盆世法门阶(Fa2c - 2d),RL 带的时代定为晚泥盆世 Fa2d—Tn1b。

4. 区域地层对比及时代确定

1932 年,德·泰拉(De terra)带中亚考察队于奇自拉夫河及桑株河一带,将一套红紫色长石砂

岩、砾岩及喷发岩地层创名为提士纳夫组。之后，别良耶夫斯基(1942)划归早石炭世，1956年《中国区域地层表》划为下石炭统。苏联十三航测大队(1957)划归晚泥盆世—早石炭世。新疆地质矿产局喀什地质大队(1964)将其缩小到晚泥盆世。提士纳夫组与奇自拉夫组属音译之差，后来均以奇自拉夫组称之①。

该组岩石组合区域变化不大，岩性较单一，展布稳定(图2-18)，本组西部的厚度一般为1 000m左右，薄者几百米，厚者达1 500m，东南部厚度较大，最厚可达5 500m左右。西部粒度较细，以石英砂岩为主，东部粒度较粗，石英砂砾石大大增加。

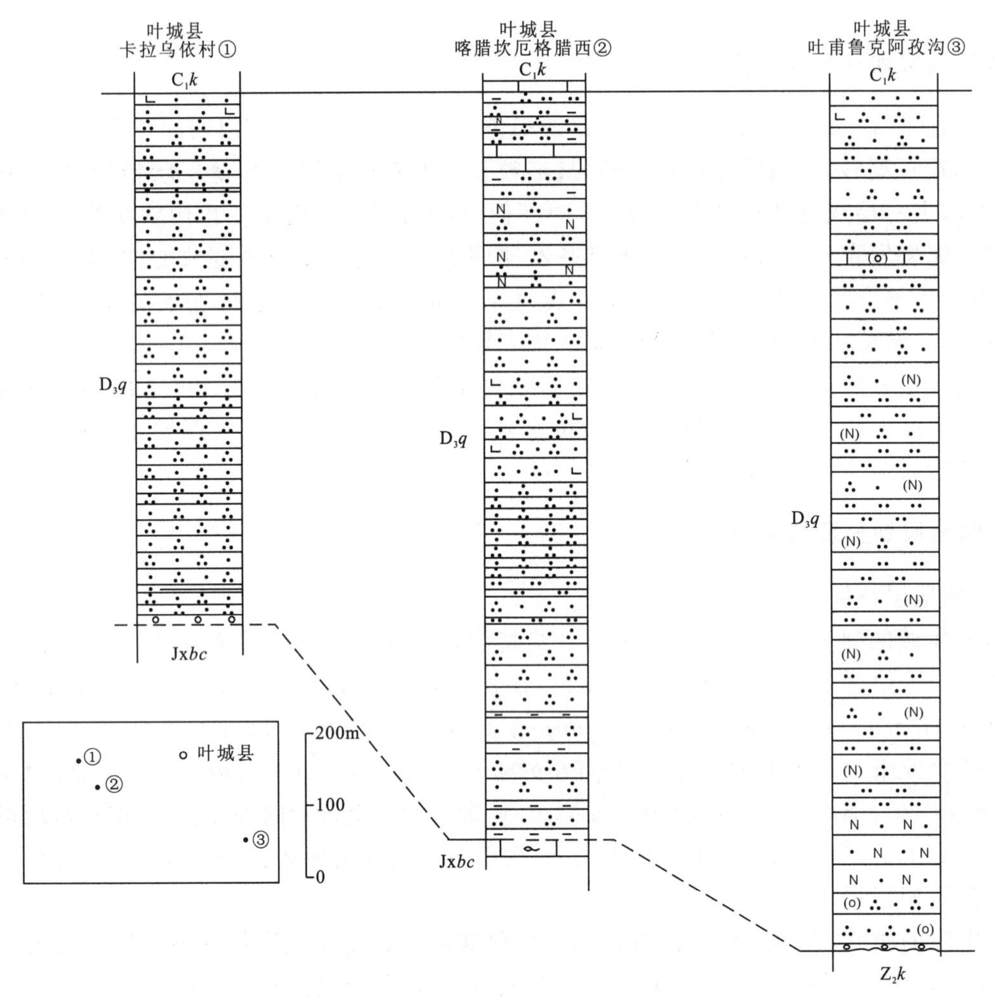

图2-18 上泥盆统奇自拉夫组柱状对比图

高联达、詹家桢在新疆叶城县依格孜牙剖面奇自拉夫顶部采获 *Retispora lepidophyta*，其时代为晚泥盆世法门阶晚期。综合测区古生物资料，奇自拉夫组的时代确定为晚泥盆世。

(二)石炭系

主要分布于图幅东边北部的库斯拉甫东—翁库尔力克·阿格孜一带，总出露面积约242km²，与下伏泥盆系上统奇自拉夫组呈整合接触或以断层与奇自拉夫组、蓟县系博查特塔格组、苏玛兰组接触，与上覆二叠系呈整合接触或以断层与棋盘组、白垩系上统依格孜牙组接触，部分地方被第四

① 新疆地质矿产局第二地质大队. 1∶50万新疆南疆西部地质图、矿产图及说明书. 1985.

系不整和覆盖。其北部产状走向近南北，向北延出图幅，南部产状走向渐变为近北西—南东向，向南东延出图幅。石炭系上部及下部以碳酸盐岩为主，中部为碎屑岩夹碳酸盐岩，总体为滨海-浅海相沉积环境。

1. 剖面描述

(1)莎车县台萨孜西石炭系下统克里塔克组(C_1k)实测地层剖面(图 2-19)

该剖面位于莎车县达木斯乡台萨孜西，起点坐标为：$X=41\ 711\ 830$，$Y=13\ 636\ 290$，$H=2\ 380$ m。交通状况较差，山沟小路仅可人畜通行。剖面地层发育完整，露头良好，接触关系清楚，构造相对简单。

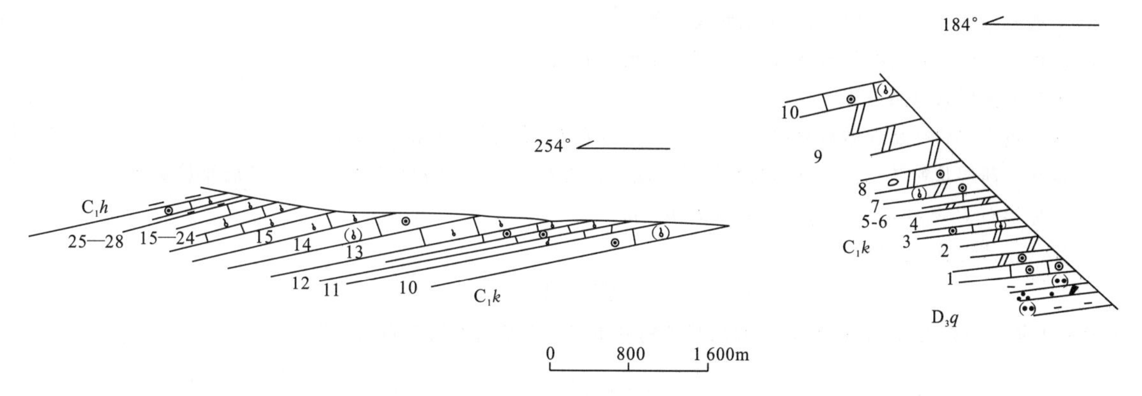

图 2-19 莎车县台萨孜西石炭系下统克里塔克组(C_1k)实测地层剖面图

石炭系下统和什拉甫组(C_1h)：紫红色泥岩夹紫红色薄层状泥晶灰岩

—————— 整 合 ——————

石炭系下统克里塔克组(C_1k) **厚 369.6m**

28. 紫红色与黄灰色薄层疙瘩状含砂质亮晶灰岩互层，与下伏岩层渐变，向上紫红色层略增 2.16m
27. 黄灰色薄层疙瘩状含砂质亮晶砂屑灰岩 3.45m
26. 灰色薄层状泥晶灰岩与黄绿色含砂质泥岩互层夹黄灰色薄层状泥晶灰岩 2.16m
25. 黄灰色薄层状夹中层状泥晶灰岩，中部厚，底为突变面 1.3m
24. 灰黑色厚层状亮晶砂屑灰岩，底为突变面，中部厚，顶部发育少量黄灰色泥晶灰岩透镜体 12.54m
23. 灰黑色中—薄层状亮晶砂屑灰岩，底界为突变面，向上逐渐变薄 4.21m
22. 中、下部为深灰色中层状亮晶砂屑灰岩与砂屑泥晶灰岩互层，上部为厚 40cm 的深灰色纹层状泥晶灰岩 3.37m
21. 淡灰色薄层状细晶白云岩，层厚约 3cm，顶部为厚 3cm 的黄灰色纹层状泥晶灰岩，层面波状弯曲 0.84m
20. 深灰色中层状亮晶砂屑灰岩 463m
19. 深灰色厚层状亮晶砂屑灰岩夹黄灰色薄层状泥晶灰岩，由两个韵律组成，中间一层为厚 30cm 的灰黄色—黄灰色薄层状泥晶灰岩；顶部为 1m 左右黄灰色薄层状泥晶灰岩，单层厚 3～5cm；其底部见厚 5mm 左右石膏层，界面平整 7.99m
18. 主体为深灰色厚层状—中层状亮晶砂屑灰岩，向上变薄，顶部 1.3m 为灰黄色泥晶灰岩；底部 0.6m 为黄灰色薄层状亮晶砂屑灰岩 2.66m
17. 黄灰色中层状亮晶含生物屑鲕粒灰岩。生物屑为 5mm×20mm 左右的白色腕足类碎片，15%左右；顶部厚为 40cm 黄灰色薄层状泥晶灰岩 1.33m

15—16. 深灰色厚层状亮晶砂屑灰岩，顶部为厚 40cm 黄灰色中层状泥晶灰岩。砂屑约 1mm，圆状，颗粒支撑，60%左右。底界面略有起伏 30.80m

14. 深灰色厚层状亮晶含砂屑鲕粒灰岩，偶夹深灰色介壳灰岩。生物屑为双壳类碎片(约 40%) 49.05m
13. 深灰色中层状亮晶砂屑灰岩。砂屑 2mm 左右，含有少量鲕粒 9.82m
12. 黄灰色厚层状亮晶砾屑砂屑灰岩与深灰色厚层状亮晶砂屑鲕粒灰岩互层。前者单层厚约 0.5m，

后者约1m且向上略增厚并见大型楔状交错层理 35.36m

11. 黄灰色中层状亮晶砂屑灰岩。砂屑含量为60%左右，大小不等，个别达4mm 5.84m

10. 灰色厚层状条带状亮晶砂屑鲕粒灰岩，条带为灰色含鲕粒泥晶灰岩，间隔20～40cm，厚5cm。底界面突变，向上与条带渐变 32.95m

9. 浅灰色中层状中细晶白云岩，向上变薄 59.75m

8. 下部为黄灰色厚层状砾屑白云岩；中部为黄灰色厚层状泥晶鲕粒核形石白云岩；上部为灰色厚—巨厚层状含鲕粒微晶白云岩。前者砾屑约40%，次棱角—次圆状 17.70m

7. 下部为黄灰色厚层状泥晶鲕粒核形石白云岩，底界不平；向上为灰黑色厚—中层状含鲕粒微晶白云岩，二者过渡，向上变薄。产介形虫 *Bairdiacypris* sp.，*Cavellina* sp.，cf. *Alatacavellina parva* Li，*Chamishaella*(?)sp.，*Mennerites* sp.，cf. *M. hupehensis* Hou 10.72m

6. 灰色厚层状夹少量巨厚层状、中层状泥晶灰岩 7.15m

5. 灰色中层状含砂质泥晶砂屑白云岩，底界呈波状起伏 3.57m

4. 黄灰色薄层状泥晶灰岩 21.44m

3. 深灰色中层状亮晶含砂屑鲕粒灰岩。砂屑2mm左右，次圆状，含量约30% 21.44m

2. 黄灰色薄层状粉晶白云岩与褐灰色泥质粉晶白云岩互层，夹深灰色中层状亮晶含砂屑鲕粒灰岩。产牙形石 *Polygnathus*? sp.，*Hindeodella* sp. 31.45m

1. 深灰色薄层状亮晶鲕粒灰岩 12.15m

———— 整 合 ————

泥盆系上统奇自拉夫组(D_3q)：浅灰色纹层状含粉砂质泥岩夹纹层状岩屑石英砂岩

(2)莎车县瓦斯塔拉格石炭系下统和什拉甫组(C_1h)、上统卡拉乌依组(C_2k)实测地层剖面(图2-20)

该剖面位于新疆自治区莎车县达木斯乡瓦斯塔拉格，交通较差，骑毛驴可到达剖面起点。起点坐标为：X=4 165 771，Y=13 627 011。剖面露头良好，地层发育完整，接触关系清楚，构造相对简单。

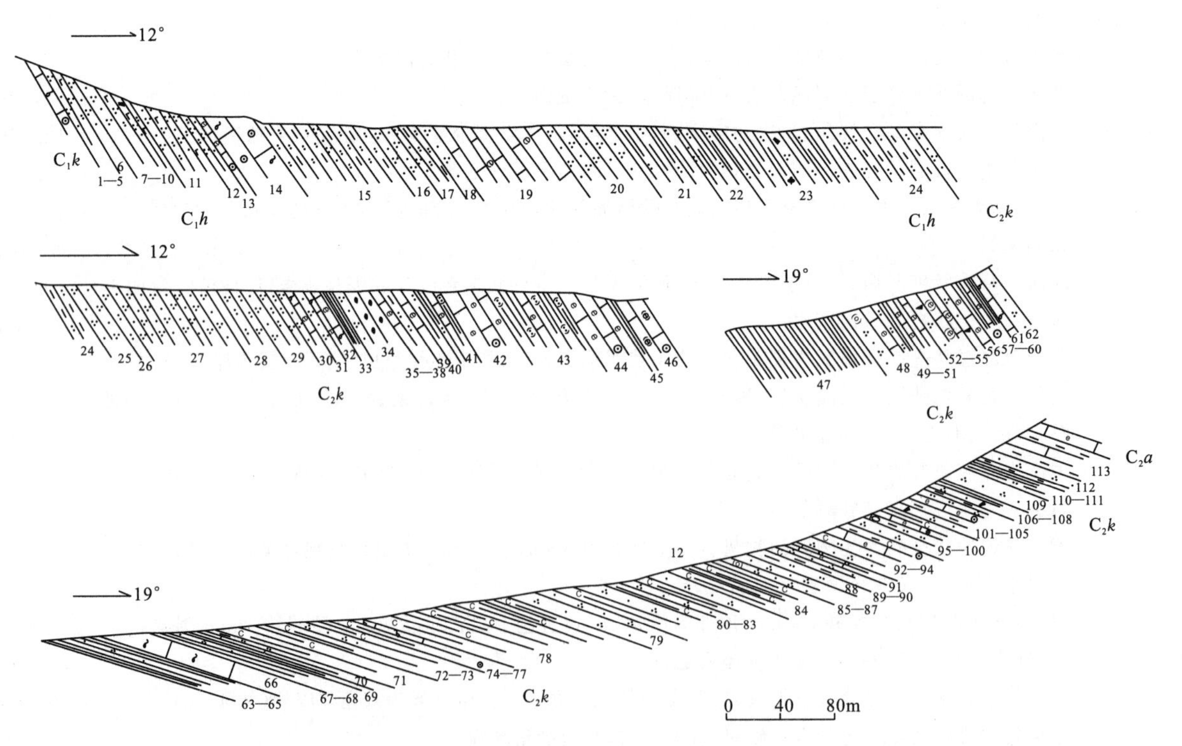

图2-20 莎车县瓦斯塔拉格石炭系下统和什拉甫组(C_1h)、上统卡拉乌依组(C_2k)实测地层剖面图

石炭系上统阿孜干组(C_2a)：灰色中层状生物屑泥晶灰岩，含少量燧石团块

——————　整　合　——————

石炭系上统卡拉乌依组(C_2k)　　**厚 793.47m**

113. 灰绿色纹层状泥岩夹少量灰色薄层状泥晶灰岩　5.47m
112. 中下部为浅灰绿色中层状夹厚层状细粒石英砂岩，具大型楔状交错层理；上部 0.4m 为灰绿色纹层状泥岩　4.30m
111. 下部 1.5m 为灰色厚—中—薄层状泥晶砂屑灰岩，向上变薄，向上为灰绿色纹层状泥岩　5.16m
110. 下部 5m 为绿灰色粉砂质页岩，向上为灰绿色页岩，间隔 2～3m 夹约 10cm 的灰黄色薄层状细粒石英砂岩　18.06m
109. 灰白色中层状夹厚层状中粒石英砂岩，底部 30cm 为黄褐色砾屑生物屑灰岩。底为冲刷面，砾屑平行层理排列。砂岩向上变厚又逐渐变薄，发育大型楔状交错层理　6.88m
108. 下部为粉砂质页岩；上部为灰绿色页岩。产腕足 *Hustedia* sp.，*Rugosochonetes semicircularis* Chao，*R.* sp.，*Plicochonetes* sp.，*Linoproductus* sp.，*Orthotetes* sp.，*Neochonetes* sp.，*Pygmochonetes* sp.；双壳 *Palaeoneilo* cf. *onukii* Kobayashi et Hisakosi；腹足 *Plicochonetes* sp.　3.44m
107. 灰色中层状生物屑微晶灰岩。产腕足 *Neophricodothyris* sp.，*Choristites rediculosus* Ivonov et Ivanova，*Eomarginifera* sp.，*Brachythyrina* cf. *strangwaysi* Verneuil　1.04m
106. 以灰白色中层状夹厚层状中粒石英砂岩为主，底部 5cm 为薄层状中粒石英砂岩；上部为褐色中层状中粒岩屑石英砂岩，岩屑为灰岩，向上增多　2.07m
105. 下部为灰黄色薄层状石英粉砂岩；上部为绿灰色泥岩　2.07m
104. 深灰色巨厚层状泥晶灰岩，顶部 10cm 为具紫红色斑块的灰色疙瘩状泥晶灰岩，斑块含量 20%左右。产腕足 *Linoproductus sinensis* Tschernyschew，*Choristites* sp.；珊瑚 *Donophyllum* sp.，*Caninia* 碎片　1.55m
103. 黄灰色薄层状细粒岩屑石英砂岩，具宽缓大型槽状交错层理，底部 5cm 纹层状与泥岩过渡　3.11m
102. 灰绿色纹层状泥岩夹灰黄色纹层状粉砂岩　1.55m
101. 灰绿色薄层状细粒岩屑石英砂岩　2.07m
100. 底部为灰绿色厚层状细粒石英砂岩，向上为黄绿色薄层状粉砂岩与灰黑色薄层状泥晶生物屑灰岩组成两个韵律互层。细砂岩具平行层理，顶具槽状层理，粉砂岩具小型槽状层理　3.11m
99. 下部 0.5m 为灰色中层状亮晶生物屑灰岩；上部为灰黑色碳质页岩。灰岩中含腕足等碎片　1.55m
98. 下部为灰白色中层状中粒石英砂岩，具平行层理；中部为灰绿色薄层状细粒石英砂岩与灰黑色碳质页岩互层，页岩向上增厚；上部为灰黑色碳质页岩，顶部夹薄层状细粒石英砂岩　2.59m
97. 以浅灰色薄层状夹中层状石英粉砂岩为主，中部厚，中型楔状交错层发育；底部为 0.5m 的深灰色生物屑泥晶灰岩，生物屑为海百合茎，呈条带状集中分布　4.66m
96. 下部为灰色厚层状亮晶生物屑灰岩；中上部为灰黑色纹层状含碳泥质粉砂岩。灰岩中产腕足 *Choristites rediculosus* Ivonov et Ivanova，*Choristites* sp.，*Martinia* sp.，*Tangshanella kaipingensis* Chao，*Antiquatonia* sp. 及珊瑚　5.82m
95. 灰白色中层状细粒石英砂岩，具平行层理　4.07m
94. 下部 2m 为深灰色中层状夹厚层状亮晶生物屑灰岩，向上变厚。产腕足 *Choristites* sp. *C. planus* Rotai，*Antiquatonia* cf. *hind* Muir-wood，*Dictyoclostus pingus* Muir-wood；珊瑚 *Protonaticophyllum* sp. 及海百合茎；中上部为绿灰色纹层状泥质粉砂岩、灰黑色纹层状碳质泥岩夹 2 层灰色中层状细粒石英砂岩，泥岩向上变厚，与粉砂岩渐变。　11.54m
93. 下部 2m 为灰白色中层状中粒石英砂岩，具大型槽状交错层，底界为突变，其顶部 5cm 为浅灰色薄层状细粒石英砂岩；上部为灰黑色纹层状碳质粉砂岩夹灰黑色泥晶砂屑灰岩透镜体　7.46m
92. 下部 2.5m 为灰色中层状细粒石英砂岩与灰黑色碳质页岩，砂岩具平行层理；上部为灰黑色粉砂质页岩与灰黑色薄层状粉砂岩互层　8.14m
91. 中下部为灰黑色厚—中层状泥晶生物屑灰岩夹灰黑色碳质粉砂岩；上部 2m 为灰黑色碳质页岩与浅灰色薄层状细粒石英砂岩互层　9.5m
90. 浅灰色中层状细粒石英砂岩，具平行层理，底为突变。　4.07m

89. 浅灰色薄层状细粒石英砂岩与灰黑色—土黄色碳质泥岩-泥岩互层。前者具小型楔状交错层，后者具水平纹层　6.78m

88. 黄绿色纹层状泥质粉砂岩，具水平纹层　10.18m

87. 灰白色中—薄层状细粒石英砂岩，底界为突变，向上变薄，具大型楔状交错层　12.89m

86—85. 浅灰色中层状含细砾粗粒石英砂岩-中粒石英砂岩，底为突变，向上变细，具大-小型楔状交错层；顶部 1.36m 为深灰色碳质泥岩　5.40m

84—80. 灰黑色、黑色碳质页岩夹浅灰色、灰白色中层状中细粒石英砂岩，砂岩具平行层理；上部以页岩为主，其底部 0.5m 为深灰色薄层状泥晶生物屑灰岩　61.15m

79. 灰白色厚—中—薄层状含细砾粗粒石英砂岩-中粒石英砂岩，向上变细变薄。砾石约 10%，4mm×6mm～10mm×12mm，成分为白色石英岩；底为突变，下部具大型楔状交错层，向上变小，顶部发育中型楔状交错层　23.51m

78. 灰黑色碳质页岩夹少量纹层状泥质粉砂岩，底为突变，韵律向上变细　64.66m

77. 灰色中层状夹少量厚层状亮晶砂屑灰岩夹黑色碳质页岩，基本层序向上变厚再变薄，顶部为页岩　5.16m

76. 灰色厚—薄层状生物屑泥晶灰岩与黑色碳质页岩互层，向上灰岩变薄，页岩变厚，碳质页岩内部具泥晶灰岩透镜体。产腕足 *Choristites* cf. *rediculosus* Ivonov et Ivanova，*Eomarginifera timanica* Tschernyschew，*Echinoconchus punctatus* Martin，*Linoproductus* sp.，*Avonia* sp.，*Choristites* cf. *volgaensis* Stuckenberg，*Antiquatonia* sp.，*Brachythyrina* sp.，*Rugosochonetas semicircularis* Chao，*Eomarginifera* sp.；珊瑚 *Ephippicaninia* sp.，*Lublinophyllum* sp.，*Gshelia* sp. 及双壳、海百合茎　2.58m

75. 褐灰色含碳粉砂质页岩夹灰色中层状粉屑灰岩，具水平层理，与上下层为过渡　4.13m

74. 深灰色中—薄层夹厚层状生物屑泥晶灰岩。生物屑为双壳、腕足类，含约 5% 的燧石条带，宽 2～5cm　2.06m

73. 灰黑色碳质粉砂质页岩夹 2 层厚 0.5m 的灰白色中层状细粒石英砂岩　15.05m

72. 灰白色厚层状细粒石英砂岩，具大型槽状交错层　2.57m

71. 下部 1m 为灰色中层状泥晶灰岩，底为突变，向上为灰黑色碳质页岩　13.58m

70. 灰色略带黄褐色纹层状泥质粉砂岩，具水平层理　4.77m

69. 灰色薄—中层状泥晶砂屑灰岩，向上增厚　1.41m

68. 中下部为灰白色薄层状细粒石英砂岩，具平行层理；上部为灰色粉砂质页岩夹灰色薄层状细粒岩屑石英砂岩　6.35m

67. 灰色粉砂质页岩夹浅灰色薄层状细粒岩屑石英砂岩，向上砂岩增多　5.29m

66. 深灰色中层状泥晶砂屑灰岩，具平行层理，与下伏层渐变。产蜓 *Schubertella pauciseptata globulosa* Safonova，*Fusulinella* sp.，*Profusulinella* sp.；腕足 *Choristites* cf. *rediculosus* Ivonov et Ivanova，*Choristites* sp.；珊瑚 *Lublinophyllum* sp.，*Neokoninckophyllum* sp.，*Chaetetid sponge*，*Ephippicaninia* sp.，*Donophyllum* sp.，*Kionophyllum* sp.，*Caninia* sp.，*Arctophyllum* sp.　14.11m

65. 灰黑色页岩夹深灰色泥晶砂屑灰岩透镜体　6.70m

64. 灰白色中层状细粒石英砂岩，具大型板状交错层　3.17m

63. 灰色粉砂质页岩夹 2 层深灰色中层状泥晶砂屑灰岩。后者具平行层理，底界突变　5.29m

62. 灰白色中层状细粒石英砂岩，具槽状交错层　6.99m

61. 深灰色薄层状—纹层状泥晶砂屑灰岩，单韵律向上变薄　2.33m

60. 灰色页岩　8.53m

59. 灰黑色薄层状含生物屑泥晶灰岩。产珊瑚 *Pseudotimania* sp.，*Sestrophyllum* sp.，*Nervophyllum* sp.　2.33m

58—57. 灰黑色厚层状与薄层状含生物屑泥晶灰岩互层，二者突变，顶部 2.33m 为灰色页岩　11.64m

56. 浅灰色中层状中粒岩屑石英砂岩，具平行层理，底为突变，底部和中部夹浅灰色中层状含砾粗粒石英砂岩　5.43m

55—52. 灰黑色中薄—纹层状含生物屑泥晶灰岩与浅灰色中—薄层状中粒岩屑石英砂岩间层，向上变薄　13.42m

51. 灰黑色中层状含生物屑泥晶灰岩　1.68m

50. 灰白色中层状中粒石英砂岩　1.68m

49. 灰黑色中层状含生物屑泥晶灰岩　3.35m

48. 浅灰色中层状含细砾中粒石英砂岩-灰黑色中层状泥晶生物屑灰岩-黄灰色薄层状粉砂岩-灰黑色页岩，向上变细变薄　21.25m

47. 灰色页岩　50.32m

46. 灰色厚层状含生物屑泥晶灰岩。产珊瑚 *Kueichouphyllum* sp.，*Neokoninckophyllum* sp.，*Arachnolasma* sp.，*Dibunophyllum* sp.，*Auloclisia* sp.，*Cystolonsdaleia* sp.，*Lithostrotion* sp.，*Nervophyllum* sp.，*Siphonodendron* sp.，*Parazaphriphyllum* sp.　6.25m

45. 灰黑色页岩，下部具大量珊瑚礁灰岩团块，3cm×5cm 左右，10%左右；上部群体珊瑚组成 10cm×150cm 透镜体　3.75m

44. 灰色中—薄层状泥晶生物屑灰岩。产腕足 *Kansuella kansuensis* Chao；珊瑚 *Lithostrotion* sp.，*Auloclisia* sp.，*Batangophyllum* sp.，*Arachnolasma* sp.，*Kueichouphyllum* sp.，*Neoclisiophyllum* sp.，*Dibunophyllum* sp.，*Siphonodendron* sp.　22.48m

43. 灰色含粉砂质页岩夹灰色中—薄层状含生物屑泥晶灰岩，顶为 2m 碳质页岩。生物屑系腕足、珊瑚碎片，个别为 1cm 左右，较完整　34.35m

42—41. 灰黑色中—薄层状生物屑泥晶灰岩，下部 9.37m 夹灰色粉砂质页岩。产珊瑚 *Arachnolasma* sp.，*Arachnolamella* sp.；腕足 *Cleiothyridina* sp. 及生物碎屑　31.85m

40. 深灰色粉砂质页岩　10.08m

39. 灰黑色中层状泥晶生物灰岩。产珊瑚 *Lophophyllum* sp.，*Amygdalophylloides* sp.，*Ufimia* sp.，*Cyathaxonia* sp. 及腕足、海百合茎　5.17m

38. 深灰色纹层状泥质粉砂岩　4.53m

37. 深灰色中层状生物屑泥晶灰岩。产腕足 *Delepinea sinensis* Yang，*Gigantoproductus* sp.，*Schizophoria* sp.；珊瑚 *Aulina* sp.　1.94m

36. 灰色纹层状石英粉砂岩　3.23m

35. 深灰色中层状疙瘩状生物屑泥晶灰岩。产腕足 *Schizophoria* cf. *striatula* Schlotheim；珊瑚 *Arachnolasma* sp.　1.94m

34. 下部 1m 为灰白色中层状细粒石英砂岩，向上渐为中粒石英砂岩，砾岩透镜体增多，具楔状交错层理；中上部夹灰白色石英岩质细砾岩，砾岩底界为突变面　12.94m

33. 深灰色页岩　12.94m

32—30. 灰白色薄—中层状中粒石英砂岩与深灰色、灰黑色中层状泥晶砂屑生物屑灰岩组成 2 个韵律，下层砂岩发育楔状交错层理，上层砂岩发育平行层理，生物屑为腕足、珊瑚、海百合茎　22.00m

29. 下部浅绿灰色薄层状细粒石英砂岩；上部绿灰色纹层状石英粉砂岩　16.82m

28. 绿灰色纹层状石英粉砂岩　17.46m

27. 浅灰绿色薄层状细粒石英砂岩　40.93m

26. 下部 1m 为褐灰色薄层状细粒石英砂岩(具平行层理)、灰色薄层状泥晶鲕粒灰岩(具楔状交错层理)、绿灰色石英粉砂岩互层；中上部为绿灰色纹层状石英粉砂岩　4.24m

25. 下部为灰白色薄层状中粒石英砂岩；上部为绿灰色纹层状石英粉砂岩　16.88m

——————　整　合　——————

石炭系下统和什拉甫组(C_1h)　厚 413m

24. 底部为灰色纹层状细粒石英砂岩，具平行层理；中上部为绿灰色纹层状粉砂质泥岩，含 10%左右的黄褐色扁椭球状菱铁矿结核，大小为 4cm×7cm×7cm，核心为黄色粉砂岩，长轴顺层分布，具水平层理　60.89m

23. 绿灰色粉砂质页岩夹灰白色中层状细粒岩屑石英砂岩，夹层向上变薄为黄褐色岩屑石英细—粉砂岩透镜体，2cm×10cm，含量为 10%左右。产植物 *Archaeocalamites* sp.，*Mesocalamites* sp.，*Cordaites* sp.，*Sublepidodendron* sp.，*Equisetites* sp.　38.52m

22—21. 绿灰色粉砂质页岩，夹 1 层 1m 厚的灰白色中层状中粒石英砂岩　46.28m

20. 灰白色薄层状粗—中粒石英砂岩，具楔状交错层理，向上变细，顶部1m为细粒石英砂岩与粉砂质页岩互层 28.25m
19. 深灰色纹层状泥晶灰岩夹深灰色薄层状含生物泥晶灰岩，后者含腕足等化石 50.33m
18. 灰白色薄层状细粒石英砂岩，具中型楔状交错层理 12.60m
17. 深灰色泥质粉砂岩夹黄褐色纹层状细粒石英砂岩 11.45m
16. 灰色薄—中层状细粒石英砂岩，具平行层理，向上增厚 10.31m
15. 深灰色泥质粉砂岩夹黄褐色纹层状细粒石英砂岩。前者具褐色椭球状黄铁矿结核，3cm×5cm，长轴顺层分布 52.69m
14. 深灰色巨厚—厚—中层状亮晶砂屑鲕粒灰岩，具平行层理，底界突变，向上变薄 26.95m
13. 深灰色中—薄层状泥晶生物屑灰岩夹深灰色中层状生物泥晶灰岩，具小型槽状交错层理，底界突变。产腕足 *Linoproductus* sp.，*Meekella* sp.，*Gigantoproductus* sp.，*Linoproductus cora* Orbigny；珊瑚 *Bothrophyllum* sp.，*Dibunophyllum* sp.，*Hunanoclisua* sp.，*Amandophyllum* sp.，*Neokoninckophyllum sp.*，*Slimoniphyllum* sp.及双壳类 4.39m
12. 浅灰色薄—中层状细粒石英砂岩与灰色薄层状粉砂质微晶球粒灰岩互层，顶部36cm处球粒更细 7.52m
11. 灰白色中层状细粒石英砂岩夹紫红色纹层状钙质石英粉砂岩。前者厚40cm，中间粗，具平行层理，上下部具楔状交错层理 18.18m
10. 下部为灰白色中层状中粒石英砂岩；上部为褐红色纹层状钙质石英粉砂岩夹褐红色薄层状钙质细粒岩屑石英砂岩 8.7m
9. 下部为灰白色中层状中粒石英砂岩，底为突变，向上细砾增多，其顶部0.2m为细砾岩；上部为褐红色纹层状钙质石英粉砂岩夹褐红色纹层状钙质细粒岩屑石英砂岩 7.77m
8—7. 褐红色纹层状钙质石英粉砂岩夹褐红色薄层状钙质细粒岩屑石英砂岩，中间夹1层灰白色中层状细粒石英砂岩 10.76m
6. 下部1m为浅灰绿色厚层状细粒岩屑石英砂岩，向上为灰白色薄层状细粒石英砂岩，内夹10%左右、5cm×30cm的黄灰色泥灰岩透镜体 6.57m
5. 下部0.4m为浅灰绿色中层状中粒石英砂岩；上部为褐红色纹层状钙质石英粉砂岩夹褐红色薄层状钙质细粒石英砂岩 2.99m
4. 下部1m为灰白色厚层状粗粒石英砂岩，具平行层理；上部为褐红色纹层状钙质石英粉砂岩夹薄层状钙质细粒石英砂岩；底部0.2m为细砾岩，底界凸凹不平 2.39m
3. 下部0.4m为浅灰色中层状细粒石英砂岩，向上变细；上部为褐红色钙质石英粉砂岩与褐红色薄层状钙质细粒岩屑石英砂岩互层 3.59m
2. 褐红色薄层状钙质石英粉砂岩 1.20m
1. 灰白色含砾粗粒石英砂岩，底部砾石较小，约2%、2mm×3mm，向上砾石增大增多，约60%、3mm×3mm；顶部10cm为灰白色石英岩质砾岩，砾石成分白色石英岩约20%，红色石英岩约10%，灰色灰岩约10%、5mm×5mm～10mm×10mm～30mm×45mm，分选中等，次圆状；底界略有起伏 0.59m

———— 整 合 ————

石炭系下统克里塔克组（C_1k）：灰色厚层状亮晶鲕粒砂屑灰岩

（3）莎车县塔尔-阿错萨依石炭系上统阿孜干组（C_2a）、石炭系上统至二叠系下统塔哈奇组（C_2P_1t）实测地层剖面（图2-21）

该剖面位于莎车县达木斯乡塔尔—阿腊萨依，起点坐标为：X=4 183 953，Y=13 635 967。交通状况较好，越野车顺沟可达剖面附近。剖面露头良好，地层发育齐全，接触关系清楚，位于褶皱一翼，构造相对简单。

二叠系中统棋盘组（P_2q）：浅褐绿色中—薄层状钙质细粒岩屑石英砂岩与绿灰色粉砂质页岩互层

———— 整 合 ————

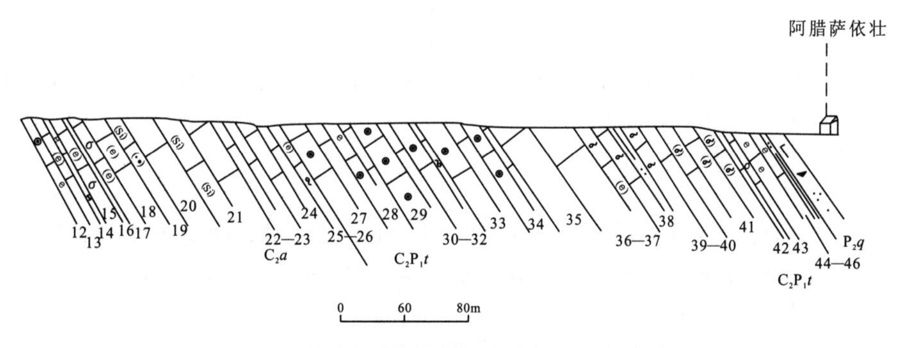

图 2-21　莎车县塔尔-阿错萨依石炭系上统阿孜干组(C_2a)、石炭系上统至二叠系下统塔哈奇组(C_2P_1t)实测地层剖面图

石炭系上统至二叠系下统塔哈奇组(C_2P_1t)　　厚 442.36m

46. 灰黑色粉砂质页岩　4.08m
45. 中下部为深灰色薄层状泥晶生物屑灰岩与灰黑色粉砂质页岩互层，向上灰岩变薄，页岩变厚。产腕足 *Robustopachyphloia* sp.，*Neophricodothyris* sp. 及海百合茎；上部为中—薄层状泥晶灰岩，向上变薄，含䗴 *Pseudovidalina* sp.；有孔虫 *Geinitzina* sp.；牙形石 *Hindeodus minutus* Ellison，*Diplognathodus* sp.　12.23m
44. 灰色中层状泥晶生物屑灰岩。产腕足 *Robustopachyphloia* sp.　12.23m
43. 灰黑色中层状亮晶砂屑灰岩，向上变薄，具平行层理。生物屑为海百合茎，12%左右　12.18m
42. 灰色薄层状泥晶灰岩。产有孔虫 *Plectogyra* sp.，*Bradyina* sp.　8.12m
41. 浅灰色中层状含砂屑泥晶灰岩　66.31m

40—39. 下部 1cm 为土灰色中层状泥晶灰岩，具鸟眼构造；中部为灰色中层状泥晶灰岩，具水平纹层；上部 6.95m 为灰色薄层状泥晶灰岩，向上变薄　19.59m

38. 灰色薄层状亮晶砂屑灰岩夹灰黑色粉砂质页岩。前者具小型楔状交错层理，呈厚薄不均的透镜状展布。产腕足 *Choristites rediculosus* Ivonov et Ivanova　47.4m
37. 浅灰色厚层状泥晶含生物砂屑灰岩。生物屑为腕足、双壳碎片，1mm×3mm～0.2mm×10mm。产腕足 *Brachythyrina* cf. *strangwayis* Verneuil，*Crurithyris* sp. 及有孔虫　3.79m
36. 浅灰色中—薄层状亮晶砂屑灰岩，向上变薄。产有孔虫 *Nodosaria* sp.　13.27m
35. 黄灰色巨厚层状泥晶灰岩　72.4m
34. 黄灰色中层状泥晶灰岩　40.0m
33. 黄灰色巨厚层状亮晶鲕粒灰岩　22.30m
32. 黄灰色中层状泥晶灰岩，向上变薄　7.08m
31. 黄灰色厚层状条带状泥晶灰岩，条带为白色细晶灰岩　5.31m
30. 黄灰色厚层状亮晶鲕粒灰岩　8.21m
29. 灰色巨厚—厚层状亮晶鲕粒灰岩。产䗴 *Triticites noinskyi plicatus* Rosovskaya，*T. variabilis* Rosovskaya，*T. exilis* Panteleew，*T. dagmarae* Rosovskaya，*Zellia* cf. *kolvica* Scherbovich，*Pseudoschwagerina vulgaris* Scherbovich，*P.* sp. 及腕足化石。顶为 0.6m 的薄层状泥晶灰岩。总体向上变薄　32.02m
28. 下部为黄灰色厚层状亮晶鲕粒灰岩，具 2cm 左右的鸟眼构造；中部为黄灰色条带—豹皮状泥晶灰岩；上部为黄灰色薄层状泥晶灰岩　22.17m
27. 下部为黄灰色厚层状亮晶鲕粒灰岩，与下伏层突变；中上部为黄灰色中—薄—纹层状泥晶灰岩。总体向上变薄　33.67m

———— 整　合 ————

石炭系上统阿孜干组(C_2a) **厚244.84m**

26. 下部为紫红色薄层状含褐铁矿微晶灰岩;上部为红灰—黄灰色薄层条带状微晶灰岩,条带为颜色条带;顶部为红灰—黄灰色疙瘩状泥晶灰岩 4.93m
25. 黄灰色薄层状泥晶灰岩,与下伏岩层渐变 5.75m
24. 灰色中层状泥晶灰岩,下部夹中层条带状—豹皮状泥晶灰岩,顶部2m为黄灰色中层状泥晶灰岩。总体向上变薄 29.55m
23. 灰色薄层状泥晶灰岩 9.31m
22. 黄灰色厚层状泥晶灰岩 3.88m
21. 下部为灰色巨厚层状含硅质团块微晶灰岩,夹1层灰色、黄灰色条带—豹皮状泥晶灰岩;上部为灰色巨厚层状微晶灰岩。硅质团块10%左右,椭圆状,4cm×6cm 44.23m
20. 浅灰色厚层状粉晶灰岩 24.05m
19. 灰色厚层状含燧石团块粉砂质泥晶灰岩,燧石团块约5cm,10%左右 11.37m
18. 淡灰色中层状含生物屑微晶灰岩。生物屑为15%左右,2cm×4cm 14.72m
17. 浅灰色巨厚—厚层状含生物屑砂屑灰岩,向上变薄。产䗴 *Profusulinella* sp. 10.70m
16. 灰黑色厚层状泥晶灰岩 8.70m
15. 灰色厚层状含生物屑砂屑灰岩。上部夹20cm灰色苔藓虫泥晶灰岩,顶部含双壳化石。产䗴 *Pseudostaffella* sp. 8.70m
14. 灰色厚层状燧石条带含粉砂质泥晶灰岩。燧石条带为1cm×2cm,约10% 2.01m
13. 灰色中层状含生物屑泥晶灰岩,偶夹灰黑色页岩,单层厚20cm,内部含大量苔藓虫 9.37m
12. 浅灰色厚层状泥晶含砂屑生物屑灰岩 4.68m
11. 灰色薄层状泥晶灰岩夹灰黑色页岩纹层 6.94m
10. 灰色中层状生物屑泥晶灰岩。产腕足 *Choristites rediculosus* Ivonov et Ivanova;珊瑚 *Auloclisia* sp., *Neokoninckophyllum* sp., *Arctophyllum* sp. 2.60m
9. 灰色薄层状生物屑泥晶灰岩 1.73m
8. 下部为灰色厚层状生物屑泥晶灰岩;上部为灰黑色页岩与灰色薄层状泥晶灰岩互层;顶部0.3m为页岩,其中含灰岩砾石 3.47m
7. 下部为灰色中层状生物屑泥晶灰岩,含腕足化石;上部为灰黑色页岩 6.07m
6. 黄灰色薄层状泥晶灰岩。产䗴 *Profusulinella* sp.;有孔虫 *Nodosaria* sp. 6.07m
5. 灰黑色粉砂质页岩 2.60m
4. 灰色中层状生物屑泥晶灰岩。生物屑为60%左右。产䗴 *Pseudostaffella* sp. 6.94m
3. 深灰色薄—纹层状泥晶灰岩,层理厚薄不均,底界突变,凸凹不平,含约10%的粗大型海百合茎及生物屑 1.73m
2. 灰色厚层状含生物屑泥晶灰岩。产腕足 *Choristites* sp., *C. rediculosus* Ivonov et Ivanova, *Plicochonetes* sp., *Crurithyris* sp., *Neophricodothyris* sp. 及少量1cm左右珊瑚、生物屑 6.94m
1. 灰黑色中层状泥晶灰岩。产珊瑚 *Pseudotimania* sp. 及少量腕足、海百合茎 7.80m

——— 整 合 ———

石炭系上统卡拉乌依组(C_2k):灰黑色粉砂质页岩

2. 岩石地层划分及其特征

(1)划分沿革

地质部第十三大队在叶城县克里塔克东北坡创建克里塔克岩系,时代划归早石炭世;《西北地区区域地层表·新疆维吾尔自治区分册》(1981)据新疆石油管理局1970年以后的资料,将含大量Visean阶晚期化石的地层另立新名——和什拉甫组,时代为早石炭世晚期,而将克里塔克组限定为下统下部;《新疆古生界》及《新疆维吾尔自治区岩石地层》均沿用该划分方案。本报告也沿用此,时代为早石炭世。卡拉巴西塔克组属同物异名。

和什拉甫组由新疆区域地层编写组(1981)据新疆石油管理局赵治信等人测制的莎车县和什拉甫剖面资料建立,时代为早石炭世①。《新疆古生界》及《新疆维吾尔自治区岩石地层》均沿用该名,本报告亦沿用之。

卡拉乌依组亦由新疆区域地层表编写组(1981)据新疆石油管理局赵治信等人测制的莎车县和什拉甫剖面资料创名,时代为中石炭世;《新疆古生界》和《新疆维吾尔自治区岩石地层》沿用其划分,时代划归晚石炭世,本报告也沿用此方案。

1958年地质部第十三大队①、1960年B·И·乌斯特利茨基将阿孜干组地层划分为莫斯科建造;《西北地区区域地层表·新疆维吾尔自治区分册》(1981)据新疆石油管理局资料将这套地层创名为阿孜干组,创名地为皮山县克孜里奇曼,时代为中石炭世;《新疆古生界》及《新疆维吾尔自治区岩石地层》及本报告均沿用阿孜干组,时代归晚石炭世。

地质部第十三大队①及B·Ⅵ·乌斯特利茨基(1960)曾将塔哈奇组地层称为阿图什雷克岩系,时代归C_3—P_1;1981年新疆区域地层表编写组据新疆石油管理局克孜里奇曼剖面资料,创名塔哈奇群;赵治信、韩建修、王增吉(1984)所著《塔里木盆地西南缘石炭纪地层及其生物群》一书,对该区石炭系进行了深入研究,将上石炭统划分为塔哈奇组(下部)及克孜里奇曼组(上部),时代都为晚石炭世;《新疆维吾尔自治区岩石地层》将克孜里奇曼组划归塔哈奇组,停止使用克孜里奇曼组一名,时代为晚石炭世。本报告采用后一种划分方案,时代归晚石炭世—早二叠世。

(2)岩石地层划分

根据前人的研究及本次工作成果,将图幅内石炭系自下而上划分为下统克里塔克组、和什拉甫组,上统卡拉乌依组、阿孜干组及石炭系上统至二叠系下统塔哈奇组。各组间均为整合接触关系。

(3)岩石地层特征

①克里塔克组(C_1k)主要分布于图幅东边中部喀拉瓦什尔北东,呈条带状展布,与下伏泥盆系上统奇自拉夫组呈整合接触。以碳酸盐岩大量出现为标志与奇自拉夫组分界。该组以黄灰色—深灰色颗粒碳酸盐岩为主,主要岩石组合有亮晶鲕粒灰岩、亮晶含砂屑鲕粒灰岩、亮晶砂屑灰岩、亮晶砾屑砂屑灰岩、砾屑白云岩、含鲕粒微晶白云岩、泥晶鲕粒核形石白云岩、含砂质泥晶砂屑白云岩及中细晶白云岩、粉晶白云岩,其中白云岩主要出现在下部。其上、下部以薄—中层状为主,中部以厚层状为主,基本层序总体为向上变细变薄,偶见其由底部向上略变粗变厚,又变细变薄。该组在东邻图幅莎车县达木斯乡台萨孜一带厚369.6m,图幅内出露范围较小,岩性及厚度变化不大。

②和什拉甫组(C_1h)分布大体同克里塔克组,以底部褐红色钙质石英粉砂岩及灰白色含砾粗粒石英砂岩出现与克里塔克组分界。系含丰富𩿧、珊瑚、腕足类化石的一套碎屑岩、碳酸盐岩建造。在达木斯乡瓦斯塔拉格一带厚413.00m。其岩石组合下部为褐红色纹层状钙质石英粉砂岩与褐红色薄层状钙质细粒岩屑石英砂岩夹灰白、灰绿色厚层状(含砾)粗—中粒石英砂岩(单层向上砾石增多)及深灰色巨厚—厚层状亮晶砂屑鲕粒灰岩、中—薄层状泥晶生物屑灰岩、泥晶灰岩,其中砂岩中发育楔状交错层理,粉砂岩中发育水平层理,灰岩中发育平行层理及小型槽状交错层理;上部为泥质粉砂岩、粉砂质页岩、薄—中层状细粒(岩屑)石英砂岩夹粉砂质微晶球粒灰岩、含生物泥晶灰岩及泥晶灰岩,总体向上变细,砂岩中岩屑以泥晶灰岩为主,发育楔状交错层理,砾石为灰岩、石英岩,呈次圆、次棱角状。该组基本层序总体为向上变细变薄,其底部为含砾粗砂岩,向上砾石含量增加,向上变粗变厚。该组图幅内出露范围较小,岩性及厚度变化不大。

③卡拉乌依组(C_2k)在图幅东中部的勒拜什依、央日克和喀拉瓦什克尔北东等地分布,受断层影响,其产状在北部倾向西南,南部倾向北东。底部以厚度较大的灰绿色—灰白色薄—中层状细—中粒石英砂岩的出现与和什拉甫组分界。该组系一套含丰富𩿧、珊瑚、腕足类化石的碳酸盐岩、碎

① 地质部第十三地质大队.棋盘幅(J-43-XXⅢ)西昆仑托赫塔卡鲁姆山脉北坡1:20万地质测量与普查工作报告.1958.

屑岩建造。颜色除灰白色砂岩外以灰色及绿灰色为主，岩石组合为细—中粒石英砂岩、细粒岩屑石英砂岩、石英粉砂岩、泥质粉砂岩、碳质粉灰岩、页岩、泥晶生物屑灰岩、生物屑泥晶灰岩、泥晶砂屑灰岩、泥晶灰岩。基本层序以碎屑岩为主，有少量碳酸盐岩，总体由下向上变细、变薄。颗粒灰岩、砂岩呈薄—厚层状，发育楔状、板状交错层理或平行层理，岩屑砂岩中岩屑以灰岩为主，粉砂岩、粉砂质泥岩及泥岩、泥晶灰岩中页理发育。该组厚度由西北向东南变薄，和什拉甫剖面厚 793.47m。图幅内岩性及厚度变化不大。

④阿孜干组(C_2a)分布及地层产状大体同卡拉乌依组。该组以碳酸盐岩大量出现为标志与卡拉乌依组分界，系富含䗴、珊瑚、腕足、海百合茎的一套碳酸盐岩夹极少量粉砂质页岩或页岩。颇江一带厚 244.84m。其岩性下部为泥晶灰岩、生物屑泥晶灰岩夹粉砂质页岩；中部为含燧石条带泥晶灰岩、含生物屑砂屑泥-粉晶灰岩；顶部为微-泥晶灰岩，并以紫红色疙瘩状灰岩为顶与塔哈奇组分界。下部基本层序为向上变粗变厚型，中上部为向上变细变薄型。区内该组与上覆、下伏地层接触关系清楚，岩性也较稳定，向北厚度变大。

⑤ 塔哈奇组(C_2P_1t)出露于图幅的东北部库斯拉甫东—翁库力克·阿格孜一带，其地层产状中、北部走向近南北，南部产状走向渐变为北西—南东向，与上覆二叠系中统棋盘组呈整合接触或断层接触，其岩性稳定，厚度变化不明显。以富含䗴、珊瑚、海百合茎、腕足化石的碳酸盐岩为主，颇江剖面厚 442.36m。下部为黄灰色厚层状亮晶鲕粒灰岩、黄灰色厚层状条带状泥晶灰岩及黄灰色中层泥晶灰岩，向上为灰色中层泥晶—亮晶(含生物屑)砂屑灰岩、薄层状泥晶灰岩，中层含生物屑泥晶灰岩，顶部出现灰黑色砂质页岩。该组基本层序向上变细变薄，泥晶生物屑灰岩具楔状交错层理，泥晶灰岩具水平层理。

3. 生物地层划分及其特征

根据本次工作，结合前人的研究成果，将其生物地层简述如下。

(1)克里塔克组

下部产牙形石 *Polygnathus* sp.，*Hindeodella* sp.，时代为 D_3—C_1；介形虫 *Bairdiacypris* sp.，*Cavellina* sp.，cf. *Alatacavellina parva* Li，*Chamishaella* sp.，*Mennerites* sp.，cf. *M. hupehensis* Hou，时代为 D_3—C_1；有孔虫 *Plectogyra* sp.，*Endothyranella* sp.，*Bradyina* sp.，时代为 C_1^2—C_2。

(2)和什拉甫组

下部产腕足 *Linoproductus cora* (Orbigny)，*L.* sp.，*Gigantoproductus* sp.，*Meekella* sp.；䗴 *Schubertella pauciseptata globulosa* Safonova，*Fusulinella* sp.，*Profusulinella* sp.；珊瑚 *Arachnolasma* sp.，*Aulina* sp.，*Lophophyllum* sp. *Amygdalophylloides* sp.，*Lifimia* sp.，*Rhopalolasm* sp.，*Cyathaxonia* sp.(图版Ⅱ,1)，*Auloclisia* sp.，*Batangophyllum* sp.，*Kueichouphyllum* sp.，*Neockisiophyllum* sp.，*Siphonodendron* sp.，*Neokoninckophyllum* sp.，*Cystolonsdaleia* sp.，*Nervophyllum* sp.(图版Ⅱ,4)，*Parazaphriphyllum* sp.，*Protonaticophyllum* sp.，*Lublinophyllum* sp.，*Ephippicaninia* sp.，*Donophyllum* sp.，Chaetetid Sponge，*Arctophyllum* sp.。上部产腕足 *Gigantoproductus* sp.；䗴 *Eostaffella mosquensis*，*E. kasakhstanica*，大体可以与天山区阿克沙克组(雅满苏组)顶部的 *Gigantoproducts edilburgensis* - *Striatifera striata* 组合对比；时代为早石炭世纳缪尔阶 E 带，整合其上的卡拉乌依组底部含䗴 *Profusulinella* 和 *Pseudostaffella*，故其上界可与天山区列莫顿组对比，即达到了纳缪尔阶H-R带，属上石炭统底部。其年代地层为早石炭世。

(3)卡拉乌依组

该组产腕足 *Schizophoria* cf. *striatula* (Schlothein)(图版Ⅲ,8)，*Echinoconchus punctatus* (Martin)，*Delepinea sinensis* Yang，*Kansuella kansuensis* Chao(图版Ⅳ,4)，*Choristites* cf. *rediculosus* Ivonov et Ivanova(图版Ⅳ,5)，*Antiquationia* cf. *hind*(Muir-wood)(图版Ⅳ,1)，*Choris-*

tites planus(Rotai), *Dictyoclostus pingus* (Muir - wood)(图版Ⅲ,14), *Eomarginifera timanica* Tschernyschew(图版Ⅲ,6), *Choristites* cf. *volgaensis* Stuckenberg , *Rugosochonetes semicircularis* (Chao)(图版Ⅲ,10), *Tangshanella kaipingensis* Chao, *Linoproductus sinensis*(Tschernyschew)(图版Ⅳ,3), *Brachythlyrina* cf. *strangwagsi* Vereuil. ;珊瑚 *Dibunophyllum* sp.(图版Ⅱ,5,6), *Bothrophyllum* sp. , *Hunanoclisia* sp. , *Amandophyllum* sp. , *Neokoninckophyllum* sp. , *Yuanophyllum* sp. , *Slimoniphyllum* sp. ;上部产植物化石 *Archaeocalamites* sp. , *Mesocalamites* sp. , *Cordaites* sp. , *Sublepidodendron* sp. , *Equisetites* sp. 。䗴类属 *Pseudostaffella - Profusulinella* 带,在天山区分布最广,始于 *Profusulinella* 的出现,止于 *Fusulinella* 的出现。其中见与 *Dialoboceras* 共生,与石钱滩组下部可以对比,相当于莫斯科阶下部或西欧维斯发阶中部(C 带下部)。其相应年代地层为晚石炭世。

(4)阿孜干组

该组产䗴 *Pseudostaffella* cf. *sphaeroidea* Ehrenberg(图版Ⅰ,10), *P.* sp. , *Fusulina* cf. *mayiensis* Sheng(图版Ⅰ,8), *Schubertella* sp. , *Profusulinella* sp. ; 有孔虫 *Palaeotextularis* sp. , *Globivalvulina* sp. , *Cribrospira* sp. ;腕足 *Choristites rediculosus* Ivonov et Ivanova, *C.* sp. , *Plicochonetes* sp. , *Crurithyris* sp. , *Neophricodothyris* sp. ;珊瑚 *Pseudotimania* sp. , *Auloclisia* sp. , *Neokoninckophyllum* sp. , *Arctophyllum* sp. 。底部为䗴 *Fusulinella* 带,其上绝大部分属 *Fusulina* 带,在天山区分布最广,以 *Fusulinella* 出现开始,止于 *Fusulina* 的出现,可以与祁家沟组对比,也可以与贵州 *Fusulinella - Fusulina* 带下部、东北本溪组 *Fusulinella - Fusulina* 带下部、华东地区黄龙组 *Fusulinella - Beedeina* 带下部对比,相当于莫斯科阶中部;*Fusulina* 带以 *Fusulina* 出现为代表,无疑属于上石炭统中部,与国内外标准地层易于对比,其年代地层为晚石炭世。

(5)塔哈奇组

该组产牙形石 *Hindeodus minutes* (Ellison), *Diplognathodus* sp. ; 䗴 *Triticites noinskyi plicatus* Rosovskaya(图版Ⅰ,3,9), *T. variabilis* Rosovskaya(图版Ⅰ,6), *T. exilis* Panteleew(图版Ⅰ,7), *T. dognarae* Rosovskaya(图版Ⅰ,5),*Zellia* cf. *kolvica* Scherbovich(图版Ⅰ,11), *Eoparafusulina* sp. , *Pseudoschwagerina vulgaris* Scherbovich(图版Ⅰ,4), *P.* sp. ; 有孔虫 *Nodosaria* sp. , *Robustopachyphloia* sp. , *Plectogyra* sp. , *Bradyina* sp. , *Pseudovidalina* sp. , *Geinitzina* sp. ; 腕足 *Choristites rediculosus* Ivonov et Ivanova , *Brachythyrina* cf. *strangwaysi* Verneuil, *Crurithyris* sp. , *Chaoiella temuireticulata* (Ustrisky), *Neophricodothyris* sp. 。下部为䗴 *Triticites* 带,中部属 *Pseudoschwagerina* 带,上部可建立 *Eoparafusuilina* 带。*Pseudoschwagerina* 带中还有 *Schwagerina* , *Schubertella*, *Quasifusulina*, *Rugosofusulina*, *Pseudofusulina*, *Eoparafusulina*, *Boultonia*, *Ozawainella*, *Zellia* 等;*Eoparafusulina* 带中伴生的还有 *Triticites*, *Rugosofusulina*, *Pseudofusulina* 等。其年代地层为上石炭统上部—下二叠统。

4. 区域地层对比及时代确定

(1)克里塔克组

区域上该组分布于英吉沙—皮山县以南的昆仑山前及山间凹地,呈北西—南东带状延伸,与上覆和什拉甫组及下伏奇自拉夫组均为整合接触。区内以黄灰色—深灰色颗粒碳酸盐岩为主,岩性较稳定,由南向北变厚。向西北至阿克陶县恰看特勒克,为灰色—深灰色粗晶灰岩,少量鲕粒灰岩、生物碎屑灰岩,极少量的钙质粉砂岩,厚 687.6m。向东北至阿克陶县考库亚,为灰色—浅灰色灰岩及白云岩夹少量钙质砂岩,厚 614m。

(2)和什拉甫组

区域上该组分布在英吉沙—叶城一线以南的昆仑山前及皮山以南的桑株塔格、博查特塔格一带山间凹地，呈北西—南东向带状，岩性变化不大，系富含䗴、珊瑚、腕足类化石的一套碎屑岩、碳酸盐岩建造。在瓦斯塔拉格一带厚413.00m，向西至考库亚主要为灰色—灰黑色灰岩、鲕状灰岩、生物屑灰岩夹白色、褐黄色长石石英砂岩、粉砂岩，厚371.1m；到乌恰县科克牙，主要为灰色—灰黑色生物碎屑灰岩夹黄灰色石英砂岩、钙泥质粉砂岩，厚311.3m；再向西到恰看特勒克，主要为灰色—灰黑色灰岩、结晶灰岩夹灰黑色粉砂岩、石英细砂岩、绿灰、灰色中层状细砂岩，厚578.35m。

(3)卡拉乌依组

该组区域上在英吉沙—叶城—皮山的昆仑山前发育，呈北西—南东向延伸。主要为浅灰色—深灰色富含䗴、珊瑚、腕足类化石的一套碳酸盐岩、碎屑岩建造，岩性变化不大。向西到考库亚厚173.6m；再向西到恰看特勒克厚271.8m；向东到克孜里奇曼厚64m，再向东北到塔哈奇厚41.6m，至布雅煤矿北厚87m。总体向东变薄。

(4)阿孜干组

区域上该组分布于英吉沙—叶城—皮山以南，区内岩性较稳定，为一套灰色—灰黑色富含䗴、珊瑚、腕足、海百合茎的一套碳酸盐岩夹极少量粉砂质页岩或页岩，向东南至皮山县克孜里奇曼为灰色—灰黑色灰岩、黑色—深灰色页岩、浅灰色—浅黄绿色砂岩夹碳质泥岩及紫红色疙瘩状灰岩。莎车县颇江厚244.8m，向西北至莎车县和什拉甫厚200.3m，再向西至英吉沙县恰看特勒克厚275.3m；向东至棋盘厚128.7m，再向东到和田县布雅煤矿北厚仅28m。总体由东南向西北变厚。

(5)塔哈奇组

区域上该组分布于英吉沙—叶城—皮山以南的昆仑山前，呈北西—南东向带状延伸，该组岩性稳定。皮山县克孜里奇曼为一套碳酸盐岩夹少量碎屑岩沉积，厚306.2m。区内以碳酸盐岩为主，仅顶部出现灰黑色粉砂质页岩。棋盘厚398.5m，向西和什拉甫厚601.9m，颇江厚442.36m，到英吉沙县恰看特勒克厚683.69m，阿克陶县七美干剖面只出露碳酸盐岩，厚245.9m，塔哈奇厚327.5m。总体由西向东变薄。

(三)二叠系

图幅内仅出露下、中统，中统称棋盘组，部分属下统的塔哈奇组已在石炭系中介绍。主要分布在图幅东北部土不拉尔大坂东—颇特滚达一带，呈两个北西—南东向条带，西带西侧与泥盆系上统奇自拉夫组为断层接触，东侧与下伏塔哈奇组为整合接触。东带东、西、南侧均与下伏塔哈奇组为整合接触，出露面积约76km²。其下部为碳酸盐岩，上部为浅海相碎屑岩夹碳酸盐岩，上未见顶。

1. 剖面描述

叶城县拜勒都-尤勒巴什东二叠系中统棋盘组(P_2q)实测地层剖面(图2-22)

该剖面位于叶城县棋盘乡拜勒都—尤勒巴什东，起点坐标为：X=4 156 245，Y=13 650 517，H=2 213m。剖面露头较好，地层发育完整，顶底接触关系齐全，构造相对简单，交通较便利。

二叠系上统达里约尔组(P_3d)：绿色厚层状钙质长石石英粉砂岩，具小型槽状交错层理

———— 整　合 ————

二叠系中统棋盘组(P_2q) 　**厚632.65m**

75. 灰绿色泥岩夹灰紫色泥岩，具水平纹理　7.07m
74. 灰色薄板状长石石英粉砂岩夹灰黄色薄层状含粉砂生物屑泥晶灰岩。前者向上变薄，后者顶底均起伏不平，底部含碳化植物碎片　5.66m
73. 下部为灰色薄层状泥晶生物屑核形石灰岩与绿灰色泥岩互层；中上部为绿灰色泥岩。灰岩中产双壳 *Schizodus nuomuhongensis* Xu et Lu, *Phestia kunlunensis* Xu et Lu, *Sanguinolites* sp.　5.66m
72. 下部为灰色中层状泥晶生物屑核形石灰岩夹绿灰色泥岩；上部为深绿灰色泥岩，不具页理。

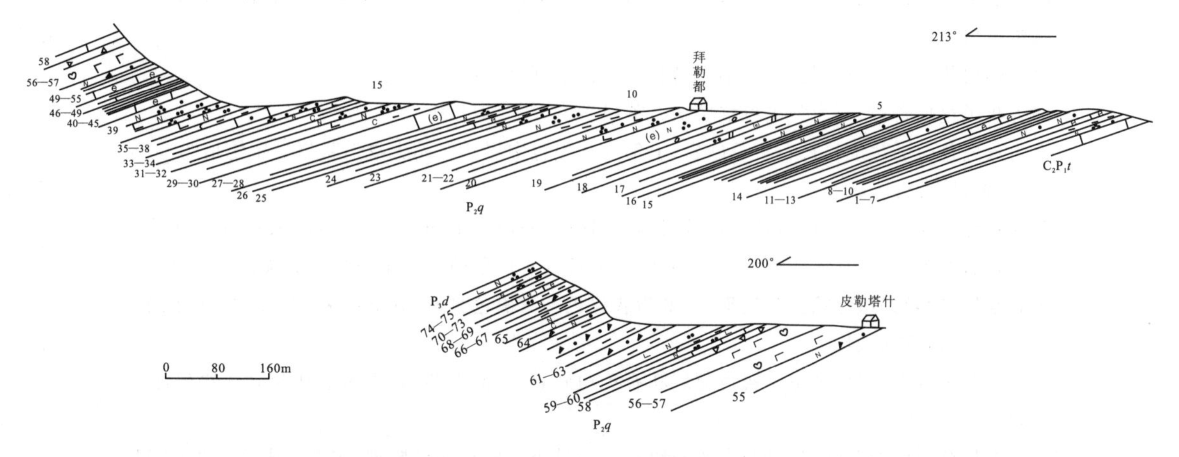

图 2-22 叶城县拜勒都-尤勒巴什东二叠系中统棋盘组(P_2q)实测地层剖面图

灰岩中产腕足 *Liraplecta aspera* Wang, *Cancrinella* sp. 6.36m

71. 下部为绿色薄板状钙质长石粉砂岩;中上部为绿灰色泥岩,具水平层理 3.54m
70. 灰黑色中层状泥晶生物屑核形石灰岩。生物屑约60%,为腕足、双壳、海百合茎等 1.41m
69. 灰绿色薄层状细粒岩屑长石砂岩,具小型槽状交错层理 2.12m
68. 暗绿色粉砂质泥岩 6.36m
67. 下部为灰绿色厚层状细粒岩屑长石砂岩,具楔状交错层理;中部为绿色薄板状细粒岩屑长石砂岩夹纹层状粉砂岩;上部为灰色中层状泥晶生物屑灰岩 4.24m
66. 下部1m为灰绿色中层状细粒岩屑长石砂岩;上部为灰黑色泥岩 14.14m
65. 下部为浅灰色厚层状—中层状细粒长石石英砂岩;上部为灰黑色碳质泥岩夹浅灰色中层状细粒长石石英砂岩(透镜状) 11.81m
64. 下部为绿色巨厚层状细粒岩屑长石砂岩,底为突变,具灰黑色泥岩长透镜体;下部具平行层理,上部具大型楔状层理;中部为薄板状细粒岩屑长石砂岩,与下部突变;上部为灰黑色碳质泥岩 7.87m
63. 灰黑色泥岩 48.10m
62. 绿色薄—中层状细粒岩屑长石砂岩 10.30m
61. 灰黑色泥岩与绿灰色薄—中层状钙质长石粉砂岩互层。泥岩向上增厚,粉砂岩向上变薄,底部粉砂岩顶底均为突变面。具水平纹理 18.08m
60. 深灰色薄层状钙质长石粉砂岩,具水平纹理 2.74m
59. 下部为灰黑色中层状钙质长石粉砂岩,底见1cm薄板钙质长石粉砂岩,顶部含腕足碎片;上部为灰黑色碳质泥岩 9.59m
58. 底部5cm为灰色—灰黑色薄层状泥晶砂屑灰岩;下部为灰黄色中—薄层状泥晶灰岩;上部为绿灰色泥岩,略显页理,其底4cm为绿色钙质细粒岩屑长石砂岩,具平行层理 4.11m
57. 绿色安山质火山角砾岩。角砾为杏仁状安山岩,80%左右,一般为2cm×3cm~3cm×4cm,个别达12cm×25cm,次棱角状 0.735m
56. 暗绿褐色巨厚层状杏仁状玄武岩 19.22m
55. 灰褐色薄层状细粒岩屑长石砂岩,具中型楔状交错层理 1.57m
54. 下部为浅灰色中层状细粒岩屑长石砂岩,偶显平行层理;中部为翠绿色薄板状细粒岩屑长石砂岩,与下部过渡;上部为灰褐色纹层状泥质粉砂岩 2.66m

53—52. 灰绿色—灰黑色页岩夹0.5m黄绿灰色中层状泥晶生物屑灰岩。生物屑为腕足碎片等 9.32m

51. 褐灰色中层状泥晶生物屑灰岩。生物屑为腕足碎片,为60%左右 2.66m
50. 下部为灰白色中层状中粒长石石英砂岩;上部为灰色页岩 4.00m
49. 底部为黄绿色中层状细粒长石石英砂岩,向上为灰绿色—灰色页岩 5.99m
48. 中、下部为灰黑色碳质页岩;上部为黄色纹层状石英粉砂岩 7.99m
47. 褐灰色中层状泥晶生物屑灰岩,中部层理最厚 2.66m

46. 下部褐灰色中层状泥晶生物屑灰岩，生物屑为3～8mm的腕足碎片；上部为灰黑色碳质泥岩 4.00m
45. 灰黑色页岩 3.33m
44. 灰白色中层状中粒长石石英砂岩，小型槽状和平行层理呈互层 2.66m
43. 下部为灰黑色页岩；上部为黄褐色纹层状石英粉砂岩 5.32m
42. 下部为灰白色中层状细粒长石石英砂岩；上部为灰黑色中层状泥晶生物屑灰岩。生物屑为60%左右，为腕足、海百合茎等 11.8m
41. 下部为灰黑色薄—纹层状钙质长石粉砂岩，具菱铁矿结核；中下部夹2层30cm的灰白色中层状中粒长石石英砂岩，具大型板状交错层理；中上部为灰白色薄层状细粒长石石英砂岩与灰黑色页岩互层，砂岩具鱼骨状交错层理；上部为灰绿色—灰黑色页岩，其下部夹30cm的灰白色中层状细粒长石石英砂岩 14.16m
40. 灰黑色—灰色页岩，偶夹少量黄褐色薄层状石英粉砂岩，下部夹30cm黄灰色中层状生物屑泥晶灰岩 7.67m
39. 灰白色厚层状细粒石英砂岩，具灰白色条纹。下部具小型槽状交错层理；中部具平行层理；上部具中型楔状交错层理 8.26m
38. 灰黑色薄层状—纹层状钙质长石粉砂岩，偶见黄褐色菱铁矿长透镜体，偶夹灰褐色中层状细粒石英砂岩。砂岩底界呈锯齿状 7.4m
37. 灰黑色碳质泥岩夹浅灰色中层状泥晶砂屑灰岩，前者向上变厚 3.33m
36. 底部1m为绿灰色页岩；中上部为灰色—灰绿色薄层状钙质长石粉砂岩夹浅灰色薄层—纹层状泥晶砂屑灰岩；中部粉砂岩最厚，向上、向下灰岩变密集变厚，顶以灰岩结束 6.99m
35. 褐灰色中层状生物屑微晶灰岩，中间夹0.2m薄层状疙瘩状泥晶生物屑灰岩，后者层面有少量碳质泥岩 2.56m
34. 浅灰色中—薄层状细粒石英砂岩，具平行纹层 9.61m
33. 灰黑色薄层状钙质长石粉砂岩，夹2层灰黑色薄层状泥晶砂屑灰岩 2.76m
32. 下部为灰白色薄层状细粒长石石英砂岩与灰黑色碳质泥岩互层；上部为灰黑色碳质泥岩夹灰白色薄层状细粒长石石英砂岩 5.52m
31. 底部为2单层黄褐色中层状细粒长石石英砂岩，向上为灰黑色碳质页岩 11.04m
30. 下部为灰白色中层状中粒长石石英砂岩，具红色风暴旋构造，底为突变，界面平整；上部为灰色纹层状钙质长石石英粉砂岩，底为突变 6.62m
29. 深灰色薄层状钙质长石粉砂岩，具水平纹理，向上渐粗 3.04m
28. 灰黑色碳质泥岩与褐灰色薄层状含生物屑泥晶灰岩互层，后者向上变薄 30.15m
27. 灰黑色中层状含生物屑泥晶灰岩，生物屑为腕足等；顶为薄层状含生物屑泥晶灰岩。产腕足 *Crurithyris* sp. 3.67m
26. 灰白色中层状细粒长石石英砂岩与灰黑色碳质泥岩互层，前者底界突变呈楔状 4.49m
25. 黄灰色中层状微晶生物屑灰岩与灰黑色泥岩互层。生物屑为珊瑚、海百合茎、双壳碎片，含量为60%左右。灰岩中部变厚，底为突变，泥岩中部变薄 8.16m
24. 紫红色泥岩—灰绿色薄层状泥质粉砂岩-褐黑色泥岩与灰红色中层状钙质细粒长石石英砂岩互层，以泥岩开始，向上泥岩变薄 8.16m
23. 绿色巨厚—中层状石英砂岩，向上变薄，具大型低角度交错层理 16.89m
22. 灰黑色泥岩夹灰黄色中薄层状钙质细粒长石石英砂岩，后者具小型爬升层理 9.76m
21. 紫红色泥岩夹绿灰色泥岩及紫红色薄层状钙质长石石英细—粉砂岩 21.35m
20. 灰红色—灰绿色中层状钙质细粒长石石英砂岩夹绿色紫斑泥岩，前者底部急剧起伏，局部含砾 14.03m
19. 浅黄色巨厚层状含细砾中粒长石石英砂岩夹灰白色石英岩砾岩。前者砾石为5%左右，具大型楔状交错层理；后者砾石含量为30%左右，由白、灰色石英岩、黄色灰岩组成，石英岩砾次圆状，灰岩砾不规则状、次棱角状，分选中等，填隙物为粗粒石英砂，孔隙式胶结。砾岩底界凸凹不平，上部具平行层理。顶为20cm的黄色条带状砂质泥岩 26.15m
18. 紫红色中层状含铁粉砂质白云岩与深绿灰色泥岩韵律互层，后者向上变厚。底约1m为紫红色巨厚层状细粒长石石英砂岩，具大型楔状交错层理 14.58m

17. 灰红色中—薄层状细粒长石砂岩与暗灰红色泥岩夹绿色泥岩互层。砂岩单元厚约1m，中部厚，向上向下均变薄，下部具平行层理；泥岩单元厚2.5m，中、下部为暗灰红色，上部为绿色。顶部夹一层薄层状细粒长石砂岩 22.04m
16. 暗灰红色页岩夹少量绿色页岩 10.73m
15. 灰红色厚层状细粒长石砂岩 3.58m
14. 浅灰绿色中层状砂质泥晶灰岩与灰绿色页岩互层 42.23m
13. 暗灰红色页岩夹少量绿色页岩 9.41m
12. 灰黑色中层状泥晶生物屑灰岩 1.62m
11. 下部为灰黑色中层状泥晶生物屑灰岩，生物屑为海百合茎、腕足，少量双壳，含量60%左右；上部为暗灰红色夹绿色页岩 1.32m
10. 暗灰红色页岩夹少量绿色页岩 7.33m
9—8. 淡灰色—灰白色中层状中粒长石砂岩 14.15m
7. 下部为灰黑色厚层状泥晶灰岩；上部为灰黑色厚层状生物屑泥晶灰岩。生物屑为双壳、䗴类 3.66m
6. 浅灰黄色厚层状含粉砂微晶白云岩 1.22m
5. 绿色中层状钙质细粒长石石英砂岩与灰黑色含粉砂钙质泥岩互层(2个韵律) 1.33m
4. 灰黑色薄层状含粉砂钙质泥岩夹1层灰黑色中层状泥晶生物屑灰岩。灰岩具水平纹层，向上变薄，生物屑主要为双壳，次为苔藓 2.85m
3. 下部0.3m为灰黑色薄层状含粉砂钙质泥岩，具水平纹层；中上部为灰黄色中层状含砂屑生物屑泥晶灰岩，由3个单层组成，底界凸凹不平，顶界平整 1.63m
2. 紫红色泥质粉砂岩，层理不发育，具还原斑，底部0.3m为紫红色泥质粉砂岩与灰绿色细粒长石石英砂岩互层 4.88m
1. 灰绿色中、厚层状细粒长石石英砂岩，下中部夹0.5m灰黑色含粉砂钙质泥岩。下部砂岩为中层状，中部为厚层状，向上又变薄变细为中层状 2.85m

———— 整 合 ————

二叠系下统至石炭系上统塔哈奇组(C_2P_1t)：黄灰色中层状泥晶灰岩

2. 岩石地层划分及其特征

(1)划分沿革及岩石地层划分

地质部第十三大队在棋盘一带进行区调时，将二叠系自上而下分为3个岩系或建造：丘盘达里岩系、达里约尔岩系、萨克玛尔—亚丁斯克建造①，又在叶城柏亚迪划分出下二叠统萨克玛尔-亚丁斯克建造②。新疆区域地层编写组(1981)研究了新疆石油管理局在棋盘河测制的剖面，创建了下二叠统棋盘组，时代归早二叠世。《新疆维吾尔自治区岩石地层》沿用此方案。本次工作据岩石组合、化石及前人的资料，按二叠系三分原则，自下而上分为中统棋盘组和上统达里约尔组(区内未出露)。

(2)岩石地层特征

棋盘组为一套碎屑岩夹浅海碳酸盐岩建造，岩石组合为中—细粒长石石英砂岩、岩屑长石砂岩、钙质长石粉砂岩、石英粉砂岩、粉砂质泥岩、碳质泥岩及页岩夹含粉砂生物屑泥晶灰岩、含生物屑泥晶灰岩、泥晶生物屑灰岩、泥晶生物屑核形石灰岩，极少量含铁粉砂质粉晶白云岩，其颜色以灰黄色—灰绿色—灰色为主，下部夹紫红色。砂岩中发育槽状、楔状交错层理或平行层理，粉砂岩、泥岩发育中水平纹理或页理。其基本层序类型总体为向上变粗变厚再变细变薄或向上变细变薄型。在许许沟一带其上部有厚11～39m暗绿色巨厚层状杏仁状玄武岩夹层，区域上分布稳定。棋盘一带该组厚632.65m。

① 地质部第十三地质大队．棋盘幅(J-43-ⅩⅩⅢ)西昆仑托赫塔卡鲁姆山脉北坡1∶20万地质测量与普查工作报告．1958．
② 地质部第十三地质大队．昆仑山西北坡(J-43-ⅩⅩⅨ、J-43-ⅩⅩⅢ)1∶20万地质测量与普查工作报告．1958．

3. 生物地层特征

区内棋盘组含腕足、海百合茎、双壳等化石和陆相植物碎片，产双壳 *Schizodus unomuhongensis* Xu et Lu，*Phestia kunlunensis* Xu et Lu，*Sanguinolites* sp.；腕足 *Liraplecta aspera* Wang(图版Ⅲ,13;Ⅳ,2)，*Cancrinella* sp.，*Crurithyris* sp.；区域上含腕足 *Cancrinella truncata*，*Pseudoavonia lopingensiformis*，*P. cylindrica*，*Stenoscisma superstes*；双壳 *Aviculopecten culinensis* 等。综合前人的资料，其年代地层为中二叠统。

4. 区域地层对比及时代确定

棋盘组分布在叶城县皮山河以西的棋盘河、柏亚迪及莎车县依格孜牙、七美干一带，为海相碎屑岩夹灰岩。在棋盘河一带厚 632.65m，向东南至柏亚迪一带厚 450m。在北部依格孜牙一带，底部为灰色钙质砾岩、浅紫色砾岩夹灰黑色泥岩、灰岩；中上部为灰色泥岩、砂质泥岩、灰绿色钙质粉砂岩、细砂岩、粉砂岩不均匀互层夹白云岩、泥灰岩，含腹足类、介形类化石，厚 562m。在莎车以西仆德，仅出露上部地层，厚 200m。向西至七美干以西，厚 658.1m，上部夹较厚玄武岩。向东南在叶尔羌河北岸阿热塔什一带，视厚度仅 94.4m。

综合该组岩石组合、岩性特征及生物特征，将其时代确定为中二叠世。

(四)未分石炭系(C)

主要分布于阿克陶县苏阿克、塔尔马铁热克东、库斯拉甫西南等地。常以断层与周围地质单元接触，局部分别不整合于长城系、奥陶系玛列兹肯群及阿孜拜勒迪岩体之上，或被华力西晚期岩体侵入。为一套深灰色—灰黑色细碎屑岩石组合。

1. 剖面描述

阿克陶县巴巴喀合夏勒沿塔什库尔干河北侧公路至幸福六号桥未分石炭系实测地层剖面(图 2-23)

该剖面位于阿克陶县巴巴喀合夏勒至幸福六号桥，起点坐标为：X=4 188 409；Y=13 601 316，H=1 937m。岩石露头一般，交通较便利。

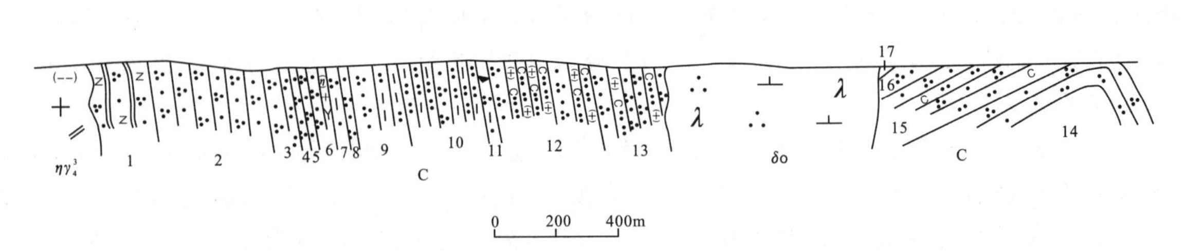

图 2-23 阿克陶县巴巴喀合夏勒未分石炭系(C)实测地层剖面图

未分石炭系(C) (未见顶) **厚度>2 235.1m**

17. 深灰色、灰黑色细粒石英杂砂岩 16.0m

16. 灰黑色细粒石英杂砂岩夹深灰色含砾细中粒石英砂岩。砾石为石英，大小为 1～2mm，分布不均，总体较粗，界面清晰 76.2m

15. 深灰色、灰黑色薄—中层细粒石英砂岩与灰黑色薄层状碳质粉砂岩互层。前者单层厚 10～25cm，

后者单层厚 7～10cm，韵律厚 50～80cm，个别为 1～1.5m，二者比例为 2∶1～3∶1 206.5m

14. 深灰色、灰黑色中层细粒石英砂岩与深灰色、灰黑色薄层状粉砂岩互层，韵律厚 50～150cm，二者比例为 2∶1～3∶1。石英砂岩中局部含次圆状砾，大小为 2～5mm，多为脉石英质砾。因岩体侵入，未见与第 13 层接触关系 >20m

13. 灰黑色薄—中层细粒石英砂岩与灰黑色薄层状含红柱石碳质粉砂岩互层，二者比例为 3∶1～2∶1 274.8m

12. 灰黑色薄层状含红柱石碳质粉砂岩夹深灰色、灰黑色中—厚层状细粒石英砂岩 365.0m

11. 灰黑色中层细粒岩屑石英杂砂岩夹灰黑色薄层状碳质粉砂岩 24.1m

10. 灰黑色薄层状泥质粉砂岩夹灰色、深灰色薄—中层细粒石英砂岩，前者多呈页片状 263.4m

9. 灰黑色薄—中层细粒石英砂岩与灰黑色薄层状粉砂质泥岩互层，二者比例为 3∶2，局部含少量红柱石 164.7m

8. 灰色、深灰色薄—中层细粒石英砂岩，单层厚 10～30cm 35.2m

7. 灰色、深灰色、灰黑色薄—中层细粒长石石英杂砂岩与灰黑色薄层状红柱石粉砂质泥岩互层，韵律厚 50～70cm，石英砂岩单层厚 35～50cm 17.4m

6. 灰色、深灰色、灰黑色中层细粒石英砂岩夹中层含碳质红柱石绢云千枚岩，发育小型褶皱。前者单层厚 15～30cm，后者单层厚 15cm 160.5m

5. 灰色、深灰色厚—中层细粒石英杂砂岩夹灰黑色薄层状粉砂质泥岩 14.3m

4. 深灰色细粒石英砂岩与灰黑色变细粒含碳质石英砂岩互层，韵律厚 50～70cm，前者厚 30～50cm 16.7m

3. 灰色、深灰色、灰黑色细粒石英砂岩与粉砂岩互层，韵律厚 1～1.5m 66.5m

2. 深灰色、灰黑色细粒石英砂岩，颗粒分选及磨圆均较好，发育水平层理 357.5m

1. 灰色、深灰色变长石石英杂砂岩 156.8m

（未见底，岩体侵入）

2. 岩石地层特征

该地层为一套深灰色—灰黑色细碎屑岩石组合，剖面厚度大于 2 235.1m，主要为薄—中层细粒石英砂岩、变长石石英砂岩，杂砂岩与薄层状含碳质泥质石英粉砂岩及粉砂质泥岩韵律互层，近岩体边界处发生接触变质，形成含碳质红柱绢云千枚岩或黑云绢云片岩。基本层序为细粒石英砂岩→泥岩或粉砂岩，二者突变，向上变细，砂岩中水平层理发育，粉砂岩页理发育。其沉积环境底部为滨海沉积，向上为潮坪沉积(图 2-24)，主体为泥砂混合坪沉积。

3. 区域地层对比及时代确定

图幅内未分石炭系可与英吉沙煤矿西侧剖面之下部层位对比(图 2-25)。在英吉沙煤矿西侧厚 2 057m，主要岩性为砾岩、砂砾岩、砾屑灰岩、长石石英砂岩、石英砂岩、含碳钙质石英粉砂岩和粉砂质泥岩，总体向上变细，其古地理位置较图幅内低，为海滩-滩后较近海侧沉积。

1965 年 641 队在英吉沙煤矿西侧采到大量早石炭世珊瑚及䗴化石，计有 *Auloclisia* sp.，*Arachnolasma* sp.，*Eostaffella* sp.，*Dibunophyllum* sp.，*Hexaphyllia* sp.，*Lithostrotion* sp. 等。1966 年新疆区测大队二分队在克其克卡拉阔—达坂西 2km 处采获化石 *Dielasma* sp. 及 *Cleiothyridina* sp.，时代为 C—P①。

1983 年新疆地矿局第四地质大队在英吉沙煤矿附近上部层位中发现一平行不整合面，并在界面之上的层位采获䗴 *Schwagerina* sp.，肯定存在二叠系①。综合上述，结合测区情况，图幅内该套地层的时代暂定为未分石炭纪。

---

① 新疆地质矿产局第二地质大队. 1∶50 万新疆南疆西部地质图、矿产图及说明书. 1985.

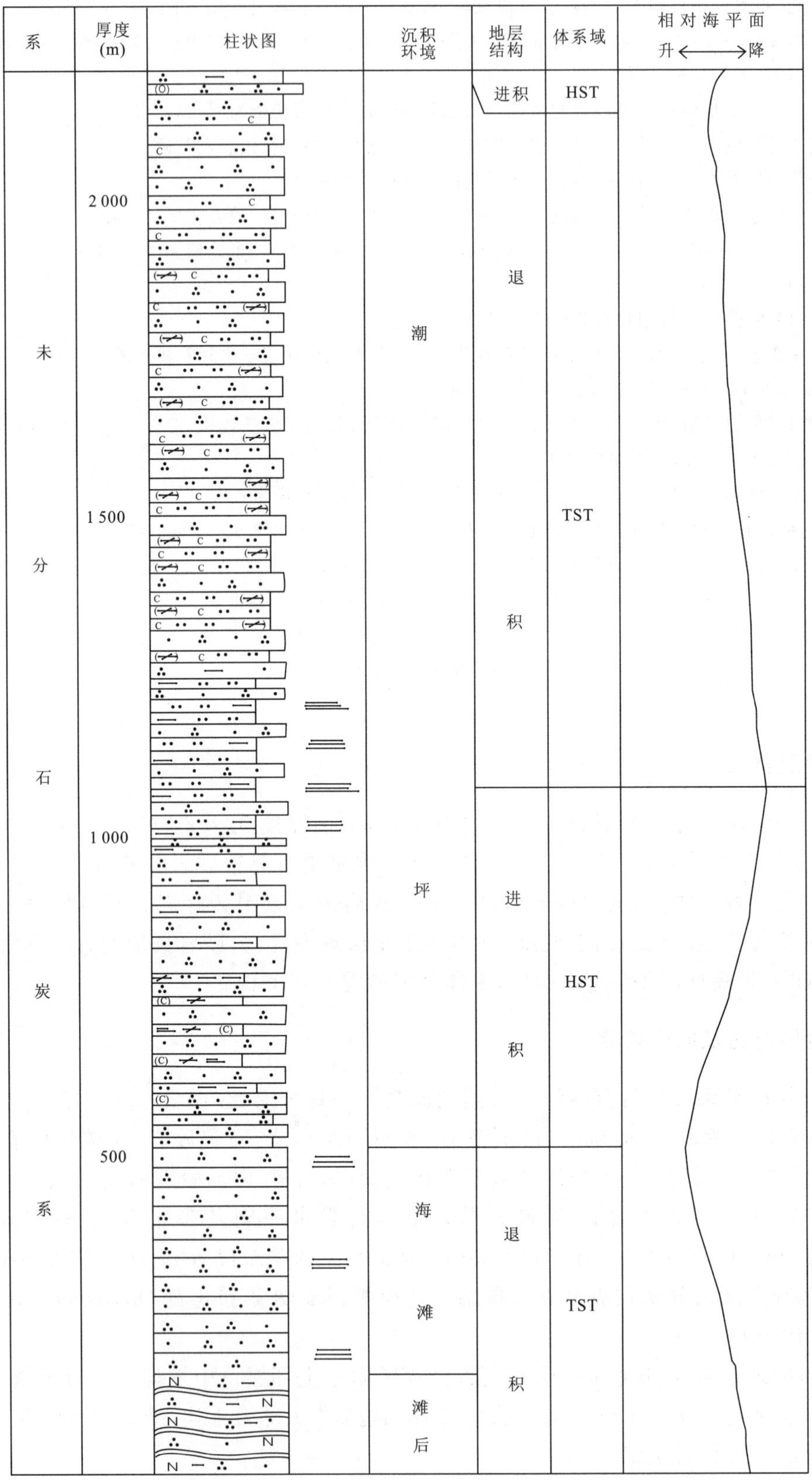

系	厚度(m)	柱状图	沉积环境	地层结构	体系域	相对海平面 升⟷降
未分石炭系	2 000		潮坪	进积	HST	
	1 500			退积	TST	
	1 000			进积	HST	
	500		海滩	退积	TST	
			滩后			

图 2-24　塔南地层分区未分石炭系岩石地层特征

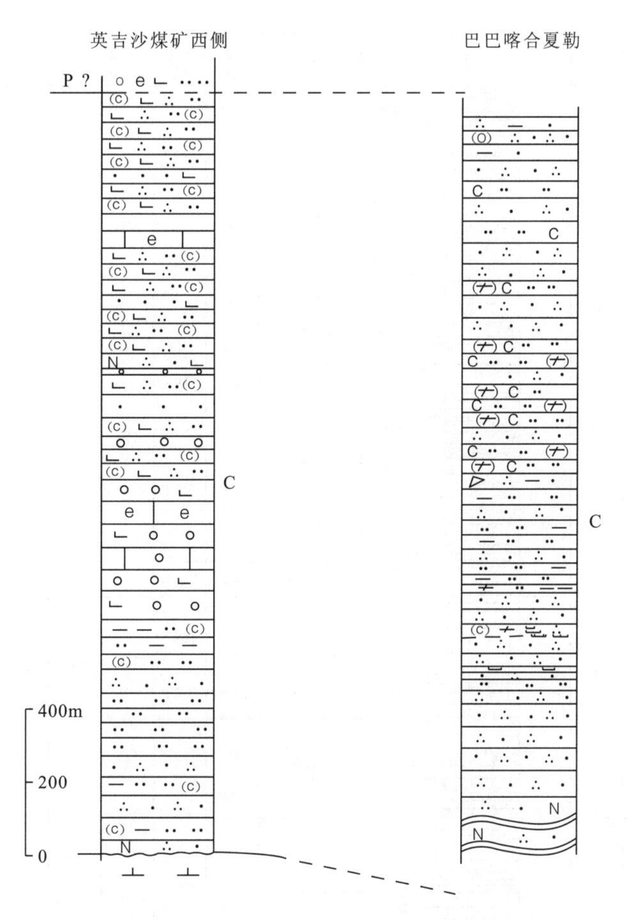

图 2-25 未分石炭系柱状对比图

(五)上古生界沉积盆地分析

1. 层序地层划分及其沉积相组合

图幅内塔南地层分区上古生界按照旋回层序及层序界面的划分原则做了层序地层划分，分出一级层序 1 个，二级层序 2 个，三级层序 7 个(图 2-26、图 2-27)。

(1) $Ⅱ_1$层序

为泥盆系上统—石炭系上统组成的二级旋回层序。其底界同 I_2层序底界，顶界为石炭系上统阿孜干组顶界，共划分出 5 个三级层序。

①$Ⅲ_1$层序：组成$Ⅲ_1$层序的地层为泥盆系下统奇自拉夫组、石炭系下统克里塔克组下部(剖面第 9 层及以下)，其底界为 I_2层序底界，属Ⅰ型界面。顶界为克里塔克组中部白云岩顶界，属Ⅱ型界面，故$Ⅲ_1$为Ⅰ型层序，由海侵体系域和高水位体系域组成。

海侵体系域由奇自拉夫组组成，沉积环境为泻湖→局限台地潮坪→滨海→浅海，海水渐深，总体为退积型基本层序组。剖面第 1 层下部为海侵初期底部型泻湖沉积，底部含有下伏层位剥蚀滞留小砾石，剥蚀面起伏较大，明显切割下伏层理，向上砾石减少，总体粒度变细，逐渐海侵。第 2—6 层基本层序为泥岩→泥岩和砂岩互层，向上砂岩增多变厚，再向上砂岩减少变薄，其中泥岩多为泥坪沉积，砂岩为砂坪沉积，泥砂互层为混合沉积。总体向上泥岩减少，砂岩增多，水动能变大，海水加深。第 6—18 层以砂坪砂岩为主，其基本层序向上变粗变厚再变细变薄，由以紫红色为主逐渐变

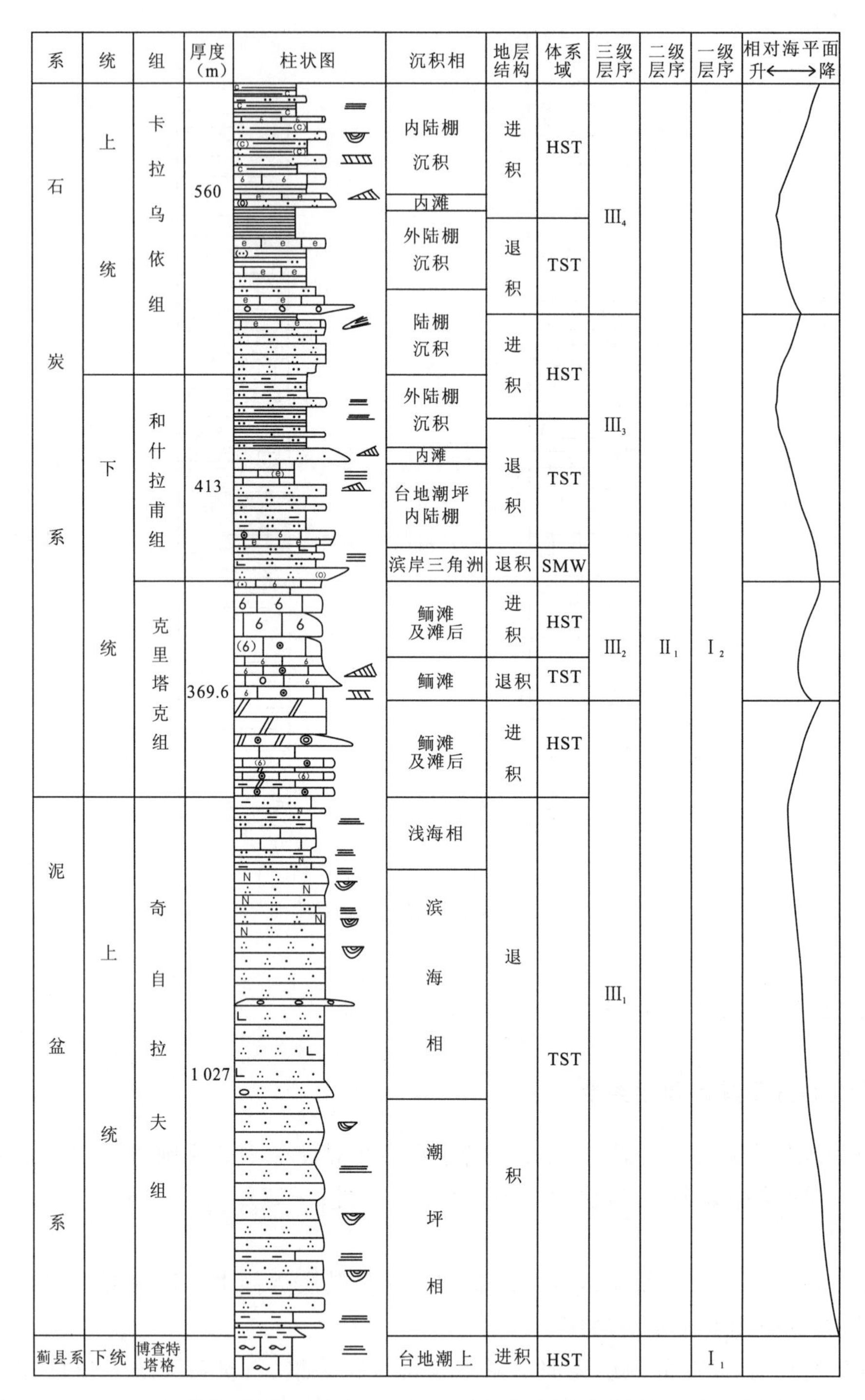

图 2-26 塔南地层分区上古生界层序地层特征(1)

为以灰绿色为主,沉积环境由滨海氧化渐变为较还原环境。第 19 层为砂岩→粉砂岩,向上变细。第 20—23 层及克里塔克组底部为砂岩→泥质粉砂岩→粉晶灰岩,基本层序总体向上变细,砂岩中发育槽状交错层理及平行层理,向上海水变深,水动能减小,为滨-浅海沉积。

高水位体系域由克里塔克组下部第 1—9 层组成,包括第 1—6 和第 7—9 两个副层序,其中第 1 层亮晶鲕粒灰岩属开阔台地鲕粒滩沉积,第 2 层基本层序由亮晶含砂屑鲕粒灰岩→粉晶白云岩→泥质粉晶白云岩,向上变细变薄,为清水台地潮坪沉积,海水逐渐变浅,动能变小。第 3—6 层为亮

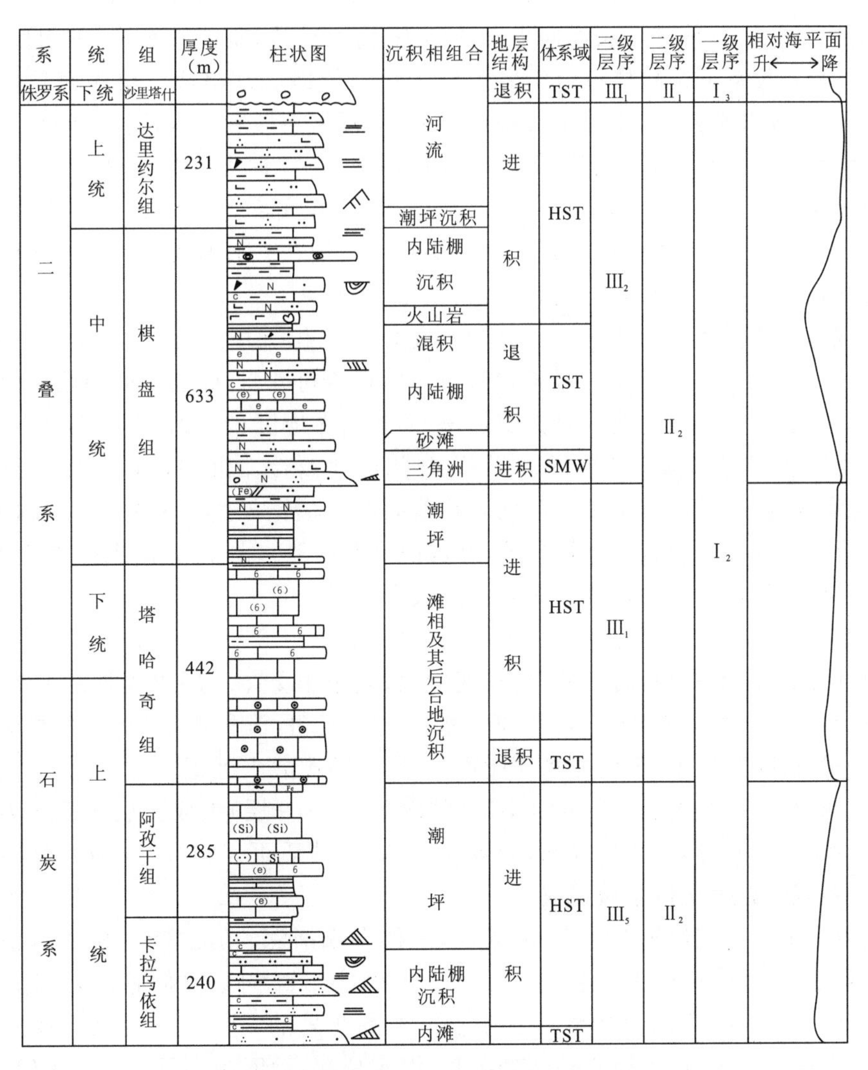

图 2-27 塔南地层分区上古生界层序地层特征(2)

晶含砂屑鲕粒灰岩—泥晶灰岩，向上变细，海水动能变小，由开阔台地鲕粒滩沉积渐变为滩后沉积。第 7—9 层基本层序为砾屑白云岩→亮晶鲕粒核形石白云岩→含鲕粒微晶白云岩→细晶白云岩，下部为开阔台地滩相沉积及滩后局限台地沉积，向上变细变薄，海水动能变小。总体为进积型基本层序。

②Ⅲ$_2$层序：由石炭系上统克里塔克组上部组成，以第 10 层亮晶砂屑鲕粒灰岩底为底界，以克里塔克组顶为顶界，均为Ⅱ型界面，属Ⅱ型层序。由海侵体系域和高水位体系域组成。

海侵体系域由剖面第 10—13 层组成，第 10、11 层为条带状亮晶含砂屑鲕粒灰岩→亮晶砂屑灰岩，向上变细变薄，海水加深，动能变小，为鲕粒滩及滩间沉积。第 12、13 层基本层序为亮晶砾屑砂屑灰岩→亮晶砂屑鲕粒灰岩→亮晶砂屑灰岩，向上变细变薄，海水变深，动能变小。总体为退积型鲕粒滩沉积。

高水位体系域包括剖面第 14—28 层。第 14 层基本层序为鲕粒灰岩→介壳灰岩，为开阔台地鲕粒滩及滩后沉积。第 15—23 层为亮晶砂屑灰岩→薄层状泥晶灰岩，向上变细变薄，海水动能变小，海水变浅。其中第 17 层、第 21 层中分别出现亮晶含生物屑砂屑鲕粒灰岩和细晶白云岩，前者为滩后海水动能较大之较快速沉积，后者为较局限台地沉积。第 24—28 层为潮坪沉积，基本层序向上变粗变厚再变细薄，其中第 27—28 层为该层序高水位末期，海水较浅而较动荡，向上渐呈紫红色、沉积环境更趋氧化。总体基本层序向上渐薄渐细，海水变浅，动能减小，为进积型副层序组。

③Ⅲ$_3$层序：由石炭系下统和什拉甫组和上统卡拉乌依组底部组成。层序底界为Ⅱ型界面，顶界亦为Ⅱ型界面，故属Ⅱ型层序，由陆架边缘体系域、海侵体系域和高水位体域组成。

陆架边缘体系域由和什拉甫组底部第 1—10 层组成，总体向上变粗再变细，为进积型副层序。为滨岸三角洲沉积，包括第 1—8 和第 9—10 两个副层序，其底部含砾中粗粒石英砂岩为三角洲前缘沉积，向上褐红色纹层状钙质石英粉砂岩夹薄层状钙质细粒岩屑石英砂岩为三角洲平原相，砂岩为分流河道沉积，粉砂岩为分流间湾沉积。

海侵体系域由和什拉甫组第 11—22 层组成，总体为退积沉积。其中第 11—13 层为局限台地潮坪沉积，其基本层序第 11 层为细粒石英砂岩→钙质石英粉砂岩，砂岩中间最粗最厚，具楔状或平行层理。第 12、13 层基本层序向上变粗再变细，总体趋向滩地沉积。第 14 层巨厚—厚层状亮晶砂屑鲕粒灰岩底为突变，向上变薄，具平行层理，为开阔台地鲕粒滩沉积，向上海水变深，动能渐小。第 15—19 层为混积内陆棚沉积，基本层序向上变细，海水动能减小，其中第 19 层为靠近外滩缺少物源的灰岩。第 20 层向上变细，为开阔台地砂滩沉积(台内滩)，向上海水变深，动能变小；第 21、22 层属(混积)外陆棚沉积，海水最深，其顶大致为最大海泛面位置。

高水位体系域由和什拉甫组第 23、24 层和卡拉乌依组第 25—33 层组成，总体构成进积型沉积。第 23—30 层总体向上变粗，海水变浅，动能增大；其中第 23、24 层仍为外陆棚沉积，第 25—30 层为陆棚滩前-台内滩沉积。第 30—32 层基本层序向上变粗，沉积速率加快，海水动能减少，为陆棚外滩-滩后沉积(内陆棚)，第 33 层海水动能更小，属内陆棚静水沉积。

④Ⅲ$_4$层序：由石炭系上统卡拉乌依组中部(剖面第 34—79 层)组成。层序底界为第 34 层灰白色中层状细粒石英砂岩底界，为Ⅱ型界面，顶界为第 78 层碳质页岩顶界，亦为Ⅱ型界面，故属Ⅱ型层序，由海侵体系域和高水位体系域组成。

海侵体系域由卡拉乌依组第 34—47 层组成，总体海水渐深，动能变小，构成退积型副层序组。第 34、35 层为陆棚外滩沉积，向上变粗，海水动能变大，由砂滩向陆方向移动，属退积型沉积。第 36—39 层为混积台内滩前沉积，其中疙瘩状生物屑泥晶灰岩的“疙瘩”为泥晶生物屑灰岩，是滩前礁灰岩碎块；其中第 36—38 层为混积外陆棚沉积，海水变深，动能减小，第 39 层为较清水期生物礁相。第 40—44 层为混积台内滩前沉积，后者特征同第 39 层，且含大型腕足、珊瑚化石。第 45—47 层仍为外陆棚沉积，其中第 47 层页岩相当于凝缩段。

高水位体系域：由卡拉乌依组第 48—78 层组成，其中第 48 层为混积陆棚内滩沉积，基本层序向上变细变薄，下部为台内滩沉积，上部为混积内陆棚滩后沉积，海水动能渐小，由滩向海进积。第 49—78 层基本层序向上变细变薄，海水动能减小，为台内滩向海进积，顶部第 78 层属静水沉积，代表层序末期。

⑤Ⅲ$_5$层序：由石炭系上统卡拉乌依组上部和阿孜干组组成。层序底界为Ⅱ型界面，顶界亦为Ⅱ型界面，故属Ⅱ型层序，由海侵体系域和高水位体系域组成。

海侵体系域由第 79 层下部组成，向上变细变薄，海水动能变小，海水变深，为砂滩退积型沉积。

高水位体系域由卡拉乌依组第 79 层及以上及阿孜干组组成。第 79、80 层为进积型沉积。第 81—113 层为混积内陆棚沉积，基本层序向上变细变薄，海水变浅，动能减少。其中第 85—87 层为滩相砂岩，为副层序底部台内滩沉积；第 103 层向上较粗的砂岩层显示潮坪沉积特征，向上变粗变厚再变细变薄，说明其渐趋局限台地环境。阿孜干组第 1—26 层为局限台地潮坪沉积，其基本层序中部层最厚，总体为向上变粗变厚再变薄变细，第 1—26 层基本层序由薄、细→厚、粗→薄、细，表示海水总体渐浅，动能由小到大再到小，顶部出现红色薄层状疙瘩状泥晶灰岩，为层序顶部海水较浅较动荡时沉积。

(2)Ⅱ$_2$层序

由塔哈奇组、棋盘组组成，底界为塔哈奇组亮晶鲕粒灰岩底界，为Ⅱ型界面；上未见顶。共划分出两个三级层序。

①Ⅲ$_1$层序：由塔哈奇组和棋盘组底部第1—18层组成。层序底界为塔哈奇组底界，顶为棋盘组含铁粉砂质粉晶白云岩顶界，亦为Ⅱ型层序，由海侵体系域和高水位体系域组成。

海侵体系域由塔哈奇组下部第27—29层组成，基本层序由亮晶鲕粒灰岩→泥晶灰岩，发育豹皮状构造(浅水台地沉积)，前者为开阔台地鲕粒滩沉积，后者为滩后局限台地沉积，向上海水动能减少。向上基本层序总体变细，构成退积型基本层序，最大海泛面位于第29层。

高水位体系域由塔哈奇组第30—45层和棋盘组底部第1—18层组成，构成进积型基本层序组。塔哈奇组第30—35层基本层序特征同第27—29层，但总体组成向上变细，为进积型基本层序；第36、37层为砂屑滩及滩后沉积，第38层为砂泥混合坪沉积，第39—42层泥晶灰岩为泻湖沉积，向上变细，海水动能变小，为进积沉积；第43、44层仍为砂屑滩和滩后沉积；第45层为潮坪沉积，下部为混合坪，向上为泥坪。棋盘组第1—18层亦为潮坪沉积，向上变粗再变细，总体向上海水变浅，为进积沉积。

②Ⅲ$_2$层序：包括棋盘组中—上部和达里约尔组。层序底界(棋盘组第19层底界)属Ⅱ型界面，顶界为达里约尔组顶界，亦为Ⅱ型界面，故属Ⅱ型层序，由陆块边缘体系域、海侵体系域和高水位体系域组成。

陆架边缘体系域由棋盘组第19—22层组成，总体构成进积型副层序组。其中第19—21层向上变细，基本层序为钙质细粒长石石英砂岩→紫斑泥岩，为三角洲平原相沉积，向上变粗变厚再变细变薄；第22层向上变粗再变细，为潮坪沉积。

海侵体系域由棋盘组第23—57层组成。其中第23层为海相砂滩沉积，第24层向上为混积内陆棚沉积，总体向上海水变深，为退积沉积。顶部为杏仁状玄武岩，为拉张型火山喷发。

高水位体系域由棋盘组第58—75层和达里约尔组组成，总体构成进积型副层序组。其中棋盘组第58—75层仍为内陆棚沉积，但未发育碳酸盐岩，仅顶部见数层中—薄层状泥晶生物屑核形石灰岩与绿灰色泥岩与紫色泥岩互层。

2. 沉积盆地分析

晚泥盆世开始海侵，奇自拉夫组以碎屑岩为主，颜色为灰褐色—灰绿色，底部为泻湖相，向上为潮坪→滨→浅海沉积，由局限逐渐变为开阔，水动能渐大，早石炭世早期克里塔克组为开阔清水台地鲕粒滩-滩后沉积。早石炭世晚期和什拉甫组底部为滨岸三角洲沉积，以碎屑岩为主，向上为混积内陆棚→混积外陆棚沉积(碎屑岩和碳酸盐岩混合沉积)，向上海水渐深。晚石炭世早期卡拉乌依组仍为碎屑岩和碳酸盐岩混合堆积，由混积外陆棚→混积内陆棚沉积，海水总体变浅，下部灰色页岩大致为该次海侵的最大海泛面。中期阿孜干组以碳酸盐岩沉积为主，为清水台地沉积，向上海水动能渐小、渐浅，以紫红色疙瘩状泥晶灰岩为顶。晚石炭世—早二叠世塔哈奇组以碳酸盐岩为主，为鲕粒滩及其后清水台地沉积。向上中二叠世的棋盘组底部为潮坪沉积，下部为三角洲沉积，均以碎屑岩为主，底部偶夹灰岩，向上为混积内陆棚沉积(碎屑岩混积有碳酸盐岩)。晚二叠世达里约尔组底部为泻湖沉积，下部为湖泊三角洲平原相，向上为河流相。

其砂岩以石英砂岩、长石石英砂岩、钙质石英砂岩、钙质岩屑石英砂岩及岩屑长石砂岩为主，岩屑为灰岩或硅质岩，成熟度总体较高，仅顶部达里约尔组局部沉积岩屑长石砂岩，灰岩岩屑为5%左右，硅质岩屑为10%左右，长石以斜长石为主，石英为单晶，为快速剥蚀沉积。总体来自再旋回造山带。

二、西昆仑地层分区

仅发育上石炭统未分。主要分布在塔什库尔干县沙阿依克拉、卡特巴特然达坂、巴什克可、喀拉木莫、舌拉列尔西等地，在干得曲西曼—哈布斯喀来一带仅零星出露，出露面积约 349km²。与周围地层、岩体大多为断层接触，仅部分与下伏 O—S 及上覆白垩系下拉夫底群为角度不整合接触。上部为熔岩，下部为碎屑岩。

（一）剖面描述

塔什库尔干县孔孜罗夫未分上石炭统(C_2)实测剖面(图 2－28)

图幅内上石炭统出露区断裂发育，露头较差，未见顶底。该剖面位于塔什库尔干县瓦恰乡孔孜罗夫，交通状况较好。碎屑岩段起点坐标为：X=4 163 952，Y=13 560 092，H=3 162m；熔岩段起点坐标为：X=4 165 016，Y=13 565 184，H=4 108m。

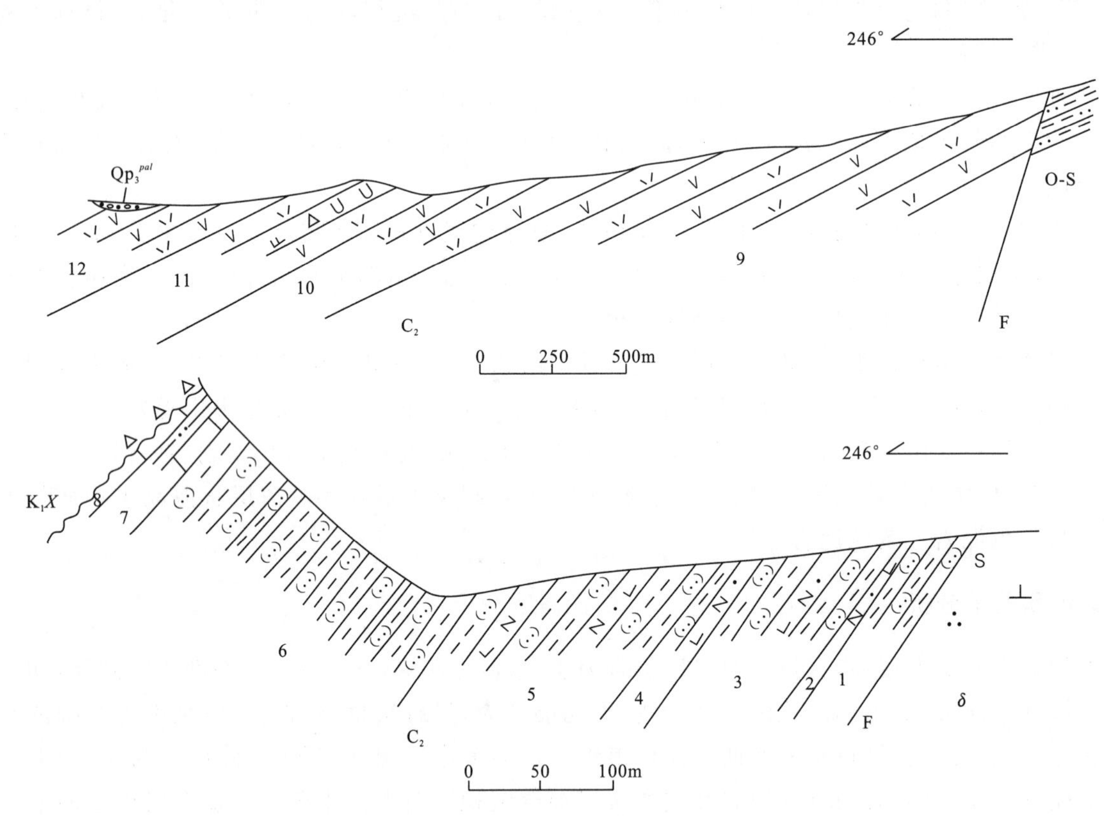

图 2－28 塔什库尔干县孔孜罗夫未分上石炭统(C_2)实测剖面图

未分上石炭统(C_2)

熔岩段	(未见顶)	**厚 1 088.1m**
12. 灰黑色英安岩，覆盖严重		177.3m
11. 灰绿色英安岩与浅灰绿色英安质角砾熔岩互层，覆盖严重		281.5m
10. 灰绿色英安岩		278.5m
9. 浅灰绿色英安岩，与碎屑岩段未见接触，关系不清		350.8m
碎屑岩段		**厚 503.3m**
8. 深灰色中层含粉砂泥晶灰岩夹黄灰色粉砂质页岩。前者单层厚 2m 左右，后者单层厚 0.2m。其上为下拉夫底群不整合覆盖		11.6m
7. 黄灰色薄层状含硅质团块泥晶灰岩。硅质团块呈次棱角状，大小为 2cm×5cm 左右，约 5%		25.3m

6. 灰色含粉砂质泥岩，偶夹灰黑色薄层含碳硅质岩或灰黑色硅质泥岩透镜体。泥岩厚4m，硅质岩或硅质泥岩层厚20m左右　214.0m

5. 灰色含粉砂质泥岩夹黄灰色钙质细粒长石砂岩，偶夹灰色中层细粒石英砂岩（约隔10m出现1层0.3m的砂岩）。钙质砂岩具宽约2cm的水平纹层，泥岩厚2m左右　121.5m

4. 黄灰色薄层状细粒钙质长石砂岩与灰色粉砂质泥岩互层，基本层序厚约3m，由砂岩→泥岩构成，底为突变。泥岩下部不显层理，上部水平层理发育，含植物碎片　21.5m

3. 灰色含粉砂泥岩，中部夹1层厚3m的厚层状黄色中粒长石石英砂岩　71.0m

2. 黄色厚层状中粒长石石英砂岩，含少量蝌蚪状泥砾　5.9m

1. 深灰色含粉砂泥岩，略具页理构造　32.5m

（未见底）

（二）岩石地层特征

孔孜罗夫剖面厚1 591.4m，下部碎屑岩横向上岩性稳定，其岩石组合为灰色含粉砂泥岩、黄灰色薄层状钙质细粒长石砂岩、灰色中层细粒石英砂岩、灰黑色薄层状含碳硅质岩及硅质泥岩透镜体、黄灰色薄层状硅质团块泥晶灰岩、深灰色中层含粉砂泥晶灰岩。下部基本层序由薄层状砂岩→泥岩构成，砂岩底为突变面，向上渐变为泥岩，砂岩中见有泥砾及植物碎片，平行层理发育，泥岩下部不显层理，向上显水平层理，为深水盆地及浊流沉积。向上基本层序变薄、变细，浊流动能渐小；中部基本层序为泥岩→硅质岩，其水平层理发育，为较深水沉积；上部为灰岩→泥岩，向上变细，泥岩页理发育，为进积型灰泥裙沉积。总体由下向上变细变薄，浊流动能变小，海水渐趋稳定，由盆地边缘相渐变为中心相。上部为溢流相火山熔岩，由浅灰绿色→灰绿色英安岩夹英安质角砾熔岩构成，顶部为灰黑色英安岩，为岛弧火山岩，向上溢流频率加大。在卡特巴特然达坂及巴什克司等地以碎屑岩为主，见有厚层状生物碎屑灰岩，为海水较浅的弧立台地沉积（图2-29）。横向上偶见熔岩与碎屑岩整合接触。

（三）区域地层对比及时代确定

新疆第二地质大队将该地层划归中—上石炭统①。新疆地质调查院将其区域对比为库尔良群②，上部为火山岩，下部为碎屑岩，时代为晚石炭世。

该套地层主要分布于该图幅内，其岩石组合、岩石特征均区别于区域上同时代地层，不易对比。与库尔良群相同的是下部为碎屑岩，上部为火山岩，但区别于库尔良群的滨-浅海相岩石组合。根据其出露的构造位置，可大致与依莎克群对比。

在图幅内布仑木莎河上游，该地层下部碎屑岩中含䗴 *Pseudoschwagerina sphaerica* var. *gigas*，*Schwagerina* sp.，*Triticites* sp. 等①，时代为晚石炭世。故将其时代划为晚石炭世。

三、喀喇昆仑分区

分布于图幅西南部的乃扎塔什克尔—琼塔什阔勒—卡拉其古一带，呈西北—南东向带状展布，向西北延出国界，向南东延出图幅，出露面积约1 370km²。与周围地层为断层接触关系，被中新生代岩体侵入。由石炭系上统恰提尔群及未分中二叠统两部分组成，二者为断层接触。

① 新疆地质矿产局第二地质大队．1∶50万新疆南疆西部地质图、矿产图及说明书．1985．

② 新疆地质调查院．1∶5万班迪尔幅（J43E014015）、下拉夫迭幅（J43E015015）地质图及说明书．2000．

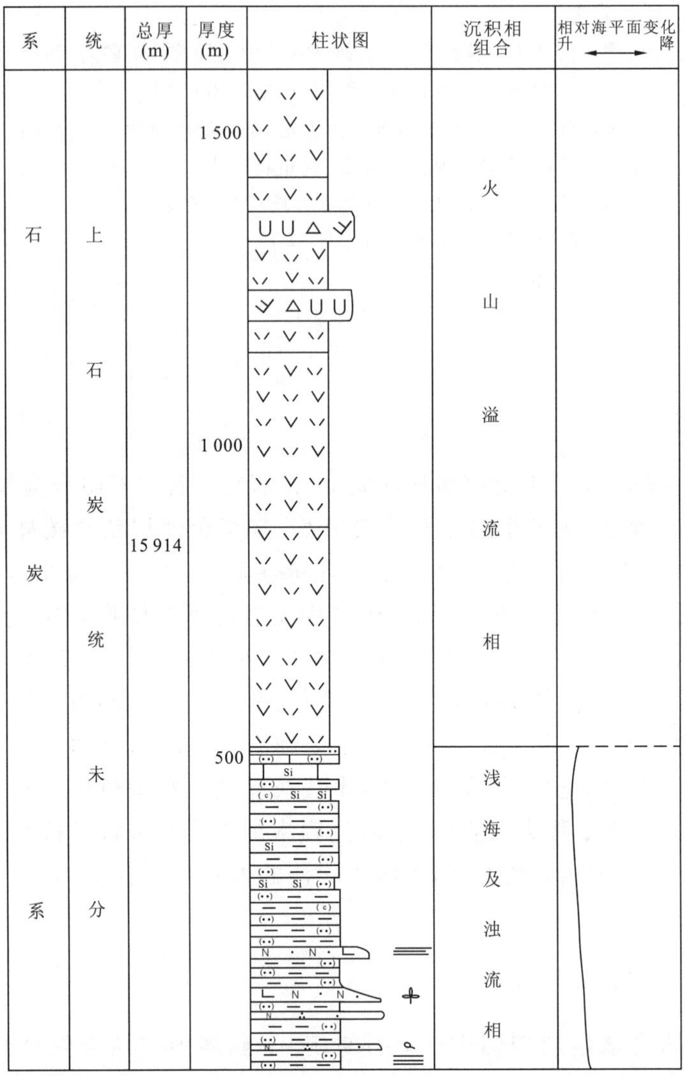

图 2 - 29　西昆仑地层分区未分上石炭统岩石地层特征

(一)剖面描述

1. 塔什库尔干县卡拉其古北石炭系上统恰提尔群实测地层剖面(图 2 - 30)

该剖面位于塔什库尔干县卡拉其古北,起点坐标为:X=4 123 880,Y=13 535 696,H=3 840m。露头良好,交通便利,与上覆及下伏地层均为断层接触。

未分下白垩统紫红色页岩

断　层

石炭系上统恰提尔群(C_2Q)　　**厚 1 232.0m**

60. 青色、灰红色厚层状泥晶灰岩　8.2m

59. 灰色中层含砂屑鲕粒灰岩　5.5m

58. 黑色中层泥晶灰岩　5.5m

57—54. 灰色厚层状含生物屑砂岩灰岩(8.2m,10.9m)与灰黄色中层含砂屑鲕粒灰岩。灰岩中含海百合茎 *Cyclopentagonalis* sp. 。砂屑为 10%左右,呈次棱角状,1mm 左右。鲕粒为 30%

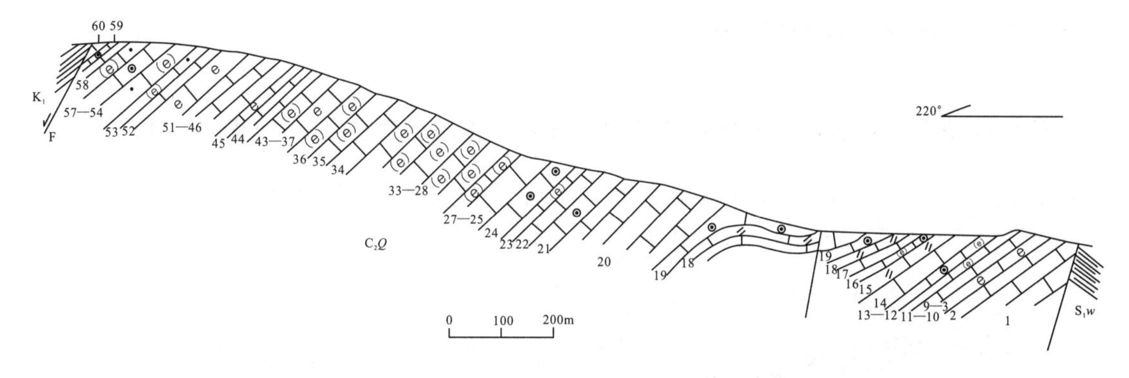

图 2-30 塔什库尔干县卡拉其古北石炭系上统恰提尔群实测地层剖面图

左右，次圆状，0.5～1mm，分布不均 38.2m

53.灰色厚层状含生物屑砂屑结晶灰岩。含珊瑚、双壳化石 8.2m

52.灰色中层细晶灰岩与灰黑色薄层状泥晶灰岩互层。含腕足、有孔虫化石碎屑 17.7m

51—46.灰色厚层状生物屑泥晶灰岩(11.8m，11.8m，14.7m，含有孔虫、海绵、苔藓虫等化石碎片)与灰色中层细晶灰岩、灰黑色薄层状泥晶灰岩(23.5m，23.5m，44.1m)间层 129.4m

45.灰色厚层状生物屑泥晶灰岩。含鏟 *Seminovella* sp.及海绵、苔藓虫等化石碎片 14.7m

44.灰色中层细晶灰岩与黑色薄层状泥晶灰岩互层 40.4m

43—37.灰色中层含生物屑灰岩(12.5m，12.5m，18.5m，18.5m)与灰色中层生物碎屑灰岩(12.5m，9.2m，27.7m)间层。含腕足化石碎片 111.9m

36.灰黑色厚层状含生物屑泥晶灰岩。含有孔虫 *Hemigordius* sp.，*Palaenotextularia* sp.及腕足碎片 18.5m

35.灰色厚层状含生物屑泥晶灰岩。含腕足、腹足、珊瑚及双壳类化石碎片 43.9m

34.巨厚层—厚层状灰白色细晶灰岩 52.0m

33—28.黑色中层含生物屑泥晶灰岩(16.1m，16.1m，22.3m)与灰色中层含生物屑泥晶灰岩(32.2m，32.2m，37.2m)间层 156.1m

27—25. 深灰色厚层状泥晶灰岩(29.8m，22.5m)与灰色中层含生物屑泥晶灰岩(22.5m)间层 74.8m

24.灰黑色中层鲕粒灰岩 30.0m

23.灰色中层含生物屑泥晶灰岩。含珊瑚、腕足、有孔虫、棘皮动物等化石碎片 18.8m

22.深灰色厚层状泥晶灰岩 25.7m

21.灰黑色中层鲕粒灰岩。鲕粒为40%左右，圆状，1mm左右 29.4m

20.灰色薄—中层状细晶灰岩，单层厚20m～2cm，向上变薄 11.5m

19.灰色巨厚层状鲕粒灰岩。鲕粒为50%左右，圆状，0.5～1 mm，向上粒径变大，含量递减 118.9m

18.浅灰色巨厚层状细晶白云质灰岩 22.0m

17.灰色厚层状细晶灰岩 17.6m

16.灰色、灰黑色厚层状含生物屑鲕粒灰岩 8.5m

15.浅灰色巨厚层状细晶白云质灰岩 29.8m

14.灰色厚层状细晶灰岩 24.8m

13.灰色、灰黑色厚层状含生物屑鲕粒灰岩，单层厚40～50cm，鲕粒约70% 16.5m

12. 灰色厚层状含生物屑鲕粒灰岩，单层厚约60cm。鲕粒为40%左右，圆状，1mm左右，个别为2～3mm 5.0m

11.灰色厚层状含生物屑泥晶灰岩，含腹足类化石碎片 3.5m

10.深灰色厚层状含生物屑泥晶灰岩 2.5m

9—3.灰黑色中层泥晶灰岩(14.2m，14.2m，14.2m，14.2m)与灰色厚层状亮晶生物碎屑灰岩(14.2m，17.8m，17.8m)间层。后者含珊瑚、腹足、海绵、棘皮等化石碎片 106.0m

2.灰黑色厚层状泥晶灰岩与灰黑色中层泥晶灰岩互层 20.6m

1.灰黑色厚层状泥晶灰岩 15.9m

═══════ 断　层 ═══════

志留系下统温泉沟组:灰白色粉砂质页岩

2. 塔什库尔干县达布达尔乡恰迪尔塔什沟未分中二叠统地质路线剖面(图 2-31)

该剖面位于塔什库尔干县达布达尔乡恰迪尔塔什沟西侧,起点坐标为:$X=4\ 165\ 612$,$Y=13\ 501\ 092$。交通较便利,露头一般,未见顶底。

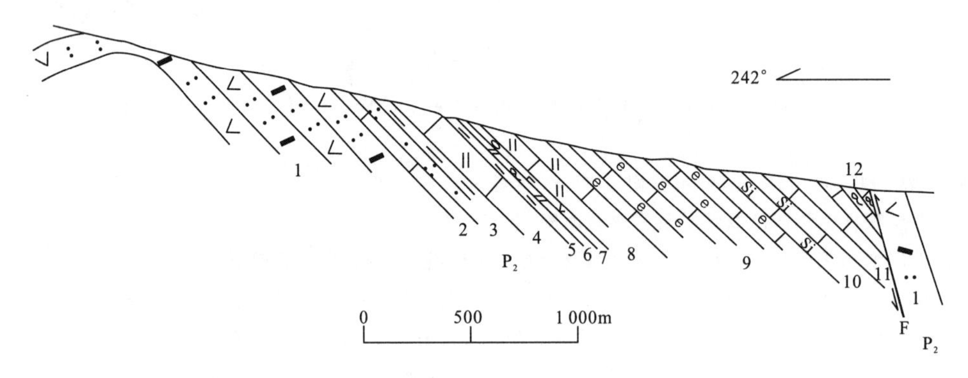

图 2-31　塔什库尔干县达布达尔乡恰迪尔塔什沟未分中二叠统地质路线剖面图

未分中二叠统(P_2)	(未见顶)	厚度>1 988m
12. 灰色薄层状硅质条带泥晶灰岩,条带厚薄不均,一般为 3cm 左右		100m
11. 灰色薄层状泥晶灰岩,局部含球形黄铁矿结核(2mm 左右,2%左右)		168m
10. 深灰色薄层状含燧石团块泥晶灰岩,水平纹层发育,包绕燧石团块。燧石团块呈透镜状,大小为 3cm×7cm~4cm×10cm		127m
9. 灰黑色薄层状生物屑泥晶灰岩。生物屑有珊瑚、海百合茎、有孔虫等,35%左右,大小为 2~5mm		457m
8. 浅灰色中层白云质灰岩		160m
7. 绿色杏仁状玄武安山岩。杏仁约 10%,呈圆形,2mm 左右,大部分为方解石充填		28m
6. 浅灰色薄层状硅质条带白云岩。条带厚 33cm 左右,隔 10cm 夹 1 层		32m
5. 灰绿色泥质板岩与褐灰色薄层状细粒石英砂岩互层。前者厚 7cm 左右,后者厚 3~4cm		36m
4. 浅灰色中层白云质灰岩,单层厚 24~40cm		120m
3. 灰绿色泥质板岩与褐灰色薄层状细粒石英砂岩互层		111m
2. 灰色薄层状泥晶灰岩,内部褶皱发育		60m
1. 灰绿色安山质细粒晶屑岩屑凝灰岩		>700m
	(未见底,背斜核部)	

(二)地层特征

1. 上石炭统恰提尔群

主要分布在图幅南西部的琼沙热里克—卡拉其古—琼塔什沟一带,呈北西—南东向展布,其内部断层发育,产状多变,未见顶底。与上覆地层未分中二叠统、侏罗系下—中统龙山组呈断层接触,与未分下白垩统呈角度不整合或断层接触。为一套富含䗴、腕足、珊瑚类化石的碳酸盐岩沉积,卡拉其古北剖面厚 1 232m,主要岩性为泥晶灰岩、含生物屑泥晶灰岩、亮晶生物屑灰岩、含生物屑鲕粒灰岩及含砂屑鲕粒灰岩,少量细晶灰岩、细晶白云质灰岩,其生物屑、砂屑呈圆状,磨蚀严重,为海滩及滩后台地沉积(图 2-32)。

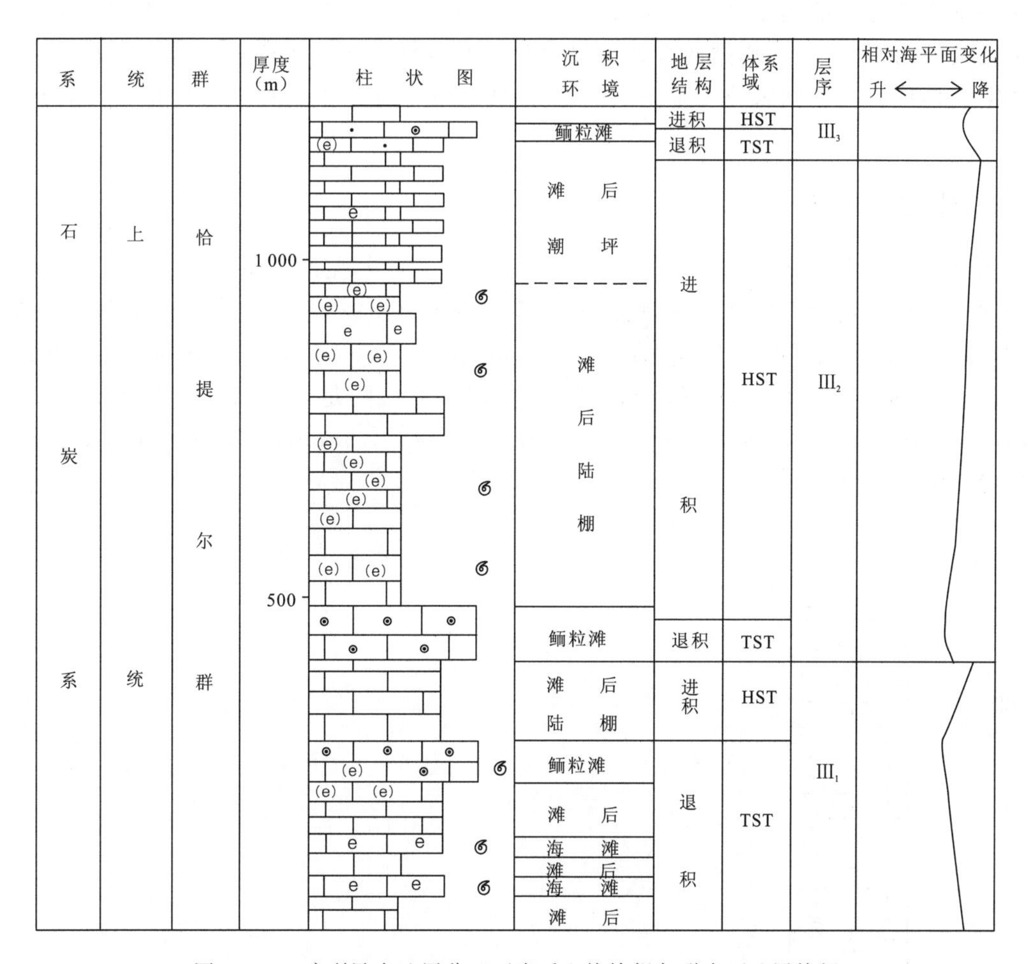

图 2-32　喀喇昆仑地层分区石炭系上统恰提尔群岩石地层特征

剖面第1—3层为海滩后台地沉积，向上海水渐浅，更近海滩。第4—9层为高能海滩沉积。第10—19层亦总体由滩后台地沉积→海滩沉积，动能变大，海水变浅。第20层为滩后陆棚沉积，向上海水变深。第21—33层泥晶灰岩为滩后海水动能较低沉积，含生物屑泥晶灰岩为近海滩后动能较高时沉积，鲕粒灰岩为海滩沉积。第34层特征同第20层。第35—37层向上海水变浅，动能稍增。第38—43层向上海水变浅，动能变低。第44—52为滩后潮坪沉积，其中厚层状生物屑泥晶灰岩为生物滩沉积，较深水而动能较小。第54—56层为海滩沉积，向上变粗，动能增加，为退积型沉积。第56—58层为海滩→滩后沉积，向上变细，动能减小，为进积型沉积。第59—60层仍为海滩及滩后沉积。该群总体为海滩及滩后台地沉积，最深水位在第20层。第35层向上海水变浅。

2. 未分中二叠统

主要分布于图幅西部达布达尔西—琼塔什阔勒—乃扎塔什克尔一带，总体为一套碳酸盐岩夹安山质火山岩、细碎屑岩。由于断层、褶皱发育，未见顶底。剖面厚大于1 988m，底部为火山地层，向上过渡为以沉积地层为主，沉积环境为潮坪→局限台地。

（三）区域地层对比及时代归属

1. 划分沿革

H·A·别良耶夫斯基(1946)在恰提尔河地区首建恰提尔岩系；新疆和田地质大队(1960)于卡

帕浪沟测制剖面并建立恰提尔群①。《新疆维吾尔自治区岩石地层》沿用，前人将图幅内该地层划归侏罗系红其拉甫组，本次工作据所采晚石炭世化石经区域对比划为恰提尔群。

新疆第二地质大队划归未分二叠系①，本次区域地质调查工作据其中所含孢粉，划分为中二叠统。

2. 区域对比及时代归属

恰提尔群在区域上呈北西—南东向条带状广泛分布于叶尔羌河上游、马林克下、阿克沙依湖地区及塔什库尔干西南，在乔戈里峰至喀喇昆仑山口一带也有出露，其主体为一套滨海相碳酸盐夹碎屑岩沉积(图 2-33)。该群产䗴 *Pseudoschwagerina* sp.，*Triticites* sp.，*Fusulina* sp.，*Ozawainella* sp.，*Pseudostaffella* sp.，*Fusulinella* sp.，*Eostaffella* sp.；腕足 *Marginifera* sp.，*Dictyoclostus* sp.，*Choristites* sp.，*Rhipidomella* sp.；珊瑚 *Durhamina* sp.，*Lithostrotionella* sp.，*Lophophyllum* sp. 等，时代为晚石炭世。

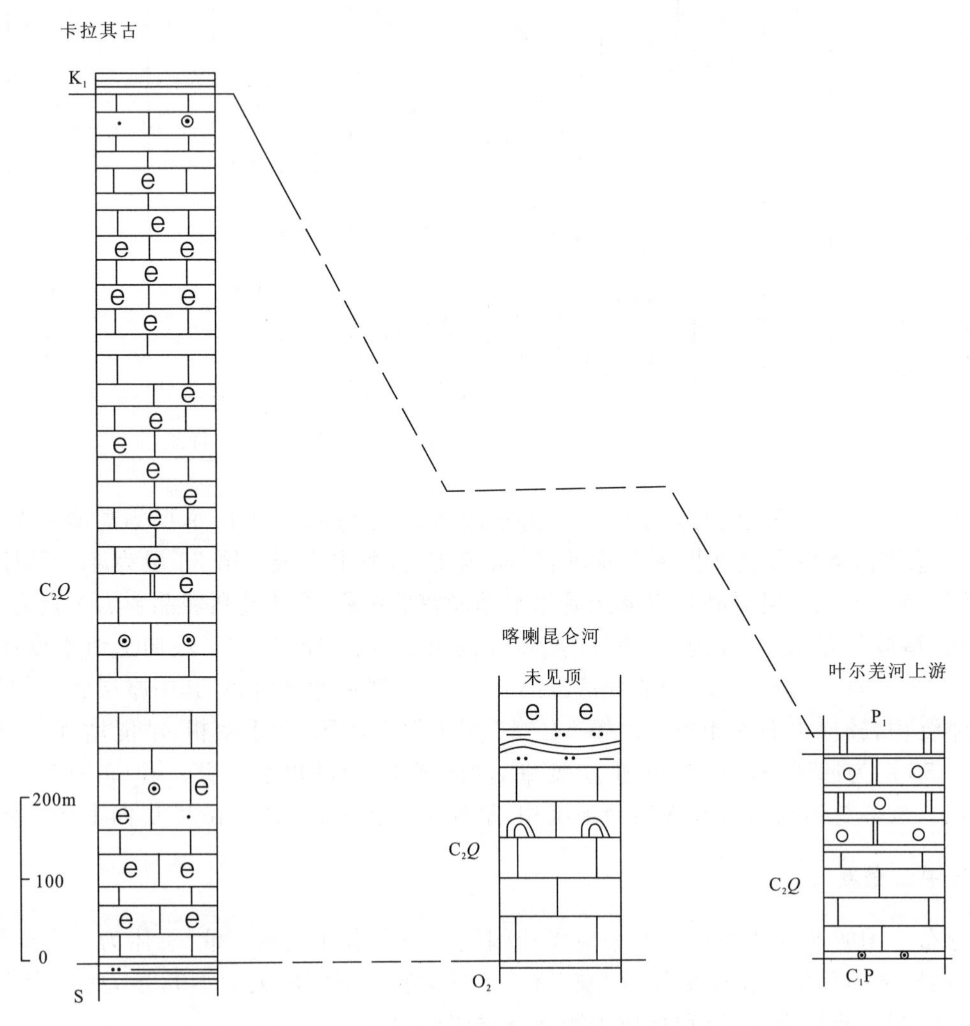

图 2-33 喀喇昆仑地层分区石炭系上统恰提尔群柱状对比图

未分中二叠统在区域上不易对比。本次区调采有孢粉 *Endosporites punctatus* Gao(内点囊三

① 新疆地质矿产局第二地质大队. 1∶50 万新疆南疆西部地质图、矿产图及说明书. 1985.

缝孢),*Wilsonites delicatus* Kosanke(雅致韦氏粉),*Cordaitina spongiosa* (Luber) Samoilovich(多孔柯达粉),*Alisporitea mathalensis* Clarke(马什阿里粉),*Sulcatisporites ovatus* (Balme and Hennelly) Balme(卵形侧囊粉),此外还有光面和点状孢子 *Leiotriletes* 和 *Punctatisporites* 等,属早二叠世晚期至晚二叠世早期。上述孢子花粉在我国华北和西北(新疆北部和甘肃北部除外)广泛分布,其中 *Cordaitina spongiosa* (Luber) Samoilovich 是俄罗斯地台和乌拉尔地区早二叠世晚期孔谷阶和晚二叠世早期鞑旦阶发现并建立的种,在我国宁武晚二叠世早期上石盒子组中也有发现;*Wilsonites delicatus* (Kosanke) Kosanke,*Endosporites punctatus* Gao,*Alisporites mathallensis* Clarke 和 *Sulcatisporiletes ovatus* (Balme and Hennelly) Balme 在我国华北、西北(新疆北部和甘肃北部除外)、华南和西南以及西欧和北美都有出现,是典型的华夏植物地理区或欧美植物地理区二叠系属种。

另外,前人①还采有中二叠统茅口期大量䗴类化石,可分为 *Yabeina* - *Neomisellina* 带、*Neoschwagerina margaritae* 带、*Cancellina* 带。

第五节 中生界

该时代地层分布于图幅东北部塔南地层分区、中部西昆仑地层分区和西部喀喇昆仑地层分区。

一、塔南地层分区

主要分布在图幅东北部库斯拉甫—萨拉依一带,呈北西向的长楔形展布,东、西两侧均被断层所限,向南尖灭于坎地里克沟北约 2km,向北西延出测区,主要为陆相断陷盆地沉积,自下而上分为下—中侏罗统叶尔羌群、上侏罗统库孜贡苏组、下白垩统克孜勒苏群和上白垩统英吉莎群。出露总面积约 62km^2。

(一)剖面描述

1. 库斯拉甫叶尔羌河西岸叶尔羌群($J_{1-2}Y$)剖面①

(1)叶尔羌河南岸剖面

叶尔羌群上段($J_{1-2}Y^3$) **厚 415m**

7. 灰色泥岩为主,下部为砂岩与粉砂岩互层 46m
6. 灰色泥岩、砂质泥岩间夹煤层及少量砂岩、粉砂岩。底部黑色泥岩产双壳类 *Pseudocardinia* sp. 132m
5. 灰白色粗砂岩及砂砾岩 18m
4. 灰色、灰黑色细砂岩、砂质泥岩与泥岩互层 26m
3. 灰色泥岩、砂质泥岩夹煤层及少量砂岩 52m
2. 灰白色细砂岩 21m
1. 灰黑色泥岩、砂质泥岩夹砂岩及煤层 120m

(2)叶尔羌河北岸剖面

叶尔羌群中段($J_{1-2}Y^2$) **厚 438m**

7. 黄褐色、灰色细砂岩与粉砂岩不均匀互层夹煤层,底部为砂砾岩夹粗砂岩 68m

① 新疆地质矿产局第二地质大队. 1 : 50 万新疆南疆西部地质图、矿产图及说明书. 1985.

6. 灰黑色泥岩、砂质泥岩夹煤层，上部夹细砂岩。产植物 *Podozamites canceolatus* Lindley et Hutton，*Cladophlebis* sp. 86m
5. 中细粒砂岩 12m
4. 灰黑色泥岩、砂质泥岩间夹砂岩、煤层及少量泥质粉砂岩 97m
3. 灰白色粗砂岩与细砂岩互层 21m
2. 灰黑色、灰色泥岩，砂质泥岩间夹细砂岩、煤层及少量粉砂岩、泥灰岩。产植物 *Nilssonia* sp.，*Ptilopyllum* sp. 146m
1. 黄褐色砂岩，局部相变为砂砾岩或细砾岩 11m

(3)叶尔羌河北岸剖面

叶尔羌群下段($J_{1-2}Y^1$) 379m

6. 灰色泥岩夹煤层及粉、细砂岩 51m
5. 灰褐色砂砾岩及中细砂岩 22m
4. 灰色—黑色泥岩，相变为细砂岩并夹薄层状粉砂岩及泥灰岩。产双壳类 *Pseudocardinia* cf. *jeniseica*，*P.* cf. *submagna* 29m
3. 灰黑色泥岩夹细砂岩，顶部煤层。煤层夹层中产植物 *Coniopteris hymenophylloides*，*Podozamites lanceolatus*，*Todites williamsoni*，*Pityophyllum* sp.，*Cladophlebis* sp.；薄层状泥岩中产双壳类 *Pseudocardinia carinata*，*P. jeniseica*，*P. submagana*，*Ferganoconcha* sp. 49m
2. 灰黑色、灰色泥岩夹细砂岩及煤层，偶夹砂砾岩 5m
1. 黄褐色中细砂岩夹泥岩粉砂岩 10m

2. 莎车县喀什托维-夏合也尔上侏罗统库孜贡苏组(J_3k)实测地层剖面(图 2-34)

该剖面位于莎车县达木斯乡喀什托维东，起点坐标：$X=4\ 180\ 756$，$Y=13\ 638\ 593$，$H=1\ 893$m。交通较便利，露头较好，地层发育完整，顶底齐全，构造相对简单。

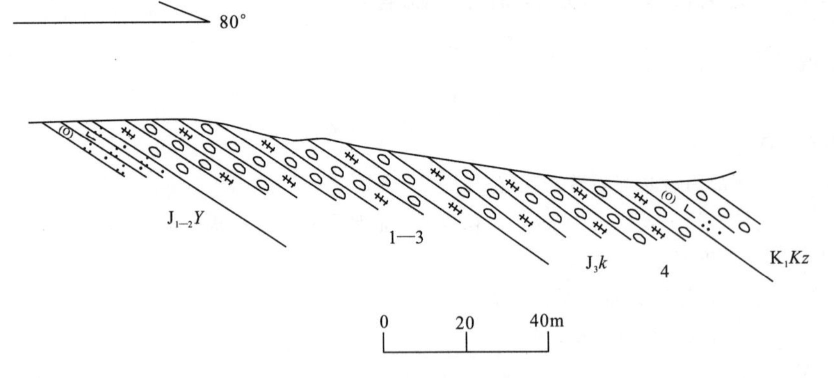

图 2-34 莎车县喀什托维-夏合也尔上侏罗统库孜贡苏组(J_3k)实测地层剖面图

下白垩统克孜勒苏群(K_1Kz)：厚层状含砾钙质细粒石英砂岩与中层状细砾岩互层

——— 整 合 ———

上侏罗统库孜贡苏组(J_3k) **厚 55m**

4. 灰红色厚层状复成分砾岩夹少量灰红色薄层状细粒石英砂岩透镜体。砾径最大为 15cm 左右 32.75m
3. 灰红色厚层状复成分砾岩 4.61m
2. 灰红色厚层状复成分砾岩偶夹灰红色薄层状细粒石英砂岩透镜体，二者突变，比例约 25∶1 3.58m
1. 灰红色厚层状复成分砾岩，局部夹灰红色薄板状细粒石英砂岩透镜体。砾石约 65%，主要有灰色钙质石英砂岩、灰黄色细晶白云岩及少量花岗质片麻岩、硅质岩等。砾径一般 3～5cm，大的可达 7cm，圆—次圆状，分选好，球度一般。基本层序由砾岩→砂岩构成，厚 3～6m，向上变细或变粗再变细；由下向上砾径稍变大、砂质透镜体渐少，基本层序厚度增大，分选稍差；层底为突变面，略有起伏　14.78m

——— 整　合 ———

下—中侏罗统叶尔羌群（$J_{1-2}Y$）：灰红色薄板状钙质细粒石英砂岩夹泥皮

3. 莎车县喀什托维-夏合也尔白垩系实测地层剖面（图 2－35）

该剖面位于新疆莎车县达木斯乡喀什托维东，起点坐标为：X＝4 180 756，Y＝13 638 593，H＝1 893m。交通较便利，剖面露头出露连续，顶底齐全，构造相对简单。

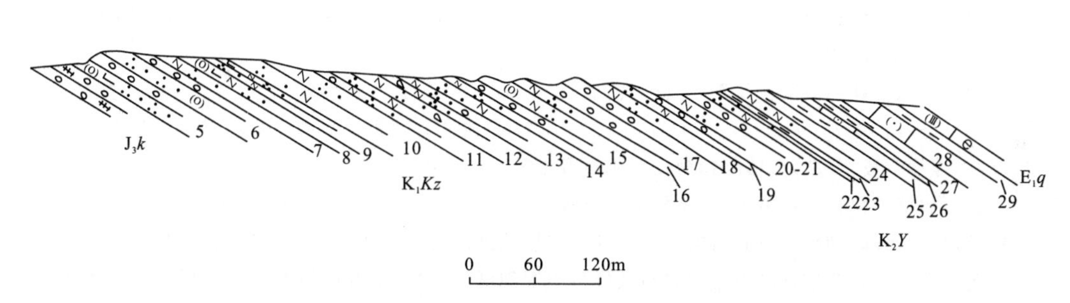

图 2－35　莎车县喀什托维-夏合也尔白垩系实测地层剖面图

古新统阿尔塔什组（E_1a）：灰黄色含硬石膏泥晶灰岩夹灰红色薄板状含硬石膏泥晶灰岩

——— 整　合 ———

上白垩统英吉莎群（K_2Y）　**厚 220.15m**

29. 鲜红色泥岩，上部夹厚 80cm 左右的透镜状灰岩，顶部夹 3 层灰红色薄板状含硬石膏泥晶灰岩，向上变厚并突变为厚层状　10.4m
28. 浅灰红色厚层状含砂质粉晶灰岩　29.81m
27. 灰绿色、灰红色呈斑杂状杂色泥岩，页理发育　20.80m
26. 浅灰红色厚层状含砂质粉晶灰岩，平行层理发育，与上、下层突变，总体向上变粗变厚再变细变薄　97.06m
25. 灰绿色、灰红色杂色泥岩，页理发育　23.57m
24. 灰绿色泥岩与灰绿色中层状细粒长石砂岩互层，二者比例为 3∶1。泥岩页理发育，砂岩平行层理发育，砂岩向上变厚再变薄　29.12m
23. 灰绿色泥岩，顶部夹 5cm 灰绿色砂岩，页理发育，总体向上变粗变厚　7.04m
22. 灰黄色厚层状微晶灰岩，底部 45cm 为灰绿色泥岩，顶有少量灰红色泥岩和粉砂岩，向上变粗变厚再变细变薄。粉砂岩底界起伏不平，向上变细变薄　6.30m

——— 整　合 ———

下白垩统克孜勒苏群（K_1Kz）　**厚 342m**

21. 鲜红色—灰红色厚层状细粒长石石英砂岩夹灰红色中—厚层状细砾岩，顶部为 2m 紫红色泥岩。基本层序由砂→砾→砂构成，厚 6.9～18m，总体向上变粗变厚再变细变薄　58.25m
20. 灰红色中—厚层状细砾岩夹薄层状细粒长石石英砂岩或透镜体，底为突变，基本层序由砾岩→砂岩组成　2.38m
19. 鲜红色薄层状细粒长石石英砂岩，总体向上变粗变厚再变细变薄　8.34m
18. 鲜红色厚层状细粒长石石英砂岩夹细砾岩透镜体。细砾岩底为突变面，基本层序厚约 3m，向上变粗为砾岩再向上变细，局部含泥砾　17.88m

17. 灰红色厚层状砾岩夹透镜状含砾细粒长石石英砂岩。砾石成分为砾岩、石英岩，砾径为 0.3～3.6cm，含量为 25%～43% 28.90m

16. 鲜红色厚层状细粒长石石英砂岩夹细砾岩，中上部含钙质结核，顶为厚 0.5～1.2m 的细砾岩透镜体。基本层序厚 2～6m，向上变粗，砾岩总体向上变细 7.63m

15. 鲜红色厚层状含砾细粒长石石英砂岩夹细砾岩，二者渐变，比例为 4∶1。砾石含量为 3%～42%，主要为砂岩、硅质岩、灰岩，砾径一般为 0.2～4.3cm，分选、磨圆及球度均较好，韵律厚 1.2～1.9m 28.35m

14. 灰红色薄层状钙质细粒长石石英砂岩，向上变粗再变细 7.63m

13. 鲜红色厚层状细粒长石石英砂岩夹灰红色厚层状砾质长石石英砂岩，上部 10m 含钙质结核，顶部 30～50cm 钙质结核富集，含量达 90%以上 29.99m

12. 鲜红色厚层状细粒长石石英砂岩，上部 5m 含钙质结核，顶部 10cm 左右钙质结核富集，含量为 90%左右，直径为 6～9cm 29.99m

11. 鲜红色厚层状细粒长石石英砂岩夹灰红色砾质粗粒长石石英砂岩或砾岩，二者比例为 7∶1 23.33m

10. 鲜红色厚层状细粒长石石英砂岩夹 4 层透镜状灰绿色砾质细砂岩。后者砾石含量为 15%左右，砾径大的达 3.6cm 36.43m

9. 鲜红色厚层状细粒长石石英砂岩夹灰红色薄—中层状钙质细粒长石石英砂岩，二者突变，比例为 8∶1。后者单层厚 10～30cm，发育平行层理 10.72m

8. 灰红色厚层状含砾钙质细粒长石石英砂岩，底部 80cm 为细砾岩。底面略有起伏，向上变细，共两个韵律。砾石含量为 30%～90%，砾径为 0.4～3.7cm，成分为砂岩及少量硅质岩、灰岩，次棱角—次圆状，球度一般，分选差，填隙物为较小砾石及细砂 7.71m

7. 鲜红色厚层状细粒长石石英砂岩，楔状交错层理发育 11.31m

6. 砖红色厚层状含砾细粒石英砂岩夹灰红色薄—厚层状细砾岩透镜体，二者比例为 20∶1 17.77m

5. 砖红色厚层状含砾钙质细粒石英砂岩与灰红色中层细砾岩互层，二者比例为 6∶1。砂岩发育楔状交错层理，单层厚 0.6～1.1m。砾石含量为 8%左右，砾岩砾石含量为 80%左右，砾径为 0.3～7cm，成分主要有砂岩、石英岩、硅质岩，少量白云岩，次棱角—次圆状，球度一般，分选差 16.35m

———— 整 合 ————

侏罗系上统库孜贡苏组(J_3k)：灰红色厚层状复成分砾岩夹灰红色细粒石英砂岩

(二)岩石地层特征

1. 叶尔羌群($J_{1-2}Y$)

未见下伏地层，在克孜勒达坂一带与上覆库孜贡苏组和克孜勒苏群分别为整合和角度不整合接触。叶尔羌河两岸剖面总厚 1 232m。下段为灰绿色、深灰色，局部红褐色砾岩夹中细粒砂岩及少量粉砂岩。砾石成分常随不整合面下伏地层而异，一般分选不良，大小不一，滚圆度中等，砂质填隙，坚硬不易风化。中段为浅灰绿色、灰色砂岩、粉砂岩，下部夹砂砾岩，上部夹碳质页岩和煤层。上段为灰黑色、深灰色含碳粉砂质泥岩、碳质泥岩夹褐灰色石英砂岩、砂砾岩、薄层状生物泥灰岩及薄铁矿条带。为滨浅湖相-浅水湖沼相沉积。

2. 库孜贡苏组(J_3k)

零星出露于托格腊克吉勒嘎北西及南东，与下伏叶尔羌群和上覆克孜勒苏群均为整合接触，为灰色、红色粗碎屑岩建造，喀拉托维剖面厚 55m。主要岩性为厚层状复成分砾岩夹细粒石英砂岩透镜体，总体向上变粗，砾石成分主要有灰色钙质石英砂岩、灰黄色细晶白云岩及少量花岗质片麻岩、硅质岩等，砾石含量为 65%左右，砾径一般为 3～5cm，大的可达 7～15cm，呈次圆—圆状，分选好，球度一般，大的砾石顺层分布，填隙物为较小砾石及细砂。其底界为突变面，略有起伏，切割下伏地层层理，为冲积扇沉积。

3. 克孜勒苏群(K_1Kz)

与下伏库孜贡苏组及上覆英吉莎群均为整合接触，以砖红色—鲜红色为特征。岩石组合为厚层状复成分砾岩、厚层状(偶见薄层状)细粒长石石英砂岩、石英砂岩、钙质细粒长石石英砂岩及厚层状含砾中粒长石石英砂岩夹细砾岩透镜体，顶部 2m 为鲜红色泥岩。砂岩发育楔状、槽状交错层理及平行层理。基本层序向上变粗再变细或向上变细，砾岩与砂岩为突变，偶见渐变，为冲积扇沉积。喀什托维东剖面厚 342m。图幅内分布局限，厚度变化不大。

4. 英吉莎群(K_2Y)

小面积出露于图幅北东部库斯拉甫东，由于第四系覆盖和断层影响，多未见顶底。喀什托组剖面厚 220m，自下而上由灰绿色→杂色→紫红色组成。岩石组合为灰绿色—灰红色泥岩、浅灰红色厚层状含砂质粉晶灰岩，下部夹灰绿色中厚层状细粒长石砂岩，顶部紫红色泥岩夹 3 层薄层状粉晶灰岩，向上渐厚，间隔渐薄。图幅内分布局限，横向变化不明显。其沉积环境以喀什托维剖面为例，第 22→24 层为泥坪→砂泥混合坪(砂岩水平层理发育，泥岩页理发育)，向上变粗，海水加深，动能增大，为退积沉积，混合坪基本层序为泥→砂→泥，向上变粗再变细，其底部第 22 层为一次微弱海侵，由紫红色泥岩→灰黄色微晶灰岩→灰红色泥岩构成，为海侵的开始。第 24—25 层为泥砂混合坪→泥坪，前者基本层序同海侵体系域，后者为灰绿色泥岩→灰红色泥岩，向上总体海水变浅，动能减小，为进积沉积。中部第 25—27 层为潮坪沉积，由杂色泥岩→浅灰红色厚层状含砂质粉晶灰岩→杂色泥岩构成，其砂质粉晶灰岩平行层理发育，向上变粗再变细变薄，其海水变深再变浅，动能变大再变小。其海侵体系域由杂色泥岩→含砂质粉晶灰岩，中部较粗，向上变粗变厚，海水变深，动能变大。高水位体系域由含砂质粉晶灰岩→杂色泥岩，向上变细，海水动能减小，变浅。上部第 27—29 层，其特征同第 25—27 层，由杂色泥岩→含砂质粉晶灰岩→鲜红色泥岩组成，其上部渐趋氧化，厚度较第 25—27 层小。

(三)区域地层对比及时代确定

1. 划分沿革

叶尔羌群：德·泰拉(1932)将塔里木盆地西南的一套含煤岩系(包括部分二叠纪地层)命名为叶尔羌群①。地质部第十三大队称其为艾格留姆岩系②。新疆区域地层表编写组(1981)重新命名为叶尔羌群，时代划归早—中侏罗世①。本次工作沿用之。

库孜贡苏组：新疆区域地层表编写组(1981)在新疆乌恰县库孜贡苏河下游小黑孜威正式命名库孜贡苏组，时代定为晚侏罗世①。《新疆维吾尔自治区岩石地层》及本次区调沿用之。

克孜勒苏群：新疆石油管理局(1975)在新疆乌恰县康苏北创名克孜勒苏群①；《新疆维吾尔自治区岩石地层》及本次区调沿用之。

英吉莎群：新疆石油管理局(1975)在英吉沙县南创名英吉莎群，新疆区域地层表编写组(1981)引用后使用稳定①。

2. 区域对比及时代

(1)叶尔羌群

区域上呈两个条带状展布，东带在叶尔羌河以南断续出露于曲瑞木、克孜勒克尔—喀拉吐孜煤

---

① 新疆地质矿产局第二地质大队. 1∶50 万新疆南疆西部地质图、矿产图及说明书. 1985.

② 地质部第十三地质大队. 昆仑山西北坡(J-43-ⅩⅩⅨ、J-43-ⅩⅩⅢ)1∶20 万地质测量与普查工作报告. 1958

矿—棋盘煤矿、莫莫克—普沙煤矿等地(测区内),向北主要分布于科克同他乌山一带。西带主要在项德里克,经昔里必力、库斯拉甫至坎地里克等地呈北北西向长楔形展布,尖灭于坎地里克沟北。东西两带岩性及与生物资料均可对比,区域上岩性较稳定,厚度变化较大。测区地层为东带的一部分。

据史基安等的研究,区域上该群孢粉组合以 *Cyathidites minor* 为主,自下而上呈现出早侏罗世早期—中侏罗世晚期特色。综合测区古生物资料,将该区叶尔羌群的时代确定为早—中侏罗世。在库斯拉甫煤矿采有大量动植物化石①,计有双壳类 *Pseudocardinia lanceolata*, *P. carinata*, *P. ovalis*, *P. elongate*, *P.* cf. *submagna*, *Psilunio* sp., *Margaritifera isfarensis*, *Ferganocancha* sp., *Sibirecancha* sp., *Cuneopsis* sp., *Tutuella rotunda*, *Undulatuna* sp., *Nakamuranaia elengata*, *Sphaerium selenginense*, *S. pujangense*;植物 *Podozamites canceolatus*, *Cladophlebis* sp., *Nilssonia* sp., *Ptilophyllum* sp., *Coniopteris hymenophylloides*, *Todites williamsoni*, *Pityophyllum* sp.等。属南方 *Coniopteris*-*Ptilophyllum* 植物群,时代为早—中侏罗世。

(2)库孜贡苏组

区域上主要分布于乌恰县东北库孜贡苏河—小黑孜威—托云一带。以红色厚层状—巨厚层状砾岩为主,夹砂岩及少量砂质泥岩,岩性变化不大,砾径由下向上逐渐变粗,横向上红色砾岩可相变为灰色、绿色。在乌恰县以东的托云厚度只有 160m,至阿尔金一带山区厚 500～1 100m。该组在乌恰附近的库孜贡苏河出露较完整。

在该组未发现可靠化石,与其整合接触的下伏叶尔羌群顶部的孢粉、植物等化石为中侏罗世晚期,上覆克孜勒苏群的孢粉、介形类时代为早白垩世。因此将库孜贡苏组的时代划归晚侏罗世。

(3)克孜勒苏群

区域上沿西昆仑山前地带呈带状断续分布,西起买尔苏上游,向南东经且木干、乌依塔克、吐依洛克延至棋盘;再往东分布于玉力群、杜瓦一带。向南东厚度迅速变薄,在乌依塔克厚 1 219m,在棋盘厚 94m,在克里阳东布雅皮西厚 16m。

据区域资料,在南天山山前带本群下部含介形类 *Rhinocypris cirrita*, *R. echinata*, *Darwinula tubiformis*, *Cypridea koskulensis*, *C. Simplex* 等,显示早白垩世的特征。在上部含 *Lygodiumsporites*, *Converrucosisporites*, *Verrucosisporites*, *Cicatricosisporites*, *Classopollis*, *Clavatipollenoites*, *Liliacidites*, *Cupuliferoidaepollenites* 等为主的早白垩世孢粉组合,故将该群的时代划为早白垩世。

(4)英吉莎群

其分布同克孜勒苏群,主要为灰绿色泥岩、灰岩、红色生物灰岩和红色膏泥岩及石膏层,其厚度也是向南东变薄。

据区域资料①,该群产双壳类 *Exogyra olisiponensis*, *Gryphaea costei*, *Gryostrea turkestensis*, *Osculigera qimuganensis*, *Biradiolites boldjuanensis*;菊石 *Placenticeras placenta*, *Thomasites koalabicus*;介形虫 *Brachycythere neusiformis*, *Bythocypris iuminosa*;藻类 *Palaeohysrichophorum infusorioides*, *Spinferites ramosusval* 等,均是晚白垩世的重要分子。故将测区英吉莎群的时代划为晚白垩世。

二、西昆仑地层分区

分布在图幅中部的亚希洛夫达坂和热布特卡巴克—哈布斯喀来—班迪尔北一带,仅发育下白垩统下拉夫底群,出露总面积约 255km^2。与周围岩体和地层呈断层接触或不整合覆盖在布伦

---

① 新疆地质矿产局第二地质大队. 1∶50万新疆南疆西部地质图、矿产图及说明书. 1985.

阔勒岩群、未分上石炭统之上。上未见顶，为一套高位湖泊沉积的碎屑岩、碳酸盐岩建造，偶夹石膏层。

(一)剖面描述

塔什库尔干县布兰底得下白垩统下拉夫底群(K_1X)实测地层剖面(图 2－36)

该剖面位于塔什库尔干县瓦恰乡布兰底得南，起点坐标为：X=4 162 276，Y=13 559 307，H=3 419m。交通便利，露头一般，地层发育完整，未见顶，构造相对简单。

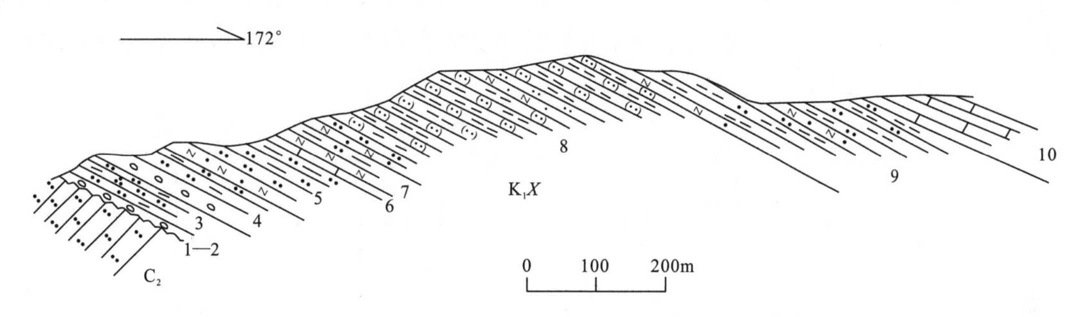

图 2－36　塔什库尔干县布兰底得下白垩统下拉夫底群(K_1X)实测地层剖面图

白垩系下统下拉夫底群(K_1X)　　(未见顶)	**厚 545.6m**
10. 浅灰色纹层状粉砂质泥晶灰岩。含植物 *Equisetites* sp.	37.93m
9. 浅灰色粉砂质泥岩夹黄色薄层状细粒长石砂岩。基本层序为黄色薄层状细砂岩→粉砂质泥岩夹黄色薄层状细粒长石砂岩，顶部为 3mm 的石膏层	92.35m
8. 黄灰色薄层状含粉砂泥岩夹黄褐色薄层状粉砂岩及极少量黄褐色薄层状细粒长石砂岩，偶见含粉砂泥晶灰岩透镜体，上部夹 5m 黄褐色中砾岩。砾石成分为细粒石英砂岩、硅质岩等，砾石呈次圆状，2～5cm，分选中等	228.34m
7. 灰色粉砂质页岩夹黄灰色薄层状细粒长石砂岩、黄褐色薄层状粉砂岩	23.75m
6. 灰色中层泥晶灰岩，风化面呈浅灰黄色	0.61m
5. 灰色粉砂质页岩夹黄灰色薄层状细粒长石砂岩、黄褐色薄层状粉砂岩。基本层序为黄灰色薄层状细粒长石砂岩→粉砂岩→灰色粉砂质页岩	114.37m
4. 灰色厚层状粗—中砾岩与灰绿色薄层状泥质粉砂岩夹浅灰绿色薄层状钙质石英粉砂岩。向上变细变薄，砾岩厚 3～1m，向上变薄变细；砾径下部为 10～30cm，上部为 3～5cm，约 60%，次圆状，分选中等，砾岩底为突变面	27.16m
3. 灰绿色薄层状泥质粉砂岩夹浅灰绿色薄层状钙质石英粉砂岩。前者具水平层理	15.09m
2. 黄色厚层状中砾岩。砾石成分为灰绿色凝灰岩及灰、灰白色细粒石英砂岩；砾径为 3～10cm，次棱角状，分选差，杂基支撑，填隙物为黄色泥质粉砂	5.73m
1. 下部为黄色砾质泥岩，上部为灰绿色泥岩	0.3m

～～～～～～ 角度不整合 ～～～～～～

未分上石炭统(C_2)：灰绿色安山质粗粒凝灰岩

(二)岩石地层特征

下拉夫底群角度不整合覆盖在布伦阔勒岩群和未分上石炭统之上，偶见其上被西域组(Qp_1x)不整合覆盖。为一套高位湖泊三角洲沉积，剖面厚 545.63m，主要岩石组合为灰色厚层状粗—中砾岩、黄灰色薄层状细粒长石砂岩、黄褐色薄层状钙质石英粉砂岩、黄灰色薄层状含粉砂泥晶灰岩及灰色中层泥晶灰岩、浅灰色粉砂质泥岩、粉砂质页岩，偶夹石膏层。含植物 *Equisstites* sp.。在半迪南见其上部为巨厚层状砂砾岩夹少量砂岩及泥质砂岩。

该群横向上岩性稳定，厚 55～1 200m，变化较大。布兰底得剖面上，第 1 层为砾质泥岩及灰绿色泥岩，砾石为滞留砾石，向上变细，水体变深。第 2—4 层基本层序为砾岩→薄层状泥质粉砂岩夹浅灰绿色极薄层状钙质石英粉砂岩，向上变细变薄，底为突变，为冲积扇沉积，砾岩为分流河道沉积。第 5—9 层为薄层状长石砂岩→薄层状粉砂岩→灰色粉砂质页岩夹黄灰色薄层状粉砂岩，向上变细变薄，顶见石膏层，为三角洲平原相沉积，偶夹较浅静水沉积的含粉砂泥晶灰岩透镜体。第 10 层为湖泊消亡期沉积的浅灰色薄层状粉砂质泥晶灰岩，为静水缺少陆源沉积(图 2 - 37)。砂岩以长石砂岩为主，石英约 5%，斜长石约 52%，钾长石约 30%，在迪金森的 $Q_m$pk 图解上落入岩浆弧物源区。总体为一套火山弧之上沉积的湖泊三角洲平原相至消亡期淤积沉积。其上部地层为冲积扇沉积。

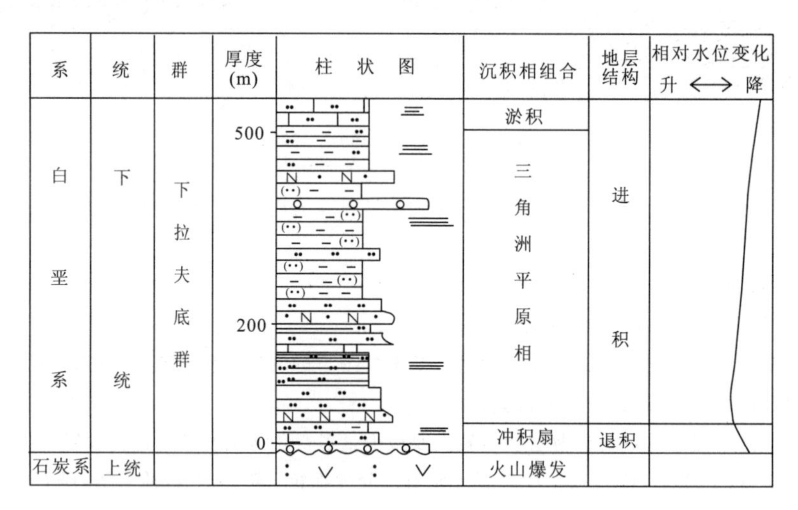

图 2 - 37　西昆仑地层分区白垩系下统下拉夫底群岩石地层特征

(三)地层对比及时代确定

下拉夫底群最早由新疆区测大队第二分队于 1966 年建立，《1∶50 万新疆南疆西部地质图、矿产图及说明书》引用①，因无化石等证据，其地层的时代暂归古近系。新疆地质调查院 2000 年根据所采化石将其划为早白垩世②。

下拉夫底群主要分布于图幅内，区域上分布局限，尚难进行区域对比。

该群含骨鱼类 *Telestei* 和孢粉 *Langaevipollis* sp. 等化石②，据此将该群的时代确定为早白垩世。

三、喀喇昆仑地层分区

主要分布在图幅西南部果尔斯坦乌托克南、琼沙热里克西、卡拉其古北西等地，在索斯达坂一带也有小面积出露，包括未分三叠系、未分三叠—侏罗系、下—中侏罗统龙山组及未分下白垩统。总出露面积为 231km²。

① 新疆地质矿产局第二地质大队. 1∶50 万新疆南疆西部地质图、矿产图及说明书. 1985.

② 新疆地质调查院. 1∶5 万班迪尔幅(J43E014015)、下拉夫迭幅(J43E015015)地质图及说明书. 2000.

（一）剖面描述

因未分三叠系主要分布于中国与塔吉克斯坦边境线附近，未分三叠—侏罗系仅在索斯达坂一带零星出露，无连续露头，均无法测制剖面，下面仅列述下—中侏罗统龙山组及未分下白垩统剖面。

1. 塔什库尔干县群沙拉古里阿沟侏罗系龙山组($J_{1-2}l$)实测地层剖面(图 2-38)

该剖面位于塔什库尔干县达布达尔乡群沙拉古里阿沟，起点坐标为：$X=4\ 111\ 334$，$Y=13\ 513\ 979$，$H=4\ 261$m。交通较便利，露头较好，构造相对简单，北侧被岩体吞噬，南侧为一系列褶皱，剖面导线长约 3km。

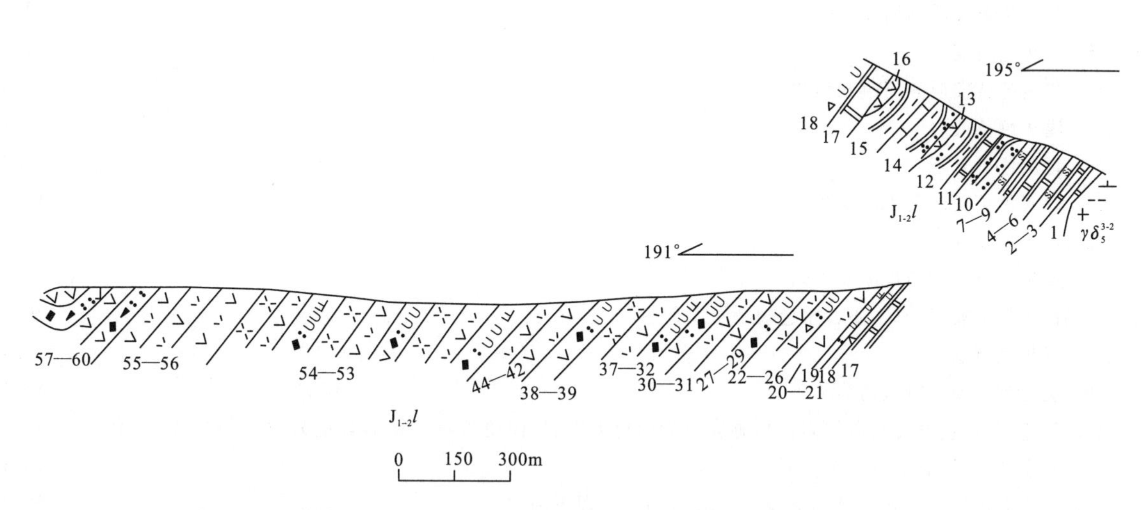

图 2-38 塔什库尔干县群沙拉古里阿沟侏罗系龙山组($J_{1-2}l$)实测地层剖面图

侏罗系下—中统龙山组($J_{1-2}l$)	(未见顶，向斜核部)	**厚度>1 335.0m**
60. 紫红色安山岩		7.6m
59. 紫红色英安质晶屑岩屑凝灰岩		37.9m
58. 紫红色安山岩		19.9m
57. 紫红色英安质晶屑岩屑凝灰岩		39.8m
56. 青灰色英安岩		12.1m
55. 深灰色英安岩		15.1m
54. 灰红色流纹岩		9.1m
53. 深灰色英安岩		30.6m
52. 青灰色英安质晶屑凝灰熔岩		22.9m
51. 灰红色流纹岩		15.2m
50. 深灰色英安岩		30.4m
49. 青灰色英安质晶屑凝灰熔岩		30.4m
48. 灰红色流纹岩		15.2m
47. 深灰色英安岩		23.2m
46. 青灰色英安质晶屑凝灰熔岩		29.8m
45. 灰红色流纹岩		9.9m
44. 深灰色英安岩		23.2m
43. 青灰色英安质晶屑凝灰熔岩		28.7m
42. 青灰色英安岩		13.2m
41. 灰色英安岩		13.2m
40. 青灰色英安岩		17.7m

39. 深灰色英安质晶屑凝灰熔岩 15.0m
38. 灰黑色英安质晶屑凝灰熔岩 18.8m
37. 灰白色流纹岩 15.2m
36. 灰白色英安岩 31.0m
35. 灰黑色英安质晶屑凝灰熔岩 31.0m
34. 灰白色流纹岩 11.9m
33. 灰白色英安岩 28.6m
32. 灰黑色英安质晶屑凝灰熔岩 28.6m
31. 深灰色英安岩 19.1m
30. 灰白色英安岩 17.5m
29. 灰白色英安质晶屑凝灰熔岩 29.2m
28. 青灰色英安岩 14.6m
27. 灰白色英安质晶屑凝灰熔岩 23.3m
26. 浅灰色英安岩 8.8m
25. 青灰色英安岩 23.3m
24. 青灰色英安质角砾凝灰熔岩 14.2m
23. 青灰色英安岩 6.4m
22. 青灰色英安质角砾凝灰熔岩 16.1m
21. 青灰色英安岩,基本不含暗色斑晶 26.8m
20. 青灰色英安岩 21.4m
19. 灰黑色英安质凝灰熔岩 16.1m
18. 灰色、灰白色异源角砾熔岩。角砾成分为白色大理岩,棱角状,1～6cm,含量为70%～10%,向上变小减少,熔岩成分为英安岩 16.1m
17. 白色大理岩。方解石结晶颗粒为1mm左右,层理不清 66.4m
16. 英安岩(次火山岩)
15. 黑色泥板岩 63.8m
14. 青灰色中层细粒石英砂岩与黑色泥板岩互层夹青灰色灰岩。基本层序厚2～3m,由砂岩→泥板岩→灰岩构成 51.1m
13. 英安岩(次火山岩)
12. 黑色粉砂质泥岩夹灰色中粒石英砂岩透镜体。后者单层厚40cm左右 44.1m
11. 灰红色大理岩,单层厚约30cm 24.5m
10. 黑色变石英粉砂岩 57.0m
9. 浅肉红色、灰白色硅质岩 13.5m
8. 黑色大理岩,单层厚20～30cm 20.4m
7. 浅灰色薄板状大理岩夹青灰色薄层状硅质岩 18.0m
6. 灰色大理岩,单层厚20～30cm 22.5m
5. 深灰色大理岩,单层厚40cm 26.8m
4. 灰绿色矽卡岩 7.9m
3. 青灰色、灰红色硅质岩与青灰色大理岩互层,韵律厚20cm 9.9m
2. 青灰色、灰红色硅质岩夹青灰色大理岩。硅质岩水平纹层发育,向上大理岩逐渐变薄,层数增多 26.3m
1. 深灰色大理岩,单层厚约40cm 4.7m

(未见底,灰白色中粒黑云母花岗闪长岩侵入)

2. 塔什库尔干县卡拉其古北未分下白垩统(K_1)实测地层剖面(图2-39)

该剖面位于塔什库尔干县卡拉其古北,起点坐标为:X=4 122 127,Y=13 531 492m,H=4 161m。交通较便利,露头较差,构造相对简单,未见顶底。

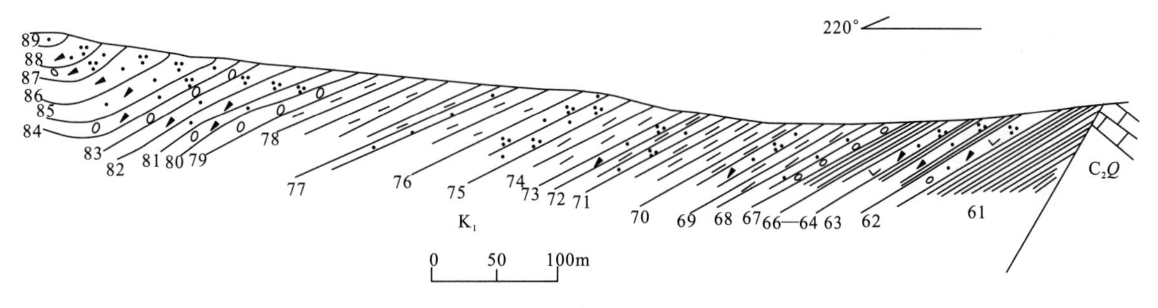

图 2-39 塔什库尔干县卡拉其古北未分下白垩统(K_1)实测地层剖面图

未分下白垩统(K_1) (未见顶,向斜核部) **厚度>323.0m**

89. 灰红色薄层状细粒岩屑石英砂岩 4.3m

88. 灰黄色中薄层状中粒岩屑石英砂岩 11.6m

87. 灰黄色中层含砾粗粒岩屑石英砂岩 7.7m

86. 灰红色薄层状细粒岩屑石英砂岩 15.5m

85. 灰黄色中薄层状中粒岩屑石英砂岩 13.5m

84. 灰黄色中层含砾粗粒岩屑石英砂岩 7.7m

83. 灰黄色厚层状砾岩 5.8m

82. 灰红色薄层状细粒岩屑石英砂岩,单层厚 5~10cm 11.6m

81. 灰黄色中薄层状中粒岩屑石英砂岩,单层厚约 20cm 11.6m

79—80. 灰黄色中层含砾粗粒岩屑石英砂岩。岩屑成分为灰岩,约占 30%,单层厚 40cm 7.7m

78. 紫红色泥岩夹灰色中层中粒石英砂岩,夹层厚 1~2m,共 9 层 45.1m

76—77. 灰色中层中粒石英砂岩,发育板状交错层理 4.5m

75. 灰色中层中粒石英砂岩。底部含有零星的脉石英砾石,一般为 3~5mm,磨圆好 12.9m

74. 紫红色泥岩 24.8m

73. 灰褐色厚层中粒岩屑石英砂岩,向上变细变薄,单层厚 60~70cm。岩屑约 15%,成分为灰岩及硅质,磨圆不好 5.0m

72. 紫红色泥岩夹灰色中层中粒石英砂岩,夹层厚 30~40cm,共 5 层 9.9m

71. 紫红色泥岩 24.8m

70. 紫红色泥岩为主夹 4 层青灰色厚层状中粒岩屑石英砂岩。泥岩层厚 50cm 左右,夹层厚 2m 左右 24.8m

69. 紫红色泥岩,顶部有褪色斑,垂直节理发育 7.1m

68. 褐色中层中粒石英砂岩夹 3 层灰褐色中层钙质砾岩。砂岩单层厚约 30cm,发育平行层理和楔状交错层理;砾岩单层厚 40cm,砾石成分主要为脉石英,2~5mm,含量为 30%左右,磨圆好,砾间填隙物为粗砂,钙质胶结 10.6m

67. 紫红色页岩 8.5m

66. 灰绿色中层中粒钙质岩屑石英砂岩,单层厚约 40cm,上部含零星砾石,顶部 5cm 为细砾岩,砾石成分为硅质岩,砾径为 0.8~2cm,磨圆差 1.7m

65. 紫红色页岩 4.1m

64. 灰红色中层中粒钙质岩屑石英砂岩渐变为含砾砂岩,单层厚约 40cm,中上部向上砾石增粗增多,至顶面砾石含量达 30%左右。砾石成分为灰岩,磨圆一般,砾径 3~5mm 2.7m

63. 紫红色页岩夹 4 层青灰色中层岩屑石英砂岩,偶见平行纹层。砂岩单层厚约 40cm,夹层厚 1~2m,顶面有少量紫红色泥砾 14.2m

62. 紫红色厚层状含砾中粒钙质岩屑石英砂岩。砾石成分主要为脉石英及硅质岩,自下而上砾石增大增多,2~5mm,15%~30%,砾石磨圆好,单层厚 60cm 7.0m

61. 紫红色泥质页岩,页理发育 18.3m

═══════ 断 层 ═══════

石炭系上统恰提尔群(C_2Q):青色灰红色厚层状泥晶灰岩

(二)岩石地层特征

1. 未分三叠系

分布于图幅西部萨雷阔勒岭—系托克阿勒一带国境线附近,东北与未分中二叠统为断层接触,厚度大于500m,主要岩性为黄灰色厚层状含固着蛤(10%±、3cm±)泥晶灰岩与黄灰色厚层状泥晶灰岩互层,岩性较单一,横向变化不大。为开阔台地沉积。

2. 未分三叠—侏罗系

零星分布在图幅西北部索斯达坂附近。东部角度不整合在古元古界布伦阔勒岩群之上,西部被第四系覆盖或喜马拉雅期岩体侵入。主要岩性为黄绿色岩屑长石砂岩、灰白色钙质粉砂岩、灰色含钙质泥岩互层,并以后者为主,钙质粉砂岩最薄。基本层序为长石砂岩→含钙质泥岩夹钙质粉砂岩,向上变细、变薄,主要为湖泊-三角洲平原相沉积。

本次区调采有孢粉 *Punctatisporites* sp., *Cyathidites minor* Couper, *Baculatisporites mesozoicus* Klaus, *Duplexisporites* sp., *Cycadopites* sp., *Piceites* sp.,其中 *Punctatisporites* 常见于古生代与中生代早—中期,其余5种主要产于中生代,尤为中生代早—中期所常见,*Cyathidites minor* Couper 是T—J孢粉组合的重要分子,主要产于晚三叠世至早—中侏罗世,*Baculatisporites* 为三叠纪与侏罗纪重要化石,因此将该地层的时代暂定为三叠纪—侏罗纪。

3. 龙山组($J_{1-2}l$)

主要分布于图幅西南部果尔斯坦乌托克南,与温泉沟组、恰提尔群为断层接触,被喜马拉雅期岩体侵入。下部为一套浅变质(接触变质)沉积岩层,主要岩性为大理岩、变质石英粉砂岩夹细粒石英砂岩透镜体,下部夹硅质岩。原岩为细碎屑岩和碳酸盐岩、硅质岩,为浅海陆棚沉积,硅质岩为欠补偿盆地沉积,总体向上变粗变厚,海水变浅,水动能增加。上部为一套中酸性火山碎屑岩和火山熔岩,顶为紫红色火山碎屑岩。其底部与下伏大理岩为火山喷发接触,含异源角砾,成分为下伏大理岩,向上减少,变小,向上韵律为英安质角砾凝灰熔岩(底部)或英安质晶屑凝灰熔岩→英安岩→流纹岩,由爆发相到熔岩相,岩性由中酸性向酸性发展。到顶部变为紫红色,说明更趋于氧化环境。可能为残余海盆或前陆盆地拉张环境下的火山喷发产物,群沙拉古里阿沟剖面厚大于1 335m(图2-40)。

本次工作采有孢粉 *Cyathidites australis* Couper, *C. minor* Couper, *Klukisporites* sp., *Duplexisporites* sp., *Cycadopites* sp., *Protopinus* sp.。它们均为中生代常见分子,其中 *Klukisporites* 主要见于侏罗纪与白垩纪,在三叠纪未见报道,*Cyathidites*、*Cycadopites* 在侏罗纪最繁盛,组合中未见侏罗纪晚期与白垩纪的重要类型,呈现出早—中侏罗世孢粉组合的面貌。

4. 未分下白垩统

分布于卡拉其古附近,呈条带状展布。与恰提尔群为断层接触或角度不整合接触,上未见顶,为一套红色碎屑岩沉积。其主要岩性下部为紫红色泥质页岩、页岩夹(含砾)中粒石英砂岩、岩屑石英砂岩,上部为砾岩,含砾粗粒岩屑石英砂岩、中—细粒岩屑石英砂岩。卡拉其古剖面厚323m,总体为湖泊-三角洲沉积。剖面第61—68层基本层序总体向上变粗变厚,为三角洲前缘沉积,其中第61层紫红色泥质页岩为湖泊中心相沉积,相当于前三角洲沉积。第68—78层向上变细变薄,总体向上水位变浅,为三角洲平原相沉积。第79—89层为一套河流沉积,二元沉积结构不明显,可能为辫状河沉积(图2-41)。

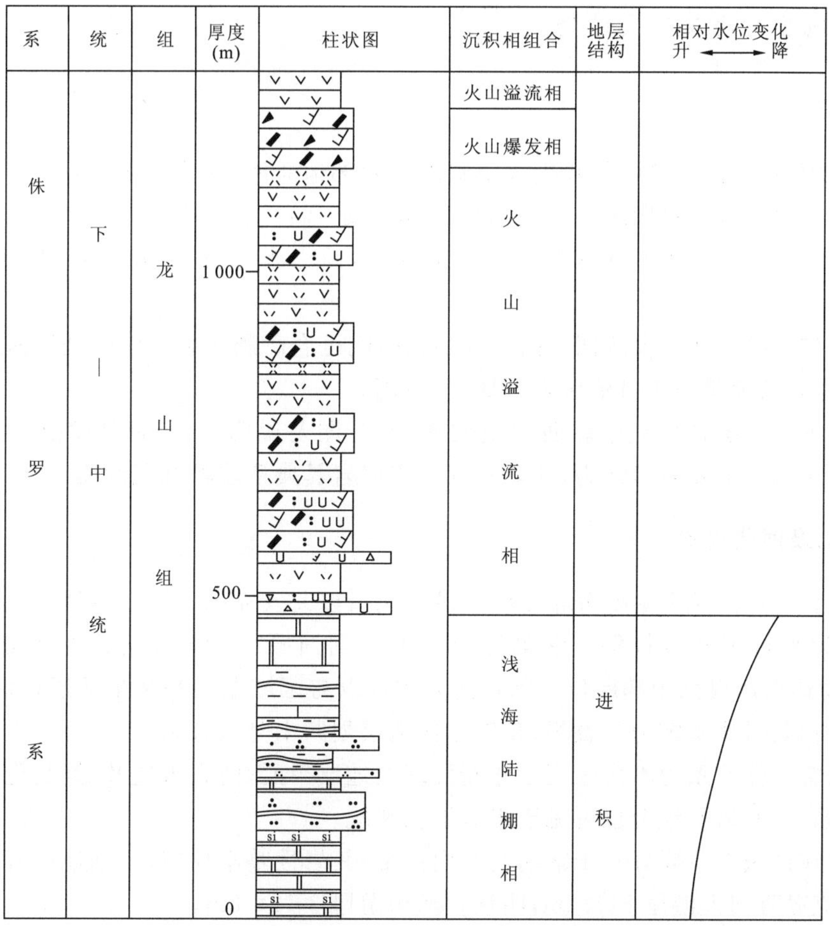

系	统	组	厚度(m)	柱状图	沉积相组合	地层结构	相对水位变化 升←→降
侏罗系	下—中统	龙山组	1 000 500 0		火山溢流相 火山爆发相 火山溢流相 浅海陆棚相	进积	

图 2-40 喀喇昆仑地层分区侏罗系下—中统龙山组岩石地层特征

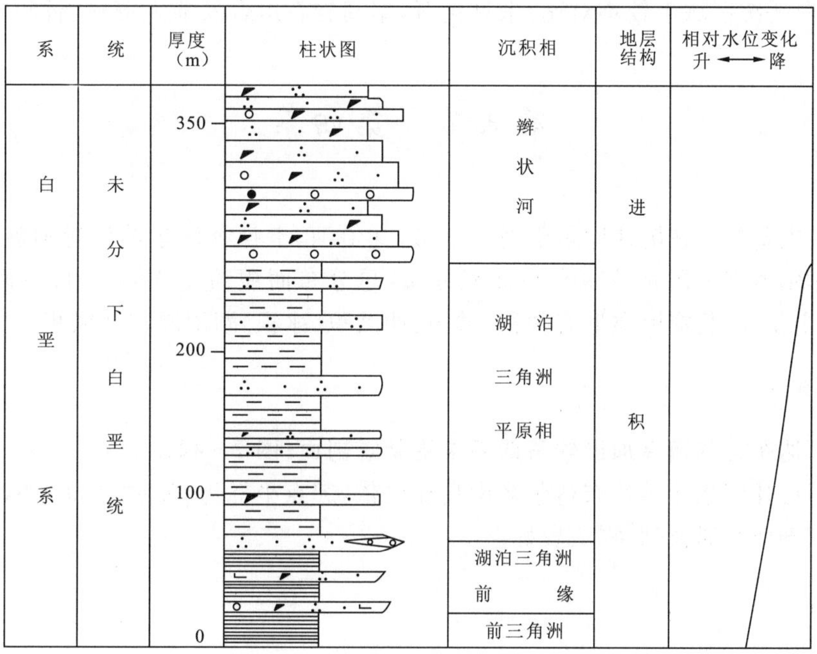

系	统	厚度(m)	柱状图	沉积相	地层结构	相对水位变化 升←→降
白垩系	未分下白垩统	350 200 100 0		辫状河 湖泊三角洲平原相 湖泊三角洲前缘 前三角洲	进积	

图 2-41 喀喇昆仑地层分区未分下白垩统岩石地层特征

(三)区域地层对比及时代讨论

1. 划分沿革

(1)因靠近国境线,前人的资料较少,《新疆南疆西部地质图、矿产图及说明书》①将其时代归为三叠纪,本次工作也发现少量珊瑚等化石,时代依据不足,仍暂沿用原划分方案。

(2)未分三叠—侏罗系为本次区调新发现的地层,前人未述及,据化石资料,暂归三叠—侏罗系。

(3)新疆地矿局第一区调大队四分队(1984)在喀喇昆仑萨利吉勒干南库勒湖西创名龙山组,时代归为中侏罗世,《新疆维吾尔自治区岩石地层》沿用。

(4)对未分下白垩统,《新疆南疆西部地质图、矿产图及说明书》① 简单述及,时代归为早白垩世,本次工作沿用之。王安东等认为,这套紫红色碎屑岩具典型陆相沉积性质。

2. 区域对比及时代讨论

(1)未分三叠系在区域上主要分布于喀喇昆仑山口以北及克勒青河上游地区。与下伏二叠系、上覆侏罗系均为平行不整合接触。喀喇昆仑河上游剖面厚 1 249m,克勒青河上游剖面厚大于740m,在阿格勒达坂沟仅见中部层位。图幅内大致可以与区域上三叠系中部层位对比。据区域上该层位所产化石,其时代确定为三叠纪,相应年代地层划归未分三叠系。

(2)未分三叠—侏罗系为本次区调工作新发现的地层单元,前人未述及,据其孢粉组合,暂归未分三叠—侏罗系,但其岩石组合也可见于未分下白垩统。

(3)龙山组在区域上主要分布于喀喇昆仑山一带,其岩性基本稳定,个别地区有相变,在喀拉昆仑山口以北的克勒青河上游厚 811.2m,明铁盖河中游厚 3 124.8m。

区域上前人采有腕足 *Burmirhynchia* sp., *B. schanensis* Buckman, *B. asiatica* Buckman, *Holcothyris* sp. 等;双壳 *Plagiostoma* sp., *Camptonectes* sp. 等,时代归为中侏罗世①。

综合测区资料,将其时代置于早—中侏罗世。

(4)未分下白垩统区域上较难对比,未见化石,据其岩石组合及前人资料,暂归未分下白垩统。

第六节 第四系

该时代地层主要分布在塔什库尔干河中上游、瓦恰河、卡拉秋库尔苏河等河流及其沟谷两侧,在图幅东部翁库尔力克·阿格孜也有小面积分布,总分布面积约 139km^2。自下而上分为中更新统、上更新统和全新统,其成因类型有冲积、洪积、冲洪积、冰积、湖沼滩积及风积。

(一)剖面描述

塔什库尔干达布达尔南乌加巴依第四系中更新统剖面(图 2-42)

该剖面位于塔什库尔干县达布达尔乡南乌加巴依,起点坐标为:X=4 130 228,Y=13 537 744,H=3 550m。该剖面交通便利,露头较好。

① 新疆地质矿产局第二地质大队. 1∶50 万新疆南疆西部地质图、矿产图及说明书. 1985 .

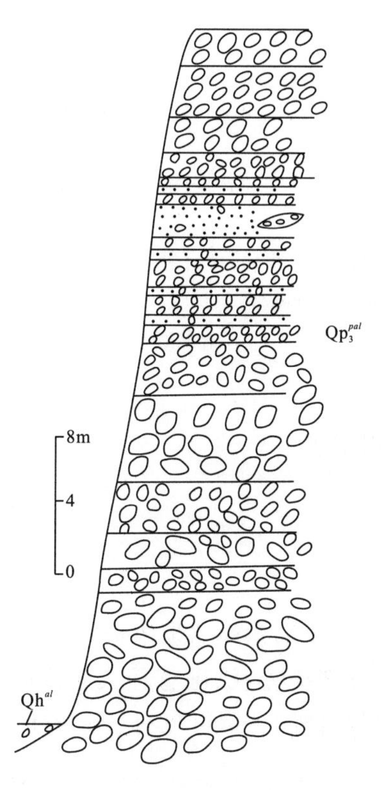

图 2-42 塔什库尔干达布达尔南乌加巴依第四系中更新统剖面

第四系中更新统冲洪积物(Qp$_2^{pal}$) **厚 40.0m**

23.灰色粗砾石层。砾石成分主要为花岗岩、灰岩,砾径为 10～15cm,多为次圆状,分选一般,含量约 60%,略定向,顶为夷平面 2.0m

22. 灰色中砾石层。砾石成分为花岗岩、火山岩、灰岩等,砾径为 7～10cm,次圆状、椭圆状,分选好,含量为 35%左右,定向分布,粗砂、细砾填隙 3.00m

21. 灰色砾石层。砾石成分为花岗岩、安山岩、灰岩等,大小为 20～30cm,椭圆状,分选一般,含量约 60%,略定向 2.00m

20. 灰色中砾石层。砾石成分主要为花岗岩,砾径为 5～7cm,磨圆、分选均好,含量约 30%,粗砂、细砾填隙 1.5m

14. 灰色中砾质粗砂层。砾石成分主要为花岗岩,砾径为 0.5～0.8cm,圆状,含量约 15%;砂粒以石英为主,粒径 1mm,成层性好 0.4m

13. 灰色细砾石层。砾石成分为花岗岩、灰岩等,砾径为 4cm,磨圆、分选均好,含量为 35%,粗砂填隙 0.6m

12. 灰色粗砾质粗砂层。砾石成分为花岗岩。砾径为 1～2cm,磨圆、分选均好,含量约 10%;砂以石英为主,粒径 1mm,成层性好 0.7m

11. 灰色中砾石层。砾石成分为花岗岩、灰岩等,砾径约 8cm,磨圆、分选均好,含量约 40%,粗砂填隙,略呈层 1.5m

10. 灰色粗砾质粗砂层。砾石成分主要为花岗岩,砾径为 1～2cm,磨圆、分选均好,含量约 35%,粗砂填隙 0.4m

9. 杂色细砾石层。砾石成分为花岗岩、灰岩,砾径为 5cm,磨圆、分选均好,含量约 5% 1.2m

8. 灰色粗砾质粗砂层。砾石成分主要为花岗岩,砾径约 1cm,个别 5cm,磨圆、分选均好,含量约 10%;砂为石英,约 1mm 0.6m

7. 灰色细砾石层。砾石成分为花岗岩、灰岩、砂岩等,砾径为 3～4cm,磨圆、分选均好,含量约 50% 1.0m

6. 灰色中砾石层。砾石成分为花岗岩、安山岩、灰岩等,砾径为 8～10cm,磨圆、分选均好,含量为

35%～40%，粗砂填隙，略呈层 3.00m

5. 灰白色砾石层。特征同第3层 5.00m

4. 灰色中砾石层。特征同第2层 3.0m

3. 灰白色砾石层。砾石成分为花岗岩、安山岩，少量砂岩，次圆状，大小以20～30cm为主，个别达70cm，含量为70%，向上砾石减小 3.5m

2. 灰色中砾石层。砾石成分为花岗岩、安山岩、灰岩等，砾径约10cm，磨圆、分选均好，含量约40%，粗砂填隙 1.5m

1. 灰色砾石层。砾石成分为花岗岩、安山岩、灰岩、砂岩等，大小以20～30cm为主，个别达70cm，小者为5cm，分选一般，含量约70%，向上砾径递减 7.5m

（未见底）

（二）岩石地层特征及其成因类型

1. 中更新统

（1）中更新统冰碛层（Qp_2^{gl}）

主要分布在塔什库尔干县马尔洋乡马尔洋达坂附近，海拔为4 100～4 400m，由带棱角的砾石、泥土和漂砾组成。砾石大小混杂，分选极差；漂砾直径大于50cm。冰碛物成分主要为来自布伦阔勒岩群的黑云斜长片麻岩、斜长角闪岩等，顶部可见有8～17cm的黄土和碎石。

（2）中更新统洪冲积物（Qp_2^{pal}）

分布在塔什库尔干县达布达尔乡南阿特加依里—克吉克巴依一带，处于塔什库尔干河流上游Ⅲ级阶地，主要由漂石层、砾石层和粗砾质粗砂层，粗砂层组成，砾石成分复杂，有花岗岩、安山岩、灰岩及砂岩，含量为35%～70%，漂石直径为20～30cm，个别达70cm左右，小的为5cm左右；砾石为2～15cm左右。其砾石磨圆较好，剖面第1、3、5层分选差，砾石排列杂乱，填隙物为砂、细砾及粘土，且厚度大，表现出洪积特征。其他各层沉积物中的砾石分选较好，填隙物为粗砂，冲积特征明显。剖面第1—18层沉积物由粗变细的变化特征明显，水动力条件由强到弱，其扇体坡度渐缓，由扇根垂向向上变细。第19—23层沉积物由细变粗，显示了水动力条件又逐渐增强，扇体为进积。自中部砾石呈叠瓦状（北端翘起）的排列特征分析，古水流方向与现水流方向一致，河水均自南向北流淌。

（3）中更新统坡积物（Qp_2^{dl}）

主要分布在卡拉秋库尔苏河上游谷地两侧。由岩石碎片和粉末组成，随着远离山坡，粒度变细。成分与附近基岩的一致，因地而异。碎石呈棱角状，分选差，地势平缓，地表长有茂密小草，地表散布有尖棱角状石块。

2. 上更新统

（1）上更新统冰碛层（Qp_3^{gl}）

主要分布于塔什库尔干河及明铁盖河两侧陡山坡变缓处、索斯达坂、塔什库尔干县城西、琼沙热里克和中巴公路西侧高地、苏格铁克、恰尔提塔什艾勒、卡不台西巴尔大隆大坂等地。冰碛物成层性差，由巨大漂砾、砂土及砾石组成，磨圆和分选性极差，顶有5～12cm亚砂土层比较疏松。巴尔大隆大坂等地受冰水改造，总体上向河谷高程降低，粒度变细，坡度变缓，具冰水堆积（Qp_3^{glf}）特点，略具层理和分选性。

（2）上更新统坡积层（Qp_3^{dl}）

仅在自尔也尔东等地小面积分布，处于近山顶缓坡处，为黄色角砾质亚砂土堆积，角砾占30%

左右，棱角状，大小不等。砾石为花岗闪长岩及少量糜棱岩化花岗闪长岩、含石榴石黑云斜长片麻岩。为风化残积物在坡上堆积所成。

(3)上更新统风积层(Qp_3^{eol})

主要分布在图幅东部的翁库尔力克·阿格孜和中部的孔卡孜等地，为土黄色细砂土堆积，其颗粒极细，分选很好，较致密，未固结。地势平缓，地表有一薄皮状亚粘土覆盖，长有稀疏小草。

(4)上更新统洪积层(Qp_3^{pl})

主要分布在图幅西北部塔什库尔干河西岸，构成河流Ⅱ级阶地，由以洪积作用为主形成的洪积扇构成，砾石多为花岗岩，呈次棱角状，分选差，为未固结的堆积物。其地势平缓，地表长有较稀疏的小草。不整合覆盖在西侧上更新统冲积物之上。

(5)上更新统冲洪积层(Qp_3^{pal})

主要分布在塔什库尔干河、瓦恰河等河流两侧，构成河流Ⅱ级阶地，为松散的砂砾石，堆积物质较细，分选性差，呈圆状—棱角状混杂。砾石成分随物质来源而异，主要有花岗岩、片麻岩、板岩、变粒岩等，其剖面向上变细，由砾石渐变为粗砂，厚度大于10m，坡度向河谷缓倾，地表长有较稀疏小草。

3. 全新统

(1)全新统冰碛物(Qh^{gl})

分布在图幅西部的巴尔大隆塔格、皮尤怎阿勒等地，为高寒地带冰舌端部，由角砾、巨砾、粗砂、岩屑、泥土等混杂而成，部分常被冰层覆盖，具有厚10～30m不等的疏松堆积物。

(2)全新统坡积物(Qh^{dl})

分布在克克吐鲁克北东卡拉秋库尔苏河北岸陡山坡变缓处，呈楔状体不整合覆盖在中更新统坡积物之上。由碎石块及粉末组成，向下坡度变缓，粒度变细。

(3)全新统湖沼堆积层(Qh^{fl})

主要分布在图幅西北部普塔牙尔等地，构成河流Ⅰ级阶地，地势平坦，表面常年积水，沉积物以黑色砂质淤泥为主，富含有机质，地表水草生长茂盛。

(4)全新统冲洪积层(Qh^{pal})

主要构成塔什库尔干、瓦恰代里牙河等河流两侧的Ⅰ级阶地，其沉积以砂砾石堆积为主，其磨圆较好，分选较差，球度高，表面光滑，分布河岸在各个山口构成洪冲积扇体，由扇顶向边缘变细，垂向剖面由下向上变细。砾石成分随物源而变，总体以花岗岩、变质岩为主。表面有20cm左右的腐殖层，其地表杂草丛生，是良好的天然牧场。

(5)全新统洪积层(Qh^{pl})

主要分布在图幅西北部，构成塔什库尔干河Ⅰ级阶地，其地势平缓，由棱角状砾石、细砂混有巨大石块组成，很疏松，分选性差，其成分主要来自变质岩和花岗岩。

(6)全新统冲积层(Qh^{al})

主要分布在叶尔羌河、塔什库尔干河及瓦恰代里牙河等各河流河谷中，形成河床的砂砾石冲积堆积物及河漫滩细砂土堆积，具下粗上细二元结构，其砾石成分随物源而异，一般呈次棱角—次圆状，表面较光滑，分选一般，填隙物为细砂。

(三)第四系小结

区内第四系分布面积不大，但其成因类型复杂，总体以洪冲积堆积和冰碛堆积为主，其洪冲积堆积物由老到新，其分布阶地高度渐低，说明其地势逐渐抬升，但幅度并不大。较大的抬升时带为下更新统—中更新统，其阶地高差大，而中更新统—上更新统的抬升幅度不大，阶地高差不大，中更新统堆积物经后期冲蚀，保留较少。上更新统—全新统洪冲积发育，保存较多。

上更新统冰碛物发育，而高程较低，说明晚更新世有一规模较大的冰川发育。本区由于位于高原区和地势持续抬升，物源大多不远，为较近源沉积，磨圆和成熟度相对较差。现代冰川由于气候变暖，分布位置变高，多分布在 4 500～5 000m 近山顶处。第四系风积物不发育，仅局部堆积。

第三章　岩浆岩

区内岩浆活动非常强烈，形成的岩浆岩主要分布于图幅北东部和西南部柯岗、康西瓦-瓦恰和塔阿西-色克布拉克结合带两侧，出露总面积约 8 242km²，占全区总面积的 50.47%，其中岩浆喷发活动相对微弱（图 3-1）。据其时空分布及演化规律，大致以柯岗结合带、康西瓦-瓦恰结合带为界由北东向南西划分为西昆北、西昆中、西昆南 3 个构造岩浆岩带。

本报告岩浆岩按构造旋回分期表示，其时代界线按全国地层委员会 2001 年编制的《中国地层指南及中国地层指南说明书》推荐的中国年代地层表进行划分；岩浆岩的分类命名按 1999 年实施的国家标准《火成岩分类和命名方案》进行，其中 APQF 分类中的 3a 区仍延用正长花岗岩一术语。

第一节　基性—超基性侵入岩

区内基性—超基性侵入岩包括喀特列克橄榄岩-橄辉岩体、阔克吉勒嘎橄榄岩-辉长岩体、孔孜罗夫蚀变辉长岩-石英闪长岩体、哈瓦迭尔辉石岩-辉长岩体、塔什库尔干—乔普卡里莫一带 10 余个小岩滴、达布达尔—哈尼沙里地东数个橄榄岩-辉长岩小岩体（表 3-1），在区内总体上形成 4 个基性—超基性侵入岩带，总面积约 80km²，约占全区侵入岩总面积的 1%。4 个基性—超基性岩带的岩体多与其周围的中—基性火山岩有一定关系，有的构成蛇绿岩带的组成部分。

一、柯岗蛇绿岩带

（一）地质特征

该蛇绿岩带位于柯岗结合带上，走向北西，包括喀特列克、阔克吉勒嘎（图版Ⅳ，5，6）2 个基性—超基性岩体（面积分别为 11km² 和 27.3km²，地质特征详见表 3-1），并与相邻的绿色块状蚀变玄武岩及变杏仁状安山岩共同构成柯岗蛇绿岩带。因强烈蚀变，构成大型蛇纹石矿床及小型的滑石、菱铁矿、石棉矿床。阔克吉勒嘎实测剖面见图 3-2。

（二）岩石学特征

1. 蚀变橄榄岩

蚀变橄榄岩分布于蛇绿岩带中部，岩石发生强烈的蛇纹石化，具次生纤维状结构，块状构造。组成矿物几乎完全被蛇纹石（纤维状，小于 0.3mm，微显定向）取代，从析出的少量铬尖晶石来看，原矿物主要为粒状橄榄石，铬铁矿为 0.1～0.2mm 的粒状，零星分布。

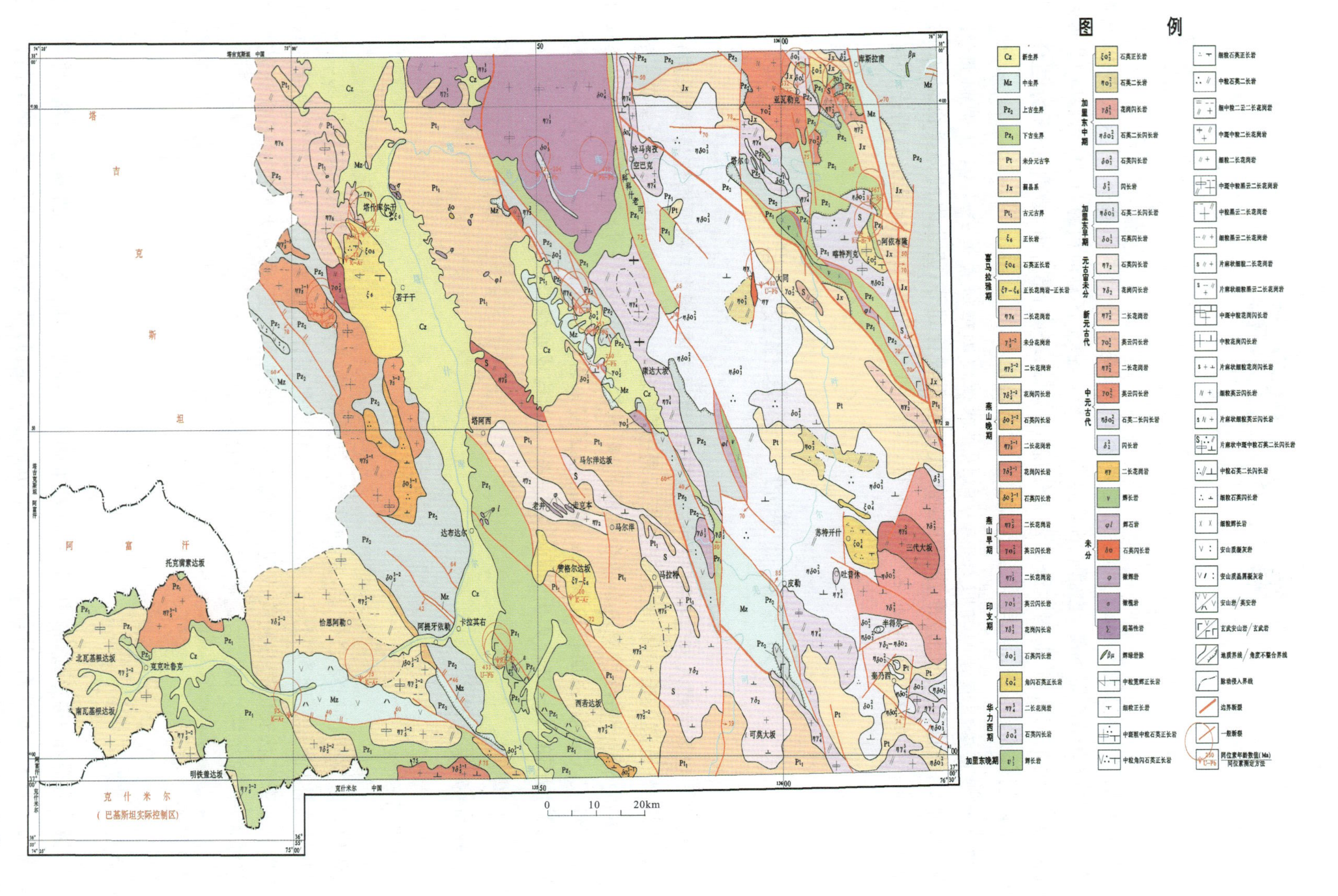
图 例
塔 吉 克 斯 坦
阿 富 汗
克 什 米 尔
（巴基斯坦实际控制区）
托克满素达坂
北瓦基根达坂
南瓦基根达坂
克克吐鲁克
明铁盖达坂
塔什库尔干
若子干
塔阿西
达布达尔
卡拉其古
马尔洋达坂
马尔洋
苏特开什
三代大坂
吐普休
皮勒
可良大坂
西若达坂
库斯拉甫
亚瓦勒克
阿依布隆
塔特列克
大同
0 10 20km

图 3-1 岩浆岩分布图

表 3-1　测区西昆仑基性—超基性侵入岩简况

构造位置	代号	岩体名称	面积(km^2)	形态	岩石名称	结构	构造	接触关系	同位素年龄(Ma)	岩体位置
柯岗结合带	$\sigma-\upsilon$	喀特列克岩体	11	北西向长条状，长 16km，最宽 1.5km	橄榄岩、橄辉岩、辉橄岩	细粒自形—半自形粒状	块状-定向	与 $O_{1-2}M$、$PtK.$、托赫塔卡鲁姆山岩体均呈断层接触，与基性熔岩共生		帕什托克达板—喀特列克—阿尔帕塔拉克达坂北
		阔克吉勒嘎岩体	27.3	北西向长哑铃形，长 17km，最宽 3～5km	橄榄岩、橄辉岩、辉橄岩、辉长岩、辉石岩	细粒自形—半自形粒状、残余辉长	块状-定向	多为断裂围限，局部侵入 $O_{1-2}M$		阔克吉勒嘎—喀特列克南，塔尔
康西瓦结合带	$\Psi l-\upsilon$	哈瓦迭尔岩体	32.5	北北西向长透镜状—长条状	辉长岩、辉石岩	自形—半自形粒状	块状	断裂围限，周围为 C_2 及大同西岩体		塔县瓦恰—哈瓦迭尔一带
	$\upsilon-\delta o_5^1$	孔孜罗夫岩体	3.1	北西向不规则菱形	片麻状细—中粒石英闪长岩、细粒辉长岩	细—中粒半自形粒状	定向-片麻状	侵入 C_2，与卡拉塔什岩体呈断层接触，被 K_1X 及 Q 不整合覆盖	Pb-Pb (Zr)253	塔县下拉夫得东孔孜罗夫
塔阿西结合带东侧	$\sigma-\Psi$	塔什库尔干-乔普卡里莫	4	北西—北西西向透镜状，由 10 多个透镜状或脉状小岩滴组成	纯橄岩、橄辉岩、辉橄岩、辉石岩	自形—半自形粒状	块状-定向	侵入 $Pt_1B.$，在走克本岩体中呈包体产出		塔什库尔干东—老并—乔普卡里莫零星出露
塔阿西结合带西侧	$\sigma-\nu_3^3$	哈尼沙里地东岩体	5.5	北西向不规则透镜状	辉长岩、辉石岩、橄榄岩、辉橄岩	自形—半自形粒状	块状	与中—基性熔岩共生或与 S_1w 呈断层接触	共生玄武岩 Pb-Pb (Zr,SHRIMP) 433，Rb-Sr (全、等)276.3	塔县达布达东—哈尼沙里地东

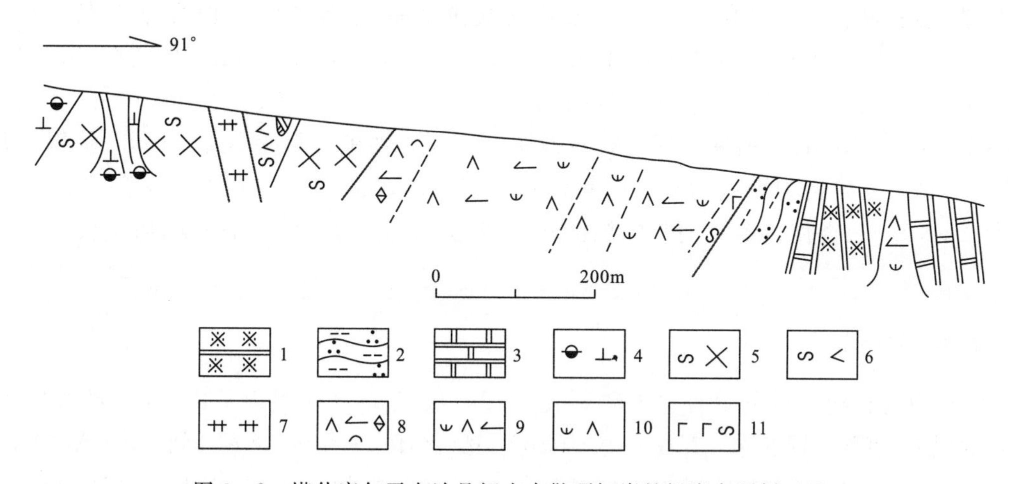

图 3-2　塔什库尔干自治县阔克吉勒嘎柯岗蛇绿岩实测剖面图

1.云英岩；2.黑云石英片岩；3.大理岩；4.纳黝帘石化闪长岩；5.蚀变辉长岩；6.蚀变角闪石岩；7.次闪岩；8.滑石化菱镁矿化橄辉岩；9.蛇纹石化橄辉岩；10.蛇纹石化橄榄岩；11.绿泥石化玄武岩

2. 蚀变橄辉岩

蚀变橄辉岩分布于橄榄岩南北两侧，岩石具次生鳞片粒状结构，块状构造，局部被后期花岗质脉体穿插而呈角砾状(图版Ⅳ,5)。主要矿物滑石为 40%～70%，鳞片小于 0.1mm，交代辉石；菱铁矿为 20%～60%，不规则粒状 0.2～1mm；蛇纹石为 1%～10%，鳞片小于 0.1mm，交代橄榄石。副矿物铬铁矿少量，呈 0.05～3mm 的粒状。

3. 辉石岩

辉石岩分布于橄辉岩外侧，在塔尔岩体中呈捕虏体产出（图版Ⅹ，8）。岩石呈细粒半自形粒状结构，块状构造。主要矿物辉石的含量为 87%～95%，呈半自形短柱状，大小为 0.8mm×0.5mm～1.5mm×1.2mm，常见次闪石化，平行消光，系斜方辉石；次要矿物斜长石为 5%～10%，呈半自形粒状，大小为 0.25～1.5mm，An＝76，系培长石；黑云母为 0～8%，呈褐色片状，大小为 0.4～3.5mm，包裹辉石等矿物。副矿物磁铁矿微量。

4. 蚀变辉长岩

蚀变辉长岩主要位于蛇绿岩带的西南部，在塔尔岩体中呈捕虏体产出。岩石具残余辉长结构，块状构造。主要矿物辉石为 40%～65%，半自形短柱状，具强烈次闪石化，大小为 0.4mm×0.25mm～1.3mm×0.8mm；斜长石为 30%～60%，多呈半自形板柱状，个别半自形粒状，具强烈的钠黝帘石化，个别微显双晶，An＝28～35，系更长石及中长石。次要矿物黑云母及石英少量。副矿物磁铁矿微量～2%，钛铁矿微量～5%。

5. 灰绿色蚀变玄武岩

灰绿色蚀变玄武岩位于蛇绿岩带的北侧及东端。岩石已发生强烈的绿泥石化，组成矿物已全变为绿泥石，原生矿物几乎无残留，岩石为次生鳞片结构，块状构造，副矿物为少量的黄铁矿。

6. 变杏仁状安山岩

变杏仁状安山岩主要位于塔尔岩体中，呈捕虏体产出。岩石具半自形粒状结构，局部斑状结构，块状构造、杏仁状构造，（图版Ⅴ，1）。岩石已明显重结晶，主要矿物斜长石为 65%～75%，呈半自形板柱状，大小为 0.25mm×0.1mm～1.4mm×1mm，个别大者（2～5mm）形成斑晶，可见聚片双晶，An＝25～30，系更长石—中长石；角闪石为 15%～25%，呈绿色柱状，大小为 0.2mm×0.05mm～1.4mm×1mm，个别见内部有辉石残留。次要矿物黑云母为 5%～10%，呈褐色片状，片径为 0.2～1mm。副矿物为少量的磁铁矿和榍石。杏仁体含量为 5%～10%，最高可达 30%，呈椭球状，直径 2～10mm，杏仁体多具明显的绿泥石暗色边（小于 1mm），内部充填物主要为石英，少量钾长石。

（三）岩石化学特征

该蛇绿岩的岩石化学成分及有关参数见表 3-2。从表 3-2 中可以看出，侵入岩部分基本上相当于黎彤的纯橄榄岩-辉长岩，其中的 $w(SiO_2)$ 变化于 37%～53% 之间，$w(Al_2O_3)$ 变化于 0.86%～15.28% 之间，$w(MgO)$ 变化于 6.21%～38.79% 之间，$w(CaO)$ 在 0.13%～17.44% 之间，碱总量为 0.11%～3.50%，里特曼指数均小于 1.6，全部属钙性岩系，在 R_1-R_2 命名图（图 3-3）上投点比较集中，主要落入橄榄岩区及辉长苏长岩区，只有一个样品落入辉长岩区。火山岩的化学成分基本上与黎彤的玄武岩接近，$w(SiO_2)=56.17\%$，$w(Al_2O_3)=14.90\%$，$w(MgO)=5.08\%$，$w(CaO)=9.39\%$，碱总量＝4.09%，富钠，里特曼指数为 1.27，仍属钙性岩系；在火山岩化学分类的 Na_2O+K_2O-Si(TAS)图上投点落入玄武安山岩区；在 R_1-R_2 命名图（图 3-3）上投点落入玄武岩区；在反映 SiO_2 饱和程度和碱性程度的 $SiO_2-Na_2O+K_2O$ 的分类图中落入高铝系的玄武安山岩区；在 SiO_2-AR、TFeO/MgO-SiO_2、TFeO/MgO-TFeO 和 AFM 图上，投点均落入钙碱质玄武岩区，在 TFeO-MgO-Al_2O_3 构造判别图中投点落入造山系（消减带）的钙碱性岩区；

在 $TiO_2-MnO\times10-P_2O_5\times10$ 构造判别图中投点落入岛弧拉斑玄武岩区。

上述侵入岩及火山岩在 R_1-R_2 构造环境判别图上，均落入地幔分离的拉斑玄武岩区。

表 3-2　西昆仑基性—超基性侵入岩的化学成分(%)及有关参数

岩体	样号	岩性	SiO_2	TiO_2	Al_2O_3	Fe_2O_3	FeO	MnO	MgO	CaO	Na_2O	K_2O	P_2O_5
柯岗蛇绿岩带	GS361/16	细粒石英闪长岩	53.04	1.35	14.26	1.86	6.50	0.16	6.21	11.18	2.05	1.45	0.27
	GS362/6		49.44	1.11	16.07	2.13	6.03	0.15	6.62	12.29	2.05	1.12	0.12
	GS362/5	变杏仁状安山岩	56.17	1.20	14.90	1.42	5.80	0.12	5.08	9.39	2.36	1.73	0.21
	GS363/3	辉石岩	46.74	0.87	10.33	1.67	8.85	0.17	17.07	9.08	1.32	1.13	0.15
	GS233-15	蚀变角闪石岩	44.58	0.48	4.50	1.48	7.92	0.21	13.10	17.26	0.12	0.15	0.02
	GS233-16	次闪岩	94.75	0.32	1.39	0.02	0.87	0.02	0.73	0.61	0.21	0.22	0.03
	GS233-18	辉石岩	50.99	0.20	6.42	1.76	7.58	0.21	12.18	17.44	0.90	0.28	0.01
	GS233-10	蚀变辉长岩	44.92	0.45	15.28	3.22	8.62	0.23	7.39	14.75	0.68	0.14	0.04
	GS233-25	蛇纹岩	40.49	0.06	1.26	5.99	2.58	0.12	31.73	3.41	0.13	0.27	0.02
	GS233-22		44.86	0.08	1.31	2.72	2.13	0.15	35.75	0.35	0.12	0.12	0.02
	⊙⊙KG1	变质橄榄岩	38.98	0.10	0.86	6.55	1.36	0.04	38.79	0.13	0.05	0.02	0.034
	⊙⊙KG2		40.73	0.08	1.15	4.51	1.45	0.07	38.72	0.13	0.06	0.15	0.043
	⊙⊙KG9		37.08	0.10	1.23	7.00	1.24	0.07	36.86	1.17	0.08	0.03	0.053
瓦恰-哈瓦迭尔超镁铁岩	GS270-6	英安岩	62.42	0.82	16.98	1.15	5.05	0.13	2.28	2.33	1.20	4.18	0.14
	GS272-8	变辉绿岩	51.16	1.44	14.60	3.19	6.80	0.16	6.30	11.85	2.14	0.33	0.17
	GS273-北1	蚀变中粒辉长岩	52.28	0.53	14.99	2.41	7.25	0.18	7.04	11.40	1.57	0.13	0.05
塔什库尔干-乔普卡里莫镁铁质岩带	GS6056/1	辉石岩	55.07	0.60	4.10	3.78	7.57	0.22	12.08	12.90	1.75	0.22	0.01
	GS1105-1	角闪石岩	48.50	0.86	15.60	1.18	9.78	0.21	13.00	12.90	0.84	0.33	0.06
	GS7119-1	橄榄岩	58.05	0.10	2.42	0.75	6.38	0.17	28.94	0.89	0.04	0.83	0.03
达布达尔东-哈尼沙里地东蛇绿岩带	GS1073-2	安山岩	54.36	1.15	13.49	4.53	7.28	0.19	4.53	7.97	2.20	1.09	0.17
	GS1073-1	玄武安山岩	52.83	0.96	14.03	4.82	5.75	0.16	5.42	9.30	2.60	0.65	0.16
	⊙⊙ZB175		55.23	0.88	14.64	4.89	5.72	0.13	6.76	4.46	2.84	0.43	0.16
	⊙⊙ZB161	玄武岩	52.81	1.11	12.55	1.45	8.14	1.05	8.01	7.58	3.53	0.55	0.12
	⊙⊙ZB160		52.61	1.06	8.35	2.07	7.93	0.11	11.09	11.14	2.83	0.27	0.24
	⊙⊙ZB158		52.34	1.96	14.04	2.79	9.09	0.12	5.30	7.19	2.69	0.77	0.24
	⊙⊙ZB156		51.40	1.30	13.91	2.93	7.77	0.09	7.07	8.10	3.11	0.63	0.14
	GS1075-1		50.24	1.27	13.88	3.31	9.85	0.18	5.28	8.57	2.35	1.11	0.16
	GS1074-2	细粒辉长岩	50.05	1.03	14.92	4.19	8.08	0.23	5.25	9.51	2.35	0.78	0.11
	GS1074-1	中粒辉长岩	52.71	0.81	14.25	2.61	7.68	0.20	5.85	8.72	3.45	1.39	0.09

岩体	样号	岩性	H_2O^+	CO_2	Lost	总量	A	K/Na	б	A/CNK	$Mg^{\#}$	R1	R2
柯岗蛇绿岩带	GS361/16	细粒石英闪长岩	1.43	0.06	0.70	100.52	3.50	0.71	1.22	0.564	63.01	2 199.5	1 788.6
	GS362/6		2.23	0.45	2.14	101.95	3.17	0.55	1.56	0.597	66.19	2 050.0	1 962.9
	GS362/5	变杏仁状安山岩	1.33	0.10	0.81	100.62	4.09	0.73	1.27	0.653	60.96	2 267.2	1 552.4
	GS363/3	辉石岩	2.21	0.21	1.48	101.28	2.45	0.86	1.60	0.519	77.47	2 066.8	2 026.0
	GS233-15	蚀变角闪石岩	3.27	6.77	9.15	109.01	0.27	1.25	0.05	0.142	74.68	2 619.4	2 591.0
	GS233-16	次闪岩	0.64	0.08	0.46	100.35	0.43	1.05	0.00	0.821	59.94	6 148.6	129.3
	GS233-18	辉石岩	1.91	0.25	1.62	101.75	1.18	0.31	0.17	0.192	74.13	2 749.3	2 602.2
	GS233-10	蚀变辉长岩	3.44	0.65	3.22	103.03	0.82	0.21	0.35	0.544	60.45	2 383.3	2 251.1
	GS233-25	蛇纹岩	9.72	3.98	13.40	113.16	0.40	2.08	−0.06	0.188	95.64	2 363.0	1 967.6
	GS233-22		11.96	0.20	11.84	111.61	0.24	1.00	0.03	1.360	96.77	2 786.4	1 841.6
	⊙⊙KG1	变质橄榄岩	11.20		12.45	110.564	0.07	0.40	−0.01	2.528	98.07	2 368.0	1 957.0
	⊙⊙KG2		11.22		12.69	111.003	0.21	2.50	−0.02	2.312	97.94	2 499.8	1 960.0
	⊙⊙KG9		10.58		13.75	109.243	0.11	0.38	−0.002	0.537	98.15	2 220.6	1 980.6

⊙⊙:数据来源于丁道桂等(1996);其他为本次工作

续表 3-2

岩体	样号	岩性	H_2O^+	CO_2	Lost	总量	A	K/Na	σ	A/CNK	Mg#	R1	R2
瓦恰-哈瓦迭尔超镁铁岩	GS270-6	英安岩	3.04	0.06	2.92	102.7	5.38	3.48	1.49	1.582	44.60	2 561.5	699.2
	GS272-8	变辉绿岩	1.86	0.10	1.29	101.39	2.47	0.15	0.75	0.574	62.29	2 259.7	1 871.4
	GS273-北1	蚀变中粒辉长岩	1.94	0.10	1.17	101.04	1.70	0.08	0.31	0.639	63.39	2 615.9	1 868.2
塔什库尔干-乔普卡里莫镁铁质岩	GS6056/1	辉石岩	1.30	0.26	0.93	100.79	1.97	0.13	0.32	0.154	73.99	2 671.6	2 066.3
	GS1105-1	角闪石岩	1.82		0.74	105.82	1.17	0.39	0.25	0.619	70.33	2 527.8	2 337.3
	GS7119-1	橄榄岩	0.96	0.10	0.59	100.25	0.87	20.75	0.05	0.937	89.00	3 457.7	1 583.7
达布达尔东-哈尼沙里地东蛇绿岩带	GS1073-2	安山岩	2.61		2.02	101.59	3.29	0.50	0.95	0.699	52.59	2 235.2	1 347.5
	GS1073-1	玄武安山岩	2.80		2.44	101.92	3.25	0.25	1.07	0.641	62.69	2 134.8	1 543.7
	⊙⊙ZB175		0.70		1.39	98.23	3.27	0.15	0.87	1.105	67.82	2 262.1	1 103.5
	⊙⊙ZB161	玄武岩	1.58		2.55	101.03	4.08	0.16	1.70	0.622	63.69	1 840.4	1 484.3
	⊙⊙ZB160		0.56		1.40	99.66	3.10	0.10	1.00	0.331	71.37	2 132.6	1 909.1
	⊙⊙ZB158		1.54		2.18	100.25	3.46	0.29	1.28	0.766	50.97	1 971.9	1 311.1
	⊙⊙ZB156		1.46		2.09	100	3.74	0.20	1.67	0.678	61.86	1 844.8	1 492.9
	GS1075-1		3.09		2.50	101.79	3.46	0.47	1.65	0.672	48.87	1 858.7	1 456.3
	GS1074-2	细粒辉长岩	3.00		2.38	101.88	3.13	0.33	1.39	0.678	53.67	1 957.1	1 577.2
	GS1074-1	中粒辉长岩	2.12		1.17	101.05	4.84	0.40	2.41	0.619	57.59	1 658.2	1 508.4

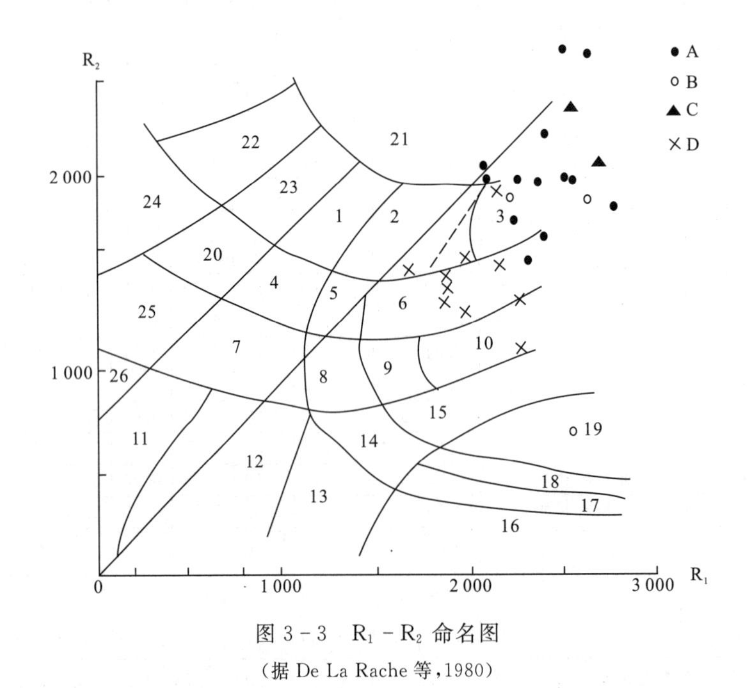

图 3-3 R_1-R_2 命名图

(据 De La Rache 等,1980)

2. 橄榄辉长岩(橄榄玄武岩);3. 辉长苏长岩(拉斑玄武岩);6. 辉长岩(玄武岩);10. 闪长岩(安山岩);19. 花岗闪长岩(英安流纹岩);21. 橄榄岩(苦橄岩);A. 柯岗结合带;B. 康西瓦结合带;C. 塔阿西结合带东侧;D. 塔阿西结合带西侧

(四)微量元素特征

该蛇绿岩的微量元素含量及有关参数见表 3-3,地球化学型式见图 3-4。与洋中脊玄武岩及洋中脊花岗岩相比,均富集 K、Rb、Ba、Th、Ta,贫 Ti、Y、Yb,其他元素接近;在 Rb、Th 处形成明显正异常,在 Ti 及 Yb 处形成明显负异常;火山岩与典型的智利钙碱性火山弧玄武岩相似,侵入岩与纽芬兰的拉斑玄武质火山弧杂岩相似。火山岩在 Ti/100-Zr-Y×3 的微量元素判别图中投点落入板内拉斑玄武岩区;在 Ti/100-Zr/2 的微量元素构造判别图中投点落入钙碱性玄武岩区;在 Ti-Cr元素分类图中投点落入岛弧拉斑玄武岩区。侵入岩及火山岩在 Rb-Y+Nb 及 Rb-Yb+Ta 判别图(图 3-5)中投点均落入火山弧岩石区。

表 3-3　西昆仑基性—超基性侵入岩的微量元素含量($\times10^{-6}$)及有关参数

岩体	样号	岩性	Rb	Sr	Ba	Zr	Nb	Ta	Hf	Sc	V	Cr	Co	Ni
柯岗蛇绿岩带	WL361/16	细粒石英闪长岩	67	391	154	120	15	1.0	2.9	33	190	210	30	45
	WL362/6		49	423	122	86	11	0.5	2.1	38	216	138	31	30
	WL362/5	变杏仁状安山岩	86	496	288	84	12	0.6	2.5	23	155	146	26	34
	WL363/3	辉石岩	48	190	165	77	8.5	<0.5	1.2	34	186	1 352	62	318
	WL233-15	蚀变角闪石岩	6.5	47	26	50	2.3	<0.5	0.5	69	269	1 113	36	125
	WL233-16	次闪岩	9.5	10	34	585	6.1	<0.5	22	5.8	20	39	22	9.4
	WL233-18	辉石岩	11	69	37	34	3.4	<0.5	<0.5	115	261	234	44	75
	WL233-10	蚀变辉长岩	6.3	206	54	24	4.4	<0.5	<0.5	73	338	292	37	46
	WL233-25	蛇纹岩	12	33	61	31	4.7	<0.5	<0.5	8.2	27	2 260	72	1 232
	WL233-22		6.5	6.9	33	27	3.6	<0.5	<0.5	9.5	40	1 451	56	1 343
瓦恰-哈瓦迭尔超镁铁岩	WL270-6	英安岩	187	160	783	227	22	1.7	6.1	19	132	119	20	49
	WL272-8	变辉绿岩	7.2	184	69	178	5.9	<0.5	3.7	33	229	209	37	76
	WL273-北1	蚀变中粒辉长岩	2.1	89	36	64	4.4	<0.5	1.1	45	208	88	37	39
塔什库尔干-乔普卡里莫镁铁质岩带	WL6056/1	辉石岩	<3	40	40	87	6.3	0.51	1.8	73	364	35	14	13
	WL1105-1	角闪石岩	7.6	128	99	70	8.4	0.9	1.9	44.3	258.4	1 010.3	55.7	256.4
	WL7119-1	橄榄岩	38	12	50	28	6.4	<0.5	<0.5	8.7	38	3 591	68	2 130
达布达尔东-哈尼沙里地东蛇绿岩带	WL1073-2	安山岩	27.4	262	306	158	8.1	<0.5	3.7	37.7	252.3	40.9	41.3	40.4
	WL1073-1	玄武安山岩	15.0	254	242	160	7.1	0.5	3.7	33.0	183.3	114.4	50.5	65.1
	⊙⊙ZB175		1.8	325.6	159.1	158.0	2.5				218.1	167.2		109.9
	⊙⊙ZB161	玄武岩	9.1	234.0	165.8	128.1	2.6				226.2	124.0		109.8
	⊙⊙ZB160		0.4	229.7	49.9	119.9	2.6				299.8	448.6		164.7
	⊙⊙ZB158		17.0	296.0	328.5	166.8	2.4				277.3	88.9		78.9
	⊙⊙ZB156		7.3	250.1	218.3	137.3	2.4				233.1	132.2		99.2
	WL1075-1		33.8	239	318	120	6.9	<0.5	3.1	34.8	306.9	44.8	43.1	70.4
	WL1074-2	细粒辉长岩	19.5	196	258	106	6.9	0.8	2.8	43.1	284.8	39.7	30.4	43.8
	WL1074-1	中粒辉长岩	46.6	201	408	89	6.6	0.8	2.8	43.1	239.0	46.0	36.1	58.3

岩体	样号	岩性	Th	W	Sn	Mo	Be	Ga	Li	Se	Rb/Sr	Ba/Sr	K/Rb	Th/Ta
柯岗蛇绿岩带	WL361/16	细粒石英闪长岩	4.1	25	5.3	0.71	1.9	12		0.131	0.17	1.28	14.43	4.10
	WL362/6		3.6	132	1.7	0.40	1.3	16		0.077	0.12	1.42	15.24	7.20
	WL362/5	变杏仁状安山岩	4.9	27	1.4	0.86	1.5	16		0.103	0.17	3.43	13.41	8.17
	WL363/3	辉石岩	3.0	13	1.1	0.53	0.91	8.2		0.152	0.25	2.14	15.69	
	WL233-15	蚀变角闪石岩	1.3	1.7	1.7	<0.2	0.52	3.9		0.042	0.14	0.52	15.38	
	WL233-16	次闪岩	2.0	319	1.3	0.25	0.23	2.1		0.026	0.95	0.06	15.44	
	WL233-18	辉石岩	<1	16	1.1	0.49	0.24	5.4		0.102	0.16	1.09	16.97	
	WL233-10	蚀变辉长岩	<1	6.9	2.8	<0.2	0.54	15		0.102	0.03	2.25	14.81	
	WL233-25	蛇纹岩	3.5	1.5	1.7	0.34	0.33	1.3		0.097	0.36	1.97	15.00	
	WL233-22		<1	0.92	1.9	0.24	0.40	2.2		0.064	0.94	1.22	12.31	
瓦恰-哈瓦迭尔超镁铁岩	WL270-6	英安岩	17	30	5.0	0.77	3.4	25		0.178	1.17	3.45	14.90	10.00
	WL272-8	变辉绿岩	2.6	8.6	6.9	0.29	1.8	12		0.030	0.04	0.39	30.56	
	WL273-北1	蚀变中粒辉长岩	<1	9.8	2.7	<0.2	0.49	14		0.061	0.02	0.56	41.27	
塔什库尔干-乔普卡里莫镁铁质岩	WL6056/1	辉石岩	23	30	5.2	0.20	4.0	7.3		0.017		0.46		45.10
	WL1105-1	角闪石岩	1.9	31.4	1.2	0.3	1.6	13.5	14.3	0.17	0.06	1.41	28.95	2.11
	WL7119-1	橄榄岩	1.1	13	1.2	0.49	0.69	4.4		0.061	3.17	1.79	14.56	
达布达尔东-哈尼沙里地东蛇绿岩带	WL1073-2	安山岩	4.2	12.0	1.7	0.4	2.0	17.7	19.6	0.08	0.10	1.94	26.52	
	WL1073-1	玄武安山岩	5.0	11.1	1.1	0.3	1.0	14.6	21.4	0.17	0.06	1.51	28.89	10.00
	⊙⊙ZB175		0.5	1.8	325.6	159.1	158.0	10.7			0.01	1.01	159.26	
	⊙⊙ZB161	玄武岩	0.1	9.1	234.0	165.8	128.1	10.9			0.04	1.29	40.29	
	⊙⊙ZB160		0.7	0.4	229.7	49.9	119.9	7.3			0.00	0.42	450.00	
	⊙⊙ZB158		2.1	17.0	296.0	328.5	166.8	11.1			0.06	1.97	30.20	
	⊙⊙ZB156		0.5	7.3	250.1	218.3	137.3	13.1			0.03	1.59	57.53	
	WL1075-1		2.7	4.3	0.8	0.2	0.8	19.9	32.4	0.05	0.14	2.65	21.89	
	WL1074-2	细粒辉长岩	2.3	5.8	1.3	0.4	1.6	18.37	30.5	0.06	0.10	2.43	26.67	2.88
	WL1074-1	中粒辉长岩	1.8	9.8	1.5	0.2	0.7	17.4	17.4	0.05	0.23	4.58	19.89	2.25

⊙⊙:数据来源于丁道桂等(1996);其他为本次工作

综上所述岩石化学及微量元素特征，该套蛇绿岩属发育于造山带的岛弧拉斑玄武岩。

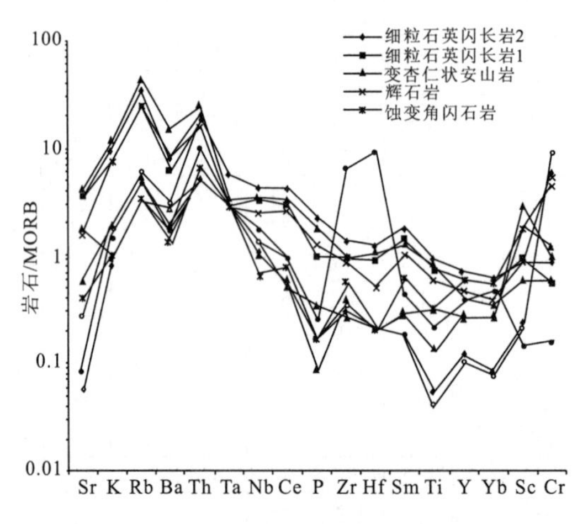

图 3-4　柯岗蛇绿岩带岩石地球化学型式

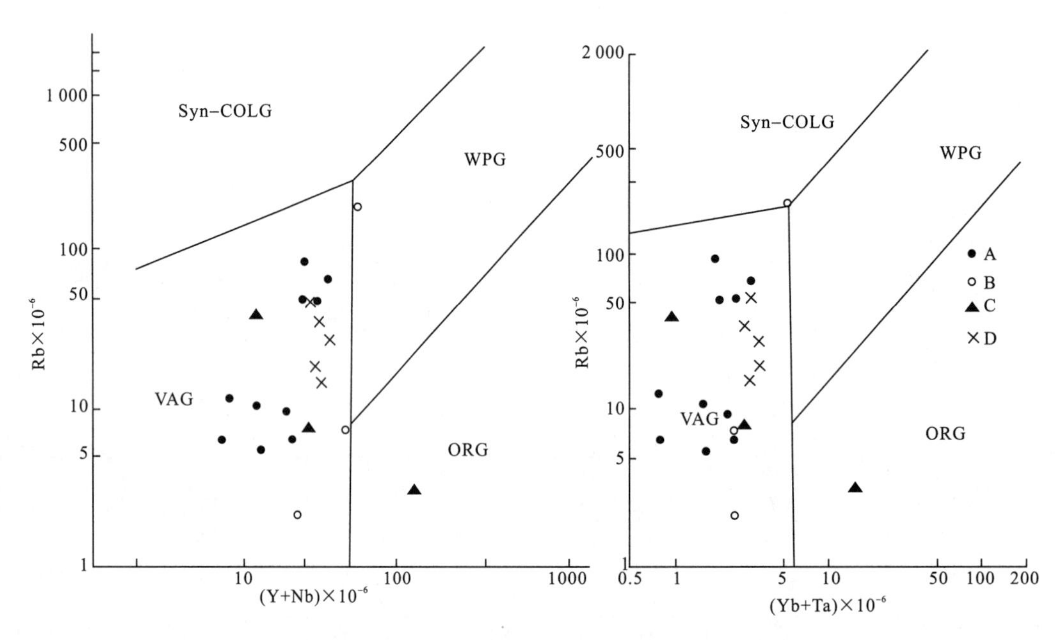

图 3-5　Rb-Y+Nb 及 Rb-Yb+Ta 环境判别图

（据 Pearce，1984）

VAG. 火山弧花岗岩；WPG. 板内花岗岩；ORG. 洋中脊花岗岩；Syn-COLG. 同碰撞花岗岩；A. 柯岗结合带；B. 康西瓦结合带；C. 塔阿西结合带东侧；D. 塔阿西结合带西侧

（五）稀土元素特征

该蛇绿岩带的稀土元素含量及有关参数见表 3-4，稀土元素配分模式见图 3-6。其稀土总量为 $18.3\times10^{-6}\sim83.5\times10^{-6}$，介于陈德潜（1982）基性、超基性岩之间，中性岩的稀土总量为 $100.4\times10^{-6}\sim139.2\times10^{-6}$，与陈德潜的中性岩相当或略偏低，LREE/HREE＝1.75～12.93，$(La/Yb)_N$＝1.37～15.12，δEu＝0.47～1.19；稀土配分模式方面，基性—超基性岩为轻稀土弱富集、重稀土平坦的近 L 型（Eu 中等负异常—正异常），中性岩为轻稀土弱富集向右倾斜的直线型（基本无 Eu 异常），从超基性→基性→中性配分曲线逐渐升高（稀土总量渐大）。

表 3-4　西昆仑基性—超基性侵入岩稀土元素含量($\times10^{-6}$)及有关参数

	岩体	样号	岩性	La	Ce	Pr	Nd	Sm	Eu	Gd	Tb	Dy	Ho
北带	柯岗蛇绿岩带	XT361/16	细粒石英闪长岩	18.72	42.81	6.22	26.73	5.92	1.81	5.38	0.81	4.34	0.83
		XT362/6		12.81	29.20	4.35	19.08	4.58	1.28	4.37	0.69	3.90	0.74
		XT362/5	变杏仁状安山岩	16.03	33.47	4.76	18.36	4.13	1.29	3.58	0.52	2.76	0.52
		XT363/3	辉石岩	11.75	25.34	3.38	14.34	3.37	1.00	3.28	0.48	2.89	0.54
		XT233-15	蚀变角闪石岩	3.24	7.59	1.20	5.82	2.06	0.49	2.74	0.50	3.40	0.69
		XT233-16	次闪岩	5.73	9.58	1.61	5.99	1.38	0.21	1.39	0.28	1.80	0.43
		XT233-18	辉石岩	2.98	5.86	0.69	3.35	0.92	0.32	1.08	0.21	1.38	0.30
		XT233-10	蚀变辉长岩	1.91	4.98	0.66	2.72	0.97	0.41	1.17	0.22	1.50	0.33
		XT233-25	蛇纹岩	5.83	9.36	1.11	3.29	0.60	0.11	0.44	0.07	0.40	0.09
		XT233-22		3.03	5.66	0.75	2.70	0.61	0.09	0.53	0.09	0.53	0.11
中带	瓦恰-哈瓦迭尔超镁铁岩	XT270-6	英安岩	47.37	85.33	10.87	39.26	7.70	1.51	7.14	1.08	6.54	1.30
		XT272-8	变辉绿岩	14.03	32.96	4.76	20.17	5.45	1.64	6.74	1.14	7.48	1.48
		XT273-北1	蚀变中粒辉长岩	2.52	6.04	1.10	5.45	1.84	0.76	2.61	0.46	3.21	0.68
南带	塔什库尔干-乔普卡里莫镁铁质岩带	XT6056/1	辉石岩	15.20	44.27	7.71	45.72	15.82	1.55	17.69	3.36	22.00	4.57
		XT1105-1	角闪石岩	9.11	18.87	2.60	10.43	2.64	0.91	3.06	0.53	3.24	0.67
		XT7119-1	橄榄岩	2.21	4.20	0.69	3.09	0.83	0.12	0.88	0.15	0.86	0.18
	达布达东-哈尼沙里地东蛇绿岩带	XT1073-2	安山岩	24.26	48.57	6.40	26.90	5.31	1.55	5.43	0.89	5.33	1.11
		XT1073-1	玄武安山岩	25.62	51.90	6.47	26.24	4.76	1.29	4.86	0.80	4.79	0.93
		⊙⊙ZB175		16.30	29.70	3.41	17.30	3.29	0.90	3.73	0.56	3.18	0.71
		⊙⊙ZB161	玄武岩	13.30	25.50	2.35	14.20	3.65	1.03	3.88	0.58	3.22	0.70
		⊙⊙ZB160		11.70	23.40	2.71	13.10	2.98	0.95	3.75	0.54	3.21	0.70
		⊙⊙ZB158		23.60	44.20	4.96	23.50	4.86	1.24	5.20	0.76	4.34	0.88
		⊙⊙ZB156		15.70	30.70	3.46	16.40	3.69	1.15	4.27	0.58	3.34	0.88
		XT1075-1		16.95	33.65	4.75	18.39	3.84	1.27	4.05	0.69	4.00	0.84
		XT1074-2	细粒辉长岩	11.45	24.97	3.76	14.97	3.50	1.19	3.94	0.71	4.45	0.91
		XT1074-1	中粒辉长岩	10.35	22.63	2.88	12.77	2.88	1.02	3.38	0.59	3.53	0.75

	岩体	样号	岩性	Er	Tm	Yb	Lu	Y	ΣREE	LREE/HREE	δEu	(La/Yb)N	Eu/Sm
北带	柯岗蛇绿岩带	XT361/16	细粒石英闪长岩	2.13	0.35	2.00	0.31	20.83	139.2	6.33	0.96	6.31	0.31
		XT362/6		1.99	0.31	1.83	0.27	18.20	103.6	5.06	0.86	4.72	0.28
		XT362/5	变杏仁状安山岩	1.30	0.20	1.16	0.17	12.19	100.4	7.64	1.00	9.32	0.31
		XT363/3	辉石岩	1.42	0.21	1.29	0.19	13.98	83.5	5.75	0.91	6.14	0.30
		XT233-15	蚀变角闪石岩	1.95	0.29	1.84	0.27	17.66	49.7	1.75	0.63	1.19	0.24
		XT233-16	次闪岩	1.34	0.23	1.60	0.27	11.59	43.4	3.34	0.46	2.41	0.15
		XT233-18	辉石岩	0.88	0.14	0.91	0.15	8.28	27.4	2.80	0.98	2.21	0.35
		XT233-10	蚀变辉长岩	0.96	0.15	0.94	0.14	7.91	25.0	2.15	1.19	1.37	0.42
		XT233-25	蛇纹岩	0.23	0.04	0.26	0.04	3.06	24.9	12.93	0.63	15.12	0.18
		XT233-22		0.30	0.05	0.28	0.05	3.49	18.3	6.62	0.47	7.30	0.15
中带	瓦恰-哈瓦迭尔超镁铁岩	XT270-6	英安岩	3.71	0.60	3.56	0.54	32.47	249.0	7.85	0.61	8.97	0.20
		XT272-8	变辉绿岩	4.20	0.67	4.14	0.63	37.08	142.6	2.98	0.83	2.28	0.30
		XT273-北1	蚀变中粒辉长岩	1.97	0.31	1.89	0.31	17.37	46.5	1.55	1.06	0.90	0.41
南带	塔什库尔干-乔普卡里莫镁铁质岩带	XT6056/1	辉石岩	13.26	2.16	14.28	2.30	121.20	331.1	1.64	0.28	0.72	0.10
		XT1105-1	角闪石岩	1.82	0.28	1.68	0.24	16.27	72.36	3.87	0.98	3.66	0.34
		XT7119-1	橄榄岩	0.48	0.08	0.46	0.07	5.47	19.8	3.53	0.43	3.24	0.14
	达布达东-哈尼沙里地东蛇绿岩带	XT1073-2	安山岩	3.00	0.49	2.98	0.44	27.33	159.99	5.74	0.88	5.49	0.29
		XT1073-1	玄武安山岩	2.51	0.37	2.45	0.37	22.41	155.76	6.81	0.81	7.05	0.27
		⊙⊙ZB175		2.06	0.27	2.00	0.29	18.10	101.80	5.54	0.78	5.49	0.27
		⊙⊙ZB161	玄武岩	1.83	0.30	1.68	0.26	16.90	89.38	4.82	0.83	5.34	0.28
		⊙⊙ZB160		1.79	0.28	1.62	0.25	16.20	83.18	4.52	0.87	4.87	0.32
		⊙⊙ZB158		2.37	0.36	2.15	0.32	22.10	140.84	6.25	0.75	7.40	0.26
		⊙⊙ZB156		2.00	0.31	1.79	0.26	34.09	102.92	5.29	0.88	5.91	0.31
		XT1075-1		2.42	0.39	2.30	0.34	20.21	114.09	5.25	0.98	4.97	0.33
		XT1074-2	细粒辉长岩	2.56	0.42	2.55	0.39	21.99	97.76	3.76	0.98	3.03	0.34
		XT1074-1	中粒辉长岩	2.12	0.35	2.13	0.32	18.79	84.49	3.99	1.00	3.82	0.35

⊙⊙:数据来源于丁道桂等(1996);其他为本次工作

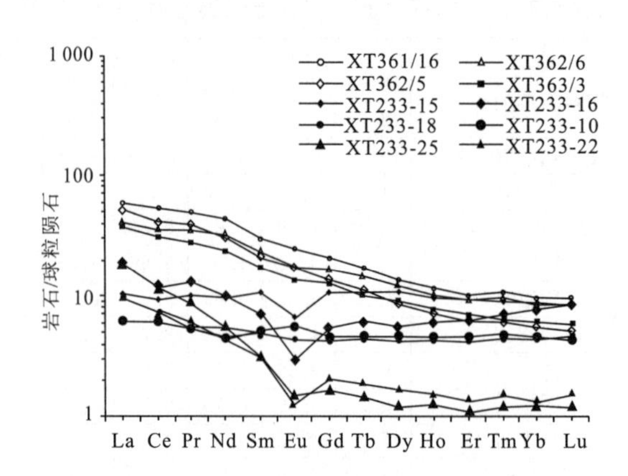

图 3-6 柯岗蛇绿岩带岩石稀土配分模式

(六)成因及形成环境分析

综合以上岩石学、岩石化学及岩石地球化学特征,该套蛇绿岩的成因为地幔分离,形成的构造环境为造山带的岛弧,岩石具岛弧拉斑玄武岩性质,岩性演化趋势为橄榄岩→辉石岩(橄辉岩)→辉长岩→玄武岩→安山岩,以橄辉岩、辉长岩及玄武岩为主。

(七)形成时代探讨

据前述接触关系,该蛇绿岩局部侵入奥陶纪马列兹肯群、在华力西晚期塔尔岩体中呈捕虏体产出判断,该套蛇绿岩的形成时代应晚于中奥陶世、早于二叠纪。

二、瓦恰-哈瓦迭尔基性—超基性岩带

(一)地质特征

位于康西瓦-瓦恰结合带及其东侧,包括孔孜罗夫蚀变辉长岩-石英闪长岩体和哈瓦迭尔辉石岩-辉长岩体,并与相邻较大面积未分上石炭统中基性火山岩(蚀变玄武岩、安山岩、英安质角砾熔岩、英安质凝灰岩等)密切相关,出露总面积约 32.5km^2(表 3-1,图 3-7、图 2-28、图 2-29)。

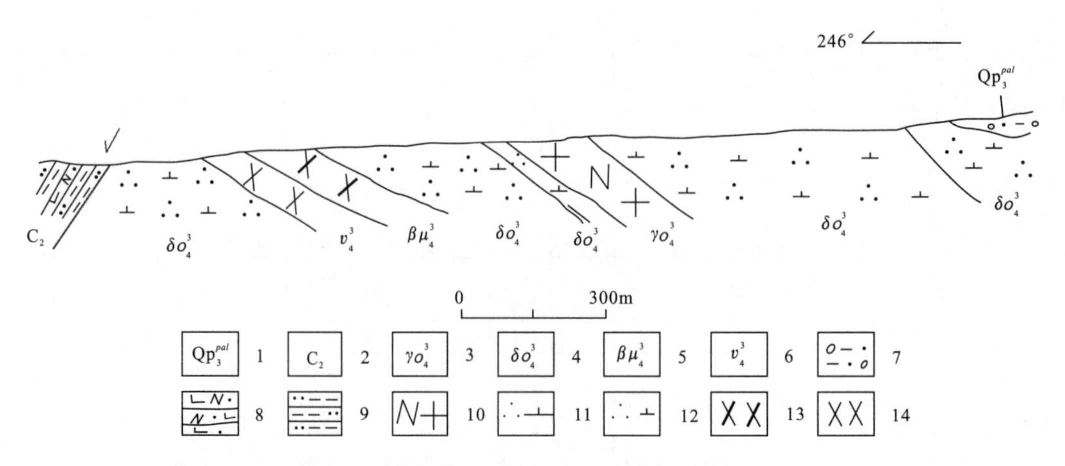

图 3-7 塔什库尔干县孔孜罗夫岩体实测剖面图

1. 第四系上更新统冲洪积层;2. 未分上石炭统;3—6. 华力西晚期孔孜罗夫岩体;7. 角砾质亚砂土;8. 钙质长石砂质土;9. 含粉砂质泥岩;10. 中粒英云闪长岩;11. 中粒石英闪长岩;12. 细粒石英闪长岩;13. 变辉绿岩;14. 蚀变中粒辉长岩

（二）岩石学特征

1. 辉石岩

辉石岩分布于哈瓦迭尔岩体的西半部。岩石呈黑色，具半自形粒状结构，块状构造。主要矿物辉石占95%左右，半自形板柱状，大小为1mm×0.6mm左右；次要矿物斜长石为5%左右，半自形粒状，粒径为0.5mm左右，不均匀分布于辉石粒间。

2. 辉长岩

辉长岩分布于哈瓦迭尔岩体东半部及孔孜罗夫岩体中西部。岩石呈绿黑色，具残余辉长结构，块状构造。组成矿物斜长石为20%～40%，半自形板柱状，大小为0.8mm×0.5mm～3mm×2mm，具强烈的钠黝帘石化，仍保持板柱状外形轮廓，不均匀分布；次闪石占60%～80%，短柱状，大小为1mm×0.7mm～2.5mm×2.5mm，淡绿色，不均匀分布，微显定向性；副矿物为微量的钛铁矿及磁铁矿。岩石局部向辉石岩过渡。

3. 石英闪长岩

石英闪长岩为孔孜罗夫岩体的主体岩性，局部向闪长岩过渡。岩石呈灰绿色，细粒半自形粒状结构，定向—块状构造。斜长石为40%～52%，半自形板柱状，0.4mm×0.2mm～1.5mm×1.1mm，杂乱分布，个别钠黝帘石化强烈，部分显聚片双晶，An＝25～27，系更长石；角闪石为35%～52%，绿色柱状，0.5mm×0.2mm～2.5mm×1mm，$C \wedge N_g = 21° \sim 25°$，不均匀分布；石英为5%～15%，他形柱状，0.1～1mm，波状消光明显。副矿物磁铁矿微量～3%，粒状，0.1～0.4mm，零星分布。

4.（杏仁状）英安岩

英安岩为未分上石炭统火山岩中的主要岩性，分布于瓦恰—皮勒以南。岩石具斑状结构，基质霏细—玻璃质结构，块状构造，局部杏仁状构造、流纹构造。斑晶斜长石为25%～68%，半自形板柱状，0.5mm×0.3mm～2mm×1.5mm，部分发生绢云母化和绿帘石化，不均匀分布；黑云母为0～2%，大多已变为绿泥石，片状杂乱分布，0.3～0.5mm。基质由霏细状长英质或玻璃质（30%～75%）组成，局部显流纹构造，个别具绿帘石化；铁质（土状褐铁矿）为0～5%。局部出现的杏仁体为0～20%，圆形或不规则状，0.8～4mm，圈层状，中心为铁质，外圈为微晶石英、绿泥石、褐铁矿等，部分由方解石组成，不均匀分布。

5. 英安质角砾熔岩

该熔岩局部出现，与英安岩相间分布，角砾状结构、斑状结构、基质霏细结构、块状结构。碎屑物（约25%）由英安岩及火山角砾组成，呈不规则棱角状，大多2～5mm，少数凝灰质岩屑为0.5～1.5mm。熔岩（约75%）为英安岩，具斑状结构，由斜长石、石英、角闪石斑晶及微晶状长英质基质组成，不均匀分布于熔岩之中。斑晶斜长石呈半自形板柱状，大小为0.25mm×0.2mm～0.8mm×0.4mm，个别微显双晶；石英为0.1～0.5mm的粒状，基质由霏细状长英质组成。

（三）岩石化学特征

该岩带中蚀变辉长岩、变辉绿岩、英安岩的岩石化学成分及有关参数特征见表3-2。辉长（绿）岩与黎彤的辉长岩相比，SiO_2、CaO含量高，富钠，Al_2O_3、MgO含量接近，其他成分及碱总量均偏低，里特曼指数为 0.31～0.75，属钙性岩系；英安岩与黎彤的英安岩相比，SiO_2、Fe_2O_3、CaO、Na_2O 含量低，MnO、P_2O_5 含量接近，其他成分均偏高，其碱值为 5.38%，富钾过铝，里特曼指数为 1.49，仍属钙性岩系。在 R_1-R_2 命名图(图 3-3)上辉长岩投点落于苏长辉长岩与辉长岩分界处，辉绿岩投点落于苏长辉长岩区，英安岩投点落于流纹英安岩区；在火山岩化学分类的 Na_2O+K_2O-Si (TAS)图上，英安岩投点落于英安岩区；在反映 SiO_2 饱和程度和碱性程度的 $SiO_2-Na_2O+K_2O$ 的分类图中，安山岩落入高铝系的安山岩区；在 SiO_2-AR、TFeO/MgO-SiO_2 及 TFeO/MgO-TFeO 图上，英安岩均落入钙碱性玄武岩区；在 AFM 的火山岩钙碱质及拉斑质分类图上，英安岩落入靠近钙碱质的拉斑玄武岩区。

（四）岩石地球化学特征

该岩带中的蚀变辉长岩、变辉绿岩、英安岩的微量元素和稀土元素含量及有关参数分别见表 3-3和表 3-4。辉长岩、辉绿岩的微量元素与维氏的辉长岩相比，Hf、W、Sn、Be 含量较高，而 Sr、Ba、Nb、Ni、Th、Mo、Ga 含量偏低；英安岩与维氏的中性岩相比，除 Sr、Se 低和 Rb、Ba、Zr、Nb、V、Mo 接近外，其他含量均高。从地球化学型式图(图 3-8)上可以看出，与洋中脊玄武岩相比，辉长(辉绿)岩除 Ba、Th、Ta 富集外，其他接近；而英安岩除 P、Ti、Y、Yb、Sc、Gr 接近外，其他元素含量均高。

辉长(辉绿)岩的稀土元素总量均值大致相当于陈德潜的基性岩，$\Sigma Ce/\Sigma Y=0.61\sim1.24$，均值低于 1，$\delta Eu=1.06\sim0.83$(平均为 0.945)，基本无 Eu 异常，其稀土配分模式(图 3-9)为球粒陨石型，属大洋拉斑玄武岩；安山岩的稀土元素总量为 249.0×10^{-6}，相当于图尔基安的富钙花岗岩类，$\Sigma Ce/\Sigma Y=3.37$ 相当于大陆拉斑玄武岩，$\delta Eu=0.61$，具中等 Eu 负异常，其稀土配分模式(图 3-9)为右倾的轻稀土富集、重稀土平缓型。

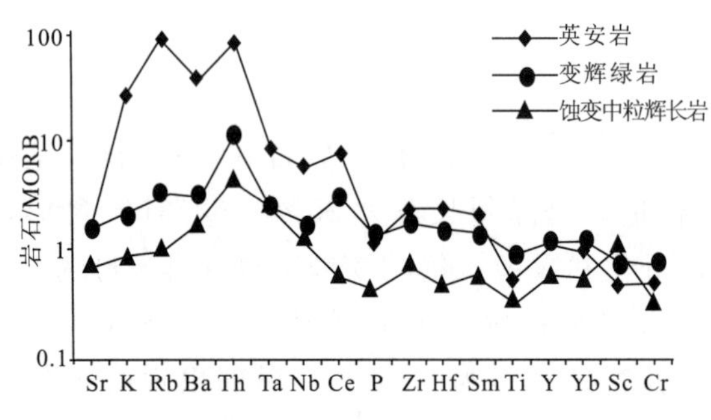

图 3-8 康西瓦结合带超镁铁质岩地球化学型式

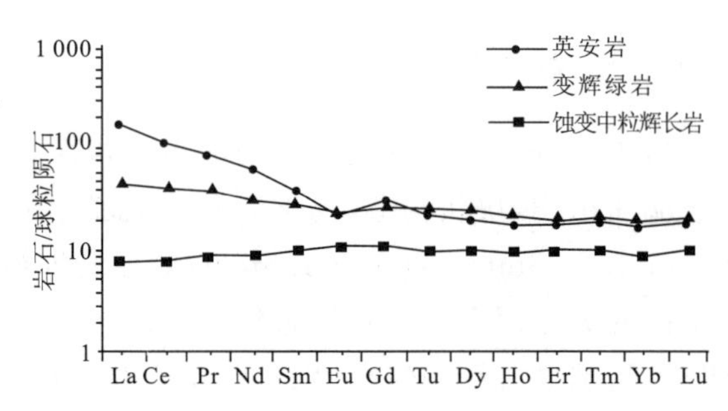

图 3-9 康西瓦结合带超镁铁质岩稀土配分模式

（五）成因及形成环境分析

在 Rb-Y+Nb 和 Rb-Yb+Ta 判别图(图 3-5)上，辉长(辉绿)岩投点均落入火山弧岩石区，英安岩投点落入近火山弧的板内岩石区。结合其他岩石地球化学特征判断，该岩带的基性—超基性岩石物质来源于地幔，构造环境为与俯冲作用有关的火山弧；中—酸性火山岩成因类型为以壳源为主的壳幔混合源，构造环境处于构造体制转换的板块碰撞前—同碰撞期。岩浆演化趋势为超基性→基性→中酸性。

（六）形成时代

该岩带与较老地层均呈断层接触，火山岩部分据以往资料已放入未分上石炭统的上部，据刘振涛等在孔孜罗夫沟北侧辉长岩中获取的锆石 Pb－Pb 年龄为 253Ma①，划归华力西晚期。

三、塔什库尔干-乔普卡里莫基性—超基性岩带

（一）地质特征

该岩带位于塔阿西结合带北东侧，塔什库尔干北—空木大坂—老并—乔普卡里莫一带，由 10 余个小岩滴组成，总面积约 $4km^2$，分布零星，规模小，一般呈透镜状、似脉状顺岩石片麻理或裂隙侵位于古元古界布伦阔勒岩群中，有的呈包体产于后期花岗岩体中，与围岩界线平直，截然可分，单个小岩滴一般长 20～100m，个别可达 5 000m 以上，宽 15～100m，其产出往往分布于断裂两侧的围岩中，受断层控制明显。

（二）岩石学特征

岩石类型主要为橄榄岩、斜方辉石橄榄岩、橄榄辉石岩、辉石岩及角闪石岩，一般分别构成独立的岩滴，单个岩滴基本无岩相分异情况，仅在较宽的岩滴内可显出岩石构造和矿物粒度的变化。

橄榄岩及斜方辉石橄榄岩具他形粒状结构，块状构造，主要矿物为橄榄石和斜方辉石，含少量铬尖晶石及钙铬榴石。

辉石岩呈黑色，具柱粒状结构，块状构造。主要矿物辉石（98%左右）呈短柱状，1mm×0.9mm～4.5mm×2.5mm；副矿物磁铁矿（2%左右）为 0.1～0.5mm 的粒状，不均匀分布，少量榍石为 0.5mm×0.2mm～1.3mm×0.5mm 的柱状，零星分布。

角闪石岩呈黑色，具纤状粒状变晶—细粒半自形粒状结构，块状构造。主要矿物角闪石（95%左右）为绿色柱状，0.5mm×0.25mm～1.1mm×0.5mm，$C \wedge N_g = 21°$，杂乱分布。次要矿物斜长石（5%左右）呈不规则粒状，0.2～0.5mm，个别显聚片双晶，双晶纹细而密，并近平行消光，为更长石，不均匀分布。微量副矿物磁铁矿为 0.05～0.1mm 的粒状，零星分布。

（三）岩石化学特征

该岩带的橄榄岩、辉石岩及角闪石岩的岩石化学成分及有关参数见表 3－2，与黎彤的超基性岩成分基本一致，其里特曼指数为 0.05～0.32，属钙性岩系，铝指数均小于 1，基本属贫铝型岩石，在 $R_1－R_2$ 命名图（图 3－3）上角闪石岩、辉石岩和橄榄岩投点分别落入橄榄岩、辉长苏长岩和闪长岩区。

（四）岩石地球化学特征

该岩带的橄榄岩、辉石岩及角闪石岩的微量元素和稀土元素含量及有关参数见表 3－3 和表 3－4。各微量元素含量介于维氏（1962）的超基性及基性岩平均含量之间，但 Hf、Sc、W、Be、Se 均较高。其地球化学型式（图 3－10）与纽芬兰拉斑玄武岩质的大洋火山弧杂岩相似，与洋脊花岗岩相比，前半部分元素含量接近，后半部分元素略亏损。

该岩带橄榄岩及角闪石岩的稀土元素总量 $\Sigma Y = 19.8\times10^{-6}～72.36\times10^{-6}$，而辉石岩的 Y 值（$121.20\times10^{-6}$）特高，$\Sigma Y = 331.1\times10^{-6}$，属特殊情况。岩石的 $\Sigma Ce/\Sigma Y = 0.65～1.60$，均小于 2，与大洋拉斑玄武岩、球粒陨石及橄榄岩一致。其稀土配分模式（图 3－11）平缓，属球粒陨石型，$\delta Eu = 0.28～0.98$，属 Eu 亏损型。

---

① 新疆地质调查院．1∶5 万班迪尔幅（J43E014015）、下拉夫迭幅（J43E015015）地质图及说明书．2000．

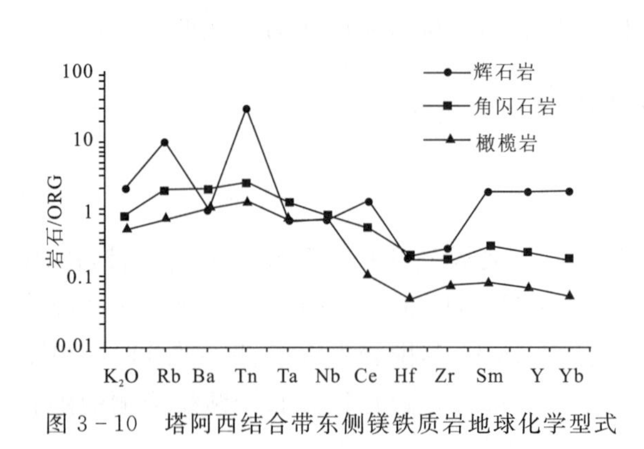

图 3-10　塔阿西结合带东侧镁铁质岩地球化学型式

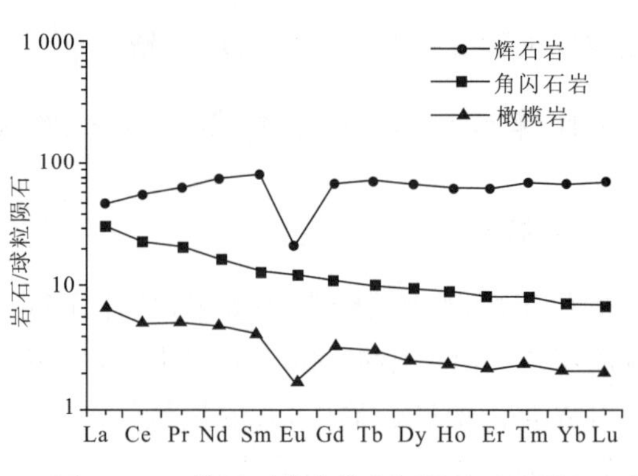

图 3-11　塔阿西结合带东侧镁铁质岩稀土配分模式

（五）成因及形成环境分析

在 R_1-R_2 构造环境判别图解上，投点均落入地幔分离的拉斑玄武质岩石组合区；在 Rb-Y+Nb 和 Rb-Yb+Ta 图解（图 3-5）上投点，辉石岩落入洋中脊岩石区，橄榄岩及角闪石岩落入火山弧岩石区。结合前述的岩石学、岩石化学及岩石地球化学等特征，我们认为该岩带岩石的成因为幔源，构造环境为拉斑玄武质大洋火山弧。

（六）形成时代探讨

该岩带岩滴侵入古元古代布伦阔勒岩群，在走克本元古宙二长花岗岩中呈包体产出，本次工作在塔什库尔干水电站附近布伦阔勒岩群内退变质的高压变质岩石榴角闪岩中获得锆石 U-Pb SHRIMP 451±22Ma 的年龄，推测其形成时代应在中—新元古代。

四、达布达尔-哈尼沙里地蛇绿岩带

（一）地质特征

该岩带位于塔阿西-色克布拉克结合带南西侧，包括哈尼沙里地东橄榄岩-辉橄岩-辉长岩体（4km^2）和达布达尔东零星出露的数个橄榄岩-辉石岩小岩体（共 1.5km^2）以及种羊场—西若大坂南一带与上述岩体共生的志留系温泉沟组基性—中性火山岩（面积近 100km^2），共同构成达布达尔-哈尼沙里地蛇绿岩带。该蛇绿岩带与志留系温泉沟组碎屑岩呈断层或正常沉积接触，呈北西向宽近 5km 的带状延伸。

哈尼沙里地东岩体为北西向延伸的透镜状岩株，长约 5km，最宽 1.5km。其主体岩性为细—中粒辉长岩，东部边缘有少量辉石岩及橄辉岩（图版Ⅴ，2）出现，岩体与北东侧志留系温泉沟组碎屑岩及英安岩多呈断层接触，与南西侧的玄武岩呈过渡关系。其他小岩体多呈不规则块状零星分布，单个岩体面积均较小，长 20～1 000m，宽 10～300m 不等，以中粒辉石岩（图版Ⅴ，3）为主，底部（边部）有很窄的橄榄岩产出，其呈断块状漂浮在志留系温泉沟组碎屑之上，该处的绿柱石（祖母绿）矿与这些岩体关系密切。火山岩主要位于哈尼沙里地东岩体两侧，主要岩性为玄武岩、玄武安山岩及英安岩等。

（二）岩石学特征

1. 蚀变细—中粒辉长岩

岩石呈灰黑色，粒状纤状变晶结构，块状—定向构造。主要矿物角闪石为 50%～75%，绿色柱状，0.8mm×0.4mm～3.5mm×1.5mm，$C\wedge N_g=17°\sim22°$，杂乱分布；斜长石为 25%～48%，粒状，

0.1～0.3mm，多绿帘石化，不均匀分布于角闪石粒间，部分显双晶，An＝27，系更长石，次要矿物紫苏辉石为0～2%，柱状，0.7mm×0.2mm～1mm×0.5mm；石英为0～5%，微粒状，0.05～0.2mm，不均匀分布。副矿物榍石及磁铁矿少量。

2. 玄武岩

岩石蚀变程度较高，灰绿色—灰黑色，斑状结构、充填结构、基质交织结构，局部粒状纤状变晶结构，块状为主，少数具枕状构造（图版Ⅴ，4）、杏仁状构造（图版Ⅴ，5）。主要矿物成分为角闪石和普通辉石，角闪石多为变质成因，少数含量可达60%左右，柱状，0.8mm×0.3mm～1mm×0.6mm，部分呈斑晶；普通辉石因受应力作用颗粒多破碎，含量高者可达20%，亦可以斑晶形式出现。基质多为斜长石和少量石英及黑云母，含量为30%左右，个别大斜长石颗粒微晶双晶，An＝23～27，属更长石。副矿物为微量榍石（0.15～0.3mm的粒状）。

3. 玄武安山岩

岩石呈青灰色，间片结构，块状构造。主要矿物斜长石（60%左右）呈板条状，0.15～0.3mm，切面分布有少量泥质物，个别微显双晶，大致呈平行分布；绿泥石（35%左右）为绿色片状，0.1～0.2mm，不均匀分布于斜长石小板条之间。副矿物磁铁矿（5%左右）为0.05～0.1mm的粒状，不均匀散布。岩石中有少量石英闪长岩包裹体，并见少量石英方解石细脉穿插。

4. 变英安岩

岩石呈灰色，具变余斑状结构、基质微粒结构，定向构造。斑晶斜长石（5%左右）呈半自形板柱状，0.9mm×0.5mm，多数显双晶，An＝27，属更长石，不均匀分布。基质中微粒长英矿物（62%左右，0.03～0.1mm）定向分布；黑云母（20%左右）为片状，0.15～4mm，部分已变为绿泥石，不均匀定向分布；绿帘石（10%左右）呈粒状，0.05～0.2mm，不均匀定向分布；副矿物磁铁矿（3%左右）为0.5mm左右的粒状。岩石中有宽0.1～0.5mm的石英和方解石细脉分布。

（三）岩石化学特征

10个样品的化学分析结果及有关参数见表3-2。与黎彤的辉长岩相比，2个辉长岩样的SiO_2含量偏高（50.05%～52.71%），其他成分基本相当（铁镁成分稍偏低）；8个火山岩的SiO_2含量为50.24%～55.23%，属于玄武安山岩的过渡类型，TiO_2含量为0.88%～1.96%，一般接近1.99%，Al_2O_3含量（8.35%～14.64%）偏低，Na_2O含量在2.35%～3.53%之间，K_2O含量较低（平均0.69%），其平均成分与大陆裂谷拉斑玄武岩相当。该蛇绿岩属富钠岩系（Na_2O/K_2O均大于1.2），里特曼指数平均为1.399，属钙性系列，铝指数平均为0.68，属贫铝类型。在R_1-R_2命名图（图3-3）上投点，辉长岩均落入橄榄辉长岩区；火山岩除1个样落入拉斑玄武岩区、2个样品落入安山岩区外，其余均落入玄武岩区。火山岩在Na_2O+K_2O-Si（TAS）的岩类图中，主要投影于玄武岩及玄武安山岩区，以玄武安山岩为主；在$K_2O+Na_2O-SiO_2$（久野，1966）的碱性、高铝及拉斑系的分类图上，主要投影于高铝玄武岩区，少数位于拉斑玄武岩区，其平均成分接近于玄武岩的平均值；在区分火山岩拉斑系和钙碱系的AFM图和SiO_2-TFeO/MgO分类图中，火山岩大部分落于拉斑玄武岩区，极少数落于靠近拉斑玄武岩区的钙碱质火山岩区。这证明该套火山岩位于或靠近大陆边缘或大陆内部，在$TiO_2-K_2O-P_2O_5$的岩石构造分类中，火山岩主要投影于洋底玄武岩和板内玄武岩的界线两侧，可认为其是在大陆内部发育起来的向洋中脊过渡的环境下形成；在$FeO-MgO-Al_2O_3$的火山岩构造分类图中，火山岩主要分布于洋中脊玄武岩区，仅一个样品投影于大陆系列，因此，认为其是古陆壳基础上发育起来的具洋中脊特征的火山岩。

（四）微量元素地球化学特征

10个样品的微量元素分析结果及有关参数见表3-3，其微量元素的特征与大陆裂谷玄武岩的特征相比，Cr、Ni、Sr、Ba、Nb等元素非常接近，反映其可能是硅铝质基底之上发展起来的向洋脊过渡的岩石。富集大离子亲石元素，贫高场强元素，与智利钙碱性大陆性的典型火山弧玄武岩的地球化学型式相似（图3-12）。

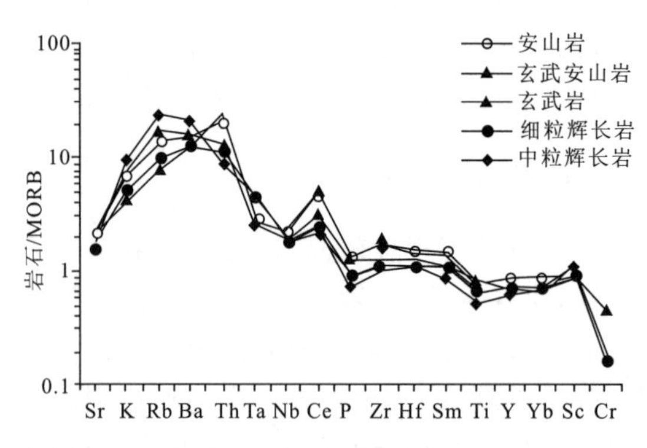

图3-12 塔阿西构造带西侧蛇绿岩地球化学型式

在Ti-Cr元素的构造分类图中，投点在大洋玄武岩区及岛弧拉斑玄武岩区均有分布，处于过渡性质，这经常是边缘盆地火山岩所具有的特点。在Rb-Y+Nb及Rb-Yb+Ta图解（图3-5）上，投点均落入火山弧岩石组合区。

（五）稀土元素地球化学特征

10个样品的稀土分析结果及有关参数见表3-4，稀土元素配分模式见图3-13。其稀土总量在$83.18\times10^{-6}\sim159.99\times10^{-6}$之间，与大西洋中脊玄武岩的稀土总量相近，$\sum Ce/\sum Y$在1.58～2.94之间，与大陆拉斑玄武岩基本一致，属轻稀土略富集型，δEu值在0.75～1之间，属Eu极弱亏损至无异常。稀土配分曲线各样品极一致地表现为轻稀土略富集、无Eu亏损向右微倾斜的平滑曲线，其形成与大陆岛弧安山岩的稀土型式非常一致，呈岛弧-弧后盆地拉斑玄武岩的特点。

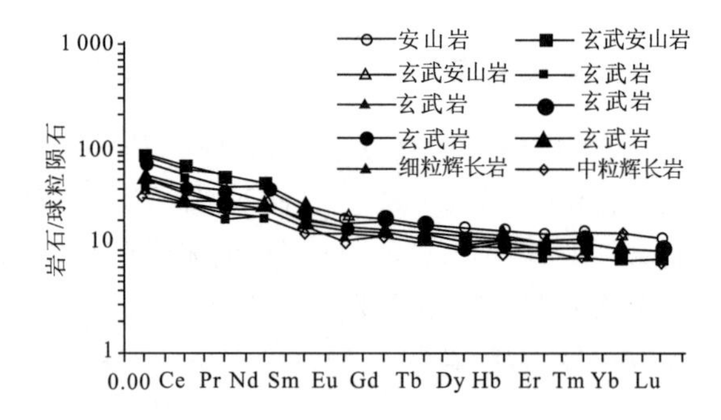

图3-13 塔阿西构造带西侧蛇绿岩稀土配分模式

综合上述岩石化学、微量元素及稀土元素地球化学特征可知：达布达尔-哈尼沙里地蛇绿岩具洋中脊玄武岩的特点，可能是在硅铝质大陆边缘形成，类似于大陆边缘盆地的岩石组合，可能是由于陆内岩石圈减薄而形成。

（六）形成时代探讨

本次工作对哈尼沙里地北的3个玄武岩样品进行了锆石U-Pb SHRIMP定年，分别获得860±44Ma、433±20Ma和314±23Ma的结果。从区域构造环境来看，后两者最能代表这套火成岩的成岩年龄。860±44Ma应代表源区年龄，可能与冈瓦纳的裂解有关。因此，将该蛇绿岩带的形成时代放入加里东晚期。

第二节 中酸性侵入岩

区内中酸性岩浆侵入活动非常强烈，其总面积达7 929km²，共划分出中酸性侵入岩体47个。按形成时代划分为元古宙、加里东、华力西、印支、燕山和喜马拉雅6个大的侵入期（表3-5），其中燕山期最强，加里东期和喜马拉雅期次之，其他期较弱。岩石类型以酸性岩类为主（64.44%），中性岩类次之（31.39%），碱性岩类最少（4.17%）。

表 3-5　测区中酸性侵入岩序列

期	代号	西昆仑北带		西昆仑中带		西昆仑南带	
		岩体名称	面积(km^2)	岩体名称	面积(km^2)	岩体名称	面积(km^2)
喜马拉雅期	ξ_6					苦子干碱性岩体	195
	$\xi-\gamma\pi_6$			瓦恰北东岩体	2.7	沓坎岩体	96
	$\eta\gamma_6$					卡日巴生岩体	368
燕山晚期	γ_5^{3-2}					布依阿勒岩体	46
	$\eta\gamma_5^{3-2}$					小热斯卡木岩体	354
						瓦我基里岩体	1 110
	$\gamma\delta_5^{3-2}$					穷陶木太克岩体	666
	δo_5^{3-2}					阿提牙依勒岩体	32
	$\eta\gamma_5^{3-1}$					阿然保泰岩体	99
						阔克加尔亚温岩体	159
	$\gamma\delta_5^{3-1}$					托克满素岩体	110
						红其拉甫岩体	73
	δo_5^{3-1}					格林阿勒岩体	81
						热斯卡木岩体	11
燕山早期	$\eta\gamma_5^2$			半的北东岩体	3.3	三百司马岩体	53
				三代大坂岩体	70		
	γo_5^2					辛滚沟岩体	16
印支期	$\eta\gamma_5^1$			慕士塔格岩体	745		
	$\gamma\delta_5^1$			克克迭巴岩体	16		
	$\delta o-\gamma o_5^1$			卡拉塔什岩体	14		
	δo_5^1			半的南东岩体	19.5		
华力西晚期	ξo_4^3			苏特开什岩体	3.8		
	$\eta\gamma_4^3$	塔尔岩体	68	吐普休岩体	2.5		
				安大力塔克岩体	260		
				阿尕阿孜山岩体	165		
				丘克苏岩体	18		
				哈马肉孜岩体	60		
	$\delta o-\eta\delta o_4^3$			空巴克岩体	32		
加里东中期	ξo_3^2	坎地里克岩体	21				
	ξo_3^2	却帕勒克岩体	12				
	$\gamma\delta-\eta\delta o_2^2$			血诺亚特岩体	61		
	$\eta\delta o_3^2$			苏特曼岩体	2.8		
				雀普河岩体	37		
	$\gamma\delta-\eta\delta o_3^2$			大同西岩体	1 959		
加里东早期	$\eta\delta o_3^1$			尤仑岩体	25		
	δo_3^1	亚瓦勒克岩体	27				
元古宙未分	$\gamma\delta_2$					马尔洋大坂岩体	455
	$\eta\gamma_2$					走克本岩体	54
新元古代	$\eta\gamma_2^3$			塔达塔克岩体	39		
	γo_2^3			库鲁克-良加尔岩体	6		
中元古代	$\eta\gamma_2^2$	阿孜别里地岩体	22				
	γo_2^2	阿克乔克岩体	118				
	$\eta\delta o_2^2$	托赫塔卡鲁姆岩体	136				
	δ_2^2	浑扎巴格岩体	5				

一、西昆仑北带中酸性侵入岩

该侵入岩位于图幅东北部塔里木盆地西南缘，西以柯岗结合带为界。区内共划出 8 个侵入岩体，总面积为 409 km^2，占中酸性侵入岩面积的 5.16%。其形成时代主要为中元古代，次为加里东期和华力西期(表 3-6)。

表 3-6　测区西昆仑北带中酸性侵入岩

期次	代号	岩体名称	面积(km^2)	形态	岩石名称	结构	构造	接触关系	同位素年龄(Ma)	岩体位置
华力西晚期	$\eta\gamma_4^3$	塔尔岩体	68	北西向不规则椭圆形	(斑状)黑云二长花岗岩	似斑状细—中粒花岗	块状	侵入 JxS、C、$O_{1-2}M$ 及阿克乔克岩体		阿克陶县塔尔—色日克布隆一带
加里东中期	ξo_3^2	坎地里克岩体	21	北西向不规则椭圆形	斑状黑云石英正长岩	斑状，中粒半自形粒状	块状	侵入 $Q_{1-2}M$ 及托赫塔卡鲁姆岩体	Rb-Sr(kf)等时线 644	阿克陶县阿依布隆一带
	ξo_3^2	却帕勒克岩体	12	北西向不规则菱形	中粒石英正长岩	斑状，中粒半自形粒状	定向	侵入 JxS、$O_{1-2}M$，与 C、亚瓦勒克岩体呈断层接触		阿克陶县库斯拉甫西却帕勒克一带
加里东早期	δo_3^1	亚瓦勒克岩体	27	图内呈近南北向不规则状	片麻状中斑细粒石英闪长岩	斑状，细粒半自形粒状	片麻状	与 JxS、$O_{1-2}M$、C 和却帕勒克、阿克乔克岩体均呈断层接触	K-Ar(Hb) 532	阿克陶县库斯拉甫西亚瓦勒克一带
中元古代	$\eta\gamma_2^2$	阿孜别里地岩体	22	北西向透镜状	片麻状细粒二长花岗岩，边部片麻状细粒花岗闪长岩	细粒花岗、糜棱	定向—片麻、纹理条带	被 $O_{1-2}M$、C 不整合覆盖，东与 $J_{1-2}y$ 呈断层接触	U-Pb(Zr)上交点 1 301±15	阿克陶县库斯拉甫西南阿孜拜勒迪附近
	γo_2^2	阿克乔克岩体	118	图内呈北西向长方形	细粒英云闪长岩	细粒花岗	块状	与 JxS、$O_{1-2}M$、C 和亚瓦勒克岩体呈断层接触，被塔尔岩体侵入		阿克陶县乔克洛克—云吉于孜北一带
	$\eta\delta o_2^2$	托赫塔卡鲁姆岩体	136	北西宽、南东窄的楔状	片麻状含中斑中粒石英二长闪长岩	似斑状中粒半自形粒状	块状—定向	不整合于 $O_{1-2}M$ 之下，与 JxS 等呈断层接触，被坎地里克岩体侵入	Rb-Sr(Hb) 1 567	棋盘河上游—喀特列克—依勒嘎休勒克一带
	δ_2^2	浑扎巴格岩体	5	图内呈北宽的不规则梯形	中粒闪长岩	半自形粒状	定向	侵入 JxS，东与 $J_{1-2}y$ 呈断层接触		阿克陶县库斯拉甫北西浑扎巴格以西

(一)中元古代中酸性侵入岩

计有浑扎巴格、托赫塔卡鲁姆山、阿克乔克、阿孜别里地 4 个岩体，总面积为 281km^2，其中托赫塔卡鲁姆山岩体最大，浑扎巴格岩体在区内仅 5km^2，岩石类型主要为片麻状含中斑中粒石英二长闪长岩，次为细粒英云闪长岩，少量片麻状细粒二长花岗岩、花岗闪长岩及中粒闪长岩，侵入蓟县系桑株塔格群，被奥陶系或石炭系不整合覆盖(表 3-6)。分别以托赫塔卡鲁姆山岩体和阿孜别里地岩体为例叙述如下。

1. 托赫塔卡鲁姆山岩体

(1)地质特征

该岩体南起棋盘河上游，向北西经喀特列克至叶尔羌河东侧的依勒嘎休勒克一带，位于柯岗结合带北东侧，呈北西宽南东窄的楔状小岩基产出，长 38km，北端最宽大于 10km，面积为 136km^2。

岩体北西部被奥陶系玛列兹肯群不整合覆盖，在阿依布隆一带被加里东期坎地里克石英正长岩体侵入，其余位置与周围地质体多呈断层接触。岩体中的中细粒闪长质包体较发育，局部可聚集成群出现，长轴大体呈北西向带状—长条状定向分布，局部见次闪石岩包体。岩石具片麻状构造，其片麻理总体具北东部向北东倾、西南部向南西倾的规律，围岩及岩体面理与岩体边界基本一致，显示主动就位特点。岩体实测剖面见图3-14。

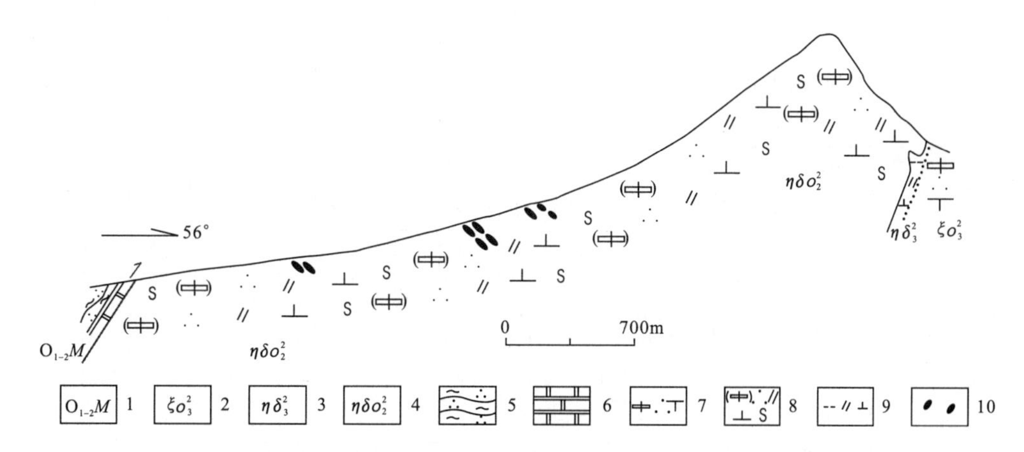

图3-14　塔什库尔干塔吉克自治县喀特列克托赫塔卡鲁姆岩体实测剖面图

1. 中—下奥陶统玛列兹肯群；2、3. 加里东中期坎地里克岩体；4. 中元古代托赫塔卡鲁姆岩体；5. 绿泥石英片岩；6. 大理岩；7. 中斑中粒石英正长岩；8. 片麻状含中斑中粒石英二长闪长岩；9. 中细粒黑云母二长闪长岩；10. 闪长质包体

(2)岩石学特征

主体岩性为片麻状含中斑中粒石英二长闪长岩，局部出现石英闪长岩。呈灰白色，中粒半自形粒状结构，局部似斑状结构，块状—片麻状构造。钾长石斑晶含量为2%～5%，半自形板柱状，边缘不规则，7.5mm×4mm～17mm×8mm，内包裹有斜长石等。基质中长石呈半自形板柱状，2mm×1mm～5mm×4mm，杂乱分布，斜长石为60%～85%，个别显聚片双晶，An=28，系更长石，钾长石为3%～20%，具卡式双晶，部分具格子双晶。角闪石为1%～25%，呈绿色柱状，0.6mm×0.3mm～2.5mm×1mm，$C\wedge N_g=18°\sim25°$，部分已变成绿泥石，不均匀分布。石英含量为10%～15%，0.1～1.5mm，他形粒状，不均匀分布。黑云母少量～5%，片状，0.3～1.5mm，多已变为绿泥石。

(3)岩石化学特征

7个样品的岩石化学成分及有关参数见表3-7，其化学成分与黎彤(1962)的石英闪长岩相当。SiO_2 含量为52.46%～60%，Al_2O_3 含量为15.49%～18.85%，碱总量为5.2%～6.35%，K/Na=0.58～1.49，总体上略富钾，里特曼指数为1.81～3.47，总体属钙碱性岩系，铝指数为0.855～1.033，总体属低铝型岩石，在 R_1-R_2 命名图上(图3-15)，1个样品落入辉长岩区，2个样品落入英云闪长岩区，其余均落入闪长岩区。

(4)岩石地球化学特征

微量元素和稀土元素含量及有关参数分别见表3-8和表3-9。与闪长岩维氏值相比，岩石强烈富集Ba、Hf、Sc和W，亏损Sr、Zr、Cr、Ni和Mo。其地球化学型式见图3-16。与洋中脊花岗岩相比，岩石强烈富集 K_2O、Rb、Ba和Th，强烈亏损Yb，在Rb、Th、Ce处出现明显正异常，在Ta和Zr处出现明显负异常，曲线型式与智利活动大陆边缘火山弧花岗岩基本一致。稀土总量高($191.7\times10^{-6}\sim399.78\times10^{-6}$)，斜率$(La/Yb)_N=12.12\sim24.3$，较大，稀土配分模式(图3-17)为向右缓倾斜的轻稀土富集、重稀土平缓型，具较强的Eu负异常($\delta Eu=0.51\sim0.79$)。

表 3-7　西昆仑北带侵入岩的化学成分(%)及有关参数

岩体	样号	岩性	SiO_2	TiO_2	Al_2O_3	Fe_2O_3	FeO	MnO	MgO	CaO	Na_2O	K_2O	P_2O_5
塔尔	GS362/7	变辉绿玢岩	51.93	1.02	14.93	1.28	7.73	0.18	7.46	9.16	2.42	0.82	0.19
	GS361/1	细粒黑云正长花岗岩	72.92	0.34	13.31	0.92	1.10	0.03	0.52	0.84	2.89	6.03	0.10
	GS361/6	中粒二长花岗岩	68.21	0.46	15.69	0.86	2.73	0.08	0.71	2.90	3.31	3.55	0.15
	GS361/11	斑状黑云二长花岗岩	70.90	0.44	14.11	0.83	1.93	0.44	0.63	2.46	3.03	4.42	0.12
	GS363/2	中细粒黑云正长花岗岩	75.31	0.23	12.58	0.57	0.97	0.04	0.29	1.49	2.77	4.62	0.05
	GS363/12	斑状中粒正长花岗岩	73.68	0.23	13.33	0.47	1.33	0.04	0.32	1.66	2.82	5.10	0.06
坎地里克	⊙64	* 正长花岗岩	70.41	0.30	14.38	1.50	2.08	0.05	1.68	1.58	2.12	5.50	
	GS2642-1	中斑粗粒石英正长岩	71.44	0.41	13.21	1.13	1.50	0.04	0.92	1.13	2.46	5.88	0.18
亚瓦勒克	⊙	* 石英闪长岩	56.57	1.17	16.14	1.07	5.86	0.10	3.67	7.32	2.00	2.96	
阿孜别里地	⊙62	* 二长花岗岩	3.76	0.31	12.41	0.55	2.17	0.04	0.27	1.20	2.00	5.60	
	GS1067-1		73.78	0.33	12.01	0.38	2.15	0.04	0.70	0.86	2.82	5.35	0.04
托赫塔卡鲁姆	GS2646-3	中斑中粒石英二长闪长岩	61.24	0.60	16.14	1.31	4.58	0.11	2.12	5.21	2.42	3.61	0.15
	⊙65-1	石英闪长岩	58.72	0.44	15.49	2.44	3.95	0.18	2.26	5.80	2.51	3.19	
	⊙65-2		58.77	0.65	17.01	1.81	4.89	0.10	2.89	5.22	2.38	2.97	
	⊙6KG20		52.46	0.77	18.85	1.58	6.28	0.09	3.02	7.19	2.60	3.13	0.26
	⊙6KG18		56.47	0.69	17.25	1.81	5.12	0.09	2.99	6.24	3.69	2.15	0.19
	⊙KG13		60.00	0.59	16.20	1.51	4.77	0.09	2.71	4.07	2.51	3.84	0.14
	⊙KG15		57.87	0.71	16.87	1.26	5.72	0.08	2.96	5.89	2.64	2.56	0.14
脉岩	GS1056-1	辉绿岩	42.79	3.42	14.10	6.63	8.35	0.19	5.30	9.39	2.39	0.72	0.72

岩体	样号	岩性	H_2O^+	CO_2	Lost	总量	A	K/Na	б	A/CNK	$Mg^{\#}$	R_1	R_2
塔尔	GS362/7	变辉绿玢岩	2.60	0.08	1.93	101.73	3.42	0.34	1.18	0.765	63.24	2 132.72	1 346.84
	GS361/1	细粒黑云正长花岗岩	0.61	0.19	0.63	100.43	8.92	2.09	2.66	1.039	45.74	2 358.1	377.6
	GS361/6	中粒二长花岗岩	0.90	0.25	0.85	100.65	6.86	1.07	1.87	1.078	31.68	2 427.1	655.5
	GS361/11	斑状黑云二长花岗岩	0.79	0.06	0.56	100.72	7.45	1.46	1.99	0.991	36.79	2 526.1	583.6
	GS363/2	中细粒黑云正长花岗岩	0.75	0.15	0.69	100.51	7.39	1.67	1.69	1.026	34.77	2 904.5	421.7
	GS363/12	斑状中粒正长花岗岩	0.71	0.08	0.52	100.35	7.92	1.81	2.04	1.012	30.02	2 658.6	456.1
坎地里克	⊙64	* 正长花岗岩				99.60	7.62	2.59	2.12	1.168	59.02	2 547.3	535.9
	GS2642-1	中斑粗粒石英正长岩	1.31	0.22	1.33	101.16	8.34	2.39	2.45	1.060	52.23	2 428.8	426.8
亚瓦勒克	⊙	* 石英闪长岩				97.16	4.96	1.48	1.81	0.793	52.75	2 142.5	1316.8
阿孜别里地	⊙62	* 二长花岗岩				98.31	7.60	2.80	1.88	1.076	18.16	2 810.6	386.3
	GS1067-1		1.00		1.04	100.5	8.17	1.90	2.17	1.002	36.73	2 583.5	363.5
托赫塔卡鲁姆	GS2646-3	中斑中粒石英二长闪长岩	2.15	0.10	1.75	101.49	6.03	1.49	1.99	0.930	45.21	2 198.3	982.3
	⊙65-1	石英闪长岩				94.98	5.70	1.27	2.07	0.855	50.50	2 090.3	1 041.6
	⊙65-2					96.69	5.35	1.25	1.81	1.024	51.31	2 174.9	1 038.4
	⊙6KG20					96.23	5.73	1.20	3.47	0.909	46.16	1 603.0	1 291.4
	⊙6KG18					96.69	5.84	0.58	2.53	0.874	51.01	1 740.6	1 156.9
	⊙KG13					96.43	6.35	1.53	2.37	1.033	50.32	2 020.0	890.2
	⊙KG15					96.7	5.20	0.97	1.82	0.947	47.99	2 107.3	1 110.2
脉岩	GS1056-1	辉绿岩	3.35		4.81	102.16	3.11	0.30	-46.06	0.647	53.09	1 337.5	1 549.6

数据来源：⊙王元龙等(2000)；⊙⊙丁道桂等(1996)；其他为本次工作；* 具片麻状构造

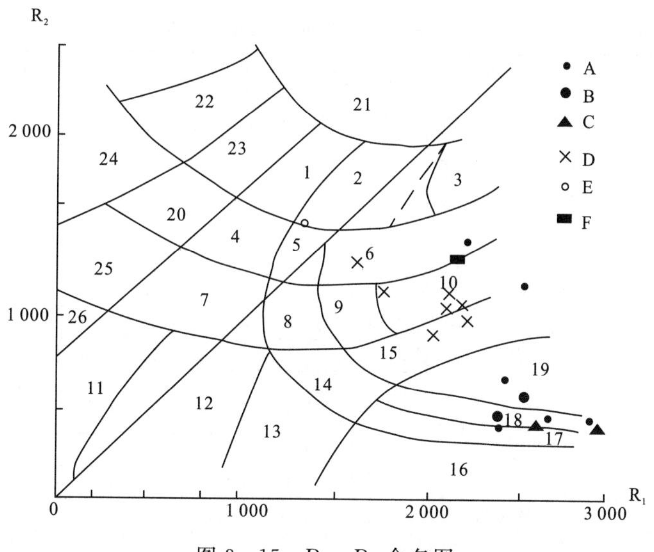

图 3-15　R_1-R_2 命名图

(据 De La Rache 等,1980)

2. 橄榄辉长岩;6. 辉长岩;10. 闪长岩;15. 英云闪长岩;17. 正长花岗岩;18. 二长花岗岩;19. 花岗闪长岩;A. 塔尔岩体;B. 坎地闪长岩;C. 阿孜别里地岩体;D. 托赫塔卡鲁姆岩体;E. 岩墙;F. 亚瓦勒克岩体

表 3-8　西昆仑北带侵入岩的微量元素含量($\times10^{-6}$)及有关参数

岩体	样号	岩性	Rb	Sr	Ba	Zr	Nb	Ta	Hf	Sc	V	Cr	Co	Ni
塔尔	WL362/7	变辉绿玢岩	42	374	186	113	12	0.9	2.7	25	178	325	30	107
	WL361/1	细粒黑云正长花岗岩	252	111	820	161	30	1.8	4.6	5.0	33	12	16	4.2
	WL361/6	中粒黑云二长花岗岩	114	318	559	239	16	1.0	6.0	4.4	28	12	12	4.3
	WL361/11	斑状黑云二长花岗岩	147	279	708	177	17	1.0	5.0	5.2	29	<5	17	5.1
	WL363/2	中细粒黑云正长花岗岩	198	165	582	155	21	2.0	4.6	2.7	11	6.1	20	2.5
	WL363/12	斑状中粒正长花岗岩	135	169	436	147	14	0.6	4.2	2.8	15	8.7	13	4.4
坎地里克	WL2642-1	中斑粗粒石英正长岩	270	137	844	208	40	3.6	6.6	6.1	48	13	21	6.0
阿孜别里地	WL1067-1	二长花岗岩	226.5	49	745	327	28.1	2.3	8.6	12.2	17.4	7.9	13.3	5.1
托赫塔卡鲁姆	WL2646-3	中斑中粒石英二长闪长岩	143	354	1192	167	17	0.9	4.9	13	80	21	23	8.5
脉岩	WL1056-1	辉绿岩	14.5	322	319	270	22.69	1.9	5.0	21.9	214.0	72.7	52.2	78.6

岩体	样号	岩性	Th	W	Sn	Mo	Be	Ga	Li	Se	Rb/Sr	Ba/Sr	K/Rb	Th/Ta
塔尔	WL362/7	变辉绿玢岩	5.6	7.3	4.8	0.31	1.4	16		0.030	0.11	1.65	73.33	6.22
	WL361/1	细粒黑云正长花岗岩	41	252	4.7	0.24	3.8	10		0.028	2.27	5.09	15.95	22.78
	WL361/6	中粒黑云二长花岗岩	25	132	1.4	0.33	2.1	15		0.020	0.36	2.34	20.76	25.00
	WL361/11	斑状黑云二长花岗岩	23	183	1.4	0.39	2.4	19		0.023	0.53	4.00	20.05	23.00
	WL363/2	中细粒黑云正长花岗岩	27	353	2.9	<0.2	2.9	18		0.017	1.20	3.75	15.56	13.50
	WL363/12	斑状中粒正长花岗岩	33	159	1.0	0.42	1.5	17		0.017	0.80	2.97	25.19	55.00
坎地里克	WL2642-1	中斑粗粒石英正长岩	40	295	3.8	0.20	4.2	19		0.048	1.97	4.06	14.52	11.11
阿孜别里地	WL1067-1	片麻状二长花岗岩	33.9	138.0	4.5	0.9	4.0	21.5	18.1	<0.05	4.62	2.28	15.75	14.74
托赫塔卡鲁姆	WL2646-3	中斑中粒石英二长闪长岩	15	210	1.9	0.28	2.5	20		0.038	0.40	7.14	16.83	16.67
脉岩	WL1056-1	辉绿岩	3.2	5.4	2.1	1.3	1.5	15.7	35.0	0.16	0.05	1.18	33.10	1.68

表 3-9 西昆仑北带侵入岩的稀元素含量($\times10^{-6}$)及有关参数

岩体	样号	岩性	La	Ce	Pr	Nd	Sm	Eu	Gd	Tb	Dy	Ho
塔尔	XT362/7	变辉绿玢岩	20.31	41.38	5.66	22.23	4.79	1.38	4.40	0.67	3.63	0.70
	XT361/1	细粒黑云正长花岗岩	60.92	105.40	11.53	37.69	6.20	1.10	4.15	0.60	3.27	0.66
	XT361/6	中粒二长花岗岩	52.58	89.26	9.57	31.59	5.27	1.27	4.04	0.62	3.42	0.69
	XT361/11	斑状黑云二长花岗岩	55.37	93.30	10.18	34.90	5.99	1.17	4.36	0.62	3.10	0.59
	XT363/2	中细粒黑云正长花岗岩	43.16	73.34	8.40	27.87	5.07	0.76	3.92	0.60	3.19	0.61
	XT363/12	斑状中粒正长花岗岩	51.54	88.98	10.08	32.77	5.34	0.79	3.55	0.49	2.33	0.42
坎地里克	XT2642-1	中斑粗粒石英正长岩	65.11	117.40	13.41	46.37	8.39	1.33	6.33	1.03	5.63	1.17
阿孜别里地	XT1067-1	片麻状二长花岗岩	88.91	174.80	20.79	72.71	12.64	1.13	11.54	1.98	11.49	2.40
托赫塔卡鲁姆	XT2646-3	中斑中粒石英二长闪长岩	55.91	102.10	11.28	40.51	6.60	1.31	4.92	0.73	4.06	0.85
	⊙⊙KG20	石英闪长岩	72.9	132.7	13.9	46.9	8.1	1.88	6.05	0.80	4.45	0.90
	⊙⊙KG18		44.5	85.1	9.7	33.6	6.8	1.44	5.84	0.79	4.58	0.91
	⊙⊙KG13		91.2	175.1	18.4	59.0	9.8	1.41	6.66	0.95	4.85	0.98
	⊙⊙KG15		38.1	70.65	8.15	27.9	5.9	1.35	5.17	0.74	4.32	0.90
脉岩	XT1056-1	辉绿岩	31.74	68.25	9.26	38.32	7.91	2.62	8.10	1.28	7.32	1.43

岩体	样号	岩性	Er	Tm	Yb	Lu	Y	ΣREE	LREE/HREE	δEu	$(La/Yb)_N$	Eu/Sm
塔尔	XT362/7	变辉绿玢岩	1.79	0.28	1.66	0.25	16.95	126.1	7.16	0.90	8.25	0.29
	XT361/1	细粒黑云正长花岗岩	1.82	0.29	1.89	0.29	16.88	252.7	1.78	0.63	21.73	0.18
	XT361/6	中粒二长花岗岩	1.97	0.32	2.14	0.34	19.68	222.8	14.00	0.81	16.56	0.24
	XT361/11	斑状黑云二长花岗岩	1.46	0.21	1.27	0.20	14.47	227.2	17.01	0.67	29.39	0.20
	XT363/2	中细粒黑云正长花岗岩	1.70	0.25	1.51	0.23	15.94	186.6	13.21	0.50	19.27	0.15
	XT363/12	斑状中粒正长花岗岩	1.04	0.15	0.94	0.16	9.59	208.2	20.87	0.52	36.97	0.15
坎地里克	XT2642-1	中斑粗粒石英正长岩	3.27	0.54	3.46	0.52	30.17	304.1	11.48	0.54	12.69	0.16
阿孜别里地	XT1067-1	片麻状二长花岗岩	6.75	1.09	7.18	1.06	61.94	476.42	8.53	0.28	8.35	0.09
托赫塔卡鲁姆	XT2646-3	中斑中粒石英二长闪长岩	2.24	0.35	2.22	0.33	20.75	254.2	13.87	0.67	16.98	0.20
	⊙⊙KG20	石英闪长岩	2.43	0.32	2.06	0.31		317.4	15.96	0.79	23.86	0.23
	⊙⊙KG18		2.61	0.39	2.44	0.37		224.37	10.10	0.68	12.30	0.21
	⊙⊙KG13		2.72	0.40	2.53	0.38		399.78	18.23	0.51	24.30	0.14
	⊙⊙KG15		2.45	0.33	2.12	0.32		191.70	9.30	0.73	12.12	0.23
脉岩	XT1056-1	辉绿岩	3.69	0.57	3.61	0.53	33.19	217.81	5.96	0.99	5.93	0.33

⊙⊙数据来源于丁道桂等(1996)

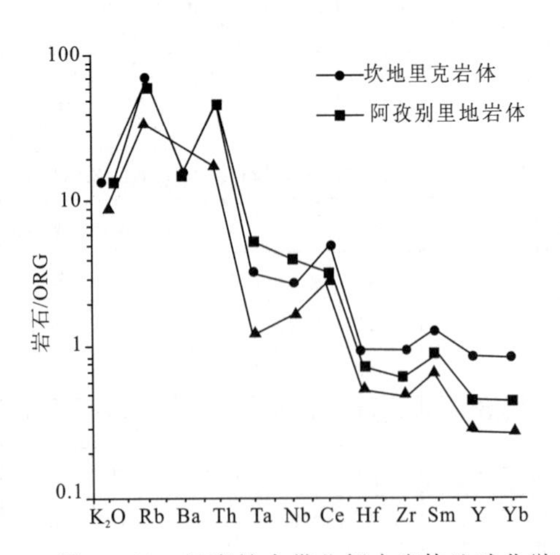

图 3-16 柯岗结合带北侧古岩体地球化学型式

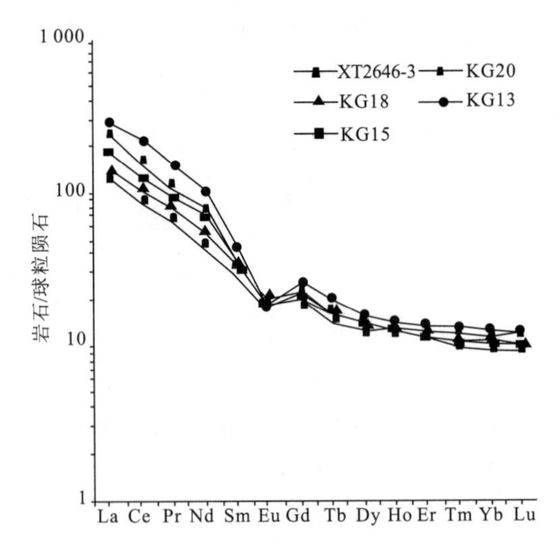

图 3-17 托赫塔卡鲁姆岩体稀土元素配分模式

(5)成因及形成环境分析

该岩体的化学成分在 A-C-F 分类图上投点绝大多数落入靠近 S 型花岗岩区的 I 型花岗岩区，仅 1 个样品落入靠近 I 型花岗岩区的 S 型花岗岩区。结合其铝指数多小于 1、Al_2O_3 含量大于总碱量、钙碱性岩系、TFeO/(TFeO+Mg)<0.8、暗色矿物以角闪石为主等综合判断，其成因为以幔源为主的壳幔混合源，氧同位素分析结果(石英为14.8‰，角闪石为8.7‰)也支持上述观点。

在Rb-Y+Nb和Rb-Yb+Ta图解(图3-18)上投点均落入火山弧花岗岩类区，在R_1-R_2构造环境分类图上投点均落入板块碰撞前的活动陆缘区。结合其地球化学型式及稀土配分模式具活动陆缘火山弧花岗岩构造环境的特点综合判断，其为塔里木陆块西南缘的火山弧构造环境，可能与俯冲作用有关。

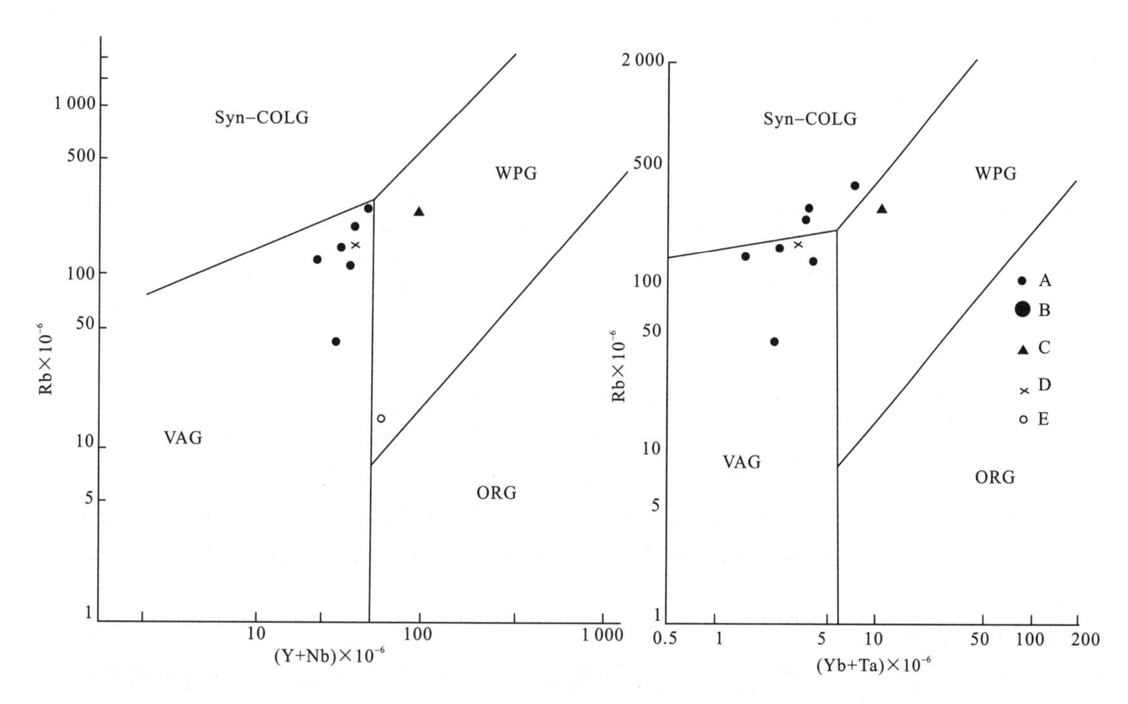

图3-18　Rb-Y+Nb及Rb-Yb+Ta环境判别图

(据Pearce,1984)

VAG. 火山弧花岗岩；WPG. 板内花岗岩；ORG. 洋中脊花岗岩；Syn-COLG. 同碰撞花岗岩；A. 塔尔岩体；B. 坎地闪长岩；C. 阿孜别里地岩体；D. 托赫塔卡鲁姆岩体；E. 岩墙

(6)形成时代

根据接触关系，该岩体的形成时代早于奥陶纪；新疆第二地质大队1979年在该岩体获取角闪石Rb-Sr等时线年龄样，其结果为1 567Ma①，故将其形成时代厘定为中元古代。

2. 阿孜别里地岩体

(1)地质特征

该岩体位于阿克陶县库斯拉甫西南的阿孜拜勒迪附近，呈北西向透镜状，长9.5km，最宽处为3.5km，面积为22km^2，南东端侵入蓟县系桑株塔格群，北西部和南部被奥陶系玛列兹肯群和未分石炭系不整合覆盖，东西两端分别与侏罗系叶尔羌群、奥陶系玛列兹肯群呈断层接触，中部被北西向断层错断。岩体中有较多的桑株塔格群灰黑色黑云母片岩及黑云母大理岩长条状捕虏体(宽1～4m)。岩石片麻理发育(走向120°～150°，向北东陡倾)，并有宽约1m的石英脉沿片麻理贯入。

(2)岩石学特征

该岩体主体岩性为片麻状细粒二长花岗岩，边部为片麻状花岗闪长岩(图3-19)。主体呈灰白

① 新疆地质矿产局第二地质大队. 1∶50万新疆南疆西部地质图、矿产图及说明书. 1985

色，具(残余)细粒花岗结构、糜棱结构，定向—片麻状构造、条带状构造。岩石受糜棱岩化作用发生塑性变形，矿物分别聚集成条纹、条带定向分布，但原岩结构尚可看出。主要组成矿物斜长石(平均为27%)、钾长石(平均为39%)均呈半自形粒状、板柱状不均匀定向分布，一般为0.5mm×0.25mm～2mm×1mm，个别钾长石可达5mm，斜长石具泥化及绢云母化，部分被钾长石包裹，钾长石可见格子双晶和显条纹结构；石英(平均为25%)呈他形粒状，不均匀定向分布，0.1～2mm，波状消光明显。次要矿物绢云母(平均为5%)为细小鳞片状；黑云母(平均为3%)呈片状，0.1～0.25mm，常与绢云母聚集在一起不均匀定向分布。少量副矿物磁铁矿为0.05～0.2mm的粒状，零星分布。

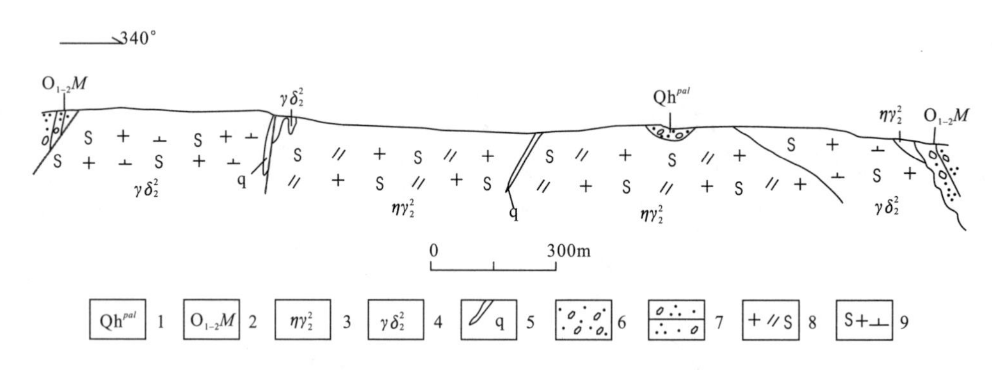

图3-19　阿克陶县阿孜拜勒迪阿孜别里地岩体实测剖面图

1.第四系全新统冲洪积层；2.下—中奥陶统玛列兹肯群；3、4.中元古代阿孜别里地岩体；5.石英脉；6.砂砾石层
7.厚—巨厚层状含砾粗中粒石英杂砂岩；8.片麻状细粒二长花岗岩；9.片麻状细粒花岗闪长岩

(3)岩石化学特征

两个花岗岩的化学分析样的化学成分及有关参数见表3-7，与黎彤(1962)的花岗岩相比，SiO_2含量相当，TiO_2、FeO及K_2O含量较高，其他成分偏低。K/Na=1.9～2.8，富钾，里特曼指数为2.17～1.88，属钙碱性系列，铝指数为1.002～1.076，属饱和铝型岩石。在R_1-R_2命名图(图3-15)上投点均落入正长花岗岩区。

(4)岩石地球化学特征

两个花岗岩的微量元素和稀土元素含量及有关参数分别见表3-8和表3-9。与花岗岩维氏值相比，Zr、Hf、Sc、V、Co、Th、W含量均偏高，而Sr、Cr含量偏低，其他元素接近。其地球化学型式见图3-16，与苏格兰马尔衰减陆壳花岗岩相似，与洋中脊花岗岩相比，岩石强烈富集K_2O、Rb、Ba、Th、Ta、Nb及Ce，曲线分别在Rb、Th及Ce处形成明显正异常。其稀土总量很高(476.42×10^{-6})，几乎是陈德潜(1982)花岗岩的2倍，具A型花岗岩特征，斜率$(La/Yb)_N=8.35$，较低，稀土配分模式(图3-20)为向右缓倾斜的轻稀土富集、重稀土平缓型，具较强的Eu负异常($\delta Eu=0.28$)，表示岩浆分异较好。

(5)成因及形成环境分析

片麻状细粒二长花岗岩在A-C-F分类图上投点落入S型花岗岩区。结合其矿物组合特征、岩石铝指数多大于1、钙碱性岩系等综合判断，其成因为壳源，属S型花岗岩。在Rb-Y+Ta和Rb-Yb+Ta图解(图3-18)上投点均落入火山弧花岗岩类区，在R_1-R_2构造环境分类图上投点均落入造山晚期花岗岩区。结合其地球化学型式及稀土配分模式具衰减陆壳性质综合判断，岩体形成的构造环境为大陆板块内部块体的碰撞。

(6)形成时代

根据前述接触关系可知，该岩体的时代早于奥陶纪玛列兹肯群，晚于蓟县纪桑株塔格群。本次

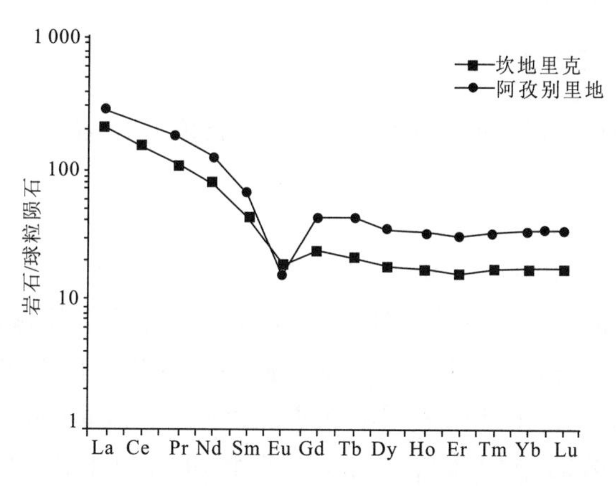

图 3-20　柯岗结合带北侧古岩体稀土配分模式

工作在阿孜拜勒迪村南近1.5km处在该岩体主体岩性中采集锆石U-Pb年龄样，经天津地质矿产研究所测试，获得上交点年龄为1 301±15Ma的结果，将其时代定为中元古代。

(二)加里东早期中性侵入岩

1.地质特征

该期侵入岩仅亚瓦勒克片麻状中斑细粒石英闪长岩1个岩体。该岩体位于阿克陶县库斯拉甫西亚瓦勒克一带，呈近南北向不规则状，向北出图，图内长11km，最宽4km，面积为27km^2，与周围地层多呈断层接触，局部侵入蓟县系桑株塔格群，被奥陶系玛列兹肯群或未分石炭系不整合覆盖。岩体近南北向片麻理清楚(西陡倾)，内有少量黑绿色辉长岩包体产出。

2.岩石学特征

岩性为片麻状中斑细粒石英闪长岩，呈浅灰色，斑状结构、基质半自形粒状结构，片麻状—定向构造。斑晶含量平均为20%，主要为斜长石，半自形板柱状，2cm×1.2cm～2.5cm×1.5cm，极少量石英。基质中主要矿物斜长石约30%，角闪石为15%～20%，石英为10%～15%，次要矿物钾长石为5%～7%，黑云母为3%～5%，粒径一般小于1.5mm。

3.岩石化学特征

岩石化学成分及有关参数见表3-7。其成分与黎彤(1962)的闪长岩基本一致，仅CaO及K_2O含量稍高，Fe_2O_3及FeO含量偏低。其碱性总量为4.96%，K/Na=1.48，富钾，里特曼指数为1.81，属钙碱性系列，铝指数为0.793，为低铝型岩石。在R_1-R_2命名图(图3-15)上投点落入闪长岩区。

4.成因及形成环境分析

在A-C-F分类图解上投点落入I型花岗岩区。结合其铝指数小于1、钙碱性岩系、TFeO/(TFeO+MgO)小于0.8、暗色矿物以角闪石为主综合判断，其成因为以幔源为主的壳幔混合源。在R_1-R_2构造环境分类图(图3-18)上其投点落入板块碰撞前的活动陆缘区，因此认为，其形成环境为塔里木陆块西南缘的仰冲带上。

5.形成时代

从上述接触关系可判定其形成晚于蓟县纪早于奥陶纪。新疆地质矿产局第二地质大队采获该岩体角闪石的 K - Ar 年龄(宜昌所测试)为 532Ma,将其时代定为加里东早期①。

(三)加里东中期中性侵入岩

该期侵入岩包括却帕勒克岩体和坎地里克岩体,总面积为 $33km^2$。

1. 地质特征

却帕勒克岩体位于阿克陶县库斯拉甫西却帕勒克一带,总体呈北北西向不规则菱形,北西向长 6km,北东向最宽 4.5km,面积为 $12km^2$。东部和南部侵入蓟县系桑株塔格群和奥陶系玛列兹肯群,北部及西部分别与未分石炭系、桑株塔格群及亚瓦勒克石英闪长岩体呈断层接触。岩体边部有较宽的细粒边,并具片麻状构造,由外向内岩石色调由灰褐色、灰黄色渐变为灰白色。坎地里克岩体位于莎车县坎地里克西南的阿依布隆一带,呈北北西向的不规则椭圆形,长 18.3km,最宽 3.2km,面积为 $21km^2$。岩体东部侵入奥陶系玛列兹肯群,接触面外倾,产状为 50°∠60°,南东端与蓟县系桑株塔格群呈断层接触,其余部位侵入中元古代托赫塔卡鲁姆岩体,接触面总体向外陡倾,具细粒化边,内部有不规则状细粒闪长质包体(10cm×25cm)和角闪石岩包体(1.1cm×1.5cm～5cm×9cm),并见数条平行分布宽约 20cm 的辉绿玢岩脉(产状为 335°∠75°),具稀有、放射性元素矿化及白钨矿化。

2. 岩石学特征

却帕勒克岩体岩性为灰白色中粒石英正长岩。坎地里克岩体具半同心环状构造,中心偏东,由外向内矿物粒度逐渐增大,依次为细粒黑云石英二长闪长岩、中斑中粒含黑云母石英正长岩、大斑粗粒含黑云母石英正长岩(图 3 - 21)。主要岩性的岩石学特征如下。

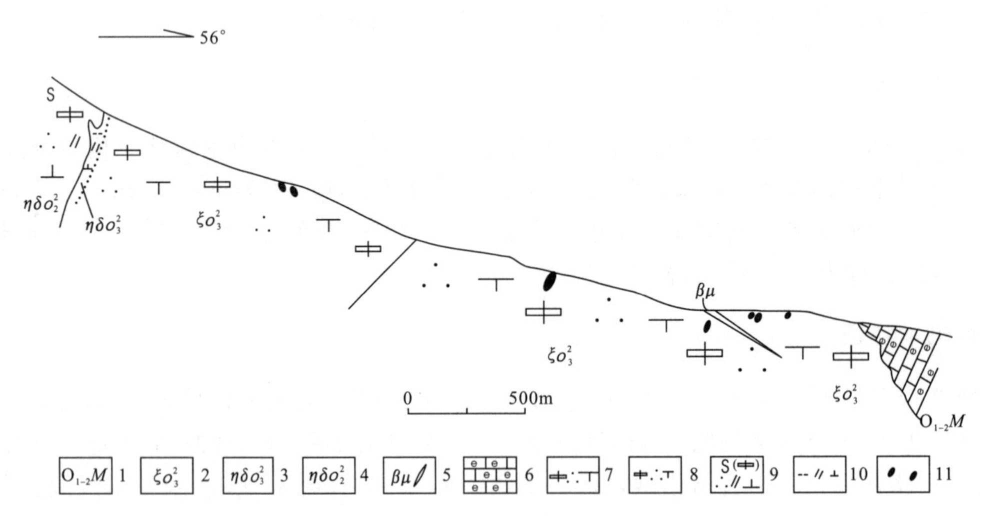

图 3 - 21 叶城县阿依布隆坎地里克岩体实测剖面图

1. 下—中奥陶统玛列兹肯群;2、3. 加里东中期坎地里克岩体;4. 中元古代托赫塔卡鲁姆岩体;5. 辉绿玢岩脉;6. 中层状含生物屑泥晶灰岩;7. 大斑粗粒石英正长岩;8. 中斑中粒石英正长岩;9. 片麻状含中斑中粒石英二长闪长岩;10. 中细粒黑云母二长闪长岩;11. 闪长质包体

(1)中粒石英正长岩

岩石呈灰白色,碎裂斑状结构、碎裂半自形粒状结构,定向构造。斑晶(较少)为条纹长石,呈半

① 新疆地质矿产局第二地质大队. 1∶50 万新疆南疆西部地质图、矿产图及说明书. 1985.

自形粒状、板柱状，4mm×1.5mm～6mm×4.5mm，微具定向。基质中微斜长石(主要)和条纹长石(平均为78%)、更长石(平均为9%)均呈半自形板柱状，0.5mm×0.5mm～3mm×1.5mm，更长石显细而密的聚片双晶，近平行消光，微斜长石(较少)显格子双晶；石英(平均为10%)他形粒状，0.05～0.3mm，不均匀定向分布。次要矿物褐色黑云母(平均为1.5%，0.05～0.3mm)和土状褐铁矿(平均为1%)多沿破碎处分布。副矿物磁铁矿微量，为0.1～0.2mm的粒状，零星分布。

(2)斑状含黑云母石英正长岩

岩石呈肉红色—玫瑰色，斑状结构、基质中—粗粒半自形粒状结构，块状构造(图版Ⅴ,6)。斑晶微斜条纹长石含量为20%以上，呈半自形板柱状，10mm×5mm～40mm×15mm，具卡式双晶和条纹结构，包裹有斜长石、石英、黑云母等矿物。基质矿物杂乱分布，钾长石(平均为47.8%)、斜长石(平均为16%)均呈半自形板柱状，2.5mm×1.5mm～5.5mm×3mm，斜长石部分显聚片双晶，An=23～27，系更长石，钾长石多为微斜条纹长石，具格子双晶及条纹结构，包裹斜长石等矿物；石英(平均为15.2%)呈他形粒状，0.8～8mm。次要矿物黑云母(平均为3%，0.3～2.5mm)多已变为绿泥石，不均匀分布。副矿物磁铁矿及榍石少量，多为0.05～1.5mm的粒状，个别榍石为菱形，多变为白钛矿。

3. 岩石化学特征

坎地里克岩体的化学成分及有关参数(表3-7)与黎彤(1962)的石英正长岩基本一致，仅TiO_2、CaO、K_2O含量略高，MnO及Na_2O含量略低，其SiO_2含量为71.44%～70.41%，Al_2O_3含量为13.21%～14.38%、碱总量为8.34%～7.62%，也与石英正长岩相当，K/Na=2.39～2.59，强烈富钾，里特曼指数为2.45～2.12，属钙碱性系列，铝指数为1.06～1.168，基本属饱和铝型岩石。在R_1-R_2命名图(图3-15)上投点均落入花岗闪长岩和正长花岗岩区。

4. 岩石地球化学特征

坎地里克岩体的微量元素和稀土元素含量及有关参数分别见表3-8和表3-9。与正长岩的维氏值相比，Ba、Zr、Hf、Mo、Ga低，Rb、Ta、Sc、Cr、Ni、Th、W和Be均偏高。其地球化学型式见图3-16，与斯凯尔加德衰减陆壳花岗岩相似。与洋中脊花岗岩相比，岩石强烈富集K_2O、Rb、Ba和Th，其他元素接近，分别在Rb和Th处出现明显正异常。

其稀土总量很高(304.1×10^{-6})，斜率$(La/Yb)_N=12.69$，稀土配分模式(图3-20)为向右缓倾斜的轻稀土富集、重稀土平坦型，$\delta Eu=0.54$，具中等Eu负异常。

5. 成因及形成环境分析

坎地里克岩体在A-C-F分类图上投点均落入S型花岗岩区。结合其铝指数大于1、属钙碱性岩系、TFeO/(TFeO+MgO)小于0.8、$\delta^{18}O=13.3‰$以及其矿物组合等特征综合判断，其成因为壳源，属S型花岗岩范畴。

坎地里克岩体在Rb-Y+Nb和Rb-Yb+Ta图解(图3-18)上投点分别落入板内和同碰撞花岗岩区，在R_1-R_2构造环境分类图上投点落于同碰撞花岗岩区。结合其地球化学型式和稀土配分模式综合判断，其构造环境为衰减大陆板块内部的碰撞环境。

6. 形成时代

由前述接触关系可知：两岩体的时代应晚于早—中奥陶世玛列兹肯群，新疆地质矿产局第二地质大队曾在坎地里克岩体中采获钾长石 Rb－Sr 测年值为 644Ma①，与地质特征不符。综合判断将两岩体的形成时代暂放入加里东中期。

（四）华力西晚期酸性侵入岩

1. 地质特征

该带本期侵入岩仅塔尔一个岩体，位于阿克陶县塔尔一色日克布隆一带，呈北西向不规则椭圆状岩株产出，长 17km，最宽 7km，面积为 68km²。岩体侵入蓟县系桑株塔格群、奥陶系玛列兹肯群、未分石炭系及中元古代阿克乔克英云闪长岩体中。外接触带热液蚀变-角岩化强烈。岩体内包体较发育，主要有 4 种：①围岩（变碎屑岩）捕虏体或残留顶盖，多见于岩体边部；②杏仁状安山岩及石英闪长岩捕虏体，多出露于岩体中部，安山岩已明显重结晶，局部与闪长岩过渡；③暗色微粒包体，以各种不规则形状（直径 2～30cm）分布于岩体中部；④深源包体，主要为辉石岩（包括少量辉长岩），出露于岩体中东部，呈北西向带状（线状）断续分布，岩石呈块状，中—粗粒为主。这些深源包体共同反映了一条大型构造边界的存在，向东南可与柯岗超镁铁质岩带（蛇绿岩带）断续相连。岩体中的后期岩脉（墙）有两种：①伟晶岩脉，较少出露；②辉绿岩墙，多呈近水平或缓倾斜状，宽度小于 1m，穿插于寄主岩中或伟晶岩脉中，主要出露于岩体的中西部，东部较少。它们均应是沿拉张（或张剪性）裂隙贯入所致。

2. 岩石学特征

该岩体的岩石类型较复杂，西部以中粒黑云母二长花岗岩和斑状细—中粒黑云二长花岗岩为主，东部以细—细中粒黑云正长花岗岩和斑状中细粒—中粒正长花岗岩为主（图 3－22）。

（1）中粒黑云母二长花岗岩

岩石呈灰白色，中粒花岗结构，块状构造。主要矿物斜长石（30％～35％）和钾长石（35％～40％）均呈半自形板柱状，2mm×1.3mm～3.5mm×1.7mm，杂乱分布，斜长石为更长石，个别显细而密并近平行消光的聚片双晶；钾长石个别颗粒可达 7.5mm×4mm，为似斑晶，主要为微斜长石，极个别为条纹长石，包裹斜长石；石英呈他形粒状，0～25％，0.1～5mm，具波状消光，不均匀分布。次要矿物黑云母呈褐色片状，5％～10％，0.2～1.8mm，不均匀分布；角闪石少量，呈绿色柱状，0.4mm×0.2mm～0.5mm×0.5mm，不均匀分布。副矿物磁铁矿（微量）为 0.05～0.1mm 的粒状；磷灰石（微量）为小柱状，均零星分布。

（2）斑状黑云二长花岗岩

岩石具似斑状结构、基质细粒—中粒花岗结构，块状构造。斑晶钾长石呈半自形板柱状，5％～30％，7mm×5mm～30mm×20mm，具格子及卡式双晶，系微斜长石，包裹斜长石、黑云母及石英等，少量为条纹长石，不均匀分布。基质中斜长石（30％）和钾长石（20％～35％）均呈半自形板柱状，0.5mm×0.4mm～3.5mm×2.3mm，杂乱分布，斜长石有的显聚片双晶，An＝24，系更长石；钾长石系微斜长石，包裹斜长石、黑云母并交代斜长石，在斜长石一侧形成蠕英石；石英呈他形粒状，20％～25％，0.5～4mm，不均匀分布。次要矿物黑云母呈褐色片状，含量为 5％，0.2～1mm。副矿物磁铁矿微量，为 0.1～0.25mm 的粒状，零星分布。

（3）黑云正长花岗岩

岩石具细粒—细中粒花岗结构，局部碎裂结构，块状构造，局部微显定向。主要矿物斜长石（20％～25％）和钾长石（50％～55％）多呈半自形板柱状，局部钾长石呈半自形粒状，0.1mm×

---

① 新疆地质矿产局第二地质大队. 1∶50 万新疆南疆西部地质图、矿产图及说明书. 1985.

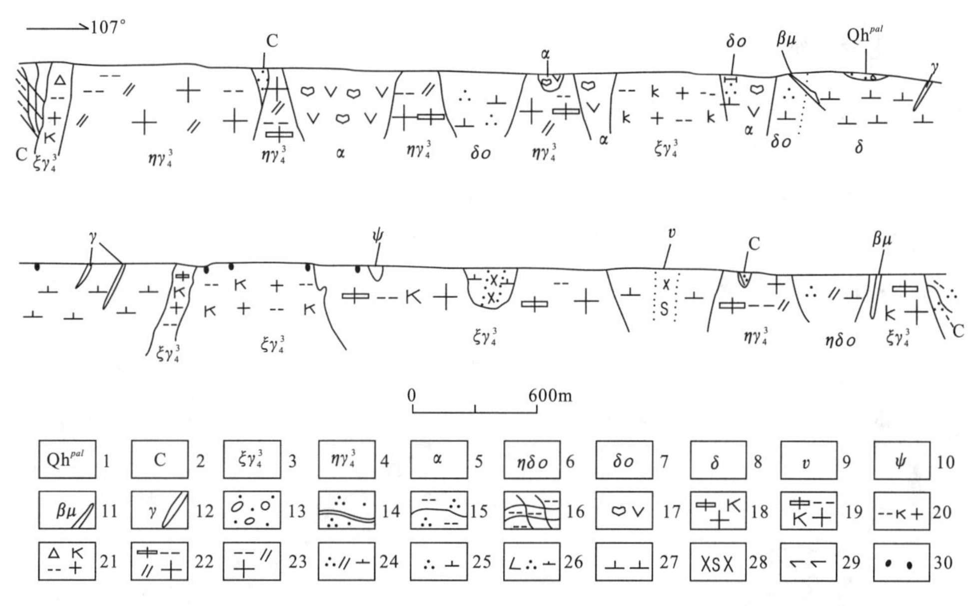

图 3-22　阿克陶县塔尔-巴巴喀合夏勒塔尔岩体实测剖面图

1. 第四系全新统冲洪积层；2. 未分石炭系；3、4. 印支晚期塔尔岩体；5. 安山岩；6. 细粒石英二长闪长岩；7. 石英闪长岩；8. 闪长岩；9. 辉长岩；10. 辉石岩；11. 辉绿玢岩脉；12. 花岗岩脉；13. 砂、砾石层；14. 变石英砂岩；15. 黑云石英片岩；16. 黑云母角岩；17. 杏仁状安山岩；18. 斑状中粒正长花岗岩；19. 斑状中粒黑云正长花岗岩；20. 细粒黑云正长花岗岩；21. 碎裂黑云正长花岗岩；22. 斑状中粒黑云二长花岗岩；23. 中粒黑云二长花岗岩；24. 细粒石英二长闪长岩；25. 中细粒石英闪长岩；26. 中细粒透辉石英闪长岩；27. 中粒闪长岩；28. 蚀变中粒辉长岩；29. 辉石岩；30. 微粒包体

0.5mm～3mm×1.5mm，杂乱分布，斜长石部分显聚片双晶，An＝25，系更长石；钾长石具格子双晶，系微斜长石，包裹斜长石等矿物；石英(20%)呈他形粒状，0.3～1.5mm，波状消光，不均匀分布。次要矿物黑云母(5%)为褐色片状，0.15～1mm，个别向绿泥石变化，不均匀分布。副矿物磁铁矿(微量)呈 0.05～0.3mm 的粒状，零星分布。

(4)斑状中粒正长花岗岩

岩石呈浅灰色—灰白色，具似斑状结构、基质细中粒—中粒花岗结构，块状构造。斑晶钾长石呈边缘不规则的半自形板柱状，2%～30%，8mm×4mm～15mm×10mm，具格子双晶及卡式双晶，为微斜长石，包裹斜长石及石英等矿物，不均匀分布。基质中斜长石(15%～20%)和钾长石(25%～60%)均呈半自形板柱状，2mm×1.2mm～5mm×2.3mm，斜长石个别显细而密平行消光的聚片双晶，An＝25，系更长石，少量具环带结构；钾长石显格子双晶系微斜长石，包裹并交代斜长石；石英呈他形粒状，20%～25%，0.5～4mm，个别具波状消光，裂纹发育，不均匀分布。次要矿物黑云母呈褐片状，3%～5%，0.2～1mm，个别向绿泥石变化，不均匀分布。副矿物磁铁矿(微量)呈 0.05～0.5mm 的粒状。

3. 岩石化学特征

岩体及其中变辉绿玢岩脉的岩石化学成分见表 3-7。其主体岩性的平均化学成分与黎彤(1962)的黑云母花岗岩相当，其 $w(SiO_2)$＝68.21%～75.21%，$w(Al_2O_3)$＝12.58%～15.69%，碱总量为 6.86%～8.92%，K/Na＝1.07～2.09，富钾，里特曼指数为 1.69～2.66，属钙碱性岩系，铝指数为 0.99～1.08，属铝饱和型岩石。辉绿玢岩脉的化学成分与辉长岩基本相当，属贫铝型的钙性富钠岩系。在 R_1－R_2 命名图(图 3-15)上，二长花岗岩类投点位于英云闪长岩和花岗闪长岩区；正长花岗岩类投点位于二长花岗岩和正长花岗岩区；辉绿玢岩脉投点位于辉长岩区。

4. 岩石地球化学特征

岩体及其辉绿玢岩脉的微量元素和稀土元素含量及有关参数分别见表3-8和表3-9。其主体岩性的微量元素含量与花岗岩维氏值基本相当，Hf、V、Co、Th、W含量偏高，Sr、Ta、Cr、Ni、Mo、Be及Se含量偏低；辉绿玢岩脉与辉长岩的维氏值相比，Rb、Ta、Hf、Sc、Th、W及Sn含量偏高，Ba、Nb、及Se含量偏低。其地球化学型式见图3-23，与智利活动大陆边缘火山弧花岗岩相似，与大洋中脊花岗岩相比，岩石强烈富集K_2O、Rb、Ba和Th，分别于Rb和Th处形成明显正异常。

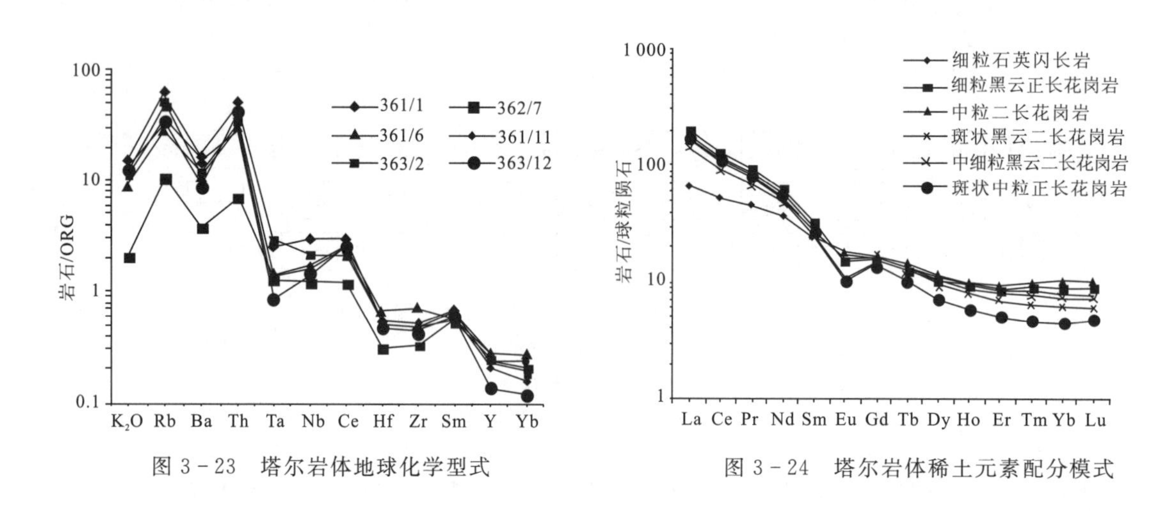

图3-23　塔尔岩体地球化学型式

图3-24　塔尔岩体稀土元素配分模式

稀土配分模式见图3-24，主体岩性的稀土总量（$186.6\times10^{-6}\sim252.7\times10^{-6}$）基本与陈德潜（1982）的花岗岩一致，斜率$(La/Yb)_N=16.56\sim36.97$，较大，$\delta Eu=0.5\sim0.81$，具中等Eu负异常，曲线为右缓倾的轻稀土富集、重稀土平坦型，辉绿玢岩脉的稀土总量（126.1×10^{-6}）接近陈德潜（1982）的中性岩，斜率$(La/Yb)_N=8.25$，$\delta Eu=0.9$，基本不存在Eu异常，曲线为向右缓倾斜的平滑曲线。

5. 成因及形成环境分析

塔尔岩体在A-C-F分类图解上投点均落入I、S型花岗岩分界线附近。结合主体岩性的岩石类型属富钾的铝饱和岩系及A/CNK略大于1、TFeO/(TFeO+MgO)平均为0.82(大于0.8)、暗色矿物以黑云母为主(极少量角闪石)、含较多铁镁质暗色包体等特征，与巴尔巴林的富钾钙碱性花岗岩相似，综合判断该岩体的成因系以壳源为主的壳源混合源。

在Rb-Y+Nb和Rb-Yb+Ta图解(图3-18)上，二长花岗岩投点落入火山弧花岗岩区，2个正长花岗岩样在Rb-Ta+Yb图上落入同碰撞花岗岩区；在R_1-R_2构造环境分类图中投点落入板块碰撞前—造山晚期范围内。结合上述地球化学型式和稀土配分模式综合判断，其构造环境为塔里木陆块边缘弧同碰撞环境。

6. 形成时代探讨

由前述接触关系可知，塔尔岩体侵入最晚的地质体为未分石炭系，无覆盖层，因此，其形成时代应晚于石炭纪，暂将其放入华力西晚期。

（五）脉岩

该带脉岩较发育，主要有侵入阿孜别里地岩体中的石英脉、侵入坎地里克岩体的辉绿玢岩脉、侵入塔尔岩体的花岗伟晶岩脉和辉绿玢岩脉(前已述)及侵入上石炭统阿孜干组中的辉绿岩墙。现以侵入于阿孜干组中的辉绿岩墙为例叙述。

1. 地质特征

该岩墙位于阿克陶县库斯拉甫东约12km的公路北西侧,走向近南北,向东陡倾,宽约15m,顺层侵位于石炭统阿孜干组浅灰白色砂岩中,后期裂隙发育。

2. 岩石学特征

岩石呈灰绿色,风化后呈褐色—褐黑色,具辉绿结构,块状构造。主要矿物斜长石(58%)呈半自形板柱状,0.6mm×0.1mm~1.5mm×0.4mm,显双晶,An=57,系拉长石,杂乱分布,构成三角架;紫苏辉石(20%)呈柱状,0.25mm×1.5mm~1mm×0.2mm,具辉石式解理;黑云母(20%)呈褐色片状,0.2~0.5mm,个别向绿泥石变化。副矿物磁铁矿(2%)呈0.1~0.3mm的粒状。

3. 岩石化学特征

化学成分及有关参数见表3-7,与黎彤的辉长岩相比,钙铁镁质高,总碱量低(3.11%),K/Na=0.3,极富钠质,A/CNK=0.647,属贫铝型岩石,里特曼指数为负值,属碱性岩系。在R_1-R_2命名图(图3-15)中落入橄榄辉长岩区;在QAPF图解中位于斜方辉石辉长岩区。

4. 岩石地球化学特征

微量元素及稀土元素含量及有关参数分别见表3-8和表3-9。微量元素与维氏基性岩相比,Rb、Zr、Ta、Hf、Sc、W、Be、Li、Se含量均偏高,Sr、Cr、Ni含量偏低,其他元素接近,地球化学型式与典型板内碱性玄武岩相似(图3-25)。稀土配分模式为向右微倾的近直线型(图3-26),稀土总量高(217.8×10^{-6}),斜率$(La/Yb)_N=5.93$,无Eu异常($\delta Eu=0.99$)。

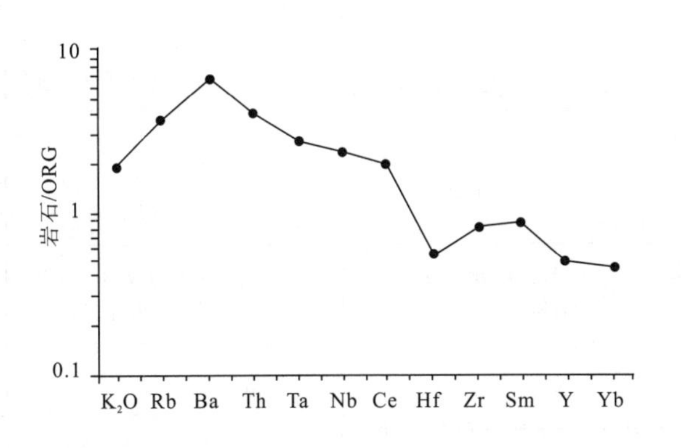

图3-25 阿孜干组中辉绿岩墙地球化学型式

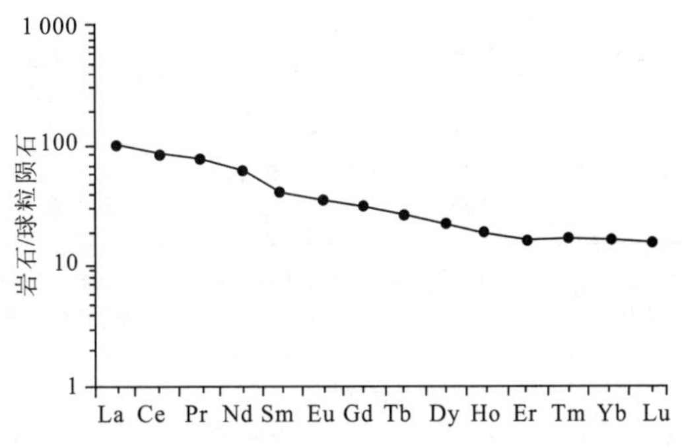

图3-26 阿孜干组中辉绿岩墙稀土配分模式

5. 形成环境及时代

该岩墙在Rb-Y+Nb和Rb-Yb+Ta图解(图3-18)上投点分别落入靠近火山弧和洋中脊的板内岩石组合区。结合其地球化学型式和稀土配分模式以及其侵位于上石炭统阿孜干组中综合判定,其为陆内沿构造裂隙侵位,形成时代也可能为二叠纪,与棋盘组中发育的基性火山岩为同期产物。

二、西昆仑中带中酸性侵入岩

该侵入岩位于柯岗结合带与瓦恰-康西瓦结合带之间，组成了西昆仑造山带的主体，岩浆侵入活动非常强烈，共有21个岩体，总面积达3 542 km²(占全区中酸性侵入岩的44.67%)，以中酸性侵入岩为主，次为酸性侵入岩，极少量碱性侵入岩(表3-10)。侵入期以加里东期为主，次为华力西期和印支期，新元古代、燕山期和喜马拉雅期微弱。

表3-10 西昆仑中带中酸性侵入岩简表

期次	代号	岩体名称	面积(km²)	形态	岩石名称	结构	构造	接触关系	同位素年龄(Ma)	岩体位置
喜山期	$\eta\gamma_6$	瓦恰北东岩体	2.7	北西向北宽的刀形	细粒二长花岗岩	细粒花岗	块状	侵入O—S、C_2	U-Pb(Zr) 55.7	瓦恰北东5km沟两侧
燕山早期	$\eta\gamma_5^2$	半的北东岩体	3.3	北西向半椭圆形	细粒二长花岗岩	细粒花岗	块状	侵入O—S，南西与Pt_1B.呈断层接触		塔县半的北东1.5km
		三代大坂岩体	70	北西向不规则椭圆形	细粒二长花岗岩	细粒花岗	块状	侵入大同西岩体、苏特开什岩体，内有C_2残留顶盖		叶城县三代大坂及其周围
印支期	$\eta\gamma_5^1$	慕士塔格岩体	745	图内呈东宽西窄的不规则三角形(岩基)	斑状(细)—中粒黑云二长花岗岩	似斑状、中—细粒花岗	块状 | 定向	侵入O—S、Pt_1B.	U-Pb(Zr) 212±0.2～204.3	恰克马克北-巴尔大隆—科科什老克西，北延出图
	$\gamma\delta_5^1$	克克迭巴岩体	16	呈近南北向靴状	灰色中粒花岗闪长岩	中粒花岗	块状	侵入C_2、O—S		叶尔羌河大转弯克克迭巴一带
	$\delta o-\gamma o_5^1$	卡拉塔什岩体	14	不规则枝叉状，子弹头状	细粒石英闪长岩-英云闪长岩	细粒花岗、细粒半自形粒状	块状	侵入C_2、Pt_1B.，与O—S呈断层接触，K_1X及Q不整合其上，并将岩体隔断	U-P(Zr) 230	塔县的卡拉塔什及皮下尼牙提大坂
	δo_5^1	半的南东岩体	19.5	北西向长带状，中间断层错开	细粒石英闪长岩	细粒半自形粒状	块状、定向	周围以断层围限与O—S、Pt_1B.接触，南东被Q覆盖		塔县半的南东—瓦恰北东
华力西晚期	ξo_4^3	苏特开什岩体	3.8	北西向不规则菱形	中粒角闪石英正长岩、中粗粒透辉正长岩	中—中粗粒半自形粒状	块状	侵入大同西岩体，东被三代大坂岩体侵入吞噬。		叶城县西河休乡苏特开什一带
	$\eta\gamma_4^3$	吐普休岩体	2.5	近南北向椭圆形岩滴	细粒白云母二长花岗岩	细粒花岗粒状变晶	块状 | 片麻状	侵入大同西岩体		叶城县西河休乡库浪那古河西的吐普休
		安大力塔克岩体	260	北西宽，南东窄的楔状	(斑状)中粗粒黑云二长花岗岩	似斑状，中粒中粗粒花岗	块状	侵入O—S、C_2及大同西岩体		看因力克达坂—康大达坂—阳给达坂南东
		阿尕阿孜山岩体	165	图内为不规则蛇曲状延绵近40km，宽0.4～10km(岩基)	(斑状)细中粒二长花岗岩	似斑状、细中粒花岗岩	块状	侵入Pt_2K.、C_2、Pt_1B.及大同西岩体，被K_1X不整合覆盖	区域上K-Ar(Kf) 278、274	塔县皮勒—叶城县阿尕孜山，南延出图
		丘克苏岩体	18(区域178)	呈近东西向展布的带状，长49km，最宽9km。	斑状中粒黑云二长花岗岩、细—中粒花岗闪长岩	似斑状、细中粒花岗	块状	侵入Pt_2K.、尤仑岩体和雀普河岩体		叶城县西河休乡塔阿其北，向东进入叶城县幅
		哈马肉孜岩体	60	近南北向不规则哑铃形	斑状细粒二长花岗岩	细粒花岗、斑状	块状	西部及北端侵入空巴克岩体，东部侵入大同西岩体		牙给给克达坂西—赛帕勒乔克东
	$\delta o-\eta\delta o_4^3$	空巴克岩体	32	近南北向不规则带状	细中粒黑云石英闪长岩-黑云石英二长闪长岩	细中粒半自形粒状、糜棱	定向 | 片麻状	侵入O—S及大同西岩体，东部被哈马肉孜岩体侵入吞噬		北部出图，向南延至空巴克南约3km

续表 3-10

期次	代号	岩体名称	面积(km^2)	形态	岩石名称	结构	构造	接触关系	同位素年龄(Ma)	岩体位置
加里东中期	$\eta\delta o_3^2$	苏特曼岩体	2.8	北西向哑铃形	斑状中粒石英二长闪长岩	斑状、基质中粒半自形粒状	块状	侵入 Pt_2K.,北西端断层切割		叶城县西河休乡苏特曼的雀普河东西两侧
		雀普河岩体	37(区域55)	北西向不规则长透镜状,北西部被后期岩体隔断	细中粒石英二长闪长岩	细中粒半自形粒状	块状	侵入 Pt_2K.,被丘克苏岩体侵入吞噬、隔断		叶城县西河休乡素尼—塔阿其的雀普河两岸,向东出图
	$\gamma\delta$-$\eta\delta o_3^2$	大同西岩体	1 959(区域2 130)	北西向不规则带状岩基,长103km,宽10～25km	(石英)闪长岩、(斑状)中粒石英二长闪长岩,中粒花岗闪长岩、石英二长岩	斑状、中粒花岗、中粒半自形粒状	块状、定向|片麻状	侵入 PtK.、O—S,被安大力塔克、空巴克、哈马肉孜、阿尕阿孜山等岩体侵入,与 C、$O_{1-2}M$、K_1X 多呈断层接触。	U-Pb(Zr)480.43±5	塔什库尔干河北侧,向南东经叶尔羌河至克拉达坂,并向东进入叶城县幅
加里东早期	$\eta\delta o_3^1$	尤仑岩体	25(区域172)	近东西向不规则带状	中斑中粒石英二长闪长岩、细粒石英闪长岩	似斑状、基质细中—中粗半自形粒状	块状、定向|片麻状	侵入 Pt_2K.,被丘克苏岩体侵入吞噬		叶城县奎乃西北东,向东进入叶城县幅
新元古代	$\eta\gamma_2^3$	塔达塔克岩体	39	北西向长带状,长21.5 km,最宽2.8km	(斑状)中粒黑云二长花岗岩	似斑状、中粒花岗	块状|片麻状	侵入 Pt_2K,东端被山前断裂截切		亚勒奥孜提特厄格勒—乌吉鲁克一带
	γo_2^3	库鲁克-良加尔岩体	6	北西向长条形脉状	片麻状英云闪长岩片麻状石英闪长岩	半自形粒状、鳞片粒状变晶	块状|片麻状	侵入 Pt_2K.		大同东坎达拉克其—赞达嘎勒一带
元古宙	$\gamma\delta$-$\eta\delta o_2$	血诺亚特岩体	61	近东西向不规则矩形	片麻状细粒石英二长闪长岩-片麻状细粒花岗闪长岩	细粒花岗、细粒半自形粒状	片麻状	受断裂围限于大同西岩体中,东南部侵入 Pt_2K.		叶城县西河休乡血诺亚特一带

(一)新元古代中酸性侵入岩

该期侵入岩仅库鲁克-良加尔和塔达塔克 2 个岩体,总面积为 45km^2,位于柯岗结合带西南侧边缘。

1. 地质特征

库鲁克-良加尔岩体分布于大同东坎达拉克其—赞达嘎勒一带,呈北西向长条状,长 7.5km,最宽处 1.5km,面积为 6km^2。侵入中元古界库浪那古岩群,接触面向南西中等倾斜,外接触带接触变质明显,并有岩枝插入,内接触带多有地层捕虏体。岩体中脉岩主要为细粒花岗岩和含电气石花岗伟晶岩,包体主要为库浪那古岩群片岩、片麻岩的捕虏体和斜长角闪岩暗色包体。岩体定向组构发育,岩性为片麻状石英闪长岩和片麻状英云闪长岩。

塔达塔克岩体位于棋盘河上游的亚勒奥孜提特厄格勒—乌吉鲁克一带,呈北西向长带状,长 21.5km,最宽处 2.8km,面积为 39km^2。侵入中元古界库浪那古岩群,接触面向外陡倾,东端被西昆仑山前断裂所截。岩体具有分带性,中心带偏中北部,为斑状中粒黑云二长花岗岩,其余为细中粒黑云二长花岗岩,二者间为脉动接触关系。

2. 岩石学特征

(1)(片麻状)细中粒石英闪长岩

岩石具细中粒半自形粒状结构,局部碎裂结构,定向—片麻状构造,局部块状构造。主要矿物斜长石(60%～75%)呈半自形板柱状,1mm×1mm～3mm×1.5mm,杂乱—定向分布,多具聚片双晶,有不同程度的钠黝帘石化,An=28～37,以中长石为主。次要矿物角闪石(少量～30%)呈柱状,0.5mm×0.25mm～3mm×1.2mm,不均匀分布,$C\wedge N_g=20°～25°$;石英(5%～10%)呈他形粒状,0.1～1.5mm,不均匀分布;黑云母(少量～10%)呈片状,0.2～1.6mm,不均匀定向分布,个别已变为绿泥石；绿帘石(0～30%)呈柱状，(0.25～0.8)mm×0.3mm，不均匀分布。少量副矿物磁铁矿为0.05～0.2 mm的柱状，零星分布。

(2)片麻状细中粒英云闪长岩

岩石具残余花岗结构、鳞片粒状变晶结构，片麻状构造。组成矿物斜长石(65%～70%)、钾长石(0～5%)、石英(10%～20%)多呈不规粒状(个别长石呈半自形板柱状)，0.2～2.5mm，不均匀定向分布。个别斜长石显聚片双晶，An=27，系更长石；钾长石微显条纹结构系反条纹长石。黑云母(10%～20%)呈褐色片状，0.1～0.5mm，不均匀定向分布于长英矿物粒间，副矿物磁铁矿及榍石微量。

(3)细中粒黑云二长花岗岩

岩石具细中粒花岗结构、糜棱结构，定向—条纹条带构造。主要矿物成分钾长石为50%，斜长石为25%，石英为20%，黑云母为5%。副矿物磁铁矿微量。粒状矿物多呈不规则状，0.25～3.5mm，钾长石中条纹结构发育，部分显格子双晶。黑云母多已变成了绿泥石。

(4)斑状中粒黑云二长花岗岩

岩石具似斑状结构、中粒花岗结构，块状—定向构造。斑晶钾长石(5%～30%)呈半自形板柱状，5mm×8mm，卡式双晶明显。基质中斜长石(约40%)、钾长石(5%～30%)均呈半自形板柱状，2mm×1mm～3mm×2mm，杂乱分布，斜长石被钾长石包裹，部分显聚片双晶，双晶纹细而密并近平行消光，为更长石；钾长石部分显格子双晶，为微斜长石；石英(约20%)为他形粒状，0.25～0.5mm，常聚集不均匀分布；黑云母(5%)大都析铁变成了绿泥石，0.25～1mm，不均匀分布。副矿物磁铁矿微量。沿裂隙有方解石、绿帘石、石英细脉充填。

3.岩石化学特征

两岩体的化学成分及有关参数见表3-11。库鲁克-良加尔岩体英云闪长岩的化学成分与黎彤(1962)的花岗岩相当，仅MgO、CaO及P_2O_5含量偏高，Fe_2O_3、MnO、K_2O含量偏低，其碱总量为5.98%，K/Na=0.73，富钠，里特曼指数为1.31，属钙碱性岩系，铝指数为0.957，属低铝型岩石；塔达塔克岩体二长花岗岩的化学成分与黎彤(1962)的花岗闪长岩相当，仅Fe_2O_3、MnO、MgO及K_2O含量略低，其碱总量为5.93%，K/Na=0.53，同样富钠，里特曼指数为1.42，仍属钙性岩系，铝指数为1.009，为铝饱和型岩石。在R_1-R_2命名图(图3-27)上投点，二者均落入花岗闪长岩区。

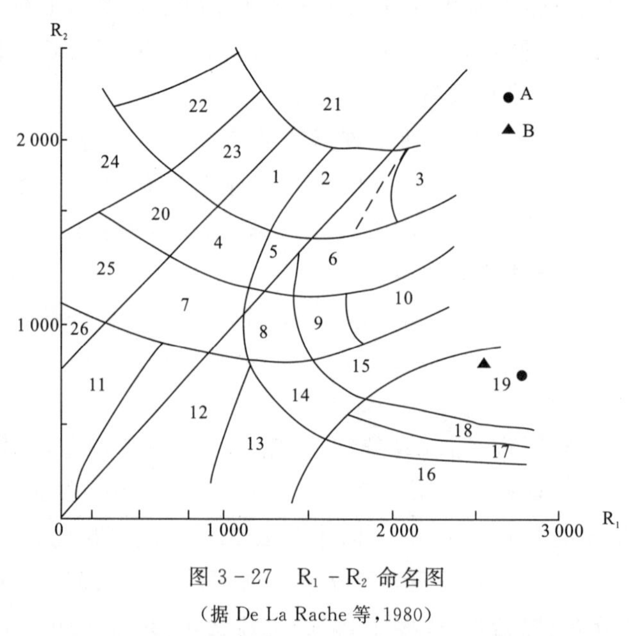

图3-27 R_1-R_2命名图

(据De La Rache等，1980)

19.花岗闪长岩；A.塔达塔克岩体；B.库鲁克-良加尔岩体

表 3-11　西昆仑中带侵入岩的化学成分(%)及有关参数

岩体	样号	岩性	SiO_2	TiO_2	Al_2O_3	Fe_2O_3	FeO	MnO	MgO	CaO	Na_2O	K_2O	P_2O_5
慕士塔格	GS344/4	*细粒闪长岩(包体)	52.77	1.12	16.51	1.96	7.45	0.19	4.09	7.64	2.66	2.58	0.33
	GS1140-1		48.70	0.97	16.87	2.00	7.75	0.15	6.92	10.91	2.27	1.55	0.25
	GS1141-1	黑云二长花岗岩(脉)	73.39	0.26	13.11	0.74	1.72	0.05	0.51	1.96	3.49	4.09	0.05
	GS345/3	细粒二长花岗岩	75.43	0.17	12.53	0.48	1.17	0.04	0.25	1.07	2.70	5.53	0.04
	GS1138-2		77.38	0.06	12.08	0.32	0.35	0.01	0.11	0.79	3.10	5.28	0.02
	GS1141-2	黑云二长花岗岩	66.06	0.57	14.38	1.30	3.85	0.12	1.45	4.16	3.44	3.14	0.15
	GS1143-1		72.50	0.26	13.45	0.49	2.15	0.06	0.60	2.33	3.50	3.79	0.07
	GS345/1	*细粒黑云二长花岗岩	70.84	0.39	13.87	0.89	2.60	0.08	0.63	2.47	3.24	4.02	0.09
	GS343/4	*花岗闪长岩	67.54	0.52	15.00	1.34	3.45	0.11	0.80	3.79	3.91	2.16	0.16
	GS344/1		76.22	0.26	12.02	0.49	1.58	0.07	0.44	1.82	2.67	3.56	0.04
	GS1139-1	英云闪长岩	66.06	0.47	15.56	1.84	3.52	0.16	0.69	3.45	4.55	2.57	0.10
	GS1138-4	*石英二长闪长岩	71.95	0.38	13.60	0.59	2.42	0.05	0.77	2.45	3.17	3.72	0.07
	GS1138-3		67.68	0.51	15.05	0.92	3.65	0.11	0.82	3.01	4.05	3.19	0.14
	⊙ MS-1	*石英闪长岩	58.95	0.43	18.18	1.23	2.87	0.11	3.20	4.70	3.80	2.93	
卡拉塔什	GS278-5	中粒英云闪长岩	67.84	0.38	14.22	1.80	3.37	0.12	1.50	4.89	3.17	0.84	0.07
	GS279-5	细粒闪长岩	53.50	0.47	16.45	1.51	4.43	0.12	6.67	11.18	3.37	0.35	0.07
半的南东	GS7560-1	糜棱岩化英云闪长岩	74.85	0.23	12.66	1.18	1.62	0.07	0.54	2.48	4.28	0.92	0.04
吐普休	GS2037/1	白云母二长花岗岩	75.00	0.15	13.74	1.86	0.48	0.04	0.65	0.44	0.30	4.63	0.04
安大力塔克	GS2595-1	含斑黑云二长花岗岩	75.96	0.15	12.17	0.54	1.18	0.03	0.27	0.61	2.80	5.06	0.03
	GS2675-东1	中斑中粒二长花岗岩	72.99	0.23	13.41	0.38	1.57	0.23	0.44	2.19	3.24	4.14	0.06
阿尕阿孜山	⊙⊙HX39	二长花岗岩	74.90	0.12	12.81	0.92	0.98	0.044	0.44	1.10	3.46	4.77	0.033
	⊙⊙HX40		74.79	0.12	12.80	0.88	1.05	0.044	0.45	1.03	3.47	4.79	0.031
	⊙⊙HX44		70.69	0.26	14.59	0.94	1.97	0.055	0.49	1.91	4.09	3.93	0.073
	⊙⊙HX45		71.14	0.24	14.04	0.86	1.63	0.05	0.69	1.29	4.12	4.17	0.067
	⊙⊙KIIQY37		74.74	0.19	13.59	0.47	1.89	0.06	0.38	1.64	3.15	4.21	0.05
	GS2156/1	中斑中粒二长花岗岩	74.54	0.18	13.49	0.28	0.93	0.05	0.29	1.06	3.39	4.88	0.06
	GS1168/1	细中粒二长花岗岩	74.38	0.16	13.30	0.48	1.07	0.09	0.26	1.73	3.14	4.47	0.04
丘克苏	⊙	二长花岗岩	73.67	0.14	13.21	0.20	1.84	0.07	0.36	1.47	3.49	4.12	
	GS107/1	斑状二长花岗岩	73.29	0.28	12.89	0.77	1.48	0.05	0.31	0.98	2.93	5.62	0.07
	GS106/1	细粒花岗闪长岩	72.52	0.23	14.55	0.13	1.20	0.04	0.51	1.33	3.78	4.01	0.03
哈马肉孜	GS1148-1	细粒二长花岗岩	73.82	0.19	13.81	0.71	0.55	0.04	0.36	1.64	3.97	3.96	0.03
空巴克	GS1147-1	黑云石英闪长岩	56.97	0.76	16.53	3.54	4.08	0.16	3.17	7.24	3.01	2.31	0.24
大同西侧	GS2572-3	斑状角闪正长岩	60.52	0.73	17.29	2.09	2.18	0.10	1.28	4.96	3.83	5.41	0.25
	⊙36	花岗闪长岩	62.99	0.56	15.55	2.19	3.45	0.10	2.66	4.95	2.64	3.85	
	⊙		62.80	0.61	15.64	2.11	3.23	0.10	2.50	4.89	2.44	3.74	0.22
	GS125/1	石英二长闪长岩	69.40	0.28	13.92	2.28	2.87	0.11	0.42	1.95	4.62	3.01	0.05
	GS124/1		76.80	0.14	11.84	0.38	1.03	0.03	0.30	0.75	3.40	4.45	0.02
	GS126/1		77.11	0.13	11.87	0.31	1.03	0.03	0.19	0.53	3.30	4.72	0.01
	GS2579-3		68.26	0.47	13.78	1.71	1.93	0.08	1.45	3.80	2.63	4.17	0.19
	GS1150-1		60.32	0.71	15.60	3.20	2.75	0.12	2.45	5.32	3.72	3.83	0.37
	GS2566-1	*石英二长闪长岩	61.20	0.51	16.23	1.57	3.37	0.11	2.49	5.91	2.59	3.93	0.29
	GS5242-南1	细粒石英闪长岩	74.81	0.16	13.47	0.35	0.68	0.03	0.23	1.76	3.08	4.41	0.03
	GS2580-5	细粒闪长岩	53.95	0.63	9.86	2.34	6.13	0.20	8.20	11.05	1.59	3.42	0.50
尤仑	GS113/1	*细粒花岗闪长岩	66.80	0.55	13.87	2.88	1.97	0.09	1.66	3.79	2.22	4.37	0.18
	GS110/1	斑状石英闪长岩	56.05	1.00	15.60	5.75	3.13	0.17	3.26	7.25	2.51	2.45	0.47
塔达塔克	⊙68	*二长花岗岩	67.76	0.50	15.77	0.66	2.98	0.03	1.43	3.88	3.83	2.10	
库鲁克-良加尔	GS238-34	*细粒花岗岩	70.28	0.30	14.52	0.26	1.87	0.04	1.29	3.72	3.45	2.53	0.08

续表 3-11

岩体	样号	岩性	H_2O^+	CO_2	Lost	总量	*A*	KNa	*σ*	A/CNK	Mg#	R_1	R_2
慕士塔格	GS344/4	* 细粒闪长岩(包体)	2.11	0.37	0.59	100.37	5.24	0.97	2.81	0.784	49.46	1 678.8	1 349.6
	GS1140-1		1.53		0.59	100.46	3.82	0.68	2.56	0.668	61.42	1 781.6	1 845.8
	GS1141-1	黑云二长花岗岩(脉)	0.48		0.22	100.07	7.58	1.17	1.89	0.955	34.58	2 618.8	493.6
	GS345/3	细粒二长花岗岩	0.43	0.02	0.25	100.11	8.23	2.05	2.09	1.013	27.59	2 723.2	373.8
	GS1138-2		0.27		0.31	100.08	8.38	1.70	2.04	0.986	35.91	2 799.4	327.2
	GS1141-2	黑云二长花岗岩	0.81		0.71	100.14	6.58	0.91	1.88	0.865	40.17	2 288.2	802.5
	GS1143-1		0.50		0.35	100.05	7.29	1.08	1.80	0.954	33.22	2 620.3	544.6
	GS345/1	* 细粒黑云二长花岗岩	0.61	0.08	0.46	100.27	7.26	1.24	1.89	0.979	30.17	2 522.2	569.9
	GS343/4	* 花岗闪长岩	0.84	0.12	0.59	100.33	6.07	0.55	1.50	0.958	29.25	2 460.3	742.5
	GS344/1		0.66	0.02	0.40	100.25	6.23	1.33	1.17	1.040	33.18	3 232.2	454.3
	GS1139-1	英云闪长岩	0.73		0.36	100.06	7.12	0.56	2.20	0.941	25.90	2 025.8	713.1
	GS1138-4	* 石英二长闪长岩	0.64		0.34	100.15	6.89	1.17	1.64	0.993	36.20	2 703.8	568.5
	GS1138-3		0.07		0.23	99.43	7.24	0.79	2.12	0.966	28.60	2 184.7	661.0
	⊙MS-1	* 石英闪长岩				96.4	6.73	0.77	2.84	1.012	66.53	1 769.1	1 021.4
卡拉塔什	GS278-5	中粒英云闪长岩	1.59	0.06	1.16	101.01	4.01	0.26	0.65	0.947	44.25	3 045.7	879.9
	GS279-5	细粒闪长岩	1.84	0.10	1.58	101.64	3.72	0.10	1.32	0.627	72.86	2 109.6	1 853.2
半的南东	GS7560-1	糜棱岩化英云闪长岩	0.92	0.08	0.71	100.58	5.20	0.21	0.85	1.009	37.28	3 168.2	542.4
吐普休	GS2037/1	白云母二长花岗岩	2.32	0.21	2.60	102.46	4.93	15.43	0.76	2.180	70.71	3 741.8	350.0
安大力塔克	GS2595-1	含斑黑云二长花岗岩	0.91	0.10	0.95	100.76	7.86	1.81	1.87	1.088	28.97	2 831.5	318.2
	GS2675-东1	中斑中粒二长花岗岩	0.98	0.16	0.99	101.01	7.38	1.28	1.82	0.972	33.32	2 683.3	525.7
阿孕阿孜山	⊙⊙HX39	二长花岗岩				99.577	8.23	1.38	2.12	0.997	44.46	2 591.3	392.0
	⊙⊙HX40					99.455	8.26	1.38	2.15	1.003	43.31	2 574.8	384.9
	⊙⊙HX44					98.998	8.02	0.96	2.32	1.009	30.72	2 251.4	516.4
	⊙⊙HX45					98.297	8.29	1.01	2.44	1.030	43.01	2 226.8	449.1
	⊙⊙KIIQY37					100.37	7.36	1.34	1.71	1.069	26.39	2 805.4	462.6
	GS2156/1	中斑中粒二长花岗岩	0.63	0.08	0.48	100.34	8.27	1.44	2.17	1.055	35.73	2 582.2	393.8
	GS1168/1	细中粒二长花岗岩	0.58	0.12	0.57	100.39	7.61	1.42	1.85	1.012	30.23	2 747.7	461.4
丘克苏	⊙	二长花岗岩				98.57	7.61	1.18	1.89	1.026	25.86	2 644.0	436.2
	GS107/1	斑状二长花岗岩	1.02	0.15	0.91	100.75	8.55	1.92	2.41	1.016	27.19	2 459.1	374.5
	GS106/1	细粒花岗闪长岩	1.11	0.12	0.96	100.52	7.79	1.06	2.06	1.121	43.11	2 507.2	454.1
哈马肉孜	GS1148-1	细粒二长花岗岩	0.68		0.59	100.35	7.93	1.00	2.04	1.001	53.85	2 542.7	465.3
空巴克	GS1147-1	黑云石英闪长岩	1.63		1.26	100.9	5.32	0.77	2.03	0.802	58.08	1 961.6	1 260.7
大同西侧	GS2572-3	斑状角闪正长岩	0.77	0.08	0.47	99.96	9.24	1.41	4.87	0.817	51.14	1 273.2	936.2
	⊙36	花岗闪长岩				98.94	6.49	1.46	2.11	0.888	57.89	2 191.2	969.5
	⊙				1.58	99.86	6.18	1.53	1.93	0.923	57.98	2 281.9	956.9
	GS125/1	石英二长闪长岩	0.74	0.15	0.53	100.33	7.63	0.65	2.21	0.967	20.69	2 133.0	505.6
	GS124/1		0.58	0.08	0.35	100.15	7.85	1.31	1.82	1.006	34.18	2 825.3	328.2
	GS126/1		0.53	0.06	0.31	100.13	8.02	1.43	1.89	1.032	24.75	2 820.5	299.8
	GS2579-3		1.18	0.08	0.90	100.63	6.80	1.59	1.83	0.875	57.26	2 527.8	751.1
	GS1150-1		1.27		0.93	100.59	7.55	1.03	3.29	0.783	61.37	1 624.7	1 000.2
	GS2566-1	* 石英二长闪长岩	1.47	0.08	1.09	100.84	6.52	1.52	2.34	0.843	56.85	2 090.3	1 077.3
	GS5242-南1	细粒石英闪长岩	0.66	0.08	0.59	100.34	7.49	1.43	1.76	1.033	37.62	2 825.7	464.8
	GS2580-5	细粒闪长岩	1.43	0.45	1.18	100.93	5.01	2.15	2.29	0.373	70.46	1 982.1	1 788.2
尤仑	GS113/1	* 细粒花岗闪长岩	1.30	0.10	0.93	100.71	6.59	1.97	1.82	0.908	60.04	2 496.7	762.5
	GS110/1	斑状石英闪长岩	1.90	0.17	1.55	101.26	4.96	0.98	1.89	0.782	65.00	2 009.4	1 248.3
塔达塔克	⊙68	* 二长花岗岩				98.94	5.93	0.55	1.42	1.009	46.11	2 548.0	796.3
库鲁克-良加尔	GS238-34	* 细粒花岗岩	0.79	0.65	1.14	100.92	5.98	0.73	1.31	0.957	55.15	2 796.8	748.0

数据来源:⊙王元龙等(2000);⊙⊙丁道桂等(1996);* 岩石具片麻状构造

4. 岩石地球化学特征

库鲁克-良加尔岩体英云闪长岩的微量元素和稀土元素含量及有关参数分别见表 3-12 和表 3-13。其微量元素与维氏花岗岩相比，Hf、Sc、V、Co、Ni 及 W 含量偏高，Zr、Nb、Ta、Sn、Mo、Be 含量偏低，$Rb/Sr=0.44$，$K/Rb=14.67$。相对洋中脊花岗岩其 K_2O、Rb、Ba 及 Th 含量高，Hf 及以后元素亏损(图3-28)，总体与智利活动大陆边缘火山弧花岗岩相似。其稀土配分模式(图 3-29)为轻稀土富集向右缓倾的平滑曲线，稀土总量为 149.6×10^{-6}，与陈德潜(1982)的中性岩相当，斜率 $(La/Yb)_N=22.61$，$\delta Eu=0.82$，具轻微的 Eu 负异常。

表 3-12　西昆仑中带侵入岩的微量元素含量($\times10^{-6}$)及有关参数

岩体	样号	岩性	Rb	Sr	Ba	Zr	Nb	Ta	Hf	Sc	V	Cr	Co	Ni
慕士塔格	WL344/4	* 细粒闪长岩(包体)	100	385	536	145	13	0.50	3.2	21	146	74	27	23
	WL1140-1		80.2	290	179	119	10.4	<0.5	2.6	28.0	176.8	155.5	29.3	47.5
	WL1141-1	二长花岗岩(脉)	188.4	132	515	176	13.4	1.1	4.5	4.6	18.6	6.3	22.6	3.7
	WL345/3	细粒二长花岗岩	215	67	214	158	13	1.4	4.7	2.1	9.3	8.8	28	2.6
	WL1138-2		194.3	30	77	76	8.0	0.7	3.2	1.6	5.2	4.1	24.0	3.8
	WL1141-2	黑云二长花岗岩	151.7	220	514	206	19.5	1.6	5.0	8.6	54.8	12.3	14.4	5.1
	WL1143-1		178.7	168	474	135	14.4	1.3	4.5	3.9	22.6	7.7	16.6	4.5
	WL345/1	* 细粒黑云二长花岗岩	156	190	624	192	13	1.3	5.1	6.0	29	5.3	30	3.9
	WL343/4	* 花岗闪长岩	74	336	1 033	292	13	1.0	7.3	15	36	14	16	8.0
	WL344/1		157	113	287	123	16	1.8	4.2	4.8	28	11	22	7.6
	WL1139-1	英云闪长岩	76.0	249	984	369	13.0	<0.5	8.0	12.8	29.7	11.1	16.9	5.1
	WL1138-4	* 石英二长闪长岩	154.3	189	581	164	12.6	<0.5	5.3	6.4	30.7	4.8	19.0	3.8
	WL1138-3		144.7	223	630	250	13.1	1.1	6.1	12.2	22.2	3.8	13.1	3.8
	⊙MS-1	* 石英闪长岩	88.9	1 409	2 303	167.4	11.2	0.55	4.59	10.4	93.0	50.2	15.3	24.5
卡拉塔什	WL278-5	中粒英云闪长岩	14	107	135	107	3.7	<0.5	3.5	17	75	19	21	6.7
	WL279-5	细粒闪长岩	6.5	169	89	77	5	<0.5	1.8	31	117	323	30	80
半的南东	WL7560-1	糜棱岩化英云闪长岩	20	94	197	156	2.9	<0.5	6.1	10	23	19	13	5.3
吐普休	WL2037/1	白云钾长片麻岩	214	54	312	229	28	2.4	6.4	8.0	18	<5	14	3.8
安大力塔克	WL2595-1	含斑黑云二长花岗岩	231	58	495	129	18	2.3	4.1	3.9	12	7.8	29	4.8
	WL2675-东1	中斑中粒二长花岗岩	213	178	443	115	14	1.4	4.1	2.9	20	11	14	3.5
阿尕阿孜山	WL2156/1		267	58	323	100	22	3.4	2.7	3.9	15	18	18	7.1
	WL1168/1	细中粒二长花岗岩	221	182	537	107	18	1.3	2.9	1.2	10	5.3	16	3.7
丘克苏	WL107/1	斑状二长花岗岩	322	64	367	203	24	2.0	5.3	3.3	18	8.2	22	2.6
	WL106/1	细粒花岗闪长岩	128	800	2 698	91	8.9	<0.5	2.2	2.2	14	25	13	10
哈马肉孜空巴克	WL1148-1	细粒二长花岗岩	157.8	402	925	111	10.6	0.5	3.2	2.1	12.4	7.5	15.2	4.2
	WL1147-1	黑云石英闪长岩	96.8	433	763	116	10.6	<0.5	2.9	18.5	135.1	24.5	20.0	11.8
大同西侧	WL2572-3	斑状角闪正长岩	147	1 112	3 048	202	22	2.3	6.3	7.4	86	22	14	12
	WL125/1	石英二长闪长岩	96	114	730	602	20	1.3	15.8	9.1	14	14	6.2	5.6
	WL124/1		118	51	867	169	15	0.57	6.0	2.0	10	17	15	6.6
	WL126/1		113	46	848	184	14	1.1	7.3	1.7	8.5	11	17	5.1
	WL2579-3		183	496	1 103	140	16	1.7	4.7	8.0	73	30	22	12
	WL1150-1		124.3	801	1 425	156	14.4	1.5	4.6	11.9	104.4	22.2	16.3	14.9
	WL2566-1	* 石英二长闪长岩	227	401	936	136	17	1.4	3.9	12	99	61	18	25
	WL5242-南1	细粒石英闪长岩	167	286	1 207	98	10	0.6	3.2	1.6	11	7.7	20	5
	WL2580-5	细粒闪长岩	128	280	816	184	38	1.4	3.9	36	202	399	35	71
尤仑	WL113/1	细中粒花岗闪长岩	212	255	918	214	24	1.9	5.2	10	83	20	15	7.7
	WL110/1	斑状石英二长闪长岩	87	567	1 239	290	22	1.3	6.6	17	154	30	22	14
库鲁克-良加尔	WL238-34	片麻状细粒花岗岩	115	264	778	164	14	1.3	4.4	4.9	30	25	11	16

续表 3-12

岩体	样号	岩性	Th	W	Sn	Mo	Be	Ga	Li	Se	Rb/Sr	Ba/Sr	K/Rb	Th/Ta
慕士塔格	WL344/4	* 细粒闪长岩(包体)	6.7	74							0.26	3.70	17.20	13.40
	WL1140-1		3.8	15.9	1.6	0.2	1.9	13.2	16.6	<0.5	0.28	1.50	12.88	
	WL1141-1	二长花岗岩(脉)	27.0	306.8	1.5	1.0	2.3	19.4	34.0	<0.5	1.43	2.93	14.47	24.55
	WL345/3	细粒二长花岗岩	34	488	11	0.47	2.1	13		0.017	3.21	1.35	17.15	24.29
	WL1138-2		22.6	334.8	1.6	1.7	1.6	14.6	6.4	0.10	6.48	1.01	18.12	32.29
	WL1141-2	黑云二长花岗岩	19.2	103.2	2.5	0.4	2.3	19.7	35.2	<0.5	0.69	2.50	13.80	12.00
	WL1143-1		34.4	217.6	2.9	0.4	2.7	16.0	33.5	<0.5	1.06	3.51	14.14	26.46
	WL345/1	* 细粒黑云二长花岗岩	26	411	3.8	0.29	2.0	16		0.033	0.82	3.25	17.18	20.00
	WL343/4	* 花岗闪长岩	5.9	135	4.4	0.24	2.0	17		0.055	0.22	3.54	19.46	5.90
	WL344/1		21	271	4.7	0.31	3.5	15		0.015	1.39	2.33	15.12	11.67
	WL1139-1	英云闪长岩	6.4	223.0	2.4	0.6	2.0	19.7	17.1	<0.5	0.31	2.67	22.54	
	WL1138-4	* 石英二长闪长岩	21.5	231.4	2.0	0.5	2.1	20.3	21.4	<0.5	0.82	3.54	16.07	
	WL1138-3		13.1	172.8	3.8	0.5	2.3	19.0	27.8	<0.5	0.65	2.52	14.70	11.91
	⊙MS-1	* 石英闪长岩	37.7	0.59		0.61		19.2	15.3		0.06	13.76	21.97	68.55
卡拉塔什	WL278-5	中粒英云闪长岩	1.2	230	1.7	<0.2	0.69	17		0.036	0.13	1.26	40.00	
	WL279-5	细粒闪长岩	3.7	18	1.4	<0.2	0.88	16		0.016	0.04	1.16	35.90	
半的南东	WL7560-1	糜棱岩化英云闪长岩	4.9	176	1.7	0.24	1.0	18		0.022	0.21	1.26	30.67	
吐普休	WL2037/1	白云钾长片麻岩	26	198	3.9	5.3	2.9	18		0.361	3.96	1.36	14.42	10.83
安大力塔克	WL2595-1	含斑黑云二长花岗岩	23	576	2.9	0.34	2.3	19		0.040	3.98	3.84	14.60	10.00
	WL2675-东1	中斑中粒二长花岗岩	25	213	1.7	<0.2	2.9	17		0.040	1.20	3.85	12.96	17.86
阿尕阿孜山	WL2156/1		18	183	5.0	0.35	4.8	16		0.039	4.60	3.23	12.18	5.29
	WL1168/1	细中粒二长花岗岩	17	196	1.7	0.24	3.0	13		0.043	1.21	5.02	13.48	13.08
丘克苏	WL107/1	斑状二长花岗岩	65	300	5.8	0.33	4.7	15		0.069	5.03	1.81	11.64	32.50
	WL106/1	细粒花岗闪长岩	3.7	123	2.6	<0.2	2.2	13		0.037	0.16	29.65	20.89	
哈马肉孜	WL1148-1	细粒二长花岗岩	11.7	228.6	1.7	0.1	2.6	24.4	7.0	<0.5	0.39	8.33	16.73	23.40
空巴克	WL1147-1	黑云石英闪长岩	7.9	78.0	1.7	0.5	1.9	19.4	12.2	<0.5	0.22	6.58	15.91	
大同西侧	WL2572-3	斑状角闪正长岩	77	77	1.5	1.1	3.3	25		0.036	0.13	15.09	24.54	33.48
	WL125/1	石英二长闪长岩	11	67	5.3	2.0	3.4	20		0.021	0.84	1.21	20.90	8.46
	WL124/1		13	28	1.7	0.61	2.2	19		0.034	2.31	5.13	25.14	22.81
	WL126/1		13	221	2.2	1.1	2.4	18		0.043	2.46	4.61	27.85	11.82
	WL2579-3		15	230	5.0	0.47	2.7	18		0.040	0.37	7.88	15.19	8.82
	WL1150-1		14.2	72.4	1.9	0.8	2.9	28.0	10.5	<0.5	0.16	9.13	20.54	9.47
	WL2566-1	* 石英二长闪长岩	24	74	1.8	1.2	3.5	19		0.036	0.57	6.88	11.54	17.14
	WL5242-南1	细粒石英闪长岩	6.2	308	3.0	<0.2	2.9	17		0.040	0.58	12.32	17.60	10.33
	WL2580-5	细粒闪长岩	8.1	81	4.0	0.75	2.7	13		0.088	0.46	4.43	17.81	5.79
尤仑	WL113/1	细中粒花岗闪长岩	29	74	4.7	1.2	3.0	18		0.044	0.83	4.29	13.74	15.26
	WL110/1	斑状石英二长闪长岩	9.2	41	3.3	0.82	3.0	17		0.042	0.15	4.27	18.77	7.08
库鲁克-良加尔	WL238-34	片麻状细粒花岗岩	18	118	1.8	0.30	2.2	18		0.050	0.44	4.74	14.67	13.85

⊙ 数据来源于王元龙等(2000)　* 岩石具片麻状构造

表 3-13 西昆仑中带侵入岩的稀土元素含量($\times 10^{-6}$)及有关参数

岩体	样号	岩性	La	Ce	Pr	Nd	Sm	Eu	Gd	Tb	Dy	Ho
慕士塔格	XT344/4	*细粒闪长岩(包体)	27.83	54.48	6.94	27.49	5.49	1.56	4.45	0.68	3.63	0.71
	XT1140-1		22.57	46.08	6.11	21.99	4.45	1.39	3.97	0.59	3.29	0.69
	XT1141-1	黑云二长花岗岩(脉)	39.57	70.87	8.08	25.03	4.44	0.68	3.63	0.54	3.35	0.74
	XT345/3	细粒二长花岗岩	47.48	80.30	9.04	27.17	4.76	0.36	3.73	0.66	4.13	0.93
	XT1138-2		9.13	15.63	1.90	6.71	1.65	0.15	1.89	0.39	2.65	0.62
	XT1141-2	黑云二长花岗岩	54.12	92.03	10.28	33.34	5.59	1.01	4.78	0.74	4.14	0.92
	XT1143-1		44.94	74.19	7.69	23.37	3.76	0.67	2.94	0.49	2.88	0.62
	XT345/1	*细粒黑云二长花岗岩	48.99	81.98	8.95	31.56	5.53	0.93	4.44	0.74	4.39	0.92
	XT343/4	*花岗闪长岩	28.52	62.72	8.46	32.18	7.15	1.83	6.67	1.05	5.96	1.21
	XT344/1		22.24	44.23	5.82	20.31	4.82	0.49	4.85	0.88	5.32	1.14
	XT1139-1	英云闪长岩	24.07	53.73	7.82	30.98	6.60	2.06	6.08	0.99	5.70	1.24
	XT1138-4	*石英二长闪长岩	46.52	79.30	9.17	29.23	5.19	0.83	4.46	0.72	4.34	0.88
	XT1138-3		42.39	79.04	9.88	34.96	6.28	1.57	5.43	0.87	4.78	0.98
	⊙MS-1	石英闪长岩	115.7	213.4	22.94	76.59	11.24	2.39	6.54	0.72	3.02	0.51
卡拉塔什	XT278-5	中粒英云闪长岩	6.99	15.86	2.34	10.48	2.97	0.80	3.60	0.66	4.48	0.96
	XT279-5	细粒闪长岩	10.37	19.60	2.47	9.89	2.33	0.69	2.55	0.45	2.67	0.53
半的南东	XT7560-1	糜棱岩化英云闪长岩	15.85	36.43	5.40	25.29	7.14	1.04	8.95	1.67	11.81	2.58
吐普休	XT2037/1	白云母二长花岗岩	34.93	61.43	7.62	24.27	4.59	0.49	3.75	0.58	3.20	0.63
安大力塔克	XT2595-1	含斑黑云二长花岗岩	35.79	65.87	7.51	24.31	4.78	0.43	4.00	0.69	4.13	0.89
	XT2675-东1	中斑中粒二长花岗岩	38.01	67.28	7.03	21.71	3.58	0.64	2.80	0.46	2.70	0.57
阿尕阿孜山	⊙⊙HX39	二长花岗岩	39.25	78.85	7.50	22.20	4.15	0.44	3.25	0.53	3.34	0.72
	⊙⊙HX40		39.50	77.00	7.34	23.20	4.60	0.43	3.70	0.59	3.64	0.87
	⊙⊙HX44		52.00	89.50	8.15	30.10	5.05	0.70	3.41	0.46	2.60	0.55
	⊙⊙HX45		36.20	65.50	5.20	21.00	4.08	0.60	2.73	0.40	2.42	0.59
	XT2156/1	中粒花岗岩	27.59	53.24	6.83	22.18	5.04	0.54	4.78	0.90	5.71	1.12
	XT1168/1	细中粒二长花岗岩	19.91	34.38	4.30	13.31	2.62	0.60	2.22	0.38	2.22	0.47
丘克苏	XT107/1	斑状二长花岗岩	71.75	143.90	16.78	54.58	10.32	0.80	8.29	1.47	8.57	1.69
	XT106/1	细粒花岗闪长岩	20.18	29.41	3.47	10.12	1.55	0.55	1.16	0.17	1.00	0.21
哈马肉孜	XT1148-1	细粒二长花岗岩	21.12	35.79	4.06	14.14	2.57	0.53	2.18	0.36	2.08	0.46
空巴克	XT1147-1	黑云石英闪长岩	26.22	49.60	6.08	24.22	4.69	1.27	4.52	0.74	4.12	0.86
大同西侧	XT2572-3	斑状角闪正长岩	61.25	134.40	16.42	60.96	10.71	2.39	7.97	1.08	6.11	1.24
	XT125/1	石英二长闪长岩	35.45	74.91	9.94	42.78	10.63	2.61	12.04	2.20	15.11	3.26
	XT124/1		33.32	69.72	9.88	36.92	9.03	1.26	9.37	1.62	10.09	2.09
	XT126/1		33.74	68.52	9.28	34.67	8.27	1.24	8.62	1.55	9.87	2.03
	XT2579-3		41.46	80.55	9.22	31.77	5.41	1.16	3.89	0.53	2.82	0.58
	XT1150-1		53.94	101.80	13.28	45.18	8.33	2.09	6.42	0.90	4.98	1.05
	XT2566-1	*石英二长闪长岩	33.09	65.05	7.65	29.57	5.82	1.37	4.68	0.71	3.99	0.82
	XT5242-南1	细粒石英闪长岩	16.03	28.73	3.79	11.97	2.25	0.50	1.74	0.28	1.61	0.34
	XT2580-5	细粒闪长岩	58.33	135.70	16.40	60.28	10.72	2.22	8.84	1.31	6.87	1.25
尤仑	XT113/1	*细粒花岗闪长岩	70.07	132.80	15.47	50.79	8.76	1.43	6.81	1.02	5.63	1.10
	XT110/1	斑状中粒石英闪长岩	57.60	118.40	15.04	55.75	10.18	2.25	8.06	1.17	6.27	1.22
库鲁克-良加尔	XT238-34	片麻状细粒花岗岩	35.89	62.62	6.72	21.34	3.77	0.89	2.66	0.37	2.00	0.41

续表 3-13

岩体	样号	岩性	Er	Tm	Yb	Lu	Y	ΣREE	LREE/HREE	δEu	$(La/Yb)_N$	Eu/Sm
慕士塔格	XT344/4	* 细粒闪长岩(包体)	1.92	0.30	1.79	0.27	17.56	155.1	9.00	0.94	10.48	0.28
	XT1140-1		1.92	0.30	1.81	0.28	16.44	131.87	7.98	0.99	8.41	0.31
	XT1141-1	黑云二长花岗岩(脉)	2.20	0.37	2.43	0.38	20.17	182.48	10.90	0.50	10.98	0.15
	XT345/3	细粒二长花岗岩	2.85	0.51	3.34	0.50	24.81	210.6	10.16	0.25	9.58	0.08
	XT1138-2		1.92	0.32	2.13	0.32	17.66	63.07	3.43	0.26	2.89	0.09
	XT1141-2	黑云二长花岗岩	2.66	0.45	2.93	0.46	23.75	237.19	11.50	0.58	12.45	0.18
	XT1143-1		1.94	0.33	2.31	0.37	16.37	183.62	13.02	0.60	13.12	0.18
	XT345/1	* 细粒黑云二长花岗岩	2.66	0.42	3.00	0.44	24.66	219.6	10.46	0.56	11.01	0.17
	XT343/3	* 花岗闪长岩	3.24	0.50	3.02	0.48	29.26	192.2	6.37	0.80	6.37	0.26
	XT344/1		3.27	0.55	3.64	0.59	29.59	147.7	4.84	0.31	4.12	0.10
	XT1139-1	英云闪长岩	3.57	0.56	3.54	0.53	31.15	178.61	5.64	0.98	4.58	0.31
	XT1138-4	* 石英二长闪长岩	2.53	0.40	2.51	0.37	23.01	209.51	10.05	0.52	12.50	0.16
	XT1138-3		2.74	0.44	2.68	0.41	24.49	216.95	9.50	0.80	10.66	0.25
	⊙MS-1	石英闪长岩	1.32	0.18	0.88	0.18	15.3	470.91	33.13	0.78	88.64	0.21
卡拉塔什	XT278-5	中粒英云闪长岩	2.92	0.49	3.27	0.50	26.21	82.5	2.34	0.75	1.44	0.27
	XT279-5	细粒闪长岩	1.43	0.21	1.24	0.18	13.16	67.8	4.90	0.86	5.64	0.30
半的南东	XT7560-1	糜棱岩化英云闪长岩	7.93	1.34	9.03	1.33	70.13	205.9	2.04	0.40	1.18	0.15
吐普休	XT2037/1	白云母二长花岗岩	1.85	0.30	1.94	0.32	14.95	160.8	10.61	0.35	12.14	0.11
安大力塔克	XT2595-1	含斑黑云二长花岗岩	2.58	0.44	2.98	0.46	22.73	177.6	8.58	0.29	8.10	0.09
	XT2675-东1	中斑中粒二长花岗岩	1.75	0.31	2.09	0.34	15.45	164.7	12.55	0.60	12.26	0.18
阿孕阿孜山	⊙⊙HX39	二长花岗岩	2.39	0.38	3.05	0.48		186.98	10.78	0.35	8.68	0.11
	⊙⊙HX40		2.56	0.45	3.16	0.50		189.74	9.83	0.31	8.43	0.09
	⊙⊙HX44		1.05	0.17	1.09	0.15		206.98	24.36	0.49	32.16	0.14
	⊙⊙HX45		1.56	0.30	1.66	0.26		156.10	13.36	0.52	14.70	0.15
	XT2156/1	中粒花岗岩	3.27	0.56	3.64	0.53	30.42	166.3	5.63	0.33	5.11	0.11
	XT1168/1	细中粒二长花岗岩	1.39	0.25	1.70	0.27	13.09	97.1	8.44	0.74	7.90	0.23
丘克苏	XT107/1	斑状二长花岗岩	4.74	0.76	4.75	0.65	44.65	373.7	9.64	0.26	10.18	0.08
	XT106/1	细粒花岗闪长岩	0.60	0.10	0.62	0.10	5.24	74.5	16.48	1.20	21.94	0.35
哈马肉孜	XT1148-1	细粒二长花岗岩	1.35	0.22	1.45	0.23	12.41	98.96	9.39	0.67	9.82	0.21
空巴克	XT1147-1	黑云石英闪长岩	2.45	0.38	2.41	0.35	20.59	148.52	7.08	0.83	7.34	0.27
大同西侧	XT2572-3	斑状角闪正长岩	3.27	0.52	3.37	0.50	31.16	341.3	11.89	0.76	12.25	0.22
	XT125/1	石英二长闪长岩	9.89	1.60	10.60	1.66	84.62	317.3	3.13	0.70	2.25	0.25
	XT124/1		6.07	0.96	6.14	0.96	50.78	248.2	4.29	0.42	3.66	0.14
	XT126/1		5.88	0.94	5.90	0.91	51.14	241.5	4.36	0.45	3.86	0.15
	XT2579-3		1.51	0.23	1.55	0.24	14.00	194.9	14.94	0.74	18.03	0.21
	XT1150-1		2.80	0.44	2.77	0.40	24.53	268.91	11.37	0.84	13.13	0.25
	XT2566-1	* 石英二长闪长岩	2.21	0.38	2.32	0.36	20.79	178.8	9.21	0.78	9.62	0.24
	XT5242-南1	细粒石英闪长岩	1.02	0.17	1.08	0.18	8.80	78.5	9.86	0.75	10.01	0.22
	XT2580-5	细粒闪长岩	3.62	0.58	3.71	0.58	32.69	343.1	10.60	0.68	10.60	0.21
尤仑	XT113/1	* 细粒花岗闪长岩	3.01	0.51	3.13	0.48	27.67	328.7	12.88	0.55	15.09	0.16
	XT110/1	斑状中粒石英闪长岩	3.22	0.52	3.19	0.47	32.18	315.5	10.75	0.73	12.17	0.22
库鲁克-良加尔	XT238-34	片麻状细粒花岗岩	1.10	0.19	1.07	0.17	10.45	149.6	16.47	0.82	22.61	0.24

数据来源:⊙王元龙等(2000);⊙⊙丁道桂等(1996);*.岩石具片麻状构造

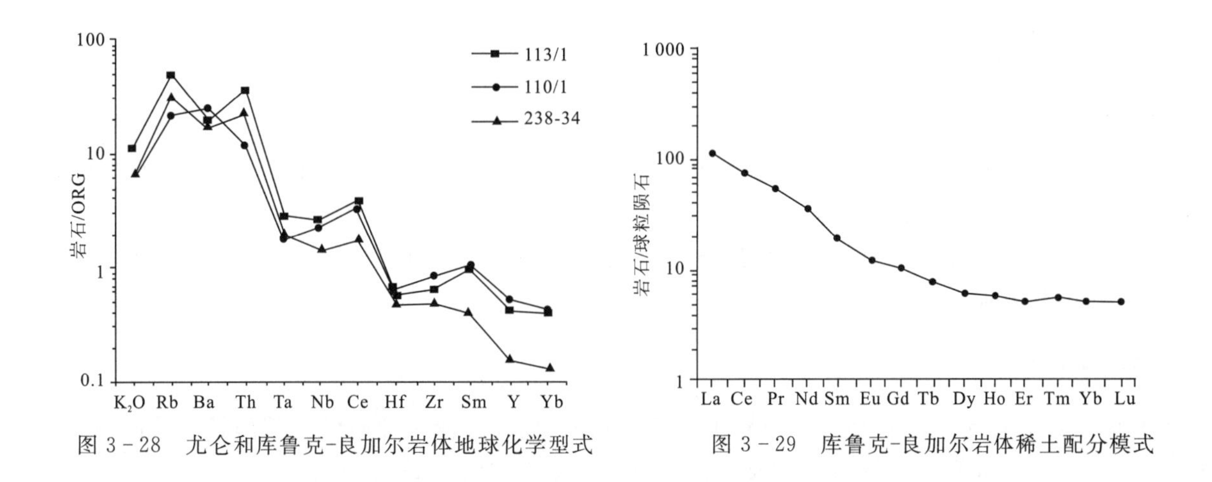

图 3-28　尤仑和库鲁克-良加尔岩体地球化学型式　　图 3-29　库鲁克-良加尔岩体稀土配分模式

5. 成因及形成环境分析

两岩体的花岗岩在 A-C-F 分类图上投点均落入 I 型花岗岩区。结合岩石高钙低钾、均属钙性岩系、铝指数接近于 1、暗色矿物以黑云母为主等特征综合判断，它们的成因为壳幔混合源。花岗岩在 R_1-R_2 构造环境分类图上投点均落于板块碰撞前活动陆缘区；在 Rb-Y+Nb 和 Rb-Yb+Ta 图解(图 3-30)上投点，库鲁克-良加尔花岗岩均落入火山弧花岗岩区。结合图 3-28 和图 3-29也具活动陆缘火山弧花岗岩的特征综合判断，两岩体的形成环境为板块碰撞前活动大陆边缘的火山弧。

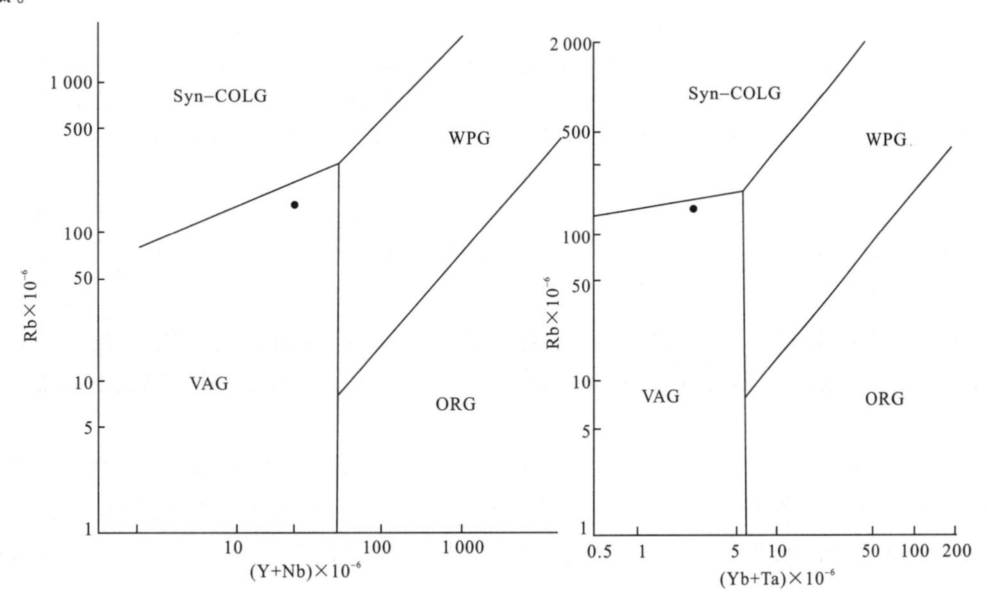

图 3-30　库鲁克-良加尔岩体 Rb-Y+Nb 及 Rb-Yb+Ta 环境判别图
(据 Pearce,1984)
VAG. 火山弧花岗岩；WPG. 板内花岗岩；ORG. 洋中脊花岗岩；Syn-COLG. 同碰撞花岗岩；

6. 形成时代探讨

两岩体均侵入元古宙地层，无覆盖层，结合前人对两岩体的时代归属，暂将其形成时代放入新元古代。

(二)未分元古宙中酸性侵入岩

1. 地质特征

该侵入岩仅血诺亚特1个岩体，系本次工作从原库浪那古岩群中新解体出的岩体，位于叶城县西河休乡血诺亚特一带，呈近东西向不规则矩形，雀普河、库浪那古河分别切过岩体中部和西部，长12km，宽3.5～6km，面积为61km²，其他地质特征见表3-10。岩体内岩石发育向北西方向缓倾的强烈片麻理，沿片麻理有黑色变辉绿岩墙产出。

2. 岩石学特征

该岩体主体岩性为片麻状细—中粒石英二长闪长岩(局部过渡为片麻状石英闪长岩)和片麻状细粒花岗闪长岩，少量弱片麻状细粒黑云二长花岗岩。实测剖面见图3-31。

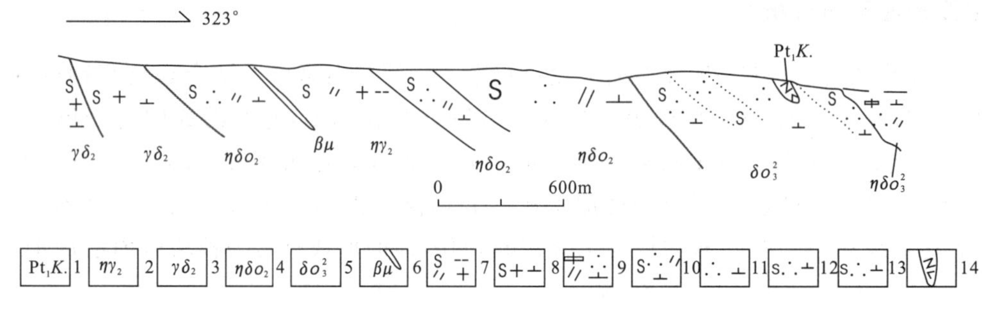

图3-31 叶城县血诺亚特-半得尔血诺亚特岩体实测剖面图

1. 中元古界库浪那古岩群；2、3、4. 元古宙血诺亚特岩体；5. 加里东中期大同西岩体；6. 变辉绿岩墙；7. 弱片麻状细粒黑云二长花岗岩；8. 片麻状细粒花岗闪长岩；9. 中斑细中粒石英二长闪长岩；10. 弱片麻状细粒石英二长闪长岩；11. 中粒石英闪长岩；12. 弱片麻状细中粒石英闪长岩；13. 片麻状细粒石英闪长岩；14. 斜长角闪岩包体

片麻状细—中粒石英二长闪长岩呈灰白色，残余细粒(中粒)半自形粒状结构、鳞片粒状变晶结构，片麻状构造。粒状矿物斜长石(55%～70%)、钾长石(10%～20%)、石英(10%～15%)多呈不规则粒状(个别长石呈半自形粒—柱状)，0.1～2.3mm。斜长石部分显聚片双晶，An=28，系更长石；钾长石多显格子双晶，部分显条纹结构，包裹并交代斜长石，在斜长石一侧形成一些蠕英石；石英波状消光明显。片状矿物黑云母含量为10%～15%，0.1～0.5mm。副矿物为粒状磁铁矿和柱状磷灰石。

片麻状细粒花岗闪长岩呈浅灰白色，鳞片粒状变晶结构，片麻状构造。粒状矿物斜长石(约50%)、钾长石(约10%)、石英(约20%)均呈不规则粒状，0.4～1.5mm。斜长石系更长石，钾长石显格子双晶为微斜长石；石英裂纹发育，波状消光明显。片状矿物黑云母(约20%)呈褐色片状，0.2～0.5mm。

弱片麻状细粒黑云二长花岗岩的总体特征与片麻状花岗闪长岩一致，仅矿物含量有差别：斜长石约30%(An=28系更长石)，钾长石约30%，石英约20%，黑云母约15%。副矿物磷灰石及磁铁矿微量，均呈0.1mm左右的粒状。

3. 形成环境及时代分析

该岩体从接触关系、岩石组合及矿物特征等方面看，与前述库鲁克-良加尔岩体基本一致，因此，其形成环境亦应为板块碰撞前活动大陆边缘的火山弧。但其变质变形程度相对库鲁克-良加尔岩体要强，因此，其形成时代可能相对早一些，暂放入未分元古宙。

（三）加里东早期中性侵入岩

1. 地质特征

该侵入岩仅有一个尤仑岩体，位于图幅东南角奎乃西北东，向东延入叶城县幅，总面积为172km^2，图内为其一小部分，面积为25km^2。岩体内发育细粒闪长质包体，少量透长阳起大理岩、大理岩捕虏体和花岗岩、花岗伟晶岩及闪斜煌斑岩脉，其他地质特征见表3-10。

2. 岩石学特征

该岩体在图内以细粒石英闪长岩为主，次为中斑中粒黑云角闪石英二长闪长岩。

细粒石英闪长岩呈灰色—深灰色，细粒半自形粒状结构，局部柱粒状变晶结构，块状—微定向构造。主要矿物斜长石为55%～60%，半自形粒状，1mm×0.5mm～2mm×0.8mm，显聚片双晶，An=25～27，系更长石，局部绢云母化，杂乱分布；角闪石为20%～27%，绿色柱状，0.8mm×0.4mm～2mm×0.8mm，多色性、吸收性明显，$C\wedge N_g=25°$，部分向黑云母变化。次要矿物钾长石约5%，大小及形态同斜长石，显格子双晶，包裹斜长石等矿物；石英为10%～15%，他形粒状，0.3～1.5mm，具波状消光，裂纹发育，不均匀分布；黑云母少量～3%，片状，0.2～1.4mm，部分向绿泥石变化。副矿物为微量磁铁矿。

中斑中粒黑云角闪石英二长岩呈灰色—灰白色，似斑状结构，基质细中—中粒半自形粒状结构、块状结构，局部定向—片麻状构造。斑晶为5%～25%，主要为钾长石，少量斜长石及角闪石，4.5mm×2mm～25mm×15mm，不均匀分布，长石呈半自形板柱状，角闪石呈柱状，斜长石微显双晶，钾长石具卡式及格子双晶。基质中长石多呈半自形板柱状、粒状，2mm×1.2mm～4mm×2mm，斜长石系牌号为24～35的中—更长石；钾长石具卡式、格子双晶及条纹结构；石英呈他形粒状；角闪石为柱状；黑云母为片状。总体矿物成分斜长石为50%～60%，角闪石为15%～20%，钾长石为10%～15%，石英为5%～10%，黑云母为5%～7%，副矿物为磁铁矿、榍石微量。

3. 岩石化学特征

岩体的岩石化学成分及有关参数见表3-11，其SiO_2含量为56.05%～66.8%，碱值为4.96%～6.59%，略富钾（K/Na=0.98～1.97），里特曼指数为1.82～1.89，属钙碱性岩系，铝指数为0.782～0.908，属低铝型岩石；在R_1-R_2命名图（图3-32）上投点落入闪长岩及花岗闪长岩区。

4. 岩石地球化学特征

该岩体的微量元素和稀土元素含量及有关参数分别见表3-11和表3-12。微量元素含量与闪长岩维氏值相比，强烈富集W、Ba、Hf及Se，稍富集Ce、Th、Be、Ta、Co和Nd，而Rb、Sr、Cr、Ni含量稍低。其地球化学型式见图3-28，分别在Ta及Hf处形成明显负异常，大致与智利活动大陆边缘火山弧花岗岩和斯凯尔加德衰减陆壳花岗岩相似。

其稀土元素配分模式（图3-33）为向右缓倾斜的轻稀土富集、重稀土平坦型的平滑曲线，稀土总量（315.5×10^{-6}～328.7×10^{-6}）高，斜率$(La/Yb)_N$=15.09～12.17，δEu=0.73～0.55，具中等Eu负异常。

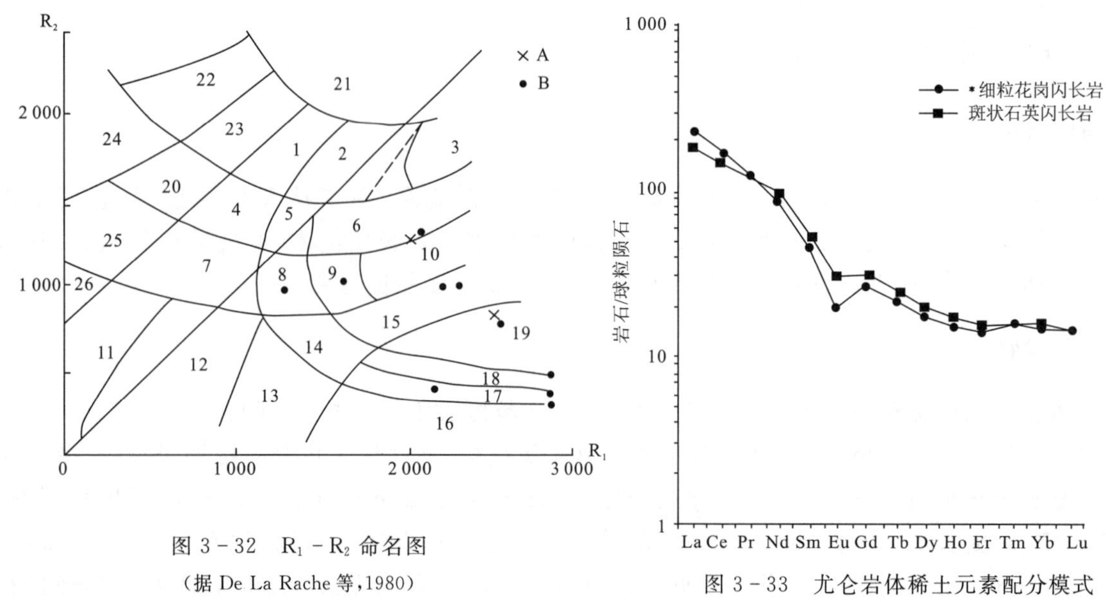

图 3-32　R_1-R_2 命名图

(据 De La Rache 等,1980)

2. 橄榄辉长岩;6. 辉长岩;8. 二长岩;9. 二长闪长岩;10. 闪长岩;15. 英云闪长岩;17. 正长花岗岩;18. 二长花岗岩;19. 花岗闪长岩;A. 尤仑岩体;B. 大同西岩体

图 3-33　尤仑岩体稀土元素配分模式

5. 成因及形成环境分析

在 A-C-F 分类图解上投点均落在 I、S 型花岗岩分界线附近。结合其与围岩的接触关系、铝指数小于 1、钙碱性岩系、暗色矿物以角闪石为主、氧同位素($\delta^{18}O$)分析结果(石英为 14.6‰~11.1‰,黑云母为 4.1‰,角闪石为 8.0‰)等综合判断其成因为幔源为主的壳幔源合型。

在 R_1-R_2 构造环境分类图上投点均落入板块碰撞前的活动陆缘区;在 Rb-Y+Nb 和 Rb-Yb+Ta 图解(图 3-34)上投点落入火山弧、板内及同碰撞花岗岩界线附近。结合地球化学型式及稀土配分模式综合判断,该岩体的构造环境为活动大陆边缘的火山弧,形成于板块碰撞前。

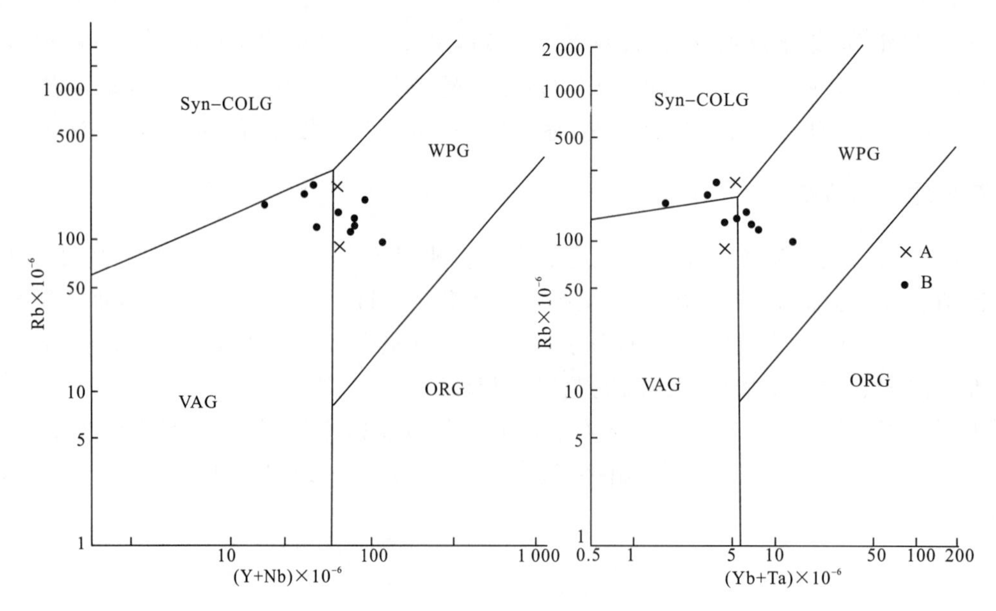

图 3-34 Rb-Y+Nb 及 Rb-Yb+Ta 环境判别图

(据 Pearce,1984)

VAG. 火山弧花岗岩; WPG. 板内花岗岩; ORG. 洋中脊花岗岩; Syn-COLG. 同碰撞花岗岩; A. 尤仑岩体;B. 大同西岩体

6. 形成时代

从该岩体侵入中元古界库浪那古岩群、被华力西晚期丘克苏岩体侵入看，其形成时代应晚于中元古代、早于华力西晚期。由于其各种特征与叶城县幅加里东早期新-藏公路128km岩体(角闪石K－Ar同位素年龄值为527.6Ma)基本一致，可互相对比，因此，亦将该岩体的形成时代置于加里东早期。

（四）加里东中期中性侵入岩

图内有大同西、雀普河和苏特曼3个岩体，总面积约2 000km²。其中大同西岩体为一岩基，区内面积为1 959km²，最小岩体苏特曼岩体仅为2.8km²。主要为中酸性岩，岩性以(斑状)石英二长闪长岩为主体，少量闪长岩、花岗闪长岩、石英二长岩、(石英)正长岩。3岩体的特征见表3－10，矿物含量见表3－14。现以大同西岩体为例叙述之。

表3－14　西昆仑中带加里东中期各岩体的矿物含量(%)

岩体名称	岩石名称代号	造岩矿物含量					副矿物含量						长石牌号
		斜长石	钾长石	石英	黑云母	角闪石	磁铁矿	榍石	磷灰石	锆石	褐帘石	绿帘石	
雀普河	$\eta\delta o$	60	20	15	5		*						
苏特曼	$\eta\delta o$	60	20	5	10	5	*		*				27
	δ	65	#		2	33	*	*					28
大同西侧	$\gamma\delta$	49	25	20	4	2							
	ξ	20	68		2	10	#	*					
	ξo	20	55～65/60	5	0～5/2.5	5～20/12.5	*	*					27
	$\eta\delta o$	50～85/66.21	10～28/17.36	5～17/10.86	0～20/3.07	0～25/2.14	*	*	*	*	*	*～10/0.36	26～31
	δo	35～85/70.29	0～5/2.57	5～15/9.29	0～12/6.43	0～60/10.71	*			*	*	*～#	26～30
	$\eta\delta$	45～58/52.67	20～25/21.67	0～3/1.67	0～20/6.67	0～27/17.33	*	*					28
	δ	38～58/45.25		0～2/1	0～5/1.25	35～60/52	*	*～2/0.5					32

注：矿物含量栏中，横划线下为平均值，上为变化范围；#.少量；*.微量

1. 地质特征

该岩体位于图幅中东部，呈北北西向带状岩基展布，北起塔什库尔干河北侧，向南东过叶尔羌河至克拉达坂后向东进入叶城县幅。图内长近100km，宽10～25km，总面积为2 130km²(图内1 959km²)。南部及东部侵入中元古界库浪那古岩群，北部侵入蓟县系桑株塔格群，西部与石炭系、奥陶—志留系多呈断层接触，局部被石炭系不整合覆盖，被华力西晚期安大力塔克、空巴克、哈马肉孜、吐普休、苏特开什、阿尕阿孜山等岩体侵入。岩体内部发育有二长花岗岩、花岗伟晶岩、细晶岩、石英脉及闪长钠长岩等脉体，并具较多的闪长质微粒包体。

2. 岩石学特征

该岩体大部分岩性为(斑状)石英二长闪长岩，中南边缘出现有少量(石英)闪长岩和花岗闪长岩，中部有少量(石英)正长岩出露，实测剖面分别见图3－35和图3－36。

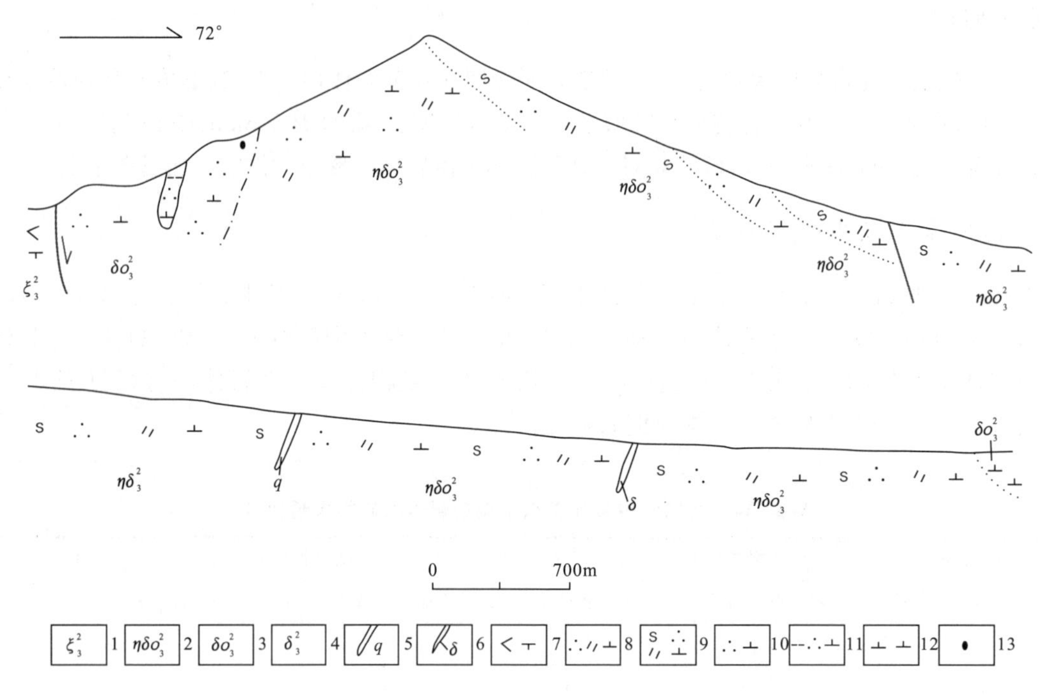

图 3-35 叶城县库拉木阿特达坂大同西岩体实测剖面图

1—4. 加里东中期大同西岩体；5. 石英脉；6. 细粒闪长钠长岩脉；7. 细粒角闪正长岩；8. 细粒石英二长闪长岩；9. 片麻状细粒石英二长闪长岩；10. 细粒石英闪长岩；11. 细粒黑云石英闪长岩；12. 细粒闪长岩；13. 闪长质微粒包体

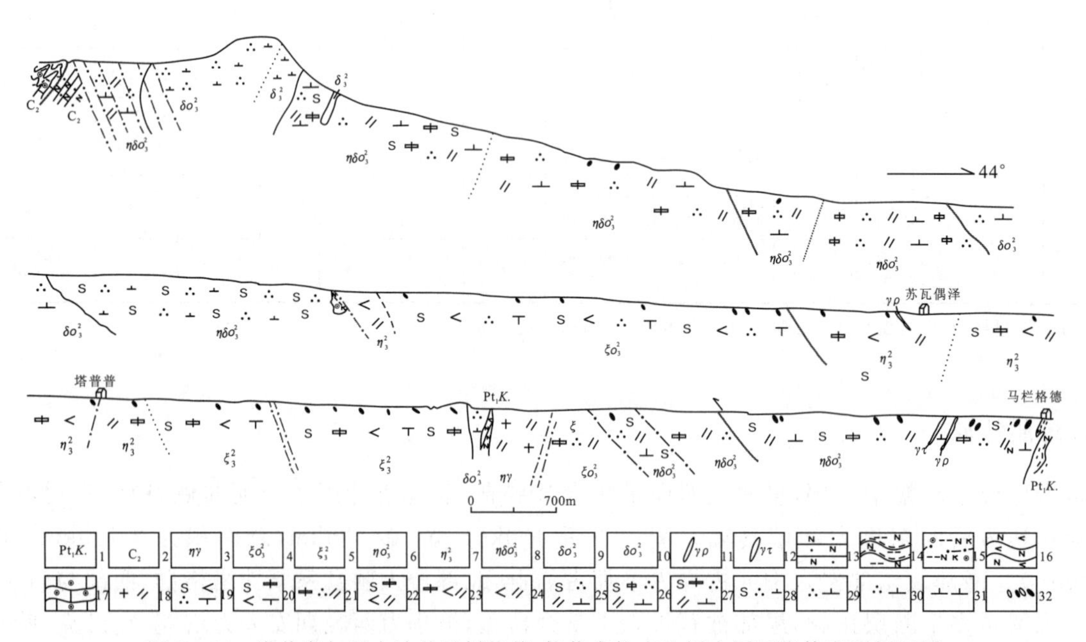

图 3-36　塔什库尔干自治县马栏格德-拉依布拉克达坂大同西岩体实测剖面图

1. 古元古界库浪那古群；2. 未分上石炭统 3. 小岩株；4—10. 加里东中期大同西岩体；11. 花岗伟晶岩脉；12. 花岗细晶岩脉；13. 中厚状中粒长石砂岩；14. 黑云斜长片麻岩；15. 石榴黑云二长变粒岩；16. 斜长角闪片岩；17. 大理岩化鲕粒微晶灰岩；18. 细粒二长花岗岩；19. 片麻状中粗粒角闪石英正长岩；20. 片麻状中斑粗中粒角闪正长岩；21. 小斑粗中粒石英二长岩闪长岩；22. 片麻状中斑粗中粒角闪二长岩；23. 中斑粗中粒角闪二长岩；24. 粗中粒角闪二长岩；25. 片麻状中粒石英二长闪长岩；26. 片麻状小斑粗中粒石英二长岩；27. 片麻状中斑粗中粒石英二长闪长岩；28. 片麻状细粒石英闪长岩；29. 细粒石英闪长岩；30. 中粒石英闪长岩；31. 中细粒闪长岩；32. 闪长质微粒包体

(1)细粒闪长岩

岩石具细粒半自形粒状结构,块状—定向构造。斜长石呈半自形板柱状、粒状,0.2mm×0.15mm~2.5mm×2.5mm,个别轻微钠黝帘石化,部分显聚片双晶,An=32,系中长石,不均匀定向分布;角闪石为绿色柱状,0.15mm×0.1mm~2mm×0.8mm,多色性、吸收性明显,$C\wedge N_g=25°$。

(2)细—中粒二长闪长岩

岩石具细粒及中粒半自形粒状结构,块状—定向构造。斜长石系更长石,呈半自形板柱状,0.8mm×0.5mm~5mm×3.5mm,个别显聚片双晶,发生轻微的绿帘石化;钾长石形态、大小同斜长石,显格子双晶及卡式双晶,包裹并交代斜长石,构成交代净边、残留和蠕英结构;角闪石呈绿色柱状,0.6mm×0.5mm~3mm×1mm,个别向阳起石转化或边缘被黑云母取代,黑云母呈片状,0.5~1.5mm,大都已变成绿泥石。

(3)细—中粒石英闪长岩

岩石具细—中粒半自形粒状结构,块状构造,钾长石、斜长石均呈半自形板柱状,0.3mm×0.15mm~3mm×2mm,杂乱分布,斜长石以更长石为主,少量中长石,部分显聚片双晶;钾长石为微斜长石,显格子双晶;角闪石为柱状,0.15mm×0.1mm~1.5mm×0.6mm,$C\wedge N_g=25°$,个别向阳起石转化,杂乱分布,黑云母为褐色片状,0.1~0.5mm,向绿泥石转化;石英呈他形粒状,0.1~2mm,波状消光,不均匀分布。

(4)(斑状)石英二长闪长岩

岩石以中粒半自形粒状和斑状结构为主,少数为细粒半自形粒状结构,块状—定向构造,钾长石及斜长石呈半自形板柱状、粒状,0.4mm×0.2mm~5mm×4mm,少数成斑晶,可达17mm×8mm,杂乱分布,斜长石显聚片双晶,钾长石具卡式双晶及格子双晶,包裹并交代斜长石,其他矿物同前述一致。

(5)细—中粒角闪石英正长岩

岩石具细粒—中粒半自形粒状结构,块状—片麻状构造。斜长石、钾长石均呈半自形板柱状,0.8mm×0.5mm~5mm×3mm,杂乱分布,斜长石为更长石,显聚片双晶,被钾长石包裹,钾长石显格子双晶,为微斜长石,交代斜长石构成交代净边、残留结构;角闪石为绿色柱状,1.5mm×0.4mm~5.5mm×2.5mm,$C\wedge N_g=22°$,部分向阳起石变化,不均匀定向分布;石英为他形粒状,0.5~1.2mm,个别具波状消光,不均匀分布。

(6)中粒角闪正长岩

岩石具中粒半自形粒状结构,微显定向性。钾长石及斜长石均呈半自形板柱状,大小为2mm×1.5mm~5mm×2.5mm,个别钾长石可达7mm×2.5mm,杂乱分布,斜长石为更长石,个别微显双晶,被钾长石包裹交代,致使其呈不规则状残留于钾长石中或在其侧形成蠕英石;钾长石具格子双晶、卡式双晶,为微斜长石;角闪石为绿色柱状,0.6mm×0.1mm~3mm×1mm。

3.岩石化学特征

大同西岩体的岩石化学成分及有关参数见表3-11,其SiO_2含量(53.95%~74.81%)相对花岗闪长岩及闪长岩偏高,Al_2O_3含量(9.86%~16.23%)变化范围大,总碱量5.01%~9.24%,钾钠比值多大于1,属富钾岩石,里特曼指数多介于1.76~3.29之间(仅一个石英二长岩为4.87),主体为钙碱性岩系,两端分别跨钙性和碱性岩系,铝指数为0.783~1.033,属准铝—铝饱和型,个别为贫铝型。在R_1-R_2命名图(图3-32)上投点落入辉长苏长岩-闪长岩-二长闪长岩-英云闪长岩-二长花岗岩-正长花岗岩区以及二长岩区,也反映出其岩石类型的复杂性。

4.岩石地球化学特征

大同西岩体的微量元素和稀土元素含量及有关参数分别见表3-12和表3-13。与闪长岩维氏值相比，岩石富集 W、Th、Ba、Be、Ta、Hf 和 Co，贫 Rb、Sr、Zr、Nb 和 Ni 等。其地球化学型式（图 3－37）绝大部分与智利活动大陆边缘火山弧花岗岩类相似，仅石英二长岩一个样品与斯凯尔加德衰减陆壳花岗岩相似，主体在 Rb、Th、Ce、Sm 处形成正异常，在 Ta、Hf、Zr 处形成负异常。

该岩体的稀土总量较高（平均为 245.83×10^{-6}），变化范围大（$78.5\times10^{-6}\sim343.1\times10^{-6}$），斜率 $(La/Yb)_N=2.25\sim18.3$，具弱—中等的 Eu 负异常（$\delta Eu=0.42\sim0.90$），稀土配分模式（图 3－38）为轻稀土稍富集、重稀土平缓型的平滑曲线。

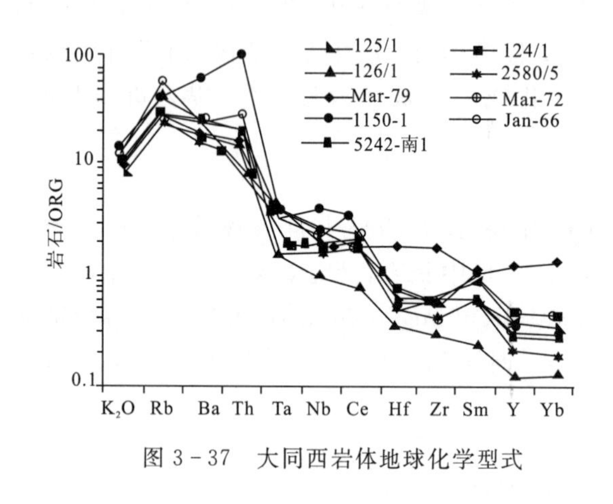

图 3－37 大同西岩体地球化学型式

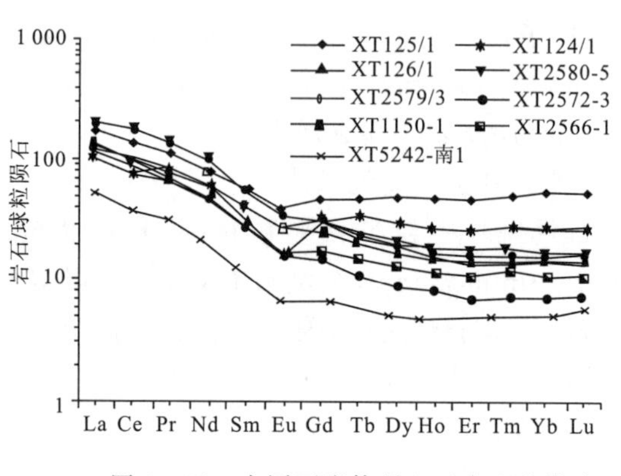

图 3－38 大同西岩体稀土元素配分模式

5. 成因及形成环境分析

该岩体 11 个化学分析结果在 A－C－F 图解上投点多落入 I 型花岗岩区域，少数落入靠近 I、S 型分界线的 S 型花岗岩区。结合其与围岩的接触关系、铝指数多小于 1、钙碱性岩系为主、富钙且稍富钾、岩石组合及含暗色矿物角闪石、稀土配分模式平缓和氧同位素（$\delta^{18}O$）分析结果（石英为 13‰～14.4‰，斜长石为 12.4‰，角闪石为 6.4‰～7.7‰）等特征综合判断，其成因为以幔源为主的壳幔混合源。

在 Rb－Y＋Nb 和 Rb－Yb＋Ta 图解（图 3－34）上投点大多落在火山弧及板内花岗岩的分界线附近，仅有 3 个样品在 Rb－Yb＋Ta 图上落入同碰撞花岗岩区内；在 R_1-R_2 构造环境分类图上，大多数样品投点落入板块碰撞前活动陆缘环境区内，仅少数落入碰撞后的隆起和造山晚期环境区内。结合其地球化学型式、稀土配分模式等特征判断，该岩体的形成环境跨度较大，持续时间较长，总体以板块碰撞前活动大陆边缘火山弧为主，经同碰撞期及碰撞后的隆起—造山晚期（石英二长岩、正长岩应是造山晚期的产物）。

6. 形成时代

据前述接触关系，该期侵入岩的形成时代应晚于桑株塔格群，在大同西的该岩体石英闪长岩中获有锆石 U－Pb 480.43±5Ma 的年龄值，说明大同西岩体形成于加里东中期。而雀普河及苏特曼岩体的主要特征可与其对比，形成时代对比为加里东中期。大同西岩体规模大，时代跨度也大，考虑其东、西两侧结合带的形成时间，结合东邻幅库地蛇绿岩带、新-藏公路 128km 岩体的形成时代，其形成时代可能从加里东早期到华力西期，基本与两侧结合带活动时期一致。

（五）华力西晚期中酸性侵入岩

图内该期侵入岩共有 7 个岩体，分别为空巴克、哈马肉孜、丘克苏、阿尕阿孜山、安大力塔克、吐普休和苏特开什岩体，总面积为 $541km^2$，最大为安大力塔克岩体（$260km^2$），最小为吐普休岩体

(2.5km²)。酸性岩类占绝对优势,中性岩类(空巴克岩体)和碱性岩类(苏特开什岩体)面积较小。其中吐普休岩体为白云母花岗岩。各岩体的特征见表 3-10,岩性及矿物含量见表 3-15。现以空巴克、安大力塔克和吐普休 3 个岩体为例分别叙述。

表 3-15　西昆仑中带华力西晚期各岩体的矿物含量(%)

岩体名称	岩石名称代号	造岩矿物含量							副矿物含量				长石牌号
		斜长石	钾长石	石英	黑云母	白云母	角闪石	透辉石	磁铁矿	榍石	石榴石	褐帘石	
苏特开什	ξo	10	75	5			10		*	*			
	ξ	10	85		#			5	*	*			
吐普休	$\eta\gamma$	10～55/32.8	0～77/40.2	10～65/18.9		3～15/8.1			*		*	*	
安大力塔克	$\eta\gamma$	32	40	25	#		3		*	*		*	
阿尕阿孜山	$\eta\gamma$	47～65/56	10～30/20	20	3～5/4		#		*	*			
丘克苏	$\eta\gamma$	25～45/34	20～50/38.1	20～30/24	2～5/3.9								23～28
	$\gamma\delta$	45～67/59.34	10～25/15.83	20～25/20.83	2～10/4				*	*			26～27
哈马肉孜	$\eta\gamma$	45	35	20	c				*	*			27
空巴克	$\eta\delta o$	50～60/55	10～20/13.33	10～15/11.67	20				*	*			
	δo	55～80/68.75		5～15/8.75	10～35/21.88		#		*	*		0～5/0.63	25～35

注:矿物含量栏中横划线下为平均值,上为变化范围;#.少量;*.微量

1.空巴克岩体

(1)地质特征

该岩体与奥陶—志留系接触界面向内陡倾,外接触带出现接触变质,有岩枝插入,内接触带有围岩捕虏体;东部与哈马肉孜岩体的接触界面东陡倾且弯曲,内接触带有岩脉插入,外接触带有该岩体捕虏体产出。岩体西部发育糜棱面理,中部及东部片麻状构造明显,均向南西以 70°以上角度倾斜。岩体内部的细粒花岗岩脉宽几厘米至十几厘米不等,产状无规律,延伸较远;斜长细晶岩脉宽约 10m,向北西以约 60°的倾角倾斜。岩体中的暗色包体岩性为黑云角闪岩,呈宽约 20cm 的条带状,向北东陡倾,捕虏体岩性主要为黑云石英片岩、含磁铁石英岩、英安质晶屑凝灰岩等,呈大小不等的不规则状,较大者向北以中等以上角度倾斜。其他地质特征见表 3-10,岩体实测剖面见图 3-39。

(2)岩石学特征

岩性以(片麻状)细—中粒石英闪长岩为主,中部为片麻状细—中粒石英二长闪长岩,中部及西部片麻理发育。前者具细—中粒半自形粒状结构,片麻状—块状构造,西部边部具糜棱结构和残余细粒半自形粒状结构,纹理条带构造。斜长石为中—更长石,呈半自形板柱状,0.6mm×0.3mm～3mm×1.2mm,聚片双晶清楚,具轻微钠黝帘石化,有的向绿帘石变化,杂乱分布;黑云母为褐色片状,0.1～1mm,不均匀微定向分布;石英为他形粒状,0.05～1mm,有时聚集,局部波状消光明显,不

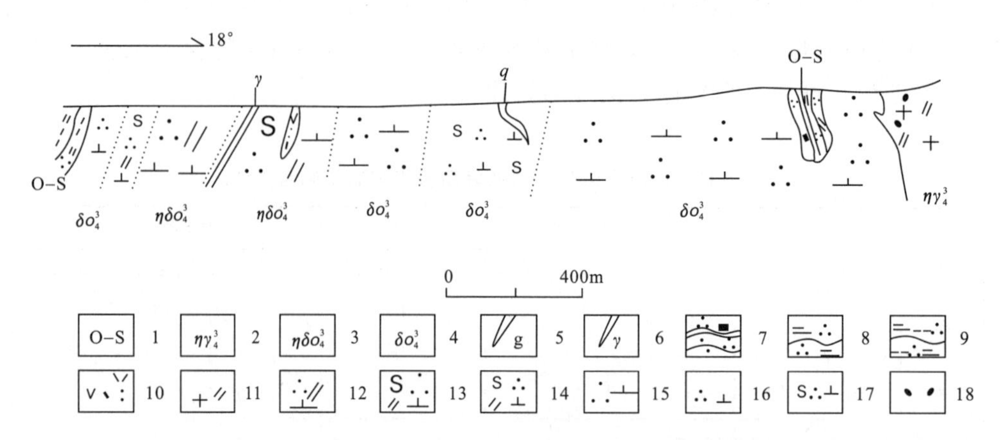

图 3-39 塔什库尔干自治县科科什老克空巴克岩体实测剖面图

1. 奥陶—志留系未分；2. 华力西晚期哈马肉孜岩体；3—4. 华力西晚期空巴克岩体；5. 石英脉；6. 花岗岩脉；7. 含磁铁石英岩；8. 绢云石英片岩；9. 绢云黑云石英片岩；10. 变英安质晶屑凝灰岩；11. 细粒二长花岗岩；12. 中粒石英二长闪长岩；13. 弱片麻状细中粒石英二长闪长岩；14. 片麻状细粒石英二长闪长岩；15. 中粒石英闪长岩；16. 细粒石英闪长岩；17. 片麻状细粒石英闪长岩；18. 细粒石英闪长岩捕虏体

均匀微定向分布。后者具细—中粒半自形粒状结构，片麻状构造。斜长石及钾长石均呈半自形板柱状、粒状，大小为 0.5mm×0.3mm～3mm×2mm，不均匀定向分布。斜长石为更长石，发生了轻微的钠黝帘石化，个别微显聚片双晶；钾长石微显格子双晶，包裹并交代斜长石，使斜长石发生净边。石英为他形粒状，0.1～1.5mm，波状消光明显，多聚集不均匀分布；黑云母为褐色片状，0.1～1mm，不均匀定向分布。

(3)岩石化学特征

该岩体的化学成分及有关参数见表 3-11，其成分基本与黎彤(1962)的闪长岩相当，仅 CaO 含量高，Na_2O 及 K_2O 含量略低，碱总量仅为 5.32%，K/Na=0.77，富钠贫钾，里特曼指数为 2.03，为钙碱性岩系，铝指数为 0.802，属贫铝型岩石，在 R_1-R_2 命名图(图 3-40)上投点落入靠近闪长岩的辉长岩区。

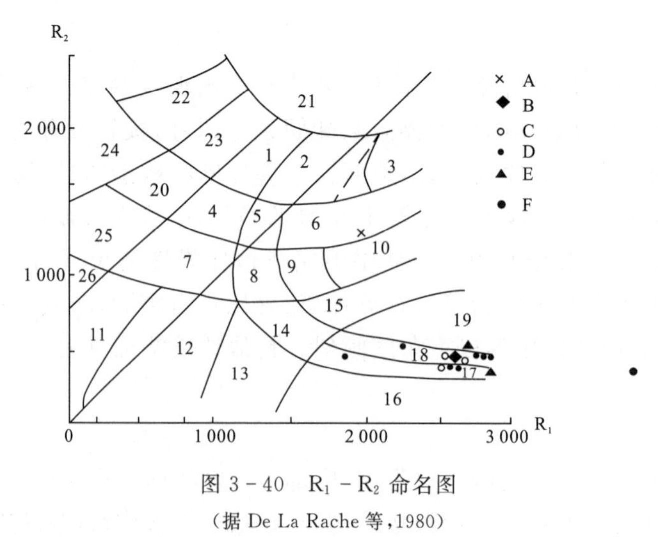

图 3-40 R_1-R_2 命名图

(据 De La Rache 等，1980)

6. 辉长岩；17. 正长花岗岩；18. 二长花岗岩；19. 花岗闪长岩；A. 空巴克岩体；B. 哈马肉孜岩体；C. 丘克苏岩体；D. 阿尕阿孜山岩体；E. 安大力塔克岩体；F. 吐普休岩体

(4)岩石地球化学特征

该岩体的微量元素和稀土元素含量及有关参数分别见表 3－12 和表 3－13。其微量元素与闪长岩维氏值相比，Hf、Sc、V、Co、Ni 及 W 含量较高，Rb、Sr、Zr、Nb、Ta、Cr、Li 含量偏低，其他成分接近。其地球化学型式(图 3－41)与牙买加的钙碱性火山弧花岗岩类似，相对洋中脊花岗岩其 K、Rb、Ba 及 Th 稍富集，其他元素多有亏损现象。

该岩体的稀土元素配分模式为轻稀土略富集、重稀土平缓向右缓倾斜的平滑曲线(图 3－42)，其稀土总量为 148.52×10^{-6}，与陈德潜(1982)的中性岩相当，斜率$(La/Yb)_N=7.34$，较小，$\delta Eu=0.83$，具极轻微的 Eu 负异常。

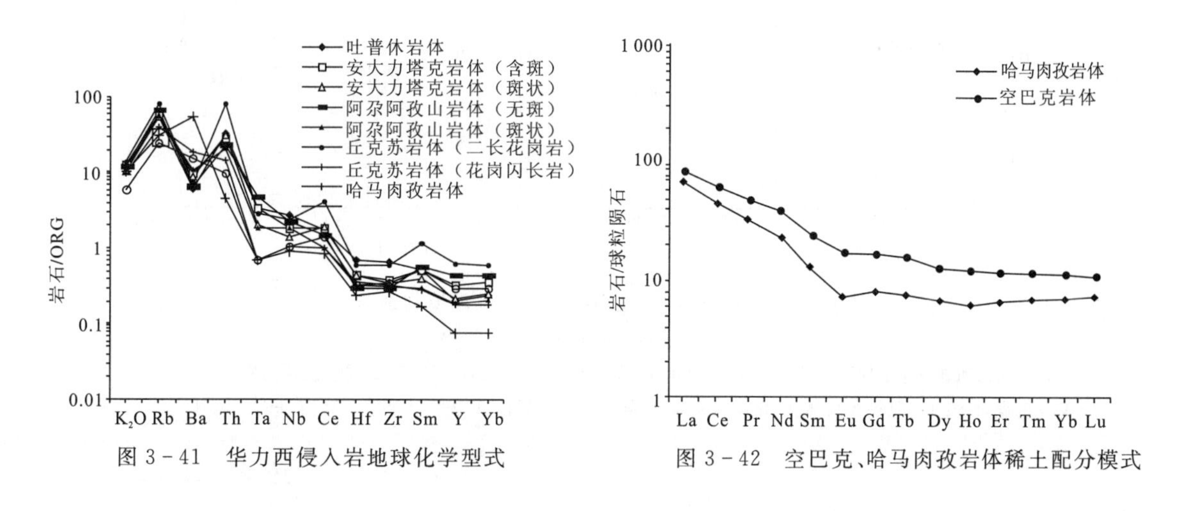

图 3－41　华力西侵入岩地球化学型式

图 3－42　空巴克、哈马肉孜岩体稀土配分模式

(5)成因及形成环境分析

该岩体的化学成分在 A－C－F 分类图上投点落入 I 型花岗岩区。结合前述接触关系、岩石组合、暗色矿物以角闪石为主、岩石高钙低钾、钙碱性岩系、铝指数小于 1 及 TFeO/(TFeO＋MgO)来看，其与巴尔巴林的含角闪石钙碱性花岗岩类一致，因此，其成因为以幔源为主的壳幔混合源。

该岩体在 R_1-R_2 构造环境分类图上投点落于板块碰撞前活动陆缘区；在 Rb－Y＋Nb 和 Rb－Yb＋Ta 图解(图 3－43)上投点均落入火山弧花岗岩类区。结合其地球化学型式和稀土配分模式具钙碱性火山弧花岗岩性质综合判断，其形成环境为板块碰撞前的钙碱性火山弧环境，与俯冲作用有关。

2. 安大力塔克岩体

(1)地质特征

该岩体位于图幅中部看因力达坂、康达尔达坂、阳给达坂一线，呈北西宽南东窄的刀形，长近 50km，最宽约 11km，最窄仅几百米。与围岩的侵入接触关系清楚，边部可见棱角状围岩捕虏体，内接触带具混染现象，外接触带有宽约 20cm 的角岩化带，中部不均匀分布(局部成群产出)有不规则状细粒闪长质包体(图 3－44)。其他特征见表 3－10。

(2)岩石学特征

该岩体由边部的浅肉红色含小斑中粒二长花岗岩和中部的肉红色中斑中粒二长花岗岩组成，二者渐变。前者斑晶含量低而小(6mm×9mm 左右)，后者斑晶含量高(20％～23％)且大(14mm×5mm～25mm×7mm)。岩石具似斑状结构，基质中粒花岗结构，块状构造，其矿物组成见表3－15。斑晶为钾长石呈半自形板柱状，边缘不规则，内包裹有斜长石等，具卡式双晶，不均匀分布。基质中的长石均呈半自形板柱状，2mm×1mm～3mm×2mm，杂乱分布，斜长石个别显细而密并近平行消

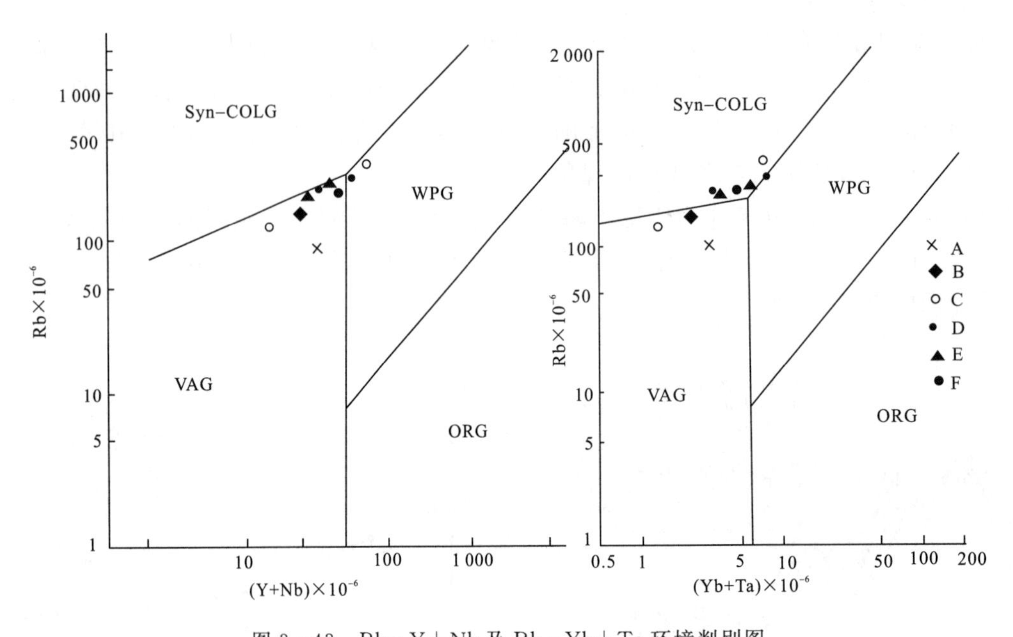

图 3-43 Rb-Y+Nb 及 Rb-Yb+Ta 环境判别图

(据 Pearce,1984)

VAG. 火山弧花岗岩；WPG. 板内花岗岩；ORG. 洋中脊花岗岩；Syn-COLG. 同碰撞花岗岩

A 空巴克岩体；B 哈马肉孜岩体；C 丘克苏岩体；D 阿尕阿孜山岩体；E 安大力塔克岩体；F. 吐普休岩体

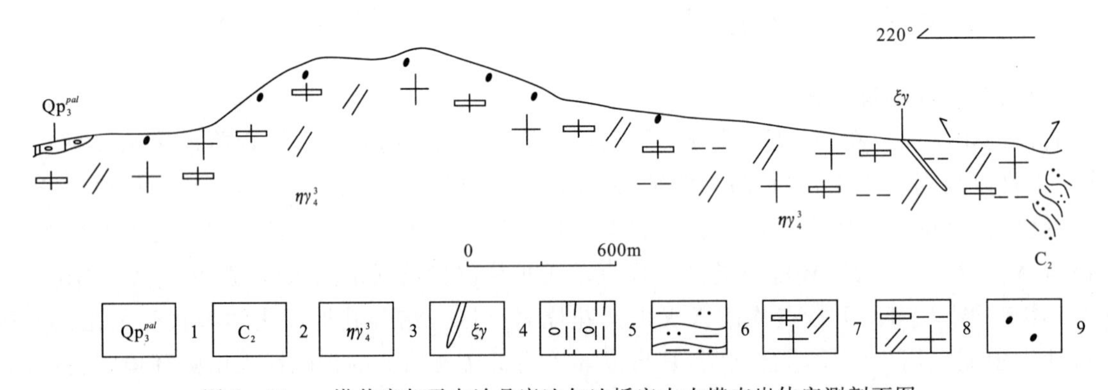

图 3-44 塔什库尔干自治县康达尔达坂安大力塔克岩体实测剖面图

1. 第四系上更新统洪积层；2. 未分上石炭统；3. 华力西晚期安大力塔克岩体；4. 细粒正长花岗脉；5. 角砾质亚砂土；6. 变形粉砂质泥岩；7. 中斑中粒二长花岗岩；8. 含小斑中粒黑云二长花岗岩；9. 细粒闪长质包体

光聚片双晶，为更长石，被钾长石包裹；钾长石微显条纹结构；石英为他形粒状，0.5～3.5mm，波状消光明显，不均匀分布；角闪石为柱状，0.5mm×0.25mm～1.9mm×1mm，不均匀分布。

(3)岩石化学特征

岩石的化学成分及有关参数见表 3-11。与黎彤(1962)的花岗岩相比，其 SiO_2(72.99%～75.96%)、K_2O(4.14%～5.06%)含量略高，Al_2O_3、Fe_2O_3、MgO、Na_2O、P_2O_5 含量略低，其他成分接近。总碱量略低(7.38%～7.86%)，富钾(K/Na=1.28～1.81)，里特曼指数为 1.82～1.87，属钙碱性岩系，铝指数接近 1(0.972～1.088)，在低铝和饱和铝型岩石分界附近摆动。在 R_1-R_2 命名图(图 3-40)上投点分别落于花岗闪长岩和正长花岗岩区。

(4)岩石地球化学特征

岩体的微量元素和稀土元素含量及有关参数分别见表 3-12 和表 3-13。与花岗岩微量元素维氏值相比，Hf、V、Co、及 W 含量偏高，Sr、Ba、Zr、Ta、Cr、Ni、Mo 及 Be 偏低，其他元素接近。其地球化学型式(图 3-41)与西藏陆-陆碰撞花岗岩相似,相对洋中脊花岗岩富集 K、Rb、Ba、Th、Nb 和 Ce,其他元素亏损。在 Rb、Th 及 Ce 处形成明显正异常,在 Ba、Ta、Hf 处形成明显负异常。稀土总量为 $164.7\times10^{-6}\sim176.6\times10^{-6}$,低于陈德潜(1982)的花岗岩而高于中性岩,斜率$(La/Yb)_N=12.26\sim8.1$,为轻稀土富集、重稀土平缓向右倾斜的平滑曲线,$\delta Eu=0.6\sim0.29$,具较明显的 Eu 负异常(图 3-45)。

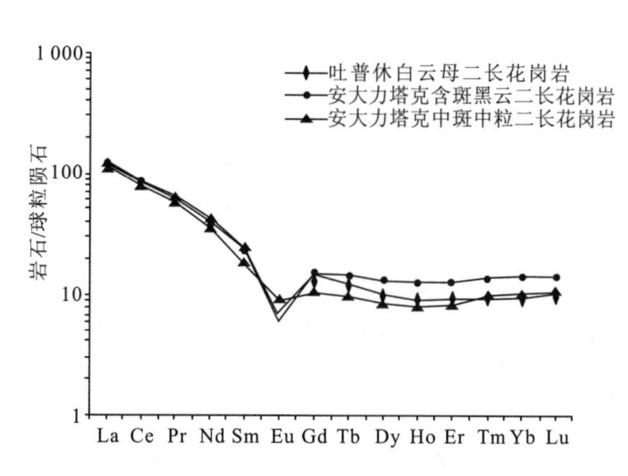

图 3-45　安大力塔克及吐普休岩体稀土配分模式

(5)成因及形成环境分析

在 A-C-F 分类图上投点,2 个样品分别落于 I、S 型花岗岩分界附近的 I 型和 S 型花岗岩区。从岩体的岩性、矿物组合以及特殊的钾长石斑状结构、岩石高钾低钙、铝指数约等于 1、钙碱性岩系、TFeO/(TFeO+MgO)大于 0.8 小于 1、暗色矿物为少量的黑云母和角闪石等特征来看,与巴尔巴林的高钾钙碱性花岗岩一致,因此,其成因为以壳源为主的壳幔混合源。其氧同位素($\delta^{18}O$)分析结果(石英为 10.7‰,黑云母为 5.4‰)也支持上述观点。

该岩体样品在 R_1-R_2 构造环境分类图上投点落入同碰撞花岗岩和造山晚期花岗岩区内;在 Rb-Y+Nb 和 Rb-Yb+Ta 图解(图 3-43)上,投点分别落入靠近同碰撞花岗岩的火山弧花岗岩区和同碰撞花岗岩区。结合其地球化学型式和稀土配分模式具有同碰撞花岗岩特征(同时又保留活动陆缘火山弧花岗岩的一些性质)综合判断,其构造环境为构造体制转换期,即碰撞初期阶段。

(6)形成时代探讨

据前述接触关系,该岩体的形成时代应晚于晚石炭世,但无覆盖层,无法确定其上限。但其与阿尕阿孜山岩体同在一个构造带上,且岩石组合、矿物学、岩石地球化学、成因及形成环境等特征极其一致,因此,其形成时代也应基本一致和可以对比,阿尕阿孜山岩体的钾长石 K-Ar 年龄为 278Ma 和 274 Ma,相当于早二叠世,因此也将安大力塔克岩体放入华力西晚期。

3. 吐普休岩体

(1)地质特征

该岩体系本次工作在大同西岩体中解体出的新岩体,位于图幅东南部库浪那古河西岸,呈水滴状,南北长 2.5km,东西宽 1.4km,面积为 $2.5km^2$,侵入大同西岩体,接触面向内陡倾,内部有少量石英正长岩细脉穿插(图 3-46)。其他地质特征见表 3-10。

(2)岩石学特征

该岩体主体岩性为细粒白云母二长花岗岩,细粒花岗结构、鳞片粒状变晶结构,块状—片麻状构造。矿物成分及含量见表 3-15,钾长石及斜长石呈半自形板柱状、粒状,0.5mm×0.3mm~2mm×1.5mm,不均匀定向分布,斜长石个别显细而密且近平行消光的聚片双晶;钾长石多显格子

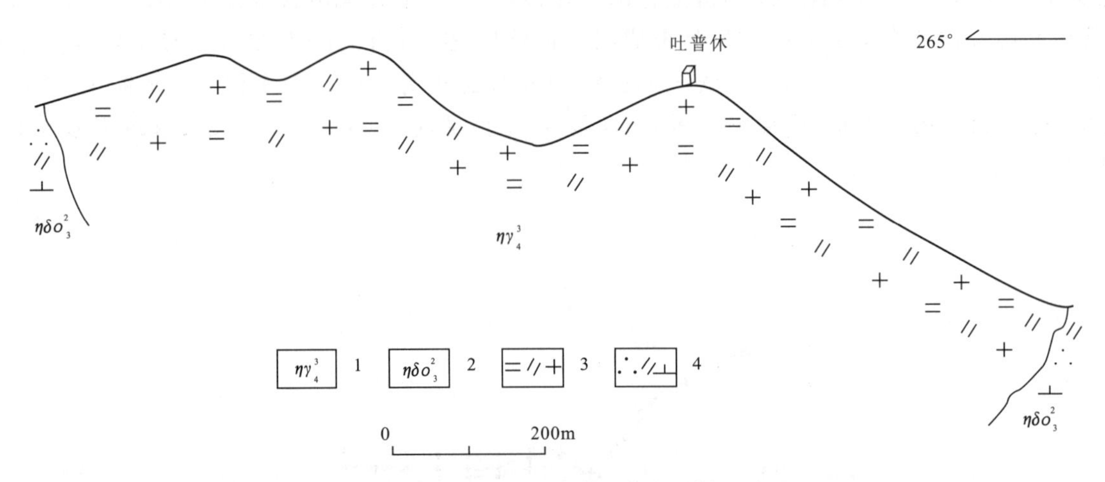

图 3-46 叶城县吐普休岩体实测剖面图

1. 华力西晚期吐普休岩体；2. 加里东中期大同西岩体；3. 细粒白云母二长花岗岩；4. 细中粒石英二长闪长岩

双晶，包裹斜长石等矿物颗粒；石英为他形粒状，0.2～1mm，具波状消光，不均匀定向分布；白云母呈片状，0.1～1.3mm，多不均匀定向分布。特征副矿物石榴石为等轴粒状，0.05～0.7mm，裂纹发育。

(3)岩石化学特征

岩石化学成分及有关参数见表 3-11。与黎彤(1962)的二云母花岗岩相比，SiO_2、Fe_2O_3 含量略高，FeO、MnO、CaO、Na_2O 及 P_2O_5 含量略低。碱总量为 4.93%，极度富钾(K/Na=15.43)，里特曼指数为 0.76，属钙性岩系，铝指数为 2.18，属铝过饱和及 SiO_2 过饱和型岩石。因其 SiO_2 含量高等原因，在 R_1-R_2 命名图(图 3-40)上投点很靠右，相当于花岗岩的位置；利用吴利仁及吴芝雄的计算方法在 QAPF 图解中投点落入 1b 区，即富石英花岗岩类。

(4)岩石地球化学特征

该岩体岩石的微量元素和稀土元素含量及有关参数分别见表 3-12 和表 3-13。微量元素含量与花岗岩维氏值相比，Hf、Sc、V、Co、Th、W、Mo 及 Se 含量偏高，Sr、Ba、Ta、Cr、Ni 及 Be 含量偏低。其地球化学型式(图 3-41)与英国西南部海西带陆-陆碰撞型花岗岩相似，与洋中脊花岗岩相比，其 K、Rb、Ba、Th 含量特别高，Ce 以后元素均为负值，分别在 Rb、Th 处形成明显正异常。稀土总量为 160.8×10^{-6}，介于中性岩与花岗岩之间，$(La/Yb)_N=12.14$，为轻稀土富集、重稀土平缓向右缓倾斜的平滑曲线，$\delta Eu=0.35$，具较明显的 Eu 负异常(图 3-45)。

(5)成因及形成环境分析

在 A-C-F 分类图上投点落入 S 型花岗岩区。从其特殊的岩性和含有原生白云母、副矿物中含有石榴石、岩石强烈富钾低钙、岩石化学类型属铝(铝指数大大超过 1)及 SiO_2 过饱和、TFeO/(TFeO+MgO)小于 0.8 等特点来看，与巴尔巴林的含白云母过铝花岗岩类一致，因此综合认为，该岩体的成因为壳源，分离结晶作用占主导地位。

在 Rb-Y+Nb 和 Rb-Yb+Ta 图解(图 3-43)上，投点分别落入靠近同碰撞花岗岩及板内花岗岩分界处的火山弧花岗岩区和同碰撞花岗岩区。结合其地球化学型式、稀土配分模式以及巴尔巴林有关此类花岗岩的论述综合判断，其构造环境为大陆碰撞，产于加厚地壳。

(6)形成时代探讨

根据其侵入大同西岩体可确定其晚于加里东中期，但无覆盖层，上限无法确定，但根据其形成的构造环境看，其应略早于前述的安大力塔克和阿尕阿孜山岩体，因此暂定其形成时代亦为华力西晚期。

4. 苏特开什岩体

该岩体亦为本次工作从大同西岩体中解体出来的新岩体，位于叶城县西河休乡苏特开什一带，岩体呈北西走向，长约10km，最宽5.5km。其他地质特征见表3-10。

该岩体主体岩性为中粒角闪石英正长岩，边部出现少量的细中粒石英二长闪长岩，西侧靠边部有粗中粒透辉正长岩(图版Ⅴ,7)出露。岩石具中—粗粒半自形粒状结构，块状构造，矿物含量见表3-15，其中的钾长石呈半自形板柱状，2mm×0.5mm～10mm×3mm，多显格子双晶，部分具卡式双晶；斜长石为半自形板柱状，0.5mm×0.25mm～3mm×1.2mm，部分显细而密并近平行消光的聚片双晶，为更长石，多被钾长石包裹并交代而发生净边，或呈不规则状残留于钾长石中；透辉石为淡绿色柱状，0.5mm×0.25mm～2mm×0.5mm，$C\wedge N_g=38°$；角闪石呈绿色柱状，0.5mm×0.15mm～3mm×1mm，多色性、吸收性明显，$C\wedge N_g=23°$；石英为他形粒状，0.3～1mm。各矿物不均匀分布。

该岩体上述特征与巴尔巴林的过碱性及碱性花岗岩类相似，具A型花岗岩特征，其成因为地幔分离结晶作用，形成构造环境为板内拉张。

本期的其他3个岩体均以二长花岗岩为主，成因及形成环境与安大力塔克岩体大体一致，各岩体的化学成分、微量元素含量和稀土元素含量及有关参数分别见表3-11、表3-12和表3-13，地球化学型式见图3-41，稀土元素配分模式哈马肉孜岩体见图3-42，丘克苏岩体和阿尕阿孜山岩体分别见图3-47和图3-48。

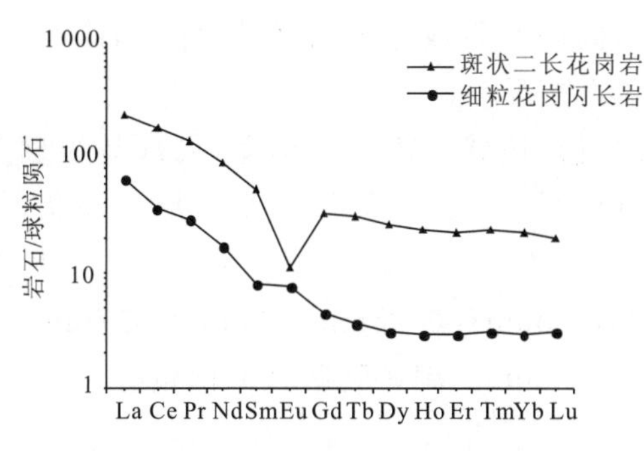

图3-47　丘克苏岩体稀土元素配分模式

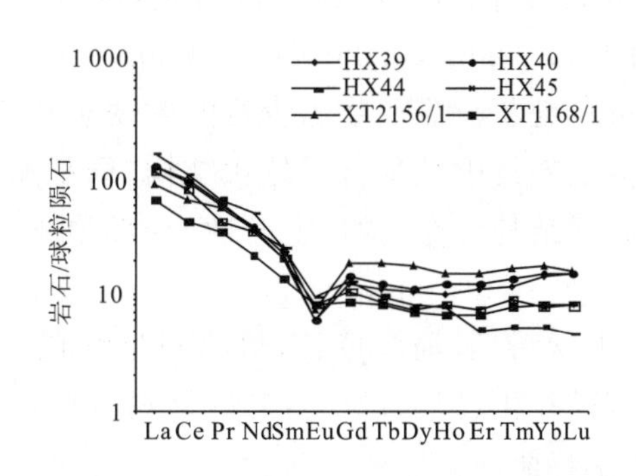

图3-48　阿尕阿孜山岩体稀土元素配分模式

(六)印支期中酸性侵入岩

该期侵入岩主要位于康西瓦-瓦恰结合带及其附近，共有4个岩体，分别为半的南东岩体、卡拉塔什岩体、克克叠巴岩体和慕士塔格岩体，图内总面积约795km²。其中慕士塔格岩体最大，图内面积为745km²，卡拉塔什岩体最小，为14km²。以酸性岩类占绝对优势，少量中、酸性岩及基性岩。半的南东及卡拉塔什岩体为细粒(石英)闪长岩-细中粒英云闪长岩，慕士塔格岩体以(斑状)细—中粒黑云二长花岗岩为主，少量(斑状)细—中粒花岗闪长岩，克克叠巴岩体为中粒花岗闪长岩。现以卡拉塔什岩体和慕士塔格岩体为例叙述如下，各岩体的其他地质特征见表3-10。

1. 卡拉塔什岩体

(1)地质特征

该岩体位于康西瓦-瓦恰结合带上，分两处出露，总体地质特征见表3-10。

(2)岩石学特征

该岩体主体岩性为细粒闪长岩和中粒英云闪长岩,西部边部出现有变细粒辉长岩(图 3-49)。辉长岩及闪长岩间为过渡关系,闪长岩与英云闪长岩间为断层接触,但从英云闪长岩中有闪长岩捕虏体看,二者应为侵入接触关系。

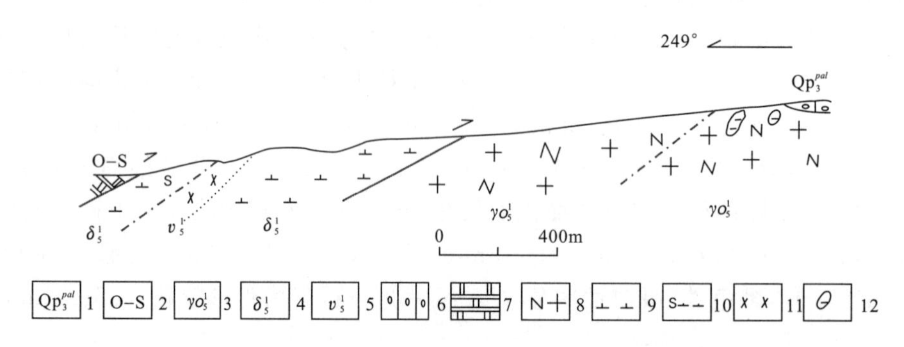

图 3-49 塔什库尔干自治县卡拉塔什岩体实测剖面图

1. 第四系上更新统冲洪积;2. 未分奥陶—志留系 3—5. 印支期卡拉塔什岩体;6. 角砾质亚砂土;7. 薄板状细粒大理岩;8. 中粒英云闪长岩;9. 细粒闪长岩;10. 蚀变细粒闪长岩;11. 变质细粒辉长岩;12. 细粒闪长岩

细粒石英闪长岩呈细粒半自形粒状结构,局部糜棱结构,块状—定向构造,局部纹理条带构造。组成矿物杂乱分布,微显定向性。其中斜长石(20%~72%)呈半自形板柱状,0.5mm×0.2mm~1.7mm×0.4mm,具不同程度的钠黝帘石化,部分显聚片双晶,An=27,系更长石;角闪石(5%~80%)呈绿色柱状,0.1mm×0.05mm~0.6mm×0.3mm,向阳起石或绿泥石转化;绿帘石(0~3%)为 0.1~0.2mm 的粒状。副矿物为少量的磁铁矿和微量的榍石。

中粒英云闪长岩具中粒半自形粒状结构,局部糜棱结构,块状—微定向构造,局部具纹理条带构造。组成矿物多杂乱分布,微显定向性,局部聚集。斜长石(55%~65%)呈半自形板柱状,具钠黝帘石化,1mm×0.4mm~5mm×2.5mm,个别显聚片双晶;石英(20%~40%)呈他形—不规则粒状,0.2~5mm,波状消光,局部拉长;角闪石呈绿色柱状,0.5mm×0.25mm~2mm×0.7mm,局部具黑云母化和碳酸盐化;黑云母(0~5%)呈褐色片状,0.3~2mm。副矿物磁铁矿微量。

(3)岩石化学特征

该岩体主体岩性的岩石化学成分及有关参数见表 3-11。与黎彤的成分相比,闪长岩的 SiO_2、TiO_2、Fe_2O_3、Na_2O、K_2O、P_2O_5 含量偏低,MgO、CaO 含量偏高;英云闪长岩基本与角闪石黑云母花岗岩相当,唯 Fe_2O_3 含量偏高,TiO_2、MgO、K_2O 含量偏低。两种岩性的碱总量为 3.72%~4.01%,均极贫钾,属钙性岩系,铝指数均小于 1,属贫铝—低铝型岩石。在 R_1-R_2 命名图(图 3-50)上,闪长岩投点落入辉长苏长岩区,英云闪长岩落入英闪岩和花岗闪长岩的分界处;利用吴利仁和吴芝雄的计算方法在 QAPF 图上投点,辉长岩均落入 10 区的斜方辉石辉长岩区,英云闪长岩落入花岗辉长岩区(吴利仁 4 区)和英云闪长岩区(吴芝雄 5 区)。

(4)岩石地球化学特征

该岩体主体岩性的微量元素和稀土元素含量及有关参数分别见表 3-12 和表 3-13。闪长岩的微量元素与闪长岩维氏值相比,Nb、Hf、Sc、Cr、Co、Ni、W 和 Ga 含量偏高,其他元素均低;英云闪长岩与花岗岩的维氏值相比,Hf、Sc、V、Co、W 含量偏高,其他元素均低。二者的地球化学型式(图 3-51)与纽芬兰拉斑玄武质火山弧杂岩相似,其明显特征是 Th 及以前元素比其以后元素富集。

主体岩性的稀土配分模式(图 3-52)为球粒陨石型。其稀土总量($67.8\times10^{-6}\sim82.5\times10^{-6}$)低,与陈德潜的基性岩相当,斜率$(La/Yb)_N=5.64\sim1.44$(低),$\delta Eu=0.86\sim0.75$,具弱 Eu 负异常。

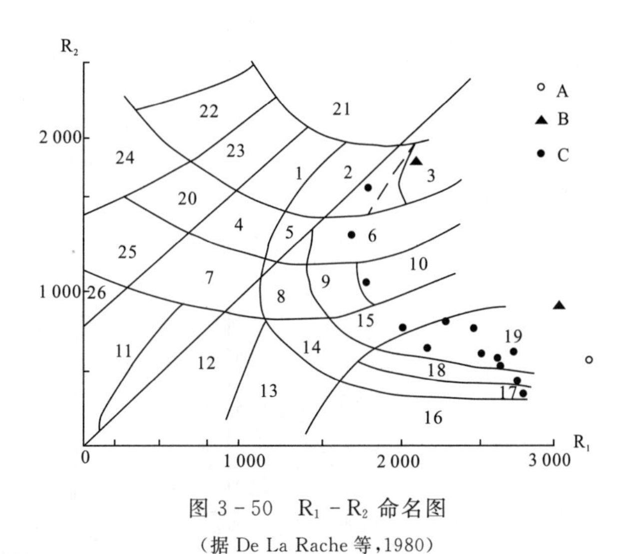

图 3－50　R_1-R_2 命名图

（据 De La Rache 等，1980）

2. 橄榄辉长岩；3. 辉长苏长岩；6. 辉长岩；10. 闪长岩；15. 英云闪长岩；17. 正长花岗岩；18. 二长花岗岩；19. 花岗闪长岩；A. 半的南东岩体；B. 卡拉塔什岩体；C. 慕士塔格岩体

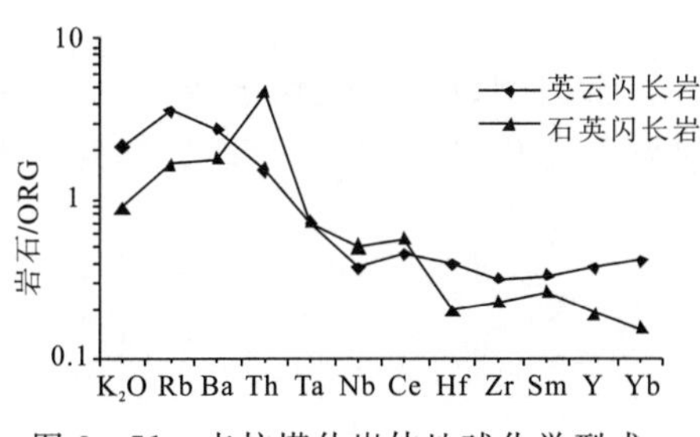

图 3－51　卡拉塔什岩体地球化学型式

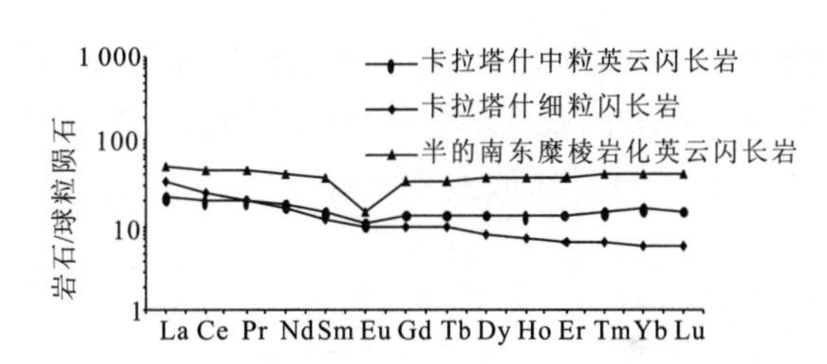

图 3－52　卡拉塔什和半的南东岩体稀土配分模式

（5）成因及形成环境分析

该岩体主体岩性样品在 A－C－F 分类图上投点均落入 I 型花岗岩区；在 R_1-R_2 分类图上，投点落入地幔分离的幔源英云闪长岩区。结合其岩石地球化学、岩石化学等特征综合判断，其成因为地幔分离。其中的闪长岩氧同位素（$\delta^{18}O$）分析结果（石英为 9.0‰，黑云母为 4.3‰）也支持上述观点。

该岩体在 Rb－Y＋Nb 和 Rb－Yb＋Ta 图解（图 3－53）上投点落入火山弧区。结合其地球化学型式与纽芬兰拉斑玄武质火山弧杂岩类似、稀土配分模式为球粒陨石型等特征判断，其形成环境与俯冲作用有关，定位于俯冲带之上的拉斑玄武质火山弧。

（6）形成时代探讨

根据前述的接触关系，该岩体的时代应晚于晚石炭世、早于早白垩世。据卡拉塔什英云闪长岩锆石 U－Pb 年龄 230Ma①，时代相当于三叠纪，因此将其时代确定为印支期。

2. 慕士塔格岩体

（1）地质特征

该岩体为一约 1 370km² 北北西向延伸的岩基，区内仅为其南半部，位于康西瓦结合带上。图

① 新疆地质调查院. 1∶5 万班迪尔幅（J43E014015）、下拉夫迭幅（J43E015015）地质图及说明书. 2000.

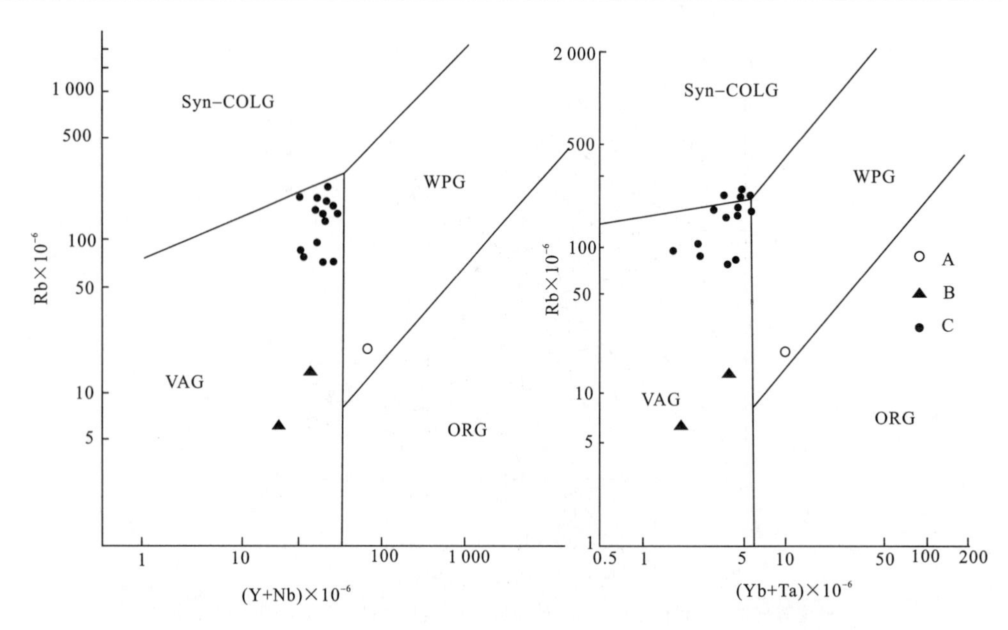

图 3-53 Rb-Y+Nb 及 Rb-Ya+Ta 环境判别图

（据 Pearce，1984）

VAG. 火山弧花岗岩；WPG. 板内花岗岩；ORG. 洋中脊花岗岩；Syn-COLG. 同碰撞花岗岩；

A. 半的南东岩；B. 卡拉塔什岩体；C. 慕士塔格岩体

内北部最宽约 40km，南北长约 30km，图内面积为 745km²。岩石类型以二长花岗岩为主，少量花岗闪长岩，个别为石英闪长岩，内有较多的细粒石英闪长岩、细粒二长花岗岩、花岗伟晶岩和脉石英等脉体贯入（图 3-54）。其他地质特征见表 3-10。

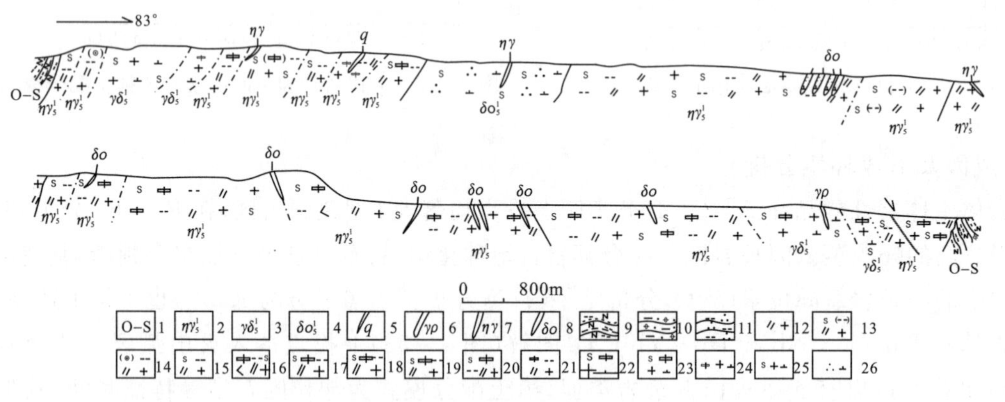

图 3-54 塔什库尔干自治县下坂地—科科什老克西慕士塔格岩体实测剖面图

1. 未分奥陶—志留系；2—4. 印支期慕士塔格岩体；5. 石英脉；6. 花岗伟晶岩脉；7. 细粒二长花岗岩脉；8. 细粒石英闪长岩脉；9. 黑云斜长片麻岩；10. 绿帘石化浅粒岩；11. 黑云石英片岩；12. 细中粒二长花岗岩；13. 片麻状细中粒含黑云母二长花岗岩；14. 细中粒含石榴黑云二长花岗岩；15. 片麻状细粒黑云二长花岗岩；16. 片麻状中斑中粒角闪黑云二长花岗岩；17. 片麻状中斑粗中粒黑云二长花岗岩；18. 片麻状中斑中粒黑云二长花岗岩；19. 片麻状中斑细粒黑云二长花岗岩；20. 片麻状含中斑细中粒黑云二长花岗岩；21. 小斑细粒黑云二长花岗岩；22. 片麻状中斑中粒花岗闪长岩；23. 片麻状中斑细中粒花岗闪长岩；24. 小斑细粒花岗闪长岩；25. 片麻状细粒花岗闪长岩；26. 细粒石英闪长岩

（2）岩石学特征

细粒石英闪长岩：细粒半自形粒状结构，定向—片麻状构造。组成矿物不均匀定向分布，斜长石为 55%～60%，半自形粒状—板柱状，0.25mm×0.1mm～1.2mm×0.5mm，部分聚片双晶明显，

An=27～35，系更—中长石；角闪石为25%～30%，绿色柱状，0.25mm×0.1mm～2mm×0.9mm，多色性吸收明显，被石英穿孔交代；黑云母为5%～10%，褐色片状，0.2～2mm；石英为5%，他形粒状，0.05～0.07mm。副矿物磁铁矿、榍石、磷灰石及锆石微量。

(斑状)花岗闪长岩：该类岩石从结构上可分为细粒、细中粒、中粒、小斑、中斑及构造上的片麻状等不同类型，但矿物成分变化不大。岩石具细—中粒花岗结构，局部似斑状结构，定向—片麻状构造，造岩矿物不均匀定向分布，局部杂乱分布。总体矿物成分：斜长石为55%～65%，钾长石为10%～20%，石英为20%～23%，黑云母为3%～10%，角闪石为0～10%；副矿物由微量—少量的磁铁矿、锆石、榍石、磷灰石、钙铝榴石、褐帘石及绿帘石组成。斑状岩石中钾长石斑晶为2%～25%，半自形板柱状，5mm×3mm～15mm×10mm，包裹斜长石及石英等。基质中斜长石及钾长石均呈半自形粒状—板柱状，0.5mm×0.3mm～3mm×2.6mm，斜长石部分聚片双晶清楚，An=23～26，系更长石，被钾长石包裹交代，形成交代蠕英结构；石英呈他形粒状，0.15～1.5mm，波状消光；黑云母呈褐色片状，0.15～1.1mm，部分析铁；角闪石呈绿色柱状，0.2mm×0.1mm～2mm×1mm，多色性、吸收性明显。

(斑状)二长花岗岩：可细分为10种岩石类型，从结构上可分为细粒、细中粒、中粒、粗中粒、含斑、小斑、中斑等二长花岗岩，另外按含有的特殊矿物和(或)暗色矿物可分为黑云母、角闪石和含石榴石二长花岗岩，从构造上可分为块状和片麻状二长花岗岩等岩性。其总体矿物成分：斜长石为30%～50%，钾长石为30%～48%，石英为20%～22%，黑云母微量～20%，角闪石为0～5%；副矿物铁铝榴石为0～2%，钙铝榴石、磁铁矿及绿帘石微量—少量，榍石、锆石、磷灰石及褐帘石微量。造岩矿物特征与花岗闪长岩相似，仅粒度稍粗。斑状岩石中的钾长石斑晶为半自形板柱状，部分显卡式双晶，分布不均匀，2%～30%，局部弱定向，6mm×4mm～26mm×10mm，包裹斜长石及石英等矿物，并交代斜长石，使其呈不规则状残留或形成蠕英石。

(3)岩石化学特征

主要岩石的化学成分及有关参数见表3-11，SiO_2 含量为58.95%～77.38%，Al_2O_3 含量为12.02%～18.18%，碱总量较高(6.07%～8.38%)，K/Na=0.55～1.7，由贫钾向略富钾变化，里特曼指数为1.17～2.84，以钙碱性为主，铝指数为0.865～1.04，总体属低铝型岩石，分别与黎彤的石英闪长岩、花岗闪长岩、花岗岩大体相当。在 R_1-R_2 命名图(图3-50)上，投点大部分落入花岗闪长岩区，仅个别落于辉长岩、闪长岩、英云闪长岩、二长花岗岩及正长花岗岩区。

(4)岩石地球化学特征

岩体的微量元素和稀土元素含量及有关参数见表3-12和表3-13，其地球化学型式(图3-55)大致相当于智利的活动大陆边缘火山弧花岗岩，与洋中脊花岗岩相比，K、Rb、Ba和Th明显偏高，Rb、Ba和Th选择性富集明显，Y和Yb低于标准化值，稀土配分模式(图3-56)总体为轻稀土中等富集、重稀土平缓向右缓倾的平滑曲线，稀土总量变化较大(63.07×10^{-6}～470.91×10^{-6})，斜率$(La/Yb)_N$=2.89～88.4，δEu=0.26～0.80，具中等—强烈Eu负异常。

(5)成因及形成环境分析

该岩体中的样品在A-C-F分类图上投点，一半样品落入Ⅰ型花岗岩区，另一半落入Ⅰ型及S型花岗岩分界线附近。结合岩体的岩石组合、暗色矿物为黑云母和角闪石、岩石化学特征、里特曼指数、铝指数和TFeO/(TFeO + MgO)=0.52～0.88(平均为0.81)、相当于巴尔巴林的含角闪石钙碱性花岗岩类和富钾钙碱性花岗岩类的过渡类型综合判断，其成因为壳幔混合型，相当于Ⅰ型花岗岩类。

在 R_1-R_2 环境判别图上投点多数落入板块碰撞前的活动陆缘区，少数则落入同碰撞及造山晚期花岗岩区。在Rb-Y+Nb和Rb-Yb+Ta图解(图3-53)上投点绝大部分落入火山弧花岗岩区，仅个别样品在右边一个图上落入同碰撞花岗岩区。结合其地质特征、地球化学型式和稀土配分

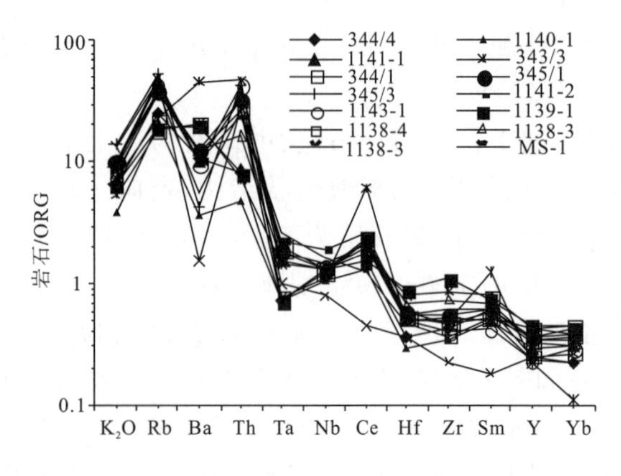

图 3-55 慕士塔格岩体及其包体地球化学型式

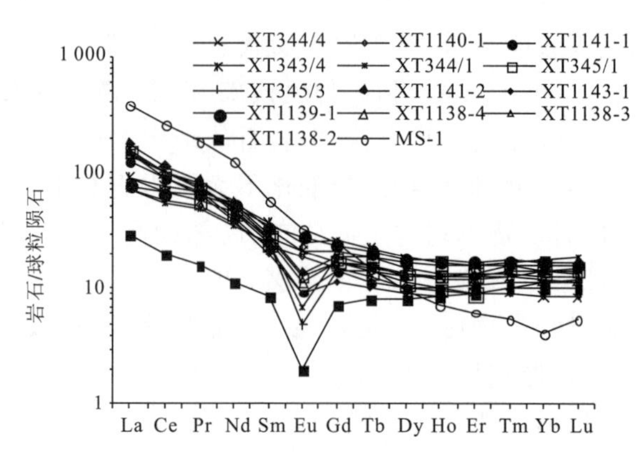

图 3-56 慕士塔格岩体及其包(脉)体稀土元素配分模式

模式综合判断,慕士塔格岩体的形成环境比较复杂,可能经历了从板块碰撞前活动大陆边缘火山弧到同碰撞的过程。

(6)形成时代探讨

根据前述接触关系,其形成时代应晚于奥陶—志留纪。本次工作在协力波斯西南该岩体中斑中粒黑云二长花岗岩中采集锆石 U-Pb 测年样,获得表面年龄为 212.2±0.7Ma,权重平均年龄为 204.3Ma(天津地矿所测试),时代相当于晚三叠世—早侏罗世,故将其归入印支期。

该期半的南东岩体的地球化学型式见图 3-57,稀土配分模式见图 3-52。

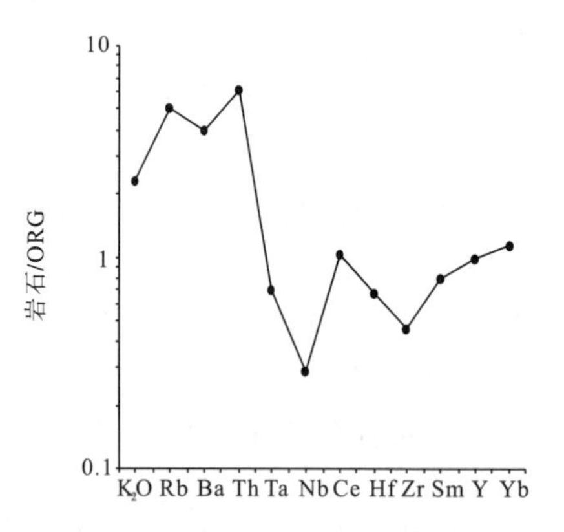

图 3-57 半的南东岩体英云闪长岩地球化学型式

(七)燕山早期酸性侵入岩

该带本期图内出露三代达坂岩体和半的北东岩体,均呈岩珠状,岩性均为细粒二长花岗岩,侵入上石炭统和奥陶—志留系。三代达坂岩体长约 14km,宽 3.5～6km,面积为 70km²,界面向外陡倾;半的北东岩体长 3.5km,最宽处 1.2km,面积为 3.3km²。两岩体的其他地质特征见表 3-10。

岩石均具细粒花岗结构,块状构造。主要矿物斜长石(约 40%)、钾长石(约 35%)均呈半自形板柱状,0.8mm×0.5mm～2mm×0.7mm,杂乱分布,斜长石个别显双晶,An=27,系更长石;钾长石显格子双晶,为微斜长石,包裹斜长石;石英(约 22%)为他形粒状,0.3～1.8mm,波状消光明显,不均匀分布;次要矿物黑云母(约 3%)为片状,0.3～1mm,多已变为绿泥石,不均匀分布。副矿物磁铁矿(微量)为 0.1～0.2mm 的粒状,零星分布。据以往资料①将其形成时代放入本期。

(八)喜马拉雅期中酸性侵入岩

该带本期侵入岩仅瓦恰北东一个岩体,呈刀形,长 3.8km,最宽处 0.85km,面积为 2.7km²,位于康西瓦-瓦恰结合带东侧,侵入奥陶—志留系及上石炭统,南端被第四系覆盖。

其岩性为灰绿色中粒石英闪长岩和灰红色细粒黑云二长花岗岩。石英闪长岩具中粒半自形粒状结构,弱片麻状构造,矿物成分斜长石约 55%,具绿帘石化,角闪石约 25%,石英及黑云母各约

① 新疆地质调查院. 1∶5 万班迪尔幅(J43E014015)、下拉夫迭幅(J43E015015)地质图及说明书. 2000

10%,岩石风化破碎较强烈。

根据该岩体花岗岩锆石 U－Pb 年龄为 55.7Ma[①],将该岩体的形成时代放入喜马拉雅期。

三、西昆仑南带中酸性侵入岩

该侵入岩位于康西瓦-瓦恰结合带以西,共划分出 18 个中酸性侵入岩体,总面积为 3 978km^2,占全区中酸性侵入岩的 50.17%。其中,酸性侵入岩占绝对优势,碱性岩次之,中性岩相对较少,岩浆侵入活动以燕山期最为强烈和频繁,次为喜马拉雅期,元古宙较弱(表 3－16)。

表 3－16 测区西昆仑南带中酸性侵入岩

期次	代号	岩体名称	面积(km^2)	形态	岩石名称	结构	构造	接触关系	同位素年龄(Ma)	岩体位置
喜马拉雅期	ξ_6	苦子干	195	近南北向不规则椭圆形	(斑状)中粒霓辉正长岩、细粒石英正长岩	斑状、半自形粒状	块状	侵入 P_2 及格林阿勒、布依阿勒、辛滚沟、卡英代-卡日巴生岩体	K－Ar(全) 33.6 K－Ar(钾长石) 18.045	塔县辛滚沟口—迭依布依沟一带
	$\xi-\gamma\pi_6$	昝坎	96	北西向不规则透镜状	细粒正长岩、花岗斑岩	斑状、半自形粒状	块状	侵入 $Pt_1B.$、S_1w 及小热斯卡木岩体	K－Ar(全) 10.59	塔县赞格尔达坂一带
	$\eta\gamma_6$	卡英代-卡日巴生	368 (区域 1 366)	区(国)内为一北西向不规则矩形岩基	中斑中粒二长花岗岩、细粒黑云二长花岗岩	似斑状、细—中粒花岗	块状	侵入 $Pt_1B.$、P_2 及辛滚沟岩体,被苦子干岩体截切,东多被 Q 覆盖	K－Ar(Bi) 9.795、17	向北延伸出图,向西出边境,区内位于辛滚沟以北
燕山晚期第二阶段	γ_5^{3-2}	布依阿勒	46	北西向带状	细粒花岗岩	细粒花岗	块状	侵入 P_2 及格林阿勒岩体,被苦子干岩体侵入吞噬及 Q 覆盖		塔什库尔干南 20～36 km 布依阿勒一带
	$\eta\gamma_5^{3-2}$	小热斯卡木	354	图内呈笔架形	(斑状)细粒(黑云)二长花岗岩	似斑状、细粒花岗	块状	侵入 $Pt_1B.$、S_1w 及马尔洋达坂、热斯卡本岩体,被昝坎岩体侵入	K－Ar(Bi) 79.95	塔县马拉特—小热斯卡木达坂一带及西若达坂一带
		瓦我基里	1 110	国内呈不规则近圆形岩基,有分支	斑状中粒黑云二长花岗岩	似斑状、中粒花岗	块状	侵入 S_1w 和托克满素岩体	K－Ar(Bi) 75	克克吐鲁克一带的中阿中巴边境及明铁盖达坂
	$\gamma\delta_5^{3-2}$	穷陶木太克	666	国内呈向南开口的马蹄形	中粒花岗闪长岩、(斑状)中粒黑云二长花岗岩	似斑状、中粒花岗	块状—局部定向	侵入 S_1w、C_2Q、$J_{1-2}l$ 及阿提牙依勒岩体,被 K 不整合覆盖	K－Ar(Bi) 75.11、95.605	从东部的阿提牙到北部的恰恩阿勒再到西部的琼塔木乌托南吉勒嘎,又向南经明铁盖至国界
	δo_5^{3-2}	阿提牙依勒	32	北西向长条状(两处)	细粒石英闪长岩	半自形粒状	块状—定向	侵入 C_2Q、S_1w,被穷陶木太克岩体侵入吞噬		塔县铁克晒克力克东—阿提牙依勒沟西和帕日帕克沟口南东一带并向南出图

续表 3-16

期次	代号	岩体名称	面积(km^2)	形态	岩石名称	结构	构造	接触关系	同位素年龄(Ma)	岩体位置
燕山晚期第一阶段	$\eta\gamma_5^{3-1}$	阿然保泰	99	国内呈北西向椭圆形	细粒二云二长花岗岩	细粒花岗	块状—微定向	侵入 P_2	U-Pb(Zr) 123±14 K-Ar(Bi) 94.2	塔什库尔干西南阿然保泰周围，西延出边境
		托克满素	110	国内呈不规则三角形	细粒黑云二长花岗岩	细粒花岗	块状	侵入 S_1w，东西两端分别被穷陶木太克岩体、瓦我基里岩体侵入		克克吐鲁克北穆斯塔格山脉
		阔克加尔亚温	159	国内呈北北西向不规则长透镜状	斑状细中粒黑云二长花岗岩	似斑状、基质细中粒花岗	块状—定向	侵入 P_2 及格林阿勒岩体，与 C_2Q 呈断层接触		塔县达布达尔西边境线一带的高山地带
		红其拉甫	73	图内呈近东西向长的不规则梯形	细中粒花岗闪长岩	细中粒花岗	块状	侵入 S_1w	K-Ar(Bi) 110.9	塔县达布达尔乡帕日帕克沟以南，向南出图
	δo_5^{3-1}	格林阿勒	81	北北西向不规则带状，北部分叉	细粒石英闪长岩	细粒半自形粒状	块状—定向	侵入 P_2，被阔克加尔亚温、布依阿勒、苦子干岩体侵入		塔县达布达尔北西的格林阿勒—达斯特亥依孜沟一带
		热斯卡木	11	图内北西向长条状	细粒石英闪长岩	细粒半自形粒状	块状	侵入 S_1w，被小热斯卡木岩体侵入吞噬		塔县热斯卡木一带，南延出图
燕山早期	$\eta\gamma_5^2$	三百司马	53	北西向带状	片麻状细粒(黑云)二长花岗岩	细粒花岗、糜棱	定向—片麻状	侵入 $Pt_1B.$，东西两端多被 Q 覆盖		塔县马如卡尔一卡、尔萨阿来塔格东
	γo_5^2	辛滚沟	16	北西向不规则菱形	灰白色细粒英云闪长岩	细粒花岗	块状—定向	侵入 P_2，被苦子干及卡日巴生岩体侵入		塔县辛滚沟两侧(如依迭尔南)
元古宙未分	$\eta\gamma_2$	走克本	54	北西西向不规则带状	细粒二长花岗岩	残余花岗	微显定向性	侵入 $Pt_1B.$，内有大量超镁铁质岩捕虏体		位于塔县马尔洋西，经走克本至塔阿什琼克尔西
	$\gamma\delta_2$	马尔洋大坂	455	北西向不规则带状岩基	片麻状细粒花岗闪长岩	细粒花岗、糜棱	定向—纹理条带	侵入 $Pt_1B.$，中西部被小热斯卡木岩体侵入，中东部与 C_2、K_1x 呈断层接触		由马尔洋达坂向东经喀来子达坂拐吐尔托日，过叶尔羌河至可莫大坂一带

(一)元古宙酸性侵入岩

该侵入岩包括走克本二长花岗岩和马尔洋花岗闪长岩 2 个岩体，总面积为 409km^2，侵入于古元古界布伦阔勒岩群中。

1. 走克本岩体

(1)地质特征

该岩体位于塔什库尔干走克本西布伦阔勒岩群中，北西向延伸，长 18km，最宽处超过 5km，面积为 54km^2。岩体内有较多辉石岩、辉橄岩和橄榄岩等超镁铁质岩捕虏体。其他地质特征见表3-16，

(2)岩石学特征

该岩体主要岩性为细粒二长花岗岩，残余半自形粒状结构，微定向构造。组成矿物斜长石(45%～50%)、钾长石(25%～30%)均呈 0.1～1mm 的不规则半自形粒状，斜长石个别显聚片双

晶；石英(约 20%)呈不规则粒状，0.1～1mm；透辉石(约 5%)为柱状，0.25mm×0.05mm～1mm×0.25mm，$C \wedge N_g = 38°$；角闪石(少量)为绿色柱状，0.25mm×0.05mm～0.5mm×0.1mm。副矿物磁铁矿(微量)为 0.1～0.3mm 的粒状，零星分布。

(3)岩石化学特征

该岩体的岩石化学成分及有关参数见表 3－17，除 SiO_2、TiO_2、MgO、Na_2O 含量偏高外，其他均偏低，基本与黎彤的花岗岩相当，碱总量为 7.45%，K/Na＝0.02，极富钠，里特曼指数为 1.85，属钙碱性系列，铝指数为 1.06 ，属饱和铝型岩石。在 R_1－R_2 命名图(图 3－58)上投点落入正长花岗岩区，利用吴利仁和吴芝雄的计算方法在 QAPF 图解中投点均落入英云闪长岩区。

(4)岩石地球化学特征

微量元素和稀土元素含量及有关参数分别见表 3－18 和表 3－19。微量元素与洋中脊花岗岩相比，除 Rb、Th、Ta 富集外，其他元素均低于标准值，在 Th 处形成强烈正异常，其地球化学型式(图 3－59)基本上与纽芬兰拉斑玄武质火山弧小港杂岩相似。岩体的稀土总量低(68.2×10^{-6})，相当于陈德潜(1982)的基性岩，轻稀土略富集，斜率较低($[La/Yb]_N=4.02$)，$\delta Eu=0.85$，具较轻微的 Eu 负异常，稀土元素配分模式(图 3－60)接近球粒陨石型。

(5)成因及形成环境分析

该岩体样品在 A－C－F 分类图上投点落入 I、S 型花岗岩分界处。结合岩石暗色矿物为角闪石和辉石、高钠贫钾、钙碱性岩系、铝指数大于 1、TFeO/(TFeO＋MgO)小于 0.8，以及微量元素、稀土元素等特征综合判断，其为幔源成因。

该岩体样品在 Rb－Y＋Nb 和 Rb－Yb＋Ta 图解(图 3－61)上投点均落入火山弧花岗岩区，在 R_1－R_2 构造环境判断图上投点落入同碰撞花岗岩区。结合其地球化学型式和稀土元素配分模式具大洋火山弧花岗岩性质综合判断，其形成环境为岛弧环境。

(6)形成时代探讨

其形成时代仅以侵入古元古代地层和岩体内含较多的塔什库尔干-乔普卡里莫超镁铁质岩带岩石捕虏体，其应晚于古元古代，但无覆盖层，上限无法确定，故暂放入元古宙。

2. 马尔洋达坂岩体

(1)地质特征

该岩体位于康西瓦-瓦恰结合带西侧马尔洋达坂一带，北西向长约 65km，最宽处 18km，面积为 $455km^2$。岩体侵入古元古代地层，被燕山晚期岩体侵入，岩体中北西向片麻理发育。其他地质特征见表 3－16。

(2)岩石学特征

该岩体主体岩性为片麻状细粒花岗闪长岩，细粒花岗结构、糜棱结构，定向—纹理条带构造、片麻状构造。主要造岩矿物斜长石(约 60%)、钾长石(约 10%)均呈半自形粒状—板柱状，0.3mm×0.15mm～1.5mm×0.7mm，斜长石具钠黝帘石化，钾长石交代并包裹斜长石；石英(约 20%)呈他形粒状，0.5～1mm，裂纹发育，局部拉长定向，波状消光明显；黑云母(约 10%)呈片状，0.2～1.2mm。副矿物主要为少量的绿帘石和石榴石，0.2～0.5mm，零星分布。

(3)岩石化学特征

该岩体的岩石化学成分及有关参数见表 3－17，成分基本上相当于黎彤的花岗岩，除 SiO_2、TiO_2、FeO、CaO 含量略高外，其他均相当或略偏低。碱总量(6.68%)略低，K/Na＝0.89，贫钾，里特曼指数为 1.54，属钙性系列，铝指数为 1.057，属铝饱和型岩石。在 R_1－R_2 命名图(图 3－58)上投点落入花岗岩区，利用吴利仁和吴芝雄的计算方法在 QAPF 图解中投点均落入二长花岗岩区(3b 区)。

表 3-17 西昆仑南带侵入岩的化学成分(%)及有关参数

岩体	样号	岩性	SiO_2	TiO_2	Al_2O_3	Fe_2O_3	FeO	MnO	MgO	CaO	Na_2O	K_2O	P_2O_5
苦子干	⊙KRBS-5	正长岩	59.36	0.42	19.71	1.40	1.20	0.10	0.60	3.20	3.47	8.90	0.07
	⊙KRBS-26		63.39	0.06	19.56	0.91	0.79	0.06	0.30	1.70	2.84	7.60	0.07
	⊙⊙KIIQY4	英辉正长岩	62.30	0.49	14.95	2.30	2.33	0.11	1.04	3.11	4.05	8.06	0.11
	⊙⊙ZB230		61.95	0.51	16.25	1.22	2.00	0.12	0.69	3.47	4.12	7.92	0.11
	⊙⊙ZB232		64.86	0.45	15.92	1.30	1.53	6.06	0.65	3.08	4.35	6.56	0.14
	⊙⊙ZB233	霓辉正长岩	50.26	1.14	12.53	2.53	2.79	0.11	5.64	14.91	0.56	6.38	1.56
	GS1115-1	石英正长岩	71.34	1.33	13.78	1.17	0.88	0.03	0.37	2.03	3.64	5.31	0.06
	GS1118-1	霓辉正长岩	50.68	1.33	9.44	2.77	3.02	0.12	5.56	15.13	0.56	6.73	2.45
	GS1117-1	霓辉正长斑岩	62.52	0.58	16.34	0.77	1.38	0.05	0.47	2.76	2.67	10.48	0.11
	GS1114-1		63.23	0.47	15.62	2.06	0.85	0.05	0.42	2.63	3.66	9.22	0.07
昝坎	GS187/1	正长花岗岩	67.77	0.38	15.89	1.00	0.82	0.04	0.27	1.64	4.76	5.95	0.05
	GS185/1	石英正长岩	70.46	0.48	13.46	3.11	2.00	0.03	0.67	1.73	3.77	3.05	0.13
	GS194/1	中粒正长岩	66.46	0.09	17.54	0.82	0.52	0.03	0.12	1.32	5.51	6.76	0.02
	GS193/3		59.94	0.95	13.23	3.71	2.38	0.16	1.08	5.51	3.42	7.43	0.21
	GS193/2	霓辉正长(斑)岩	62.31	0.44	16.97	0.83	1.12	0.05	0.46	2.42	2.12	11.30	0.10
	GS193/1		62.00	0.42	16.37	1.69	0.37	0.07	0.59	2.81	2.09	11.29	0.03
	⊙ZK-5	二长花岗岩	69.96	0.27	16.06	1.08	0.30	0.05	0.60	1.50	4.41	4.17	0.1
	⊙ZK-3	正长岩	60.72	0.40	17.71	2.00	1.24	0.08	0.30	3.00	2.41	9.40	0.07
	⊙ZK-8		63.83	0.11	16.53	1.21	0.92	0.15	0.30	2.30	2.50	9.70	0.07
	⊙ZK-2		61.28	0.29	15.82	2.00	0.64	0.12	1.80	4.60	4.83	5.80	0.06
卡英代-卡日巴生	GS5332-1	中斑中粒二长花岗岩	70.72	0.42	15.12	0.56	1.08	0.02	0.59	2.31	3.53	4.48	0.10
	GS1119-1	黑云正长花岗岩	71.72	0.41	14.21	0.82	1.02	0.03	0.61	2.06	3.71	4.48	0.11
	⊙KS-1	正长花岗岩	68.98	0.28	15.90	1.03	1.23	0.07	0.60	1.60	3.52	4.97	0.11
	⊙KRBS-22		70.51	0.20	14.60	0.82	1.08	0.06	0.40	1.60	3.49	5.60	0.06
	⊙KRBS-23	二长花岗岩	69.51	0.23	14.70	1.04	0.96	0.08	0.40	2.30	3.60	5.50	0.18
	⊙KRBS-33		71.61	0.20	14.22	0.50	0.51	0.03	0.50	2.20	3.62	4.40	0.20
	⊙⊙		71.33	0.43	13.89	1.24	0.84	0.01	0.64	1.53	3.98	5.40	
	⊙⊙		70.63	0.35	14.54	1.15	0.52	0.12	0.22	2.11	4.24	4.66	
	⊙⊙		69.92	0.46	14.74	1.31	1.12	0.03	0.54	2.47	3.86	5.22	
	⊙⊙		66.64	0.62	15.57	1.13	2.89	0.08	1.39	2.17	3.63	4.20	0.36
	⊙⊙ZB240		69.36	0.46	15.37	1.02	1.45	0.03	0.78	2.17	3.48	4.81	0.12
	⊙⊙ZB238		71.69	0.27	14.66	0.17	1.65	0.04	0.75	1.52	3.40	4.46	0.11
	⊙⊙ZB237		72.96	0.24	13.85	0.41	1.38	0.03	0.50	1.43	3.74	4.26	0.086
	⊙⊙ZB235		70.95	0.33	15.08	0.63	1.18	0.03	0.34	1.82	3.73	4.65	0.11
小热斯卡木	GS181/1	细粒二长花岗岩	73.37	0.25	13.70	0.76	0.85	0.02	0.26	1.57	3.45	4.66	0.04
瓦我基里	GS1200/1	斑状二长花岗岩	74.94	0.24	13.11	0.22	1.47	0.05	0.42	0.99	2.56	4.36	0.21
	⊙⊙KIIQY10	二长花岗岩	65.39	0.49	15.16	0.20	3.18	0.07	2.07	4.06	2.57	3.96	0.16
	⊙⊙ZB206		63.51	0.57	14.01	0.70	3.70	0.08	3.68	4.20	2.76	4.87	0.42
	⊙MT-9	花岗闪长岩	63.56	0.44	15.18	1.80	2.60	0.10	2.20	3.90	2.86	3.50	0.17
	⊙MT-1		64.86	0.41	16.39	0.90	2.23	0.10	1.50	3.70	2.80	4.20	0.26
	⊙MT-3		64.16	0.45	17.10	2.78	1.19	0.09	2.00	3.50	2.78	3.73	0.18
穷陶木太克	GS1088-1	石英闪长岩(脉)	54.04	0.80	15.60	1.18	7.02	0.15	6.10	8.21	2.35	2.23	0.24
	GS175/1	斑状细粒二长花岗岩	61.99	1.10	16.16	1.05	5.60	0.11	1.97	3.01	3.08	3.15	0.49
	GS170/1	中粒花岗闪长岩	68.02	0.51	14.24	0.86	2.68	0.06	1.51	3.55	2.39	4.82	0.18
	⊙⊙ZB215	二长花岗岩	62.21	0.75	16.01	0.68	4.28	0.06	2.96	4.81	2.90	3.27	0.28
	⊙⊙ZB216		65.70	0.46	15.74	1.02	2.46	0.04	1.65	3.25	3.43	3.93	0.17
阿提牙依勒	GS176/1	细粒闪长岩	61.07	0.67	16.78	1.56	4.42	0.12	2.03	6.42	2.66	1.82	0.18
托克满素	GS1226/1	黑云母花岗岩	68.25	0.56	14.59	1.12	2.73	0.07	1.27	3.84	2.41	3.16	0.14
阿然保泰	⊙ARG-1	正长花岗岩	71.24	0.15	15.82	0.64	0.74	0.06	0.40	1.20	3.43	4.65	0.11
	GS1110-1	二云二长花岗岩	73.41	0.23	14.21	0.27	0.98	0.22	0.36	1.01	3.06	5.26	0.22
	⊙⊙?	二云母花岗岩	73.60	0.30	13.87	0.46	1.12	0.05	0.29	1.17	2.92	5.43	
红其拉甫	GS1259/1	黑云二长花岗岩	67.03	0.55	15.03	0.54	3.47	0.06	1.65	4.29	2.61	3.04	0.13
三百司马	GS3503/1	* 二长花岗岩	60.23	0.49	20.18	0.75	2.82	0.07	0.82	2.94	4.73	5.69	0.14
马尔洋达坂	GS243-1	* 花岗闪长岩	72.04	0.33	14.11	0.60	2.00	0.07	0.57	2.27	3.54	3.14	0.09
走克本	GS241-南1	石英闪长岩	72.95	0.41	14.23	0.96	1.42	0.02	1.26	0.68	7.33	0.12	0.02

数据来源:⊙王元龙等(2000);⊙⊙丁道桂等(1996);*.岩石具片麻状构造

续表 3-17

岩体	样号	岩性	H_2O^+	CO_2	Lost	总量	A	K/Na	б	A/CNK	Mg#	R_1	R_2
苦子干	⊙KRBS-5	正长岩	0.30		1.08	99.81	12.37	2.56	9.35	0.932	47.13	562.4	761.6
	⊙KRBS-26		1.70		0.10	99.08	10.44	2.68	5.35	1.224	40.37	1 391.6	582.1
	⊙⊙KIIQY4	英辉正长岩				98.85	12.11	1.99	7.60	0.711	44.31	692.3	680.7
	⊙⊙ZB230					98.36	12.04	1.92	7.65	0.750	38.08	712.6	727.6
	⊙⊙ZB232					104.9	10.91	1.51	5.45	0.802	43.10	1 154.9	844.9
	⊙⊙ZB233	霓辉正长岩				98.41	6.94	11.39	6.63	0.359	78.28	1 484.8	2 124.0
	GS1115-1	石英正长岩	0.32		0.52	100.78	8.95	1.46	2.83	0.893	42.84	2 126.7	506.7
	GS1118-1	霓辉正长岩	0.69		0.68	99.16	7.29	12.02	6.92	0.264	76.65	1 413.3	2 083.2
	GS1117-1	霓辉正长斑岩	0.40		0.65	99.18	13.15	3.93	8.86	0.788	37.78	694.1	640.5
	GS1114-1		0.34		1.06	99.68	12.88	2.52	8.20	0.752	46.84	669.7	610.0
昝坎	GS187/1	钾长花岗岩	0.45	0.29	0.59	99.9	10.71	1.25	4.63	0.921	36.99	1 374.8	501.7
	GS185/1	石英正长岩	0.89	0.04	0.59	100.41	6.82	0.81	1.69	1.064	37.39	2 493.8	483.2
	GS194/1	中粒正长岩	0.34		0.54	100.07	12.27	1.23	6.42	0.934	29.14	853.3	492.1
	GS193/3		0.45		0.84	99.31	10.85	2.17	6.95	0.559	44.70	856.2	907.1
	GS193/2	霓辉正长(斑)岩	0.50		0.77	99.39	13.42	5.33	9.33	0.844	42.25	693.6	616.0
	GS193/1		0.38		0.51	98.62	13.38	5.40	9.42	0.788	73.97	685.9	653.0
	⊙ZK-5	二长花岗岩	0.50		0.07	99.07	8.58	0.95	2.73	1.108	78.10	2 075.9	506.7
	⊙ZK-3	正长岩	1.69		0.10	99.12	11.81	3.90	7.87	0.904	30.14	896.9	685.5
	⊙ZK-8		1.40		0.09	99.11	12.20	3.88	7.15	0.880	36.76	1 038.8	589.4
	⊙ZK-2		1.05		0.84	99.13	10.63	1.20	6.18	0.700	83.37	935.4	895.2
卡英代-卡日巴生	GS5332-1	中斑中粒二长花岗岩	0.55	0.10	0.53	100.11	8.01	1.27	2.31	1.018	49.34	2 353.6	573.6
	GS1119-1	黑云正长花岗岩	0.41		0.25	99.84	8.19	1.21	2.34	0.967	51.60	2 351.7	530.3
	⊙KS-1	正长花岗岩	0.79		0.07	99.15	8.49	1.41	2.77	1.130	46.52	2 114.9	514.8
	⊙KRBS-22		0.70		0.04	99.16	9.09	1.60	3.00	0.993	39.77	2 092.1	479.1
	⊙KRBS-23	二长花岗岩	0.56		0.05	99.11	9.10	1.53	3.12	0.916	42.62	2 006.8	556.5
	⊙KRBS-33		1.10		0.07	99.16	8.02	1.22	2.25	0.966	63.61	2 423.2	540.0
	⊙⊙					99.29	9.38	1.36	3.11	0.916	57.60	2 009.1	468.2
	⊙⊙					98.54	8.90	1.10	2.87	0.917	43.00	2 056.4	525.3
	⊙⊙					99.67	9.08	1.35	3.06	0.894	46.23	1 989.4	581.0
	⊙⊙					98.68	7.83	1.16	2.59	1.077	46.16	2 041.5	608.8
	⊙⊙ZB240					99.05	8.29	1.38	2.61	1.033	48.96	2 180.8	573.2
	⊙⊙ZB238					98.72	7.86	1.31	2.15	1.112	44.76	2 467.1	488.5
	⊙⊙ZB237					98.886	8.00	1.14	2.14	1.037	39.25	2 480.0	450.3
	⊙⊙ZB235					98.85	8.38	1.25	2.51	1.042	33.94	2 256.2	508.2
小热斯卡木	GS181/1	细粒二长花岗岩	0.55	0.26	0.74	100.48	8.11	1.35	2.17	1.009	35.29	2 522.6	450.2
瓦我基里	GS1200/1	斑状二长花岗岩	1.21	0.10	1.03	100.91	6.92	1.70	1.50	1.222	33.75	3 009.6	385.3
	⊙⊙KIIQY10	正长花岗岩				97.31	6.53	1.54	1.90	0.954	53.72	2 409.5	836.5
	⊙⊙ZB206					98.5	7.63	1.76	2.84	0.803	63.94	1 975.2	909.1
	⊙MT-9	花岗闪长岩	0.95		2.24	99.5	6.36	1.22	1.97	0.974	60.14	2 269.6	827.0
	⊙MT-1		0.70		1.05	99.1	7.00	1.50	2.24	1.032	54.53	2 247.7	794.6
	⊙MT-3		1.23		0.10	99.29	6.51	1.34	2.00	1.142	74.98	2 298.6	811.7
穷陶木太克	GS1088-1	石英闪长岩(脉)	1.89		1.05	100.86	4.58	0.95	1.90	0.736	60.77	1 995.6	1 491.3
	GS175/1	斑状细粒二长花岗岩	1.99	0.10	1.37	101.17	6.23	1.02	2.04	1.159	38.54	2 085.3	739.9
	GS170/1	中粒花岗闪长岩	1.10	0.04	0.72	100.68	7.21	2.02	2.08	0.913	50.11	2 444.5	735.8
	⊙⊙ZB215	二长花岗岩				98.21	6.17	1.13	1.98	0.939	55.22	2 191.7	977.3
	⊙⊙ZB216					97.85	7.36	1.15	2.39	0.996	54.46	2 132.2	739.5
阿提牙依勒	GS176/1	细粒闪长岩	1.76	0.29	1.45	101.23	4.48	0.68	1.11	0.931	45.02	2 515.8	1 120.2
托克满素	GS1226/1	黑云母花岗岩	1.60	0.06	1.07	100.87	5.57	1.31	1.23	1.016	45.34	2 831.0	762.0
阿然保泰	⊙ARG-1	正长花岗岩	0.90		0.09	99.43	8.08	1.36	2.31	1.231	49.08	2 399.1	460.2
	GS1110-1	二云二长花岗岩	0.74		0.64	100.61	8.32	1.72	2.28	1.131	39.57	2 532.8	410.9
	⊙⊙?	二云母花岗岩				99.21	8.35	1.86	2.29	1.071	39.52	2 516.0	412.0
红其拉甫	GS1259/1	黑云二长花岗岩	1.08	0.29	0.83	100.6	5.65	1.16	1.33	0.977	45.88	2 701.0	837.4
三百司马	GS3503/1	*二长花岗岩	0.80	0.08	0.54	100.28	10.42	1.20	6.30	1.047	34.14	891.6	753.1
马尔洋达坂	GS243-1	*花岗闪长岩	0.88	0.18	0.87	100.69	6.68	0.89	1.54	1.057	33.69	2 726.7	549.9
走克本	GS241-南1	石英闪长岩	0.42	0.06	0.24	100.12	7.45	0.02	1.85	1.060	61.27	2 151.9	415.0

表 3－18 西昆仑南带侵入岩的微量元素含量($\times10^{-6}$)及有关参数

岩体	样号	岩性	Rb	Sr	Ba	Zr	Nb	Ta	Hf	Sc	V	Cr	Co	Ni
苦子干	WL1115－1	石英正长岩	284.5	1 077	1 768	327	23.2	0.8	8.0	2.8	25.0	7.6	44.5	6.5
	WL1118－1	霓辉正长岩	377.7	2 856	7 110	274	32	3.1	5.7	22.4	82.5	57.2	21.6	53.7
	WL1117－1	霓辉正长斑岩	410.7	2 969	5 897	213	28.1	1.2	5.4	2.8	34.9	5.7	19.5	8.1
	WL1114－1		483.9	1 907	2 081	162	25.5	1.1	4.6	2.4	52.5	6.8	17.3	7.0
	⊙KRBS－5	正长岩	556	2 325	1 822	140	29.1		3.07		56.1		1.91	4.58
昝坎	WL187/1	正长花岗岩	220	1 548	4 179	228	22	0.65	6.1	2.0	23	10	16	8.0
	WL185/1	石英正长岩	60	56	458	207	13	0.84	4.7	13	65	12	27	11
	WL194/1	中粒正长岩	238	491	549	68	5.2	0.37	2.5	4.2	12	24	3.9	4.9
	WL193/3		332	1 781	6 079	684	64	2.5	19	13	97	21	14	14
	WL193/2	霓辉正长(斑)岩	406	1 905	5 308	311	26	1.3	11	4.0	28	48	6.4	8.2
	WL193/1		417	1 774	10 290	425	15	0.36	14	4.8	28	5	16	9.4
	⊙ZK－5	二长花岗岩	23.86	223.23	693.6	150.87	27.21	1.93	5.24		14.66	10.88	1.71	3.94
	⊙ZK－3	正长岩	26.55	486.77	5 948	487.98	36.52	1.04	16.83		66.44	7.04	1.57	3.01
	⊙ZK－8		423.91	1 944.2	5 448	150.71	5.58	0.30	3.08		2.06	5.75	139	4.26
	⊙ZK－2		253.99	661.7	1 110	565.25	36.99	0.96	15.08		43.33	19.35	2.53	6.77
卡英代-卡日巴生	WL5332－1	中斑中粒二长花岗岩	170	1 015	2 194	179	13	0.7	6.5	4.2	31	18	16	7.3
	WL1119－1	黑云正长花岗岩	201.0	974	2 067	223	13.6	<0.5	6.8	4.2	24.2	8.3	15.9	7.2
	⊙KS－1	正长花岗岩	227.38	1 759.7	3 256	208.98	17.22	0.94	6.21		23.61	13.43	2.40	4.77
	⊙KRBS－22		315	1 131	1 506	71.3	21.0		0.30		15.9		2.56	5.13
小热斯卡木	WL181/1	细粒二长花岗岩	300	485	1 099	183	30	1.3	6.0	2.1	16	18	24	5.5
瓦我基里	WL1200/1	斑状二长花岗岩	300	62	224	100	20	3.2	2.8	5.3	20	15	20	4.6
	⊙MT－9	花岗闪长岩	240	447	649	191	17.2		3.57		91.0		8.86	9.48
	⊙MT－3		197.86	385.4	563.4	132.86	13.46	1.61	4.99		73.17	37.05	8.03	7.94
穷陶木太克	WL1088－1	石英闪长岩	89.1	455	598	145	11.0	0.6	3.0	27.0	169.9	52.7	27.5	21.0
	WL175/1	斑状细粒二长花岗岩	217	219	530	372	33	2.3	9.6	16	88	37	24	23
	WL170/1	中粒花岗闪长岩	185	308	723	189	16	0.60	5.1	10	71	31	20	7.4
阿提牙依勒	WL176/1	细粒闪长岩	48	396	642	205	14	1.2	5.8	14	100	16	18	7.5
托克满素	WL1226/1	黑云花岗岩	106	262	605	187	15	1.4	4.6	12	57	21	14	6.9
阿然保泰	⊙ARG－1	正长花岗岩	99.6	9.01	343.7	9.01	14.09	1.23	4.27		5.32	14.43	1.57	3.81
	WL1110－1	二云二长花岗岩	299.5	87	348	103	19.2	1.0	2.5	2.4	11.6	5.6	17.4	3.6
红其拉甫	WL1259/1	二长花岗岩	122	330	952	148	13	0.76	4.6	11	68	24	17	6.7
三百司马	WL3503/1	*二长花岗岩	175	244	1 300	245	26	1.9	6.9	6.4	41	6.2	11	11.1
马尔洋达坂	WL243－1	*花岗闪长岩	80	182	656	157	15	0.9	5.5	6.1	21	13	11	4.8
走克本	WL241－南1	石英闪长岩	5.1	24	30	170	7.6	0.9	5.2	13	61	22	9.7	3.8

数据来源：⊙王元龙等(2000)；*.岩石具片麻状构造

续表 3-18

岩体	样号	岩性	Th	W	Sn	Mo	Be	Ga	Li	Se	Rb/Sr	Ba/Sr	K/Rb	Th/Ta
苦子干	WL1115-1	石英正长岩	68.3	680.4	1.7	0.3	6.4	22.1	19.6	<0.05	0.26	5.41	12.44	85.38
	WL1118-1	霓辉正长岩	70.3	27.1	2.5	0.4	4.4	8.8	31.5	<0.05	0.13	25.95	11.88	22.68
	WL1117-1	霓辉正长斑岩	51.8	161.8	2.0	1.3	3.7	17.1	9.6	0.06	0.14	27.69	17.01	43.17
	WL1114-1		41.8	175.6	2.4	1.0	7.5	22.3	24.3	0.09	0.25	12.85	12.70	38.00
	⊙KRBS-5	正长岩	355		2.46	8.47	10.4	26.1	37.7		0.24	13.01	10.67	
昝坎	WL187/1	正长花岗岩	95	128	1.7	0.36	5.7	19		0.044	0.14	18.33	18.03	146.15
	WL185/1	石英正长岩	8.9	269	2.0	0.41	1.9	14		0.029	1.07	2.21	33.89	10.60
	WL194/1	中粒正长岩	8.8	18	1.1	1.2	7.4	44	11		0.48	1.21	18.94	23.78
	WL193/3		22	61	3.6	0.60	19	32	16		0.19	3.41	14.92	8.8
	WL193/2	霓辉正长(斑)岩	28	2.0	1.0	3.3	7.1	24	32		0.21	2.79	18.56	21.54
	WL193/1		24	87	1.1	6.1	11	29	14		0.24	5.8	18.05	66.67
	⊙ZK-5	二长花岗岩	12.4	0.72		0.67		23.86	28.13		0.11	4.60	116.51	6.42
	⊙ZK-3	正长岩	26.29	3.15		7.18		26.55	11.92		0.05	12.19	236.03	25.28
	⊙ZK-8		37.39	8.13		1.80		23.52	2.88		0.22	36.15	15.25	124.63
	⊙ZK-2		215.72	1.32		0.86		29.41	3.83		0.38	1.96	15.22	224.71
卡英代-卡日巴生	WL5332-1	中斑中粒二长花岗岩	58	240	1.2	<0.2	3.8	26		0.038	0.17	12.26	17.57	82.86
	WL1119-1	黑云正长花岗岩	85.9	189.6	1.4	0.3	4.6	21.4	39.2	<0.05	0.21	9.27	14.86	
	⊙KS-1	正长花岗岩	72.07	0.98		0.91		21.54	22.46		0.13	15.58	14.57	76.67
	⊙KRBS-22		83.9	3.49	1.30	0.83	6.80	23.3	25.1		0.28	21.12	11.85	
小热斯卡木	WL181/1	细粒二长花岗岩	78	294	1.6	2.0	9.6	18		0.034	0.62	6.01	10.36	60.00
瓦我基里	WL1200/1	斑状二长花岗岩	8.5	271	13	0.23	3.3	16		0.021	4.84	2.24	9.69	2.66
	⊙MT-9	花岗闪长岩	26.4		25.5	0.50	3.13	23.1	105		0.54	3.40	9.72	
	⊙MT-3		23.48	1.92		1.17		17.79	45.30		0.51	4.24	12.57	14.58
穷陶木太克	WL1088-1	石英闪长岩	7.7	35.5	3.5	0.3	2.3	17.8	36.8	0.12	0.20	4.12	16.69	12.83
	WL175/1	斑状细粒二长花岗岩	30	132	6.7	2.0	5.1	21		0.190	0.99	1.42	9.68	13.04
	WL170/1	中粒花岗闪长岩	22	203	2.8	0.35	2.6	16		0.040	0.60	3.83	17.37	36.67
阿提牙依勒	WL176/1	细粒闪长岩	13	121	18	0.46	1.8	18		0.099	0.12	3.13	25.28	10.83
托克满素	WL1226/1	黑云花岗岩	15	100	3.0	0.29	2.8	17		0.033	0.40	3.24	19.87	10.71
阿然保泰	⊙ARG-1	正长花岗岩	24.01	0.72		1.30	1.00	19.09	43.48		11.05	38.15	31.12	19.52
	WL1110-1	二云二长花岗岩	19.4	256.6	6.3	0.2	5.0	18.3	69.7	<0.05	3.44	3.38	11.71	19.40
红其拉甫	WL1259/1	二长花岗岩	16	135	1.8	<0.2	3.1	13		0.036	0.37	6.43	16.61	21.05
三百司马	WL3503/1	*二长花岗岩	24	26	7.6	0.32	3.7	21		0.022	0.72	5.31	21.68	12.63
马尔洋达坂	WL243-1	*花岗闪长岩	10	138	2.2	0.41	2.3	22		0.040	0.44	4.18	26.17	11.11
走克本	WL241-南1	石英闪长岩	9.5	125	<1	0.68	1.7	14		0.013	0.21	0.18	15.69	10.56

表 3-19 西昆仑南带侵入岩的稀土元素含量($\times 10^{-6}$)及有关参数

岩体	样号	岩性	La	Ce	Pr	Nd	Sm	Eu	Gd	Tb	Dy	Ho
苦子干	XT1115-1	石英正长岩	233.80	335.80	32.52	98.08	12.06	2.47	7.99	0.97	4.83	0.93
	XT1118-1	霓辉正长岩	405.00	793.70	101.70	406.60	64.04	15.43	39.61	4.16	16.33	2.62
	XT1117-1	霓辉正长斑岩	146.20	256.00	30.85	107.60	16.12	3.76	9.74	1.09	4.50	0.77
	XT1114-1		109.00	180.00	19.71	66.02	10.57	2.42	7.24	0.92	4.25	0.75
	⊙KRBS-5	正长岩	262	374	38.6	128	19.3	4.67	14.3	1.67	5.34	1.06
	⊙⊙ZB230	英辉正长岩	320.00	543.00	56.30	180.00	28.40	4.84	12.80	1.31	6.45	1.04
	⊙⊙ZB232		289.00	448.00	43.30	138.00	21.30	4.08	11.10	1.37	6.94	1.24
	⊙⊙ZB233	霓辉正长岩	415.00	785.00	94.05	391.00	64.30	15.15	39.85	4.29	17.25	2.43
明坎	XT187/1	细粒正长花岗岩	144.80	231.90	25.34	81.76	12.45	2.81	8.22	1.06	5.03	0.89
	XT185/1	细粒石英正长岩	19.95	38.08	4.99	18.09	3.75	0.83	4.13	0.68	4.32	0.89
	XT194/1	中粒正长岩	17.34	27.63	3.26	8.96	1.34	0.28	0.82	0.10	0.52	0.09
	XT193/3		105.20	187.40	23.26	77.76	11.30	2.45	6.51	0.75	3.21	0.54
	XT193/2	霓辉正长(斑)岩	102.90	198.10	22.85	72.46	8.39	1.64	4.37	0.48	2.13	0.36
	XT193/1		50.83	99.83	12.69	46.35	7.63	1.87	5.04	0.59	2.71	0.49
	⊙ZK-5	二长花岗岩	51.94	95.09	9.98	33.81	5.74	0.98	3.68	0.49	2.34	0.37
	⊙ZK-3	正长岩	41.80	85.98	11.89	52.99	13.38	3.72	9.09	1.34	5.88	0.93
	⊙ZK-8		79.51	163.48	17.76	58.59	7.79	1.98	4.01	0.40	1.65	0.24
	⊙ZK-2		240.18	452.02	47.39	150.68	22.04	4.48	15.09	1.92	9.39	1.48
卡英代-卡日巴生	XT5332-1	中斑中粒二长花岗岩	109.90	177.40	18.36	57.83	7.69	1.47	4.29	0.49	2.33	0.41
	XT1119-1	黑云正长花岗岩	136.00	205.80	21.09	61.34	7.95	1.58	4.61	0.55	2.45	0.47
	⊙KS-1	正长花岗岩	149.33	239.89	24.78	79.74	11.50	2.33	7.29	0.88	3.92	0.62
	⊙KRBS-22		96.6	165	15.0	52.3	7.64	1.68	5.18	0.66	2.41	0.50
	⊙⊙ZB240	二长花岗岩	182.00	301.00	28.50	94.50	11.90	2.45	7.29	0.87	4.49	0.76
	⊙⊙ZB238		28.30	128.00	11.00	35.20	4.70	0.98	1.88	0.26	1.18	0.25
	⊙⊙ZB237		76.10	120.00	10.50	33.10	4.90	0.86	2.10	0.26	1.45	0.29
	⊙⊙ZB235		146.00	225.00	20.30	61.80	8.70	1.46	4.67	0.54	2.48	4.40
小热斯卡木	XT181/1	细粒二长花岗岩	90.96	140.60	13.78	40.54	6.06	1.07	4.15	0.59	3.05	0.57
瓦我基里	XT1200/1	斑状二长花岗岩	17.84	34.17	4.06	15.34	3.54	0.44	3.08	0.50	2.87	0.52
	⊙⊙ZB206	二长花岗岩	48.20	77.80	9.90	37.20	6.68	1.32	5.36	0.67	3.88	0.76
	⊙MT-9	花岗闪长岩	39.3	80.8	9.04	35.2	6.88	1.21	6.25	0.93	3.88	0.87
	⊙MT-3		34.94	68.32	7.64	26.69	5.47	1.05	4.40	0.75	4.14	0.79
穷陶木太克	XT1088-1	石英闪长岩(脉)	29.49	60.32	8.11	32.88	6.51	1.63	5.91	0.93	5.28	1.06
	XT175/1	斑状细粒二长花岗岩	86.90	164.50	19.28	66.77	11.88	1.51	8.22	1.27	6.21	1.09
	XT170/1	中粒花岗闪长岩	42.62	80.09	9.30	31.90	5.93	1.13	4.46	0.64	3.69	0.71
	⊙⊙ZB215	二长花岗岩	57.70	98.20	11.20	42.60	8.10	1.42	5.97	0.89	4.57	0.87
	⊙⊙ZB216		47.10	86.60	10.30	36.30	6.45	1.26	5.24	0.79	4.11	0.77
阿提牙依勒	XT176/1	花岗闪长岩	43.89	83.96	10.21	36.17	6.85	1.55	5.52	0.80	4.62	0.89
托克满素	XT1226/1	黑云母花岗岩	43.77	86.59	10.36	36.88	7.03	1.24	5.64	0.86	4.46	0.84
阿然保泰	⊙ARG-1	正长花岗岩	36.60	76.63	8.28	28.54	5.85	0.51	3.94	0.50	2.14	0.30
	XT1110-1	二云二长花岗岩	31.11	60.31	7.10	25.24	5.18	0.58	4.14	0.54	2.42	0.40
红其拉甫	XT1259/1	黑云二长花岗岩	35.42	67.83	8.32	27.36	5.07	1.32	3.97	0.60	3.11	0.61
三百司马	XT3503/1	* 二长花岗岩	86.29	145.30	15.16	48.29	8.07	1.36	6.81	1.06	6.14	1.22
马尔洋达坂	XT243-1	* 花岗闪长岩	34.14	59.29	6.88	24.82	4.73	0.88	4.36	0.74	4.40	0.93
走克本	XT241-南1	石英闪长岩	11.64	17.38	2.48	8.75	2.17	0.62	2.27	0.44	2.72	0.58

数据来源:⊙王元龙等(2000);⊙⊙丁道桂等(1996);*.岩石具片麻状构造

续表 3 - 19

岩体	样号	岩性	Er	Tm	Yb	Lu	Y	ΣREE	LREE/HREE	δEu	$(La/Yb)_N$	Eu/Sm
苦子干	XT1115 - 1	石英正长岩	2.48	0.39	2.41	0.37	23.19	758.29	35.09	0.73	65.41	0.6
	XT1118 - 1	霓辉正长岩	4.80	0.57	2.82	0.37	53.23	1 910.98	25.06	0.87	96.83	0.24
	XT1117 - 1	霓辉正长斑岩	1.64	0.23	1.24	0.19	17.02	596.95	28.98	0.85	79.49	0.23
	XT1114 - 1		1.68	0.23	1.31	0.18	18.04	422.32	23.41	0.80	56.10	0.23
	⊙KRBS - 5	正长岩	2.62	0.40	2.30	0.30	30.2	884.76	29.53	0.82	76.80	0.24
	⊙⊙ZB230	英辉正长岩	1.97	0.38	1.80	0.28		1 183.37	43.51	0.68	119.86	0.17
	⊙⊙ZB232		2.65	0.35	2.54	0.40		999.37	35.49	0.73	76.71	0.19
	⊙⊙ZB233	霓辉正长岩	4.57	0.51	2.87	0.36		1 890.93	24.46	0.85	97.49	0.24
昝坎	XT187/1	细粒正长花岗岩	2.08	0.29	1.85	0.29	20.65	539.4	28.32	0.80	52.77	0.23
	XT185/1	细粒石英正长岩	2.53	0.43	2.84	0.45	23.11	125.1	5.27	0.64	4.74	0.22
	XT194/1	中粒正长岩	0.25	0.04	0.28	0.05	2.60	63.6	27.35	0.76	36.56	0.55
	XT193/3		1.22	0.16	0.99	0.17	9.82	430.7	30.06	0.80	62.73	0.58
	XT193/2	霓辉正长(斑)岩	0.79	0.09	0.51	0.08	6.47	421.6	46.12	0.75	119.11	0.52
	XT193/1		1.18	0.17	0.95	0.15	12.12	242.6	19.43	0.87	31.59	0.65
	⊙ZK - 5	二长花岗岩	1.07	0.14	0.66	0.15	11.39	217.83	33.89	0.82	267.63	0.24
	⊙ZK - 3	正长岩	2.97	0.32	1.88	0.27	20.08	252.52	41.88	0.68	114.76	0.17
	⊙ZK - 8		0.74	0.08	0.19	0.09	9.45	345.96	43.39	0.73	1 025.48	0.19
	⊙ZK - 2		4.36	0.65	3.75	0.57	52.71	1 006.71	24.12	0.85	74.61	0.24
卡英代-卡日巴生	XT5332 - 1	中斑中粒二长花岗岩	1.05	0.15	0.91	0.14	10.52	392.9	38.14	0.71	81.82	0.19
	XT1119 - 1	黑云正长花岗岩	1.14	0.17	1.00	0.15	11.57	455.85	41.15	0.73	91.69	0.20
	⊙KS - 1	正长花岗岩	1.86	0.27	1.34	0.23	21.14	545.12	30.93	0.73	75.13	0.20
	⊙KRBS - 22		1.41	0.22	1.49	0.19	12.9	363.18	28.04	0.77	43.71	0.22
	⊙⊙ZB240	二长花岗岩	1.58	0.26	1.57	0.20		658.87	36.45	0.75	78.15	0.21
	⊙⊙ZB238		0.44	0.10	0.54	0.09		218.22	43.92	0.85	35.33	0.21
	⊙⊙ZB237		0.65	0.09	0.73	0.13		258.36	43.06	0.70	70.28	0.18
	⊙⊙ZB235		0.84	0.19	0.99	0.15		483.42	32.49	0.63	99.43	0.17
小热斯卡木	XT181/1	细粒二长花岗岩	1.61	0.26	1.62	0.26	14.86	320.0	24.20	0.62	37.85	0.18
瓦我基里	XT1200/1	斑状二长花岗岩	1.40	0.22	1.35	0.19	13.92	99.4	7.44	0.40	8.91	0.12
	⊙⊙ZB206	二长花岗岩	2.11	0.35	2.05	0.32		216.95	11.68	0.65	15.85	0.20
	⊙MT - 9	花岗闪长岩	2.17	0.38	2.30	0.34	22.3	211.85	10.07	0.55	11.52	0.18
	⊙MT - 3		2.18	0.32	1.90	0.35	22.06	181	9.72	0.63	12.40	0.19
穷陶木太克	XT1088 - 1	石英闪长岩(脉)	2.95	0.46	2.81	0.41	25.39	184.19	7.01	0.79	7.08	0.25
	XT175/1	斑状细粒二长花岗岩	2.58	0.35	2.05	0.35	24.62	398.2	15.86	0.44	28.58	0.13
	XT170/1	中粒花岗闪长岩	1.86	0.29	1.85	0.29	17.88	202.6	12.40	0.65	15.53	0.19
	⊙⊙ZB215	二长花岗岩	2.38	0.36	2.37	0.36		259.99	12.34	0.60	16.41	0.18
	⊙⊙ZB216		2.59	0.36	2.33	0.36		225.96	11.36	0.64	13.63	0.20
阿提牙依勒	XT176/1	花岗闪长岩	2.33	0.35	2.15	0.32	21.90	221.5	10.76	0.75	13.76	0.23
托克满素	XT1226/1	黑云母花岗岩	2.20	0.36	2.13	0.32	21.37	224.0	11.06	0.58	13.85	0.18
阿然保泰	⊙ARG - 1	正长花岗岩	0.81	0.12	0.37	0.11	9.01	156.41	18.87	0.31	66.69	0.09
	XT1110 - 1	二云二长花岗岩	0.86	0.12	0.74	0.11	9.44	148.27	13.88	0.37	28.34	0.11
红其拉甫	XT1259/1	黑云二长花岗岩	1.60	0.24	1.60	0.25	15.16	172.4	12.13	0.87	14.92	0.26
三百司马	XT3503/1	* 二长花岗岩	3.36	0.54	3.53	0.55	31.50	359.2	13.12	0.55	16.48	0.17
马尔洋达坂	XT243 - 1	* 花岗闪长岩	2.59	0.43	2.71	0.41	24.28	171.6	7.89	0.58	8.49	0.19
走克本	XT241 -南 1	石英闪长岩	1.76	0.30	1.95	0.32	14.81	68.2	4.16	0.85	4.02	0.29

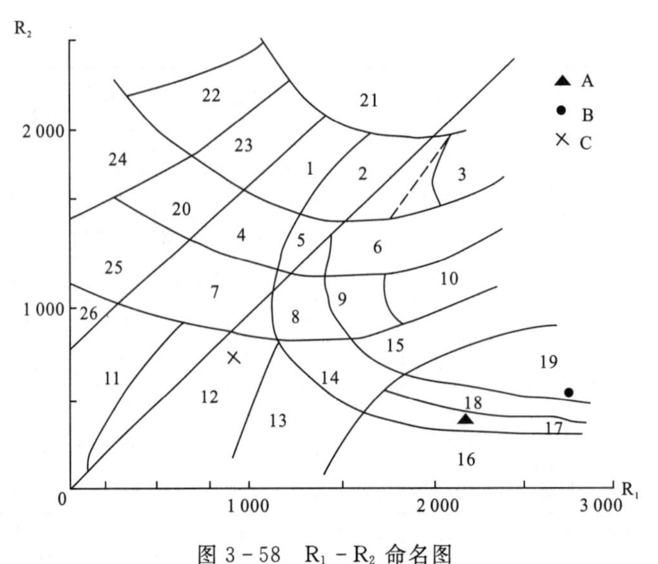

图 3-58 R_1-R_2 命名图

(据 De La Rache 等,1980)

12.正长岩;17.正长花岗岩;19.花岗闪长岩;

A.走克本岩体;B.马尔洋达坂岩体;C.三百司马岩

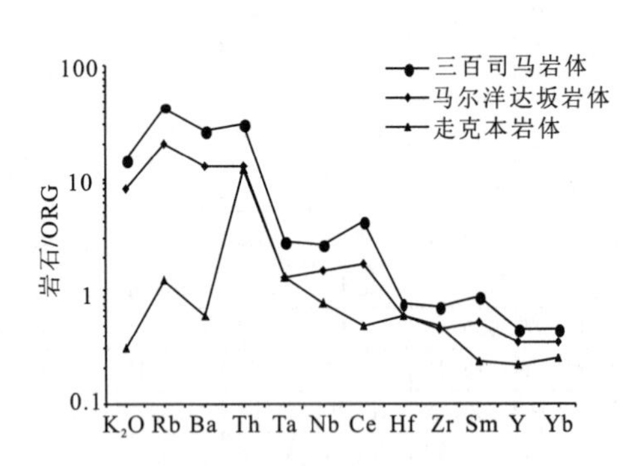

图 3-59 康西瓦结合带南侧岩体地球化学型式

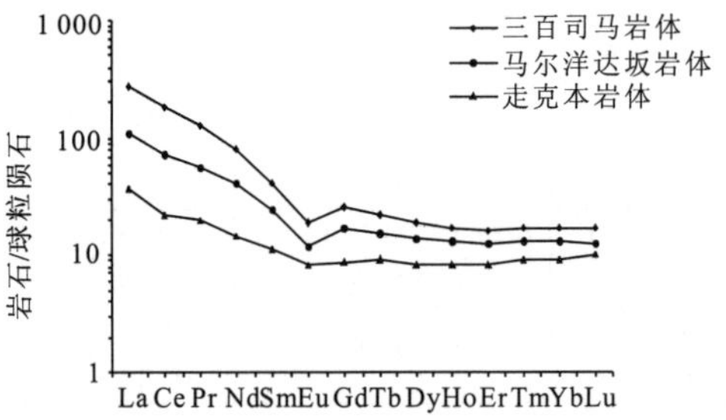

图 3-60 康西瓦结合带南侧岩体稀土配分模式

(4)岩石地球化学特征

该岩体的微量元素和稀土元素含量及有关参数分别见表 3-18 和表 3-19。与洋中脊花岗岩相比,微量元素 K、Rb、Ba、Th、Ta、Nb、Ce 偏高(前 4 种元素最富集,达 10 倍左右),其他元素均低于标准化成分,在 Rb、Th 及 Ce 处形成较明显正异常。其地球化学型式(图 3-59)与智利活动大陆边缘的火山弧花岗岩基本相似。岩体的稀土总量(171.6×10^{-6})也偏低,相当于陈德潜(1982)的中性岩,斜率$(La/Yb)_N=8.49$,轻稀土稍富集,稀土配分模式(图 3-60)为轻稀土稍富集、重稀土平缓微向右倾的平滑曲线,$\delta Eu=0.58$,具中等 Eu 负异常。

(5)成因及形成环境分析

该岩体样品在 A-C-F 分类图上投点落入近 I、S 型花岗岩分界线左侧的 I 型花岗岩区。结合岩石暗色矿物以黑云母为主、高钙贫钾、钙性岩系、铝饱和、TFeO/(TFeO+MgO)在 0.8 左右以及氧同位素($\delta^{18}O$)分析结果(石英 13.5‰、黑云母 8.6‰)等特征综合判断,马尔洋大坂岩体的成因为以壳源为主的壳幔混合源。

该岩体样品在 R_1-R_2 环境判别图上投点落在近同碰撞花岗岩板块碰撞前活动陆缘花岗岩区;在 Rb-Y+Nb 和 Rb-Yb+Ta 判别图(图 3-61)上投点均落入火山弧花岗岩区。结合其地球化学型式和稀土元素配分模式具活动陆缘火山弧花岗岩性质综合判断,其形成环境为活动大陆边缘的火山弧。

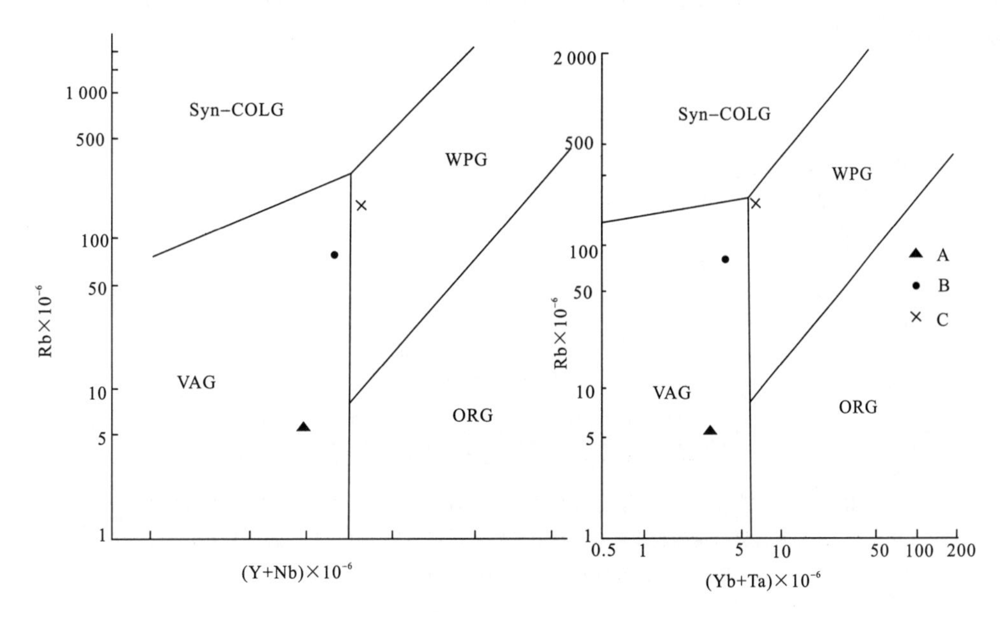

图 3-61　Rb-Y+Nb 及 Rb-Yb+Ta 环境判别图

(据 Pearce,1984)

VAG. 火山弧花岗岩；WPG. 板内花岗岩；ORG. 洋中脊花岗岩；Syn-COLG. 同碰撞花岗岩；A. 走克本岩体；B. 马尔洋大坂岩体；C. 三百司马岩体

(6)形成时代探讨

按前述接触关系看，该岩体的形成时代应晚于古元古代布伦阔勒岩群，早于燕山期岩体，未获得同位素测年资料，暂将其放入未分元古宙。

(二)燕山早期酸性侵入岩

该带本期侵入岩包括辛滚沟岩体和三百司马岩体，总面积为 79km²，分别侵入未分中二叠统和古元古界布伦阔勒岩群，前者被喜马拉雅期岩体侵入。

1. 辛滚沟岩体

该岩体位于塔什库尔干县城西辛滚沟，南北向长 8km，最宽为 4km，面积为 16km²。其他地质特征见表 3-16。

该岩体的岩性为灰白色细粒英云闪长岩，具细粒花岗结构，块状—定向构造。主要矿物斜长石(65%～75%)呈半自形板柱状，杂乱分布，0.5mm×0.3mm～2mm×1.5mm，个别显细而密并近平行消光的双晶，为更长石；石英(20%～25%)为他形粒状，不均匀分布，0.2～0.5mm，波状消光。次要矿物白云母(4%～6%，0.2～1.3mm)、黑云母(2%～3%，褐色片状，0.1～0.7mm)不均匀分布于长英矿物粒间。另外岩石中有较多细小长英矿物(小于 0.2mm)，反映岩石遭受到后期构造作用。应属壳源含白云母过铝花岗岩类，与大陆碰撞有关。

从岩体接触关系看其形成时代应晚于中二叠世、早于喜马拉雅期岩体，再根据其形成环境，暂将其放入燕山早期。

2. 三百司马岩体

(1)地质特征

该岩体位于康西瓦-瓦恰和塔阿西-色克布拉克结合带之间，为一带状小岩株，长 20km，宽大于

3km，面积为 $52km^2$。岩体西部糜棱岩化强烈，中部及东部片麻状构造发育(图 3－62)。其他地质特征见表 3－16。

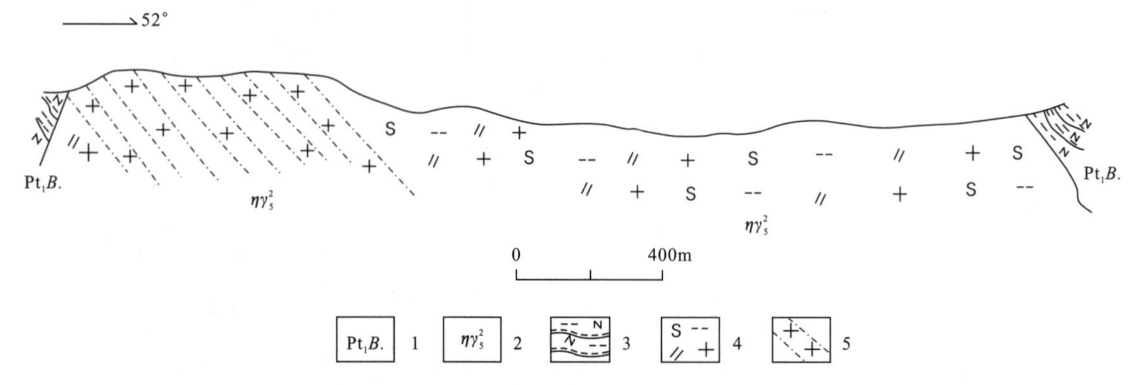

图 3－62　塔什库尔干自治县马如卡尔-拜克本三百司马岩体实测剖面图

1. 古元古界布伦阔勒岩群；2. 燕山早期三百司马岩体；3. 黑云斜长片麻岩；4. 糜棱岩化片麻状细粒黑云二长花岗岩；5. 花岗质糜棱岩

(2)岩石学特征

该岩体主要岩性为灰白色片麻状细粒(黑云)二长花岗岩，细粒花岗结构、糜棱结构，定向—片麻状构造，纹理条带构造。主要矿物斜长石(20%～45%)、钾长石(30%～50%)呈半自形板柱状、粒状，0.2～0.8mm，个别达 8mm，不均匀定向分布，斜长石部分显聚片双晶，常被钾长石交代形成交代残留、蠕英结构；钾长石部分具格子双晶，个别具卡式双晶；石英(约 20%)呈他形粒状，0.2～1.4mm，波状消光明显，局部拉长，不均匀定向分布，黑云母(5%～10%)呈褐色片状，0.15～1mm，不连续定向分布于长英矿物粒间。副矿物铁铝榴石少量，为 0.05～0.4mm 的粒状，绿帘石、磷灰石、榍石、磁铁矿及褐帘石微量。

(3)岩石化学特征

该岩体的岩石化学成分及有关数值特征见表 3－17，基本上与黎彤的正长岩相当，仅 Al_2O_3、FeO 和 Na_2O 含量偏高，其他成分相等或略低。其碱总量为 10.42%，K/Na＝1.2，富钾，里特曼指数为 6.3，为钙碱性岩系，铝指数为 1.047，属铝饱和型。在 R_1-R_2 命名图(图 3－58)上投点落入正长岩区，利用吴利仁和吴芝雄的计算方法在 QAPF 图解中投点均落入二长岩区(8 区)。

(4)岩石地球化学特征

该岩体的微量元素和稀土元素含量及有关参数见表 3－18 和表 3－19。与洋中脊花岗岩相比，微量元素强烈富集 K、Rb、Ba 和 Th，稍富集 Ta、Nb 和 Ce，其他元素一般等于或稍低于标准化成分。地球化学型式(图 3－59)与斯凯尔加德衰减陆壳花岗岩相似。稀土总量(359.2×10^{-6})高于一般花岗岩，斜率$(La/Yb)_N$＝16.48，稀土配分模式(图 3－60)为轻稀土中等富集、重稀土基本平缓向右中等斜倾的平滑曲线，δEu＝0.55，具中等 Eu 负异常。

(5)成因及形成环境分析

该岩体样品在 A－C－F 图上投点落入 I、S 型花岗岩分界处。结合其岩性和矿物组合、岩石富钾贫钙、碱钙性岩系、铝指数略大于 1 及地球化学型式综合判断，其成因为壳源。

在 Rb－Y＋Nb 和 Rb－Yb＋Ta 图解(图 3－61)上投点均落入靠近火山弧的板内花岗岩区，在右边一个图上尚靠近同碰撞花岗岩区；在 R_1-R_2 构造环境判断图上投点落入造山晚期花岗岩区。结合上述其地球化学型式和稀土元素配分模式具衰减陆壳性质综合判断，其形成环境为板内阶段开始前的造山晚期。

(6)形成时代探讨

新疆地质矿产局第二地质大队在其中获角闪石 K－Ar 年龄为 76.88Ma①，相当于晚白垩世。本次工作结合 1∶5 万区调资料②，将其形成时代划归燕山早期。

(三)燕山晚期第一阶段中酸性侵入岩

该阶段侵入岩由热斯卡木、格林阿勒、红其拉甫、托克满素、阔克加尔亚温和阿然保泰 6 个岩体组成，总面积为 $528km^2$，最大岩体为阔克加尔亚温岩体，面积达 $159km^2$，最小为热斯卡木岩体，面积为 $11km^2$。岩石类型以酸性岩类为主，少量中性岩类，侵入地层为下志留统温泉沟组和未分中二叠统。热斯卡木岩体和格林阿勒岩体为细粒石英闪长岩，红其拉甫岩体为细中粒花岗闪长岩，其他 3 岩体为二长花岗岩。各岩体总体特征和矿物平均含量分别见表 3－16 和表 3－20。现分别以格林阿勒、红其拉甫、托克满素和阿然保泰岩体为例叙述如下。

表 3－20　西昆仑南带燕山晚期各岩体矿物含量(%)

岩体名称	岩石名称代号	造岩矿物含量						副矿物含量				长石牌号	备注
		斜长石	钾长石	石英	黑云母	角闪石	白云母	磁铁矿	榍石	褐帘石	磷灰石		
布依阿勒	γ	73		23	4								
小热斯卡木	$\eta\gamma$	39.6	39.2	20	1.2			*	*	*	*	23—27	
	$\beta\eta\gamma$	45	30	20	5			*					
瓦我基里	$\beta\eta\gamma$	24	42	28	5	1		*			*		
穷陶木太克	$\beta\eta\gamma$	34	35.4	22	7	0.6	#	*					斑状
	$\beta\eta\gamma$	41	32.5	20	5	1.5						26—27	
	$\gamma\delta$	53.3	19.2	20.8	4.7	2		*		*		27	
阿提牙依勒	δo	66.2	2.5	8.85	6.3	16.2		*	*			27—29	
阿然保泰	$\eta\gamma$	30	43	20	5		2						
阔克加尔亚温	$\beta\eta\gamma$	30	40	25	5								斑状
托克满素	$\beta\eta\gamma$	33	32	23	12					*	*		
红其拉甫	$\gamma\delta$	46	24	22	8	#							
格林阿勒	δo	70		8	2	20							
热斯卡木	δo	65		10	5	20							

注：#.少量；*.微量

1.格林阿勒岩体

该岩体总体地质特征见表 3－16，矿物平均含量见表 3－20。出露南北长大于 20km，东西宽 3～6.5km，面积为 $81km^2$。该岩体岩性较均一，为细粒石英闪长岩，具细粒半自形粒状结构，块状—定向构造。其中斜长石呈白色半自形板柱状，1～2mm，局部具轻微的绿帘石化；角闪石呈灰黑色短柱状，1～2mm；石英为烟灰色他形粒状，0.5～1.2mm。各矿物多杂乱分布，局部不均匀定向。

该岩体侵入二叠系，考虑其与阔克加尔亚温岩体($\eta\gamma_5^{3-1}$)具同源性，暂将其放入燕山晚期第一阶段侵入。

① 新疆地质矿产局第二地质大队．1∶50 万新疆南疆西部地质图、矿产图及说明书．1985.

② 新疆地质调查院．1∶5 万班迪尔幅(J43E014015)、下拉夫迭幅(J43E015015)地质图及说明书．2000.

2. 红其拉甫岩体

(1)地质特征

该岩体在区域上为一岩基，主要位于南邻图幅，图内仅为其一小部分，东西长 17km，南北宽 1.5～3.1km，面积为 $73km^2$，侵入温泉沟群，接触面向外陡倾呈波状弯曲，内接触带有宽 1～2m 的细粒边，外接触带地层产状零乱并出现角岩化。岩体内部具少量不规则状小型围岩捕虏体。其他地质特征见表 3-16。

(2)岩石学特征

图内该岩体岩性较均一，为灰白色—浅肉红色细中粒花岗闪长岩，具细中粒花岗结构，块状构造。矿物含量见表 3-20，其中长石呈半自形板柱状，2～3mm；斜长石为白色，聚片双晶发育，个别具环带构造；钾长石呈肉红色，个别具卡式双晶；石英呈烟灰色不规则他形粒状，0.2～2.5mm，具波状消光；黑云母为黑色板片状，1～3mm。

(3)岩石化学特征

该岩体的岩石化学成分及有关参数见表 3-17，大体与黎彤的花岗闪长岩相当，仅 SiO_2、FeO、CaO 和 K_2O 含量稍高，其他成分接近或稍低。碱总量为 5.65%，稍低，K/Na=1.16，略富钾，里特曼指数为 1.33，属钙性岩系，铝指数为 0.977，属低铝型岩石。在 R_1-R_2 命名图(图 3-63)上投点落入花岗闪长岩区；利用吴利仁和吴芝雄的计算方法在 QAPF 图上投点均落入二长花岗岩区(3b 区)。

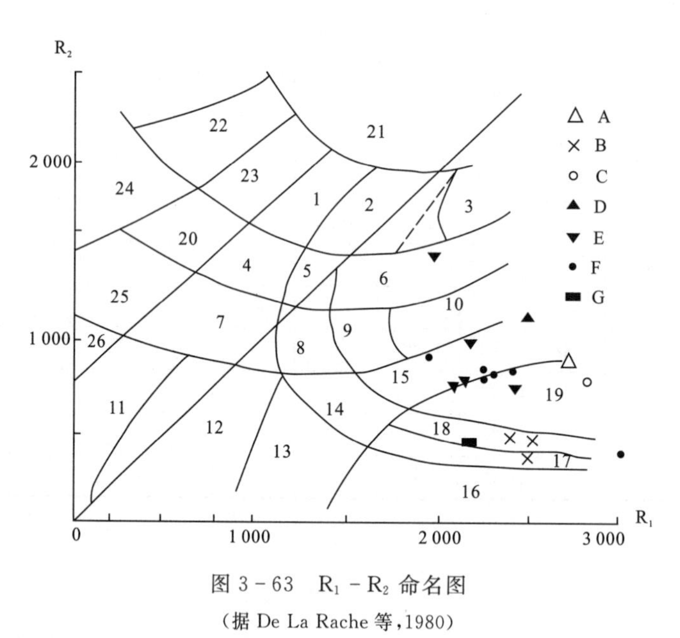

图 3-63 R_1-R_2 命名图

(据 De La Rache 等，1980)

6. 辉长岩；15. 英云闪长岩；17. 正长花岗岩；18. 二长花岗岩；19. 花岗闪长岩；A. 红其拉甫岩体；B. 阿然保泰岩体；C. 托克满素岩体；D. 阿提牙依勒岩体；E. 穷陶木太克岩体；F. 瓦我基里岩体；G. 小热斯卡木岩体

(4)岩石地球化学特征

该岩体的微量元素和稀土元素含量及有关参数见表 3-18 和表 3-19。与洋中脊花岗岩相比，微量元素强烈富集 K、Rb、Ba 和 Th，亏损 Y 和 Yb，其他元素接近标准化值，并在 Rb、Th、Ce 和 Sm 处出现正异常，地球化学型式(图 3-64)与智利活动大陆边缘的火山弧花岗岩基本相似。稀土总量(172.4×10^{-6})处于陈德潜(1982)的中性岩和花岗岩之间，斜率$(La/Yb)_N$=14.92，稀土元素配分模式(图3-65)基本上为一向右缓倾斜的平滑曲线,轻稀土富集、重稀土较平缓,$\delta Eu=0.87$,具微弱的Eu负异常。

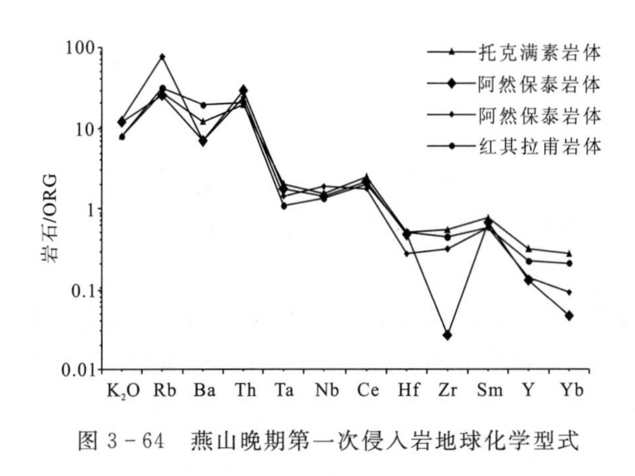

图3-64　燕山晚期第一次侵入岩地球化学型式

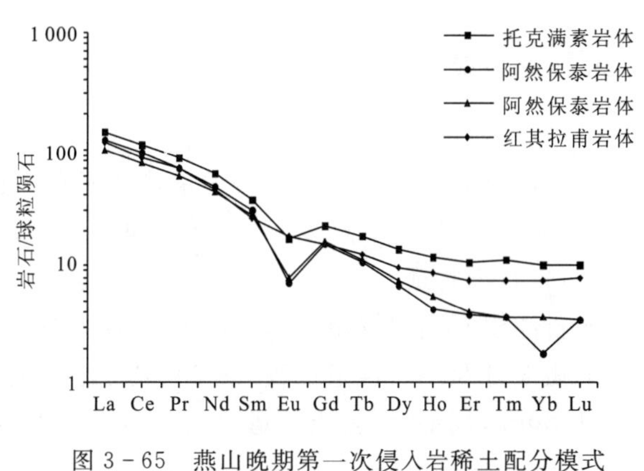

图3-65　燕山晚期第一次侵入岩稀土配分模式

(5)成因及形成环境分析

该岩体样品在A-C-F分类图上投点落入I型花岗岩区,在R_1-R_2判断图上投点落入幔源英云闪长岩区。结合岩石略富钾、钙性岩系、铝指数小于1、暗色矿物为角闪石和黑云母等特征分析,其成因应为以地幔分离为主的壳幔混合源。

该岩体样品在R_1-R_2构造环境判断图上投点落入地幔分离区;在Rb-Y+Nb和Rb-Yb+Ta分类图(图3-66)上,投点均落入火山弧花岗岩区。结合其地球化学型式具活动大陆边缘火山弧花岗岩性质综合判断,其形成环境为活动大陆边缘的火山弧,与俯冲作用有关。

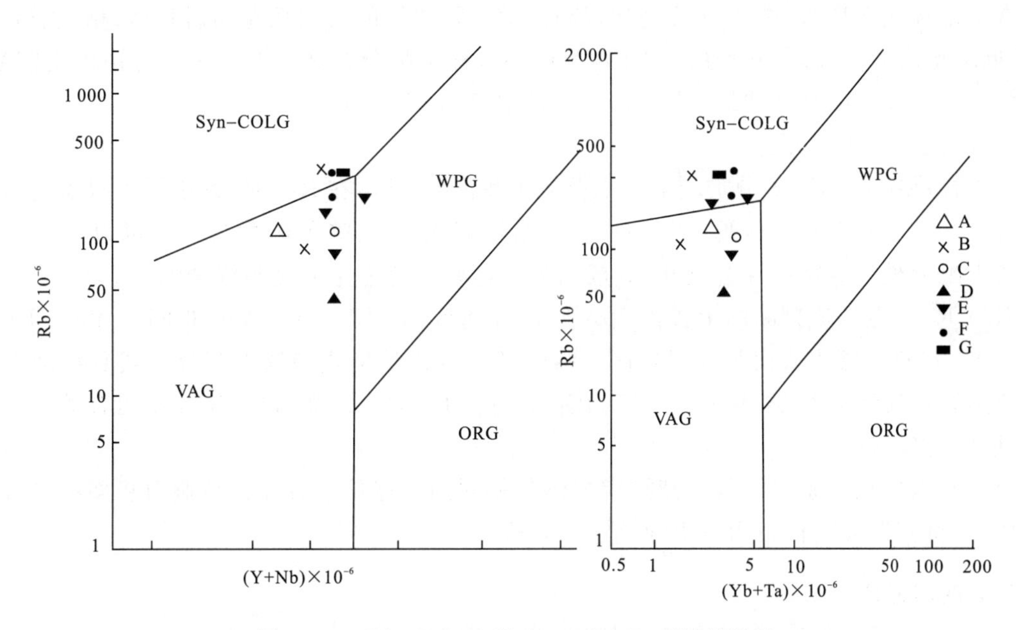

图3-66　Rb-Y+Nb及Rb-Yb+Ta环境判别图

(据Pearce,1984)

VAG. 火山弧花岗岩;WPG. 板内花岗岩;ORG. 洋中脊花岗岩;Syn-COLG. 同碰撞花岗岩;A. 红其拉甫岩体;B. 阿然保泰岩体;C. 托克满素岩体;D. 阿提牙依勒岩体;E. 穷陶木太克岩体;F. 瓦我基里岩体;G. 小热斯卡木岩体

(6)形成时代探讨

根据新疆地质矿产局第二地质大队在该岩体中获取的黑云母 K－Ar 年龄为 110.90Ma①,将其放入燕山晚期第一阶段。

3.托克满素岩体

(1)地质特征

该岩体分布于托克满素河两侧的高山地带,北延出国境,东西长 18km,南北最宽 11km,国内面积为 110km^2,岩体内节理发育,并有温泉沟组地层捕虏体。其他地质特征见表 3－16。

(2)岩石学特征

该岩体岩石类型较单一,岩性均匀,为灰白色细粒黑云二长花岗岩。细粒花岗岩结构,块状构造。矿物成分及平均含量见表 3－20,其中长石呈白色半自形板柱状,1～3mm;石英呈他形粒状,0.5～1.5mm,局部聚集;黑云母呈板片状,1～2.5mm。

(3)岩石化学特征

该岩体的化学成分及有关数参数见表 3－17。与黎彤的角闪石黑云母花岗岩相比,除 SiO_2、K_2O 含量稍高外,其他成分均接近或微低。碱总量为 5.57%,正常,K/Na＝1.31,富钾,里特曼指数为 1.23,为钙碱性岩系,铝指数为 1.016,属饱和铝型岩石。在 R_1－R_2 命名图(图 3－63)上投点落入花岗闪长岩区;利用吴利仁和吴芝雄的计算方法在 QAPF 图解上投点均落入二长花岗岩区(3b 区)。

(4)岩石地球化学特征

该岩体的微量元素和稀土元素含量及有关参数见表 3－18 和表 3－19。与洋中脊花岗岩相比,微量元素强烈富集 K、Rb、Ba 及 Th,亏损 Y 和 Yb,其他元素接近标准化值,在 Rb 和 Th 处形成明显正异常。地球化学型式(图 3－64)仍与智利活动大陆边缘的火山弧花岗岩相似;稀土总量(224×10^{-6})接近陈德潜的花岗岩,斜率$(La/Yb)_N$＝13.58,稀土配分模式(图 3－65)为轻稀土富集、重稀土较平缓型向右缓倾的平滑曲线,δEu＝0.58,具中等 Eu 负异常。

(5)成因及形成环境分析

该岩体样品在 A－C－F 分类图上投点落入 I 型花岗岩区,在 R_1－R_2 判断图上投点落入幔源英云闪长岩区。结合岩石富钾贫钙、钙性岩系、铝指数略大于 1、暗色矿物为黑云母以及其地球化学型式和稀土配分模式等特征综合判断,其成因为以地幔分离为主的壳幔混合源。

在 R_1－R_2 构造环境判断图上投点落入地幔分离区;在 Rb－Y＋Yb 和 Rb－Yb＋Ta 分类图(图 3－66)上投点均落入火山弧花岗岩区。结合其地球化学型式和稀土配分模式具活动大陆边缘火山弧花岗岩性质综合判断,其形成环境为活动大陆边缘的火山弧,仍与俯冲作用有关。

(6)形成时代探讨

结合其侵入接触关系以及与红其拉甫岩体具相同的地球化学特征并被燕山晚期第二阶段岩体侵入等特征,将其形成时代归为燕山晚期第一阶段。

4.阿然保泰岩体

(1)地质特征

因国境线分割,该岩体分两处出露,一处在阿然保泰东西两侧,长 15km,最宽 6.5km,面积为 90km^2;另一处在其北侧的尧尔本阿勒,面积约 9km^2,与围岩接触面向外以 50°左右倾斜,内部有闪长质岩脉贯入。其他地质特征见表 3－16。

① 新疆地质矿产局第二地质大队.1∶50 万新疆南疆西部地质图、矿产图及说明书.1985.

(2)岩石学特征

该岩体岩性较均一,为细粒二云母二长花岗岩,具细粒花岗结构,块状构造,微显定向性。矿物组合及矿物平均含量见表 3-20,其中的斜长石呈半自形板柱状,0.7mm×0.2mm~1.5mm×0.7mm,少数显细而密近平行消光的双晶,系更长石,杂乱分布;钾长石呈半自形板柱状,1mm×0.5mm~2mm×1mm,个别 4.5mm×2.5mm 为似斑晶,包裹黑云母、钾长石、石英等矿物,并被石英穿孔交代,多数具条纹结构为条纹长石,少数显格子双晶为微斜长石,杂乱分布;石英呈他形粒状,0.1~0.8mm,不均匀分布于长石粒间;黑云母及白云母呈 0.3~1.5mm 的片状,不均匀分布且微显定向性。

(3)岩石化学特征

3 个样品的岩石化学成分及有关参数特征见表 3-17,基本上相当于黎彤(1962)的二云母花岗岩,SiO_2、Fe_2O_3、FeO、MnO、MgO 及 CaO 含量略低,其他成分接近或稍高。碱总量略高(8.08%~8.35%),K/Na=1.36~1.86,富钾,里特曼指数为 2.28~2.31,属钙碱性岩系,铝指数为 1.07~1.23,属铝过饱和型岩石。其在 R_1-R_2 命名图(图 3-63)上投点落入二长花岗岩区;利用吴利仁和吴芝雄的计算方法在 QAPF 图上投点,2 个样品落入正长花岗岩区(3a),1 个样品落入二长花岗岩区(3b)。

(4)岩石地球化学特征

2 个样品的微量元素和稀土元素含量及有关参数分别见表 3-18 和表 3-19。与洋中脊花岗岩相比,微量元素 Rb 含量特高,K、Ba 和 Th 含量高,而 Zr 和 Yb 含量特低,其他元素接近,地球化学型式(图 3-64)与英国西部陆-陆碰撞(同构造)花岗岩类似,分别于 Rb、Th、Sm 处形成正异常,在 Zr 处形成明显负异常。稀土总量低(148.27×10^{-6}~156.41×10^{-6}),稀土配分模式为向右中等倾斜的平滑曲线(图 3-65),斜率$(La/Yb)_N$=28.34~66.49,δEu=0.37~0.31,具明显的 Eu 负异常。

(5)成因及形成环境分析

该岩体样品在 A-C-F 分类图上投点落入 S 型花岗岩区。结合岩石含白云母和黑云母、岩石富钾过铝等特点综合判断,其成因为壳源,与 S 型花岗岩相当。

在 R_1-R_2 构造环境判断图上投点落入同碰撞花岗岩区;在 Rb-Y+Nb 和 Rb-Yb+Ta 分类图(图 3-66)上投点落入火山弧和同碰撞花岗岩区。结合其矿物组合、地球化学型式具大陆碰撞花岗岩性质等特征综合判断,其属同碰撞花岗岩。

(6)形成时代探讨

根据接触关系,其形成时代晚于本阶段侵入的阔克加尔亚温岩体。本次工作在该岩体内获锆石 U-Pb 谐和曲线上交点年龄为 967±279Ma,下交点年龄为 123.0±14Ma,分析其前者可能代表源区年龄,后者为岩体形成年龄,故将其形成时代定为燕山晚期第一阶段(稍晚)。

(四)燕山晚期第二阶段中酸性侵入岩

该侵入岩由阿提牙依勒、穷陶木太克、小热斯卡木、瓦我基里和布依阿勒 5 个岩体组成,总面积为 2 208 km^2,最大为瓦我基里岩体,国内面积为 1 110km^2,最小为阿提牙依勒岩体,图内面积为 32km^2,侵入的最晚地质体为下白垩统和燕山晚期第一阶段托克满素岩体。以酸性岩类占绝对优势,中性岩类极少。各岩体总体地质特征和矿物平均含量分别见表 3-16 和表 3-20。现分别以阿提牙依勒岩体、穷陶木太克岩体和小热斯卡木岩体为例叙述。

1. 阿提牙依勒岩体

(1)地质特征

该岩体位于塔什库尔干卡拉其古以西喀拉丘库尔塔里河两岸,呈北西向条带状,中部被下白垩统分割，其中北部条带长 18.5km，最宽 2km，面积为 17km²；南部条带图内长 11km，最宽1.9km，面积为 15km²。其他地质特征见表 3－16，实测剖面见图 3－67。

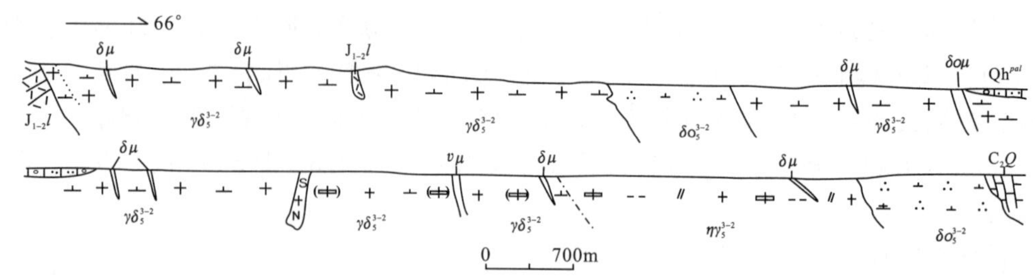

图 3－67 塔什库尔干自治县喀拉丘库尔塔里河穷陶木太克及阿提牙依勒岩体实测剖面图
1.第四系全新统冲洪积层；2.中—下侏罗统龙山组；3.上石炭统恰提尔群；4、5. 燕山晚期穷陶木太克岩体；6.燕山晚期阿提牙依勒岩体；7. 石英闪长玢岩脉；8.闪长玢岩脉；9.辉长玢岩脉；10.含砾砂土层；11.中厚层灰岩；12.中斑中粒黑云二长花岗岩；13.含中斑细中粒花岗闪长岩；14.中粒花岗闪长岩；15.细中粒花岗闪长岩；16.细粒石英闪长岩；17.流纹岩

(2)岩石学特征

该岩体岩性均为细粒石英闪长岩，具细粒半自形粒状结构，块状—定向构造。矿物组合及矿物平均含量见表 3－20。各矿物杂乱-不均匀定向分布。其中斜长石及钾长石均呈半自形板柱状，0.3mm×0.1mm～2mm×0.6mm，斜长石少数显双晶，个别显环带构造，有的发生钠黝帘石化，被钾长石包裹；石英呈他形粒状，0.2～1.5mm，波状消光明显；黑云母为褐色片状，0.2～1mm，多向绿泥石变化；角闪石为绿色柱状，0.4mm×0.4mm～1mm×0.7mm，$C \wedge N_g$＝19°～24°。

(3)岩石化学特征

该岩体的化学成分及有关参数见表 3－17，基本上与黎彤(1962)的石英闪长岩相当，仅 Fe_2O_3、CaO 含量较高，Fe_2O_3、Na_2O、K_2O、P_2O_5 含量偏低，碱总量(4.48%)较低，K/Na＝0.68，贫钾，里特曼指数为 1.11，属钙性岩系，铝指数为 0.93，为铝饱和型岩石。在 R_1－R_2 命名图(图 3－63)上投点落入英云闪长岩区。

(4)岩石地球化学特征

该岩体的微量元素和稀土元素含量及有关参数分别见表 3－18 和表 3－19。与洋中脊花岗岩相比，微量元素富集 K、Rb、Ba 及 Th，Ta、Nb 及 Ce 含量略高于标准化值，其他元素含量低于标准化值，地球化学型式(图 3－68)与智利活动大陆边缘火山弧花岗岩相似，在 Th 处具明显正异常，稀土总量(221.5×10^{-6})接近陈德潜的花岗岩，斜率$(La/Yb)_N$＝13.76，稀土配分模式(图 3－69)为轻稀土富集、重稀土平缓向右缓倾的平滑曲线，δEu＝0.75，具较弱 Eu 负异常。

(5)成因及形成环境分析

在 A－C－F 分类图上投点落入 I 型花岗岩区。结合岩石高钙低钾、钙性岩系、铝指数小于 1、暗色矿物为角闪石和黑云母、TFeO/(TFeO＋MgO)＝0.74 等特征综合判断，该岩体的成因为以幔源为主的壳幔混合源。

在 R_1－R_2 构造环境判断图上样品投点落入板块碰撞前的活动陆缘区；在 Rb－Y＋Nb 和 Rb－Yb＋Ta 分类图(图 3－66)上投点落入火山弧花岗岩区。结合其地球化学型式和稀土配分模式综合判断，该岩体的形成环境为活动陆缘，与俯冲作用有关。

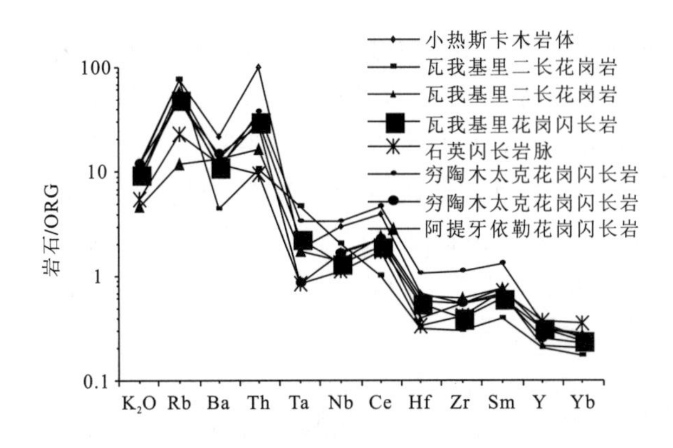

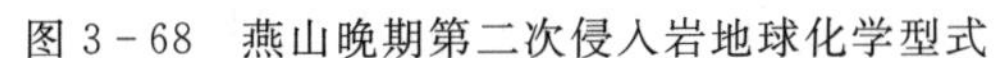
图 3-68　燕山晚期第二次侵入岩地球化学型式

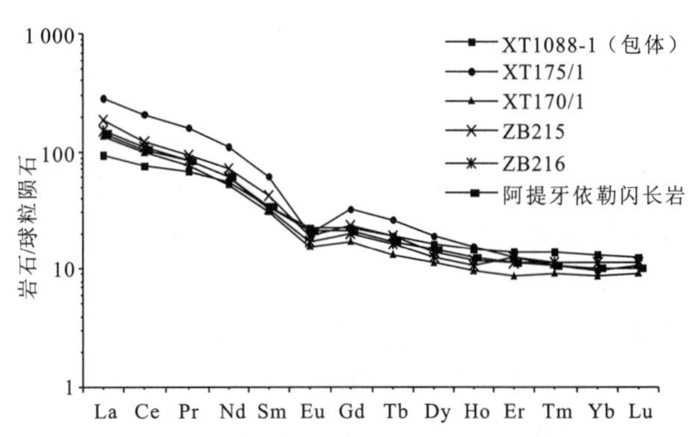

图 3-69　阿提牙依勒、穷陶木太克岩体稀土元素配分模式

2. 穷陶木太克岩体

(1)地质特征

该岩体为一小岩基，位于塔什库尔干明铁盖河两岸，南、北均延出国境，国内面积为 666km^2，侵入下—中侏罗统龙山组火山岩(图版Ⅴ,8)，岩体主体以花岗闪长岩为主，东部边缘相为二长花岗岩(图 3-67)。内部有龙山组火山岩和前述阿提牙依勒岩体的捕虏体，沿节理贯入有较多的(石英)闪长玢岩、辉绿玢岩及花岗岩脉。其他地质特征见表 3-16。

(2)岩石学特征

该岩体各岩性的矿物组合及含量见表 3-20。

中粒花岗闪长岩呈灰白色，中粒花岗结构，块状构造(图版Ⅵ,1)。斜长石及钾长石均呈半自形板柱状，2mm×1mm～4mm×2mm，杂乱分布，部分斜长石显聚片双晶或环带结构，被钾长石包裹，个别钾长石中嵌有一些不规则石英构成文象结构；石英呈他形粒状，0.3～2.5mm，波状消光明显，不均匀分布；黑云母呈褐色片状，0.25～2mm，大部分已变为绿泥石；角闪石呈柱状，0.5mm×0.25mm～2.5mm×1mm，$C\wedge N_g=20°\sim23°$，不均匀分布。

中斑中粒黑云二长花岗岩呈微红的灰白色，似斑状结构、基质中粒花岗结构，块状—定向构造、局部片麻状构造。岩石中的斑晶(5%～20%)为钾长石，灰白色—浅肉红色，半自形—自形板柱状，边缘不规则，8mm×5mm～20mm×10mm，个别达 40mm×15mm，多具卡式双晶和条纹结构，包裹有斜长石、黑云母、石英等小颗粒，并交代斜长石构成交代净边、蠕英结构，不均匀分布于基质中，个别有变形拖尾或略具定向。基质中的长石呈半自形板柱状、粒状，0.5mm×0.3mm～3mm×2.5mm，杂乱-微定向分布，部分斜长石显细而密并近平行消光的双晶，部分钾长石显条纹结构；石英呈他形粒状，0.2～1.5mm，个别波状消光明显，不均匀(定向)分布；黑云母及白云母不均匀—微定向分布，0.2～1.2mm，个别黑云母向绿泥石转化。

(3)岩石化学特征

该岩体岩石(包括个别岩脉)的化学成分及有关参数见表 3-17，主要岩性的化学成分相当于黎彤的花岗闪长岩。SiO_2、Al_2O_3 含量较低(分别为 61.99%～68.02%和 14.24%～16.16%)，碱总量为 6.17%～7.36%，K/Na=1.02～2.02，略富钾，里特曼指数为 1.98～2.39，属钙碱性岩系，铝指数为 0.913～1.159(平均为 1.004)，总体属铝饱和型岩石。在 R_1-R_2 命名图(图 3-63)上投点落入花岗闪长岩区，利用吴利仁、吴芝雄的计算方法在 QAPF 图解上投点，均落入二长花岗岩区(3b 区)。

(4)岩石地球化学特征

该岩体的微量元素和稀土元素含量及有关参数分别见表 3-18 和表 3-19。与黎彤的花岗岩相比,微量元素除 Ta、Ba 及 Ga 含量较低外,其他元素含量均高,与洋中脊花岗岩相比,富集 K、Rb、Ba 和 Th,其他元素接近标准化值(Y、Yb 含量低于标准化值),其地球化学型式(图 3-68)基本上与智利活动大陆边缘火山弧花岗岩相似(二长花岗岩向板内花岗岩过渡),分别在 Rb 和 Th、Ce 处出现明显正异常。其稀土总量为 $202.6\times10^{-6}\sim398.2\times10^{-6}$,大多低于 260×10^{-6},基本上与陈德潜的花岗岩相当,斜率 $(La/Yb)_N=15.33\sim16.41$,稀土配分模式(图 3-69)均为轻稀土富集、重稀土平缓向右缓倾的平滑曲线,$\delta Eu=0.44\sim0.65$,具中等 Eu 负异常。

(5)成因及形成环境分析

二长花岗岩和花岗闪长岩样品在 A-C-F 分类图上投点落入Ⅰ型和 S 型花岗岩区。结合岩石富钾、钙碱性岩系、铝指数在 1 左右、暗色矿物以黑云母为主、$TFe_2O_3/(TFe_2O_3+Mg)=0.62\sim0.77$ 以及氧同位素($\delta^{18}O$)分析结果(石英 12.4‰,黑云母 4.7‰)等特征综合判断,该岩体的成因为以壳源为主的壳源混合源。

二长花岗岩和花岗闪长岩样品在 R_1-R_2 构造环境判断图上样品投点落入板块碰撞前的活动陆缘区;在 Rb-Y+Nb 和 Rb-Yb+Ta 分类图(图 3-66)上投点,左侧图上落入火山弧和板内花岗岩区,右侧图上均落于同碰撞花岗岩区。结合地球化学型式和稀土配分模式综合判断,其构造环境以板块碰撞前活动陆缘火山弧环境为主,与板块碰撞有关,后期进入到构造体制转换阶段。

(6)形成时代探讨

由前述接触关系可知,其形成时代应晚于龙山组($J_{1-2}l$)和阿提牙依勒岩体(δo_5^{3-1})。根据新疆地质矿产局第二地质大队在阿提牙依勒西和明铁盖获取的 2 个黑云母 K-Ar 年龄值分别为 75.11Ma 和 95.605Ma①,将其形成时代归入燕山晚期第二阶段。

3. 小热斯卡木岩体

(1)地质特征

该岩体位于图幅南部马拉特-小热斯卡木大坂及西若大坂一带,跨塔阿西结合带,南延出图,图内南北长 33km,最宽处 23km。岩体侵入古元古代、志留纪地层和燕山晚期第一阶段石英闪长岩体,岩体内部零星分布有围岩捕虏体,另有一些细粒花岗岩和石英脉贯入(图 3-70)。其他地质特征见表 3-16。

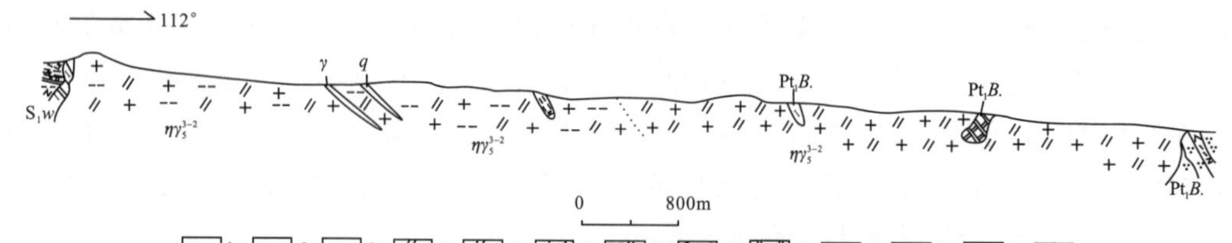

图 3-70 塔什库尔干自治县涅宰塔什则莫孜小热斯卡木岩体实测剖面图

1. 志留系下统温泉沟组;2. 古元古界布伦阔勒岩群;3. 燕山晚期第二阶段小热斯卡木岩体;4. 石英脉;5. 细粒花岗岩脉;6. 石英片岩;7. 黑云斜长变粒岩;8. 角闪黑云斜长变粒岩;9. 大理岩;10. 透辉石大理岩;11. 透辉石岩(捕虏体);12. 细粒二长花岗岩;13. 细粒黑云二长花岗岩

---

① 新疆地质矿产局第二地质大队. 1∶50 万新疆南疆西部地质图、矿产图及说明书. 1985.

(2)岩石学特征

该岩体主体岩性为细粒(黑云母)二长花岗岩,少量中斑中粒二长花岗岩,东北角马拉特一带含较大钾长石斑晶。岩石的矿物组合及平均含量见表3-20。矿物特征大体相同。岩石以细粒花岗结构为主,局部似斑状结构,块状构造。斜长石及钾长石呈半自形板柱状,0.3mm×0.2mm~2.5mm×1.5mm,杂乱分布,斜长石个别显双晶,系更长石,被钾长石包裹并交代,构成交代蠕英结构;钾长石多显条纹结构,系反条纹长石(钠长石为主晶,钾长石为客晶),个别显卡式双晶,局部形成斑晶(10mm×5mm~25mm×15mm);石英呈他形粒状,0.2~2.5mm,大多波状消光明显,不均匀分布;黑云母呈褐色片状,0.2~1.5mm,个别向绿泥石变化,不均匀分布,局部微定向。

(3)岩石化学特征

该岩体的岩石化学成分及有关参数见表3-17,与黎彤(1962)的花岗岩相比,SiO_2 和 K_2O 含量较高,其他成分接近或略低。碱总量较高(8.11%),K/Na=1.35,相对富钾,里特曼指数2.17,属钙碱性岩系,铝指数1.009,为铝饱和型岩石。在 R_1-R_2 命名图(图3-63)上投点落入二长花岗岩区;利用吴利仁和吴芝雄的计算方法在QAPF图上投点均落入二长花岗岩区。

(4)岩石地球化学特征

该岩体的微量元素和稀土元素含量及有关参数分别见表3-18和表3-19。与洋中脊花岗岩相比,微量元素强烈富集 K_2O、Rb、Ba、Th、Ta、Nb和Ce,亏损Hf、Zr、Sm、Y和Yb,地球化学型式(图3-68)分别在Rb、Th和Ce处出现强烈正异常,与英国西南部陆-陆同碰撞花岗岩相似。稀土总量高(320×10^{-6}),斜率$(La/Yb)_N=37.85$较大,稀土配分模式(图3-71)为轻稀土较强富集、重稀土较平缓向右中等倾斜的平滑曲线,$\delta Eu=0.62$,具中等Eu负异常。

(5)成因及形成环境分析

该岩体样品在A-C-F分类图上投点落入近S型的I型花岗岩区。结合岩石富钾贫钙、钙碱性岩系、铝指数略大于1、暗色矿物以黑云母为主、TFeO/(TFeO+MgO)=0.86以及其氧同位素($\delta^{18}O$)值(石英15.0‰、斜长石7.3‰)等特征综合判断,其成因为壳源。

样品在 R_1-R_2 环境判断图上投点落入同碰撞花岗岩区;在Rb-Y+Nb和Rb-Yb+Ta分类图(图3-66)上投点均落入同碰撞花岗岩区内。结合其地球化学型式、稀土配分模式均具有碰撞花岗岩的性质综合判断,其形成环境为陆内碰撞。

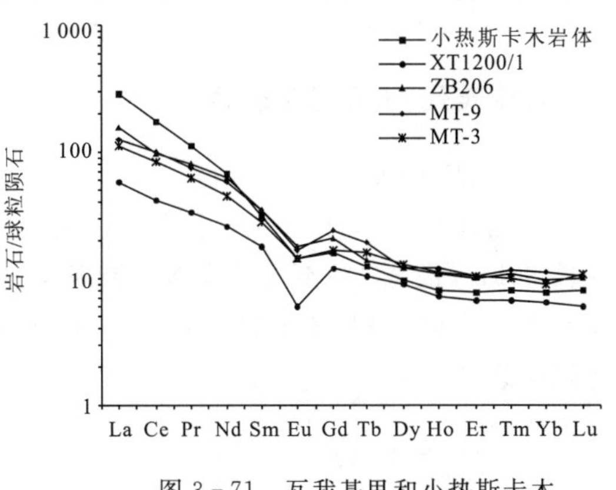

图3-71　瓦我基里和小热斯卡木岩体稀土元素配分模式

(6)形成时代探讨

由前述接触关系可知,其形成时代应晚于志留纪温泉沟组和燕山晚期第一阶段。根据新疆地质矿产局第二地质大队在南邻塔吐鲁沟获取的黑云母和钾长石K-Ar年龄值分别为75.95Ma和66.6Ma,将其侵位时代归入燕山晚期第二阶段。

(五)喜马拉雅期富碱侵入岩

本期侵入岩共由3个岩体组成,主要为卡英代-卡日巴生二长花岗岩体和苦子干碱性正长岩体,与苦子干岩体类似的还有昝坎岩体。图幅内国内面积为659km²,最大的卡英代-卡日巴生岩体为368km²,最小的坎岩体为96km²。各岩体的地质特征和矿物含量分别见表3-16和表3-21。现分别以卡英代-卡日巴生岩体和苦子干岩体为例叙述。

表 3-21　西昆仑南带喜马拉雅期各岩体矿物含量(%)

岩体名称	岩石名称	造岩矿物含量							副矿物含量					
		钾长石	斜长石	霓辉石	黑云母	石英	角闪石	白云母	磁铁矿	榍石	锆石	磷灰石	褐帘石	烧绿石
昝坎	正长花岗(斑)岩	60	20		#	20			*					
	石英正长岩	65	30		#	5			*	*				
	正长岩	70～98/92.5	0～25/3.6	0～3/1.7		0～3/0.86			*	*	*			
	霓辉正长岩	80～95/87.5		5～20/12.5			0～5/1			*	*	*		*
苦子干	石英正长岩	80	5		#	15	#	*	*				*	
	霓辉正长斑岩	80～90/83.3		5～20/11	0～2/0.67				*	*		*		
	霓辉正长岩	50～90/73.3	0～10/3.3	10～40/23.4									*	
卡英代-卡日巴生	正长花岗岩	50～58/54	20～25/22.5		2～5/3.5	20								
	斑状二长花岗岩	35	42		3	20								
	二长花岗岩	30～42/34	30～47/40.7	*	3～5/3.6	20～25/21.7			*					

注:矿物含量栏中横划线下面为平均值,横划线上面为变化范围;#.少量;*.微量

1. 卡英代-卡日巴生岩体

(1)地质特征

该岩体位于塔什库尔干辛滚沟以北,向西、北延出国境,向北出图,区域上为一北西向岩基,图内长 30km,最宽 16km。岩体具分带现象,中部粒粗且具钾长石大斑晶,边部粒细。侵入中二叠统及辛滚沟岩体,被苦子干岩体截切,岩体内部含较多的古元古代地层捕虏体(图 3-72)。其他地质特征见表 3-16。

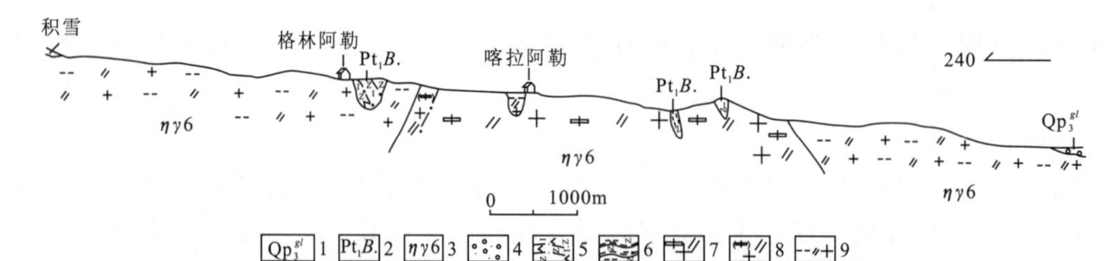

图 3-72　塔什库尔干自治县屈满沟卡英代-卡日巴生岩体路线地质剖面图

1. 第四系上更新统冰碛层;2. 古元古界布伦阔勒岩群;3. 喜马拉雅期卡英代-卡日巴生岩体;4. 冰碛砂砾石层;5. 透辉角闪斜长变粒岩;6. 黑云斜长片麻岩;7. 中斑中粒二长花岗岩;8. 含中斑中粒二长花岗岩;9. 细粒黑云二长花岗岩

(2)岩石学特征

该岩体边缘相主要为细粒黑云二长花岗岩,中心相主要为中斑中粒二长花岗岩,另在靠近苦子干岩体部位岩石钾质增高,局部为细中粒黑云母正长花岗岩。各岩性矿物组合及各矿物平均含量和变化范围见表 3-21。岩石具细—中粒花岗结构、似斑状结构,块状—微定向构造。各岩性同种

矿物特征基本相同，仅粒度上有差别。斑状岩石中的钾长石斑晶含量为3%～15%，呈半自形板柱状，边缘不规则，8mm×6mm～25mm×15mm，多具卡式双晶和条纹结构，包裹斜长石、黑云母等细小矿物颗粒，并交代斜长石构成交代残留结构，不均匀分布于基质中。基质和块状二长花岗岩中的斜长石及钾长石均呈半自形板柱状，0.8mm×0.5mm～4mm×2mm，杂乱分布，斜长石个别微显细而密并近平行消光的聚片双晶；钾长石微显条纹结构，个别具卡式双晶，包裹并交代斜长石构成交代净边结构；石英呈他形粒状，0.2～4mm，不均匀分布于长石粒间，稍有聚集；黑云母呈褐色片状，0.2～1.3mm，不均匀分布，局部略显定向性。

(3)岩石化学特征

14个样品的岩石化学成分及有关参数见表3-17。其成分基本上与黎彤的花岗岩相当，仅CaO、K_2O及TiO_2含量略高，铁镁质成分略低，其他接近。SiO_2含量变化于66.64%～72.96%之间，Al_2O_3含量为13.85%～15.9%，碱总量为7.86%～9.38%，岩石富钾(平均K/Na=1.37)，里特曼指数为2.14～3.12，属钙碱性岩系，铝指数为0.89～1.13，总体属饱和铝型岩石。样品在R_1-R_2命名图(图3-73)上投点主要落入二长花岗岩区，个别落入花岗闪长岩区；利用吴芝雄和吴利仁的计算方法在QAPF图上投点，绝大多数落入二长花岗岩区，仅一个样品落于正长花岗岩区。

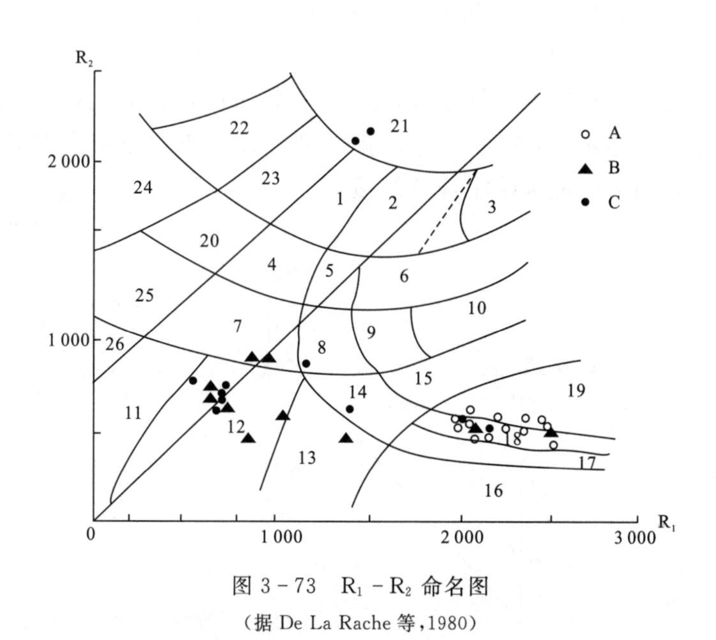

图3-73　R_1-R_2命名图

(据De La Rache等，1980)

7.正长闪长岩；8.二长岩；11.霞石正长岩；12.正长岩；13.石英正长岩；14.石英二长岩；17.正长花岗岩；18.二长花岗岩；19.花岗闪长岩；21.橄榄岩；A.卡英代-卡日巴生岩体；B.昝坎岩体；C.苦子干岩体

(4)岩石地球化学特征

该岩体的微量元素和稀土元素含量及有关参数分别见表3-12和表3-19。与洋中脊花岗岩相比，微量元素强烈富集K、Rb、Ba、Th和Ce，亏损Y和Yb，其他元素接近标准化值。其地球化学型式(图3-74)与阿曼的构造后花岗岩一致，曲线分别在Rb、Th和Ce及Sm处形成明显正异常。岩石的稀土总量(218.22×10^{-6}～658.87×10^{-6})高，斜率大[$(La/Yb)_N$=35.33～99.43]，稀土配分模式(图3-75)为向右中等倾斜的平滑曲线，轻稀土特别富集，δEu=0.63～0.85，具轻微的Eu负异常。

(5)成因及形成环境分析

在A-C-F分类图上投点绝大多数落入I型花岗岩区，仅2个样品落入S型花岗岩区；在Ca-

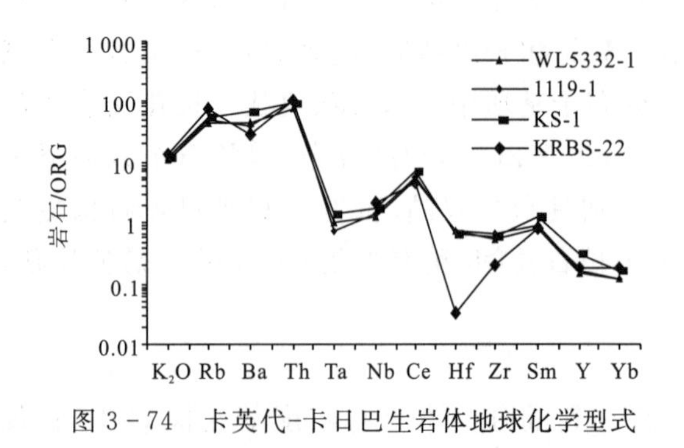

图 3-74 卡英代-卡日巴生岩体地球化学型式

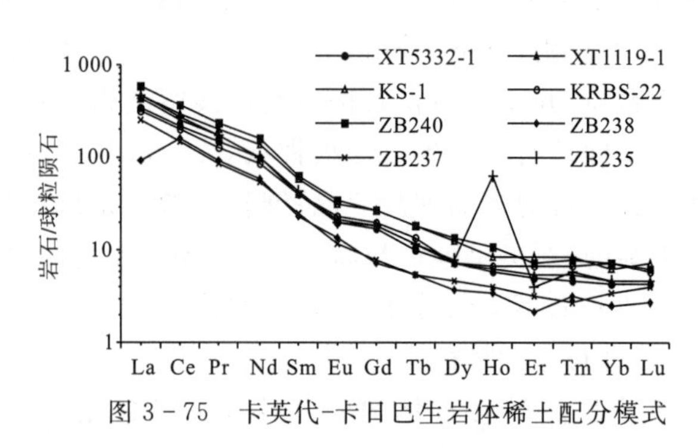

图 3-75 卡英代-卡日巴生岩体稀土配分模式

Na-K 分类图上投点均落于岩浆成因花岗岩区。结合其岩石类型和矿物组合、岩石碱总量高、富钾、钙碱性岩系、铝指数近于1、微量元素和稀土元素的特征以及与苦子干碱性岩体共生综合判断，其特征与A型花岗岩相似，成因为岩浆型，物质来源于下地壳。本次工作在其中采集的氧同位素($\delta^{18}O$)分析结果(石英为15.0‰，黑云母为9.2‰)也证实此观点。

该岩体样品在 R_1-R_2 构造环境判别图上投点主要落于同碰撞花岗岩区，少数落于近同碰撞的造山晚期花岗岩区；在 Rb-Y+Nb 和 Rb-Yb+Ta 分类图(图 3-76)上投点，左侧图上落于近同碰撞区的火山弧花岗岩区内，右侧图上落于同碰撞花岗岩区(近火山弧区)。结合其微量元素 Rb、Sr、Ba 含量高(比一般二长花岗岩高很多)、地球化学型式及稀土配分模式与苦子干正长岩体极其一致等特征综合判断，其构造环境为造山晚期阶段。

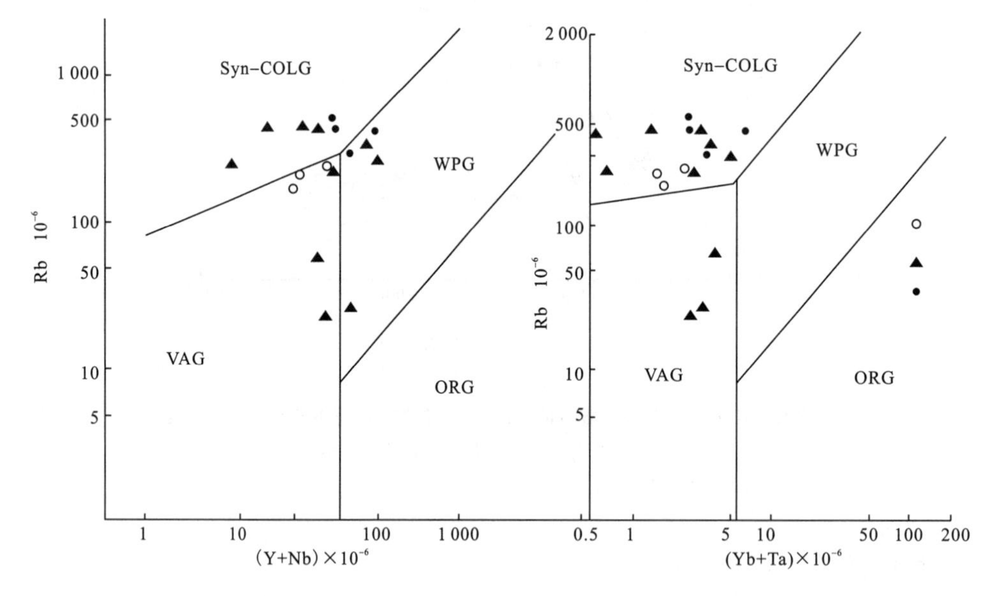

图 3-76 Rb-Y+Nb 及 Rb-Yb+Ta 环境判别图

(据 Pearce,1984)

VAG. 火山弧花岗岩；WPG. 板内花岗岩；ORG. 洋中脊花岗岩；Syn-COLG. 同碰撞花岗岩；

A. 卡英代-卡日巴生岩体；B. 昝坎岩体；C. 苦子干碱性岩体

(6)形成时代探讨

据前述接触关系可知，该岩体的形成时代应晚于燕山早期辛滚沟岩体而早于喜马拉雅期的苦子干岩体。新疆地质矿产局第二地质大队在其中曾获取17.2Ma和9.759Ma两个黑云母K-Ar

年龄值①,因此将其形成时代归为喜马拉雅期。

2. 苦子干岩体

(1)地质特征

该岩体主要位于塔什库尔干西南,在塔什库尔干县城尚有零星露头,南北长 24km,最宽处 14km,面积为 $195km^2$,侵入中二叠统及卡英代-卡日巴生等岩体,东侧多被第四系覆盖(图 3-77)。其他地质特征见表 3-16。

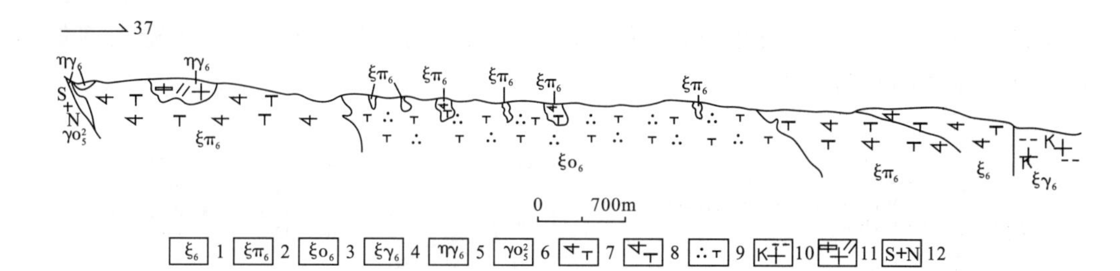

图 3-77 塔什库尔干自治县辛滚沟苦子干碱性岩体路线地质剖面图

1—3. 喜马拉雅期苦子干岩体;4—5. 喜马拉雅期卡英代-卡日巴生岩体;6. 燕山早期辛滚沟岩体;7. 中粒霓辉正长岩 8. 霓辉正长斑岩;9. 细粒石英正长岩;10. 中粒黑云正长花岗岩;11. 中斑中粒二长花岗岩;12. 片麻状细粒英云闪长岩

(2)岩石学特征

该岩体中部为细粒石英正长岩,向外为霓辉正长斑岩,边部为中粒霓辉正长岩。各岩性的矿物组合及含量见表 3-21。

细粒石英正长岩呈浅肉红色,细粒半自形粒状结构,块状构造。钾长石呈半自形板柱状,1.5mm×0.7mm~2mm×1mm,部分具卡式双晶或条纹结构;斜长石形态同钾长石,0.25mm×0.25mm~0.7mm×0.3mm,显近平行消光且细而密的聚片双晶;石英呈他形粒状,0.2~1.3mm,裂纹发育。各矿物杂乱分布。

霓辉正长斑岩呈紫红色—灰红色,斑状结构、基质半自形粒状结构,块状构造。斑晶为钾长石,10%~30%,半自形板柱状、粒状,4mm×2mm~7mm×4mm,最长可达 50mm,具卡式双晶及环带构造,杂乱分带。基质中的钾长石呈半自形板柱状,0.5mm×0.3mm~2mm×0.8mm,具卡式双晶及条纹结构,个别被方解石取代;霓辉石为柱状,0.5mm×0.2mm~2.5mm×1.3mm,单偏光下绿色明显,具辉石式解理,负延性,$C \wedge N_g=15°\sim38°$,不均匀分布。

中粒霓辉正长岩呈绿灰色,中粒半自形粒状结构,块状构造。钾长石为半自形板柱状,1.3mm×0.9mm~4mm×2.3mm,包裹霓辉石;霓辉石呈柱状,0.8 mm×0.7 mm~2 mm×1.2 mm,单偏光下呈绿色,中间浅边部深,微显多色性,具辉石式解理,$C \wedge N_g=21°\sim28°$,负延性。各矿物杂乱分布。

(3)岩石化学特征

10 个样品的岩石化学成分及有关参数见表 3-17,其特点是成分含量变化大(SiO_2 含量为 50.24%~71.34%,一般为 59%~64%;Al_2O_3 含量为 9.44%~19.71%;Na_2O 含量为 0.56%~4.35%,4%左右;K_2O 含量为 5.31%~10.48%);碱总量大于 8%,最高可达 13.15%,K/Na=1.46~12.02,强富钾,里特曼指数多大于 6,属强碱性岩类,石英正长岩属钙碱性岩类,铝指数一般介于 0.7~1 之间。在 R_1-R_2 命名图(图 3-73)上投点多落于正长岩区,个别落入橄榄岩、二长岩、

① 新疆地质矿产局第二地质大队. 1∶50 万新疆南疆西部地质图、矿产图及说明书. 1985.

石英二长岩和二长花岗岩区，用吴芝雄和吴利仁的计算方法在 QAPF 图上投点，则落于(含霞石)(碱性)正长岩区、(石英)正长岩区、白榴石二长岩和正长花岗岩区。

(4)岩石地球化学特征

该岩体的微量元素和稀土元素含量及其参数分别见表 3-18 和表 3-19。微量元素 Rb($284.5\times10^{-6}\sim556\times10^{-6}$)、Sr($1\ 077\times10^{-6}\sim2\ 969\times10^{-6}$)、Ba($1\ 768\times10^{-6}\sim5\ 897\times10^{-6}$)含量很高，与洋中脊花岗岩相比，强烈富集 K、Rb、Ba、Th 和 Ce，地球化学型式(图 3-78)分别在 Rb、Th 和 Ce 及 Sm 处形成明显正异常，与卡英代-卡日巴生岩体相似，也与阿曼的构造后花岗岩一致。岩石的稀土总量很高($422.32\times10^{-6}\sim1\ 910.98\times10^{-6}$)，斜率$(La/Yb)_N=56.1\sim119.86$，其稀土配分模式(图 3-79)与卡英代-卡日巴生岩体很相似，也为向右中等倾斜的平滑曲线，轻稀土特别富集，$\delta Eu=0.68\sim0.87$，具轻微的 Eu 负异常。

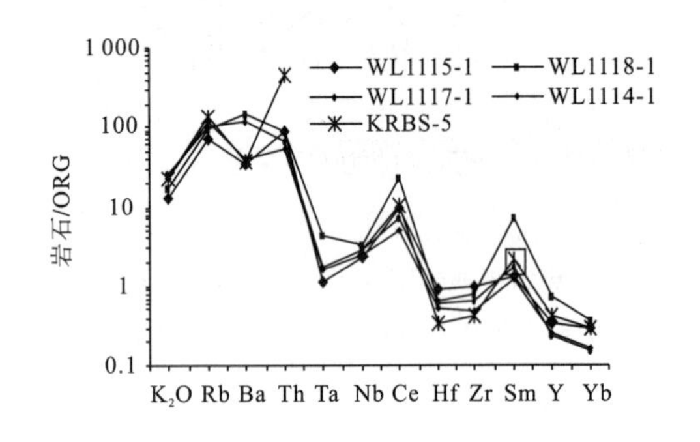

图 3-78 苦子干碱性岩体地球化学型式

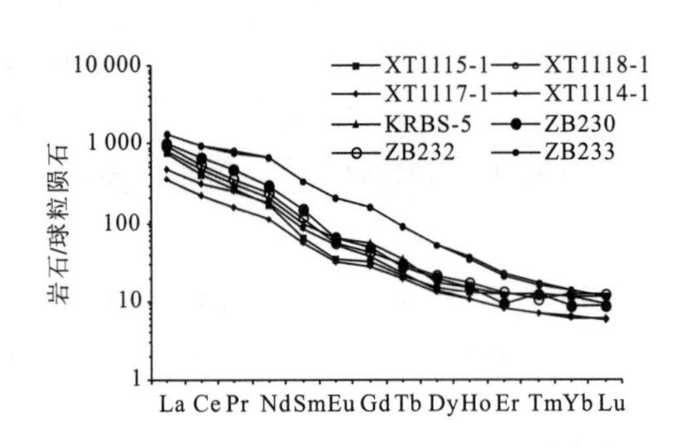

图 3-79 苦子干碱性岩体稀土元素配分模式

(5)成因及形成环境分析

样品在 A-C-F 分类图上投点均落入Ⅰ型花岗岩区。结合其岩石类型和矿物组合、岩石碱总量高且极富钾、强碱性岩系、铝指数多小于 1 大于 0.7 以及其地球化学型式和稀土配分模式的特征等综合判断，其总体与 A 型花岗岩类似，成因为岩浆型，物质来源于下地壳，是该区岩浆演化的末期产物。

在 R_1-R_2 构造环境判别图上投点主体落于造山晚期花岗岩区，石英正长岩落于同碰撞花岗岩区；在 Rb-Y+Nb 和 Rb-Yb+Ta 分类图(图 3-76)上投点，右侧图落入同碰撞花岗岩区，左侧图落入同碰撞花岗岩区和紧靠同碰撞区的板内花岗岩区。结合其岩石地球化学型式和稀土配分模式等特征综合判断，其构造环境为造山晚期阶段。

(6)形成时代探讨

据前述接触关系可知，该岩体的形成时代应晚于卡英代-卡日巴生岩体、早于其东侧的第四纪沉积层。另据新疆地质矿产局第二地质大队在碱性花岗岩(相当于剖面上的石英正长岩)和霓辉正长岩中分别获全岩 K-Ar 年龄为 33.6±0.7Ma 和钾长石 K-Ar 年龄为 18.045Ma①，将其归为喜马拉雅期。

昝坎岩体的岩石学、岩石化学及岩石地球化学特征与苦子干岩体基本一致，其地球化学型式和稀土配分模式分别见图 3-80 和图 3-81。根据新疆地质矿产局第二地质大队在岩体边部透辉正长岩内获得的全岩 K-Ar 年龄为 10.59Ma 和 2000 年三〇五项目组在上述同种岩性中获得的全岩 K-Ar 年龄为 35.3±0.3Ma，将昝坎岩体的形成时代亦归为喜马拉雅期。

① 新疆地质矿产局第二地质大队. 1∶50 万新疆南疆西部地质图、矿产图及说明书. 1985.

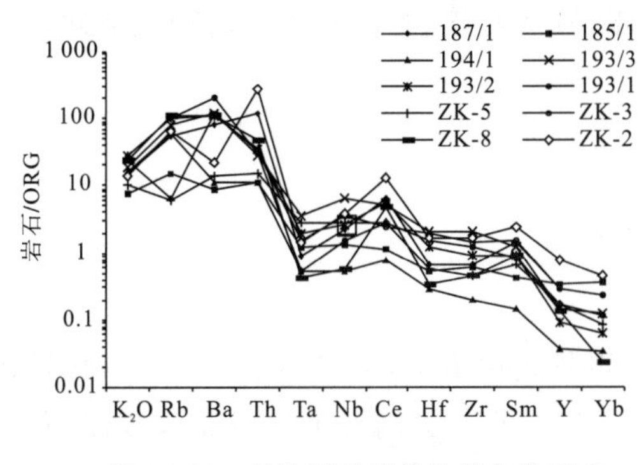

图 3-80　砮坎碱性岩体地球化学型式

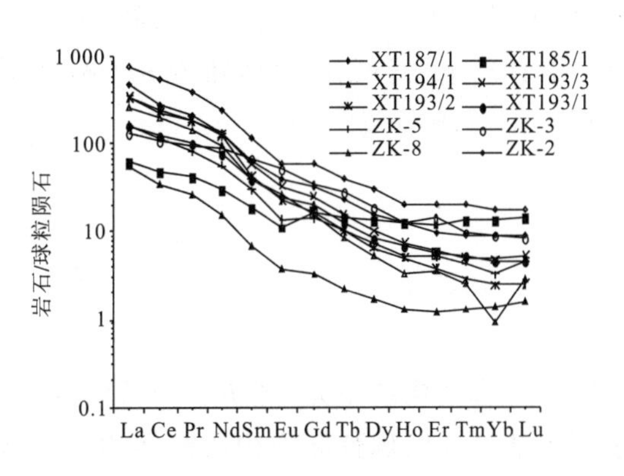

图 3-81　砮坎碱性岩体稀土元素配分模式

四、侵入岩小结

1.测区侵入岩众多岩体长轴方向基本与区域北西向构造线方向一致，说明诸岩体的形成与构造密切相关。

2.测区侵入岩在时间上总体有自东向西逐渐变新的趋势，在空间上康西瓦-瓦恰结合带为一重要的岩浆演化分界线，印支运动以前形成的花岗岩类主要分布于该带以东(北)，其后的花岗岩类主要分布于该带以西(南)。

3.测区岩浆侵入活动可划分为7个构造岩浆旋回，各旋回在每个构造岩浆岩带中的表现不尽相同：

古—中元古代：3个构造岩浆岩带的岩浆成因及形成环境较复杂，动力学机制尚不十分明朗。

新元古代—加里东中期：西昆北带岩浆成因及形成环境从混合源边缘弧到壳源衰减陆壳，动力学机制为板块俯冲机制；西昆中带岩浆成因及形成环境从幔源洋中脊→洋弧→混合源边缘弧→壳源，动力学机制由洋脊扩张→板块俯冲→构造体制转换→板内裂谷；西昆南带处于相对稳定阶段。

华力西期：西昆北带岩浆成因及形成环境从混合源塔里木陆块边缘弧→造山晚期，处于构造体制转换→大陆碰撞；西昆中带岩浆成因及形成环境从混合源洋弧→边缘弧→壳源造山晚期板内拉张，动力学机制由板块俯冲→构造体制转换→大陆碰撞→板内裂谷；西昆南带仍处于相对稳定阶段。

印支期：西昆北带及西昆南带处于相对稳定阶段；西昆中带岩浆成因及形成环境从混合源边缘弧→壳源造山晚期，动力学机制由板块俯冲→构造体制转换→地壳加厚。

燕山早期：西昆北带处于相对稳定阶段；西昆中带和西昆南带岩浆侵入活动相对较强，成因及形成环境从壳源板内碰撞→造山晚期，动力学机制仍由构造体制转换→地壳加厚。

燕山晚期第一阶段：西昆北带和西昆中带处于相对稳定阶段；西昆南带岩浆侵入活动较强烈，成因及形成环境从地幔分离→壳源同碰撞，动力学机制由板块俯冲→大陆碰撞。

燕山晚期第二阶段：西昆北带和西昆中带仍处于相对稳定阶段(中带仅有2.7km^2的瓦恰北东岩体)；西昆南带岩浆侵入活动非常强烈，成因及形成环境从混合源边缘弧→壳源同碰撞→造山晚期，动力学机制由板块俯冲→构造体制转换→地壳加厚→板内拉张。

区内不同的岩浆岩、岩浆系列及岩石化学特征有明显的内生矿产成矿专属性和分布规律性，如与柯岗蛇绿岩带有关的大型蛇纹石矿床及小型滑石、菱铁矿、石棉矿床；与瓦恰-哈瓦迭尔基性—超基性岩带有关的铜、铅锌矿床；与塔什库尔干-乔普卡里莫基性—超基性岩带有关的钒、钛、铁、铬、钴、镍等异常；与达布达尔-哈尼沙里地蛇绿岩带有关的祖母绿矿及金矿化；与中酸性侵入岩有关的铁、铜、铅锌、钨、钼、稀有金属、白云母、水晶、金矿化；与富碱侵入岩(如却帕勒克岩体和坎地里克岩体、卡英代-卡日巴生二长花岗岩体和苦子干碱性正长岩体、昝坎岩体)有关的稀土、稀有、放射性元素矿化和金矿化、白钨矿化。

第三节　火山岩

测区跨多个大地构造单元，经历了漫长而复杂的构造岩浆演化历史，岩浆活动频繁。火山活动多与岩浆侵入活动及区域性断裂构造密切相关。区内元古宙—早古生代火山岩分布较零星，仅呈很薄的夹层赋存于变质岩中，厚度往往不足100m，晚古生代—中生代火山活动较为强烈，形成厚度较大、分布较广的火山岩。测区火山岩出露面积约310km^2，约占测区面积的1.92%，不同时代、不同构造背景下的火山岩往往表现出不同的岩石组合和地球化学特征。受后期构造影响，元古宙、古生代火山岩遭受较强烈的变质变形，晚古生代及以后的火山岩变质变形较弱。

一、元古宙火山岩

元古宙火山岩主要出露于布伦阔勒岩群和博查特塔格组中。其中，布伦阔勒岩群火山岩因已强烈变质变形，将在第四章中论述，本部分仅对博查特塔格组火山岩进行论述。

(一)概况

博查特塔格组火山岩位于博查特塔格组中下部，图内仅在坎地里克北部有少量出露，厚度不足100m，横向上不连续。主体为一套浅海相基性火山岩夹陆相中基性火山碎屑岩及熔岩，与上下层均为整合接触，内部夹有海相沉积夹层，显示为三角洲喷发环境，岩石普遍发生绿泥石化及碳酸盐化蚀变。

(二)岩石类型及岩性特征

主要岩石类型有玄武岩、杏仁状安山岩及安山质角砾熔岩，分述如下。

1. 玄武岩

玄武岩为博查特塔格组火山岩的主体岩性，占该组火山岩的70%以上。岩石呈灰白色，残余间粒结构，块状—气孔状构造。由斜长石(70%左右)、普遍辉石(15%～20%)、磁铁矿(5%～10%)等组成，岩石中穿插较多绿帘石、绿泥石、方解石组成的细脉，局部细脉呈网状。

2. 杏仁状安山岩

杏仁状安山岩出露较少，厚度不足10m，夹在玄武岩中间。岩石呈灰绿色、暗灰色，玻晶交织结构，杏仁状构造，由板条状斜长石(40%左右)杂乱无章地分布于褐色玻璃质(25%左右)中，共同构成玻晶交织结构。杏仁体(35%左右)为圆形、不规则形，大小为1～3 mm，由绿泥石和方解石组成。

3. 安山质角砾熔岩

该熔岩出露较少，产于火山岩上部，厚度不足3m。岩石呈灰黑色，角砾状结构、块状结构。角砾为黑色安山岩，呈棱角状、不规则状，大小为2～15 mm，个别角砾大于20 mm。角砾含量为30%～70%，胶结物为安山质。部分角砾含量较少，过渡为角砾熔岩。

（三）岩石地球化学特征

化学成分

化学成分分析结果见表 3－22，SiO_2 含量为 46.68％～49.91％，TiO_2 含量为 1.34％～3.21％，Al_2O_3 含量为 14.37％～15.7％，Fe_2O_3 含量为 3.18％～8.24％，FeO 含量为 6.2％～7.32％，MnO 含量为 0.14％～0.2％，MgO 含量为 4.4％～7.05％，CaO 含量为 5.57％～11.92％，Na_2O 含量为 2.2％～3.6％，K_2O 含量为 0.9％～1.43％。与黎彤、饶纪龙的中国玄武岩相比，高 TiO_2 而低 MgO、K_2O，其他成分含量接近，除 SiO_2、Al_2O_3 含量略低外，其他与大陆拉斑玄武岩相当。

表 3－22　测区火山岩常量元素含量(%)及有关参数

序号	地层单位	岩性	样号	SiO_2	TiO_2	Al_2O_3	Fe_2O_3	FeO	MnO	MgO	CaO	Na_2O	K_2O	P_2O_5	H_2O	CO_2	Loss	总量
1	博查特塔格组	玄武岩	H4	49.41	3.21	15.70	8.24	6.20	0.20	4.40	5.57	3.60	1.39					97.92
2		玄武岩	H5	46.68	2.27	15.19	7.11	6.42	0.17	6.44	7.79	2.94	1.43					96.44
3		玄武质角砾熔岩	H6	47.7	1.34	14.37	3.18	7.32	0.14	7.05	11.92	2.20	0.90					96.12
4		3个样品平均值		47.93	2.27	15.09	6.18	6.65	0.17	5.96	8.43	2.91	1.24					96.83
5	温泉沟组	英安岩	GS151/63－1	71.77	0.35	14.95	0.24	1.8	0.03	0.69	3.6	3.37	2.02	0.1	0.8	0.04	0.56	100.32
6	晚石炭世	安山岩	GS270/6	62.42	0.82	16.98	1.15	5.05	0.13	2.28	2.33	1.2	4.18	0.14	3.04	0.06	2.92	102.70
7	中二叠世	玄武岩	GS2696/1	45.74	1.97	16.4	8.56	7.5	0.16	5.17	3.06	3.24	2.74	0.39	4.21		4.09	103.23
8	龙山组	英安岩	GS160/1	62.92	0.65	15.41	1.81	3.1	0.11	2.35	4.81	2.5	3.88	0.23	1.72	0.27	1.65	101.41
9		英安岩	GS1078/1	61.26	0.72	15.41	1.15	4.22	0.07	3.3	4.82	2.56	3.84	0.23	1.98		1.66	101.22
10		英安岩	GS1077/1	64.14	0.65	15.35	0.47	3.25	0.05	2.96	4.07	5.57	2.98	0.21	2.33		3.66	105.69
11		3个样品平均值		62.77	0.67	15.39	1.14	3.52	0.08	2.87	4.57	3.54	3.57	0.22	2.01	0.09	2.32	102.77

序号	地层单位	岩性	样号	Na_2O+K_2O	K_2O/Na_2O	δ	AR	$Mg^{\#}$	Fe^{*}	A/MF	C/MF	CaO/Na_2O	Fe_t/Fe_t+MgO	A/NCK	A/NK
1	博查特塔格组	玄武岩	H4	4.99	0.39	3.88	1.61	55.84	0.19	0.52	0.33	1.55	0.76	0.89	2.11
2		玄武岩	H5	4.37	0.49	5.19	1.47	64.12	0.18	0.44	0.41	2.65	0.67	0.74	2.38
3		玄武质角砾熔岩	H6	3.10	0.41	2.04	1.27	63.18	0.14	0.44	0.67	5.42	0.59	0.55	3.13
4		3个样品平均值		4.15	0.43	3.71	1.45	61.05	0.17	0.47	0.47	3.21	0.67	0.73	2.54
5	温泉沟组	英安岩	GS151/63－1	5.39	0.60	1.01	1.82	40.58	0.03	3.24	1.42	1.07	0.75	1.05	1.93
6	晚石炭世	安山岩	GS270/6	5.38	3.48	1.49	1.77	44.58	0.08	1.18	0.29	1.94	0.73	1.58	2.61
7	中二叠世	玄武岩	GS2696/1	5.98	0.85	13.05	1.89	55.12	0.21	0.47	0.16	0.94	0.75	1.18	1.98
8	龙山组	英安岩	GS160/1	6.38	1.55	2.04	1.92	57.46	0.07	1.22	0.69	1.92	0.67	0.90	1.85
9		英安岩	GS1078/1	6.40	1.50	2.24	1.93	58.22	0.07	0.97	0.55	1.88	0.61	0.90	1.84
10		英安岩	GS1077/1	8.55	0.54	3.46	2.57	61.87	0.05	1.21	0.58	0.73	0.55	0.78	1.24
11		3个样品平均值		7.11	1.20	2.58	2.14	59.18	0.06	1.13	0.61	1.51	0.61	0.86	1.64

注：H4—H6 为 1∶50 万新疆南疆西部地质图、矿产图及说明书资料，其余为本次实测资料

在 TAS 化学成分分类图解（图 3－82）中，样品均落入玄武岩区。

在 SiO_2 - K_2O+Na_2O 图解(图 3-83)上，样品落入碱性区，个别样品落在亚碱性靠近碱性区边部，在 F-A-M 三角图解中(图 3-84)显示为拉斑玄武岩系列，具碱性系列及拉斑玄武岩系列的岩石组合特征，为典型的大陆裂谷型火山岩组合，Na_2O(0.91)<K_2O(1.24)，为钾质，总体显示为钾质碱性玄武岩类，具板内拉张作用下的火山岩特征。

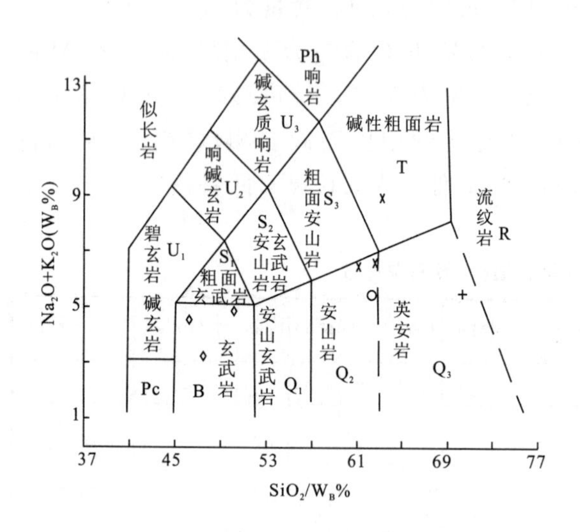

图 3-82 火山岩化学分类全碱-硅(TAS)图解

(据 Le Bas 等，1986)

◇博查特塔格组火山岩；+温泉沟组火山岩；○晚石炭世火山岩；×龙山组火山岩； 中二叠世火山岩

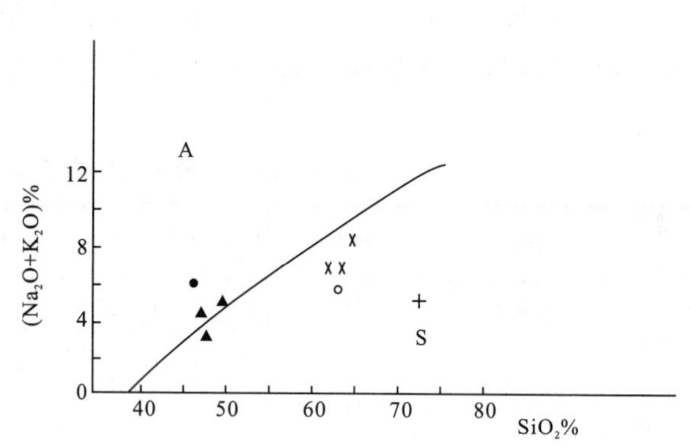

图 3-83 SiO_2 - Na_2O+K_2O 图解

(据 Irvine，1971)

A. 碱性系列；S. 亚碱性系列；▲博查特塔格组火山岩；+温泉沟组火山岩；○晚石炭世火山岩；●中二叠世火山岩；×龙山组火山岩

在 FeO^* - MgO - Al_2O_3 环境判别图(图 3-85)上，所有样品均落入大陆板块内部，与上述判断吻合。

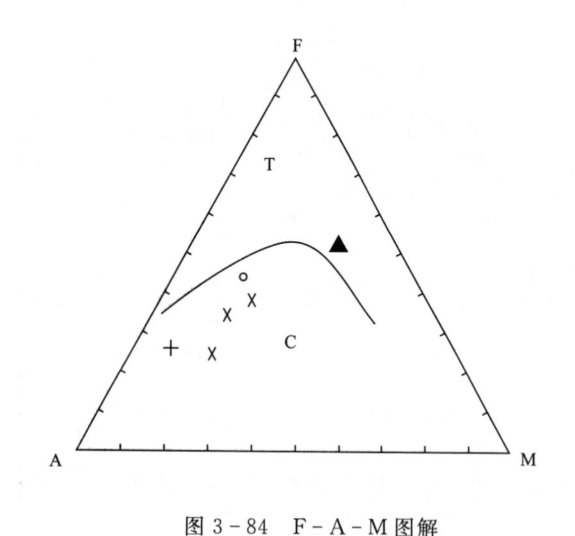

图 3-84 F-A-M 图解

(据 Irvine，1971)

T. 拉斑玄武岩系列；C. 钙碱性系列；

▲博查特塔格组火山岩；+温泉沟组火山岩；

○晚石炭世火山岩；×龙山组火山岩

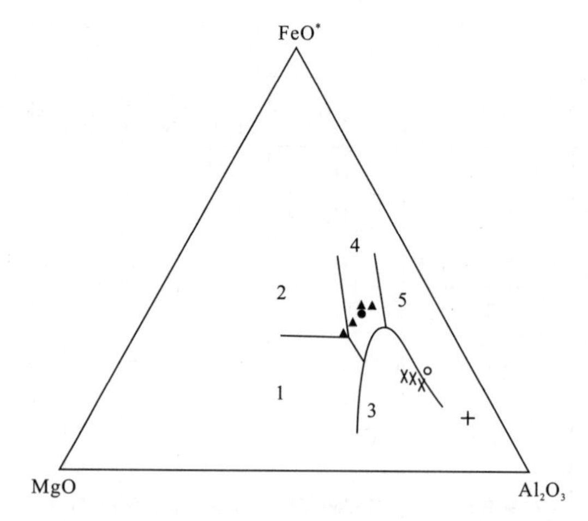

图 3-85 FeO^* - MgO - Al_2O_3 图解

(据 Pearce，1977)

1. 洋中脊及洋底；2. 大洋岛屿；3. 造山带；4. 大陆板块内部；5. 扩张中心岛屿(冰岛)；▲博查特塔格组火山岩；○晚石炭世火山岩；●中二叠世恰迪尔塔什沟火山岩；×龙山组火山岩；+温泉沟组火山岩

(四)构造背景

博查特塔格组火山岩的成分、产状与东邻图幅位于其下的长城纪塞拉加兹塔格群中的主要岩石类型细碧岩十分相似,均为碱性系列,可以推断,博查特塔格组火山岩是继塞拉加兹塔格火山岩喷发之后,又一次间歇式拉张作用下的岩浆活动的产物,因时间短促,尚无形成大洋(这可从博查特塔格组浅海相沉积环境得到证实),岩石未受强烈的海水交代蚀变作用而没有形成细碧岩,其规模及分布范围也较狭小。

二、早古生代火山岩

早古生代火山岩包括下志留世温泉沟组、奥陶—志留纪未分及柯岗基性—超基性岩带中的火山岩3部分。其中奥陶—志留纪火山岩部分极为有限,仅呈薄的蚀变安山岩、英安岩夹层零星出露于奥陶—志留纪变质地层中;柯岗基性—超基性岩带中的火山岩已在蛇绿岩带章节中介绍,故本部分仅对早志留世温泉沟组除蛇绿岩之外的火山岩进行论述。

(一)概况

温泉沟组火山岩主要出露于明铁盖陆块罗布盖子河下游,以灰白色英安岩为主,厚约40m,整合于温泉沟组粉砂质泥板岩之中,横向上不太稳定。另外,在大卡拉吉勒尕沟温泉沟组硅质板岩中见有厚度小于1m的灰绿色安山岩夹层。

(二)岩性特征

1.英安岩

英安岩为温泉沟组火山岩主体岩性,岩石呈灰白色,斑状结构,基质为霏细结构,块状构造。斑晶由斜长石(10%左右)、石英(5%左右)及黑云母(3%左右)组成 。斜长石呈半自形板柱状,0.3mm×0.15mm～2.3mm×2mm,为更长石,石英为熔蚀的圆粒状,0.25～1mm,黑云母为0.15～0.5mm的片状,个别向绿泥石变化,基质由霏细状英安质组成。

2.安山岩

安山岩出露极其有限,仅见厚度不足1m的夹层,岩石呈青灰色—灰绿色,斑状结构,基质为玻晶交织结构,块状构造。斑晶为斜长石和少量黑云母,前者含量约10%,半自形板柱状,具聚片双晶,一般为0.25mm×0.6mm～1.0mm×1.5mm,An=34～36,为中长石。黑云母为0.5～0.8mm的褐色片状,大部分已变成绿泥石。基质由斜长石、黑云母、透辉石和玻璃质组成,副矿物为磁铁矿等。

(三)岩石地球化学特征

1.岩石化学特征

该火山岩的岩石化学分析结果见表3-22,与黎彤、饶纪龙的中国英安岩相比,高SiO_2而低TiO_2、Fe_2O_3、MnO、MgO、P_2O_5,其他成分相当。$FeO^* << CaO$,K/Na =0.60,δ=1.01,A/NCK=1.93,加上其低TiO_2、MgO、P_2O_5含量等特征,与消减带钙碱性火山岩的特征一致。

在$SiO_2-K_2O+Na_2O$图解(图3-83)上,样品落入亚碱性区。在F-A-M三角图解(图3-84)上,样品落入钙碱性区内,显示温泉沟组火山岩属正常钙碱性系列岩石。在FeO-

MgO - Al_2O_3环境判别图(图 3 - 85)上,样品落入造山带与扩张中心岛屿的结合部位,具过渡性质,可能与挤压后的拆沉作用有关。

2. 微量元素特征

该火山岩的微量元素分析结果见表 3 - 23,与陆壳元素丰度值(Taylorer *et al.*, 1985)相比,富集 K、Rb、Ba、Sr 等大离子亲石元素及 Zr、Th、Hf 等高场强元素,亏损 Ni、Co、Cr 等相容元素,显示岛弧火山岩的特点。洋中脊玄武岩(MORB)标准化模式为 Sr、K、Rb、Ba、Th 组成的单峰(图 3 - 86),并向右逐级降低,与介于钙碱性火山弧玄武岩与碱性板内玄武岩之间的格林纳达岛过渡型玄武岩较为一致,显示温泉沟火山岩可能为大陆一侧的活动陆缘(或大陆弧)环境。在 Hf/3 - Th - Nb/16 环境判别图(图 3 - 87)上,样品落在火山弧区。在 Zr - Zr/Y 环境判别图(图 3 - 88)上,则落入板内。

表 3 - 23 测区火山岩微量元素分析结果($\times10^{-6}$)

序号	地层单位	岩石名称	样号	Rb	Sr	Ba	Zr	Nb	Ta	Hf	Sc	V
1	温泉沟组	英安岩	WL151/63 - 1	60	335	1 133	176	13	0.18	5.5	7	31
2	上石炭世	英安岩	WL270/6	187	160	783	227	22	1.7	6.1	19	132
3	中二叠世	玄武安山岩	WL2696/1	42	147	399	201	34	2.9	4.4	44	338
4	龙山组	英安岩	WL160/1	136	403	752	189	16	0.83	4.9	15	100
5		安山岩	WL1077/1	112	351	844	188	12.6	1	5	16	113.4
6		英安岩	WL1078/1	134	420	800	175	14.6	1.6	4.7	17.3	117.9
7		3 个样品平均值		127.33	391.33	798.67	184.00	14.40	1.14	4.87	16.10	110.43

序号	地层单位	岩石名称	样号	Cr	Co	Ni	Th	W	Sn	Mo	Be	Ga	Li	Se
1	温泉沟组	英安岩	WL151/63 - 1	22	11	7.2	19	81	4.7	0.55	2.1	18		0.018
2	上石炭世	英安岩	WL270/6	119	20	49	17	30	5	0.77	3.4	25		0.178
3	中二叠世	玄武安山岩	WL2696/1	89	42	46	4.9	1.8	4	0.6	2.6	20		
4	龙山组	英安岩	WL160/1	58	15	10	15	94	2.6	0.88	2.5	19		0.043
5		安山岩	WL1077/1	50.7	10.1	8.3	15.4	31	2.5	0.6	2.3	16.1	55.5	0.05
6		英安岩	WL1078/1	59.9	18.6	10.1	14.9	83.6	29	0.3	2.6	19.6	33.3	0.07
7		3 个样品平均值		56.20	14.57	9.47	15.10	69.53	11.37	0.59	2.47	18.23	29.60	0.05

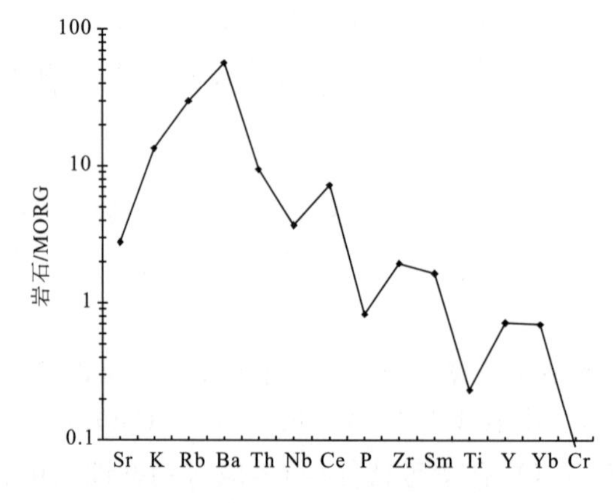

图 3 - 86 温泉沟组火山岩地球化学型式

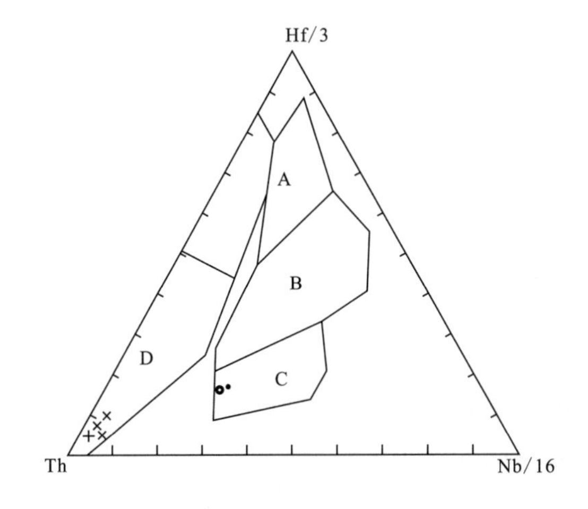

图 3-87　Hf/3-Th-Nb/16 图解

（据 Wood，1980）

A. 正常型洋中脊拉斑玄武岩；B. 异常型拉斑玄武岩和板内拉斑玄武岩及其分异产物；C. 板内碱性玄武岩及其分异产物；D. 板边岛弧玄武岩（破坏性板块边缘）及其分异产物；＋温泉沟组火山岩；○晚石炭世火山岩；●中二叠世恰迪尔塔什沟火山岩；×龙山组火山岩

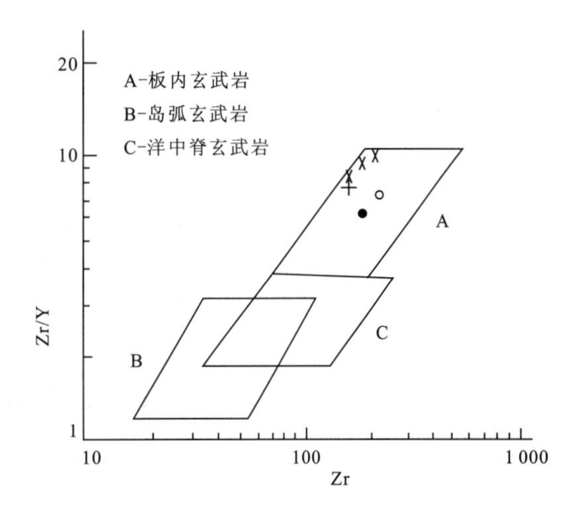

图 3-88　Zr-Zr/Y 图解

（据 Pearce 等，1980）

＋温泉沟组火山岩；○晚石炭世火山岩；

●中二叠世恰迪尔塔什沟火山岩；×龙山组火山岩

3. 稀土元素特征

该火山岩的稀土元素分析结果见表 3-24，$\Sigma REE = 193.52 \times 10^{-6}$，LREE/HREE＝9.83，$(La/Yb)_N = 9.43$，$(La/Sm)_N = 4.34 > 1$，$\delta Eu = 0.66$，为轻稀土富集型，并出现铕负异常，稀土配分曲线为向右微倾的具不明显的"V"字型（图 3-89），这种类型不同于典型的岛弧安山岩，具向大陆过渡的特征。

表 3-24　测区火山岩稀土元素分析结果（$\times 10^{-6}$）及有关参数

序号	地层单位	岩性	样号	La	Ce	Pr	Nd	Sm	Eu	Gd	Tb	Dy	Ho	Er	Tm
4	温泉沟组	英安岩	XT151/63-1	38.78	72.86	8.44	29.33	5.45	1.09	4.58	0.76	4.19	0.85	2.34	0.39
5	中石炭统	玄武岩	XT270/6	47.37	85.33	10.87	39.26	7.70	1.51	7.14	1.08	6.54	1.30	3.71	0.61
15		玄武安山岩	XT2696/1	23.94	45.54	6.69	27.39	6.38	2.14	7.24	1.19	7.26	1.44	4.00	0.60
17	龙山组	英安岩	XT160/1	41.86	75.38	8.84	32.40	6.08	1.43	4.70	0.70	4.14	0.82	2.25	0.35
18		安山岩	XT1077/1	44.38	82.47	9.83	34.64	6.40	1.47	5.35	0.80	4.35	0.88	2.32	0.37
19		英安岩	XT1078/1	46.68	80.05	9.14	33.97	5.92	1.40	5.22	0.79	4.16	0.85	2.34	0.37
20		3 个样平均值		44.31	79.30	9.27	33.67	6.13	1.43	5.09	0.76	4.22	0.85	2.30	0.36

序号	地层单位	岩性	样号	Yb	Lu	Y	ΣREE	LREE	HREE	LREE/HREE	δEu	$(La/Yb)_N$
4	温泉沟组	英安岩	XT151/63-1	2.39	0.37	21.70	193.52	155.95	15.87	9.83	0.66	9.43
5	中石炭统	玄武岩	XT270/6	3.56	0.54	32.47	248.99	192.04	24.48	7.84	0.62	7.73
15		玄武安山岩	XT2696/1	3.59	0.54	34.73	172.67	112.08	25.86	4.33	0.97	3.87
17	龙山组	英安岩	XT160/1	2.2	0.32	20.72	202.19	165.99	15.48	10.72	0.80	11.05
18		安山岩	XT1077/1	2.35	0.34	20.57	216.52	179.19	16.76	10.69	0.75	10.97
19		英安岩	XT1078/1	2.28	0.35	19.84	213.36	177.16	16.36	10.83	0.76	11.89
20		3 个样平均值		2.28	0.34	20.38	210.69	174.11	16.20	10.75	0.77	11.31

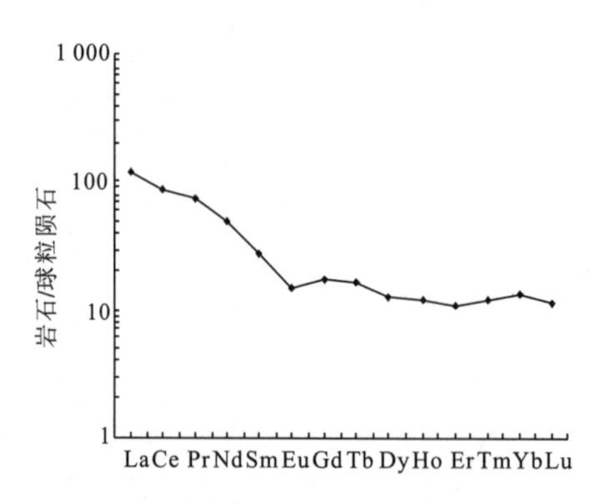

图 3-89 温泉沟组火山岩稀土配分曲线

（四）构造环境

温泉沟组火山岩呈夹层产于该组变质碎屑岩上部，岩性以英安岩为主，区域上见有安山岩，为一套中酸性钙碱性系列岩石；其中 SiO_2= 71.77%，FeO^* / MgO =2.70 >2.0，K_2O/Na_2O= 0.6，加上其不见玄武岩及层状产出特征，均显示出消减带火山岩的特征，在 Lgτ－Lgσ 环境判别图上样品落在消减带火山岩区（图 3-90），同时，其岩石地球化学特征也显示有向大陆过渡的迹象。综合分析，我们认为，温泉沟组火山岩是在消减带活动大陆边缘由挤压后的拆沉作用引发的拉张环境下火山活动的产物（Jakes et al.，1972）。

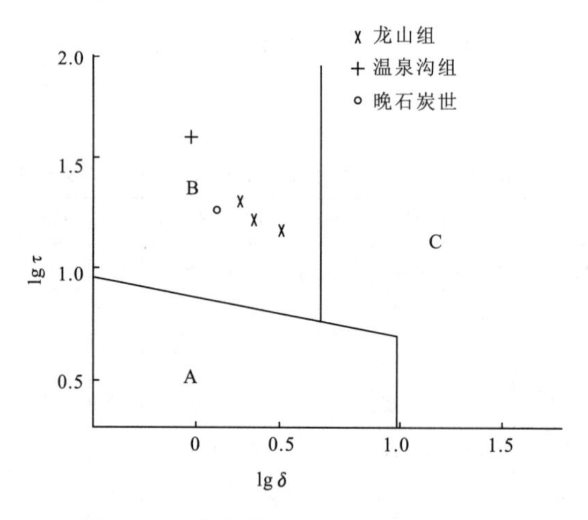

图 3-90 火山岩 Lgτ－Lgσ 环境判别图

A. 板块稳定区；B. 消减带；C. A、B 区演化的火山岩

三、晚石炭世火山岩

（一）地质特征

沿康西瓦-瓦恰结合带呈带状、透镜状呈北西—南东向断续展布于瓦恰—巴什克可—布候杰拉普及皮勒沟一线。延伸长 80 余千米，最宽 5km，面积为 126km^2。为一套中基性玄武岩、安山岩及安山质凝灰岩及少量英安岩。与周围地层呈断层接触或不整合于较老地层之上，并被白垩纪地层

不整合覆盖，局部被后期岩体侵入。岩石局部片理发育。

（二）岩石类型及岩性特征

1. 玄武岩

玄武岩呈黑色—墨绿色，隐晶质结构，杏仁状构造，基质由斜长石（55%左右）、辉石（10%左右）、角闪石（15%左右）、黑云母（20%左右）组成，杏仁体呈 0.5cm 左右的圆状、椭圆状，0～25%，主要为方解石，少数为硅质，岩石裂隙发育，裂隙中可见到孔雀石。

2. 安山岩

安山岩呈灰绿色，玻晶交织结构，块状构造、杏仁状构造。板条状斜长石（45%±）杂乱地分布在玻璃质（20%左右）中，共同构成了玻晶交结结构。杏仁体由绿泥石及少量方解石组成，呈圆状，不规则形，0.3～1cm，含量不均匀，一般为 5%～20%。

3. 英安岩

英安岩呈灰色，斑状结构，流纹状构造、杏仁状构造。斑晶（30%左右）为半自形板柱状斜长石，0.5mm×0.25mm～5mm×0.7mm，不均匀定向分布。基质（70%左右）为玻璃质结构，由玻璃质组成，显流纹构造，玻璃质中有一些细小的板条状矿物，杏仁切面呈圆形，0.8～3mm，具层圈结构，中心为褐铁矿，外圆为微晶石英（2%左右），部分为方解石。

4. 安山质凝灰岩

安山质凝灰岩呈灰色—灰黑色，变余晶屑凝灰结构，定向构造，晶屑由斜长石（15%左右）及少量石英（1%左右）组成。斜长石呈棱角状，少数为不规则板柱状，0.2～1.2mm。石英为熔蚀不规则状，0.1～0.3mm。胶结物（84%左右）由火山灰组成，多已去玻化形成一些长英质微晶矿物。

（三）岩石地球化学特征

1. 化学成分

该火山岩的化学成分结果见表 3－22，与中国同类岩石（黎彤、饶纪龙，1962）相比，高 SiO_2、FeO、K_2O，低 CaO、Na_2O、P_2O_5，其化学成分（除 CaO、Na_2O 稍低外）与安第斯 ADR 火山岩相当。$K_2O>Na_2O$，$CaO<(K_2O+Na_2O)$，显示钙碱性安山岩的特点，在 SiO_2－K_2O+Na_2O 图（图 3－83）上样品落入亚碱性区，在 K_2O－Na_2O 图解（图 3－91）上显示为高钾岩系，总体为高钾钙碱性系列岩石。在 FeO－MgO－Al_2O_3 环境判别图（图 3－85）上，样品落入造山带与扩张中心岛屿边部，具过渡特征。

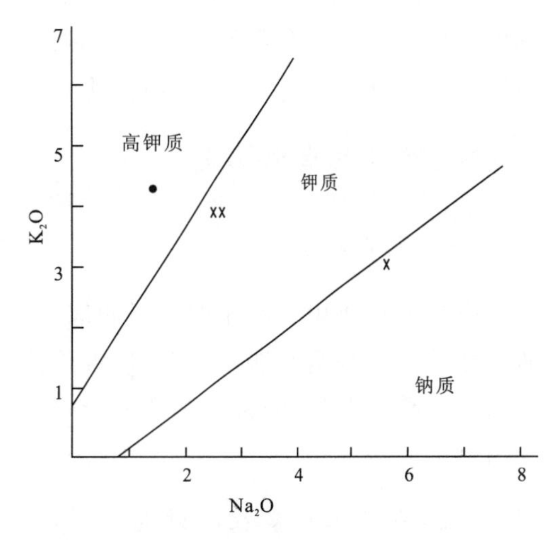

图 3－91　玄武岩 K_2O－Na_2O 关系图

（据 Middicmost，1972）

●晚石炭世火山岩；×龙山组火山岩

2. 微量元素特征

该火山岩的微量元素分析结果见表 3－23，与陆壳元素丰度值（Taylorer *et al.*，1985）相比，富集 K、Rb、Ba、Th 等大离子亲石元素，极贫 Cr、Ni 等相容元素，微量元素含量接近上地壳元素丰度，其相容程度分配型式呈“先隆后凹”型（图 3－92），与典型火山弧的智利(钙碱性大陆)火山岩分配型式较吻合,表现为富集度宽,除 Ti、Y、Yb、Cr 外,所有元素都富集。

在 Zr - Zr/Y 图解(图 3 - 88)上落入板内玄武岩区,显示火山岩具过渡性质,可能为靠近大陆一侧的火山弧(或大陆弧)环境。在 Hf/3 - Th - Nb/16 环境判别图(图 3 - 87)上,样品落在火山弧区。

3. 稀土元素特征

该火山岩的稀土元素结果见表 3 - 24,其稀土总量较高,$\Sigma REE=248.99\times10^{-6}$,LREE/HREE $=7.84$,$(La/Yb)_N=7.73$,$(La/Sm)_N=3.75$,$\delta Eu=0.62$,为轻稀土富集型,并出现铕负异常,稀土配分曲线为向右微倾不明显的"V"字型(图 3 - 93)。

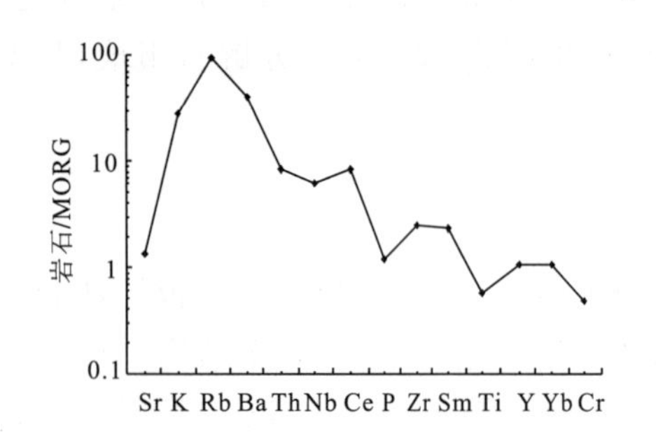

图 3 - 92 晚石炭世火山岩微量元素配分模式

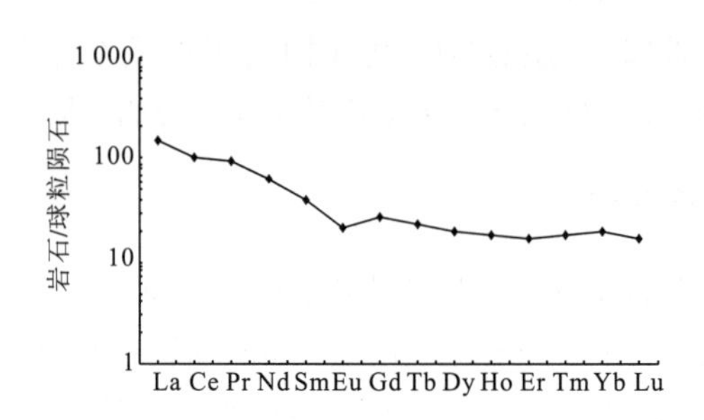

图 3 - 93 晚石炭世火山岩稀土配分曲线

(四)构造环境

晚石炭世火山岩产于上石炭统浅海相沉积层上部,二者为整合接触关系。由玄武岩—安山岩—英安岩组成,呈层火山岩产出。化学成分显示为高钾钙碱性火山岩系,具火山弧特征。其微量、稀土元素也显示火山弧特征,在 $Lg\tau - Lg\sigma$ 环境判别图(图 3 - 90)上,样品落在消减带火山岩区,其中 $SiO_2=62.42\%$、$FeO^*/MgO=2.70>2.0$、$K_2O/Na_2O=3.48$,这些特征均显示为靠近大陆一侧的活动陆缘环境。综合分析,我们认为,晚石炭世火山岩为消减带活动陆缘(火山弧)环境。

四、中二叠世火山岩

(一)地质特征

中二叠世火山岩位于图幅最西部,大致沿边境线呈北西—南东向展布于阿克希腊克大坂—恰迪尔塔什沟—琼塔什迭尔一带,出露长约 20km,宽数十米至 2km,面积约 $30km^2$,呈多层夹层出露于未分二叠系灰岩、泥板岩和变砂岩中。岩性主要为灰绿色安山质晶屑凝灰岩及少量杏仁状玄武安山岩。

(二)岩石类型及岩性特征

1. 安山质晶屑凝灰岩

安山质晶屑凝灰岩约占该火山岩的 90%。岩石呈灰绿色,晶屑凝灰结构,块状构造。晶屑由斜长石和角闪石组成。斜长石呈不规则棱角状,10%~15%,0.3~2mm。角闪石为不规则状,5%~10%,0.2mm×0.5mm,胶结物(75%~85%)由火山灰组成,偶见棱角状熔岩角砾。

2. 杏仁状玄武安山岩

杏仁状玄武安山岩常呈薄的夹层，分布较少。岩石呈灰色，玻基斑状结构，块状构造。斑晶由少量板柱状斜长石组成，0.1～0.2mm，基质由玻璃质组成，已发生脱玻化，形成一些角闪石微晶。

（三）岩石地球化学特征

1. 岩石化学特征

该火山岩的化学成分及有关参数见表 3－22，与中国同类岩石（黎彤，饶纪龙，1962）相比，高 Al_2O_3、Fe_2O_3 而低 SiO_2、CaO、P_2O_5。其中，SiO_2＝45.74％，反映岩石偏基性。TiO_2＝1.97％，Al_2O_3＝16.40％，Na_2O＝3.42％，K_2O＝ 2.74％。其化学成分与大陆裂谷拉斑玄武岩（林建英，1980）相当。

在火山岩 Na_2O+K_2O－Si（TAS）岩类图（图 3－82）中，投影于碱玄岩、碧玄岩区；在 SiO_2－K_2O+Na_2O 图解（图 3－83）上落在碱性岩区，均与其高 δ 值（13.05）相符合。在 TiO_2－10MnO－$10P_2O_5$ 的分类图解（图 3－94）中，样品落在大洋岛屿碱性玄武岩区。在 TiO_2－K_2O－P_2O_5 的岩石构造分类图解（图 3－95）中，样品则投在板内玄武岩区。在 FeO^*－MgO－Al_2O_3 的火山岩构造分类图解（图 3－85）中，样品也落在大陆板块内部。

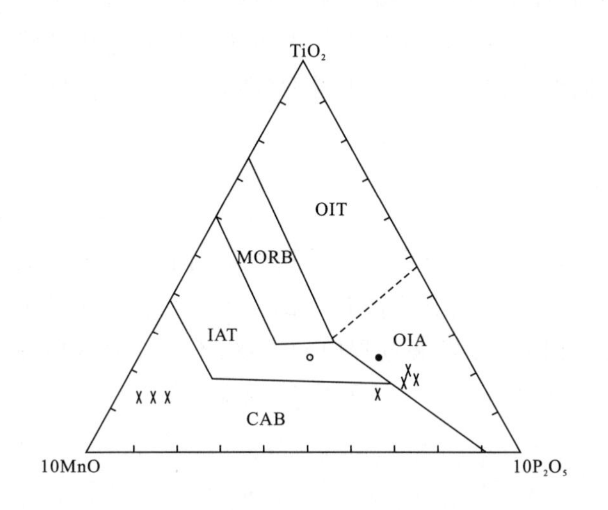

图 3－94　TiO_2－10MnO－$10P_2O_5$ 图解
（据 Mullen，1983）
OIT. 大洋岛屿拉斑玄武岩；OIA. 大洋岛屿碱性玄武岩；MORB. 洋中脊玄武岩；IAT. 岛弧拉斑玄武岩；CAB. 钙碱性玄武岩；○晚石炭世火山岩；●中二叠世火山岩；×龙山组火山岩

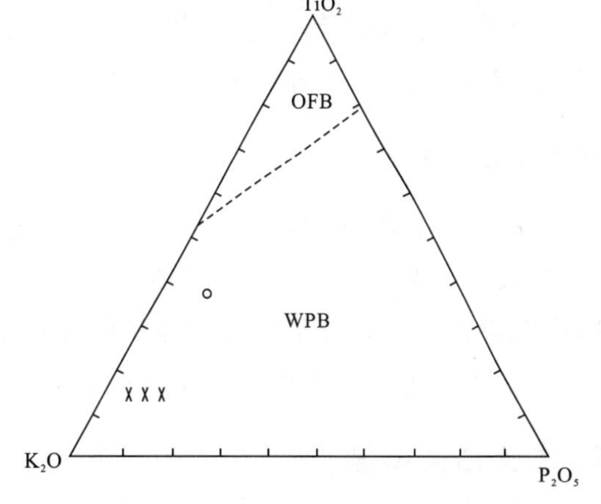

图 3－95　测区火山岩 TiO_2－K_2O－P_2O_5 分类图
（据 Pearce，1975）
OFB. 大洋玄武岩；WPB. 板内玄武岩；
○中二叠世火山岩；×龙山组火山岩

可以看出，中二叠世火山岩应为古大陆内部（硅铝质地壳基础上）发育起来的向大洋过渡的环境下生成的火山岩。

2. 微量元素特征

该火山岩的微量元素分析结果见表 3－23，大离子亲石元素（LIL）较为富集，极贫高场强元素（HFS），LIL 与 HFS 的比值较高，这种高比值常出现于与板块俯冲有关的狭窄弧后盆地，或者相当于碱性岛屿玄武岩，尤其与大陆硅铝质岩浆基础上发育的玄武岩相一致（Saunders，1984）。从其野外产状及产于盆地边缘相的沉积地层中来看，该套火山岩应为陆壳基础上发育、岩石圈裂解拆沉形成的具岛弧特征的玄武岩，是一种不成熟的大陆边缘盆地环境生成的火山岩组合(Abergetal,1984)。其 N－MORB 的标准化微量元素配分曲线为“先隆后凹”型式(图 3－96)。

在 Hf/3－Th－Nb/16 元素构造分类图(图 3－87)中，显示为板内碱性玄武岩及其分异产物，这常是边缘盆地火山岩所具有的特点(Samders,1984)。

在 Zr－Zr/Y 构造分类图(图 3－88)中，样品则落在板内玄武岩区，与以上判断相符。

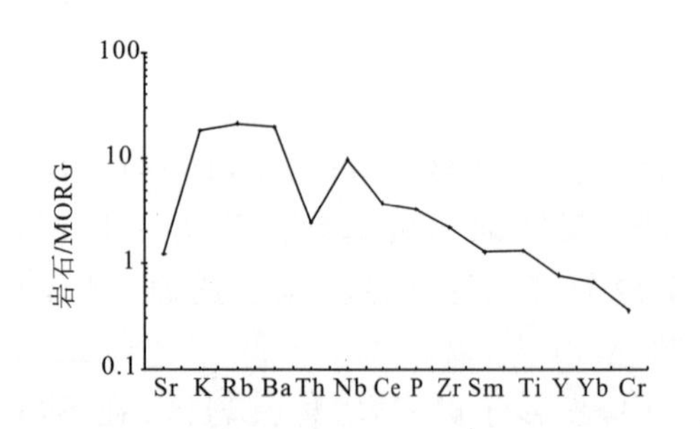

图 3－96　恰迪尔塔什沟火山岩微量元素配分模式

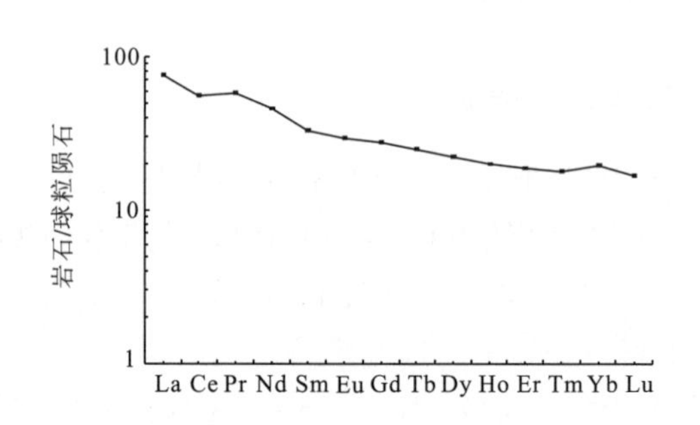

图 3－97　恰迪尔塔什沟火山岩稀土元素配分曲线

3. 稀土元素特征

该火山岩的稀土元素分析结果见表 3－24，其稀土总量较高，$\Sigma REE = 172.6 \times 10^{-6}$，LREE/HREE＝4.33，$\delta Eu = 0.97$，$(La/Yb)_N = 3.87$。从以上数据可以看出，中二叠世火山岩具适中的稀土总量，为轻稀土富集型，铕异常不明显，稀土配分曲线为向右微倾的平滑型(图 3－97)，与大陆岛屿安山岩的 REE 型式相吻合(Abergeta,1984)。

(四)构造环境

中二叠世火山岩的化学特征显示具大陆及大洋双重性质，应为硅铝质陆壳基础上发育的向大洋过渡的环境。在 $Lg\tau - Lg\sigma$ 环境判别图(图 3－90)上，样品落在消减带火山岩区。结合其区域地质背景，中二叠世火山岩应是弧后盆地扩张环境下，在向大洋发展过程中的产物，不过此时区内尚无洋壳产生。根据火山岩厚度及分布范围有限来看，其火山活动的时间不长，强度有限。

五、侏罗纪火山岩

(一)概述

侏罗纪火山岩分布于塔什库尔干县卡拉其古西明铁盖河两岸，呈北西西—南东东向展布于琼塔木乌托克吉勒嘎—群沙拉吉里阿沟—阿提牙依勒山一带，东西长约 35km，南北最宽处达 10km，面积约 150km²。该火山岩出露于侏罗系龙山组中上部，下与大理岩、硅质岩为整合接触，上未见顶。岩性为中酸性火山熔岩、火山碎屑熔岩等，顶部为紫红色火山碎屑岩。

(二)火山喷发旋回

1. 韵律划分

由龙山组剖面可以看出，该组岩性主要由英安质、流纹质岩石组成，仅在顶部见少量安山岩。代表火山爆发特征的凝灰岩、集块(熔)岩、火山角砾(熔)岩较为发育，往往与熔岩交替出现，显示由强到弱的火山活动特征。根据该剖面的岩性、岩相变化特点，可划分出 6 种韵律类型，14 个韵律。

每个韵律均由火山碎屑(熔)岩开始,到熔岩结束,呈现火山活动由强到弱的变化规律(表 3-25)。

表 3-25 塔什库尔干县群沙拉吉里阿沟龙山组火山岩喷发韵律

韵律类型	韵律个数	厚度(m)	岩性特征	喷发特点
红色中酸性碎屑岩-红色中性熔岩	2	>105.2	紫红色安山岩	爆发-溢流
			紫红色英安质晶屑凝灰岩	
中酸性碎屑熔岩-中酸性熔岩—酸性熔岩	4	305.9	灰红色流纹岩	爆发-溢流
			深灰色英安岩	
			青灰色英安质晶屑凝灰熔岩	
中酸性碎屑熔岩-中酸性熔岩	1	80.9	青灰色英安岩	爆发-溢流
			灰黑色英安质晶屑凝灰熔岩	
中酸性碎屑熔岩-中酸性熔岩-酸性熔岩	2	134.4	灰白色流纹岩	爆发-溢流
			灰白色英安岩	
			灰黑色英安质晶屑凝灰熔岩	
中酸性碎屑熔岩-中酸性熔岩	2	103.7	灰色英安岩	爆发-溢流
			灰色英安质晶屑凝灰熔岩	
异源角砾熔岩-中酸性熔岩	3	149.2	灰色英安质晶屑凝灰熔岩	强爆发-溢流
			灰色异源角砾熔岩	

2. 旋回划分

该套火山岩从下部中酸性碎屑(熔)岩与中酸性熔岩交替喷发到中上部以熔岩中出现酸性熔岩(流纹岩)为特征,构成一个由中酸性→酸性岩组成的完整旋回。顶部出现中性熔岩(安山岩),显示又一旋回的开始,总体组成一个完整的和一个不完整的喷发旋回。

(三)岩石类型及岩性特征

龙山组火山岩以中酸性、酸性岩为主,少量中性岩。可以划分为熔岩类和火山碎屑岩类两大类。

1. 熔岩类

该熔岩类约占该火山岩系的70%,岩性以英安岩为主,流纹岩为辅,少量安山岩。

(1)英安岩

英安岩分布最广,岩石呈灰色—灰白色,斑状结构,基质玻璃质结构、霏细结构,块状构造,少数具气孔状构造、微显流动构造。斑晶由斜长石(20%～35%)、黑云母(2%～10%)、角闪石(0～3%)、石英(1%～3%)组成。斜长石呈半自形板柱状,0.3mm×0.25mm～1.5mm×3mm,An=25～27,为更长石;黑云母为褐色片状,大部分变成了绿泥石,0.25～1.2mm;角闪石为柱状,0.5mm×0.3mm～1.2mm×0.5mm;石英呈熔蚀的粒状,0.1～1.2mm。基质由长英质玻璃(55%～75%)组成,少数岩石基质由霏细状长英质组成。气孔呈不规则状,0.2～2mm,个别被方解石、磁铁矿充填,不均匀分布,含量为10%～15%。部分岩石黑云母含量较高为黑云母英安岩。

(2)流纹岩

流纹岩出现在各韵律的顶部,是喷发晚期的产物,岩石一般呈灰白色,向上逐渐变为灰红色。

岩石呈斑状结构、基质玻璃质结构，个别呈微晶结构，块状构造。斑晶由斜长石(2%～5%)、钾长石(1%～3%)、石英(5%～10%)及少量黑云母组成。斜长石、钾长石均呈半自形板柱状，0.3mm×0.25mm～1.7mm×1.1mm，斜长石个别微显双晶，An=26，为更长石，钾长石常包裹斜长石。石英呈熔蚀的粒状，0.15～1.5mm，不均匀分布。黑云母为0.2～0.6mm的片状，已变为绿泥石。基质由长英质玻璃质(83%～90%)组成，已脱玻化呈霏细状，少数岩石基质由微晶长英质组成。

(3)安山岩

安山岩仅出露于龙山组最上部，可见厚度仅27.5m。岩石呈紫红色，斑状结构，基质为交织结构(少数因呈玻璃质结构而成为玻基安山岩)，块状构造，少数为气孔状构造。斑晶为由斜长石(5%～10%)、黑云母(0～2%)及少量透辉石组成。斑晶中斜长石呈半自形板柱状，0.3mm×0.2mm～1.3mm×1mm，黑云母为褐色片状，0.25～1.2mm，部分已向绿泥石变化，透辉石为柱状，0.2～1mm，基质由板条状斜长石(90%左右)及微量磁铁矿或由玻璃质(70%左右)组成，玻璃质中分布有少量板条状斜长石。

2. 火山碎屑岩

火山碎屑岩约占该火山岩系的30%，主要为向熔岩过渡的碎屑熔岩亚类，正常火山碎屑岩较少。

(1)火山碎屑熔岩

①英安质角砾熔岩

该岩体出露于火山岩系底部，灰色—灰白色，角砾状结构，基质呈霏细结构，块状构造。角砾以英安岩为主，少量泥板岩角砾，含量一般为10%～30%，由下到上角砾变小，含量递减，逐渐向英安质凝灰熔岩过渡，棱角—次棱角状，一般为2～5cm，少数达10cm以上。熔岩胶结物为英安岩，具斑状结构，斑晶为斜长石(10%～20%)和黑云母(30%)。斜长石呈半自形板柱状，0.5mm×0.3mm～1.7mm×1mm，黑云母为片状，0.1～0.5mm，大都变成了绿泥石，基质由霏细状长英质组成。

②英安质晶屑凝灰熔岩

该岩体为火山碎屑熔岩的主要类型，分布较广。岩石呈灰色，晶屑凝灰结构，块状构造。晶屑由斜长石(10%～25%)、石英(1%～5%)和少量黑云母组成。斜长石呈不规则状，0.5mm×0.8mm～1.3mm×2.5mm，石英呈熔蚀的粒状，0.3～0.5mm，黑云母呈不规则状，0.5～1.5mm，晶屑不均匀分布在英安质熔岩中。熔岩由霏细状长英质组成。

(2)正常火山碎屑岩

该火山碎屑岩分布在龙山组顶部，岩性为紫红色英安质晶屑岩屑凝灰岩，与紫红色安山岩呈互层出现。岩石呈晶屑岩屑凝灰结构，块状构造。碎屑物由斜长石(20%～40%)、石英(2%)、黑云母(3%左右)等晶屑和少量英安质岩屑(2%～5%)组成。晶屑中斜长石、石英均呈熔蚀状或棱角状，黑云母为片状，0.2～2mm，斜长石An=26，为更长石。岩屑呈不规则状，0.3～1.5mm，晶屑、岩屑不均匀地分布于火山灰(30%～73%)中，火山灰已脱玻化形成一些纤状、板条状斜长石。部分岩石有少量熔岩胶结成分而过渡为英安质晶屑岩屑熔结凝灰岩。

(四)岩石地球化学特征

1. 化学成分

该火山岩的化学成分分析结果及有关参数见表3-22，与中国同类岩石(黎彤、饶纪龙，1962)相比，高FeO、MgO而低SiO_2、Fe_2O_3。其SiO_2含量为61.26%～64.14%，TiO_2含量为0.65%～0.72%，Al_2O_3含量为15.35%～15.41%，FeO^*含量为3.4%～4.95%，MnO含量为0.05%～

0.11%，MgO 含量为 2.33%～3.3%，CaO 含量为 4.07%～4.82%，Na_2O 含量为 2.5%～5.57%，K_2O 含量为 2.98%～3.84%，P_2O_5 含量为 0.21%～0.23%。与大陆弧(ADR)火山岩(Atherton M P，Petford N，1993)十分接近。在化学成分分类图(TAS)上，样品多落入安山岩区，个别样品则落在碱性粗面岩区(图 3-82)；在 $SiO_2-K_2O+Na_2O$ 图解中均落在亚碱性区内(图 3-83)，在 F-A-M 图解(图 3-85)上样品落入钙碱性系列区内，显示龙山组火山岩为正常型钙碱性岩石系列。在 $FeO^*-MgO-Al_2O_3$ 环境判别图解(图 3-85)上，显示为造山带环境。在 $TiO_2-10MnO-10P_2O_5$ 图解(图 3-94)上，样品落在大洋岛屿碱性玄武岩区内，个别落入钙碱性玄武岩区内。总体显示为岛弧生成环境。

2. 微量元素特征

该火山岩的微量元素分析结果见表 3-23，除 Ba、Cr 较高外，其他含量与大陆弧(ADR)火山岩相当，表现为大离子亲石元素(LIL)相对富集，和大多数岛弧安山岩-英安岩-流纹岩相似，高场强元素(HFSE)含量也较低。其微量元素地球化学型式与大陆性火山弧的钙碱性玄武岩(如智利)极为相似(图 3-98)。

在 Hf/3-Th-Nb/16 环境判别图(图 3-87)上样品落在火山弧区，与上述判断一致。

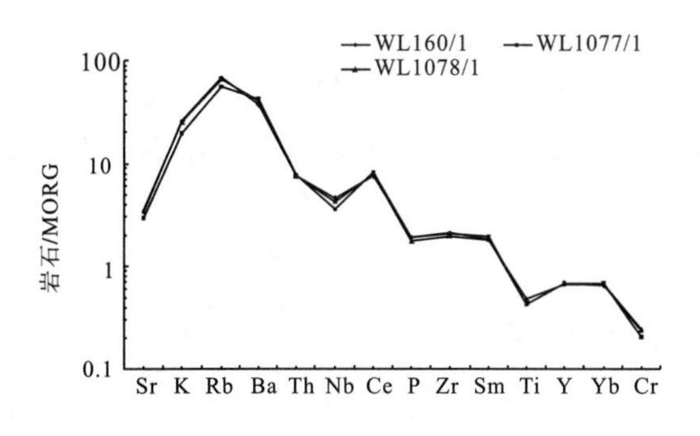

图 3-98　龙山组火山岩微量元素配分模式

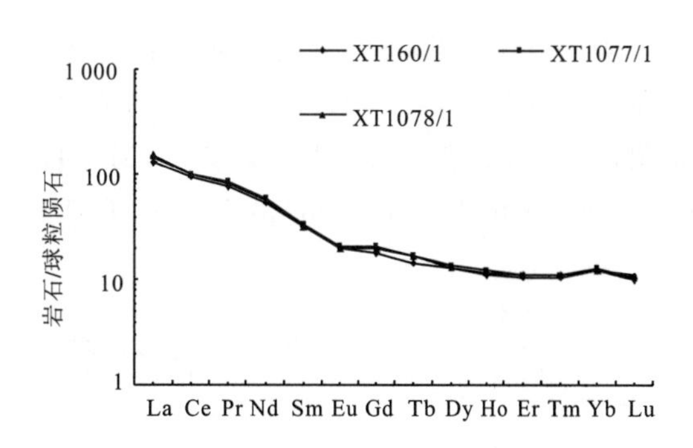

图 3-99　龙山组火山岩稀土元素配分曲线

3. 稀土元素特征

该火山岩的稀土元素含量见表 3-24，其稀土含量除 La 稍高外，其余均接近大陆弧(ADR)火山岩。$\Sigma REE=202.19\times10^{-6}$，平均为 210.69×10^{-6}，LREE/HREE=10.69～10.83，平均为 10.75，δEu=0.75～0.80，平均为 0.79，$(La/Yb)_N$=10.05～11.89，平均为 11.31。稀土配分曲线为左高右低的富集型平滑斜线(图 3-99)，具轻微负铕异常，这种曲线与埃达克岛弧岩浆岩极为一致。

(五)构造环境

龙山组火山岩为安山岩-英安岩-流纹岩岩石组合，显示岛弧型火山岩的岩石组合特征。其化学成分、微量元素、稀土元素特征也清晰地反映其为大陆弧火山岩。在 $Lg\tau-Lg\sigma$ 环境判别图(图 3-90)上，样品均落入消减带火山岩区，总体上显示智利型大陆火山弧的钙碱性玄武岩特征。龙山组火山岩应是在侏罗纪早期，在消减带大陆一侧由俯冲的洋壳在俯冲带深处熔融伴随褶皱造山生成的一套大陆弧中酸性钙碱性火山岩系。

第四章 变质岩

图幅位于塔里木板块与西昆仑-喀喇昆仑造山带的结合部位，伴随特提斯构造演化，经历了不同期次、不同性质的变质作用，形成了类型多样、变质程度各异的变质岩石。依据不同的变质作用类型，可划分为区域变质岩、动力变质岩、接触变质岩、气-液变质岩四大类。其中以区域变质岩最为发育，有区域低温动力变质岩、区域动力热流变质岩、区域中高温变质岩和区域埋深变质岩等类型，前两类分布较广。动力变质岩也较发育，但以脆性动力变质岩为主，韧性动力变质岩较少。接触变质岩、气-液变质岩不太发育。各类变质岩的发育情况见图 4-1。

本报告中变质岩的分类和命名主要按《变质岩岩石的分类和命名方案》(GB/T 17412.3-1998)进行划分，并参考程裕祺等的变质岩分类方案等略微进行了调整。

报告中涉及的变质矿物代号如下：Ab. 钠长石；Act. 阳起石；Bas. 绢石；Bi. 黑云母；Cc. 方解石；Chl. 绿泥石；Chr. 纤蛇纹石；Cpx. 单斜辉石；Cord. 堇青石；Di. 透辉石；Ep. 绿帘石；Gt. 石榴石；Hb. 普通角闪石；Kf. 钾长石；Mg. 菱镁矿；Mu. 白云母；Pl. 斜长石；Py. 黄铁矿；Q. 石英；Ru. 金红石；Ser. 绢云母；Sill. 夕线石；Tal. 滑石；Tr. 透闪石。

第一节 区域变质岩

根据区域变质岩的时空分布、变质作用类型、原岩建造组合等特征，自东而西划分为 3 个变质地区、5 个变质地带和 7 个变质岩带(表 4-1)。

表 4-1 区域变质单元划分及特征

变质地区	变质地(岩)带		变质地层	变质作用类型	变质带	变质相	主变质时期
塔南变质地区	铁克里克变质地带	土安变质岩带(I_1^1)	Jx*bc*	区域埋深变质	绿泥石-绢云母	低绿片岩相	新元古代晚期
		探勒克变质岩带(I_1^2)	Pt_1H	区域中高温变质	斜长石-角闪石	高角闪岩相	古元古代早期
		克音勒克变质岩带(I_1^3)	Jx*S*	区域低温动力变质	绢云母	低绿片岩相	华力西期
西昆仑变质地区	库浪那古变质地(岩)带(II_1)		Pt_2K	区域动力热流变质	红柱石-夕线石	高绿片岩相-高角闪岩相	华力西期
	盖给提变质地(岩)带(II_2)		O-S	区域低温动力变质	绢云母	低绿片岩相	华力西期
喀喇昆仑变质地区	塔什库尔干变质地(岩)带(III_1)		Pt_1B	区域动力热流变质	夕线石	角闪岩相	加里东晚期
	明铁盖变质地(岩)带(III_2)		S_1w	区域低温动力变质	绢云母	低绿片岩相	加里东晚期

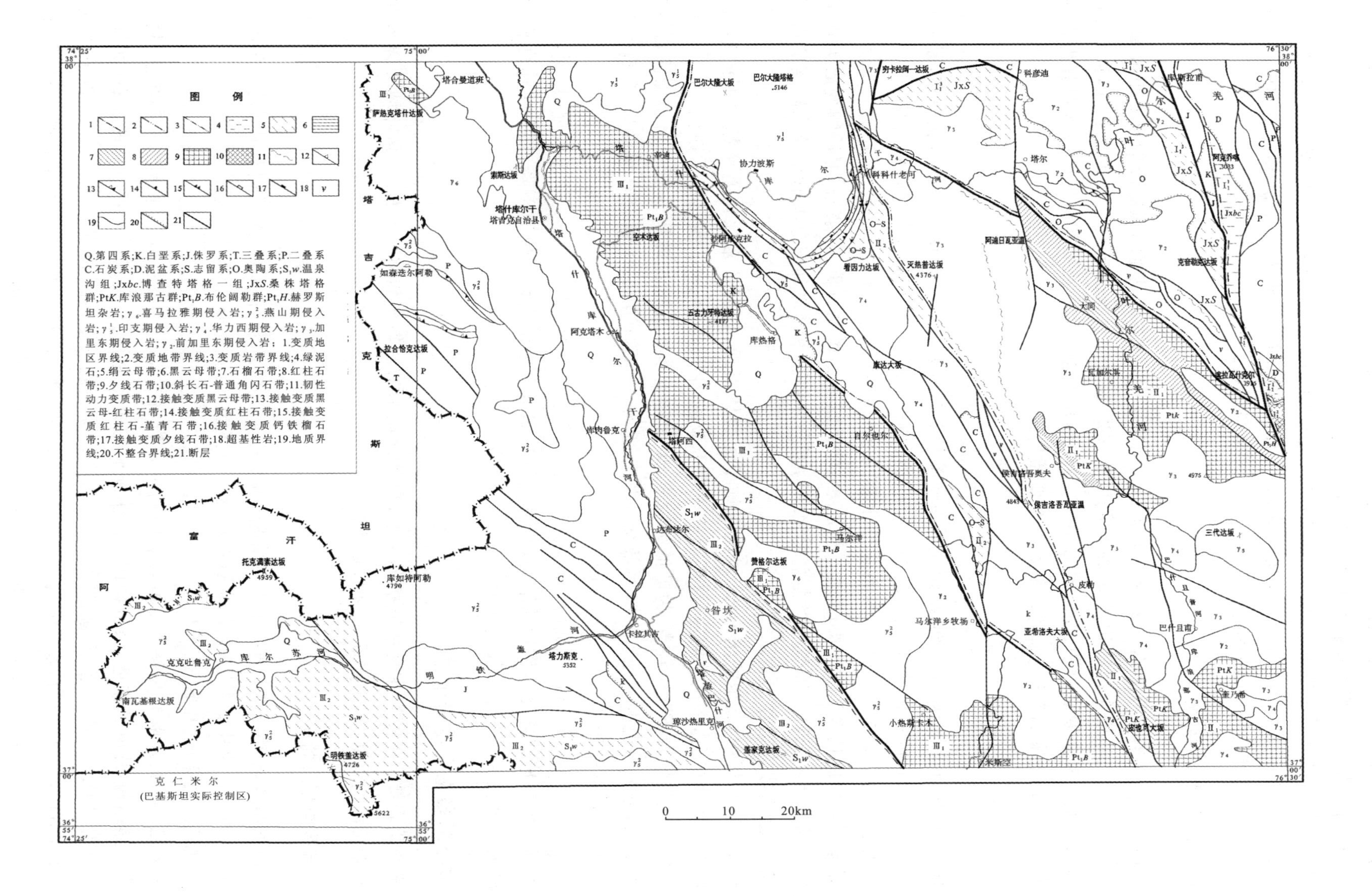
图　例
Q.第四系;K.白垩系;J.侏罗系;T.三叠系;P.二叠系
C.石炭系;D.泥盆系;S.志留系;O.奥陶系;S_1w.温泉沟组;Jx*bc*.博查特塔格一组;Jx*S*.桑株塔格群;Pt*K*.库浪那古群;Pt_1B.布伦阔勒群;Pt_1H.赫罗斯坦杂岩;γ_6.喜马拉雅期侵入岩;γ_5^2.燕山期侵入岩;γ_5^1.印支期侵入岩;γ_4^1.华力西期侵入岩;γ_3.加里东期侵入岩;γ_2.前加里东期侵入岩；1.变质地区界线;2.变质地带界线;3.变质岩带界线;4.绿泥石;5.绢云母带;6.黑云母带;7.石榴石带;8.红柱石带;9.夕线石带;10.斜长石-普通角闪石带;11.韧性动力变质带;12.接触变质黑云母带;13.接触变质黑云母-红柱石带;14.接触变质红柱石带;15.接触变质红柱石-堇青石带;16.接触变质钙铁榴石带;17.接触变质夕线石带;18.超基性岩;19.地质界线;20.不整合界线;21.断层
塔吉克斯坦
阿富汗
克仁米尔
(巴基斯坦实际控制区)
0　10　20km

图 4-1　变质岩地质图

依据变质矿物特征、结构、构造等，将图内区域变质岩分为轻微变质岩类、板岩、千枚岩、片岩、片麻岩、角闪质岩类、长英质粒岩类及大理岩 8 类。

以变质岩石的变质矿物共生组合为基础，以特征变质矿物的首次出现为依据，划分出绿泥石带、绢云母带、黑云母带、石榴石带、红柱石带、夕线石带、斜长石-普通角闪石带；相应地划分为低绿片岩相、高绿片岩相、低角闪岩相、高角闪岩相等区域变质相。

一、塔南变质地区

塔南变质地区的变质岩石主要分布于前石炭纪地层中，是铁克里克陆缘断隆的重要组成部分。在图幅东北呈北西—南东向带状展布，南西侧以柯岗断裂带为界与西昆仑变质地区相邻，向北、向东均延出图幅。根据变质时期、变质岩石特征、变质作用类型、地理分布等将其进一步划分为铁克里克变质地带及土安、探勒克和克音勒克 3 个变质岩带。

（一）土安变质岩带

该变质岩带位于图幅北东部，沿阿克乔喀—喀拉瓦什克尔一带呈近南北向的带状展布，是叶城县幅土安变质岩带的西延部分。变质地层为蓟县系博查特塔格组（Jx*bc*），出露面积约 86km^2。

土安变质岩带岩石变质轻微，岩石类型主要为变碎屑岩类与碳酸盐岩类。变碎屑岩类岩石表现为部分石英碎屑具次生加大边；硅质、钙质胶结物重结晶为微晶石英、方解石；泥质物变质为略定向的显微鳞片状绢云母。碳酸盐岩类主要表现为泥晶方解石重结晶和部分泥砂质外来碎屑的微弱重结晶，使岩石成为结晶灰晶。

在变质碎屑岩中，新生的绢云母、绿泥石均呈集合体出现，集合体常保留着原始碎屑的形态。镜下绿泥石为浅绿色，多色性明显，具墨黑蓝异常干涉色；绢云母为 2～3 级鲜亮干涉色。

土安变质岩带岩石变质轻微，为极低级变质，无递增变质带。以泥砂质岩石中出现绿泥石、绢云母为依据，划为绿泥石-绢云母带，属低绿片岩相变质。变质矿物共生组合有泥砂质岩（Q＋Ser±Chl±Cc），碳酸盐岩（Cc＋Q、Cc＋Ser）。

该变质岩带岩石以基质不甚均匀的重结晶为主，保存了较多的原岩组构，缺乏板理、片理，应为静压条件下的区域埋深变质作用的结果，与震旦纪时期塔里木南缘地壳快速下降、其上快速堆积的厚度巨大的沉积盖层产生了较高压力有关，变质时期为新元古代晚期。

（二）探勒克变质岩带

该变质岩带位于图幅东部博厄格勒一带，变质地层为赫罗斯坦岩群（Pt_1*H*.），是叶城县幅探勒克变质岩带的西延部分，出露面积约 15km^2。

1. 岩石类型及特征

图内的赫罗斯坦岩群主要为一套片麻岩，包括黑云二（钾）长片麻岩、黑云斜长片麻岩、角闪二长片麻岩、斜长角闪片麻岩等，局部岩石有混合岩化现象（详见本章第四节）。

（1）黑云二（钾）长片麻岩

黑云二（钾）长片麻岩是赫罗斯坦岩群中的主要岩石类型。岩石一般呈深灰色—灰红色，具鳞片粒状变晶结构，片麻状构造、条带状构造。主要矿物成分为斜长石（20%～45%）、钾长石（30%～50%）、石英（10%～25%）、黑云母（7%～12%），副矿物为磁铁矿等。长英矿物呈 0.3～2mm 的不规则粒状，不均匀定向分布；黑云母呈 0.2～0.4mm 的片状，定向分布；磁铁矿呈粒状，零星散布。岩石中的斜长石常被钾长石交代，使部分岩石向黑云钾长片麻岩变化。

(2)黑云斜长片麻岩

黑云斜长片麻岩分布局限，岩石呈灰白色，具鳞片粒状变晶结构，片麻状构造。主要矿物为斜长石(50%～75%)、钾长石(5%～25%)、石英(10%～15%)、黑云母(10%～15%)，副矿物为绿帘石、磁铁矿。长英矿物为0.3～1.5mm的不规则粒状，不均匀定向分布，黑云母为0.2～2mm的片状，定向分布。部分斜长石被钾长石交代。

(3)角闪斜(二)长片麻岩

角闪斜(二)长片麻岩分布局限。岩石呈深灰色—灰黑色，具粒状变晶结构、纤状粒状变晶结构，片麻状构造。主要矿物成分为斜长石(30%～60%)、钾长石(10%～40%)、石英(10%～20%)、角闪石(10%～20%)、黑云母(0～5%)。长英矿物为0.3～2mm的不规则粒状，不均匀定向分布，角闪石为0.15mm×1mm～0.3mm×1.5mm短柱状、粒状，多向纤闪石变化，呈纤维状，与黑云母一起在长英矿物颗粒间不均匀定向分布。部分斜长石被钾长石不均匀交代，向角闪二长片麻岩变化。

(4)斜长角闪片麻岩

斜长角闪片麻岩分布局限。岩石呈黑色—墨绿色，具粒柱状变晶结构，片麻状构造。矿物成分主要有斜长石(20%～40%)、角闪石(50%～70%)、黑云母(5%～10%)、磁铁矿(0～5%)等。斜长石为粒状，个别为板柱状，0.3～1.5mm，杂乱分布，微显定向性；角闪石为柱状，0.2mm×0.8mm～0.3mm×1mm，与片状黑云母一起定向分布；磁铁矿为0.2mm左右的粒状，不均匀定向分布。

2. 主要变质矿物特征

赫罗斯坦岩群主要变质矿物有石英、斜长石、钾长石、角闪石、黑云母等。

石英是分布最广泛的矿物之一，呈不规则粒状晶体，多聚集呈不规则条带状、透镜状、肠状等集合体定向分布，少数呈粒状不均匀地分布于岩石中。石英晶体受应力作用明显，拉长、裂纹、波状消光、晶内错位、亚颗粒等发育。

斜长石是另一种分布最广泛的矿物，各类片麻岩中均有大量分布。多数呈不规则粒状，在斜长角闪片麻岩中少部分为半自形板柱状。部分具聚片双晶，双晶纹细而密，多数变形弯曲，$(010)\wedge N_P'=9°\sim12°$，N>树胶，An=26～28，为更长石。部分斜长石被钾长石交代，呈不规则粒状包裹体残留于钾长石中。部分斜长绿帘石化、绢云母化。

钾长石也是分布较广的矿物，常与斜长石、石英伴生，并交代斜长石。多呈他形粒状晶体，具格子双晶，为微斜长石，有的波状消光，在岩石中不均匀分布。

角闪石为组成角闪质岩类的主要矿物成分，属普通角闪石。为褐色粒状、纤维状晶体，长轴定向，与片麻理一致分布，多色性、吸收性明显，$C\wedge N_g=25°$。多纤闪石化，部分向黑云母变化。

黑云母在各类片麻岩中均有少量分布。呈褐色片状，有的晶面弯曲，波状消光，吸收性 $N_g \geqslant$ Nm>Np，部分向绿泥石变化。在岩石中定向分布。

3. 岩石化学特征

赫罗斯坦岩群中黑云二长片麻岩与角闪二长片麻岩岩石化学成分分析结果见表4-2，尼格里岩石化学计算结果及特征参数见表4-3。

黑云二长片麻岩中TFeO=1.91%，K_2O=4.84%，表明岩石贫铁较富钾。尼格里值alk+c>al>alk，属正常系列碱不饱和类型；qz=114.87，SiO_2过饱和。总体化学成分特征类似于花岗岩。

角闪二长片麻岩中尼格里值alk+c>al>alk，t>0，属正常系列碱不饱和类型，qz=40.14，SiO_2过饱和。主要化学成分总体特征类似于英安岩。

表 4-2 区域变质岩的常量元素含量(*wt*/%)

序号	层位	岩石名称	样号	SiO_2	TiO_2	Al_2O_3	Fe_2O_3	FeO	MnO	MgO	CaO	Na_2O	K_2O	P_2O_5	H_2O^+	CO_2	总量
1	$Pt_1H.$	黑云二长片麻岩	130/2	71.76	0.35	13.97	0.59	1.38	0.03	0.51	2.25	3.06	4.84	0.11	0.7	0.15	99.70
2	$Pt_1H.$	角闪二长片麻岩	132/2	63.62	1.32	12.77	2.57	6.05	0.13	0.97	4.22	2.76	3.75	0.44	1	0.08	99.68
3	$Pt_2K.$	二云石英片岩	238-7	63.71	0.85	16.64	0.99	6.3	0.14	2.14	0.57	0.29	4.32	0.06	3.76	0.06	99.83
4	$Pt_2K.$	二云石英片岩	238-19	70.65	0.73	10.86	1.24	4.83	0.08	2.83	3.02	1.45	1.66	0.19	2.18	0.1	99.82
5	$Pt_2K.$	红柱石黑云石英片岩	238-20	58.89	0.95	16.77	1.81	6.15	0.09	3.75	1.80	1.07	4.47	0.20	3.51	0.30	99.76
6	$Pt_2K.$	角闪斜长片麻岩	116/2-1	63	0.57	12.4	0.3	4.33	0.13	4.02	9.03	1.31	3.31	0.1	1	0.31	99.81
7	$Pt_2K.$	磁铁石英岩	238-12	88.6	0.24	4.2	0.25	0.7	0.01	0.6	0.29	0.65	1.13	0.06	2.95	0.1	99.78
8	$Pt_2K.$	斜长角闪片岩	238-27	48.53	1.35	15.24	2.04	7.93	0.16	6.95	11.49	1.61	1.97	0.2	2.26	0.08	99.81
9	$Pt_2K.$	含滑石大理岩	239-20	7.62	0.05	0.12	0.01	0.33	0.02	18.77	31.8	0.1	0.04	0.02	0.6	40.47	99.95
10	$Pt_1B.$	夕线石榴黑云斜长片麻岩	245-1	63.96	1.08	16.81	1.05	6.8	0.15	2.49	1.13	1.33	3.49	0.1	1.31	0.08	99.78
11	$Pt_1B.$	黑云角闪斜长片麻岩	244-12	54.2	1.49	14.38	3.14	7.95	0.13	4.31	7.85	3.21	1.09	0.29	1.56	0.18	99.78
12	$Pt_1B.$	角闪岩	1105-1	48.5	0.86	10.2	1.18	9.78	0.21	13	12.9	0.84	0.33	0.06	1.82		99.68
13	$Pt_1B.$	石榴斜长角闪片麻岩	244-10	47.33	2.57	13.78	0.27	3.6	10.9	5.93	10.06	2.72	0.58	0.32	1.62	0.08	99.76

资料来源:本次工作;本表样品由国土资源部武汉综合岩矿测试中心分析

表 4-3 区域变质岩的常量元素尼格里值及特征参数

序号	层位	岩石名称	样号	al	fm	c	alk	Si	k	mg	qz	t	A	C	F	A'	K	F
1	$Pt_1H.$	黑云二长片麻岩	130/2	43.14	12.49	12.65	31.72	376.01	0.51	0.32	114.87	-1.23	12.53	10.77	10.16	-0.45	61.74	38.71
2	$Pt_1H.$	角闪二长片麻岩	132/2	29.32	33.31	17.64	19.74	247.83	0.47	0.17	40.14	-8.06	24.69	27.50	47.81	-14.08	30.34	83.74
3	$Pt_2K.$	二云石英片岩	238-7	43.05	40.93	2.69	13.33	279.70	0.91	0.34	126.37	27.04	44.15	2.76	53.09	36.51	15.46	48.03
4	$Pt_2K.$	二云石英片岩	238-19	29.96	43.34	15.17	11.53	330.69	0.43	0.46	184.56	3.26	28.26	18.24	53.50	10.97	10.06	78.97
5	$Pt_2K.$	红柱石黑云石英片岩	238-20	35.46	43.67	6.93	13.95	211.26	0.73	0.46	55.47	14.58	35.61	6.64	57.75	25.72	15.53	58.75
6	$Pt_2K.$	角闪斜长片麻岩	116/2-1	24.10	32.81	31.95	11.15	207.73	0.62	0.60	24.29	-19.00	17.62	39.88	42.50	-91.50	34.22	157.28
7	$Pt_2K.$	磁铁石英岩	238-12	42.58	28.84	5.35	23.23	1523.9	0.53	0.53	1 331	13.99	43.50	3.25	53.25	29.04	23.19	47.77
8	$Pt_2K.$	斜长角闪片岩	238-27	20.99	43.61	28.81	6.58	113.41	0.45	0.56	-56.14	-14.41	19.24	33.17	47.59	-41.63	9.70	131.93
9	$Pt_2K.$	含滑石大理岩	239-20	0.11	45.18	54.51	0.20	12.17	0.21	0.99	-88.36	-54.59	-0.68	-300.3	401.00	581.95	-0.44	-481.5
10	$Pt_1B.$	夕线石榴黑云斜长片麻岩	245-1	39.71	41.35	4.86	14.09	256.34	0.63	0.36	99.99	20.76	39.25	5.58	55.17	32.13	12.88	54.99
11	$Pt_1B.$	黑云角闪斜长片麻岩	244-12	23.38	42.89	23.24	10.50	149.51	0.18	0.41	-31.12	-10.36	21.80	29.00	49.19	-22.84	6.17	116.67
12	$Pt_1B.$	角闪岩	1105-1	12.14	57.82	27.96	2.07	97.98	0.21	0.68	-40.53	-17.89	11.57	29.32	59.11	-43.08	1.08	142.00
13	$Pt_1B.$	石榴斜长角闪片麻岩	244-10	18.80	49.26	24.98	6.96	109.54	0.12	0.42	-53.81	-13.14	14.27	28.02	57.71	-35.17	2.34	132.83

资料来源:本次工作;样品由国土资源部武汉综合岩矿测试中心分析

4. 微量元素特征

黑云二长片麻岩与角闪二长片麻岩的微量元素含量见表 4-4。

表 4-4　区域变质岩的微量元素含量(×10⁻⁶)

序号	层位	岩石名称	样号	Rb	Sr	Ba	Zr	Nb	Ta	Hf	Sc	V	Cr	Co	Ni	Th	W	Sn	Mo	Be	Ga	Se
1	Pt_1H.	黑云二长片麻岩	130/2	130	304	1 734	239	13	<0.5	7	2.7	27	15	18	7.6	61	189	1	0.31	1	17	0.057
2	Pt_1H.	角闪二长片麻岩	132/2	77	232	1 668	665	33	2.5	15	14	61	21	21	11	1.9	108	2.5	1.1	2.1	19	0.077
3	Pt_2K.	二云石英片岩	238-7	186	29	601	183	15	1.1	6	21	122	95	20	38	18	50	3.4	3.3	1.4	25	0.19
4	Pt_2K.	二云石英片岩	238-19	78	144	201	184	14	1.2	4.3	14	112	125	21	41	9.9	108	1.9	0.28	1.4	13	0.1
5	Pt_2K.	红柱石黑云石英片岩	238-20	167	99	839	192	17	1.2	3.9	25	173	135	26	62	14	21	4	0.2	2.3	20	0.053
6	Pt_2K.	角闪斜长片麻岩	116/2-1	120	195	737	220	16	1.1	5.4	11	63	52	18	27	12	76	5.5	0.3	2.3	14	0.03
7	Pt_2K.	磁铁石英岩	238-12	47	85	1 055	55	7	<0.5	0.75	5.4	267	53	29	45	3	506	2.7	13	1	7.7	1.59
8	Pt_2K.	斜长角闪片岩	238-27	90	193	367	114	11	0.78	1.8	37	220	217	36	42	1.2	15	9.2	0.6	1.7	18	0.043
9	Pt_2K.	含滑石大理岩	239-20	2.9	60	22	21	3.6	0.5	0.5	1.3	15	9.8	4.1	9	1	1.2	1.2	0.33	0.15	0.45	0.043
10	Pt_1B.	夕线石榴黑云斜长片麻岩	245-1	125	87	940	276	22	1.2	7.1	20	140	90	26	46	13	172	1.7	0.2	1.3	31	0.022
11	Pt_1B.	黑云角闪斜长片麻岩	244-12	20	418	318	173	17	1	3.6	19	164	246	43	153	1.2	41	2.3	0.54	2.4	18	0.086
12	Pt_1B.	角闪岩	1105-1	7.6	128	99	70	8.4	0.9	1.9	44.3	258.4	1 010	55.7	256.4	1.9	31.4	1.2	0.3	1.6	13.5	0.17
13	Pt_1B.	石榴斜长角闪片麻岩	244-10	5.7	259	417	210	11	0.6	4.4	49	373	144	46	63	1	27	3.2	0.43	2.8	23	0.078
地壳元素丰度(泰勒,1964)				90	375	425	165	20	2	3	22	135	100	25	75	9.6	1.5	2	1.5	2.8	1.5	0.05
涂和魏(1961)微量元素丰度			玄武岩	30	465	330	140	19	1.1	2	30	250	170	48	130	4	0.7	1.5	1.5	1	17	0.05
			花岗岩	200	300	830	200	20	3.5	1	3	40	25	5	8	18	1.5	3	1	5.5	20	0.05
			砂岩	60	20	x	220	0.05	0.0x	3.9	1	20	35	0.3	2	1.7	1.6	0.x	0.2	0.x	12	0.05
			页岩	140	300	580	160	11	0.8	2.8	13	130	90	19	68	12	1.8	6	2.6	3	19	0.6

资料来源:本次工作;样品由国土资源部武汉综合岩矿测试中心分析

黑云二长片麻岩微量元素与泰勒(Taylor,1964)的地壳元素丰度相比,Rb、Ba、Zr、Hf、Th、W

明显富集，仅 Sn、Ga、Se 含量较为接近，其他元素均贫乏。与涂和魏（Turekian and Wedepohl，1961）的花岗岩相比，Rb、Sr、Zr、Sc、Ni、Sn、Mo、Ga、Se 含量均比较接近，Ba、Ta、Hf、Co、Th、W 含量较高，Nb、V、Cr、Be 含量略低。与涂和魏（Turekian and Wedepohl，1961）的砂岩相比，除 Cr 含量较低外，其余元素均较高。

角闪二长片麻岩的微量元素与地壳元素丰度（Taylor，1964）相比，Rb、Sr、Ta、Co、Sn、Mo、Be、Ga、Se 含量比较接近，Ba、Zr、Nb、Hf、W、Ga 富集，Sc、V、Cr、Ni、Th 贫乏。与布维（Вннограпов，1962）的中性岩相比，Mo、Be、Ga、Se 含量较为接近，Rb、Sr、V、Cr、Ni、Th 含量较低，其余元素较高。

5. 稀土元素特征

黑云二长片麻岩与角闪二长片麻岩的稀土元素含量见表 4 - 5。

表 4 - 5 变质岩稀土元素含量（$\times 10^{-6}$）及有关参数

序号	层位	岩石名称	样号	La	Ce	Pr	Nd	Sm	Eu	Gd	Tb	Dy	Ho	Er	Tm	Yb	Lu	Y	ΣREE	ΣCe/ΣY	δEu	Eu/Sm	$(La/Yb)_N$
1	$Pt_1H.$	黑云二长片麻岩	130/2	181.9	328.2	37.45	122.2	19.58	1.7	12.17	1.38	5.28	0.84	1.54	0.18	0.81	0.1	17.11	730.44	30.99	0.34	0.09	133
2	$Pt_1H.$	角闪二长片麻岩	132/2	77.01	157.3	20.8	82.8	16.49	3.55	14.29	2.28	12.48	2.43	6.24	0.91	5.14	0.74	56.43	458.89	8.04	0.76	0.22	8.9
3	$Pt_2K.$	二云石英片岩	238 - 7	47.14	93.41	11.41	41.64	8.07	1.39	6.72	1.11	6.49	1.36	3.83	0.61	3.95	0.61	32.56	260.3	8.23	0.61	0.17	7.09
4	$Pt_2K.$	二云石英片岩	238 - 19	31.1	59.16	7.15	26.63	5.53	1.23	4.94	0.83	4.68	0.96	2.66	0.42	2.63	0.39	23.66	171.97	7.47	0.77	0.22	7.02
5	$Pt_2K.$	红柱黑云石英片岩	238 - 20	35.99	67.23	8.9	31.41	6.51	1.41	5.84	0.97	5.43	1.14	3.19	0.49	3.14	0.49	28.84	200.98	7.32	0.75	0.22	6.81
6	$Pt_2K.$	角闪斜长片麻岩	116/2 - 1	39.78	77.41	9.53	35.37	6.81	1.21	5.96	0.93	5.64	1.12	3.14	0.52	3.29	0.51	28.9	220.12	8.06	0.62	0.18	7.18
7	$Pt_2K.$	磁铁石英岩	238 - 12	5.28	9.22	1.66	5.52	1.15	0.23	1.1	0.19	1.24	0.27	0.77	0.13	0.77	0.12	8.35	36	5.02	0.68	0.2	4.07
8	$Pt_2K.$	斜长角闪片岩	238 - 27	10.43	23.95	3.57	14.97	4.02	1.43	4.55	0.81	5.01	1.06	3	0.45	2.83	0.44	26.38	102.9	3.22	1.13	0.36	2.19
9	$Pt_2K.$	含滑石大理岩	239 - 20	0.95	2.55	0.32	0.96	0.25	0.06	0.22	0.03	0.21	0.05	0.12	0.02	0.09	0.01	2.30	8.14	6.79	0.84	0.24	6.27
10	$Pt_1B.$	夕线石榴黑云斜长片麻岩	245 - 1	46.57	88.46	11.6	46.29	9.02	1.85	7.4	1.12	6.55	1.31	3.64	0.57	3.52	0.54	31.66	260.1	8.27	0.32	0.21	7.86
11	$Pt_{1.}B.$	黑云角闪斜长片麻岩	244 - 12	22.39	44.96	6	25.39	5.67	1.84	5.45	0.86	4.63	0.85	2.27	0.35	1.86	0.27	21.38	144.17	6.42	0.23	0.32	7.15
12	$Pt_1B.$	角闪岩	1105 - 1	9.11	18.87	2.6	10.43	2.64	0.91	3.06	0.53	3.24	0.67	1.82	0.28	1.68	0.24	16.27	72.35	3.87	0.32	0.34	3.22
13	$Pt_1B.$	石榴斜长角闪片麻岩	244 - 10	12.63	31.34	4.89	24.44	6.75	2.43	7.92	1.35	8.28	1.63	4.54	0.72	4.16	0.62	39.69	151.39	2.82	0.33	0.36	1.8
22 个球粒陨石平均				0.32	0.94	0.12	0.60	0.20	0.07	0.31	0.05	0.31	0.073	0.21	0.033	0.19	0.031	1.96					

资料来源：本次工作；样品由国土资源部武汉综合岩矿测试中心分析

黑云二长片麻岩稀土总量较高，$\Sigma REE=730.44\times10^{-6}$，$\Sigma Ce/\Sigma Y=30.99$，轻稀土富集而重稀土亏损；$\delta Eu=0.34$，具明显铕负异常；$Eu/Sm=0.09$，分馏程度$(La/Yb)_N=113$。稀土元素球粒陨石标准化配分模式（图4-2）显示轻重稀土曲线斜率接近，向右陡倾。

角闪二长片麻岩稀土总量亦较高，$\Sigma REE=458.89\times10^{-6}$，$\Sigma Ce/\Sigma Y=8.04$，属轻稀土富集型。$\delta Eu=0.76$，具弱负Eu异常。$Eu/Sm=0.22$，分馏程度$(La/Yb)_N=8.9$。稀土元素球粒陨石标准化配分模式（图4-2）为向右缓倾的平坦曲线。

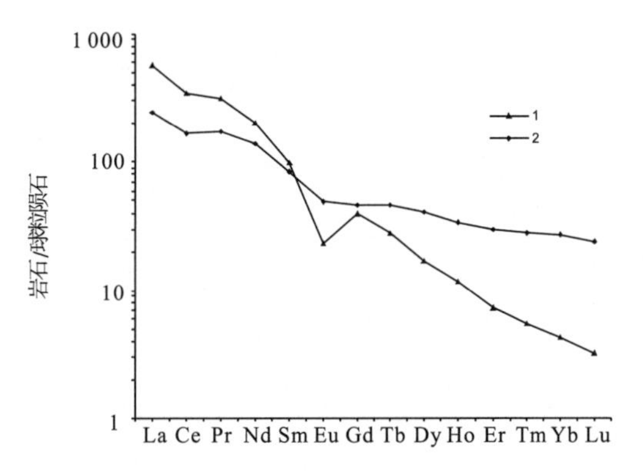

图4-2　赫罗斯坦岩群稀土元素配分模式

（样品号同表4-5）

6. 原岩恢复

赫罗斯坦岩群片麻岩的原岩结构、构造已无保留，主要依据岩石的矿物成分、产状、共生组合，结合岩石化学和地球化学特征进行原岩恢复。

该岩群岩性单调，矿物成分含量变化不大（表4-6）。其中黑云二长片麻岩、黑云斜长片麻岩、角闪二长片麻岩均呈面状分布，除片麻理外其他面理不发育，成层性不明显，宏观上具火成岩特征。斜长角闪片麻岩一般出露形态不规则，分布不连续，宏观上具“捕虏体”的形态，而部分地段斜长角闪片麻岩呈似层状，延伸较远，在QFM图解（图4-3）中，黑云二长片麻岩、黑云斜长片麻岩投点均落入酸性岩区，角闪二长片麻岩投点落入中性岩区，斜长角闪片麻岩落入基性岩区。在西蒙南图解（图4-4）、Si-mg图解（图4-5）中，角闪二长片麻岩、黑云二长片麻岩投点均落入火成岩区。在AKF图解（图4-6）中，黑云二长片麻岩投点落入花岗岩区，角闪二长片麻岩投点落入闪长岩区边缘。在An-Ab-Or分类图解（图4-7）中，角闪二长片麻岩投点落入石英二长岩区，黑云二长片麻岩投点落至石英二长岩与花岗岩区的边界处。在K-Na-Ca图解（图4-8）及Q-Ab-Or图解（图4-9）中，投点均落入钙碱性岩系区。可见黑云二（斜）长片麻岩原岩为钙碱性花岗岩，角闪二长片麻岩原岩为钙碱性石英二长岩而斜长角闪片麻岩应为基性火山岩。由于赫罗斯坦岩群变质程度深、

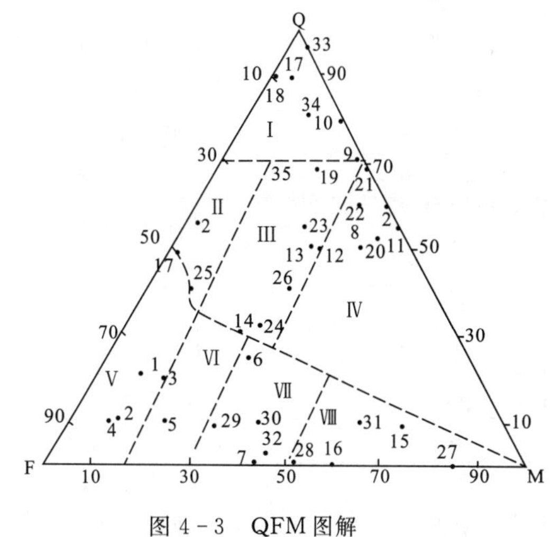

图4-3　QFM图解

（据Van de Beakhouse，1979）

Ⅰ.石英岩；Ⅱ.长石砂岩；Ⅲ.杂砂岩；Ⅳ.页岩；Ⅴ.酸性岩；Ⅵ.中性岩；Ⅶ.基性岩；Ⅷ.超基性岩

（样品号同表4-6）

变形强烈，部分地段已混合岩化，对其原岩恢复有一定困难。该杂岩中除有古老侵入体外，不排除有变质变形的中酸性火山岩存在。

表 4-6　区域变质岩的主要矿物成分

序号	样品编号	岩石名称	层位	主要矿物含量(%)		
				石英(Q)	长石(F)	铁镁矿物(M)
1	130/9	黑云二长片麻岩	$Pt_1H.$	20	70	10
2	131/2	黑云二长片麻岩	$Pt_1H.$	10	80	10
3	131/4	黑云二长片麻岩	$Pt_1H.$	20	65	15
4	132/5	黑云斜长片麻岩	$Pt_1H.$	10	80	10
5	132/6	角闪二长片麻岩	$Pt_1H.$	10	70	20
6	132/3	角闪斜长片麻岩	$Pt_1H.$	25	45	30
7	132/4	斜长角闪片麻岩	$Pt_1H.$	0	55	45
8	236-16	黑云石英片岩	$Pt_2K.$	50	10	40
9	238-17	黑云石英片岩	$Pt_2K.$	70	0	30
10	238-2	二云石英片岩	$Pt_2K.$	80	0	20
11	238-16	红柱石黑云石英片岩	$Pt_2K.$	55	0	45
12	238-36	含石榴黑云石英片岩	$Pt_2K.$	50	20	30
13	116/1-2	角闪黑云石英片岩	$Pt_2K.$	50	20	30
14	116/4-1	黑云斜长片麻岩	$Pt_2K.$	30	45	25
15	119/18-3	斜长角闪岩	$Pt_2K.$	10	20	70
16	116/1-3	斜长角闪片岩	$Pt_2K.$	0	40	60
17	118/15-1	石英岩	$Pt_2K.$	90	5	5
18	119/18-1	长石石英岩	$Pt_2K.$	90	10	0
19	244-19	石榴黑云石英片岩	$Pt_1B.$	68	10	22
20	245-35	石榴夕线黑云石英片岩	$Pt_1B.$	60	5	35
21	241-17	红柱石榴二云石英片岩	$Pt_1B.$	68	0	32
22	246-3	石榴夕线二云石英片岩	$Pt_1B.$	60	5	35
23	241-6	黑云斜长片麻岩	$Pt_1B.$	20	55	25
24	244-20	黑云斜长片麻岩	$Pt_1B.$	32	43	25
25	245-5	黑云斜长片麻岩	$Pt_1B.$	40	50	10
26	245-12	石榴黑云斜长片麻岩	$Pt_1B.$	40	25	30
27	244-23	斜长角闪岩	$Pt_1B.$	0	15	85
28	241-4	斜长角闪岩	$Pt_1B.$	0	48	52
29	244-12	黑云角闪斜长片麻岩	$Pt_1B.$	10	60	30
30	242-3	角闪斜长片麻岩	$Pt_1B.$	10	50	40
31	245-16	石榴斜长角闪片麻岩	$Pt_1B.$	10	30	60
32	244-11	石榴斜长角闪片麻岩	$Pt_1B.$	3	52	45
33	245-1	石英岩	$Pt_1B.$	95	0	5
34	245-10	石榴石英岩	$Pt_1B.$	80	5	15
35	241-2	斜长石英岩	$Pt_1B.$	70	20	10

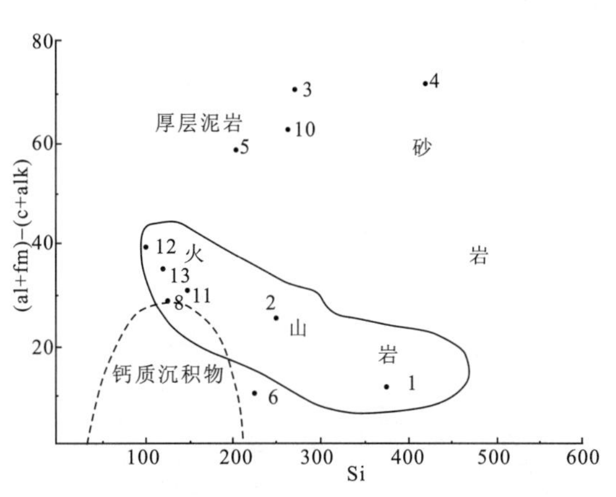

图 4－4　西蒙南图解(据 Symoner,1953)
(样品号同表 4－3)

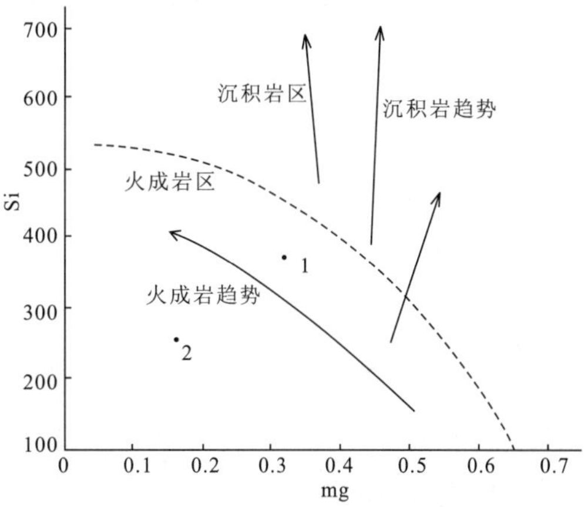

图 4－5　Si－mg 图解(据范德坎普和比克豪斯,1979)
(样品号同表 4－3)

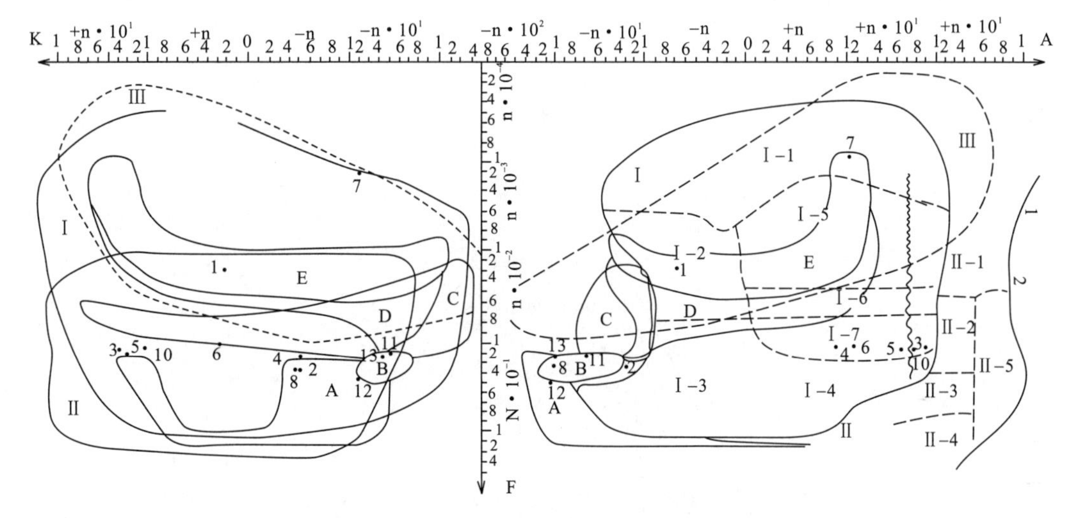

图 4－6　AKF 图解(据普列多夫斯基,1970;样品号同表 4－2)

分区:Ⅰ.粒状的和混合的沉积岩(Ⅰ－1.石英岩;Ⅰ－2.含酸性和中性物质的沉凝灰岩;Ⅰ－3.含基性和超基性物质的凝灰岩;Ⅰ－4.强烈风化的基性和超基性岩的混合物;Ⅰ－5.长石绢云石英岩和长石砂岩;Ⅰ－6.复矿物砂岩;Ⅰ－7.杂砂岩);Ⅱ.泥质岩(Ⅱ－1.高岭石粘土;Ⅱ－2.水云母粘土;Ⅱ－3.蒙脱石粘土;Ⅱ－4.蛭石粘土;Ⅱ－铝土矿粘土);Ⅲ.化学成因的硅质岩;A.超基性岩;B.基性岩;C.正长岩及其喷出岩;D.闪长岩、斜长花岗岩及其喷出岩;E.花岗岩及其喷出岩

7.变质带、变质相

区内赫罗斯坦岩群长英质片麻岩的矿物共生组合为 Pl＋Kf＋Q＋Bi,Pl＋Kf＋Q＋Hb＋Bi;斜长角闪质片麻岩的矿物共生组合为 Pl＋Hb。以更长石在基性变质岩(斜长角闪片麻岩)中大量出现为标志,划为斜长石-普通角闪石带;以高牌号更长石(An＝26～28)、褐色普通角闪石出现为特征,属高角闪岩相。推测其形成的温压条件为 P＝0.4～1Gpa,T＝660～720℃。

8.变质作用与变质时期

赫罗斯坦岩群为均匀的单相角闪岩相变质,并伴有不同程度的混合岩化(东邻图幅),主变质作用属区域中高温变质。在东邻图幅阿卡孜达坂西侧赫罗斯坦岩群被 2 426±46Ma 的阿卡孜岩体侵入，其变质作用可能与其有关，变质时期应为古元古代早期。

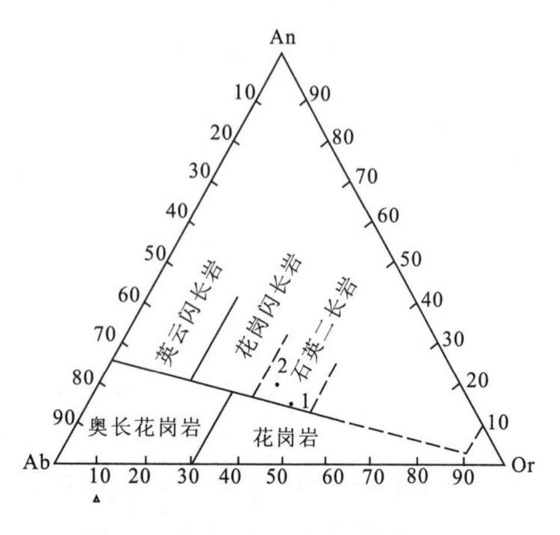

图 4－7　An－Ab－Or 分类图解

（据奥康诺，1965；样品号同表 4－3）

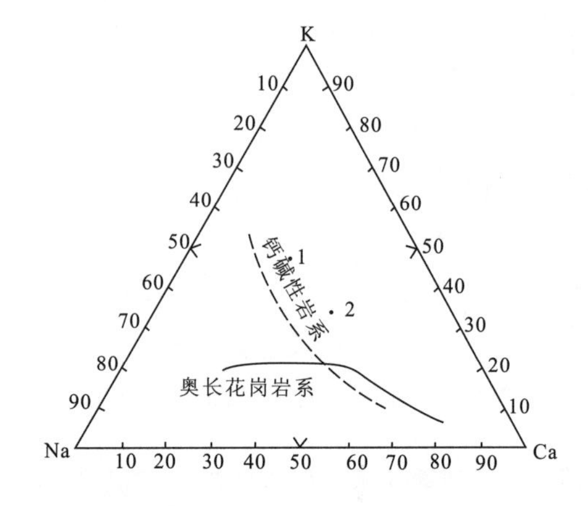

图 4－8　K－Na－Ca 图解

（据巴克尔和阿恩，1976；样品号同表 4－3）

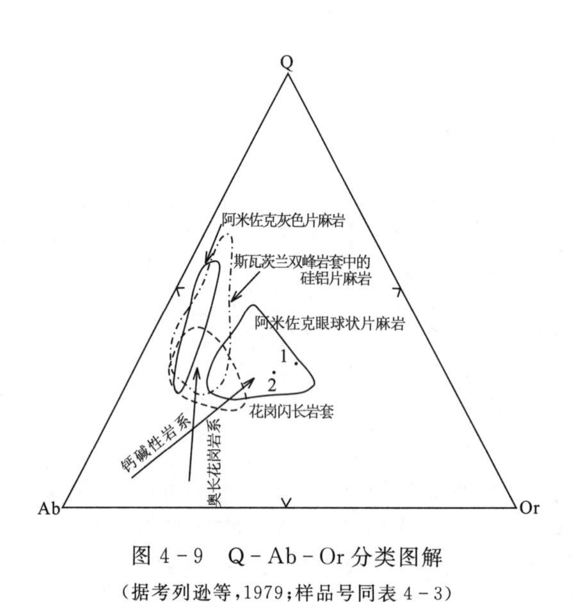

图 4－9　Q－Ab－Or 分类图解

（据考列逊等，1979；样品号同表 4－3）

（三）克音勒克变质岩带

位于图幅北东部库斯拉甫—喀拉瓦什克尔一带，呈近南北向的不规则带状展布。变质地层为蓟县系桑株塔格群（JxS），出露面积约 230km²。

1. 岩石类型及特征

克音勒克变质岩带岩石变质轻微，岩石类型有变石英砂岩、粉砂泥质板岩、微晶灰岩及变火山岩等。

变石英砂岩在桑株塔格群下部广泛分布。岩石几乎全由石英组成，呈灰白色，具变余细粒砂状结构，层状构造。石英已发生重结晶，多数呈不规则粒状，少数显次圆状的砂屑形态，0.06～0.15mm，微定向分布；副矿物磁铁矿为 0.1～0.25mm 的粒状，多向褐铁矿变化，零星分布。

粉砂泥质板岩分布在桑株塔格群中部，岩石呈深灰色，具变余粉砂泥质结构、板状结构。主要由泥质(65%～80%)及石英粉砂(20%～35%)组成,副矿物为磁铁矿。泥质大都变成了细小鳞片状绢云母,不均匀定向分布;石英粉砂呈次圆状—次棱角状,不均匀定向分布;副矿物磁铁矿为细小粒状零星分布。

微晶灰岩在桑株塔格群上部广泛分布。岩石呈白色,微晶结构,层状构造。主要矿物方解石(95%～98%)多为微晶或细晶,定向分布;次要矿物石英粉砂(2%～5%)呈次圆状,具次生加大边,不均匀分布于微晶方解石中。

2. 变质带、变质相、变质作用期

克音勒克变质岩带无递增变质带,以泥砂质岩石中有绢云母出现为依据,划为绢云母带,属低绿片岩相。变质矿物共生组合为泥砂质岩石 Q+Ser,碳酸盐岩 Cc+Q。

桑株塔格群原岩结构保留较好,岩石中板劈理、小褶皱十分发育,新生矿物主要沿板劈理定向生长,说明变质矿物与板劈理大致同期形成。结合区域特征分析,它应是华力西期构造运动引起的区域低温动力变质作用的结果。

二、西昆仑变质地区

西昆仑变质地区位于图幅中部,北东以柯岗断裂带为界与塔南变质地区相邻,南西以康西瓦结合带为界与喀喇昆仑变质地区相邻。根据变质时期、变质岩石特征、变质作用类型、地理分布等将其划分为盖给提变质地(岩)带、库浪那古河变质地(岩)带。

(一)库浪那古河变质地(岩)带

该带位于图幅中东部,沿大同—库浪那古河一带呈不规则带状展布,向南向东延出图幅,区内出露面积约 820km^2。变质地层为库浪那古岩群(Pt$_2$*K*.)。

1. 岩石类型及特征

库浪那古岩群变质岩石类型较多,有片岩类、片麻岩类、角闪质岩类、长英质粒状岩类及大理岩类等。

(1)片岩类

片岩类主要分布于库浪那古岩群中部,岩石类型以云母石英片岩为主,少量云母片岩。

白云母片岩仅呈厚度不大的夹层产出。岩石为白色,具粒状鳞片变晶结构,片状构造。主要矿物白云母为 60%～70%,呈小于 0.3mm 的鳞片;石英为 20%～25%,为 0.05～0.25mm 的不规则粒状,不均匀分布;次要矿物黑云母为 5%左右,为 0.1～0.5mm 的褐色片状,均定向分布;方解石(2%左右)和副矿物磁铁矿不均匀散布于其他矿物之间。

二云母片岩常为石英片岩中的夹层。岩石为灰色,具粒状鳞片变晶结构,片状构造。主要矿物为白云母(40%左右)、黑云母(30%左右)、石英(30%左右),副矿物为磁铁矿等。黑云母、白云母均为 0.1～0.3mm 的片状,不均匀连续定向分布;石英为 0.05～0.1mm 的不规则粒状,不均匀定向分布。

黑云石英片岩为库浪那古岩群中分布较多的岩石类型,根据次要矿物不同,岩石种类有角闪黑云石英片岩、含红柱黑云石英片岩等,均呈似层状产出,延伸较稳定。岩石呈深灰色、灰黑色,具斑状变晶结构、鳞片粒状变晶结构、纤状鳞片粒状变晶结构,片状构造。主要矿物为石英(50%～70%)、黑云母(20%～45%),次要矿物为斜长石(0～2%)、角闪石(0～10%)、白云母(0～5%)、红柱石(0～10%),副矿物为磁铁矿。长英矿物为 0.15～1mm 的粒状,不均匀定向分布;云母矿物为 0.1～0.5mm 的片状,定向分布;角闪石为 0.3mm×0.1mm～0.5mm×0.2mm 的粒状,不均匀定向分布；红柱石为4.5mm×1.5mm～30mm×8mm的柱状，不均匀定向分布；副矿物磁铁矿呈0.03～0.25mm的粒状，零星分布。

二云石英片岩也较发育，似层状展布。岩石呈灰色，具鳞片粒状变晶结构，片状构造。主要矿物为石英(50%～75%)、黑云母(10%～30%)、白云母(10%～40%)，次要矿物为斜长石(0～10%)、方解石(0～2%)、石榴石(0～5%)，副矿物为磁铁矿。长英矿物呈不规则粒状，大小为0.05～1mm，不均匀定向分布；云母类呈0.2～0.7mm的片状，连续定向分布；石榴石、方解石、磁铁矿均为0.05～0.5mm的粒状，不均匀散布。

(2)片麻岩类

片麻岩类是库浪那古岩群中最为发育的岩石类型，尤以黑云斜长片麻岩分布最多，另有少量黑云透辉斜长片麻岩、黑云阳起斜长片麻岩等。岩石一般呈灰色—深灰色，具鳞片粒状变晶结构、鳞片纤状粒状变晶结构，片麻状构造。主要矿物为斜长石(45%～75%)、钾长石(0～5%)、石英(10%～40%)、黑云母(10%～25%)、角闪石(0～10%)、透辉石(0～20%)、阳起石(0～20%)，次要矿物为透闪石(0～3%)、石榴石(0～2%)，副矿物为磁铁矿。长英矿物一般为0.2～0.8mm(部分2mm)的粒状，不均匀略定向分布；角闪石、透辉石、阳起石、透闪石均为0.4mm×0.2mm～0.7mm×0.3mm的粒柱状，略定向分布；黑云母为0.2～1mm的片状，在粒状矿物间不连续定向分布；石榴石、磁铁矿为0.3～0.7mm的粒状，不均匀散布。

(3)长英质粒岩类

长英质粒岩类分布较多，常与片岩、片麻岩相伴或互层状产出。岩石种类有石英岩、浅粒岩、黑云斜长变粒岩等。

石英岩为灰色—灰白色，具粒状变晶结构，层状构造、定向构造。主要矿物为石英(90%左右)，次要矿物为黑云母(10%左右)，副矿物为磁铁矿。局部岩石中斜长石或磁铁矿含量可分别达30%和15%，为长石石英岩和磁铁石英岩。长英矿物呈0.1～1.3mm的粒状略定向分布，云母矿物为0.15～0.5mm的片状，定向分布，磁铁矿为0.1～0.2mm的粒状，不均匀分布。

浅粒岩呈灰白色，具粒状变晶结构，层状构造。主要矿物成分为斜长石(50%～90%)、石英(10%～40%)，次要矿物为黑云母(2%～5%)、白云母(<3%)，副矿物为磁铁矿。长英矿物为0.05～0.2mm不规则粒状，定向分布，云母矿物为0.1～0.15mm的片状，不均匀定向分布。

黑云斜长变粒岩分布较少，为片麻岩中的夹层。岩石呈灰黑色，具鳞片粒状变晶结构，定向构造。主要矿物为石英(5%～15%)、斜长石(45%～60%)、黑云母(20%～30%)，副矿物为磁铁矿。长英矿物呈0.1～0.5mm的粒状，不均匀分布，黑云母为0.2～0.5mm的粒状，不均匀定向分布，磁铁矿为0.2mm左右的粒状，零星分布。

(4)角闪质岩类

角闪质岩类是库浪那古岩群的主要岩石类型之一，呈较稳定层状展布。主要岩石种类有斜长角闪岩、斜长角闪片岩、钙质角闪片岩、斜长角闪片麻岩等。

斜长角闪岩呈深灰色—灰黑色，部分为墨绿色，具斑状变晶结构、粒状柱状变晶结构，块状构造、定向构造。主要矿物为角闪石(60%～80%)、斜长石(20%～30%)、石英(5%～10%)，次要矿物为黑云母(<3%)，副矿物为磁铁矿。长英矿物呈0.2～0.5mm的粒状，分布较均匀，略定向；角闪石呈0.3mm×0.2mm～0.5mm×0.3mm的短柱状，个别达2～5mm，为变斑晶，分布不均匀，略定向；黑云母呈0.1～0.4mm的片状不均匀定向分布；磁铁矿物为0.05～0.15mm的粒状，零星分布。部分岩石向斜长角闪片岩过渡。

斜长角闪片岩呈灰黑色—墨绿色，具斑状变晶结构、粒柱状变晶结构，片状构造。主要矿物为角闪石(40%～80%)、斜长石(20%～40%)、黑云母(5%～10%)，石英少量，副矿物为磁铁矿。长英矿物一般为0.1～0.3mm的不规则粒状，不均匀定向分布，个别长石可达0.8～2mm，为变斑晶；

角闪石为 0.25mm×0.1mm～1mm×0.3mm 的纤柱状，定向分布；磁铁矿为细小的粒状，零星分布。局部岩石中有约 30%的方解石或 20%的透辉石，为钙质角闪片岩或透辉角闪片岩。

斜长角闪片麻岩呈深灰色，具粒状纤状变晶结构，片麻状构造。主要矿物为斜长石（25%～45%）、角闪石（40%～50%）、石英（5%～30%），钾长石与黑云母少量，副矿物有磁铁矿、榍石、磷灰石。长英矿物为 0.3～1mm 的粒状，不均匀定向分布；角闪石为 0.2mm×1mm～0.8mm×2mm 的柱状，不连续地定向分布；榍石、磷灰石为柱状，磁铁矿为粒状，零星分布。

（5）大理岩类

大理岩类是库浪那古岩群上部的主要岩石类型之一，层状产出延伸稳定。岩石呈白色，具粒状变晶结构，层状构造。方解石含量为 90%～95%，石英含量为 0～5%，透闪石含量为 0～5%，绿泥石少量，副矿物为磁铁矿。方解石为 0.4～1.5mm 的晶粒微定向分布，透闪石为纤维状，绿泥石为片状，均略定向分布。

2. 主要变质矿物特征

石英是长英质粒岩、片岩、片麻岩类的主要矿物成分，在其他岩类中也有少量分布。呈他形粒状或不规则粒状，多有晶体拉长或破碎（裂纹）现象，波状消光明显，部分晶体中有云母包裹体，略定向分布。

除大理岩外，其他岩类中斜长石均有分布。多为不规则粒状，双晶不发育，用⊥(010)切面的最大消光角法测得多数斜长石 An=24～28，为更长石；部分片麻岩中 An=32，为中长石。在岩石中分布较均匀，略定向，部分粒径大者呈变斑晶产出。部分有钠黝帘石化、绢云母化或被钾长石交代的现象。

黑云母主要分布在片岩、片麻岩中，其他岩类中分布较少。自形—半自形晶体，褐色，多色性明显，平行消光。有的晶面弯曲、波状消光。多聚集成条纹在粒状矿物间呈连续的定向分布，构成岩石的片理、片麻理。部分向绿泥石变化。

普通角闪石是角闪质岩石的主要矿物成分，其他岩类中分布较少。多呈大小不等的长柱状、纤维状，部分呈变斑晶产出。具绿色—浅褐色多色性，吸收性明显，$C\wedge N_g=22°\sim25°$。在岩石中定向分布，部分向黑云母变化。

方解石主要分布在大理岩中，呈大小不等的粒状。部分双晶纹显扭曲和膝折。

透辉石在大理岩、片麻岩、片麻岩及角闪质岩石中有少量分布。短柱状，多数在岩石中不均匀散乱分布，部分定向分布，有的向透闪石变化。

红柱石分布在含红柱石黑云石英片岩中，呈变斑晶产出。为淡肉红色柱状晶体，多被绢云母交代，在岩石中呈不均匀定向分布。

石榴石呈变斑晶出现在二云石英片岩、片麻岩中，成分以铁铝榴石为主，棕红色等轴粒状，部分椭圆状，略定向分布。

阳起石、透闪石二者常相伴产出，构成完全类质同像，在片麻岩、大理岩及角闪质岩石中有少量分布。绿色—淡绿色柱状、纤维状，不连续定向分布。

钾长石仅在片麻岩及长英质粒岩中有少量分布。多为不规则粒状，部分显格子双晶，主要为微斜长石，常交代斜长石。

3. 岩石化学特征

库浪那古岩群的岩石化学成分分析结果见表 4-2，尼格里岩石化学计算结果及特征参数见表 4-3。

(1)云母石英片岩

SiO_2=59%～70%，Al_2O_3=10.86%～16.77%，TFeO=6.07%～7.23%，MgO=2.14%～3.75%，Na_2O=0.2%～1.45%，K_2O=1.66%～4.47%，岩石化学成分与页岩的平均化学成分(魏克曼，1954)相当。尼格里值 qz=55.47～184.56，硅过饱和；t>0，属铝过饱和系列。在 Si－t 图解(图 4－10)中落入富铝岩系与长英质岩系区。

(2)角闪斜长片麻岩

SiO_2=63%，Al_2O_3=12.4%，TFeO=4.63%，Na_2O=1.31%，K_2O=3.31%，主要岩石化学成分与杂砂岩的平均化学成分(佩蒂庄，1972)相当，但 CaO、MgO 明显偏高。尼格里值 qz=24.29，硅过饱和；alk+c>al>alk，Si=207.73，t=－19，C=31.95，mg=0.6，说明岩石属正常系列富钙岩系。在 Si－t 图解(图 4－10)中落入富钙岩系区。

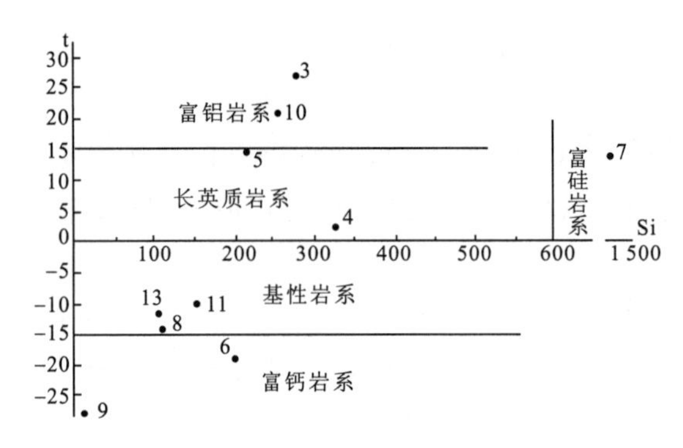

图 4－10 Si－t 图解
(样品号同表 4－3)

(3)石英岩

SiO_2=88.6%、Si=1 523.99、qz=1 334，表明岩石极富 SiO_2；t=13.99，属富硅岩系。其岩石化学成分与石英砂岩的平均岩石化学成分基本一致。

(4)斜长角闪片岩

SiO_2=48.53%，Al_2O_3=15.24%，TFeO=9.97%，MgO=6.95%，CaO=11.49%，Na_2O=1.61%，K_2O=1.97%，主要化学成分与玄武岩的平均化学成分(黎彤，饶纪龙，1962)相当。尼格里值 Si=113.41，qz=－56.14，属硅不饱和型；alk+c>al>alk，t=－14.41，属正常系列基性岩系。在 Si－t 图解(图 4－10)中落入基性岩系区。

(5)大理岩

SiO_2=7.62%，CaO=31.8%，CO_2=40.47%，MgO=18.77%，与含泥的白云质灰岩化学成分相当。尼格里值 Si=12.17，qz=－88.36，属硅不饱和型；alk>al、t=－54.59、c=54.51，属碱过饱和系列富钙岩系。在 Si－t 图解(图 4－10)中落入富钙岩系区。

4.微量元素特征

库浪那古岩群各类岩石的微量元素含量见表 4－4。

片岩类的微量元素具有共同特征。与泰勒(Taylor，1964)的地壳元素丰度相比，Rb、Zr、Nb、Sc、V、Co、Ga 较为接近，Sr、Ta、Ni、Mo 贫乏，其他元素富集。与涂和魏(Turekian and Wedepohl，1961)的砂岩相比，仅 Hf、Mo 较接近，Zr 贫乏，其他元素均明显偏高。与涂和魏的页岩相比，Rb、Sr、Ni、Sn、Mo、Be、Se 较低，Nb、Sc、V、Cr、W 较高，其他元素均较接近。可见库浪那古岩群片岩中微量元素含量大体上与泥质岩石较为接近。

角闪斜长片麻岩中微量元素与泰勒(Taylor,1964)的地壳元素丰度相比,Rb、Ba、Zr、W 富集,Sc、V、Cr、Co、Ni、Mo 贫乏,其他元素较为接近。与涂和魏的砂岩相比,仅 Mo、Se 较为接近,其他元素均较高。与涂和魏的页岩相比,Zr、Nb、Hf、W 偏高,Sr、V、Cr、Ni、Mo、Ga、Se 较低,其他元素均较接近。

斜长角闪片岩与泰勒的地壳元素丰度相比,Sc、V、Cr、Co、W、Sn 富集,Rb、Ba、Ga、Se 较为接近,其他元素明显贫乏。与涂和魏的玄武岩相比,Ba、Hf、Sc、Ga、Se 较接近,Rb、Cr、W、Sn、Be 富集,其他元素均贫乏。

大理岩与泰勒的地壳元素丰度相比,仅 W 较为接近,其他元素均贫乏。与涂和魏的碳酸盐岩相比,Rb、Sr、Ni、Se 偏低,Ba、Nb、Ta、Co、W、Sn 较高,其他元素较为接近。

5. 稀土元素特征

库浪那古岩群各类岩石的稀土元素含量见表 4-5。

(1)片岩类

ΣREE=171.97×10^{-6}~260.3×10^{-6},ΣCe/ΣY =7.32~8.32,轻稀土富集而重稀土亏损;δEu=0.61~0.77,显示弱铕负异常;Eu/Sm=0.17~0.22,与沉积岩的 Eu/Sm 值 0.2(赵振华,1974)接近;分馏程度$(La/Yb)_N$ 为 6.81~7.09。球粒陨石标准化配分模式(图 4-11)为轻稀土右倾略陡、重稀土较为平坦的曲线。

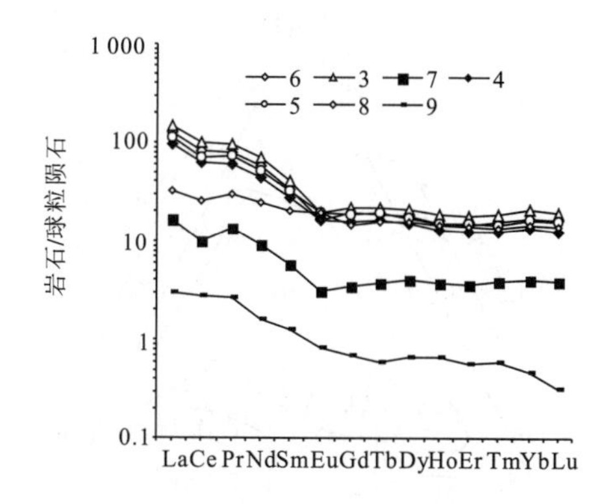

图 4-11 库浪库古岩群稀土元素配分模式
(样品号同表 4-5)

(2)角闪斜长片麻岩

ΣREE=220.12×10^{-6},ΣCe/ΣY =8.06,轻稀土富集而重稀土亏损;δEu=0.62,具铕负异常;Eu/Sm=0.18,与沉积岩的 Eu/Sm 值 0.2(赵振华,1974)接近;分馏程度$(La/Yb)_N$ 为 7.18。稀土元素球粒陨石标准化配分模式(图 4-11)为轻稀土右倾略陡、重稀土平坦的曲线。

(3)石英岩

稀土总量较低,ΣREE=36×10^{-6},ΣCe/ΣY =5.02,轻稀土略富集而重稀土亏损;δEu=0.68,具弱铕负异常;Eu/Sm=0.2,与沉积岩 Eu/Sm 值 0.2(赵振华,1974)一致;分馏程度$(La/Yb)_N$ 为 4.07。稀土元素球粒陨石标准化配分模式(图 4-11)为轻稀土略富集右倾略陡、重稀土近水平的曲线。

(4)斜长角闪片岩

ΣREE=102.9×10^{-6},ΣCe/ΣY =3.22,轻稀土略富集而重稀土亏损;δEu=1.13,显示为弱铕正异常;Eu/Sm=0.36,稍低于大洋拉斑玄武岩的 Eu/Sm 值 0.44(赵振华,1974);分馏程度(La/Yb)$_N$ 为 2.19。稀土元素球粒陨石标准化配分模式(图 4-11)为近水平略向右缓倾斜的曲线,与大洋拉斑玄武岩稀土元素配分模式相同。

(5)大理岩

稀土总量低，$\Sigma REE=8.14\times10^{-6}$，$\Sigma Ce/\Sigma Y=6.79$，轻稀土富集而重稀土亏损；$\delta Eu=0.84$，为弱铕负异常；Eu/Sm＝0.24，与赵振华(1974)的 Eu/Sm 值 0.2 接近；分馏程度$(La/Yb)_N$为 2.19。稀土元素球粒陨石标准化配分模式(图 4-11)为近水平略向右缓倾的波状曲线。

6. 原岩恢复

依据岩石的岩性、产状、岩石的共生组合，结合岩石化学和地球化学等特征，将库浪那古岩群主要岩石类型的原岩恢复如下。

(1)片岩类

空间上岩石呈似层状展布，常有石英岩夹层相伴或与之呈互层状。主要矿物成分(表 4-6)以石英、云母为主，在 QFM 图解(图 4-3)中，投点均落入页岩区与杂砂岩区的边缘；在西蒙南图解(图 4-4)中投点均落在砂岩与泥岩区，在 KAF 图解(图 4-6)中均落入杂砂岩区；在$(Al_2O_3+TiO_2)-(SiO_2+K_2O)-\Sigma$图解(图 4-12)中，二云石英片岩投点落入复矿物砂岩区与陆相粘土岩区，红柱石黑云石英片岩投点落入强分异粘土区。可见，库浪那古岩群片岩类岩石的原岩应为泥质粉砂岩、粉砂质泥岩、泥岩。

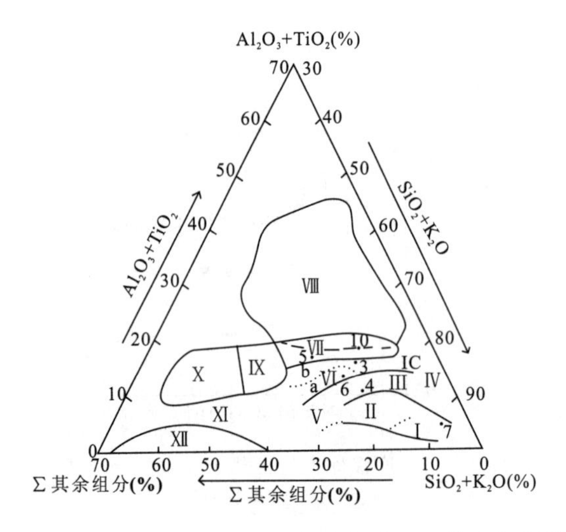

图 4-12 $(Al_2O_3+TiO_2)-(SiO_2+K_2O)-\Sigma$其余组分图解

(据 НееПОВ，1974；样品号同表 4-2)

Ⅰ.石英砂岩、石英岩区；Ⅱ.少矿物砂岩、石英岩质砂岩区；Ⅲ.复矿物砂岩区；Ⅳ.长石砂岩区；Ⅴ.钙砂岩和含铁砂岩区；Ⅵ.化学上弱分异的砂岩区(a.主要为杂砂岩；b.主要为复矿物粉砂岩；c.泥质砂岩及寒带和温带气候的陆相黏土)；Ⅶ.化学上中等分异的粘土、寒带和温带气候的海相和陆相粘土区；Ⅷ.潮湿气候带化学上强分异的粘土区；Ⅸ.碳酸盐质粘土和含铁粘土区；Ⅹ.泥灰岩区；Ⅺ.硅质泥灰岩和含铁砂岩区；Ⅻ.含铁石英岩(碧玉铁质岩)区

(2)片麻岩类

空间上岩石呈似层状展布，其间常有石英岩与片岩夹层。其主要矿物成分(表 4-6)、副矿物、地球化学、岩石化学总体特征均与片岩相似。其中角闪黑云斜长片麻岩富钙，在西蒙南图解(图 4-4)上落入砂岩区；在 QFM 图解(图 4-3)中投点落入杂砂岩区；在 KAF 图解(图 4-6)及$(Al_2O_3+TiO_2)-(SiO_2+K_2O)-\Sigma$图解(图 4-12)中投点落入杂砂岩区，说明片麻岩类原岩主要为杂砂岩，部分闪石类矿物含量较高的岩石原岩应为钙质砂岩。

(3)长英质粒岩类

空间上为片岩、片麻岩中的夹层产出，矿物成分以石英、长石为主(表 4-6)，岩石化学结果显示岩石极富 SiO_2，在西蒙南图解(图 4-4)中投点落入砂岩区；在 QFM 图解(图 4-3)中投点落入石英岩区、长石砂岩区、杂砂岩区；在 KAF 图解(图 4-6)及 $(Al_2O_3+TiO_2)-(SiO_2+K_2O)-\Sigma$ 图解(图 4-12)中，石英岩投点落入石英岩区，说明库浪那古岩群中石英岩原岩应为较纯的石英砂岩，长石石英岩原岩为长石石英砂岩，浅粒岩、变粒岩原岩应为长石砂岩、杂砂岩。

(4)角闪质岩类

空间上层状展布特征明显，或与片麻岩互层产出。矿物成分以斜长石、角闪石为主(表 4-6)，岩石化学结果显示其化学成分大体与黎彤的玄武岩平均值相当。在西蒙南图解(图 4-4)中投点落入火山岩区；在 QFM 图解(图 4-3)中投点落入超基性岩区；在 KAF 图解(图 4-6)中投点落入基性岩区；在构造环境判别图解 Ti/100-Zr-3Y(图 4-13)与 Zr/Y-Zr(图 4-14)中投点分别落入岛弧钙碱性玄武岩区与板内玄武岩区。可见区内库浪那古岩群中的角闪质岩石原岩应为大陆玄武岩。

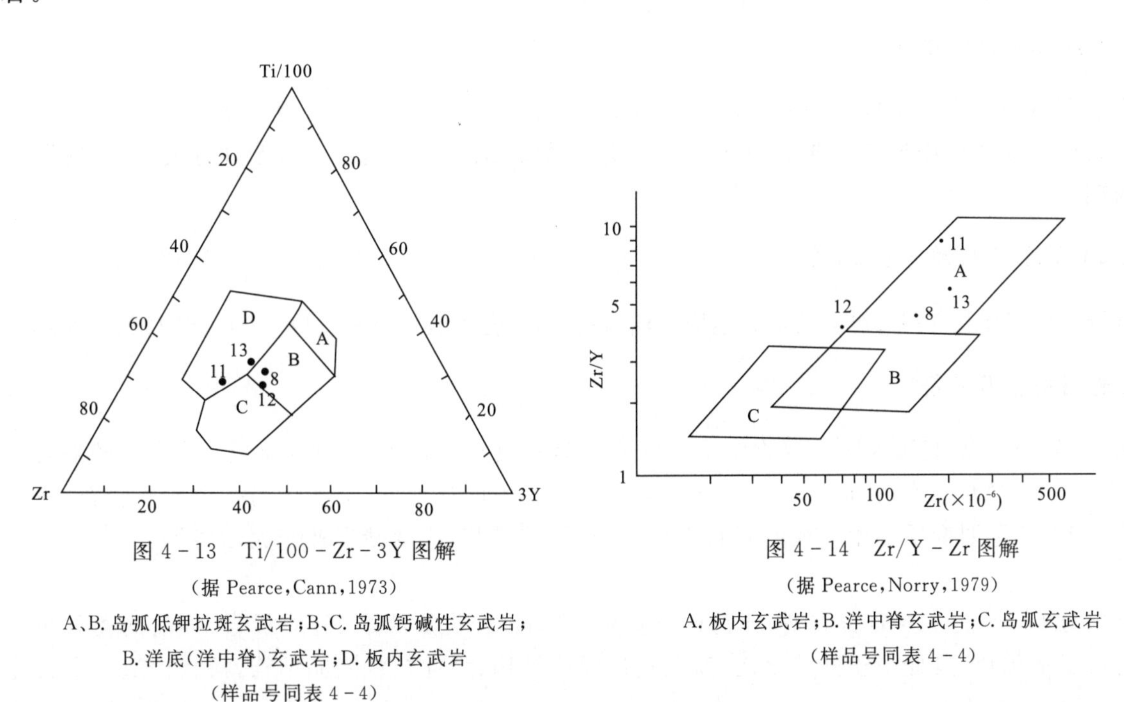

图 4-13　Ti/100-Zr-3Y 图解

(据 Pearce，Cann，1973)

A、B. 岛弧低钾拉斑玄武岩；B、C. 岛弧钙碱性玄武岩；B. 洋底(洋中脊)玄武岩；D. 板内玄武岩

(样品号同表 4-4)

图 4-14　Zr/Y-Zr 图解

(据 Pearce，Norry，1979)

A. 板内玄武岩；B. 洋中脊玄武岩；C. 岛弧玄武岩

(样品号同表 4-4)

7. 变质带、变质相及相系

以变质原岩为基础，结合变质岩石的矿物共生组合特征，以特征变质矿物的首次出现为依据，将库浪那古岩群变质岩石划分为铁铝榴石带、红柱石带、夕线石带。

(1)铁铝榴石带

主要分布于库浪那古岩群上部，以泥砂质变质岩中出现铁铝榴石为特征。岩石类型有大理岩、片岩、石英岩等。大理岩的矿物共生组合为 Cc+Q、Cc+Q+Tr，片岩的矿物共生组合为 Mu+Q+Cc、Mu+Bi+Q+Gt、Bi+Q+Pl，石英岩中的矿物共生组合为 Q+Bi、Q+Bi+Pl。

(2)红柱石带

仅在图幅边缘库勒阿克孜西侧有少量分布，以泥质变质岩中出现红柱石、铁铝榴石为特征。主要岩石类型有红柱石黑云石英片岩、石榴二云石英片岩、石英岩等。常见的矿物共生组合有：Bi+Q、Bi+Q+And、Bi+Mu+Q、Bi+Mu+Q+Gt、Bi+Mu+Q+Pl。

(3)夕线石带

分布范围大致相当于库浪那古岩群的下部层位，该带未见夕线石出现，主要依据其矿物共生组合及变泥质岩中出现少量钾长石等特征划为夕线石带。岩石类型以片麻岩、角闪质岩石为主，少量片岩呈夹层出现。常见的矿物共生组合有 Bi＋Q、Bi＋Q＋Pl、Bi＋Q＋Pl＋Kf、Bi＋Q＋Pl＋Di、Hb＋Pl、Hb＋Pl＋Q＋Bi。

以矿物变质带的划分为基础、矿物共生组合为依据，库浪那古岩群变质岩可划分为高绿片岩相、低角闪岩相、高角闪岩相，分布范围分别与铁铝榴石带、红柱石带、夕线石带的范围相当。在奎乃希相当于铁铝榴石带的斜长角闪片岩中，获得角闪石-斜长石矿物对温度为 456.4～554.8℃(表 4－7)，其对应的压力范围在 0.2Gpa 左右(据 Winkler)；在大同林场一带相当于夕线石带的斜长角闪岩中获得角闪石-斜长石矿物对温度为 630.2～684.7℃(表 4－7)，其对应的压力范围在 0.4Gpa 左右。由此可知，库浪那古岩群的变质温度条件为 T＝456.4～684.7℃，P＝0.2～0.4 Gpa，属高地温梯度变质，并有红柱石出现，说明库浪那古岩群变质岩石属低压相系，与柯岗结合带的拼贴、碰撞活动有关。

8. 变质作用及变质时期

库浪那古河变质岩带以出现明显递增变质带为特征，反映其主变质作用为动力热流变质作用。该期动力热流变质作用形成了典型的低压高温变质岩系，说明与柯岗结合带俯冲有关，主变质期为华力西期。

(二)给盖提变质地(岩)带

该带位于图幅北部司热洪—看因力达坂—给盖提一带，变质地层为未分 O—S，出露面积约 330km^2。

1. 岩石类型及特征

未分 O—S 主期变质为区域变质作用形成的一套低级变质岩系，在此基础上，受慕士塔格岩体影响，叠加了接触变质作用，使靠近该岩体的岩石变质程度明显变深，形成了另一类变质岩石(详见本章第三节)。主期变质作用形成的岩石类型有板岩、结晶灰岩、变砂岩及变火山岩类。

(1)板岩

是未分 O—S 的主要岩石类型，岩石种类有粉砂质板岩、泥质板岩、硅质板岩，以前两类分布最广。岩石呈灰黑色，具变余粉砂状结构、变余粉砂泥质结构、鳞片粒状变晶结构，板状构造。由石英(10%～75%)、斜长石(0～10%)、泥质物(25%～80%)、碳质(0～5%)、钙质(0～3%)等组成，副矿物为磁铁矿。石英、长石均呈次圆—次棱角状碎屑形态，部分石英颗粒具明显的次生加大边缘，粒度一般小于 0.06mm，不均匀分布于泥质物中。泥质大部分或全部变成了细小鳞片状绢云母，不均匀定向分布。钙质已结晶为微晶或粉晶方解石，不均匀定向分布。碳质为尘状，少部分已变成了片状石墨，不均匀定向分布。岩石保留有较清晰的原岩组构，其原岩为粉砂岩、粉砂质泥岩、钙质泥岩与含碳质泥质粉砂岩。硅质板岩为泥质板岩中的夹层，分布较少。呈灰白色，具鳞片粒状变晶结构，板状构造，主要由石英(70%左右)、绢云母(30%左右)组成，副矿物为磁铁矿。石英为硅质重结晶形成的微晶颗粒，一般小于 0.15mm。绢云母呈细小鳞片状，定向分布。原岩为泥质硅质岩。

(2)变砂岩

为粉砂质板岩中的夹层，分布较少。岩石呈灰白色—灰红色，具变余砂状结构，层状构造。碎屑物为石英(70%～80%)、长石(5%～15%)，填隙物为泥质(10%～20%)、铁质(2%～5%)，副矿物为磁铁矿。碎屑物保留有较好的圆—次棱角状形态，部分石英颗粒发生次生加大。泥质填隙物大部分已变成了细小鳞片状绢云母，铁质为土状褐铁矿，二者在碎屑物间不均匀分布。原岩为长石石英砂岩。

(3)结晶灰岩

在未分O—S下部分布较多。岩石呈灰色—灰白色，微晶结构，层状构造。岩石几乎全由方解石组成，方解石多为微晶，少数已结晶为粉晶、细晶，定向分布。

(4)变火山岩

在未分O—S中下部呈夹层产出，不太发育。岩石呈灰黑色，具变余斑状结构，基质为变余交织结构、粒状鳞片变晶结构，变余杏仁状构造、定向构造。斜长石斑晶仍保留半自形板柱状形态，少部分被方解石交代。基质中斜长石部分或全部绢云母化、绿帘石化。硅质、钙质杏仁体重结晶为微晶石英、方解石。原岩主要为安山岩。

2. 变质带、变质相及变质作用期

区内盖给提变质地(岩)带岩石变质轻微，以泥砂质岩石中有新生矿物绢云母出现为特征，将其划为绢云母带，属低绿片岩相。变质矿物共生组合：泥砂质岩石为Q+Ser±Cc；碳酸盐岩为Cc+Q；变火山岩为Q+Ser+Cc。

在看因力达坂一带，未分O—S被未变质的华力西晚期安大力塔克岩体侵入，说明该期变质作用可能与安大力塔克岩体侵位时的构造热事件有关，变质时期应为华力西晚期。

三、喀喇昆仑变质地区

喀喇昆仑变质地区位于图幅西部，东侧以康西瓦-瓦恰断裂带为界与西昆仑变质地区相邻，北、西、南延出图幅或境外。根据变质时期、变质作用类型、地理分布等将其划分为塔什库尔干变质地(岩)带与明铁盖变质地(岩)带。

(一)塔什库尔干变质地(岩)带

该带位于图幅中西部，东西两侧分别为康西瓦-瓦恰断裂带和塔阿西断裂带，沿空木达坂—马尔洋—米斯空一带呈北西—南东向带状展布，变质地层为古元古界布伦阔勒岩群($Pt_1B.$)，出露面积约1 643km^2。

1. 岩石类型及特征

布伦阔勒岩群为一套中深变质岩系，岩石类型有片岩类、片麻岩类、角闪质岩类、长英质岩类及大理岩类等。

(1)片岩类

片岩类主要分布于布伦阔勒岩群的中部，多为片麻岩中的夹层。岩石种类有石榴黑云石英片岩、夕线石榴黑云石英片岩、石榴夕线二云石英片岩、石榴二云石英片岩等。

(夕线、石榴)黑云石英片岩为灰色—灰黑色，具斑状变晶结构、鳞片粒状变晶结构，片状构造。矿物组成为石英(40%～65%)、斜长石(0～10%)、黑云母(20%～30%)、石榴石(5%～30%)、夕线石(0～10%)，副矿物为磁铁矿。长英矿物为0.2～1mm的粒状，黑云母为0.2～2mm的片状，夕线石呈0.2～2.5mm的纤粒状，石榴石呈0.5～7mm的粒状，各类矿物均定向分布。

(石榴、夕线)二云石英片岩均为深灰色，具斑状变晶结构、鳞片粒状变晶结构，片状构造。矿物成分为石英(55%～70%)、斜长石(0～5%)、黑云母(15%～20%)、白云母(10%～15%)、石榴石(2%～5%)、夕线石(0～5%)，副矿物为磁铁矿。长英矿物呈0.2～1.5mm的粒状，夕线石呈0.05mm×0.2mm～0.2mm×3.8mm的纤柱状，均呈不均匀定向分布；云母呈0.3～5mm的片状连续定向分布；石榴石、磁铁矿分别为0.2～6mm和0.1～1mm的粒状，不均匀零星分布。

(2)片麻岩类

片麻岩类是布伦阔勒岩群中部的主要岩石类型。以黑云斜长片麻岩为主，二云斜长片麻岩较少，根据特征变质矿物的不同，又分为石榴黑云斜长片麻岩、夕线石榴黑云斜长片麻岩、夕线石榴二云斜长片麻岩等。岩石一般为灰色—深灰色，具斑状变晶结构、鳞片粒状变晶结构，片麻状构造。矿物成分主要为石英(20%～50%)、斜长石(30%～60%)、钾长石(0～10%)、黑云母(10%～30%)、白云母(2%～15%)，局部可见有石墨(2%～5%)及角闪石(<5%)；特征变质矿物有石榴石(2%～10%)、夕线石(0～10%)；副矿物以磁铁矿为常见，局部有榍石。长英质矿物为0.3～2mm的不规则粒状，略定向分布；云母为0.5～2mm的片状，在长英矿物颗粒间不均匀定向分布。石榴石为粒状，0.5～20mm，含量变化较大，分布不均匀，局部可达30%左右；夕线石为0.2mm×0.03mm～3.8mm×0.15mm的纤柱状，定向分布。副矿物为粒状，不均匀散布。

(3)角闪质岩石

角闪质岩石也是布伦阔勒岩群的主要岩石类型之一，岩石种类有斜长角闪岩、斜长角闪片岩、斜长角闪片麻岩、石榴角闪岩等。

斜长角闪岩不太发育，在斜长角闪片麻岩中呈夹层产出。岩石呈灰黑色、墨绿色，具粒状、柱状变晶结构，块状构造、定向构造。主要矿物为角闪石(75%～85%)、斜长石(15%～20%)，次要矿物为黑云母(<5%)、透辉石(<5%)，副矿物为磁铁矿。斜长石为0.3～0.8mm的粒状，不均匀分布；角闪石为褐色柱状，1mm×0.5mm～1.8mm×1.3mm，略定向或杂乱分布；透辉石为0.25～0.5mm的柱状，不均匀分布；黑云母为0.3～0.6mm的褐色片状，定向分布；磁铁矿呈粒状不均匀散布。

斜长角闪片岩不发育，为斜长角闪片麻岩中的夹层。岩石呈灰色，具粒状、柱状变晶结构，片麻状构造。主要矿物为角闪石(50%左右)、斜长石(45%左右)；次要矿物为石英、黑云母；副矿物为磁铁矿。长英矿物为0.15～0.5mm的不规则粒状，不均匀定向分布；角闪石为0.25mm×0.15mm～1.2mm×0.3mm的粒状，黑云母为0.2～0.3mm的片状，不均匀定向分布；磁铁矿颗粒星散分布。

石榴角闪岩沿塔什库尔干水电站—马尔洋一线呈带状展布，矿物组合为Gt+Cpx±Hb+Pl±Q±Ru等，石榴石含量高者可达30%以上，部分石榴石周围有由斜长石、角闪石和石英组成的后期退变的后成合晶，形成典型的"白眼圈"结构。

斜长角闪片麻岩是布伦阔勒岩群下部的主要岩石类型。岩石呈灰色—灰黑色，具鳞片柱粒状变晶结构、斑状变晶结构，片麻状构造。主要矿物为斜长石(30%～50%)、角闪石(30%～60%)；次要矿物为石英(0～15%)、黑云母(2%～10%)、石榴石(0～10%)；副矿物有磁铁矿、榍石、磷灰石等。长英矿物为0.2～1mm的粒状，微定向分布；角闪石为0.3mm×0.1mm～1mm×0.4mm的粒状，黑云母为0.2～0.4mm的片状，均定向分布；石榴石为0.2～1mm的粒状，与副矿物一起不均匀分布。

(4)长英质粒岩

长英质粒岩主要是石英岩，为片岩、片麻岩中的夹层，部分为磁铁石英岩或磁铁矿层。岩石呈灰白色，具粒状变晶结构，层状构造。矿物成分主要为石英，次要矿物有斜长石(<20%)、黑云母(<10%)、石榴石(<10%)、磁铁矿(0～100%)，分别称为斜长石英岩、黑云母石英岩、石榴石石英岩、磁铁石英岩等。长英矿物为0.2～1mm的粒状，不均匀定向分布；黑云母为0.05～0.5mm的片状，定向分布；石榴石为0.5～3mm的粒状，不均匀分布。

(5)大理岩

大理岩是布伦阔勒岩群上部的主要岩石类型。岩石种类有石英大理岩、黑云母大理岩、透闪石大理岩等。岩石呈白色、灰白色。具粒状变晶结构、粒状变晶结构，层状构造。矿物成分为方解石(80%～95%)、黑云母(2%～15%)、石英(2%～10%)、透闪石(0～10%)、斜长石(0～2%)、透辉石

(0～2%)；副矿物为磁铁矿。长石、石英、方解石均为0.5～2mm的不规则粒状，微定向分布；透闪石、透辉石为0.8mm×0.3mm～4mm×1mm的粒状，不均匀分布；黑云母为0.2～0.6mm的片状不均匀定向分布。

2.主要变质矿物特征

布伦阔勒岩群岩石主要变质矿物有石英、斜长石、钾长石、方解石、普通角闪石、黑云母、白云母、石榴石、夕线石、透辉石、透闪石等。

石英是石英岩、片岩、片麻岩类的主要矿物，在其他岩类中也有少量分布。常呈不规则粒状，多数晶体被拉长，长短轴比为2∶1～3∶1，有破碎、裂纹，波状消光明显，呈连续的条带、透镜状等集合体定向分布，少数不规则颗粒均匀分布于岩石中。

斜长石在各类岩石中均有分布，为组成片麻岩类、角闪质岩类的主要矿物成分。多为不规则的粒状，双晶不发育，用⊥(010)切面的最大消光角法测得An=26～28，属更长石，个别显聚片双晶，双晶纹细而密，近平行消光。在岩石中不均匀分布或略定向分布。部分钠黝帘石化。

钾长石在片麻岩类岩石中有少量分布，呈不规则粒状，部分显格子双晶，为微斜长石，在岩石中不均匀分布。

方解石主要分布于大理岩类岩石中，呈不规则粒状，部分双晶纹显扭曲和膝折。

普通角闪石是角闪质岩石的主要矿物成分，片麻岩类岩石中也有少量分布。多呈大小不等的长轴状、纤维状晶体，绿色—棕色多色性，吸收性明显，部分呈变斑晶产出，内部包裹有斜长石，多定向分布。

黑云母在各类岩石中均有分布，为褐色鳞片状，有的晶面弯曲，定向分布，构成岩石的片理、片麻理。部分向绿泥石变化。

石榴石在除大理岩外的各类岩石中均有分布，呈变斑晶产出，多为铁铝榴石，呈淡红色等轴粒状晶体，有的具筛状变晶结构，包裹有石英、斜长石等；部分呈玫瑰红色，含较高的镁铝榴石端元组分，呈自形粒状晶体，裂纹发育。

夕线石在片岩、片麻岩类岩石中有少量分布，多呈变斑晶产出，呈纤柱状晶体，不均匀定向分布。

透辉石在角闪质岩石中有少量分布，部分呈变斑晶产出。淡绿色短柱状，具辉石式解理，部分透闪石化，不均匀定向分布。

3.岩石化学特征

布伦阔勒岩群片麻岩类、斜长角闪质岩类的岩石化学成分分析结果见表4-2，尼格里岩石化学计算结果及特征参数见表4-3。

黑云斜长片麻岩的SiO_2=63.9%，Al_2O_3=16.81%，TFeO=7.85%，MgO=2.49%，Na_2O=1.33%，K_2O=3.4%，与杂砂岩的平均化学成分(佩蒂庄，1972)相当。尼格里值qz=99.99，硅过饱和；t>0，属铝过饱和系列。在Si-t图解(图4-10)中落入富铝岩系区。

黑云角闪斜长片麻岩的岩石化学成分与安山岩的平均成分(Nockolds, S. R., 1954)相比，除CaO、Na_2O、K_2O含量略有差别外，其他成分相近。尼格里值qz=-31.12，硅不饱和；alk+c>al>alk，t=-10.36，Si=149.51，属正常系列；在Si-t图解(图4-10)中落入基性岩系区。

斜长角闪岩与石榴斜长角闪片麻岩中SiO_2=47.33%～48.5%，Al_2O_3=10.2%～14.3%，TFeO=10.96%～11.9%，Na_2O=0.33%～0.58%，与玄武岩的平均化学成分(黎彤、饶纪龙，1962)相当。尼格里值Si=97.98～109.54，qz=-40.53～-53.81，硅不饱和；alk+c>al>alk，属正常系列。在Si-t图解(图4-10)中落入基性岩系区。

4. 微量元素特征

布伦阔勒岩群片麻岩类及角闪质岩类的岩石微量元素含量见表 4-4。

夕线石榴黑云斜长片麻岩的微量元素与泰勒(Taylor,1964)地壳元素年度相比,Sc、Ni、Mo、Be贫乏,Rb、Ba、Zr、Hf、W、Ga富集,其他元素较接近。与涂和魏(Turekina and Wedepohl,1961)的砂岩微量元素平均含量相比,仅Mo、Be、Se较接近,其他元素均明显富集,与涂和魏的页岩微量元素平均含量相比,Sr、Ni、Sn、Mo、Se贫乏,Ba、Zr、Nb、Hf、Sc、W、Ga富集,其他元素均较接近。

黑云角闪斜长片麻岩的微量元素与泰勒(Taylor,1964)的地壳元素丰度相比,Rb、Ta、Th、Mo较贫乏,V、Cr、Co、Ni、W明显富集,而其他元素较为接近。与涂和魏的微量元素平均含量相比,Rb、Ba、Th、Sn、Mo、Se贫乏,Sr、Nb、Sc、Cr、Ni、W较富集,其他元素较为接近。与布维(Bнногрaпов,1962)的中性岩微量元素平均含量相比,仅Nb、Ta、Be、Ga较接近,Sr、Ba、Zr、Th、Mo贫乏,其他元素富集。

斜长角闪片岩与石榴斜长角闪片麻岩的微量元素与泰勒(Taylor,1964)的地壳元素丰度相比,Rb、Sr、Nb、Ta、Mo贫乏,Sc、V、Cr、Co、Ni、W富集,其他元素相近。与布维的玄武岩微量元素平均含量相比,Sc、W、Be富集,Rb、Sr、Nb、Th、Mo贫乏,其他元素均较接近。

5. 稀土元素特征

布伦阔勒岩群片麻岩类与角闪质岩类岩石的稀土元素含量及有关参数见表 4-5。

夕线石榴黑云斜长片麻岩 $\Sigma REE=260.1\times10^{-6}$,$\Sigma Ce/\Sigma Y=8.27$,轻稀土富集而重稀土亏损;$\delta Eu=0.73$,显示弱铕负异常;Eu/Sm=0.21,与沉积岩的Eu/Sm值0.2(赵振华,1974)接近;分馏程度$(La/Yb)_N$为7.86。稀土元素球粒陨石标准化配分模式(图 4-15)为轻稀土略右倾,重稀土近水平的曲线。

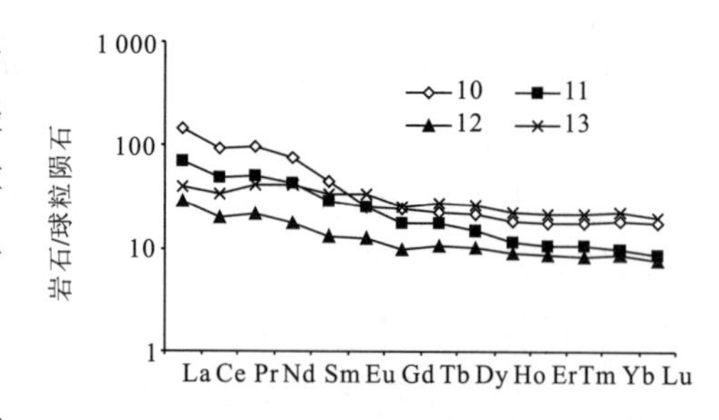

图 4-15 布伦阔勒岩群稀土元素配分模式
(样品号同表 4-5)

角闪质岩类 $\Sigma REE=72.35\times10^{-6}\sim151.39\times10^{-6}$,$\Sigma Ce/\Sigma Y=2.82\sim6.42$,轻稀土略富集而重稀土亏损;$\delta Eu=1.08\sim1.12$,无或具弱铕正异常;Eu/Sm=0.32~0.36,稍低于大洋拉斑玄武岩的Eu/Sm值0.44(赵振华,1974);分馏程度$(La/Yb)_N$为1.8~7.15;稀土元素球粒陨石标准化配分模式(图 4-15)为较平缓略右倾的曲线,与大洋拉斑玄武岩的球粒标准化模式接近。

6. 原岩恢复

依据岩石的矿物成分、产状、共生组合关系,结合岩石化学、地球化学及副矿物特征,将布伦阔勒岩群主要岩石类型的原岩恢复如下。

(1)石英岩类

岩石种类有石英岩、长石石英岩、磁铁石英岩等,空间上层状展布,常与片岩类互层产出。矿物成分较单一,以石英为主(表 4-6),含少量(或不含)斜长石、黑云母,副矿物为磁铁矿(有时富集成磁铁矿层),特征变质矿物为石榴石。在QFM图解(图 4-3)中,石英岩投点落入石英砂岩区,长石石英岩投点落入长石砂岩与石英砂岩区边缘,说明布伦阔勒岩群中石英岩类原岩主要为(磁铁)石英(砂)岩与长石石英砂岩。

(2)大理岩类

层状产出,延伸稳定。有少量石英岩夹层伴生。岩石种类有大理岩、石英大理岩、黑云母大理岩等。矿物成分主要为方解石，含量达 80%以上，次要矿物有石英、黑云母、透闪石等，副矿物为磁铁矿。原岩主要为灰岩，部分岩石原岩中含有少量泥砂质碎屑。

(3)片岩类

空间上层状展布，常与石英岩类互层产出。岩石种类有黑云石英片岩、二云石英片岩等。矿物成分主要有石英、云母，斜长石少量（表 4－6），特征变质矿物为石榴石、夕线石，副矿物为磁铁矿。在 QFM 图解（图 4－3）中，投点主要落入页岩区，个别样品投点落入杂砂岩区。原岩主要为泥岩粉砂质泥岩，部分为泥质粉砂岩。

(4)片麻岩类

空间上似层状展布，有石英岩、片岩类夹层相伴产出。岩石种类有黑云斜长片麻岩、二云斜长片麻岩等，矿物组成以石英、斜长石、云母类（表 4－3）为主，局部可见斜长石、角闪石及石墨，特征变质矿物为石榴石、夕线石等，副矿物为磁铁矿、榍石。在 QFM 图解（图 4－3）中，投点集中落入杂砂岩区；其中夕线石榴黑云斜长片麻岩的岩石化学成分（表 4－2）与佩蒂庄（1972）的杂砂岩平均化学成分相当，稀土元素 Eu/Sm 值与沉积岩的 Eu/Sm 值（赵振华，1974）相当，球粒陨石标准化模式（图 4－15）与泥质岩的标准化模式类似。夕线石榴黑云斜长片麻岩在西蒙图解（图 4－4）中投点落入泥岩区；在 KAF（图 4－6）中投点落入杂砂岩区；在（Al_2O_3＋TiO_2）-（SiO_2＋K_2O）- Σ 图解（图 4－12）中投点落入中等分异的粘土区。因此，其原岩主要为杂砂岩，部分角闪石含量偏高而石英含量偏低的岩石原岩中可能有中酸性火山碎屑物质的加入或为中酸性火山岩。

(5)角闪质岩类

空间上呈厚的似层状展布，局部地段可见到片岩夹层相伴产出。岩石种类有斜长角闪岩、斜长角闪片岩、斜长角闪片麻岩，矿物组成以角闪石、斜长石为主，黑云母、石英少量（表 4－3），特征变质矿物为石榴石，副矿物可见磁铁矿、榍石、磷灰石等。该类岩石的化学成分与黎彤等（1962）的玄武岩和 Nockolds（1954）的安山岩平均化学成分相当或接近；稀土元素 Eu/Sm 值与大洋拉斑玄武岩 Eu/Sm 值（赵振华，1974）接近，球粒陨石标准化模式（图 4－15）与大洋玄武岩标准化模式类似。在西蒙图解（图 4－4）中投点落入火山岩区；在 QFM 图解（图 4－3）中投点落入超基性岩区或含基性和超基性物质的沉凝灰岩区；在 KAF 图解（图 4－6）中投点落入基性岩区。在构造环境判别图解 Ti/100－Zr－3Y 图解（图 4－13）中投点落入岛弧钙碱性玄武岩区；在 Zr/Y－Zr 图解（图 4－14）中，投点落入板内玄武岩区。可见区内布伦阔勒岩群的斜长角闪质岩石原岩主要为大陆玄武岩，部分角闪石含量偏低的岩石原岩应为安山岩。

7. 变质带、变质相及相系

布伦阔勒岩群原岩以碎屑岩、碳酸盐岩为主，夹中基性火山岩。片岩、片麻岩等变泥砂质岩石中普遍有特征变质矿物夕线石的出现，故将其划为夕线石带，属高角闪岩相。变质矿物共生组合：泥砂质岩石为 Q＋Bi、Q＋Pl±Gt、Q＋Pl＋Bi＋Gt、Q＋Pl＋Kf＋Bi＋Sill＋Gt；大理岩为 Cc＋Q、Cc＋Q＋Pl、Cc＋Bi＋Q、Cc＋Tr＋Di；变质中基性岩为 Pl＋Hb、Pl＋Hb＋Q＋Bi、Pl＋Hb＋Q＋Gt、Pl＋Hb＋Gt＋Cpx＋Di±Ru。

本次工作对马尔洋一带样品分别利用角闪石-斜长石、角闪石-石榴石-斜长石、石榴石-黑云母、石榴石-夕线石-斜长石-黑云母等矿物对，获得了布伦阔勒岩群变质温度为 579～850.4℃（多数为 600～700℃）；变质压力为 0.57～0.72Gpa（表 4－7），表明塔什库尔干变质岩带属高压高温变质。

表 4-7 布伦阔勒岩群的单矿物化学成分(%)、参数及温压计算结果

样号	岩石	矿物	SiO_2	TiO_2	Al_2O_3	FeO	MnO	MgO	CaO	Na_2O	K_2O	Cr_2O_3	Σ
D241-4	斜长角闪片岩	角闪石	47.733	0.79	10.701	14.461	0.169	12.858	9.881	1.781	0.173	0.000	98.547
		斜长石	66.193	0.000	22.795	0.000	0.000	0.000	3.23	9.37	0.029	0.000	101.617
D245-28	斜长角闪岩	角闪石	48.201	0.984	9.106	11.139	0.046	14.54	11.097	0.902	0.246	0.301	96.562
		斜长石	44.28	0.000	35.644	0.011	0.000	0.000	19.044	0.482	0.000	0.000	99.461
D244-3	石榴斜长角闪片麻岩	角闪石	43.476	1.16	13.485	14.349	0.000	10.42	11.299	1.489	0.394	0.009	96.081
		斜长石	57.582	0.000	26.515	0.000	0.000	0.000	8.272	6.438	0.000	0.000	98.807
		石榴石	38.456	0.000	21.789	24.59	1.126	4.285	8.939	0.000	0.000	0.000	99.185
D244-19	石榴黑云石英片岩	石榴石	37.969	0.000	21.92	31.719	1.614	4.148	1.539	0.000	0.000	0.000	98.909
		黑云母	36.675	3.976	18.842	16.504	0.000	9.552	0.000	0.013	10.251	0.000	95.813
D245-10	石榴石英岩	石榴石	39.671	0.046	22.187	26.645	0.308	4.664	8.679	0.000	0.000	0.000	102.2
		黑云母	37.766	2.468	17.54	14.177	0.000	14.076	0.156	0.187	9.47	0.000	95.84
D244-21	石榴夕线黑云斜长片麻岩	石榴石	38.323	0.000	22.29	32.25	1.595	4.214	1.535	0.000	0.000	0.000	100.207
		夕线石	37.235	0.000	62.406	0.000	0.000	0.000	0.000	0.000	0.000	0.000	99.641
		斜长石	62.197	0.000	24.505	0.000	0.000	0.000	5.639	8.129	0.23	0.002	100.702
		黑云母	36.381	3.623	19.261	16.56	0.000	10.249	0.000	0.123	10.24	0.000	96.437
D245-25	石榴夕线黑云斜长片麻岩	石榴石	39.472	0.000	22.581	30.69	0.638	7.425	1.201	0.000	0.000	0.000	102.007
		夕线石	37.564	0.000	61.819	0.05	0.000	0.000	0.000	0.000	0.000	0.000	99.433
		斜长石	61.570	0.000	24.345	0.000	0.000	0.000	5.738	7.729	0.224	0.000	99.606
		黑云母	36.121	2.955	18.161	14.472	0.000	12.347	0.000	0.160	9.907	0.000	94.123
D245-3	石榴斜长角闪片麻岩	石榴石	38.895	0.000	22.564	29.733	0.783	6.947	1.769	0.009	0.000	0.000	100.7
		夕线石	37.800	0.000	62.357	0.047	0.000	0.000	0.000	0.000	0.000	0.000	100.204
		斜长石	59.217	0.193	26.118	0.000	0.000	0.000	7.995	7.070	0.057	0.000	100.65
		黑云母	37.374	4.514	17.773	14.841	0.000	12.404	0.000	0.000	10.413	0.000	97.319

样号	矿物	Si	Ti	Al	Fe	Mn	Mg	Ca	Na	K	Cr	温度(℃)				压力
												a	b	c	d	(Gpa)
D241-4	角闪石	6.809	0.085	1.799	1.725	0.020	2.734	1.510	0.493	0.031	0.000	646.2				
	斜长石	2.885	0.000	1.171	0.000	0.000	0.000	0.151	0.792	0.002	0.000					
D245-28	角闪石	6.959	0.107	1.549	1.345	0.006	3.129	1.716	0.252	0.045	0.034	850.4				
	斜长石	2.057	0.000	1.951	0.000 4	0.000	0.000	0.948	0.043	0.000	0.000					
D244-3	角闪石	6.469	0.130	2.364	1.785	0.000	2.311	1.801	0.429	0.075	0.001	773.9			622	
	斜长石	2.613	0.000	1.418	0.000	0.000	0.000	0.402	0.566	0.000	0.000					
	石榴石	3.028	0.000	2.022	1.619	0.075	0.503	0.754	0.000	0.000	0.000					
D244-19	石榴石	3.052	0.000	2.076	2.132	0.110	0.497	0.133	0.000	0.000	0.000		625.5	619.8	625	
	黑云母	2.848	0.232	1.724	1.072	0.000	1.106	0.000	0.002	1.015	0.000					
D245-10	石榴石	3.033	0.003	1.999	1.703	0.020	0.532	0.711	0.000	0.000	0.000		568.5	569.5	600	
	黑云母	2.857	0.140	1.564	0.897	0.000	1.588	0.013	0.027	0.914	0.000					
D244-21	石榴石	3.040	0.000	2.084	2.139	0.107	0.498	0.130	0.000	0.000	0.000		606.4	603	610	0.57
	夕线石	1.008	0.000	1.992	0.000	0.000	0.000	0.000	0.000	0.000	0.000					
	斜长石	2.748	0.000	1.276	0.000	0.000	0.000	0.267	0.696	0.013	0.000 1					
	黑云母	2.792	0.209	1.742	1.063	0.000	1.173	0.000	0.018	1.003	0.000					
D245-25	石榴石	3.018	0.000	2.034	1.962	0.041	0.846	0.098	0.000	0.000	0.000		697.9	682.4	675	0.72
	夕线石	1.020	0.000	1.979	0.001	0.000	0.000	0.000	0.000	0.000	0.000					
	斜长石	2.757	0.000	1.285	0.000	0.000	0.000	0.275	0.671	0.013	0.000					
	黑云母	2.800	0.172	1.659	0.938	0.000	1.427	0.000	0.024	0.980	0.000					
D245-3	石榴石	3.013	0.000	2.060	1.926	0.051	0.802	0.147	0.001	0.000	0.000		693.6	678.7	669	0.68
	夕线石	1.019	0.000	1.980	0.001	0.000	0.000	0.000	0.000	0.000	0.000					
	斜长石	2.632	0.006	1.368	0.000	0.000	0.000	0.381	0.609	0.003	0.000					
	黑云母	2.823	0.256	1.582	0.937	0.000	1.397	0.000	0.000	1.003	0.000					

注：a. 用 Blundy&Holland(1990)的钙质角闪石-斜长石地质温度计得出的温度；b. 据 Thompson(1976)得出的温度；c. 据 Holdway(1977)得出的温度；d. 据别尔丘克(1970)共存矿物对之间 Mg-Fe^{2+} 分配系数与变质温度的关系得出的结果

8. 变质作用及变质时期

塔什库尔干变质地(岩)带岩石变质程度较深,夕线石普遍出现,岩石中透入性面理发育,变形强烈,说明其变质作用主要为区域动力热流变质作用。本次工作在塔什库尔干水电站一带的榴闪岩中,获得 451±22Ma 的锆石 SHRIMP 年龄,锆石具变质成因特征,说明峰期变质作用(高压变质)与塔什库尔干变质地(岩)带沿塔阿西结合带的俯冲有关。

(二)明铁盖变质地(岩)带

该带位于图幅西部达布达尔、明铁盖等地,东侧以塔阿西断裂带为界与塔什库尔干变质地(岩)带为界,向南、西出图(国),变质地层主要为志留系温泉沟组(S_1w),出露面积约 1 100km^2。

该变质岩带岩石总体变质轻微,岩石类型有变碎屑岩类、板岩类及结晶灰岩,岩石保留有较好的原生组构。变碎屑岩类主要表现为部分石英碎屑具次生加大边,硅质重结晶为微晶石英,部分泥质物变为略定向的显微鳞片状绢云母,或定向排列形成板理。结晶灰岩表现为原始的泥晶方解石大多转变成了微晶、细晶方解石。但局部出现红柱石片(板)岩,应属叠加的接触变质岩。另在赞格尔(昝坎)达坂西侧,受昝坎岩体影响,也叠加了热接触变质作用,使泥砂质岩中出现黑云母,碳酸盐岩(结晶灰岩)粒度增粗向大理岩变化。

该变质岩带常见的变质矿物共生组合为 Ser+Q±And、Ser+Cc+Q 和 Cc+Q。以泥砂质岩石中有绢云母出现为依据,总体将其划为绢云母带,属低绿片岩相,局部为红柱石带或黑云母带。

明铁盖变质岩带内其他岩石为单相低绿片岩相变质,片理、褶皱普遍发育,为区域低压低温动力变质作用的结果。该变质岩带以不均匀浅变质强变形为特征,其变质时期与塔阿西结合带的俯冲有关,主要应为加里东晚期。

第二节　动力变质岩

图幅位于塔里木盆地与西昆仑-喀喇昆仑造山带的结合部位,西昆仑山前推覆带、柯岗结合带、康西瓦-瓦恰结合带、塔阿西断裂带等边界断裂均通过区内,次级断裂也比较发育,形成了类型较齐全的动力变质岩石。

一、岩石类型及特征

根据动力变质岩的结构、构造、碎裂程度及其形成时的动力性质和应力程度等特征,将区内动力变质岩分为脆性动力变质岩和韧性动力变质岩两大类。区内脆性动力变质岩最发育,韧性动力变质岩主要发育于各边界断裂带上。

(一)脆性动力变质岩

该类岩石主要分布于脆性断裂上,在韧性断裂带上也有少量分布。

1. 构造角砾岩

构造角砾岩在规模较大的断裂中均有分布,由角砾和胶结物两部分组成。具角砾状结构,块状构造、微定向构造。角砾含量为 30%～80%,多为棱角状,部分次棱角状、次圆状,大小悬殊,2～200mm 或更大,多杂乱分布,部分微定向排列。角砾成分常与围岩一致,其中的石英颗粒多波状消光。胶结物为铁质、硅质、钙质,常重结晶为微晶的石英、方解石;部分胶结物为岩石碎裂过程中形成的碎粉状石英、方解石等。沿裂隙常有大量后期石英、方解石、褐铁矿等细脉呈网状穿插，并有绿帘石化等蚀变现象。

2. 碎裂岩

碎裂岩在区内多数断裂中均有发育。按成分可分为碎裂砂岩、碎裂灰岩、碎裂花岗岩、碎裂英安岩、碎裂板岩、碎裂片麻岩等。具碎裂结构，块状构造。碎块间没有明显的相对位移，大部分岩石原岩结构构造得以保留，少部分岩石由于破碎强烈，原岩组构渐失。碎块含量为50%～80%，大小为2～100mm者常见，部分达200mm以上。碎块中常见方解石双晶纹弯曲、断裂，部分颗粒定向拉长；石英碎裂纹发育，强烈波状消光；云母片有晶纹弯曲、褶皱、拉开现象。碎块边缘碎粒化较明显，裂隙中有磨碎的微粒石英、方解石及铁质等分布，并被石英、方解石、褐铁矿等细脉穿插。部分岩石沿裂隙强烈绿帘石化、绿泥石化。

3. 碎斑岩

碎斑岩在较大的断裂带中均有发育，成分有花岗质碎斑岩、长英质碎斑岩、灰岩质碎斑岩等。具碎斑结构，块状构造。碎斑含量为30%～50%，为岩石或矿物碎屑，大小为0.5～2mm，边缘粒化、撕裂、位移、转动，但不同程度上保留了原岩的组构，其成分主要为石英、长石及方解石，石英具强烈的波状消光，无流变特征；方解石双晶弯曲，云母扭折。碎基一般为0.01～0.1mm的微粒石英、方解石，含量为50%～70%，部分有重结晶现象。碎斑在碎基中不均匀分布，部分略定向。

4. 碎粒岩

岩石破碎强度比碎斑岩更强，大部分矿物破碎为碎粒、碎粉，原岩组构已基本被全部破坏。岩石具碎粒结构，块状构造。碎粒大小为0.1～0.2mm，碎斑较少，碎基占60%～90%。碎粒较均一，且趋于圈化，其中可见塑性变形现象。依所产围岩不同，成分有长英质碎粒岩、钙质碎粒岩等。

5. 碎粉岩(断层泥)

碎粉岩在测区发育相对较少。岩石破碎强度进一步加强，形成小于0.2mm的细小颗粒，杂乱分布，微观无定向，但宏观常显示大致平行断层的定向，原岩组构全部消失。

(二)韧性动力变质岩

该类岩石主要分布于区内边界断裂及其他韧性剪切带中，是中深层次构造变形的产物。岩石类型有糜棱岩化岩石、初糜棱岩、糜棱岩、超糜棱岩、千糜岩等。

1. 糜棱岩化岩石

糜棱岩化岩石多分布于韧性剪切带的边部，是较发育的岩石类型。区内以糜棱岩化花岗岩、糜棱岩化花岗闪长岩为主，糜棱岩化大理岩、糜棱岩化火山岩次之。岩石具糜棱岩化结构、残留结构，块状构造、定向构造。岩石中部分矿物尤其是其边部发生细粒化、定向拉长现象，常聚集呈不规则的透镜状、条纹状，绕粗颗粒(碎斑)定向分布，但原岩结构保留较好。

2. 初糜棱岩

初糜棱岩在各韧性带中均有分布，以花岗质初糜棱岩、花岗闪长质初糜棱岩最为发育，另有少量钙质初糜棱岩、英安质糜棱岩。岩石具糜棱结构、残留结构，条带纹理构造。岩石由碎斑和碎基组成，碎斑占50%～90%，为石英、长石、黑云母等矿物及岩石碎块，多被压碎拉长呈长条状、眼球状、透镜状定向分布。碎斑一般为0.5～2mm，个别达5mm。石英碎斑强烈波状消光，方解石、长石碎斑双晶纹弯曲、扭折，黑云母弯曲、膝折。碎基占10%～50%，粒径小于0.15mm，有少量新生绿帘石、绿泥石、绢云母等围绕碎斑分布，组成条纹状构造。岩石整体仍可识别原岩的特点。

3. 糜棱岩

糜棱岩较为发育。岩石类型以花岗质糜棱岩、花岗闪长质糜棱岩为主，钙质糜棱岩次之，长英质糜棱岩较少。岩石具糜棱结构、碎斑结构，眼球纹理构造、条带状构造。碎斑为20%～50%，以长石、角闪石、方解石为主，少量石英、云母类等碎斑，多呈扁豆状圆化颗粒，长石碎斑裂纹发育，部分具核幔构造和双晶错位，边缘粒化明显，呈透镜状、眼球状，部分具不对称压力影，沿构造面理方向定向。方解石双晶扭折弯曲，单晶体压扁拉长后长宽比达1∶2左右。碎基为50%～80%，大多为动态重结晶的方解石及长英质微晶矿物，常聚集成条纹，绕碎斑分布。

4. 超糜棱岩

超糜棱岩分布局限。岩石具超糜棱结构，流动构造。主要由极细(0.02mm)的物质组成，呈霏细状，碎斑极少或无碎斑，部分物质重结晶后形成具有不同颜色和成分的条纹或条带，显示强烈的流动构造。

二、主要动力变质带的岩石组合特征

(一)西昆仑山前推覆带

西昆仑山前推覆带在图幅北东阿克乔喀—喀拉瓦什克尔一带近南北向展布，两端延出图幅。区内仅出露有山前推覆带的根带与中带。

1. 根带

根带沿库斯拉甫—喀拉瓦什克尔一带分布，形成宽200m以上的动力变质岩带。在喀拉瓦什一带以韧性动力变质岩为主，由中心向两侧分布有花岗质糜棱岩、钙质初糜棱岩及糜棱岩化岩石，后期叠加的脆性动力变质岩不均匀分布其中。由于后期脆性动力变质作用叠加，韧性动力变质岩出露不连续，至喀拉瓦什克尔一带，韧性动力变质岩尖灭，全部由脆性动力变质岩石组成。动力变质岩主要为碎裂灰岩，少量碎裂砂岩、板岩，其他动力变质岩不发育，动力变质带宽50～100m。萨腊依以北，断裂中心逐渐出现有碎斑岩、碎粒岩、碎粉岩，向两侧渐变为碎裂岩、碎裂岩化岩石，分带性明显。动力变质岩带宽100～200m。

2. 中带

中带在翁库尔力克以北表现明显，相邻地层均受影响，形成了以碎裂岩为主的脆性动力变质岩系列。在断面附近一般可见到碎粉岩、碎裂岩，远离断面的地段以碎裂岩化岩石为主，脆性动力变质岩出露的宽度与单条断层规模有关，成分一般与围岩一致。规模较大的断层中常见有构造角砾岩。

(二)柯岗韧性动力变质带

柯岗韧性动力变质带在图幅北东沿阿勒帕勒克—托拍特亚依拉格一带呈北西向展布，向北西方向延出图幅，南东在柯汗(柯岗)附近交于山前推覆带，在区内形成的韧性动力变质岩带宽50～300m不等。韧性动力变质岩的分布有明显的分带性，自中心向两侧依次为超糜棱岩、糜棱岩、糜棱岩化岩石、片理化岩石。北西部以花岗闪长质糜棱岩为主，中心部位有少量超糜棱呈不规则条状分布，两侧为糜棱岩化岩石。阿勒帕勒克以东，沿玛列兹肯群与库浪那古岩群的接触边界，在区域变质的基础上叠加了韧性动力变质作用，形成了宽 50～100m 不等的韧性动力变质岩系列。中心部位以长英质糜棱岩、钙质糜棱岩为主，向两侧过渡为糜棱岩化岩石及片理化岩石。局部有脆性动力变质作用叠加，分布有碎裂岩。

（三）康西瓦-瓦恰韧性动力变质带

康西瓦-瓦恰韧性动力变质带在图幅中部沿辛迪—瓦恰—卡拉一线北西向展布，南、北两端分别被华力西晚期与印支早期花岗岩体吞噬。韧性动力变质岩石主要分布于马尔洋牧场以北布伦阔勒岩群与古生代地层的接触边界附近，宽 1 000m 左右。中心部位有长英质糜棱岩、安山质糜棱岩，局部达超糜棱岩，两侧为糜棱岩化岩石及少量片理化岩石。在马尔洋牧场南东，主要为后期改造的脆性动力变质岩，以碎裂岩为主，碎斑岩、碎粒岩少量，局部可见构造角砾岩。

（四）塔阿西韧性动力变质带

塔阿西韧性动力变质带沿塔阿西—西若一线北西向展布，两端延出测区。经后期脆性动力变质作用叠加改造后，所保留的韧性动力变质岩以片理化岩石为主，主要分布于志留系中，仅局部残留有镁铁质糜棱岩、钙质糜棱岩。多数地段显示为脆性动力变质岩，尤其是碎裂灰岩、碎裂板岩、碎裂砂岩最为发育，断面附近碎斑岩、碎粒岩、碎粉岩较多，构造角砾岩少见。

（五）赛日代韧性动力变质带

赛日代韧性动力变质带在图幅中部苏库马—赛日代一带呈北宽南窄的近南北向不规则楔状展布，北段在严它拉托拉一带与柯汗韧性动力变质带相交，向南在候吉洛吾奥夫一带交于巴乌拉赫脆性动力变质带上。该动力变质岩带宽几十米至数百米不等，岩石分带性不明显，总体以糜棱岩化花岗闪长岩为主，局部有少量花岗闪长质糜棱岩分布。

（六）科科什老克-干豆尔那汗达坂脆性动力变质带

该带在图幅中部科科什老克—干豆尔那汗达坂一带，北西向展布有数条规模不等、近于平行的脆性断层，该组断层由南向北切穿了元古代—中生代的地层和岩体，形成了大量的脆性动力变质岩石。其南段以碎裂岩为主，有碎裂片麻岩、碎裂大理岩、碎裂砂岩、碎裂花岗岩及少量碎裂火山岩，其他脆性动力变质岩少见。卡特巴特然达坂北侧，岩石类型较为复杂，除碎裂岩发育外，在断面附近常有碎斑岩、碎粒岩、碎粉岩分布，局部可见断层角砾岩。北段以碎裂砂板岩、碎裂花岗岩为主，局部有少量糜棱岩化岩石。

（七）卡拉其古脆性动力变质带

卡拉其古断裂带在图幅西南卡拉其古一带北西向展布，由一系列近于平行的脆性断层组成。该断裂带切穿石炭系、二叠系、白垩系，形成了类型齐全的脆性动力变质岩，断面附近常有碎斑岩、碎粒岩、碎粉岩分布，下盘常见有构造角砾岩、碎裂岩，上盘为碎裂岩、碎裂岩化岩石，分带性明显。

第三节　接触变质岩

测区的接触变质岩较为发育，但主要分布于华力西晚期及其以后的岩体外接触带上，以热接触变质岩为主，接触交代变质岩较少，零星分布。

一、岩石类型及特征

（一）轻微变质碎屑岩类

在塔尔岩体、慕士塔格岩体、阿然保泰岩体、小热斯卡木岩体的外接触带上见有其分布，岩石类型有变石英砂岩、变粉砂岩等。该类岩石不同程度地保留着原岩的结构构造。主要表现为碎屑物中的石英具次生加大边缘，胶结物中的钙质重结晶为细晶方解石，泥质多变成了鳞片状黑云母，并呈不均匀的定向分布。部分岩石中还有少量红柱石皱晶出现。

（二）角岩类

在塔尔岩体、慕士塔格岩体、阿然保泰岩体的外接触带上常有其分布，岩石类型主要有红柱石黑云母角岩、堇青石黑云母角岩。岩石一般为灰黑色，具斑状变晶结构、角岩结构、鳞片粒状变晶结构，块状构造、微定向构造。组成矿物为石英（50%～70%）、黑云母（20%～30%）、斜长石（0～5%）、红柱石（0～15%）、堇青石（0～10%）。长英矿物常为0.05～0.2mm的不规则粒状，微定向分布；红柱石（空晶石）以变斑晶产出，常为柱状晶体，横切面可见呈十字形的碳质包裹体，大小为0.8mm×0.2mm～2.5mm×0.7mm，个别达5mm×50mm，在岩石中不均匀杂乱分布；堇青石为0.2～0.5mm的粒状，常包裹一些石英，部分向绢云母变化，在岩石中不均匀杂乱分布。

（三）板岩类

板岩类主要见于慕士塔格岩体与未分O—S的外接触带上，岩石类型为含碳质石榴泥板岩。岩石呈黑色，具变余泥质结构，板状构造。矿物成分为石英（20%～30%）、泥质（65%～75%）、钙铝榴石（3%～5%）、碳质（0～2%）。石英为0.05～0.2mm的不规则粒状，不均匀分布于泥质中；泥质大都变成了细小鳞片状绢云母，定向分布；钙铝榴石呈等轴粒状，大小为0.6～2mm，无色，裂纹发育，均质，不均匀分布。

（四）千枚岩

千枚岩见于慕士塔格岩体与未分O—S的外接触带及塔尔岩体与石炭系的外接触带上。岩石为深灰色，具粒状鳞片变晶结构，千枚状构造。矿物组成为石英（40%左右）、绢云母（50%左右）、红柱石（10%左右）等。石英呈0.05mm的不规则粒状，绢云母为小于0.05mm的鳞片状，聚集成条带；红柱石为0.5mm×0.3mm～1.3mm×0.5mm的柱状，平行消光，负延性，部分已变成了绢云母，但仍保持着柱状外形轮廓。岩石中的矿物均为不均匀的定向分布。

（五）片岩类

接触片岩主要分布于慕士塔格岩体与未分O—S的外接触带，在阿然保泰岩体与未分P_2的外接触带上也有少量分布。岩石类型有红柱石白云石英片岩、石榴石二云石英片岩、夕线黑云石英片岩、堇青石黑云母片岩、红柱石片岩等。

1. 红柱石白云石英片岩

岩石为深灰色、灰黑色，具斑状变晶结构、鳞片粒状变晶结构，片状构造。矿物成分为石英（50%～60%）、白云母（25%～35%）、黑云母（0～5%）、红柱石（5%～15%）、碳质（0～5%）。变斑晶为红柱石，一般为2.5mm×0.7mm，个别达6mm×60mm，常为柱状晶体，柱面弯曲，横切面可见呈十字形的碳质包裹体,有的被绢云母交代。石英为0.03～0.05mm的不规则粒状,云母矿物为0.05～0.1mm的片状。岩石中各类矿物均定向分布,组成片状构造。

2.石榴二云石英片岩

岩石呈深灰色,具鳞片粒状变晶结构,片状构造,矿物组成为石英(50%～70%)、更长石(0～10%)、黑云母(10%～20%)、白云母(20%～30%)、钙铝榴石(5%～10%)。石英、更长石均为0.1～0.5mm的不规则粒状,呈不均匀的定向分布;云母为0.3～0.5mm的片状,连续定向分布;钙铝榴石为1.5～4mm的不规则粒状、等轴粒状晶体,无色或淡肉红色,裂隙发育,常包裹有一些定向分布的石英,不均匀分布。

3.夕线黑云石英片岩

岩石呈深灰色,具鳞片纤状粒状变晶结构,片状构造。矿物成分为石英(50%～60%)、夕线石(20%～30%)、黑云母(10%～20%)、绿帘石(0～5%)。石英为0.05～0.2mm的不规则粒状,夕线石为0.5～2mm的纤粒状,绿帘石为柱粒状,所有矿物均定向分布。

4.堇青黑云母片岩

岩石呈灰黑色,粒状鳞片变晶结构,片状构造。矿物成分为黑云母(50%～65%)、石英(5%～20%)、更长石(5%～15%)、堇青石(10%～15%)。黑云母为0.5～2mm的褐色片状,连续定向分布;更长石为他形粒状、半自形板柱状,0.5mm×0.3mm～1mm×0.5mm,有的显聚片双晶,石英>N>树胶,不均匀定向分布;堇青石为0.8～4mm的不规则粒状,内部包裹有石英、黑云母、斜长石等矿物,杂乱分布。

5.红柱石片岩

岩石呈深灰色,具粒状变晶结构,片状构造。矿物成分为红柱石(80%)、石英(10%)、黑云母(10%)。红柱石呈长柱状,大小为1.3mm×0.5mm～4mm×1.2mm,具浅肉红色多色性,平行消光、负延性,有碳质、石英、黑云母等包裹体,定向排列;石英为0.06mm的不规则粒状,黑云母为褐色片状,均为不均匀的定向分布。

(六)片麻岩类

片麻岩类仅见于慕士塔格岩体与未分O—S的外接触带上,岩石类型主要为黑云斜长片麻岩。岩石为灰黑色,具鳞片粒状变晶结构,片麻状构造。矿物成分为更长石(60%左右)、石英(15%左右)、黑云母(20%左右)、角闪石(5%左右)。石英、更长石为0.4～0.6mm的不规则粒状,更长石部分显聚片双晶,最大消光角法测得An=27,均匀分布;黑云母为0.5～1mm的褐色片状,绕长石分布;角闪石为0.3mm×0.1mm～0.8mm×0.4mm的绿色柱状,多色性、吸收性明显,不均匀定向分布。

(七)长英质粒状岩类

长英质粒状岩类分布在慕士塔格岩体与未分O—S的外接触带上,岩石类型有斜长浅粒岩及石英岩,以后者为主。

1.石英岩

岩石呈灰黄色,具粒状变晶结构,层状构造。岩石由石英(70%～90%)、更长石(0～20%)、钙铝榴石(0～5%)、绿帘石(0～10%)、白云母(0～10%)、黑云母(0～5%)、方解石(0～2%)等组成。石英与更长石为0.1～0.3mm的不规则粒状,不均匀定向分布;绿帘石为0.1～0.4mm的粒状,略定向分布;云母矿物呈0.1～1mm的片状,定向分布;方解石为0.3～1mm的不规则粒状,局部呈脉状分布;钙铝榴石为0.4～1.5mm的粒状,淡肉红色,裂纹发育,包裹有石英、黑云母等矿物,不均匀分布。

2. 斜长浅粒岩

岩石呈灰色,具粒状变晶结构,层状构造。岩石由更长石(50%～80%)、石英(10%～40%)、黑云母(3%～5%)、透辉石(0～5%)、石榴石(0～5%)组成。石英与长石为0.05～0.2mm的不规则粒状,更长石个别显聚片双晶,最大消光角法测得An=27,不均匀定向分布;透辉石为0.1mm×0.05mm～0.6mm×0.15mm的粒状,常聚集分布;黑云母为0.05～10.15mm的褐色片状,定向分布;石榴石为0.3～0.4mm的不规则粒状,淡肉红色,裂纹发育,均质,为钙铝榴石,零星分布。

(八)大理岩

大理岩分布在慕士塔格岩体与未分O—S的外接触带及阿尕阿孜岩体与中元古界库浪那古岩群的外接触带上。岩石呈白色,具粒状变晶结构,层状构造。岩石几乎全由1.5～2mm的不规则粒状方解石组成,杂乱分布,微显定向性。局部岩石中有少量透闪石、石英与白云母。透闪石呈放射状或菊花状排列,石英与白云母在岩石中零星分布。

(九)变火山岩类

变火山岩类分布于慕士塔格岩体与未分O—S的外接触带及阿尕阿孜岩体与中元古界库浪那古岩群的外接触带上,岩石类型有变安山岩及斜长角闪岩,常保留有变余杏仁状构造。

1. 变安山岩

岩石呈灰黑色,具变余斑状结构、变余交织结构,变余杏仁状构造。变余斑晶(0～3%)为斜长石,呈半自形板柱状,大小为0.8mm×0.3mm～3mm×2mm,变余杏仁呈椭圆形,大小为0.5～0.8mm,由石英、绿泥石及方解石组成;基质中钠长石(65%左右)呈0.2～0.4mm的小板条状,部分被石英或绿帘石交代,微定向排列;石英(2%～20%)为0.05～0.1mm的粒状,不均匀分布;黑云母(5%～20%)为0.1～0.2mm的片状,不均匀定向分布;绿帘石为粒状,不均匀分布。

2. 斜长角闪岩

岩石呈黑色,具纤状、粒状变晶结构,块状构造。矿物成分为斜长石(50%～60%)、角闪石(30%～40%)、石英(5%～20%)、黑云母(5%～10%)。石英与长石为0.05～0.2mm的不规则粒状,杂乱分布,微显定向性;角闪石为绿色柱状,大小为0.7mm×0.15mm～2.5mm×0.25mm,多色性、吸收性明显,杂乱分布;黑云母为0.1～0.5mm的褐色片状,不均匀分布。

(十)矽卡岩

该类岩石不发育,仅在小热斯卡木岩体与志留系岩石的外接触带及穷陶木太克岩体与侏罗系岩石的外接触带上见有分布,属接触交代变质岩类,多在岩体边缘呈囊状零星出露。岩石为灰褐色,具柱状粒状变晶结构,块状构造。矿物成分以透辉石为主,另有少量斜长石、黑云母、透闪石、纤闪石、钙铝榴石等矿物。透辉石呈柱状,1mm×0.7mm～5mm×4mm,杂乱分布;透闪石、纤闪石呈柱状、纤状集合体,杂乱分布;钙铝榴石呈不规则粒状,淡肉红色,裂纹发育,不均匀分布;斜长石呈不规则粒状，多发生绢云母化；黑云母为褐色片状，不均匀分布。

二、接触变质相带划分

区内出露规模较大、变质矿物分带明显的接触变质晕，主要分布在慕士塔格岩体、塔尔岩体及阿然保泰岩体的外围。

（一）慕士塔格岩体的接触变质晕

慕士塔格岩体在班迪以东侵入未分O—S，使未分O—S轻微变质岩石叠加热接触变质作用，形成了较完整的接触变质晕。该接触变质晕出露宽约2km，以慕士塔格岩体为中心，沿司热洪—沙阿依克拉—孜利吉尔—给盖提一带呈不规则的半圆形分布。围岩距岩体由远而近，接触变质程度由弱到强。以特征接触变质矿物的首次出现为依据，结合矿物共生组合特征，自外向内划分为黑云母-红柱石带、红柱石-堇青石带、钙铝榴石带和夕线石带。

1. 黑云母-红柱石带

黑云母-红柱石带主要分布于慕士塔格岩体东南侧，处于接触变质晕外圈，与无接触变质的岩石呈渐变过渡关系，出露宽度约1km。岩体西侧因受后期断层影响，分布较少，出露仅10m宽。岩石类型有变砂岩、变粉砂岩、变安山岩等。变泥砂质岩石的变质矿物共生组合为Q＋Bi、Q＋Cc＋Mu＋Bi、Q＋Bi＋And(雏晶)。变安山岩的变质矿物共生组合为Ab＋石英＋黑云母＋方解石＋绿帘石。

该变质带以变泥砂质岩石中有大量黑云母及少量红柱石雏晶出现、变火山岩中有钠长石与绿帘石共生为特征。

2. 红柱石-堇青石带

红柱石-堇青石带位于黑云母-红柱石带与钙铝榴石带之间，出露宽度为500～700m。主要岩石类型有红柱石黑云母角岩、堇青石黑云母角岩、含红柱石的板岩、千枚岩、片岩、堇青石黑云石英片岩等。变质矿物共生组合为Q＋Mu＋Bi＋And、Q＋Ser＋And、Q＋Bi＋Pl＋Cord等。

该变质带以红柱石、堇青石大量出现为特征，且红柱石、堇青石均以个体较大的斑晶产出，部分包裹碳质的红柱石为空晶石。

3. 钙铝榴石带

该变质带分布于红柱石-堇青石带的内侧，出露宽度约300m。主要岩石类型有石榴二云石英片岩、(石榴)石英岩、(石榴)浅粒岩、大理岩、斜长角闪岩等。变质矿物共生组合为Q＋Pl＋Mu＋Gt、Q＋Pl＋Mu＋Bi＋Gt、Q＋Pl＋Bi＋Di＋Gt、Cc＋Q＋Mu＋Tr、Pl＋Hb＋Q＋Bi±Gt。

该变质带中以各类岩石普遍出现钙铝榴石为特征。

4. 夕线石带

该变质带紧邻岩体分布，宽10～300m。岩石类型主要有夕线黑云石英片岩、黑云斜长片麻岩等。变质矿物共生组合有Q＋Bi＋Sill、Q＋Pl＋Bi＋Hb。

该变质带以夕线石出现为特征。根据角闪石-斜长石共生矿物成分计算出该变质带的形成温度为778～816℃(表4-8)。

以矿物变质带的划分为基础、矿物共生组合为依据，按特纳(Turner,1981)的接触变质岩变质相划分方案，将慕士塔格岩体的接触变质晕自外而内划分为钠长绿帘角岩相、普通角闪石角岩相及辉石角岩相。其中钠长绿帘角岩相的范围与黑云母-红柱石带的范围相当;普通角闪石角岩相的分布范围相当于红柱石-堇青石带与钙铝榴石带的范围;辉石角岩相的分布范围与夕线石带的相当。

表 4-8 接触变质岩单矿物的化学成分(%)、参数及温压计算结果

样号	D337-1		D337-16	
岩石	黑云斜长片麻岩		角闪斜长片麻岩	
矿物	角闪石	斜长石	角闪石	斜长石
SiO_2	43.638	56.075	41.817	60.898
TiO_2	0.612	0.000	0.348	0.000
Al_2O_3	12.98	28.871	17.2	24.584
FeO	16.756	0.000	15.902	0.000
MnO	0.259	0.000	0.471	0.000
MgO	8.51	0.000	8.172	0.000
CaO	12.133	10.399	10.282	5.427
Na_2O	1.077	5.229	1.761	8.087
K_2O	1.174	0.183	0.244	0.152
Cr_2O_3	0.000	0.000	0.000	0.000
Σ	97.139	100.757	96.197	99.148
Si	6.569	2.512	6.218	2.729
Ti	0.069	0.000	0.039	0.000
Al	2.303	1.524	3.014	1.299
Fe	2.109	0.000	1.977	0.000
Mn	0.033	0.000	0.059	0.000
Mg	1.910	0.000	1.811	0.000
Ca	1.957	0.499	1.638	0.261
Na	0.314	0.454	0.508	0.703
K	0.225	0.010	0.046	0.009
Cr	0.000	0.000	0.000	0.000
X_{Am}^{Ca}	0.784		0.747	
X_{Pl}^{Ca}		0.518		0.268
K_D	0.813		0.924	
温度	816.6℃		778.2℃	

(二)塔尔岩体的接触变质晕

该接触变质晕位于图幅北东的塔尔岩体外围,接触变质晕宽200～500m,东、南、西三面环绕塔尔岩体分布。距岩体由远而近,围岩依次出现变砂岩、变粉砂岩、黑云母角岩、红柱石绢云千枚岩、红柱石二云石英片岩。以特征接触变质矿物的首次出现为依据,结合矿物共生组合特征,划分为黑云母带与红柱石带。

1. 黑云母带

黑云母带是塔尔岩体接触变质晕的主要变质带,出露宽度为200～400m,与无接触变质的岩石呈渐变过渡。岩石类型以变石英砂岩、变石英粉砂岩为主，黑云母角岩较少。常见的变质矿物共生组合有 Q+Ab+Bi、Q+Bi+Mu。以岩石中有黑云母大量出现为特征，划为黑云母带。据矿物共生组合推测其形成的温度范围为 350～400℃。

2. 红柱石带

红柱石带沿岩体边部断续分布，出露最大宽度约 100m。岩石类型有红柱石二云石英片岩、红柱石绢云母板岩、石英岩等。变质原岩为粉砂质泥岩、石英砂岩。变质矿物共生组合有 Q+Pl+Mu、Q+Bi+Mu+And、Q+Ser+And 等。据矿物共生组合推测其形成温度为 400～650℃。

以矿物变质带的划分为基础、矿物共生组合为依据，按特纳（Turner，1981）的接触变质岩变质相划分方案，将塔尔岩体的接触变质晕自外而内划分钠长绿帘角岩相、普通角闪石角岩相。其中钠长绿帘角岩的分布范围与黑云母带的范围相当，普通角闪石角岩相的分布范围与红柱石带范围相当。

（三）阿然保泰岩体的接触变质晕

该接触变质晕位于图幅西部边缘的阿然保泰岩体周围呈环状分布，晕宽 200～400m。距岩体由远而近，围岩依次出现含红柱石变砂岩、红柱石黑云母角岩、红柱石二云石英片岩、红柱石片岩等。以特征接触变质矿物的首次出现为依据，结合矿物共生组合的特征，划分出黑云母-红柱石带和红柱石带。

1. 黑云母-红柱石带

黑云母-红柱石带分布于接触变质晕的外侧，宽 350～400m，与无接触变质的岩石边界不明显。岩石类型有含红柱石变砂岩、红柱石黑云母角岩，变质原岩为杂砂岩、粉砂质泥岩。主要变质矿物组合为 Q+Bi+Mu+And(雏晶)+Act、Q+Bi+And(雏晶)，以岩石中有大量黑云母及少量红柱石雏晶出现为特征。依据矿物共生组合推测其形成温度为 350～400℃。

2. 红柱石带

红柱石带分布于接触变质晕的内侧，紧邻岩体，宽 10～50m。岩石类型有红柱石片岩、红柱石二云石英片岩，变质原岩为(含碳质)泥岩、粉砂质泥岩。变质矿物共生组合有 Q+Bi+And、Q+Bi+Mu+And。以岩石中有大量红柱石变斑晶出现为特征，部分包裹碳质的红柱石形成空晶石。依据共生矿物组合及空晶石出现推测，该变质带的形成温度范围为 400～650℃。

以矿物变质带的划分为基础、矿物共生组合为依据，按特纳（Turner，1981）的接触变质岩变质相划分方案，将阿然保泰岩体的接触变质晕自外而内划分为钠长绿帘角岩相及普通角闪石角岩相。其中钠长绿帘角岩相的分布范围与黑云母-红柱石带的范围相当，普通角闪石角岩相的分布范围与红柱石带的范围相当。

（四）其他岩体的接触变质晕

区内除以上 3 个岩体的接触变质晕发育较为完整外，其他岩体的接触变质晕出露宽度不大，分布不连续，递增变质作用不明显，变质矿物少见分带现象。

其中分布于图幅东南的阿尕阿孜山岩体侵入中元古界库浪那古岩群中，仅在库浪那古岩群靠近岩体的大理岩中有少量透闪石、透辉石等热接触变质矿物出现，透闪石放射状排列，成为“菊花石”，接触变质带宽 10～20m。另外，在外接触带边的大理岩，部分受接触交代变质作用影响成为矽卡岩，呈鸡窝状零星出露。

分布于图幅南部边缘的小热斯卡木岩体，西侧侵入志留系，在西若一带见志留系变粉砂岩受热接触变质作用影响，有少量红柱石雏晶出现。该岩体东侧侵入古元古界布伦阔勒岩群，在热斯卡木西布伦阔勒岩群大理岩受接触交代变质作用影响，形成了少量矽卡岩。

位于图幅西南的穷阿木太克岩体，在明铁盖河一带侵入侏罗系龙山组，受岩体侵入影响，部分粉砂岩变为黑云母角岩，并有少量红柱石雏晶出现。接触变质带宽1～5m，变质矿物无分带现象；边部的灰岩局部受接触交代而矽卡岩化，出现钙铝榴石、透辉石等变质矿物。矽卡岩化带断续出露，最大宽度约20m。

第四节　气-液变质岩

气-液变质岩在区内分布不广，主要局限于超基性岩、基性岩及镁质大理岩中，表现为超基性岩的蛇纹石化、滑石菱镁矿化、透闪石化，基性岩的青磐岩化、绿泥石化，镁质大理岩的透闪石化等。

一、岩石类型

（一）蛇纹石化岩石

该类岩石主要分布于柯岗蛇绿岩带及塔阿西西侧（哈尼沙里地）蛇绿岩带中，岩石类型有蛇纹岩、蛇纹石化橄榄岩等。岩石中橄榄石、斜方辉石蚀变强烈，蚀变矿物有叶蛇纹石、纤蛇纹石、绢石、滑石等。岩石发育网环结构、次生纤维状结构，块状构造、定向构造。其中的纤蛇纹石呈纤维状，一般为0.1～0.4mm，局部地段纤维长1～6mm，最长可达16mm，为温石棉。副矿物为铬尖晶石、磁铁矿。

（二）滑石菱镁矿化岩石

该类岩石见于柯岗蛇绿岩带中。岩石类型有滑石菱镁岩、滑石菱镁矿化的橄榄岩、橄辉岩等。具次生鳞片粒状结构，块状构造。岩石中的橄榄石、斜方辉石蚀变强烈，蚀变矿物以滑石、菱镁矿为主，蛇纹石少量。其中滑石为鳞片状，小于0.05mm，不均匀分布，部分见有辉石残留；菱镁矿为不规则粒状，0.2～1.5mm，闪突起明显，有磁铁矿析出，不均匀分布；蛇纹石包括叶蛇纹石和纤蛇纹石，不均匀分布。副矿物有铬铁矿、磁铁矿等。

（三）青磐岩化岩石

该类岩石主要见于柯岗蛇绿岩带及塔阿西西侧（哈尼沙里地）蛇绿岩带内，主要为辉长岩、玄武岩的蚀变岩。岩石呈灰绿色，残余斑状结构，块状构造。表现为辉石次闪石化以及绿泥石化等。蚀变强烈的岩石中辉石全部变化为次闪石，仅部分保留辉石斑晶假象。斜长石出现绿帘石化、方解石化，部分绿泥石化、钠长石化。常见的副矿物为电气石、铬铁矿等。其中次闪石主要为次生的纤状透闪石与柱状阳起石，杂乱分布；钠长石为板柱状，绿泥石为鳞片状，绿帘石、方解石为粒状，均杂乱分布。

（四）绿泥石化岩石

该类岩石主要见于柯岗蛇绿岩带内，原岩为玄武岩。岩石蚀变后具次生鳞片结构，块状构造。在蚀变强烈地段，岩石几乎全由绿泥石组成。绿泥石为片状，0.05～0.2mm，平行消光，负延性，杂乱分布。副矿物黄铁矿为0.05～0.1mm的粒状，多向褐铁矿变化。

(五)透闪石化岩石

该类岩石主要沿一些与侵入体相连的断裂分布,柯岗蛇绿岩带中也有少量分布。其中在柯岗蛇绿岩带上为超基性岩的蚀变岩,蚀变矿物以透闪石为主,绿泥石少量。透闪石为1mm左右的纤柱状,无色,具角闪石式解理,$C \wedge N_g = 13°$,绿泥石为0.5~1mm的片状,均定向排列,部分为透闪石片岩。在塔什库尔干马尔洋乡热尔哈诺一带断裂带上为镁质大理岩的蚀变岩,蚀变矿物以透闪石为主,阳起石、黝帘石少量。其中透闪石为细微的纤维状晶体,小于0.02mm,大小均匀,相互交织分布;阳起石、黝帘石为粒状,0.02~0.05mm,含量为3%~15%,不均匀分布。

二、气-液变质岩带

(一)柯岗气-液变质岩带

柯岗蛇绿岩带上气-液变质岩较为发育,有蛇纹石化岩石、滑石菱镁矿化岩石、透闪石化岩石及绿泥石化岩石。其中以超镁铁岩的强烈蛇纹石化最为普遍,主要矿物共生组合为Chr+Bas+Tal;滑石菱镁矿化岩石、透闪石化岩石及绿泥石化岩石多呈条带或沿裂隙不均匀分布,矿物共生组合为Tal+Mg、Tal+Mg+Chr、Tr+Chl、Chl+Py。超镁铁岩的蛇纹石化、滑石菱镁矿化变质时期可能大致与其形成时期相同,系岩体侵位过程中带来的大量热流、气-液与海水共同作用的结果。但沿裂隙分布的绿泥石化、透闪石化岩石,可能是后期气-液变质作用的结果。

(二)哈尼沙里地气-液变质岩带

该变质岩带岩石主要分布在塔阿西西侧(哈尼沙里地)蛇绿岩带中,岩石类型主要有青磐岩、青磐岩化玄武岩、蛇纹岩及强蛇纹石化方辉橄榄岩等。变质矿物共生组合为Ep+Tr(次闪石)+Ab、Chl+Ep+Ab+Cc、Chr+Bas+Tal。岩石变质较均匀,是海底火山活动带来的大量热流、气体与海水相互作用的结果。变质作用发生于海底,也可称为海底变质作用,变质时期与其形成时期相同。

(三)热尔哈诺气-液变质岩带

该变质岩带在塔什库尔干热尔哈诺—皮勒钦克—大同一带沿近南北向的断层破碎带断续分布,变质带宽20~50m,围岩为中元古界库浪那古岩群白云质大理岩。气-液变质岩自断裂带中心向围岩一侧岩石变质程度逐渐减弱,岩石类型由微晶透闪石岩、透闪石大理岩向未受气-液变质作用影响的大理岩过渡。变质矿物共生组合为Tr+Act、Tr+Act+Di。该变质岩带是华力西期酸性岩浆活动的残余热液,沿断裂带上升并与镁质大理岩发生交代作用的结果。

第五章　地质构造及构造发展史

图幅跨塔里木板块与西昆仑-喀喇昆仑造山带(图5-1),经历了漫长而复杂的地质构造演化历史,具复杂的变质变形特征。柯岗(科汗)结合带、康西瓦-瓦恰结合带和塔阿西结合带将测区分割成4个各具不同组成、不同变质变形特征和相对独立(相邻块体相互之间有一定内在联系)演化历程的构造块体(单元),并呈现出多层次、多样式、多机制、多阶段复杂构造变形的特点。总体构造特征表现为:塔里木板块内部在地壳结构上具有地台式双层结构(基底和盖层)特点,基底岩系变质较深,变形亦较复杂,盖层岩系虽然亦具较强烈变形但变质轻微或未变质;西昆仑-喀喇昆仑造山带在地壳结构上则基本不具前述特征,呈现为被区域断裂所分割的一个个相对独立且变形复杂的构造块体。

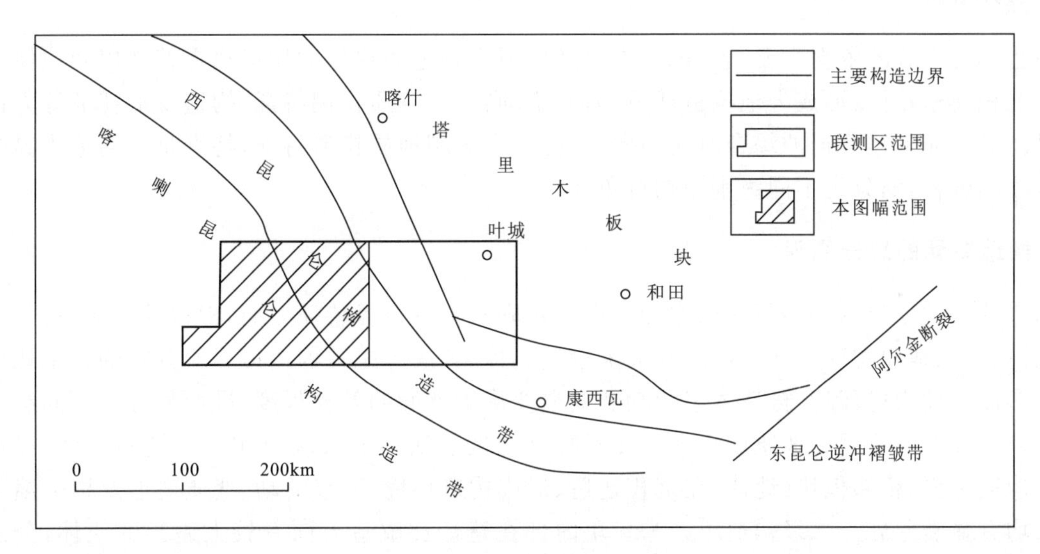

图5-1　测区大地构造略图

本报告中对构造层次的划分主要参考Carter(1987)的大陆地壳构造综合模型。浅层次指岩石仅发生脆性破裂及宽缓褶皱的地区,大致相当于地表以下0～5km的深度范围,其中接近地表仅发生脆性破裂的部分称为表层次;中部层次指岩石发生韧-脆性剪切变形及低级别(绿片岩相以下)变质的地区,褶皱为紧闭状,发育轴面面理(片理),大致相当于地表以下5～15km的深度范围;深层次指岩石发生韧性变形、流变、部分熔融及中高级变质的地区,大致相当于地表以下大于15km的深度范围。相应的构造层次形成相应的构造变形相。根据本次工作特点将构造尺度划分为区域尺度、填图尺度、露头尺度、手标本尺度和显微尺度5种级别,分别大致相当于大于1.5×10^6cm、$5\times10^4\sim1.5\times10^6$cm、$30\times10^4\sim5\times10^4$cm、0.2～30cm和0.001～0.2cm的范围。

第一节　构造阶段及构造单元划分

一、构造阶段划分

根据图幅内主要地质体形成的大地构造环境、变质变形特征、岩浆活动特征、区域性不整合特征及同位素测年资料，结合区域地质构造特征，将测区构造变形分为古元古代(2.5～1.6Ga)、中—新元古代(1.6～0.540Ga)、加里东期(540～410Ma)、华力西期(410～250Ma)、印支期(250～205Ma)、燕山期(205～65 Ma)、喜马拉雅期(<65Ma)7个构造演化阶段，各构造阶段在不同构造单元内部表现为不同的构造变形特征。

二、构造单元划分

(一)构造单元的划分依据及原则

1.划分依据

构造单元划分的依据主要是考虑区内以及区域上各地质块体的构造边界特征以及块体内部地质体的沉积建造特征、形成大地构造环境、岩浆活动特征、变质作用特征、构造变形特征等方面的异同情况。通过对上述特征的综合对比与研究，并结合区域地质构造特征，特别是各构造边界的大地构造属性的分析，划分为不同级别的构造单元。

2.构造单元的划分原则

构造单元的划分原则主要从两方面考虑。首先从构造边界特征方面，根据其组成特征、活动特征及规模历史、地球物理特征等确定其大地构造属性；其次考虑被构造边界所分割的各个地质块体内部在形成大地构造环境、构造岩浆活动和变质变形等方面的差异程度，进而划分为不同级别的构造单元。一级构造单元为地质历史中曾相对独立地发展演化的板块或相当级别地质体，以板块结合带为构造边界，相邻板块(地体)在沉积建造、形成构造环境、岩浆活动、变质变形及构造演化历史等方面均有显著差异。二级构造单元为板块内部在建造和改造方面有较大差异的块体，分别称为断陷盆地或断隆，其边界为区域性断裂；同一板块内部二级构造单元之间在沉积建造、形成构造环境、岩浆活动及变质变形特征等方面虽有较大差异，但在某些方面往往具有内在联系，尤其是构造演化上。

(二)构造单元划分

根据上述划分原则，图幅内以科岗结合带和康西瓦-瓦恰结合带为界，区内自北东至南西可分别划分为塔里木板块、西昆仑构造带和喀喇昆仑构造带3个一级大地构造单元；其中，喀喇昆仑构造带又以塔阿西结合带为界，划分为塔什库尔干陆块和明铁盖陆块两个二级大地构造单元，两个陆块的性质、级别有待进一步确定；塔里木板块仅涉及其边缘构造带——铁克里克陆缘断隆，其东部又被西昆仑山前逆冲推覆带叠加其上(表5-1，图5-2)。

表 5-1　图幅构造单元划分表

一级构造单元	二级构造单元	三级构造单元	边界断裂
塔里木板块	铁克里克陆缘断隆	西昆仑山前逆冲推覆带	—西昆仑山前逆冲推覆带后缘断裂 —柯岗结合带 —康西瓦-瓦恰结合带 —塔阿西-色克布拉克结合带
		塔里木板块活动陆缘	
西昆仑构造带			
喀喇昆仑构造带	塔什库尔干陆块		
	明铁盖陆块		

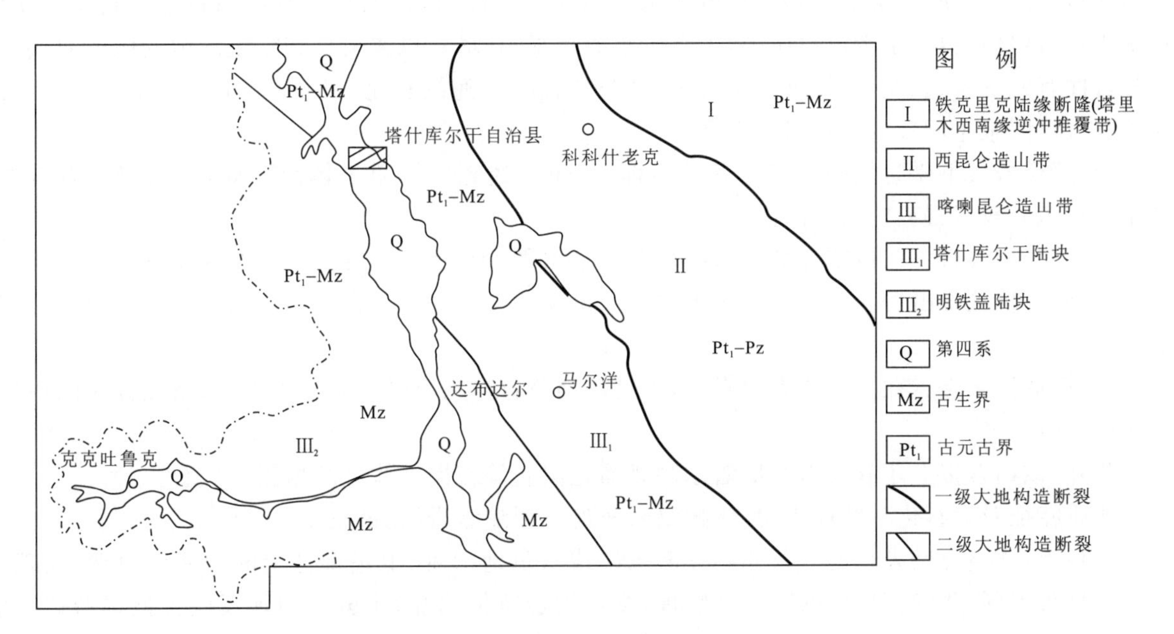

图 5-2　构造分区略图

第二节　主要构造边界特征

区内最主要的构造边界为科岗结合带和康西瓦-瓦恰结合带，构成塔里木板块与西昆仑构造带以及西昆仑构造带与喀喇昆仑构造带的构造边界；其次，塔阿西结合带构成喀喇昆仑构造带内部塔什库尔干陆块和明铁盖陆块的构造边界，而西昆仑山前逆冲推覆断裂带则叠覆于铁克里克陆缘断隆之上，构成三级构造单元。

一、柯岗结合带

(一)空间展布及组成特征

该结合带出露于莎车县科汗、塔县栏杆东北、阿克陶县塔尔南、巴拉土斯一带，呈北西向展布，南东端于图幅的东部柯岗(科汗)附近被西昆仑山前逆冲推覆带所切截，并以该逆冲推覆带的后缘断裂即东邻图幅的赫罗斯坦河断裂带作为现今的构造边界，向北西延入英吉沙县幅，大致可与奥依塔克蛇绿岩带相连。

该结合带走向为 290°～330°，总体约 310°，在图幅内出露长度大于 85km，宽数百米至 5km，主构造界面为奥陶系玛列兹肯群砾岩(局部为蓟县系桑珠塔格群或石炭系)与中元古界库浪那古岩群之间的韧性剪切边界(图版Ⅵ,2),在其东侧,还有一系列与其平行展布的断裂,共同组成了该结合带的断层系。受多期变形改造影响,断面倾向变化较大,总体上以向北东陡倾为主,倾角60°~85°,局部向南西陡倾。

该结合带为塔里木板块与西昆仑构造带的碰撞、拼合边界,主剪切界面分割了塔里木地层区和秦祁昆地层区两套地层系统,分划性特征明显。本次调查在该结合带上发现典型的蛇绿岩组合,其主要构成如下。

(1)超镁铁质—镁铁质岩石。主要包括喀特列克(柯岗)、阔克吉勒嘎2个超镁铁质岩体(图版Ⅳ,5,6),与围岩呈断层接触;另外,在塔尔东塔尔花岗岩体内,还见到大量次闪石岩等超镁铁质—镁铁质岩石包体,包体小者仅数厘米,大者可达数百米;在塔尔以北也见到零星的蚀变橄榄岩块体。主要岩性有蛇纹岩、蚀变(以蛇纹石化为主)橄榄岩、蚀变(蛇纹石化、滑石化)橄辉岩、次闪石岩(蚀变辉石岩)(图版Ⅹ,8)、蚀变角闪石岩等。

(2)辉长岩。主要为栏杆尔巴希辉长岩体,位于上述超镁铁质岩体南西侧,侵入玛列兹肯群。另在塔尔东有较多石英闪长岩出露。

(3)蚀变玄武岩。在该结合带东南端可汗一带出露,为灰绿色,发生强烈的绿泥石化。

(4)变杏仁状安山岩。在塔尔东岩体中见大量保留有完好变余杏仁构造的这类岩石包体(图版Ⅴ,1)。

(5)构造混杂岩。在主构造界面附近,可见玛列兹肯群钙质砾岩呈大小不一、杂乱分布的块体,宽度可达数百米。

此外,该结合带上还有华力西期塔尔同碰撞花岗岩等花岗岩体(脉)出露。

地质特征及岩石化学特征表明,该蛇绿岩属岛弧型蛇绿岩(见第三章)。

地貌上,该结合带表现为一条北西—南东向线状负地形带,卫星影像上断裂两侧色调、纹理等特征均显著不同,并发育细密的同方向纹理,线性构造特征明显,十分突出地反映了该构造边界的存在。

(二)构造变形特征

沿主剪切界面及其两侧的变形十分强烈,主要表现为具中部构造层次变形特征的强烈韧性剪切活动。沿主剪切界面及其附近,形成宽数十米至数百米的糜棱岩带和强构造片理化带,其强烈构造变形的影响范围可达10千米以上,剪切带及其两侧发育大量拉伸线理(由长英质矿物、角闪石、黑云母等矿物定向生长以及砾石强烈拉伸所构成)、"A"型褶皱以及不对称变形组构,如旋转碎斑系、书斜构造、云母"鱼"、不对称小褶皱等,这些不对称变形组构大部分指示了自北东向南西方向的推覆兼具右行走滑活动,在该韧性剪切带的北东侧,奥陶系玛列兹肯群下部砾岩之砾石强烈定向拉长,其长、短轴之比可达5∶1~10∶1,从侧面反映了该韧性剪切活动的巨大规模。

除了强烈的韧性剪切特征外,沿剪切带往往叠加有后期脆性破碎带,其规模和影响范围远不及韧性剪切带大,产状与韧性剪切带基本一致,岩石强烈破碎,发育大量的构造角砾岩、碎斑岩、碎粉岩、强挤压片理化带等,并多具有中部为强挤压片理化带和碎粉岩、向两侧渐变为碎斑岩及碎裂岩化岩石的水平分带特征,宽数米至数十米,断面往往不平直,呈舒缓波状,旁侧小构造(片理及节理方向、小牵引褶皱等)以及构造岩组合特征反映其以自北东向南西方向的逆冲活动为主。

此外,在部分地段,还见有张性角砾岩,呈棱角状碎块,叠加于挤压破碎带之上,规模更小,代表了后期曾发生过拉张正断活动。

(三)活动期次、时代及其大地构造意义

根据以上断裂带的特征分析,该断裂带至少经历过3个大的构造活动阶段。

(1)蛇绿岩的形成、发展时期

由于无可靠的定年数据,该蛇绿岩形成的确切时代尚无法确定。从以下特征推断,它主要形成于加里东晚期—华力西期:①与蛇绿岩相关的岩体侵入有可靠化石依据的奥陶系玛列兹肯群;②塔尔以东石炭纪地层中有大量具变余杏仁构造的变质安山岩,可能也与该蛇绿岩有关;③侵入石炭系的塔尔花岗岩体的构造环境属同碰撞环境,可看作该蛇绿岩演化阶段的结束。它表明,在加里东晚期—华力西期,塔里木板块西南缘为活动大陆边缘构造环境,西昆仑构造带开始向塔里木板块之下俯冲,并于塔里木板块西南缘的活动大陆边缘上形成了该岛弧型蛇绿岩,至华力西中晚期,两构造单元基本拼合在一起,并继之发生碰撞作用。

(2)早期韧性剪切活动时期

早期的韧性剪切活动应是伴随着蛇绿岩的形成和发展演化大致同时发生的,时间同样应为加里东晚期—华力西期。随着俯冲作用的持续进行,沿俯冲界面及其附近发生强烈的韧性剪切作用,拉伸线理及不对称组构反映出自北东向南西方向的韧性推覆剪切活动兼有右行走滑性质,表明俯冲方向与板块边界并不完全垂直。

(3)后期脆性断裂活动时期

该期活动基本沿早期韧性剪切带活动,但其规模和影响范围远不及韧性剪切活动大和强烈。它切割了早期韧性剪切面,断面主体仍为北东倾,应是蛇绿岩形成、发展和早期韧性剪切活动后,塔里木板块与西昆仑构造带发生碰撞、隆升后继续挤压地壳浅表构造层次变形的产物,主要应形成于中生代时期。这期间,发生过短暂时间的侧向拉张,地壳应力释放,形成了该构造边界上的张性构造岩和正断层。

综上所述,柯岗结合带是西昆仑造山带上一条非常重要的构造边界,是塔里木板块的西南活动大陆边缘。根据卷入该结合带变形的地层、岩浆岩等资料分析,其应形成于加里东晚期—华力西期(主要应在华力西期)。在这一时期,发生西昆仑构造带向塔里木板块之下的俯冲作用,形成该带上的岛弧形蛇绿岩及其与之相配套的岩石组合,并沿板块边界发生强烈的韧性剪切作用。中生代时期,随着西昆仑构造带与塔里木板块两构造单元完成拼贴过程,继之发生陆-陆碰撞,沿早期韧性剪切带发生脆性逆冲活动,在逆冲推覆活动的间歇期,由于地壳应力的短暂释放,在其上叠加了张性正断层。

二、康西瓦-瓦恰结合带

(一)空间展布及组成特征

该带自南邻图幅延入,展布于塔什库尔干县皮也可大坂西、瓦恰、辛迪一带,向北延入区外,经野外调查,证实其主断裂界面与康西瓦断裂带相接。

该结合带区内呈北西—北北西向延伸,走向为310°～10°,总体约330°,在图幅内出露长度大约150km,宽数百米至10km,主构造界面为西南侧的布伦阔勒岩群与东北侧的古生代地层(主要为石炭系)之间的断层带(图版Ⅵ,3),在其东侧,还有一系列与其平行展布的断裂,共同组成了该结合带的断层系。受多期变形改造影响,主断面以及旁侧次级断层倾向变化较大,总体上以向南西倾为主,在少数断层及主断裂的局部地段向北东陡倾,倾角变化也较大,一般为30°～60°,局部陡倾—近直立,在剖面形态上多呈铲状。

该结合带为西昆仑构造带与喀喇昆仑构造带之塔什库尔干陆块的碰撞、拼合边界,主剪切界面分割了分属不同时代、不同构造环境形成的两套地层系统,分划性特征明显。该结合带上存在不完整的蛇绿岩组合,可大致与库地蛇绿岩的位置相对应,可能是该蛇绿岩的西北延伸部分。其主要构成如下:

(1)超镁铁质-镁铁质岩石。主要为蚀变辉石岩,与辉长岩共生,另还见到橄榄岩转石。

(2)辉长岩。与蚀变辉石岩及石英闪长岩共生。

(3)(杏仁状)英安岩、英安质角砾熔岩。该岩为石炭系的重要组成部分,局部发育枕状构造。

(4)硅质岩。也为石炭系的组成部分,数量较少。

此外,该结合带上还分布着一系列华力西晚期—印支期的同碰撞花岗岩体。

地质特征及岩石化学特征表明,该蛇绿岩属岛弧型蛇绿岩(见第三章)。

地貌上,该结合带表现为一条北西—南东向线状河谷地带,卫星影像上断裂两侧色调、纹理等特征均显著不同,线性构造特征明显,十分突出地反映了该构造边界的存在。

(二)构造变形特征

该结合带构成西昆仑构造带与喀喇昆仑构造带以及西昆中侵入岩带与西昆南侵入岩带的构造边界,发育强烈的糜棱岩化和构造片理化带,构造面理总体向南西倾,倾角中等为主,局部较陡,在边界断裂东侧,发育瓦恰-哈瓦迭尔基性—超基性岩带,主要有辉石岩、辉长岩和中基性火山岩(局部发育枕状构造),少量辉橄岩、角闪石岩,应为其残留成分。

沿主剪切界面及其两侧的变形主要表现为具中深—中浅构造层次变形特征的强烈韧性剪切活动及其叠加其上的后期脆性断裂活动。沿主剪切界面及其附近,形成宽数十米至数百米的糜棱岩(化)带和强构造片理化带,形成糜棱岩、构造片岩等韧性构造岩,局部还见超糜棱岩,不对称组构发育,如不对称小褶皱、旋转碎斑系等,大多指示自南西向北东的逆冲推覆活动。

与柯岗结合带不同的是,该带后期脆性断裂活动十分强烈,在约10km宽的范围内,尤其是在石炭纪地层分布区的东西两侧,密集分布着多条脆性断裂,以强烈的挤压逆冲为主要特征,破碎带宽度可达数百米(图5-3,图5-4)。其他断裂也多具挤压逆冲特征。

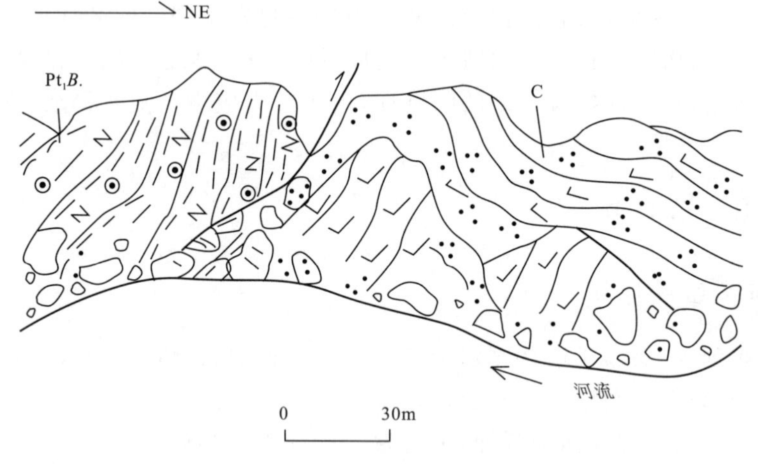

图5-3 瓦恰东南布伦阔勒岩群($Pt_1B.$)逆冲石炭系(C)之上

(三)活动期次、时代及其大地构造意义

根据以上断裂带的特征分析,该断裂带至少也经历过3个大的构造活动阶段。

(1)蛇绿岩的形成、发展时期

由于石炭系有较可靠的化石资料,该蛇绿岩的形成时代可确定主要为石炭纪。它表明在华力西期西昆仑构造带的南西侧为活动大陆边缘构造环境,塔什库尔干陆块开始向塔里木板块之下俯

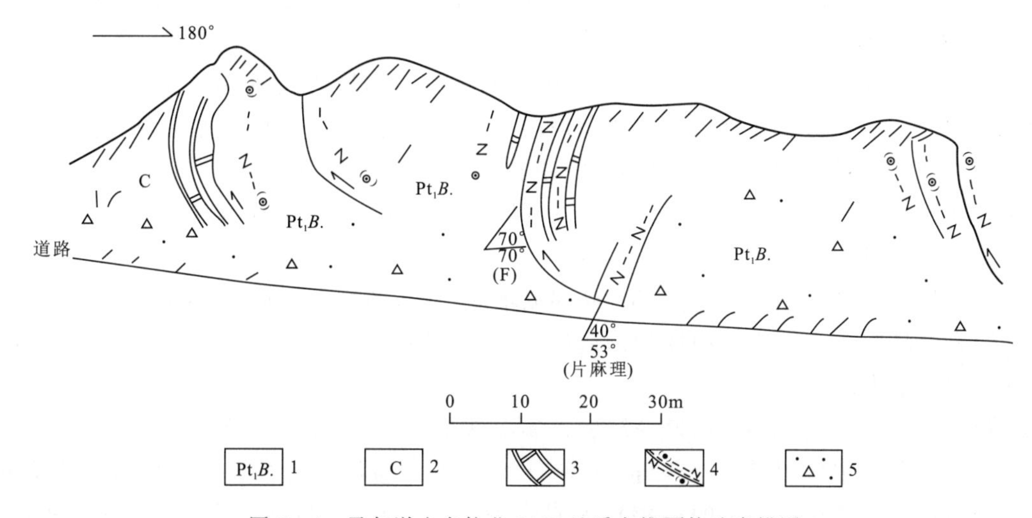

图 5-4　马尔洋乡卡拉北 2662 地质点推覆构造素描图
1.布伦阔勒岩群;2.石炭系;3.大理岩;4.含石榴黑云斜长片麻岩;5.碎裂岩

冲,并于西昆仑构造带西南缘的活动大陆边缘上,形成了该岛弧型蛇绿岩,至华力西晚期,两构造单元基本拼合在一起,并继之发生了碰撞作用,形成了沿西昆仑构造带陆缘一侧的华力西期—印支期同碰撞型花岗岩。

(2)早期韧性剪切活动时期

早期的韧性剪切活动应是伴随着蛇绿岩的形成和发展演化大致同时发生的,时间同样应主要为华力西期。随着俯冲作用的持续进行,沿俯冲界面及其附近发生了强烈的韧性剪切作用,不对称组构指示剪切指向为自北东向南西推覆,亦即自南西向北东俯冲,表明韧性剪切是板块俯冲活动的产物。

(3)后期脆性断裂活动时期

该期活动除了沿早期韧性剪切带活动外,在其外围还形成多条新的断裂,其规模和影响范围似比韧性剪切活动还大。它切割了早期韧性剪切面,断面主体仍为南西倾,应是蛇绿岩形成、发展和早期韧性剪切活动后,塔什库尔干陆块与西昆仑构造带发生碰撞、隆升后转换为地壳浅表构造层次继续挤压变形的产物,主要应形成于中生代中晚期—新生代时期。

总之,康西瓦-瓦恰结合带为西昆仑造山带内部又一条非常重要的构造边界,它是塔什库尔干陆块向北东俯冲、拼贴、碰撞的产物,代表了西昆仑构造带的西南活动大陆边缘。从卷入该结合带变形的地层、岩浆岩等资料分析,其主要形成于华力西期,但可能在加里东晚期就已存在,最终闭合于华力西晚期—印支期。

三、塔阿西-色克布拉克结合带

(一)空间展布及组成特征

该结合带位于塔什库尔干县达布达尔乡西若—赞格尔达坂西—塔阿西一线,塔什库尔干河谷(塔什库尔干断裂)以西,其位置被喜马拉雅期卡英代-卡日巴生岩体所占据,向南延出测区。

该结合带走向为 300°～350°,总体约 325°,在图幅内出露长度约 80km,宽数百米至 20km,主构造界面为北东侧古元古界布伦阔勒岩群与南西侧志留系温泉沟群之间的逆冲推覆断裂(图版Ⅵ,4),为一规模巨大的韧脆性逆冲推覆型剪切带,发育宽数十米至百余米的破碎带和构造片理化带,局部见糜棱岩,构造界面较一致向北东缓倾,多呈波状起伏,倾角一般为 20°～30°,局部叠加有后期脆性高角度逆冲断层，倾角较陡，可达 60°～80°，岩石破碎强烈，形成宽数十米的破碎带，由碎粉岩、碎斑岩及碎裂岩化岩组成。

该结合带为喀喇昆仑构造带之塔什库尔干陆块与明铁盖陆块的碰撞、拼合边界，主剪切界面分割了分属不同时代、不同构造环境形成的两套地层系统，分划性特征明显。本次调查在该结合带主剪切界面西侧在哈泥沙里地以东发现典型的蛇绿岩组合，其主要构成如下：

(1)超镁铁质-镁铁质岩石。包括蛇纹岩、方辉橄榄岩及橄榄方辉辉石岩等，零星出露于辉长岩体的边部(图版Ⅴ,2;Ⅸ,1,2)。

(2)蚀变辉长-辉绿岩。与玄武岩伴生，局部见堆晶结构(图版Ⅴ,3;Ⅸ,3,4,5,6)。

(3)玄武岩。具变余杏仁构造和枕状构造(图版Ⅴ,4,5;Ⅸ,7,8;Ⅹ,1,2)。

(4)硅质岩。呈夹层产于玄武岩中。

地质特征及岩石化学特征表明，该蛇绿岩仍属岛弧型蛇绿岩(见第三章)。

此外，在该结合带主剪切界面以东塔什库尔干水电站—马尔洋达坂东一线的古元古界布伦阔勒岩群中，分布着一条宽达数千米的石榴角闪岩变质带，石榴石含量达 30%以上，含有单斜辉石，石榴石具特征的“白眼圈”构造，为较典型的退变高压变质岩石；在该结合带主剪切界面以西的志留系温泉沟群中，出现少量红柱石片岩(附近无岩体出露，非接触热变质产物)，石榴角闪岩的 U－Pb 锆石 SHRIMP 年龄(451±22Ma)与变玄武岩的 U－Pb 锆石 SHRIMP 年龄 (433±20Ma)在误差范围内一致(两年龄数据均为本次工作获得)，故它们可能代表了两构造单元俯冲过程中形成的双变质带。

地貌上，主构造界面表现为一条北西—南东向线状负地形带，卫星影像上断裂两侧色调、纹理等特征均显著不同，线性构造特征明显，十分突出地反映了该构造边界的存在。

(二)构造变形特征

主构造界面以及与之平行的次级断裂均表现出大规模的自北东向南西方向的韧脆性推覆作用特征，布伦阔勒岩群推覆于温泉沟群之上，自推覆界面向西，温泉沟群以及塔什库尔干河谷以西的晚古生代地层中，发育大量平卧褶皱和轴面北东倾的紧闭同斜褶皱(图版Ⅶ,1,2,3;Ⅹ,7)，褶皱尺度从手标本大小到露头规模比比皆是，褶皱形态自东向西呈现有规律的变化，东部均为平卧—近平卧褶皱，向西依次逐渐变为紧闭同斜褶皱、倒转褶皱、轴面北东倾的斜歪褶皱，这种褶皱形态的逐渐变化充分说明其形成完全受推覆构造制约。

后期的脆性变形主要表现为大致沿早期破裂面形成的新断裂面，与邻近的褶皱明显不协调，构造岩特征及断层组构特征反映其断层性质为自北东向南西方向的逆冲。

(三)活动期次、时代及其大地构造意义

根据以上结合带的特征分析，该断裂带至少经历过 3 个大的构造活动阶段。

(1)蛇绿岩的形成、发展时期

本次工作在沙依地库拉沟温泉沟群碳质板岩中采获早志留世笔石，并取得哈尼沙里地变玄武岩的 U－Pb 锆石 SHRIMP 年龄 (433±20Ma)的数值，二者相互验证，确认该蛇绿岩的形成时代为早古生代。它表明，在加里东期，明铁盖陆块东缘为活动大陆边缘构造环境，存在一个陆缘岛弧，塔什库尔干陆块向明铁盖陆块之下俯冲，并于明铁盖陆块东缘形成了该岛弧型蛇绿岩，俯冲作用还在该结合带东西两侧分别形成了高压变质带和高温低压变质带。在加里东晚期，两构造单元基本上拼合在一起。

(2)早期韧脆性剪切活动时期

早期的韧脆性剪切活动应是伴随着蛇绿岩的形成和发展演化大致同时发生的，但开始要晚，持

续时间则应该更长，因为明铁盖陆块的晚古生代地层也卷入了由推覆作用引发的褶皱，故早期韧性剪切活动的时间应为加里东晚期—华力西期。另一方面，推覆方向与俯冲方向相同，均为自北东向南西，表明韧脆性推覆构造应是俯冲作用在浅部构造层次由于边界条件限制所造成的反向逆冲推覆的结果。

(3)后期脆性断裂活动时期

该期活动基本沿早期韧性剪切带活动，但其规模和影响范围不及韧性剪切活动大和强烈。它切割了早期韧性剪切面，断面主体仍为北东倾，应是中新生代时期近现代构造运动的产物，应与"帕米尔构造结"的影响有关。

因此，塔阿西-色克布拉克结合带是区内又一条重要的构造边界，它应是原(古)特提斯闭合期塔什库尔干陆块向明铁盖陆块俯冲、拼贴的产物，蛇绿岩带属于明铁盖陆块的东北活动大陆边缘，从卷入该结合带变形的地层以及蛇绿岩本身的测年资料表明，其形成于加里东期，闭合于加里东晚期—华力西期。中生代以后，随着"帕米尔构造结"的形成和构造变形日趋强烈，沿早期韧性剪切带发生脆性逆冲活动。

第三节　各构造单元内部构造变形特征

一、塔里木板块

塔里木板块位于图幅东北部，南西以柯岗结合带(断裂带)为界与西昆仑构造带相邻，图幅内仅涉及塔里木板块南部边缘——铁克里克陆缘断隆之一部分，其东南部还被西昆仑山前逆冲推覆带所叠加。

该构造单元位于塔里木盆地外缘。沉积建造具有典型的基底与盖层的地台型双层结构特点，基底岩系为古元古界赫罗斯坦杂岩群及同期古侵入体，已遭受较强变质变形；盖层岩系由长城系碎屑岩建造、蓟县系桑珠塔格群和博查特塔格组碎屑岩-碳酸盐岩夹火山岩建造、奥陶系玛列兹肯群碎屑岩-碳酸盐岩建造、上古生界碎屑岩-碳酸盐岩建造、中生界碎屑岩建造等构成，基本上未变质或轻微变质，变形主要受柯岗结合带和西昆仑山前逆冲推覆带影响，不同部位差异较大。岩浆活动除中元古代英云闪长岩及沿柯岗结合带华力西期与蛇绿岩有关的岩浆活动较强烈外，其他不发育。

(一)基底岩系变形特征

基底岩系赫罗斯坦岩群及其侵入其中的古元古代变质变形花岗岩发生高角闪岩相变质，变形以中深层次揉流变形为主，通过岩石片麻理、表壳岩包体(尤其是长条状包体)、暗色包体的变形表现出来，主要表现为手标本—露头尺度的片内无根褶皱、揉流状褶皱和韧性剪切(构造片理化带、糜棱岩带等)等，区域片麻理走向以北西向为主，倾向及倾角变化均较大，变形基本上是透入性的，在大的尺度上(填图尺度以上)是均匀的。由于该变形具流变学特征，不符合固体力学规律，加上区内分布面积很小，故大尺度的变形形迹已难以恢复。该类型变形在盖层岩系中未见，因此，其变形时代为古元古代无疑。由于该岩群刚性程度较高，除了西昆仑山前逆冲推覆带对其产生较明显的改造、影响外，后期构造基本无反映。

(二)盖层岩系变形特征

盖层岩系在区内又可分为两部分：一部分属塔里木板块活动陆缘的组成部分，主要包括蓟县系桑株塔格群、奥陶系玛列兹肯群和未分石炭系，为相对活动的地台型沉积建造，发生轻微变质，其变形主要与柯岗结合带有关；其余部分属相对稳定的地台型沉积建造，基本未变质，其变形主要与西昆仑山前逆冲推覆带有关。区域上盖层内部存在多个不整合面，但多为微角度不整合或平行不整合，表明除大陆边缘外，构造运动主要发生于古元古代中晚期(基底变形)和中新生代时期(西昆仑山前逆冲推覆构造)，其他时期以差异性升降运动为主，构造变形不强烈。

1. 塔里木板块活动陆缘

该构造单元主要受柯岗结合带变形的影响，其变形强烈程度与距结合带的距离成正比，在接近结合带的区域，桑株塔格群、玛列兹肯群和未分石炭系岩层强烈变形，褶(揉)皱极发育，但填图规模的褶皱较少见，岩石遭受强烈韧性—韧脆性剪切，其中最典型的是玛列兹肯群下部砾岩之砾石强烈拉长定向，其定向方向大致与岩层倾向相一致，明显是受到构造边界变形的影响。在稍远离结合带的区域，变形相对较弱。由于该构造单元内元古宙岩浆岩较发育，加上山势陡峻，通行条件极差，仅区分出 2 个填图尺度的倾伏小褶皱，均位于玛列兹肯群内部。

该构造单元内断裂按形成时间顺序和性质、方向可分为 4 组。

(1)近东西向断层。该组断层主要分布于各岩体中，断面向南陡倾，被近南北向断层切错，性质不明，形成时代可能为华力西期。

(2)北西向逆冲断层。该组断层分布于柯岗结合带附近并与该结合带平行展布，总体属柯岗结合带的组成部分，除近东西向断层外，被其他各组断层切错，性质均为逆冲断层，其显然与柯岗结合带的活动有关，应形成于华力西期。

(3)近南北向—北北西向逆冲断层组。该组断层分布区域靠近西昆仑山前逆冲推覆构造带，断面多向西或南西西倾，实际上属该山前逆冲推覆构造带的组成部分，切错柯岗结合带，主要形成于中生代晚期—新生代早期(图 5-5)。

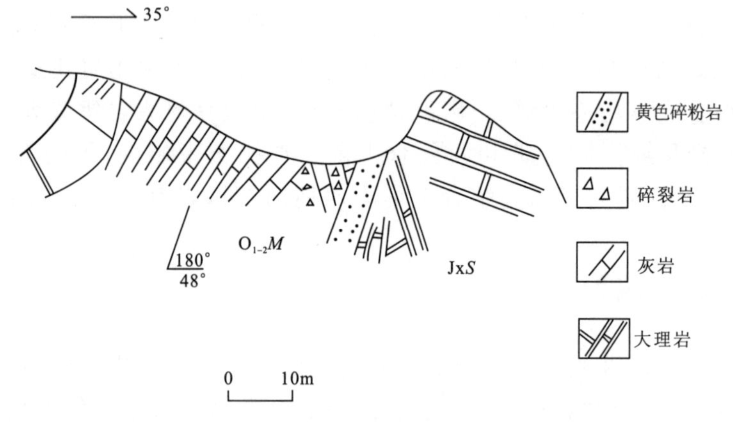

图 5-5　库斯拉甫乡塔木其附近玛列兹肯群($O_{1-2}M$)
与桑株塔格群(JxS)断层关系剖面图(2629 点)

(4)北西西向逆冲断层组。该组断层切错西昆仑山前逆冲推覆构造带的后缘断裂——库斯拉甫-赫罗斯坦河断裂带，断面南西倾，它实质上仍属西昆仑山前逆冲推覆构造带的组成部分，应为新生代早期的产物。

其他主要褶皱、断层特征见表 5-2、表 5-3。

表 5-2　区内主要褶皱特征

序号	名称	规模		走向	核部地层	两翼地层及产状	轴面	其他特征
		长(km)	宽(km)					
1	空木达坂片麻理褶皱带	25	18	140°	$Pt_1B.$	西南翼倾角 45°～60°，东北翼倾角 38°～67°	南西倾	褶皱表现为一系列片麻理的平卧褶皱、斜卧褶皱以及片内无根褶皱等，并形成一系列复式背向形构造
2	买热孜干达坂倾伏向斜	3.5	2	180°	$O_{1-2}M$	西翼东倾 40°，东翼西倾 40°	直立	褶皱表现为开阔对称褶皱，轴线向南南西方向倾伏
3	阿克乔喀背斜	10	2.5	165°	J_Xbc	西南翼倾角 65°，东北翼倾角 50°	东北倾	总体为一开阔褶皱，其内发育一系列次级平行排列的背向斜多个
4	亚瓦勒克向斜	10	2	170°	J_Xbc	西翼东倾 45°，东翼西倾 15°	西倾	总体为一开阔褶皱，其内发育一系列次级平行排列的背向斜多个
5	阿克希腊克达坂倾伏背斜	25	10	135°	P_2	南西翼倾角 50°～70°，北东翼倾角 30°～41°	北东倾	褶皱极发育，不同级别露头均可见大量近平卧的同斜褶皱发育，并形成一系列轴面北东倾的紧闭褶皱，轴线向南东方向倾伏
6	克斯勒厄格勒塔背斜	7	2	125°	C	西南翼倾角 41°，东北翼倾角 40°	直立	总体为一开阔褶皱，其内发育一系列多个次级平行排列的背向斜，向东延出图幅，西侧被北西向断层组所破坏
7	塔阿西紧闭褶皱带	20	10	135°	S_1w	南西翼倾角 45°～60°，北东翼倾角 38°～60°	北东倾	褶皱极发育，不同级别露头均可见大量近平卧的同斜褶皱发育，并形成一系列轴面北东倾的紧闭褶皱，自东向西变形增强，轴面产状渐陡。
8	白尔力克片麻理紧闭褶皱带	25	20	130°	Pt_1B	南西翼倾角 45°～60°，北东翼倾角 38°～67°	南西倾	褶皱表现为一系列片麻理的平卧褶皱、斜卧褶皱以及片内无根褶皱等，并形成一系列复式背向形构造
9	沙拉克他什达坂背斜	15	3.5	160°	S_1w	南西翼倾角 45°～60°，北东翼倾角 40°	北东倾	不同级别露头均可见大量近平卧的同斜褶皱发育，并形成一系列轴面北东倾的紧闭褶皱，自东向西变形增强，轴面产状渐陡
10	赛力克塔什向斜	20	2	170°	P_2	南西翼倾角 50°～52°，北东翼倾角 62	北东倾	可见大量近平卧的同斜褶皱发育，并形成一系列轴面北东倾的紧闭褶皱，东翼与萨热克塔什背斜之西翼相连
11	拉吉里阿向斜	30	5	90°	$J_{1-2}l$	北翼南倾 24°～41°，南翼北倾 13°～21°	南倾	总体为一开阔褶皱，其内发育一系列多个次级平行排列的背向斜
12	乌勒蒙额孜背斜	5	2	110°	$O_{1-2}M$	北东翼倾角 60°，南西翼倾角 73°	北东倾	总体为一开阔褶皱，北翼及南翼均被断层截切，向西被断层破坏，向东被超基性岩体侵吞
13	科克尤勒塔背斜	3	1	120°	J_XS	南西翼倾角 70°，北东翼倾角 76°	直立	轴线呈缓波状，伴有次一级与之平行排列的背向斜多个，可见轴面北东倾的同斜褶皱。南西侧被古元古代侵入岩破坏，北东侧被北西向断裂组截切
14	墩也尔片麻理紧闭褶皱带	37	12	130	$PtK.$	南西翼倾角 36°～52°，北东翼倾角 38°～67°	南西倾	褶皱表现为一系列片麻理的平卧褶皱、斜卧褶皱以及片内紧闭褶皱、倾竖褶皱、肠状及不规则状褶皱等，并形成一系列复式背向形构造
15	萨热克塔什背斜	25	3	170°	P_2	南西翼倾角 62°，北东翼倾角 50°	北东倾	可见大量近平卧的同斜褶皱发育，并形成一系列轴面北东倾的紧闭褶皱，西翼与赛力克塔什向斜之东翼相连。
16	罗布盖孜河紧闭褶皱带	25	10	120°	S_1w	南西翼倾角 21°～80°，北东翼倾角 65°～70°	北东倾	褶皱极发育，不同级别露头均可见大量近平卧的同斜褶皱发育，并形成一系列轴面北东倾的紧闭褶皱，自东向西变形增强，轴面产状渐陡

表 5-3　主要断裂特征

编号	名称	规模及产状					主要特征	矿化蚀变	性质	时代
		长度（km）	宽度（m）	倾向（度）	倾角（度）	走向（度）				
F1	赛克布拉克草场东	9.3	10		近直立	140	两盘均为 $\eta\gamma_6$；南西盘见有 Pt 被断层错断。断裂带花岗岩有断层泥化现象		性质不明	
F2	克孜里克库尔琴	3.7	3.0	293	46	205	上盘为 Qh^{pl}，下盘为 $Pt_1B.$ 地层。东侧基岩有线性三角面，西侧分布有线性洪积扇裙		活动正断裂	全新世以来
F3	木夏哈斯	13	5.0	283	46	350	上盘为 Qh^{pl}，下盘为 $Pt_1B.$。东侧基岩有线性三角面，西侧分布有线性洪积扇裙，并见有孤立岩块，岩性同东侧基岩		活动正断裂	全新世以来
F4	辛迪	11	5.0	45	81	135	两侧均为 $Pt_1B.$，破碎带主要由碎裂片岩组成		性质不明	
F5	瓦恰	＞60					见正文		结合带	
F6	协力波斯	5.5	20	217	68	310	两侧均为 $\eta\gamma_5^1$，南西侧还见有 δo_5^1 并被断层错断。断层带由碎裂角闪石花岗岩、碎裂含长角闪岩及花岗岩挤压透镜体		右行逆断层	
F7	普依普鲁克	10	3～5	66	65	340	两侧均为 $\eta\gamma_5^1$，断层带由碎裂片麻状花岗岩组成，东盘片麻理变陡		正断层	
F8	五楼-卡克	50	3	235	70	330～350	上盘为 O—S 及 $\eta\gamma_5^1$，下盘为 O—S 地层。断层两边岩石片理明显增强或发育碎裂岩		逆断层	
F9	柯克亚尔	44	100	220或120	65～72	330～350	东盘为 δo_4^3 及 O—S 地层，西盘为 δo_4^3 及 $\eta\delta o_3^2$。糜棱岩面理近直立，大多数长石和石英呈旋转碎斑，可见部分强糜棱岩化		逆断层	
F10	苏阿克	20	2～3		直立	250	北北西盘为 C，南南东盘为 Jx*S*		性质不明	
F11	阿谷锐	23	5	186	70	90	断层两侧均见 Jx*S*、$\eta\delta o_3^2$ 及 $\eta\gamma_4^3$。断层带碎裂岩发育，影像上线性特征明显		性质不明	
F12	塔买铺	18	2	181	72	90	两盘均见 $\eta\delta o_3^2$ 及 $\eta\gamma_4^3$，其中北盘还见有 Jx*S*。断层带主要由碎裂花岗岩组成，多数地方可见断层沟，影像上线性构造比较明显		性质不明	
F13	柯岗	＞75					见正文		结合带	
F14	科彦迪	23	3	0	78	180	上盘为 C、Jx*S*、$\eta\delta_3^2$，下盘为 $Pt_2K.$、$O_{1-2}M$、C、γo_2^2 及 $\eta\gamma_4^3$		性质不明	
F15	苏巴什	15	2	255	75	155	下盘为 $O_{1-2}M$，上盘为 C_2 及 γo_2^2。前者紧闭褶皱及次级断层发育。断层带发育碎裂岩。为 F_{18} 断层截断		正断层	
F16	亚尔厄格勒	7	1～3	225	65	135	上盘为 Jx*S*、γo_2^2、δo_3^1，下盘为 C 及 δo_3^1。上盘 C 地层露头宽度受断层影响变窄		逆断层	
F17	亚瓦勒克	17	2	255	75	160	两盘均见 $O_{1-2}M$ 及 γo_2^2，后者明显被断层错断			

续表 5-3

编号	名称	规模及产状					主要特征	矿化蚀变	性质	时代
		长度(km)	宽度(m)	倾向(度)	倾角(度)	走向(度)				
F18	乌孜鲁克	6	1	265	73	355	两盘均见 C 及 γo_3^1，前者受断层影响明显变宽		逆断层	
F19	塔木其	23	1～3	220	70	130	两盘均见 $O_{1-2}M$，上盘还见 γo_2 被断层错断		性质不明	
F20	阿孜拜勒迪	25		250	60	160	上盘为 $O_{1-2}M$、C_2 及 $\eta\gamma_2^2$，下盘为 JxS、$O_{1-2}M$ 及 $\eta\gamma_2^2$，被 F_{33} 断层错断		逆断层	
F21	库斯拉甫	＞70	3	260	60～70	160	上盘为 $J_{1-2}y$、J_3y、K_1Kz、Jxbc、D_3q、$Pt_1H.$ 等，下盘为 $O_{1-2}M$、JxS、PtK.、$\eta\delta o_2^2$ 等，中部被 F_{33} 错断，两侧牵引褶皱发育，上盘发育背斜，下盘发育向斜，断层带可见碎粒岩及碎粉岩		逆断层	
F22	土不拉尔特达坂	30	5	75	70	170	上盘为 D_3q、Jxbc，下盘为 $J_{1-2}y$、K_1Kz。被 F_{21} 错断。发育有构造角砾岩及碎粒岩		逆断层	
F23	艾吾热孜	10	2	40	65	130	两盘均为 D_3q。南端与 F_{24} 相交，可能为其分支		性质不明	
F24	喀拉坑	48	2	250	65	340～360	上盘为 D_3q，下盘为 C_2P_1t、C_2k 及 P_2q。被 F_{21} 错断		逆断层	
F25	阿其克苏	＞20	5	200	70	300	上盘为 C_2P_1t，下盘为 C_2P_1t 及 P_2q		逆断层	
F26	琼汗尤力沟	25	2～6	40 或 220	80	320	两盘均为 P_2，并被 $\eta\gamma_5^{3-1}$ 所吞噬		正或逆断层	
F27	沙阿依克拉	27	200	225	62	130	上盘为 C_2，下盘为 O—S。被 F_5 错断		逆断层	
F28	牙哈克	13	5	40	65	130	上盘为 $Pt_2K.$、O—S 及 $\eta\delta o_3^2$，下盘为 O—S 及 $\eta\delta_3$。受断层影响，O—S 露头变窄		逆断层	
F29	阿勒马里克	28	5		近直立	150	南西盘为 $\eta\delta o_3^2$，北东盘为 PtK.。北西部为脆性断层，南东部为韧性断层		性质不明	
F30	加马勒厄格勒东	20	3		近直立	350	两盘均为 $\eta\delta o_3^2$。具韧性特征。北端被 F_{13} 错断，南端走向渐变为近东西向		性质不明	
F31	苏库马	21	5		近直立	345	南西盘为 $\eta\delta o_3^{2'}$，北东盘为 PtK. 及 $\eta\delta o_3^{2'}$。具韧性特征。北端被 F_{13} 错断，南端走向渐变为近东西向		性质不明	
F32	帕什托克达坂	32	3		近直立	140	南西盘为 $O_{1-2}M$ 及 ν，北东盘为 C 及 $\varphi\iota$。明显错断超基性岩及地层		性质不明	
F33	布尔乌特	20	6		近直立	105	两侧均为 $O_{1-2}M$、JxS 及 $\eta\delta o_3^2$。北盘地层受断层影响露头明显变宽。两侧被近南北断层错断		性质不明	
F34	喀列克东	13	2		近直立	165	北东盘为 JxS，南西盘为 $O_{1-2}M$ 及 $\eta\delta o_3^2$。北端被 F_{33} 所错断		性质不明	
F35	喀腊尤尔特	3.5	1～3	185	65	95	两侧均为 C_2P_1t、C_2a、C_2k。断层错距较小		正断层	

续表 5－3

编号	名称	规模及产状					主要特征	矿化蚀变	性质	时代
		长度(km)	宽度(m)	倾向(度)	倾角(度)	走向(度)				
F36	希托克阿勒	7.5	10	230	60	140	南西盘为 T,北东盘为 P_2		正断层	
F37	库肉鲁克东	7	3	70	42	160	两侧均为 P_2,中部被 γ_5^{3-1} 吞噬		逆断层	
F38	塔阿西东	23	30	30 或 210	65	125	两盘均为 $Pt_1B.$ 及 $\eta\gamma_2$,北西盘岩体受断层影响露头变窄。东端被 F_{52} 错断		正或逆断层	
F39	五古力牙特达坂	52	50	30 或 210	70	120	两盘均为 $Pt_1B.$,南端被 F_5 错断		正或逆断层	
F40	康达尔达坂	25	5	220	30	130	两盘均为 C_2 及 $\eta\gamma_4^3$,南东端呈帚状分散成数条小断层。走向变为近东西向,再渐变为近南北向		正断层	
F41	干豆尔那汗达坂	14	2～10	60	55	150	上盘为 $\eta\delta o_3^2$,下盘为 $\eta\delta o_3^2$、ν 及 $\psi\iota$,南端被 F_{55} 错断		性质不明	
F42	若达勒孜	16	6	70	50	155	两侧均为 $\eta\delta o_3^2$,北西侧被近南北断层错断。错断截切北东向 F_{43} 层		性质不明	
F43	苏瓦偶泽	40	38		近直立	150	两侧均为 $\eta\delta o_3^2$,中部错断 F_{30}、F_{31},北西端被北东向断层错断,南东端被 F_{55} 错断		性质不明	
F44	穷苏鲁格	49	20	45	55	135	两盘均为 $PtK.$ 及 $\eta\delta o_3^2$,下盘受断层影响岩体露头较宽。北西端被 F_{31} 错断		正断层	
F45	博厄格勒	28	12	40	70	130	上盘为 C、$\psi\iota$,下盘为 $O_{1-2}M$ 及 $\eta\delta o_2^2$,北侧被 F_{32} 错断,南端为 F_{21} 错断,并错断 F_{13}		正断层	
F46	穷塔什沟	50	200	215	63	130	两盘地层均为 C_2Q,断层破碎带内主要为碎裂岩,中心部位成碎粒岩、碎粉岩,自中心向西侧碎裂程度明显降低。见清楚的阶步及擦痕线理,判断为正断层		正断层	
F47	卡拉极力干东	25	2	60	64	150	上盘为 P_2 及 $\eta\gamma_5^{3-1}$,下盘为 C_2Q。二者产状极不协调,灰岩岩层受到牵引,岩石破碎严重。局部见有糜棱岩,发育"N"型褶皱,具右旋性质特征		右旋正断层	
F48	卡拉其古	17	5	230	40	140	上盘为 C_2Q,下盘为 C_2Q 及 K_1。其中 K_1 夹于该断层与另一条同方向正断层之间。其南东侧被第四系覆盖			
F49	达布达尔东	50	3	45	72	135	两侧均见 S_1w、$Pt_1B.$ 及 $\eta\gamma_5^{3-2}$,发育有糜棱岩,碎斑发生不同程度的旋转		逆断层	
F50	塔阿西	32	5	70	20～30,局部 72	160	见正文		结合带	

续表 5-3

编号	名称	规模及产状					主要特征	矿化蚀变	性质	时代
		长度(km)	宽度(m)	倾向(度)	倾角(度)	走向(度)				
F51	帕克塔卡力	15	2	230	65	140	上盘为 $Pt_1B.$,下盘为 $Pt_1B.$ 及 $\gamma\delta_2$,卫片上影像特征明显		性质不明	
F52	克吾扎姆	10	1	85	67	175	上盘为 $Pt_1B.$,下盘为 $Pt_1B.$ 及 $\eta\gamma_2$。上盘牵引近平卧褶皱发育。断层带发育碎粒岩、碎粉岩	黄铁矿化	正断层	
F53	阳给达坂西	18	250	245	40	155	上盘为 C_2、$\gamma\delta_5^1$,下盘为 C_2、$\gamma\delta_5^1$ 及 O—S,上盘 C_2 地层受断层影响露头明显变宽		正断层	
F54	卡特巴特然达坂东	30	5	270	50	130～180	上盘为 C_2、O—S 及 $\eta\gamma_4^3$,下盘为 C_2、K_1x、$\eta\delta o_3^2$。岩石破碎,千枚理十分发育。局部发生糜棱岩化,长石、石英多圆化,并发生旋转		逆断层	
F55	侯吉洛吴瓦亚温	28	5	220	70	150～170	上盘为 C_2 及 $\eta\delta o_3^2$,下盘为 $\eta\delta o_3^2$ 及 $\psi\iota$。中部错断 F_{41},北端被 F_{41} 错断。		性质不明	
F56	皮勒钦克	53	1	240	60	150	两盘均为 $Pt_2K.$、$\eta\delta o_5^{3-1}$ 及 $\eta\gamma_4^3$。岩石破碎强烈,形成大量碎裂岩。中心部位见有花岗质碎粒岩,沿碎裂面绿帘石化强烈。偶见上盘岩石有与断面倾向一致的劈理发育		逆断层	
F57	苏特开始	30	4	260	70	350	上盘为 $\eta\delta o_3^2$,西盘为 $Pt_2K.$。岩石碎裂严重,下盘内部发育向南西陡倾的辟理。上盘内部石英脉非常发育,主体片理产状向北西方向中等倾斜	褐铁矿化明显	左行张扭	
F58	库拉木阿特达坂东	12	8		近直立	200	东盘为 $\gamma\delta_3^2$、$\eta\gamma_5^2$ 及少量 δo_3^2。北东端切入 $Pt_1B.$。卫片上线性特征明显		性质不明	
F59	三代达坂	>9	5		近直立	95	两盘均为 $\gamma\delta_3^2$ 及 $\eta\gamma_5^2$,明显错断岩体边界		性质不明	
F60	沙拉克他什达坂	10	1～6	230	60	140	两盘均为 S_1w,下盘地层形成背斜,近断层处倒转。北西端被岩体 γ_5^{3-1} 吞噬		性质不明	
F61	群沙拉吉里阿沟	45	3	10	40～70	105	上盘为 $J_{1-2}l$、C_2Q,下盘为 S_1w、$\gamma\delta_5^{3-2}$、δo_5^{3-1}。南盘花岗岩具上百米断层三角崖,据断层面上的擦痕显示为正断层。部分地方见有糜棱岩,具右旋性质		右旋正断层	
F62	塔力斯克	12	3～50	50	36～60	135	上盘为 C_2Q,下盘为 K_1。岩石破碎严重,发育有大小悬殊的断层角砾岩		正断层	
F63	克孜勒塔木	25	3	51	46～69	140	两侧均为 C_2Q,两边岩石差异明显,产状极不协调,擦痕显示上盘下降		正断层	
F64	阿提牙依勒	23	2～5	70	68	170	两侧均为 C_2Q。发育断层角砾岩,角砾大小悬殊。上盘地层受牵引特征及断层面擦痕均显示上盘下降		性质不明	
F65	西若达坂西	15	5		近直立	125	两盘均为 S_1w,中部部分被第四系覆盖,南东端被 $\eta\gamma_5^{3-1}$ 吞噬		性质不明	

续表 5-3

编号	名称	规模及产状					主要特征	矿化蚀变	性质	时代
		长度(km)	宽度(m)	倾向(度)	倾角(度)	走向(度)				
F66	萨热克塔什	22	2～7	30	73	130	两盘均为 S_1w，北西端被第四系覆盖，南东端被 F_{50} 错断		性质不明	
F67	盖家克达坂	>14	2～5	40	70	130	两盘均为 S_1w，北西端被第四系覆盖，南东端延出图幅		性质不明	
F68	库内勒克	>15	3～7		近直立	180	两盘均为 Pt_1B. 及 $\gamma\delta_2$，断层对岩体边界错动较小		性质不明	
F69	喀拉木莫	47	50	60 或 240	70	130～180	南西盘：K_1x；北东盘：C_2、$\eta\delta o_3^2$ 及 $\eta\gamma_4^3$。岩石破碎强烈，自断层中心向两侧依次发育碎粉岩→碎粒岩→碎裂岩		逆断层	
F70	巴拉合希	25	5	75 或 215	64～81	150	两侧均为 $\gamma\delta_3^2$ 及 $\eta\delta o_3^2$，北盘还见 δo_3^2。一般北东倾，局部南西倾。普遍硅化明显，形成硬玉，地貌上形成负地形。局部岩石破碎形成碎裂花岗岩		逆断层	

2. 西昆仑山前逆冲推覆构造带

该逆冲推覆带在区内的构造线方向呈近南北—北北西向，自西向东组成 2 个大的叠瓦状断层系，其后缘断裂为库斯拉甫断裂，向南东入叶城县幅接赫罗斯坦河断裂。

第一组由逆冲推覆带的后缘断裂——库斯拉甫断裂及其旁侧次级断裂(包括其西侧的邻近同方向极性质的断层)组成，造成塔里木板块活动陆缘逆推于铁克里克陆缘断隆稳定台地沉积岩之上(图 5-6)，主断层为库斯拉甫断裂。该组断裂主要发育于前寒武纪地层中，其中有侏罗纪和白垩纪断陷盆地，主断层位于该组断层系的偏东侧，造成前寒武纪地层依次向东逆推于新地层之上。

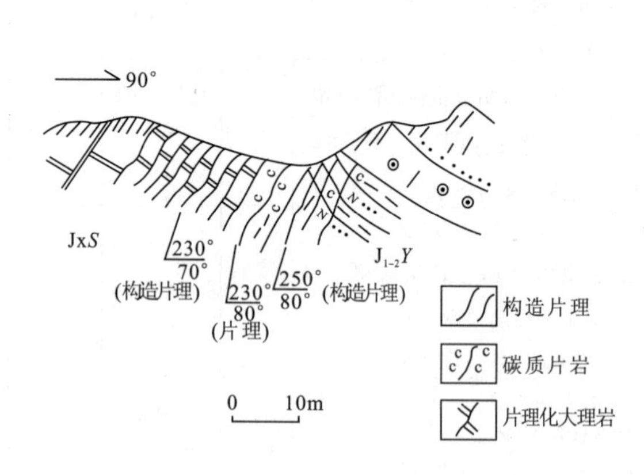

图 5-6 桑株塔格群大理岩与叶尔羌群断层关系素描图(库斯拉甫乡琼铁克里克南 2631 点)

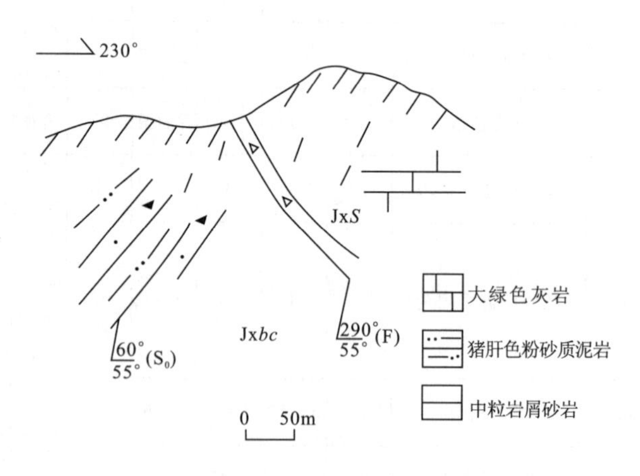

图 5-7 博查特塔格组(Jxbc)与桑株塔格群(JxS)断层关系素描图(2519 点)

第二组主要发育于古生代地层中，区内出露不完整，但规模仍旧壮观，造成古生代地层依次逆推于新地层之上(图 5-7—图 5-12；图版Ⅵ,5)。伴随上述逆冲断层系，形成大量不对称斜歪褶皱，褶皱轴面与相邻的断层面倾向一致但倾角往往更陡一些，一致向西倾斜(图 5-13，图 5-14)，褶皱形态总体较规则，多为不对称斜歪褶皱，其背斜东翼陡而短、西翼缓而长，一致指示向盆地方向(东)的逆冲推覆活动。

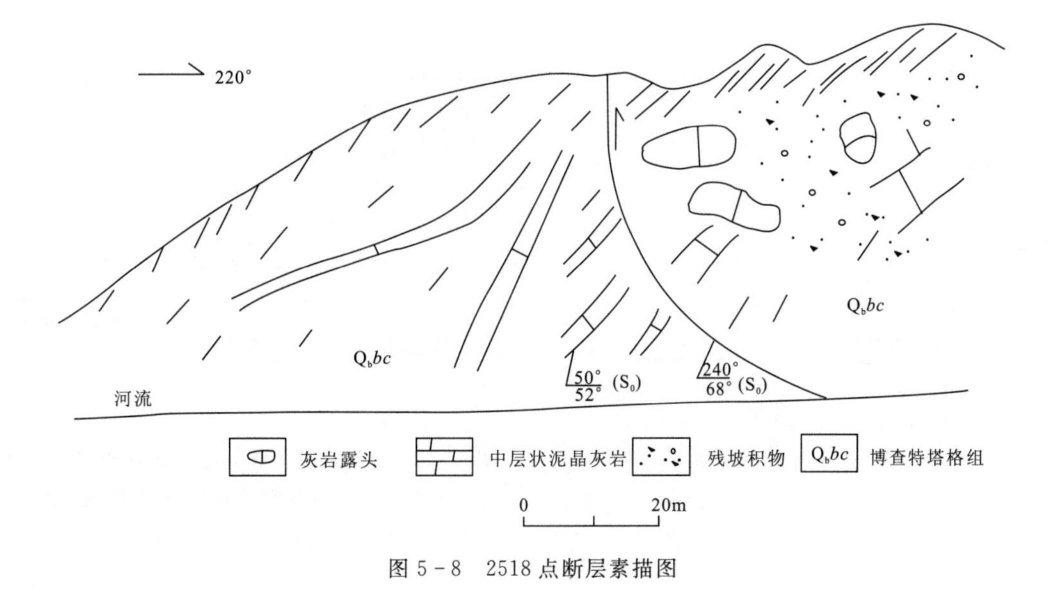

图 5-8　2518 点断层素描图

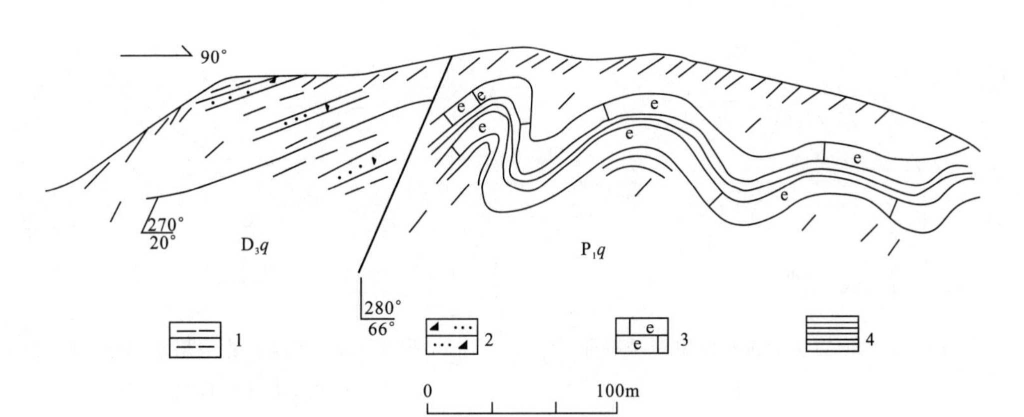

图 5-9　2520 点奇自拉夫组(D_3q)与棋盘组(P_1q)断层关系素描图

1. 猪肝色泥岩；2. 紫红色中粒岩屑砂岩；3. 泥晶生物屑灰岩；4. 灰黑色页岩

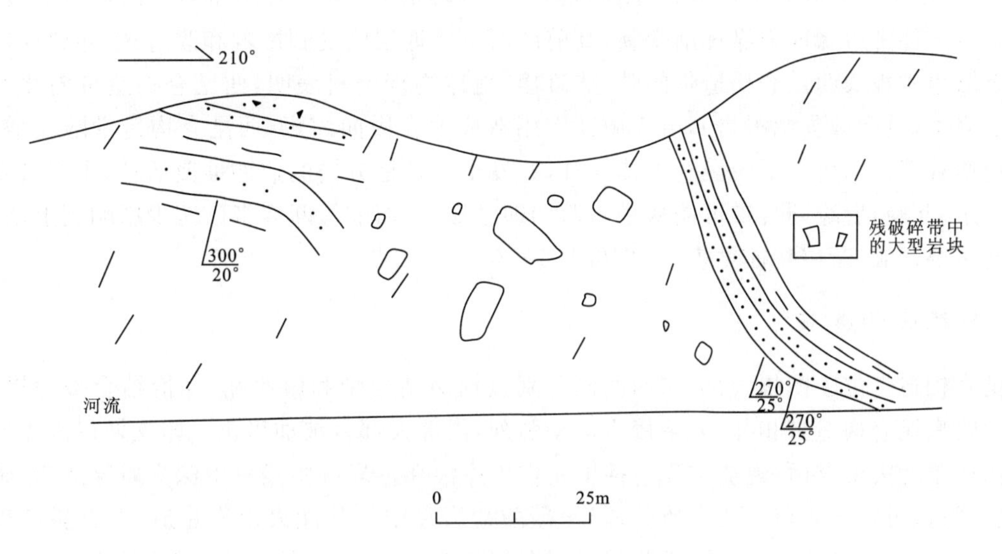

图 5-10　2504 点石炭系碎屑岩中断层素描图

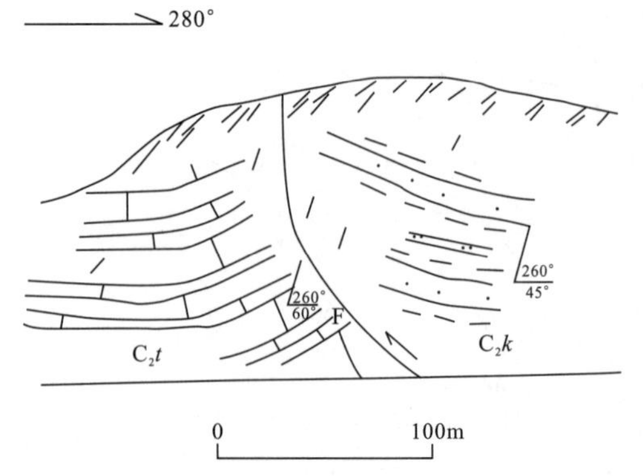

图 5-11　塔尔能阿格孜东南 2506 点断层素描图

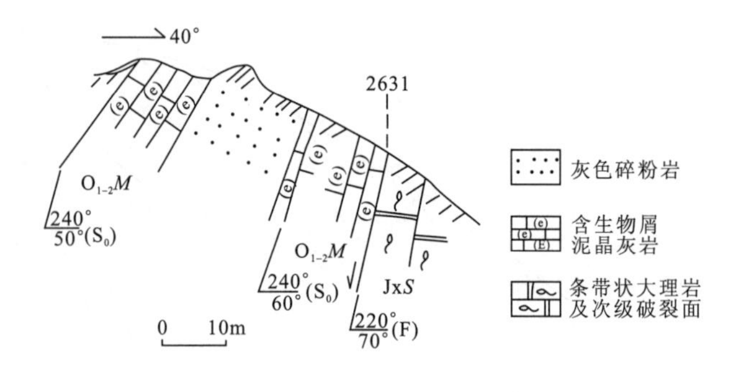

图 5-12　库斯拉甫乡塔木其东 2631 点玛列兹肯群($O_{1-2}M$)与桑株塔格群(JxS)断层剖面图

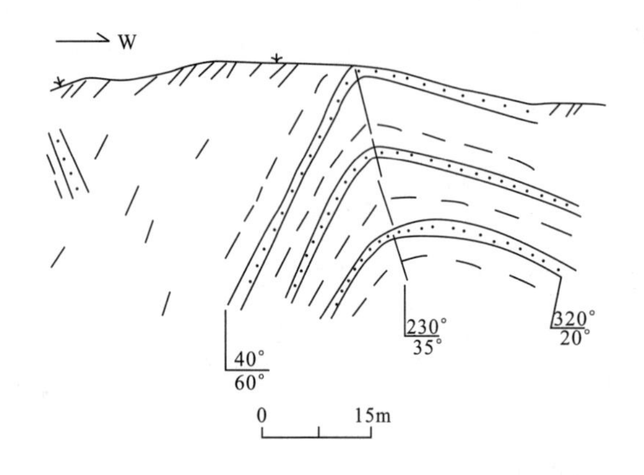

图 5-13　莎车县拉依克南卡拉乌依组褶皱特征

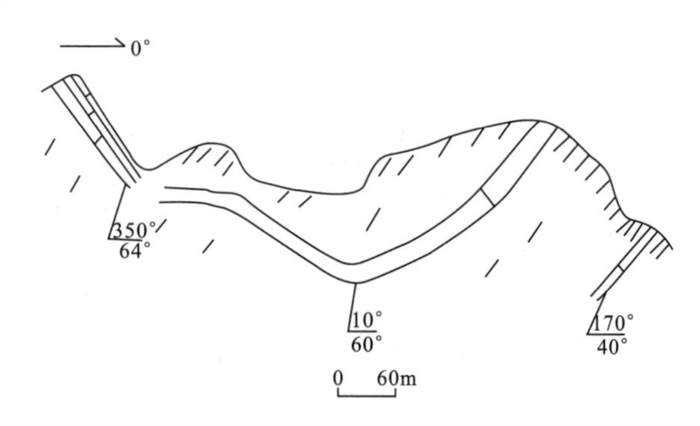

图 5-14　库斯拉甫乡塔木其南 2633 点桑株塔格群灰岩向斜素描图

西昆仑山前逆冲推覆带的构造变形特征具以下规律:①变形强度自逆冲带后缘向前缘逐渐减弱,总体上依次出现平卧叠加褶皱、紧闭同斜褶皱、倒转褶皱、斜歪褶皱和不对称宽缓褶皱;②变形影响地层自逆冲带后缘向前缘逐渐变新,其前缘新生代地层已受到影响和改造;③导致变形的应力应来源于塔里木板块西昆仑构造带的陆-陆碰撞,地球物理资料表明,西昆仑构造带向北俯冲于塔里木板块之下(见叶城县幅报告),由于俯冲作用造成地壳横向缩短,西昆仑构造带陆壳增厚,继之在重力均衡补偿作用机制下西昆仑山体隆升,并发生向盆地方向的逆冲推覆活动;④变形发生时间西、南早,东、北晚,后缘断裂带可能从华力西期即已形成,而前缘断裂带已至少影响到上新世地层。

其他主要褶皱、断层特征见表 5-2 和表 5-3。

二、西昆仑构造带

西昆仑构造带位于图幅中部,东西两侧分别以柯岗结合带和康西瓦-瓦恰结合带为界,与塔里木板块及喀喇昆仑构造带相邻,岩浆侵入活动强烈,内部大部分被加里东—印支期侵入体所占据。

该构造单元火山-沉积建造主要包括中元古界库浪那古岩群中浅—中深变质碎屑岩-碳酸盐岩夹火山岩建造、奥陶—志留系浅变质碎屑岩-碳酸盐岩夹中—基性火山岩建造、上石炭统岛弧型浅变质火山-沉积建造以及白垩系陆相断陷碎屑沉积建造,由于岩体的吞噬,多呈残片或残块状出露。岩浆岩主要以加里东—印支期花岗岩类为主,少量燕山期花岗岩以及华力西期辉长岩等。

由于该构造单元大部分被岩浆岩体所占据,地层多呈孤立的块体或残片,加上各构造岩石地层单位均已发生变质，大的块体构造面理置换较彻底，故总体构造形态已难以恢复。但不同时期的地层、岩石单位其变形特征也有明显不同。

库浪那古岩群中手标本—露头尺度的片内褶皱和小型构造片理化带或韧性剪切带非常发育，大型褶皱及整体构造面貌较难恢复，脆性断裂不甚发育。奥陶—志留系及上石炭统因靠近或位于康西瓦-瓦恰结合带内，韧性及脆性断裂发育(图版Ⅹ,6)，并常形成一系列紧闭褶皱，断裂破坏加上地层出露零星，总体褶皱形态更难恢复；从断裂特征上看，多为逆断层，但其倾向不一，反映出在挤压横向缩短机制下双向逆冲的特征(图 5-15—图 5-18)。

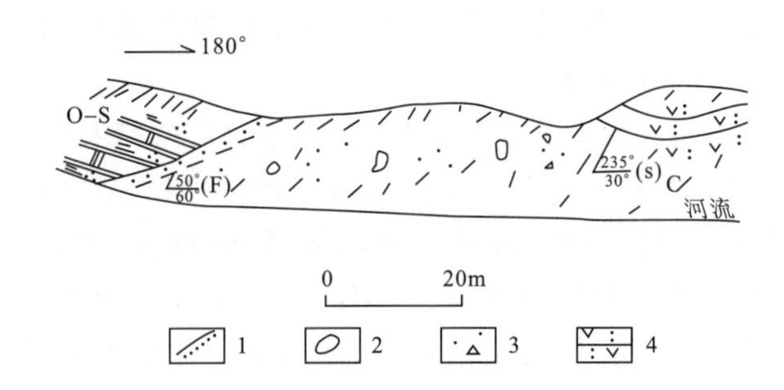

图 5-15　马尔洋乡巴什克可东 2673 点断层素描图
1.黄红色钙质碎粉岩；2.构造残块；
3.断层角砾岩；4.安山质凝灰岩

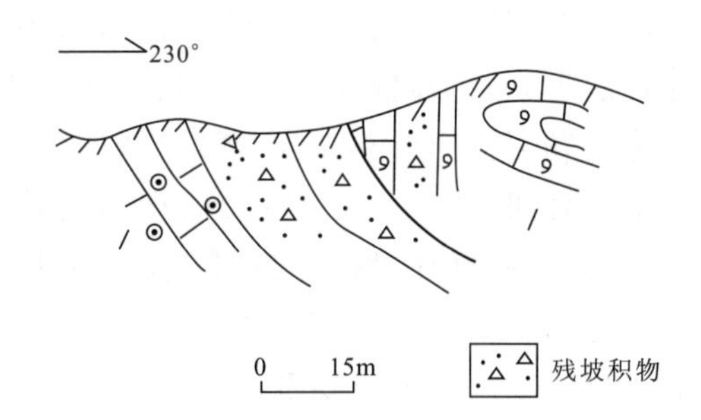

图 5-16　瓦恰 2587 点东南断层特征

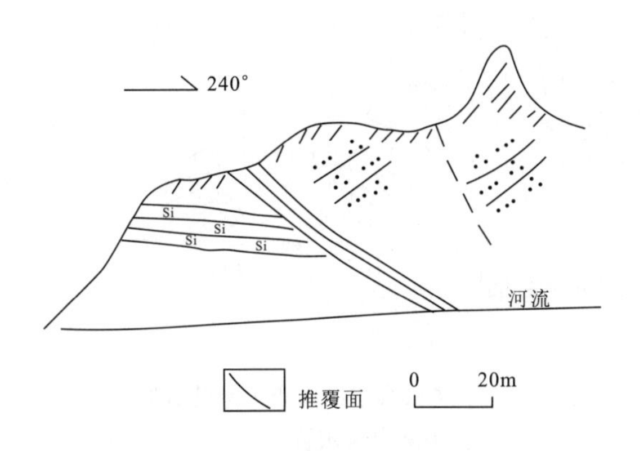

图 5-17　瓦恰东南 2589 点断层特征

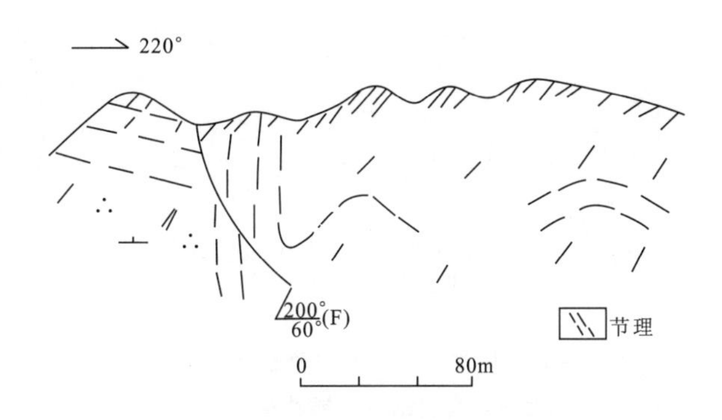

图 5-18　大同乡康达尔达坂东北 2594 点南断层特征

该构造单元在岩体中常具强弱不等的定向组构，发育与区域构造线一致的北西向构造片麻理，断裂也较为发育。在其北段印支期慕士塔格岩体内部，发育大量暗色富云包体，包体沿区域构造片麻理方向强烈拉长，定向排列，包体长、宽比一般为 5∶1～10∶1，大者可达 20∶1 以上，清楚地表明该构造带的变形以强烈挤压、横向缩短为主要特征(图版Ⅹ,5)。

从卷入变形的地层、岩石以及各自变形特征的差异情况分析，该构造带经历了长期多次的构造变形，元古宙时期在库浪那古群中形成以中等构造层次为主的褶皱和韧性剪切变形，华力西—印支期则在整个构造带发生强烈的挤压变形，形成这些地层、岩体中各具特色的构造变形。

主要褶皱、断层特征见表 5-2 和表 5-3。

三、喀喇昆仑构造带

喀喇昆仑构造带位于图幅西部，东以康西瓦-瓦恰结合带为界与西昆仑构造带相邻，内部又以塔阿西-色克布拉克结合带为界再分为东侧的塔什库尔干陆块和西侧的明铁盖陆块两个二级构造单元。

(一)塔什库尔干陆块

该构造单元以古元古界布伦阔勒岩群变质岩系为其主要组成部分。该岩群总体变质较深,但变质程度十分不均匀,变质相系不十分连续(其间往往有岩体或断层分割),该岩群内部局部可见较大规模的构造混杂岩带,说明其中可能混入有不同时期的地层块体。主体(中部)达高角闪岩相(局部可能达低麻粒岩相),发育一条石榴角闪岩带,最宽处达数千米,石榴石含量达30%以上,含有单斜辉石,石榴石具特征的"白眼圈"构造,为较典型的退变高压变质岩石;特征变质矿物夕线石、石榴石等普遍见到;面理置换彻底,原始沉积及火山组构已难觅踪迹。

布伦阔勒岩群变形非常强,断裂、褶皱发育。褶皱的表现形式多种多样,既有成分层的褶皱(图5-19;图版Ⅵ,6;Ⅵ,7),又有片(麻)理的褶皱(图5-20),甚至还见铁矿层的复杂褶皱(图版Ⅵ,8),在褶皱形态上,既有片(麻)理的揉皱、片内无根褶皱,又有片(麻)理的平卧褶皱、斜卧褶皱(图5-19),还有叠加褶皱(图5-20),但其整体构造形态和格架已难以恢复,仅可填绘出一部分复杂的褶皱群落。总体上反映了长期多次(至少3期以上变形)构造变形的结果,具固态流变特征的褶皱无疑是早期中深构造层次多期变形的产物,而在其上叠加的宽缓褶皱(背、向形)则应是后期变形的结果。根据区域资料分析,加里东期该陆块发生过大规模的俯冲作用,石榴角闪岩的U-Pb锆石SHRIMP年龄(451±22Ma)可以说明早期变形至少有一期是这个时期形成的。而后期变形则应主要是中新生代时期的产物。

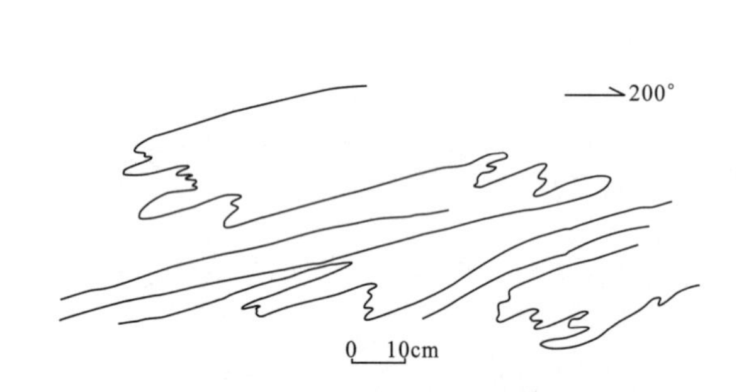

图5-19　塔县马尔洋西布伦阔勒岩群大理岩纹层褶(揉)皱特征

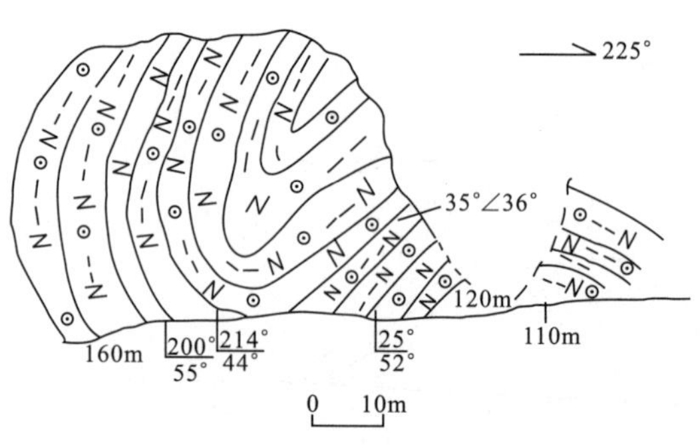

图5-20　塔县马尔洋西布伦阔勒岩群片麻岩褶皱特征

该构造单元内断裂也较发育,多为与区域构造线方向近一致的北西向走向断裂,北东向断裂较少。断裂倾向以向北东倾为主,多为逆断层,少数为正断层,它们代表了中新生代时期构造变形的结果。早期断裂构造不甚发育,但局部仍可见到,如塔什库尔干县城北、水电站附近均可见较典型的长英质糜棱岩(图版Ⅹ,3,4),其原因可能是剪切应力多随着片麻理的滑移和/或褶(揉)皱释放掉了,或已被后期重结晶改造了,故难以识别出来。

该构造单元的主要褶皱、断层特征见表5-2、表5-3。

(二)明铁盖陆块

该陆块原划归古冈瓦纳大陆构造域,本次工作在达布达尔以东、明铁盖罗布盖孜等地采获丰富的笔石、微古、疑源类等古生物化石(见第二章),其中,孢粉组合属华夏植物地理区或欧美植物地理区,从而确认其仍属古劳亚大陆的组成部分,属原(古)特提斯北缘构造域。其主要由古生代、中生代地层和侵入其中的燕山—喜马拉雅期花岗岩、碱性岩等组成。古生代地层已发生轻微变质。陆块内构造变形以褶皱最为突出，断裂构造在陆块东部较发育，区内西部不太发育。区域构造线方向仍为北西—北北西向。古生代地层组成一系列线状紧闭褶皱(图 5-21)，自东向西，褶皱形态依次发生平卧→斜卧→紧闭同斜→紧闭直立的变化(图版Ⅶ，1，2，3，4)，反映它们的形成与边界断裂——塔阿西-色克布拉克结合带的拼合、布伦阔勒岩群向西推覆于古生代地层之上的事件有密切关系；中生代地层则主要形成两翼近于对称的宽缓开阔褶皱；断裂以同方向的推覆-逆冲脆性断层为主，断面以北东倾为主，多呈舒缓波状，中生代地层中的断层倾角相对较陡，部分倾向南西。

主要褶皱、断层特征见表 5-2、表 5-3。

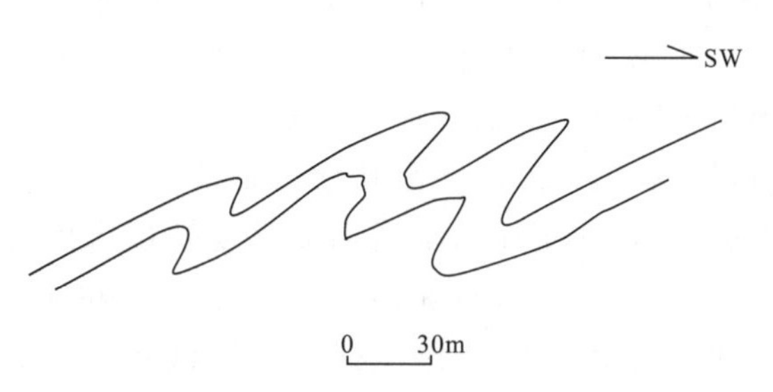

图 5-21　沙依地库拉沟口南侧温泉沟组碳质板岩之褶皱特征

第四节　新构造运动

测区位于西昆仑-喀喇昆仑山系与塔里木盆地接合部位，又地处印度板块与欧亚板块碰撞之“帕米尔构造结”外围，新构造运动非常活跃。主要表现在如下方面。

1. 山体急剧隆升

由于“帕米尔构造结”的影响以及塔里木板块的抵触作用，西昆仑-喀喇昆仑山系急剧持续隆升，形成与塔里木盆地高达数千米的高差(图幅内相对高差可达近 5 000m)，山脉隆升的结果，使得区内崩、塌、滑坡、泥石流等地质灾害多发，自然条件恶劣。

2. 活动断裂

塔什库尔干断裂是一条非常重要的活动断裂带，它沿塔什库尔干河谷展布，并有一系列温泉沿活动断裂分布，如塔合曼温泉等。以前有资料认为该断裂在新生代时期发生了规模巨大的右行走滑活动，水平错距达 70km 以上。本次调查通过对河谷两侧布伦阔勒岩群的出露位置进行对照，发现其水平错距不足 30km，若扣除喜马拉雅期岩体占据的位置，实际错距可能只有约 20km。另外，调查还发现，沿塔什库尔干河谷两侧有多条活动断裂存在，其两侧地层的水平位错，应是这些活动断裂共同作用的结果。

第五节　地质发展史

依据图幅内各构造边界以及各构造单元内部沉积作用特征、岩浆活动特征、变质变形特征、同位素测年资料、古生物资料以及岩石学、岩石地球化学、地球物理资料，结合区域相关地质构造特征，对测区地质构造演化序列及地质发展史作如下简要的恢复探讨。

一、古元古代时期

区域资料显示，塔里木陆块可能在太古宙就已形成，到古元古代早期，陆块进一步扩大，在区内赫罗斯坦岩群形成。从该岩群的组成以及变质变形特征来看，古元古代早期的赫罗斯坦岩群岩浆活动强烈，变质变形复杂，似乎说明这一时期还处于陆核演化阶段，地壳较薄，热流值较高，岩浆活动强烈，地壳处于半塑性状态，极易发生变质变形，形成了赫罗斯坦岩群现今保存的早期变质变形面貌。至古元古代晚期，在原陆核外围，通过不断的增生，固体陆块才真正形成。古元古代末期，陆块又遭受了一次区域变质变形作用，邻区埃连卡特群发生绿片岩相变质和中浅构造层次变形，褶皱隆起，遭受剥蚀，并形成了埃连卡特群顶部的区域性不整合面。

与此同时，喀喇昆仑构造带内，塔什库尔干陆块已经形成，接受了古元古代早期布伦阔勒岩群的含铁碎屑岩-火山岩-碳酸盐岩建造(北邻图幅契列克其菱铁矿床可能是与布伦阔勒岩群含铁建造同期异相的沉积)。该古陆块的原始位置目前还无法确定，但至少可以肯定它不是塔里木古陆块的组成部分。该古陆块早期的变质变形事件，限于研究程度低和其本身后期强烈的改造尚难以恢复。

二、中—新元古代时期

中元古代早期长城纪时期，古塔里木陆块发生裂解，形成了塞拉加兹塔格群细碧-石英角斑岩建造，使古塔里木陆块进一步增厚、扩大，奠定了该陆块的稳定盖层的基础。只是这时的建造组合还原未达到真正的地台盖层的稳定程度，因此，它具有过渡性盖层的特征。至长城纪末期，又发生了一次较大规模的构造运动，裂谷闭合，形成了其顶部的区域性不整合面。

中元古代晚期蓟县纪时期，该区才有了真正意义上的地台盖层沉积。于塞拉加兹塔格群之上，沉积形成了桑株塔格群、博查特塔格组和苏玛兰组以碳酸盐岩建造为主的沉积组合。这一时期，塔里木陆块以差异性升降为主，变形作用微弱，在其顶部形成微角度不整合和平行不整合面。

在这一时期，西昆仑构造带内库浪那古岩群开始形成，由于无可靠的定年数据，该群的具体形成时代还无法确定，但可以肯定这时的西昆仑构造带是作为一个独立的构造单元存在的，与塔里木陆块似无关系。

新元古代青白口纪时期，塔里木陆块继续其稳定地台型沉积，变形仍然很微弱，仍以差异性升降为主，晚期隆升，在其顶部形成区域性平行不整合面。

新元古代震旦纪时期，塔里木陆块仍然继续着其稳定地台型沉积，变形依然很微弱，但差异性升降运动相对频繁，顶底及内部均出现平行不整合面。

大致在这一时期，西昆仑构造带南部边缘开始形成包括依莎克群在内的岛弧蛇绿岩。由于该群的时代证据相互之间有较多矛盾之处，目前尚难以确定其准确时代，但另一方面说明，它有可能是一个长期多次演化的蛇绿岩带，换言之，库地蛇绿岩可能包含了不同时期的多个岩石单位，这有待于今后深入的工作。

这一时期的喀喇昆仑构造带，因无确切的沉积-火山或岩浆事件，无法追溯其演化过程。

三、早古生代时期

这一时期区内塔里木陆块内部处于长期隆升剥蚀状态，无沉积建造保留。而在其西南部边缘，沉积形成了玛列兹肯群具活动特征的陆缘沉积。

西昆仑构造带中，库地蛇绿岩继续发展演化，而且这一时期很有可能是该蛇绿岩的主要形成时期。在区内还有岛弧型石英闪长岩等的侵入。

喀喇昆仑构造带中，明铁盖陆块东部边缘在志留纪形成了哈尼沙里地蛇绿岩及其与其相伴的温泉沟组活动陆缘沉积，并发生了塔什库尔干陆块向明铁盖陆块之下的俯冲作用。

四、晚古生代时期

塔里木陆块自泥盆纪晚期开始海侵，重新接受沉积，一直持续到二叠纪晚期，以稳定陆棚沉积为主，其中，中二叠统棋盘组中发育基性火山活动，代表了一次拉张裂解作用，它是否反映了塔里木陆块从其原始大陆(扬子板块)裂离的事件，值得研究。

西昆仑构造带这一时期开始向塔里木陆块俯冲，洋壳逐渐消亡，随着俯冲作用的持续进行，至古生代末期，发生两构造单元的陆-陆碰撞，西昆仑山前逆冲推覆带后缘断裂开始形成，并发生向盆地方向的逆冲作用。但这时逆冲作用的规模应远不及中新生代时期。

塔什库尔干陆块和明铁盖陆块这时已拼贴在了一起，作为一个共同的构造单元开始向西昆仑构造带俯冲，西昆仑构造带南侧大洋逐渐消亡。但明铁盖陆块上海水依然存在，可能是特提斯陆缘海的一部分，继续接受沉积。

本次区调成果表明，从原特提斯到古特提斯再到新特提斯的演化，并不是逐级裂离又依次向北拼贴的，因此，它们可能并不像现在地中海那样的模型，而更像是一个多岛洋，区内的西昆仑构造带、塔什库尔干陆块以及明铁盖陆块等都可能是古(原)特提斯洋中的孤立地块。

五、中生代早期

这一时期塔里木陆块与西昆仑构造带已完全拼合在一起，受印度板块向欧亚板块俯冲作用的影响，塔里木陆块作为砥柱，使得地壳在横向上急剧缩短，西昆仑山脉迅速隆升，西昆仑山前逆冲推覆带快速发展，海水快速退却，塔里木盆地边缘停止沉积。

沿康西瓦-瓦恰结合带，这一时期可能是最主要的碰撞时期，引发大规模的岩浆活动，并使陆壳强烈缩短变形。

喀喇昆仑构造带内，虽然俯冲碰撞作用已使该区大幅度隆升，但仍有小范围的海水，在中-塔边境一带还有三叠纪沉积。

六、中生代中晚期

这一时期，在西昆仑山脉边缘库斯拉甫等地形成了含煤陆相断陷盆地，晚期演化成封闭咸化海环境。西昆仑山前逆冲推覆带继续快速发展。

西昆仑构造带和喀喇昆仑构造带全面隆升为陆，继续受印度板块向欧亚板块俯冲作用的影响，挤压造成地壳深部熔融，引发燕山期以花岗岩为主的岩浆活动。

七、新生代时期

西昆仑山前逆冲推覆活动继续活跃，山脉继续隆升，最终形成现今的地貌地质景观。

在西昆仑-喀喇昆仑山系内部，“帕米尔构造结”的作用使隆升加剧，地壳深部熔融，引发更大规模的以碱性岩和花岗岩为主的岩浆活动。塔什库尔干断裂持续活动。

第六章 经济地质与资源

图幅内矿产资源丰富，其他国土资源有地表淡水、旅游资源等。

第一节 矿产资源

本次工作除结合地质填图开展矿产调查外，还开展了大量专项矿产调查工作。检查矿点 8 处（阿孜拜勒迪铜矿点、库斯拉甫铜矿点、阿克乔喀铅锌矿点、欠孜拉夫铅锌铜矿点、嘎尔吉蒙拉卡铅锌矿点、司热洪铜锌矿点、达布达尔绿柱石矿点、乔普卡里莫铁矿点），施工探槽 932.34m^3，采集化学分析样 120 件，采集刻槽样 120 件，采集水系沉积物样 33 件，采集岩石薄片 35 块，采集矿石光片 7 块。经过工作，新发现矿产地 26 处。

在克克吐鲁克幅内发现矿点 3 处，主要矿种为金矿，其次为钨矿（表 6－1）。在塔什库尔干塔吉克自治县幅内已发现矿产地累计 55 处，涉及矿种有：铁、铬、钒、钛、铜、铅、锌、钴、钼、金、银、煤、红柱石、磷、硫、蛇纹岩、石棉、石膏、滑石、宝石、玉石、水晶、云母、矿泉水、温泉等共计 25 种（表 6－2）。

表 6－1 克克吐鲁克幅矿产地统计表

矿种	矿点数量
金矿	1
砂金矿	1
金钨矿	1
合计	3

表 6－2 塔什库尔干塔吉克自治县幅矿产地统计表

矿种		铁	铬铁矿	铜	铅	钼	铜锌	铅锌	铜钼	铅锌铜	金	砂金	红柱石	方钠石	煤	磷	硫铁矿	蛇纹岩	石棉	石膏	滑石	宝石	玉石	水晶	白云母	矿泉水	温泉	合计
矿产地数量	大型																	1						1				2
	中型																								1			1
	小型	1													1						1			1				4
	矿点	4	1	11	1	1	3	2	2	1	1	4	1	1		1	2		1	1		1	5	1	1	1	1	48
合计		5	1	11	1	1	3	2	2	1	1	4	1	1	1	1	2	1	1	1	1	1	5	3	2	1	1	55

一、矿产各论

图幅内矿产资源较为丰富，以下分类对各类型主要矿产地进行叙述，其他矿产地见表 6－3。

(一)黑色金属矿产

图幅内黑色金属矿产主要有铁矿，少量铬铁矿。

1. 铁矿

塔什库尔干塔吉克自治县幅内有铁矿产地 5 处(表 6－3、表 6－4)。按成因类型分别叙述如下。

(1)沉积变质型铁矿

该类型铁矿产地有 4 处，分别为塔合曼铁矿点、吉尔铁克沟铁矿点、老并铁矿点和乔普卡里莫铁矿点，其中后 3 处为本次工作新发现，塔合曼铁矿点已经过普查，特征如下。

塔合曼铁矿点位于塔什库尔干塔吉克自治县塔合曼西南约 12km 处，隶属塔什库尔干塔吉克自治县塔合曼乡管辖。矿区中心坐标：东经 75°00′00″，北纬 37°55′50″。

表 6－3　新疆 1∶25 万克克吐鲁克幅、塔什库尔干塔吉克自治县幅矿产地

图上编号	矿产地名称	行政隶属	地质特征	成矿时代	成因类型	工作程度	规模
1	塔合曼铁矿	塔什库尔干塔吉克自治县塔合曼乡	矿区出露地层为古元古界布伦阔勒岩群，含矿岩性为硅铁建造。区内初步查明 7 个矿体，矿体底板岩石主要为闪长片岩、含磁铁石英片岩、石英片岩，顶板岩石主要为石英片岩。矿体形态为脉状、似层状、透镜状，单矿体长 17.5～300m，厚 0.96～6.28m。矿体平均品位：TFe 为 37.3%～58.69%。有害成分：SiO_2 为 10.33%～30.27%，S<0.08%，P_2O_5<0.21%。批准矿石储量 C_1+C_2＝52.4 万吨	古元古代	沉积变质	普查	矿点
2	巴尔大隆水晶矿	阿克陶县恰尔隆乡	区内出露岩石为印支期花岗岩，其中发现伟晶岩脉 107 条，单脉长 1～10m，宽 0.2～10m，一般为 1.5m 左右。矿物成分有微斜长石、钠长石、石英、黑云母等，分带明显，水晶以短柱状、柱状为主，压电水晶含量为 5%～7%。水晶原矿储量为 750.71t。	印支期	伟晶岩	普查	大型
3	库斯拉甫砂金矿	阿克陶县库斯拉甫乡	砂金分布于河床、河漫滩阶地的砂砾层中	第四纪	沉积	矿点检查	矿点
4	阿孜拜勒迪铜矿	阿克陶县库斯拉甫乡	矿区出露地层为奥陶系玛列兹肯群，岩性以灰绿色泥质板岩为主，已发现 1 条矿体，受北西西向断裂控制。矿体长 180m，宽 1.5～14.5m。矿石矿物可见黄铜矿、孔雀石、蓝铜矿等。矿石品位：Cu 为 0.12%～0.97%，Ag 为 0.2×10^{-6}～2.8×10^{-6}，Au 为 0.1×10^{-6}～1.84×10^{-6}	华力西期	热液	矿点检查	矿点
5	库斯拉甫煤矿	阿克陶县库斯拉甫乡	矿区出露地层为侏罗系，为一复式向斜，含煤地层为一套碎屑岩夹碳酸盐岩及煤层。区内有煤层、煤线 25 层，多数煤层厚度大于 0.4m。向斜西翼煤层总厚度为 12.8m，各煤层间距为 4～137m，一般为 10～40m。含煤地层中含煤系数为 2.35%。区内分为下、中两个含煤段：下含煤段含煤层、煤线 16 层，单层厚度为 0.38～1.95m，出露长度为 150～2 000m；中含煤段含煤层、煤线 9 层，出露长度为2 250m。煤质为中—富灰分、低—中硫、高熔点煤。总储量 1 587 万吨	侏罗纪	沉积	普查	小型

续表 6-3

图上编号	矿产地名称	行政隶属	地质特征	成矿时代	成因类型	工作程度	规模
6	阿尔他西砂金矿	阿克陶县库斯拉甫乡	砂金分布在河床、河漫滩及阶地的砂砾层中	第四纪	沉积	矿点检查	矿点
7	库斯拉甫南铜矿	阿克陶县库斯拉甫乡	矿区出露地层为奥陶系玛列兹青群，岩性为灰绿色、灰色变砂岩，砂岩中发育一条近东西向断裂，断裂带中见一条长20m、宽1m的铜矿化体，矿石矿物主要为孔雀石，少量蓝铜矿。连续拣块样分析结果：Cu为0.18%～2.14%，Ag为2.6×10^{-6}	华力西期	热液	矿点检查	矿点
8	库斯拉甫铜矿	阿克陶县库斯拉甫乡	矿区出露地层为上泥盆统奇自拉夫组，岩性为一套红色砂岩夹灰绿色细粒含铜长石砂岩，共有3层含铜长石砂岩，单层厚度为2.5～30m，化学分析结果：Cu为0.08%～0.35%，Ag为1×10^{-6}～3.7×10^{-6}。	泥盆纪	沉积	矿点检查	矿点
9	曲曼温泉	塔什库尔干县塔合曼乡	温泉自喜马拉雅期钾长花岗岩体边部的断裂带中涌出，断层产状45°∠75°，温泉日涌水量200t，泉眼温度一般为70℃，最高温度达81℃，水中富含S、Mg、Ca、Sr等	新生代		矿点检查	矿点
10	塔尔铜矿	塔什库尔干县库克西里克乡	矿区出露地层为石炭系，岩浆岩为塔尔花岗岩岩体。含矿岩石为矽卡岩化大理岩，矿化带长140m，宽5～7m，矿石矿物为黄铜矿、辉铜矿、黄铁矿。矿石品位：Cu为1.4%	华力西期	矽卡岩	矿点检查	矿点
11	叶尔羌西铜矿	阿克陶县库斯拉甫乡	矿区出露地层为奥陶系玛列兹青群，沿地层走向发育多条层间断裂，于断裂带中见一条铜矿体，长10m，宽1m，含矿岩石为碎裂变砂岩。矿石矿物为黄铜矿、孔雀石。样品分析结果：Cu为1.27%，Ag为0.10×10^{-6}	华力西期	热液	矿点检查	矿点
12	亚尔肯特河砂金矿	阿克陶县库斯拉甫乡	砂金分布于河床、河漫滩和河流阶地的砂砾层中，每盘砂含金5～8粒，最大金粒直径为0.4～0.6mm	第四纪	沉积	矿点检查	矿点
13	卡兰乌依铜矿	阿克陶县库斯拉甫乡	矿区出露地层为上泥盆统奇自拉夫组，含矿岩石为夹于红色砂岩建造中的灰绿色长石砂岩，点上见3层含铜砂岩，下层厚5m，延伸280m，第二、三层厚0.2m，长50～80m。矿化沿走向不稳定，呈断续出现的透镜状和豆荚状。含矿岩石中可见斑状孔雀石、赤铜矿等。Cu含量一般为0.13%～0.2%	泥盆纪	沉积	矿点检查	矿点
14	提孜那甫矿泉水	塔什库尔干县提孜那甫乡	泉水自钾长花岗岩体内的裂隙中涌出，涌水量600t/日，水温15℃，泉水清澈透明，味甘，主要有益元素含量：Sr为2.35～2.65mg/L，H_2SiO_3为35.1～39mg/L，Li为0.22～0.32 mg/L	新生代		矿点检查	矿点
15	班迪尔白云母矿	塔什库尔干县班迪尔乡	在瓦恰河与塔什库尔干河夹持部位，发现300余条伟晶岩脉，有13条含矿。含白云母伟晶岩单脉长10～100m，宽0.5～30m。白云母片度一般为30cm^2，最大为247cm^2，片厚0.3～1cm。含矿率为30～40kg/m^3，最高达100kg/m^3	元古宙	伟晶岩	普查	矿点
16	司热洪铜锌矿	塔什库尔干县班迪尔乡	矿区西部出露古元古界布伦阔勒岩群，东部为石炭系及未分奥陶—志留系。灰白色大理岩下盘的变质砂岩中发育一条层间破碎带，其中见有铜锌矿化。已发现一条矿体，长50m，厚1.5m，矿石可见黄铜矿、闪锌矿、孔雀石等。矿石品位：Cu为3.79%，Zn为2.65%，Ag为8.3×10^{-6}	华力西期	热液	矿点检查	矿点
17	卡尔曼马达哈拉铜矿	塔什库尔干县班迪尔乡	矿区出露地层为石炭系，岩性为变质砂岩。于变质砂岩中见孔雀石化。铜矿化体长30m，厚1m。样品分析结果：Cu为0.13%，Ag为5.1×10^{-6}	华力西期	热液	矿点检查	矿化点

续表 6-3

图上编号	矿产地名称	行政隶属	地质特征	成矿时代	成因类型	工作程度	规模
18	嘎尔吉蒙拉卡铅锌矿	塔什库尔干县库克西里克乡	矿区出露地层为未分奥陶—志留系，主要岩性为灰色变砂岩、灰白色大理岩。区内发现1条矿体，受大理岩中层间破碎带控制。矿体分南、北两段，南段长50m，北段长200m，矿体厚2～5m，延深大于70m。主要矿石矿物为方铅矿、闪锌矿，少量黄铜矿。拣块样分析结果：Pb为26.93%，Zn为25.97%，Ag为52.6×10^{-6}	华力西—印支期	热液	矿点检查	矿点
19	看因力达坂铅锌矿	塔什库尔干县库克西里克乡	矿区出露地层为未分奥陶—志留系，主要岩性为灰白色大理岩。大理岩层间破碎带中发现一条矿体，长约30m，宽2m。拣块样分析结果：Cu为0.12%，Pb为18.53%，Zn为1.87%，Au为0.33×10^{-6}	华力西期	热液	矿点检查	矿点
20	阿克乔喀铅锌矿	莎车县达木斯乡	矿区出露地层为石炭系，主要岩性为灰色—灰黑色白云岩。断裂构造有两组，一组近东西走向，另一组北东—南西走向，沿两条断裂交汇部位有2条铅锌矿化体产出，在交叉处矿石较富，富矿石化学分析结果：Pb为33.13%，Zn为21.8%，Ag为169×10^{-6}	华力西期	热液	矿点检查	矿点
21	托库孜玉石矿	莎车县达木斯乡	玉石矿呈砾石状分布于托库孜一带现代河漫滩中，岩石为淡黄绿色透闪岩。岩石中透闪石为95%，方解石为5%。矿石半透明，属软玉	第四纪	沉积	矿点检查	矿点
22	拉依勒克阿格孜铅矿	莎车县达木斯乡	矿区出露地层为石炭系，岩性为深灰色长石砂岩，砂岩中发育一条近南北向断裂，宽2m。构造角砾岩中有不连续的铅矿化，矿化呈细脉状，单脉长0.6～1m，宽1～5cm，矿脉密度甚稀。矿脉中样品分析结果：Pb为37.91%，Ag为84.6×10^{-6}	华力西期—燕山期	热液	矿点检查	矿点
23	斯如依迭尔铅锌矿	塔什库尔干县城关镇	矿区大面积出露喜马拉雅期钾长花岗岩。岩体中发育1条近南北向断裂构造，宽约5m。断裂带近上盘处有宽20～30cm的蚀变带，可见细粒黄铁矿化、褐铁矿化、硅化、碳酸盐化、萤石化等蚀变。样品分析结果：Pb为0.55%，Zn为0.48%，Ag为3.4×10^{-6}，Au为0.11×10^{-6}	喜马拉雅期	热液	矿点检查	矿点
24	阿然保泰金矿	塔什库尔干县城关镇	矿区内燕山期、喜马拉雅期碱性岩、碱性花岗岩类发育。金矿化见于褐黄色、褐色含黄铁矿细粒正长岩脉中，岩脉侵入于灰白色中粗粒花岗正长岩中，岩石蚀变有黄铁矿化、绿帘石化、绿泥石化	喜马拉雅期	热液	矿点检查	矿化点
25	大同玉石矿	塔什库尔干县大同乡	含矿地层为中元古界库浪那古岩群，玉石矿主要产于蛇纹石、硅灰石及透闪石化大理岩中。矿区内有9个矿体，单矿体长1.4～18m，厚0.25～0.5m。矿石中主要矿物为透闪石。矿石属青玉和白玉	中元古代—古生代	热液	矿点检查	矿点
26	兰干玉石矿	塔什库尔干县大同乡	玉石矿产于中元古界库浪那古岩群中，为细—微晶石英岩，矿体长度大于1km，宽度大于20m。矿石呈乳白色—米黄色，商业名称为米白玉或东陵石	中元古代—古生代	沉积变质	矿点检查	矿点
27	柯岗蛇纹岩矿	塔什库尔干县大同乡	矿化产于柯岗岩体中，方辉橄榄岩经蚀变成为纤蛇纹石和叶蛇纹石。岩体西北段的岩石几乎全部蛇纹石化，南段岩体蛇纹石化更强烈。整个岩体中蛇纹岩占92.2%。岩石化学成分：MgO含量为31.05%～46.92%，平均为37%；SiO_2含量为29.27%～46.92%，平均为37%；CaO含量为0.06%～0.97%。蛇纹岩地质储量24亿吨	华力西期	岩浆	普查	大型

续表 6-3

图上编号	矿产地名称	行政隶属	地质特征	成矿时代	成因类型	工作程度	规模
28	柯岗铬铁矿	塔什库尔干县大同乡	矿化产于柯岗超镁铁岩体内，矿体产状与岩体原生流动构造一致，已发现39个矿体，矿体呈长条状、不规则状、透镜状，延深不大，均在几米之内。单矿体长0.3～4m，宽0.02～1m。矿石类型以致密块状、浸染状为主。金属矿物为铬铁矿、磁铁矿，非金属矿物为蛇纹石、滑石等。矿石品位：Cr_2O_3 含量为 30.25%～40.18%，Ni 含量为 0.11%～0.32%，以硅酸镍为主，硫化镍次之	华力西期	岩浆	普查	矿点
29	柯岗阿格奇河滑石矿	塔什库尔干塔吉克自治县大同乡	矿体产于柯岗蛇纹石化方辉橄榄岩与花岗岩脉接触地带，受断裂构造控制，呈北西向延伸，长1 700m，宽100m。已发现11个矿体，单矿体长100～200m，厚1.07～8.55m，控制斜深50～100m。矿石分为块状滑石矿和菱镁滑石矿两类，滑石含量为40%～60%，菱镁矿含量为30%～50%。储量26.6万吨	华力西期	热液	普查	小型
30	柯岗布克卡克沟石棉矿	塔什库尔干县大同乡	矿化产于柯岗超基性岩体的东南部膨胀地段，石棉矿天然露头呈不规则的椭圆状，长轴方向近南北，长190m，宽32～123m，矿化类型为细网状、复式细脉状石棉脉，纤维长度一般为0.7～6.0mm，最长者达12～16mm。矿体中含棉率为2.97%～10.49%。C2级储量41 067t，地质储量为23 666t	华力西期	热液	普查	矿点
31	阿依布隆硫铁矿	莎车县达木斯乡	矿区出露下—中奥陶统玛列兹肯群灰白色大理岩，大理岩中见1层硫铁矿，长大于300m，厚4m，地表风化成为褐铁矿，新鲜岩石为含黄铁矿大理岩，黄铁矿含量为30%～50%，呈致密块状、浸染状。褐铁矿化学成分：S为0.45%～1.63%，Co为0.034%，Ag为1.5×10^{-6}～2.6×10^{-6}。新鲜硫铁矿石化学成分：S为19.20%，Ag为2.3×10^{-6}	奥陶纪	沉积	矿点检查	矿点
32	琼塔什阔勒红柱石矿	塔什库尔干县城关镇	矿区北侧为燕山期花岗岩，南侧为二叠系，近岩体的二叠系碳质板岩中含大量红柱石，矿化体长2km，宽20～30m，矿石中红柱石含量为20%～40%，晶体大小一般为2mm×5mm，大者达5mm×30mm	燕山期	接触变质	矿点检查	矿点
33	欠孜拉夫铅锌铜矿	塔什库尔干县瓦恰乡	矿区出露地层为石炭系，主要岩性为灰色变质砂岩夹变凝灰质砂岩及白色、灰白色大理岩。铅锌铜矿化主要产于大理岩之下的灰色变凝灰质砂岩中。已发现4条矿体，单矿体长80～2 700m，厚0.8～11m。矿石矿物为方铅矿、闪锌矿、黄铜矿、孔雀石、蓝铜矿等。矿石品位：Cu为0.28%～4.41%，Pb为0.54%～19.40%，Zn为2.16%～7.60%，Ag为5.8×10^{-6}～897×10^{-6}。	华力西期	热液	矿点检查	矿点
34	康达达坂含锌磁铁矿	塔什库尔干县瓦恰乡	矿区出露地层为奥陶—志留系，岩性为大理岩、变质砂岩等。加里东期黑云母斜长花岗岩侵入于大理岩内，形成矽卡岩化大理岩。铁锌矿体产于矽卡岩化大理岩中，初步查明4个矿体，矿体呈NW—SE向，单矿体长25～150m，厚10～50m。矿石品位：TFe为20.14%～65.75%，平均为46.9%；Zn为0.01%～23.02%，平均为1.51%。初步估算铁矿石储量100万吨，锌1.5万吨	加里东期	矽卡岩	普查	小型
35	拉依布拉克铜钼矿	塔什库尔干县瓦恰乡	含矿岩石为加里东期中—酸性岩体中的石英脉。见一条矿脉，长3m，厚0.5m，金属矿物有黄铜矿、辉钼矿、孔雀石、黄铁矿等	加里东期	热液	矿点检查	矿化点
36	米格河辉钼矿	塔什库尔干县大同乡	矿化产于中元古界库浪那古岩群与正长岩的接触处。含矿岩石为石英脉，石英脉中含大量蜂窝状褐铁矿，褐铁矿中见少量钼华和辉钼矿鳞片	华力西期	热液	矿点检查	矿化点

续表 6-3

图上编号	矿产地名称	行政隶属	地质特征	成矿时代	成因类型	工作程度	规模
37	西利比林水晶矿	塔什库尔干县瓦恰乡	区内出露地层为古元古界布伦阔勒岩群，其中发现100余条石英脉，22条有编号，单脉长5～50m，厚0.3～5m。石英呈巨粒—块体结构，块状构造。该点石英脉含晶性差，晶体质量不好，选矿成本高	加里东期	热液	普查	矿点
38	干豆尔那汗达坂铜矿	塔什库尔干塔吉克自治县大同乡	矿化产于安大力塔克岩体周围的上石炭统矽卡岩化大理岩中，矿化带长28m，宽1m，矿石矿物为黄铜矿、斑铜矿。矿石品位：Cu为0.8%～2.64%	华力西期	矽卡岩	矿点检查	矿点
39	夏麦兹铜钼矿	塔什库尔干县大同乡	矿化产于加里东期中酸性岩浆岩内的石英脉中，含矿石英脉长2～3m，厚0.1m，金属矿物有斑铜矿、辉铜矿、辉钼矿、孔雀石、赤铜矿等	加里东期	热液	矿点检查	矿化点
40	布卡吐维磷矿	叶城县棋盘乡	矿区出露地层为蓟县系，底部的不整合面上有磷矿体呈似层状、透镜状分布于砂岩或砂砾岩中。区内有3层含磷层，圈出4个矿体，单矿体厚0.25～0.8m，长80～200m，矿石类型为砂质胶状磷块岩。矿体平均品位：P_2O_5为6.20%～13.0%。地质储量1.5万吨	蓟县纪	沉积	普查	矿点
41	达布达尔绿柱石（祖母绿）矿	塔什库尔干县达布达尔乡	矿区出露地层为下志留统温泉沟组，岩性为含碳泥质板岩、泥质板岩、灰色条带状大理岩等。黑色辉石岩呈小岩株状侵入于地层中。绿柱石矿化产于主岩体西缘的次闪石化蚀变带中，蚀变带呈北西—南东向展布，长120m，宽20～40m。蚀变带中见多条北东向展布的含绿柱石石英脉、方解石石英脉、方解石脉，单脉长1～5m，宽0.2～0.4m。绿柱石含量一般小于1%，晶体大小一般1mm×3mm，最大者10mm×70mm，颜色鲜艳者甚少	加里东期	热液	矿点检查	矿点
42	吉尔铁克沟铁矿	塔什库尔干县达布达尔乡	矿区出露地层为古元古界布伦阔勒岩群，在含磁铁石英片岩中发现1条磁铁矿体。矿体长度大于1 000m，厚60m。矿石矿物主要为磁铁矿，以块状矿石和致密浸染状矿石为主。矿石品位：TFe为26.10%～69.00%	古元古代	沉积变质	矿点检查	矿点
43	老并铁矿	塔什库尔干县马尔洋乡	矿区出露地层为古元古界布伦阔勒岩群，在含磁铁石英片岩中发现1条磁铁矿体。矿体长1 800m，厚5～9m。矿石矿物主要为磁铁矿，以块状矿石和致密浸染状矿石为主。矿石品位：TFe为26.1%～58.80%	古元古代	沉积变质	矿点检查	矿点
44	热拉其铜矿	塔什库尔干县马尔洋乡	铜矿化产于古元古界布伦阔勒岩群黑云石英片岩中的构造破碎带中，走向NW—SE，长约5m，宽约0.5m。岩石中见孔雀石、蓝铜矿等金属矿物。样品分析结果：Cu为0.64%	加里东期	热液	矿点检查	矿点
45	叶尔羌河砂金矿	塔什库尔干县大同乡	砂金分布于阿斯干—萨尔河口—冬古兹—玛特村一带的河床相砂砾层中，矿化范围长达15m，宽2～3km。	第四纪	沉积	矿点检查	矿点
46	萨热克塔什石膏矿	塔什库尔干县达布达尔乡	含矿地层为二叠系。石膏岩层呈北西—南东向延伸，倾向北东，出露长度大于3 000m，宽150～200m，矿石为白色、灰白色块状硬石膏和纤维石膏，少量泥质石膏。石膏层底版为黑色碳质板岩，顶板为灰色砂岩。矿石分析结果：$CaSO_4$为85.38%，$CaCO_3$为2.30%，MgO为0.20%，K_2O为0.19%，Na_2O为0.05%	新生代	沉积	矿点检查	矿点

续表 6-3

图上编号	矿产地名称	行政隶属	地质特征	成矿时代	成因类型	工作程度	规模
47	乔普卡里莫铁矿	塔什库尔干县达布达尔乡	矿区出露地层为古元古界布伦阔勒岩群，在含磁铁石英片岩中发现3层磁铁矿，单矿层长1 000～3 500m，厚5～28m。磁铁矿石以块状和致密浸染状为主。矿石品位：TFe为28.30%～58.80%，TiO_2为0.05%～0.38%，P_2O_5为0.045%～0.48%，Ag为2.2×10^{-6}～2.9×10^{-6}	古元古代	沉积变质	矿点检查	矿点
48	皮勒水晶矿	塔什库尔干县马尔洋乡	测区出露地层为石炭系，共发现689条石英脉，集中于西部，有172条石英脉含晶，脉体一般长1～5m，厚0.05～0.3m，最大者长15m，厚0.8m。晶洞发育于脉体中央及膨大处，一般晶洞产晶8～9kg，最多340kg。单晶直径一般为1.5～4cm。已采水晶1 035kg	华力西期	热液	普查	小型
49	桑拉荷玉石矿	塔什库尔干县马尔洋乡	矿区出露地层为中元古界库浪那古岩群，玉石矿化产于大理岩中，矿石属蚀变大理岩，矿化体长25m，宽约1m。矿石以青玉为主	中元古代	热液	矿点检查	矿点
50、51	卡拉吉克金钨矿	塔什库尔干县达布达尔乡	于燕山期花岗岩体内见一条长8 000m、宽约100m的断裂破碎带，其中有多条石英脉，部分含钨和金。拣块化分样分析结果：钨为0.1%～3.0%，Au为0.1×10^{-6}～0.5×10^{-6}	燕山期	热液	矿点检查	矿点
52	明铁盖河铜矿	塔什库尔干县达布达尔乡	矿区出露地层为侏罗系黑色石英砂岩，其中发育一条北东向断裂，构造角砾岩中见铜矿化。铜矿化体长5m，宽0.3m，可见矿石矿物有黄铜矿、黄铁矿、孔雀石等。样品分析结果：Cu为0.21%，Ag为2.2×10^{-6}	喜马拉雅期	热液	矿点检查	矿点
53	种羊场铜矿	塔什库尔干县达布达尔乡	矿区出露岩石为灰绿色辉绿辉长岩，岩石中构造裂隙发育，沿裂隙密集处见孔雀石沿小裂隙充填。矿化体长2m，宽0.5m。样品分析结果：Cu为0.11%，Ag为2.3×10^{-6}	华力西期	热液	矿点检查	矿化点
54	昝坎扎克沟方钠石矿	塔什库尔干县达布达尔乡	区内见一霓辉正长斑岩脉，呈北西—南东向延伸，长250m，宽1.5～2m。方钠石呈细脉状产于斑岩脉中，单脉一般宽2～5mm	华力西期	岩浆	矿点检查	矿点
55	热尔哈诺玉石矿	塔什库尔干县马尔洋乡	矿区出露地层为中元古界库浪那古岩群，玉石矿化产于大理岩中，矿石属蚀变大理岩，矿化体长15m，宽0.5～0.8m，矿石以白玉为主，质佳	中元古代	热液	矿点检查	矿点
56	明铁盖达坂北金矿	塔什库尔干县达布达尔乡	金矿化产于喜马拉雅期花岗岩体中，矿化受正长岩脉控制	喜马拉雅期	热液	矿点检查	矿点
57	热士坎白云母矿	塔什库尔干县马尔洋乡	古元古界布伦阔勒岩群变质岩中发现6条花岗伟晶岩脉，5条含矿。单矿脉长20～100m，宽1～5m。云母面积6～20cm^2，最大350cm^2。含矿率为50～150kg/m^3。储量202t	元古宙	伟晶岩	普查	中型
58	阿拉姚施塔格硫铁矿	塔什库尔干县马尔洋乡	矿区出露地层为中元古界库浪那古岩群，主要岩性为黑云母片岩、角闪片岩、石英岩、透闪石大理岩、石墨片岩。辉石岩侵入其中。黄铁矿化产于大理岩、石英岩与片岩接触带中。区内见露头20余处，最大的露头长270m，平均厚5m。矿石矿物有黄铁矿、磁铁矿，次为黄铜矿、方铅矿等。矿石含S为20.52%～24.80%，Cu为0.15%～0.17%，估算地质储量：硫铁矿石27万吨，铜432t	华力西期	热液	矿点检查	矿点

表 6-4　塔什库尔干塔吉克自治县幅铁矿产地

矿产地名称(编号)	矿产地规模	成因类型	成矿时代
塔合曼铁矿(1)	矿点	沉积变质	古元古代
康达尔达坂铁锌矿(34)	小型	矽卡岩	古生代
吉尔铁克沟铁矿(42)	矿点	沉积变质	古元古代
老并铁矿(43)	矿点	沉积变质	古元古代
乔普卡里莫铁矿(47)	矿点	沉积变质	古元古代

矿区出露地层为古元古界布伦阔勒岩群，岩性为黑云母片岩、含磁铁石英片岩、石英片岩、夕线石绢云母片岩(含电气石)等，片理倾向一般为220°～250°，倾角为40°～80°。断层不发育，仅见3条小的平推断层。新生代岩浆岩发育，岩性有中粒黑云母花岗岩、石英闪长岩、辉石岩等。

区内初步查明7个矿体，含矿岩石属硅铁建造，矿体顶底板主要岩石为含磁铁石英片岩、石英片岩(图版Ⅷ,1)。已控制矿体形态为简单的脉状、似层状、透镜状，矿体大小悬殊，单矿体长17.5～300m，厚0.96～6.28m。矿体平均品位：TFe为37.3%～58.69%。有害成分：SiO_2含量为10.33%～30.27%，S<0.08%，P_2O_5<0.21%。矿石类型以条纹状、条带状为主，亦有致密块状和稠密浸染状矿石。矿石矿物以磁铁矿为主，少量赤铁矿和褐铁矿；脉石矿物有石英、黑云母、阳起石、绿泥石等。批准矿石储量C_1+C_2=52.4万吨。

(2)矽卡岩型铁矿

该类型铁矿产地有康达尔达坂铁矿点1处，已经过普查。矿点位于瓦恰南东约22km处，隶属塔什库尔干塔吉克自治县瓦恰乡管辖，矿区坐标：东经75°52′00″，北纬37°37′00″。

矿区出露地层为未分奥陶—志留系，岩性为大理岩、变质砂岩等。加里东期黑云母斜长花岗岩侵入于大理岩内，形成矽卡岩化大理岩。矿体产于矽卡岩化大理岩中，初步查明4个矿体，矿体呈NW—SE走向，倾向南西，倾角为70°～80°，单矿体长25～150m，厚10～50m。矿石矿物以磁铁矿为主，少量黄铁矿、黄铜矿、斑铜矿；脉石矿物有石榴子石、透辉石、方解石、硅灰石、绿帘石等。矿石自然类型以致密块状为主，局部呈浸染状、条带状。矿石品位：TFe为20.14%～65.75%，平均为46.9%，Zn为0.01%～23.02%，平均为1.51%。初步估算铁矿石储量100万吨，锌1.5万吨。

2. 铬铁矿

塔什库尔干塔吉克自治县幅内仅有柯岗铬铁矿点1处(28)，成矿时代为古生代，成因类型属岩浆(分异)型。

矿区位于大同东约9km处，隶属塔什库尔干塔吉克自治县大同乡管辖，矿区坐标：东经76°12′00″—76°29′00″，北纬37°37′00″—37°45′00″。

矿化产于柯岗超镁铁岩体内，矿体产状与岩体原生流动构造一致，岩体内已发现39个大小不等的矿体，矿体呈长条状、不规则状、透镜状，下延深度不大，均在几米之内。单矿体长0.3～4m，宽0.02～1m。矿石类型以致密块状、浸染状为主。矿石中金属矿物为铬铁矿、磁铁矿，非金属矿物为蛇纹石、滑石、透闪石等。矿石品位：Cr_2O_3为30.25%～40.18%，Ni为0.11%～0.32%，以硅酸镍为主，硫化镍次之。

(二)有色金属矿产

有色金属矿产主要有铜、铅、锌、钴、钨、钼等。

1. 铜矿

图幅内有铜矿产地15处(表6-5)。成因类型有沉积型、热液型、矽卡岩型，分类叙述如下。

表 6-5 塔什库尔干塔吉克自治县幅铜矿产地

矿产地名称(编号)	矿产地规模	成因类型	成矿时代
阿孜拜勒迪铜矿(4)	矿点	热液	华力西期
库斯拉甫南铜矿(7)	矿点	热液	华力西期
库斯拉甫铜矿(8)	矿点	沉积	泥盆纪期
塔尔铜矿(10)	矿点	矽卡岩	华力西期
叶尔羌西铜矿(11)	矿点	热液	加里东期
卡兰乌依铜矿(13)	矿点	沉积	泥盆纪期
司热洪铜锌矿(16)	矿点	热液	华力西期
卡尔曼马达哈拉铜矿(17)	矿点	热液	加里东期
欠孜拉夫铅锌铜矿(33)	矿点	热液	华力西期
拉依布拉克铜钼矿(35)	矿点	热液	华力西期
干豆尔那汗达坂铜矿(38)	矿点	矽卡岩	华力西期
夏麦兹铜钼矿(39)	矿点	热液	加里东期
热拉其铜矿(44)	矿点	热液	加里东期
明铁盖河铜矿(52)	矿点	热液	喜马拉雅期
种羊场铜矿(53)	矿点	热液	加里东期

(1)沉积型铜矿

图幅内有 2 处,分别为库斯拉甫铜矿点(8)和卡兰乌依铜矿点(13),以卡兰乌依铜矿点为例叙述如下。

卡兰乌依铜矿点位于库斯拉甫南东约 17km 处,隶属阿克陶县库斯拉甫乡管辖。矿区坐标:东经 76°26′12″,北纬 37°51′37″。

矿区出露地层为上泥盆统奇自拉夫组,含矿岩石为夹于红色砂岩建造中的灰绿色长石砂岩。点上见 3 层含铜砂岩,下层厚 5m,延伸 280m,第二、三层厚度均为 0.2m,长度为 50～80m。矿化沿走向不稳定,呈断续出现透镜状和豆荚状。含矿岩石中可见斑状孔雀石、赤铜矿等。样品的 Cu 含量为 0.13%～0.2%。

(2)热液型铜矿

热液型铜矿有 11 处,见表 6-4。成矿时代以华力西期和加里东期为主,少量喜马拉雅期。加里东期铜矿点有叶尔羌西(11)、卡尔曼马达哈拉(17)、热拉其(44)、夏麦兹(39)、种羊场(53)铜矿点,华力西期铜矿点有阿孜拜勒迪(4)、库斯拉甫南(7)、欠孜拉夫(33)、司热洪(16)、拉依布拉克(35)铜矿点,喜马拉雅期铜矿点有明铁盖河(52)铜矿点。

①加里东期热液型铜矿

以夏麦兹铜钼矿点为例说明如下。

矿点位于大同南西约 20km 处,隶属塔什库尔干塔吉克自治县大同乡管辖,矿区坐标:东经 76°00′40″,北纬 37°32′00″。

矿化产于加里东期中酸性岩浆岩内的石英脉中,含矿石英脉长 2～3m,厚 0.1m,金属矿物有斑铜矿、辉铜矿、辉钼矿、孔雀石、赤铜矿等。

②华力西期热液型铜矿

以阿孜拜勒迪铜矿点为例叙述如下。

阿孜拜勒迪铜矿点位于阿克陶县库斯拉甫西南约 5km 处,隶属阿克陶县库斯拉甫乡管辖,矿区坐标：东经 76°16′19″，北纬 37°51′46″。

矿区出露地层为奥陶系玛列兹肯群，岩性以灰绿色泥质板岩为主，已发现 1 条矿体，受北西西向断裂控制。矿体长 180m，宽 1.5～14.5m。矿石矿物可见黄铜矿、孔雀石、蓝铜矿等。矿石品位：Cu 为 0.12%～0.97%，Ag 为 0.2×10^{-6}～2.8×10^{-6}，Au 为 0.1×10^{-6}～1.84×10^{-6}。

③喜马拉雅期热液型铜矿

以明铁盖河铜矿点为例说明如下。矿点位于达布达尔乡南西约 34km 处，隶属塔什库尔干塔吉克自治县达布达尔乡管辖，矿区坐标：东经 75°06′38″，北纬 37°08′38″。

矿区出露地层为侏罗系，岩性为黑色石英砂岩，其中发育一条北东向断裂，构造角砾岩中见孔雀石和黄铜矿。铜矿化体长 5m，宽 0.3m，其中见绢云母化和硅化。样品分析结果：Cu 为 0.21%，Ag 为 2.2×10^{-6}。

(3)矽卡岩型铜矿

图幅内矽卡岩型铜矿有 2 处，分别为塔尔铜矿点和干豆尔那汗达坂铜矿点，以塔尔铜矿点为例叙述如下。

塔尔铜矿位于库克西里克北东约 23km 处，隶属塔什库尔干塔吉克自治县库克西里克乡管辖。矿区坐标：东经 76°01′00″，北纬 37°54′00″。

矿区出露地层为石炭系，塔尔花岗岩体侵入于石炭系中。含矿岩石为矽卡岩化大理岩，矿化带长 140m，宽 5～7m，矿石矿物为黄铜矿、辉铜矿、黄铁矿。矿石品位：Cu 为 1.4%。

2. 铅矿

图幅内有铅矿产地 6 处(表 6-6)。成因类型主要为热液型，以下按成矿时代分类叙述。

表 6-6　铅矿产地

矿产地名称(编号)	规模	成因类型	成矿时代
嘎尔吉蒙拉卡铅锌矿(18)	矿点	热液	华力西—印支期
看因力达坂铅锌矿(19)	矿点	热液	华力西—印支期
阿克乔喀铅锌矿(20)	矿点	热液	华力西—燕山期
拉依勒克阿格孜铅矿(22)	矿点	热液	华力西期
斯如依迭尔铅锌矿(23)	矿点	热液	喜马拉雅期
欠孜拉夫铅锌铜矿(33)	矿点	热液	华力西期

(1)华力西—燕山期铅矿

有嘎尔吉蒙拉卡(18)、看因力达坂(19)、欠孜拉夫(33)、阿克乔喀(20)和拉依勒克阿格孜(22)5 处矿点，以欠孜拉夫铅锌铜矿点和阿克乔喀铅锌矿为例叙述如下。

①欠孜拉夫铅锌铜矿

该矿区位于塔什库尔干县瓦恰东约 9km 的欠孜拉夫一带，隶属塔什库尔干塔吉克自治县瓦恰乡管辖。矿区坐标：东经 75°42′00″—75°44′00″，北纬 37°38′00″—37°39′49″。

该矿区处于康西瓦-瓦恰结合带东侧。地层主要为石炭系，岩性为灰色变质砂岩、凝灰质变质砂岩(含电气石)，夹灰白色大理岩。区内铅锌铜矿化与凝灰质变质砂岩关系密切，矿体多产于大理岩之下的灰色凝灰质变质砂岩中，层控特征极为明显，含矿层位中见到电气石，具有火山块状硫化物型矿床特征(VMS 型)。矿区内已发现 4 条铜铅锌矿体，其中 1、3 号矿体为主矿体。1 号矿体长 2 520m，厚 0.88～8.21m，含矿岩石为灰色凝灰质变质砂岩(图版Ⅷ，2)。矿石中金属矿物主要为磁铁矿、黄铜矿、闪锌矿、方铅矿，氧化矿石中可见孔雀石、蓝铜矿，脉石矿物以石英为主，并有少量方解石、阳起石、电气石等。矿石品位：Cu 为 0.60%～4.45%，Pb 为 1.09%，Zn 为 2.85%。3 号矿体长 3 030m，厚 0.80～13.86m，矿体产于灰色凝灰质变质砂岩中，矿体产状同围岩层理基本一致。矿体中以角砾状、块状铅锌铜矿石为主(图版Ⅷ,3)，次为条带状矿石，少量块状矿石。矿石矿物主要为方铅矿、闪锌矿、黄铜矿、黄铁矿，次生矿物有孔雀石、蓝铜矿等。矿石品位：Cu 为 0.43%～5.94%，Pb 为 1.46%～19.19%，Zn 为 0.80%～7.77%。

②阿克乔喀铅锌矿

该矿区位于莎车县达木斯北西约 20km 处，隶属达木斯乡管辖。矿区坐标：东经 76°23′05″，北纬 37°50′27″。

矿区出露地层为石炭系，主要岩性为灰色—灰黑色白云岩。断裂构造有两组，一组近东西走向，另一组北东—南西走向，沿两条断裂交汇部位有 2 条铅锌矿化体产出，矿化部位有碳酸盐岩化。在两条矿化体交叉处矿石较富，富矿石化学分析结果：Pb 为 33.13%，Zn 为 21.8%，Ag 为 169×10^{-6}。

(2)喜马拉雅期铅矿

仅有斯如依迭尔铅锌矿点一处，矿区位于塔什库尔干塔吉克自治县城南西约 13km 处，隶属塔什库尔干塔吉克自治县城关镇管辖。矿区坐标：东经 75°05′24″，北纬 37°42′58″。

矿区大面积出露喜马拉雅期正长花岗岩。岩体中发育 1 条近南北向断裂构造，宽约 5m。断裂带近上盘处有宽 20～30cm 的蚀变带，可见黄铁矿化、褐铁矿化、硅化、碳酸盐化、萤石化等蚀变。捡块化学样分析结果：Pb 为 0.55%，Zn 为 0.48%，Ag 为 3.4×10^{-6}，Au 为 0.11×10^{-6}。

3. 锌矿

图幅内有锌矿产地 7 处，均与铜铅或铁共生(表 6-7)。成因类型主要为热液型，以下按成矿时代分类叙述。

表 6-7 锌矿产地

矿产地名称(编号)	规模	成因类型	成矿时代
司热洪铜锌矿(16)	矿点	热液	华力西期
嘎尔吉蒙拉卡铅锌矿(18)	矿点	热液	华力西—印支期
看因力达坂铅锌矿(19)	矿点	热液	华力西期
阿克乔喀铅锌矿(20)	矿点	热液	华力西期
斯如依迭尔铅锌矿(23)	矿点	热液	喜马拉雅期
欠孜拉夫铅锌铜矿(33)	矿点	热液	华力西期
康达尔达坂铁锌矿(34)	矿点	矽卡岩	加里东期

(1)加里东期锌矿

仅有康达尔达坂 1 处矿点。

矿点位于塔什库尔干县瓦恰东康达尔达坂附近，矿区出露地层为未分奥陶—志留系，岩性为大理岩、变质砂岩等。加里东期黑云母斜长花岗岩侵入于大理岩内，形成矽卡岩化大理岩。铁锌矿体产于矽卡岩化大理岩中，初步查明 4 个矿体，均呈 NW—SE 向，单矿体长 25～150m，厚 10～50m。矿石品位：TFe 为 20.14%～65.75%，平均为 46.9%，Zn 为 0.01%～23.02%，平均为 1.51%。初步估算铁矿石储量为 100 万吨，锌为 1.5 万吨。

(2)华力西—印支期锌矿

有司热洪、嘎尔吉蒙拉卡、看因力达坂、欠孜拉夫、阿克乔喀5处矿点，以司热洪铜锌矿点为例说明如下。

司热洪铜锌矿点位于班迪尔北西约8km处，隶属塔什库尔干塔吉克自治县班迪尔乡管辖，矿区坐标：东经75°29′09″，北纬37°48′21″。

矿区西部出露地层为古元古界布伦阔勒岩群，东部为石炭系。石炭系灰白色大理岩下盘的灰色变凝灰质砂岩中见有铜锌矿化。已发现2条矿体，单矿体长50～80m，厚1.5～2m，矿石中可见黄铜矿、闪锌矿、孔雀石等。矿石品位：Cu为0.5%～3.79%，Zn为2.65%，Ag为2×10^{-6}～8.3×10^{-6}。

(3)喜马拉雅期锌矿

见于斯如依迭尔铅锌矿点。矿化岩石中Zn含量为0.48%。

4. 钴矿

仅见于阿依布隆硫铁矿点(31)，在硫铁矿体上部的铁帽中有部分捡块化学样品钴含量较高，钴最高含量为0.034%。

5. 钨矿

图幅内钨矿产地主要见于克克吐鲁克幅卡拉吉克金钨矿点(50)。矿点位于达布达尔西南约68km处，隶属塔什库尔干县达布达尔乡管辖。矿区坐标：东经74°42′00″，北纬37°11′00″。

区内燕山期花岗岩发育，于花岗岩体内见一条长约8 000m、宽约100 m的断裂破碎带，其中发育石英脉，部分石英脉中含钨和金。拣块化学样分析结果：W为0.1%～3.0%，最高含量为15.0%，Au为0.1×10^{-6}～0.5×10^{-6}。成因类型为岩浆热液型，成矿时代为燕山期。

6. 钼矿

图幅内有钼矿产地3处，分别为拉依布拉克铜钼矿(35)、米格河钼矿(36)和夏麦兹铜钼矿(39)，成矿时代均为华力西期，成因类型为热液型。以米格河钼矿为例介绍如下。

米格河辉钼矿点位于大同乡南东约4km处，隶属塔什库尔干塔吉克自治县大同乡管辖。矿区坐标：东经76°11′30″，北纬37°38′00″。

辉钼矿化产于中元古界库浪那古岩群与正长岩的接触处。含矿岩石为石英脉，石英脉中含大量蜂窝状褐铁矿，褐铁矿中见少量钼矿和辉钼矿鳞片，其他特征不详。

(三)贵金属

图幅内贵金属矿产主要为金和银，分述如下。

1. 克克吐鲁克幅

图幅内有卡拉吉克金钨矿点(50)、明铁盖河砂金矿点(51)、明铁盖达坂北金矿点(56)，各矿点工作程度均较低。

卡拉吉克金钨矿点位于达布达尔南西约65km处，隶属塔什库尔干塔吉克自治县达布达尔乡管辖。矿区坐标：东经74°42′00″，北纬37°11′00″。矿区内燕山期花岗岩发育，岩体内见一条长8 000m、宽约100m的断裂破碎带，其中有多条石英脉，部分石英脉含钨和金。拣块化分样分析结果：Au一般为0.1×10^{-6}～0.5×10^{-6}，最高达15×10^{-6}。

明铁盖河砂金矿点位于达布达尔南西约50km处，隶属塔什库尔干塔吉克自治县达布达尔乡管辖。矿区坐标:东经 74°54′00″,北纬 37°08′00″。砂金矿产于第四系河床和河漫滩中,已有人在此采过砂金。

明铁盖达坂北金矿点位于达布达尔南西约 51km 处,隶属塔什库尔干塔吉克自治县达布达尔乡管辖。矿区坐标:东经 74°56′00″,北纬 37°06′00″。金矿化产于喜马拉雅期花岗岩体中,矿化受正长岩脉控制。

2. 塔什库尔干塔吉克自治县幅

图幅内有金矿点 5 处,银矿化点 14 处。

(1)金矿

图幅内有金矿点 5 处,其中砂金矿 4 处,岩金矿 1 处(表 6-8)。

表 6-8　金矿产地

矿产地名称(编号)	规模	成因类型	成矿时代
库斯拉甫砂金矿(3)	矿点	沉积	第四纪
阿尔他西砂金矿(6)	矿点	沉积	第四纪
亚尔肯特河砂金矿(12)	矿点	沉积	第四纪
阿然保泰金矿(24)	矿点	碱性岩浆热液	喜马拉雅期
叶尔羌河砂金矿(45)	矿点	沉积	第四纪

砂金矿以叶尔羌河砂金矿点为例。矿点位于大同南约 34km 处,隶属塔什库尔干县大同乡管辖。矿区坐标:东经 76°09′30″,北纬 37°22′00″。砂金分布于阿斯干—萨尔河口—冬古兹—玛特村一带的河床砂砾层中,矿化范围长约 15km,宽 2～3km。该矿点已开采多年,年淘金 6～20kg。

阿然保泰金矿化点位于塔什库尔干西南约 10km 处,隶属塔什库尔干县城关镇管辖。矿区坐标:东经 75°06′15″,北纬 37°43′01″。矿区内燕山期、喜马拉雅期碱性、碱性花岗岩类发育。金矿化见于喜马拉雅期褐黄色、褐色含黄铁矿细粒正长岩脉中,侵入于灰白色中粗粒花岗正长岩中,岩石破碎且有蚀变,主要蚀变有黄铁矿化、绿帘石化、绿泥石化。蚀变岩石含 Au 一般为 0.1×10^{-6}～0.5×10^{-6},尚未发现工业金矿体。

(2)银矿

图幅内银矿均为伴生矿,有矿产地 14 处(表 6-9),铅锌矿石中银含量较高,铜铁矿石中含量较低。

(四)冶金辅助原料矿产

图幅内冶金辅助原料矿产地已知有 2 处,分别为琼塔什阔勒红柱石矿点(32)和昝坎扎克沟方钠石矿点(54),分类叙述如下。

1. 红柱石矿

仅见琼塔什阔勒红柱石矿点 1 处,矿点位于塔什库尔干县城南西约 23km 处,隶属塔什库尔干县城关镇管辖。矿区坐标:东经 75°03′20″,北纬 37°37′30″。矿区北侧为燕山期花岗岩,南侧为未分二叠系,近岩体的二叠系碳质板岩中含大量红柱石,矿化体长 2km,宽 20～30m,红柱石含量为 20%～40%,晶体大小一般为 2mm×5mm,大者达 5mm×30mm。矿化类型为接触变质型,成矿时代为燕山期。

表 6-9　伴生银矿产地

矿产地名称(编号)	成因类型	成矿时代	矿石中银含量
阿孜拜勒迪铜矿(4)	热液	华力西期	Ag $0.2\times10^{-6}\sim2.8\times10^{-6}$
库斯拉甫南铜矿(7)	热液	华力西期	Ag 2.6×10^{-6}
库斯拉甫铜矿(8)	沉积	华力西期	Ag $1\times10^{-6}\sim3.7\times10^{-6}$
司热洪铜锌矿(16)	热液	华力西期	Ag 8.3×10^{-6}
卡尔曼马达哈拉铜矿(17)	热液	华力西期	Ag 5.1×10^{-6}
嘎尔吉蒙拉卡铅锌矿(18)	热液	华力西—印支期	Ag 52.6×10^{-6}
阿克乔喀铅锌矿(20)	热液	华力西期	Ag 169×10^{-6}
拉依勒克阿格孜铅矿(22)	热液	华力西期—燕山期	Ag 84.6×10^{-6}
斯如依迭尔铅锌矿(23)	热液	喜马拉雅期	Ag 3.4×10^{-6}
阿依布隆硫铁矿(31)	沉积	奥陶纪	Ag 2.3×10^{-6}
欠孜拉夫铅锌铜矿(33)	热液	华力西期	Ag $5.8\times10^{-6}\sim897\times10^{-6}$
乔普卡里莫铁矿(47)	沉积变质	古元古代	Ag $2.2\times10^{-6}\sim2.9\times10^{-6}$
明铁盖河铜矿(52)	热液	喜马拉雅期	Ag 2.2×10^{-6}
种羊场铜矿(53)	热液	加里东期	Ag 2.3×10^{-6}

2. 方钠石矿

仅见昝坎扎克沟方钠石矿点(54)1处，矿点位于达布达尔南东约25km处，隶属塔什库尔干县达布达尔乡管辖。矿区坐标：东经75°37′18″，北纬37°11′12″。区内见一霓辉正长斑岩脉，呈北西—南东向延伸，长250m，宽1.5～2m。方钠石呈细脉状产于斑岩脉中，单脉宽一般为2～5 mm。矿化类型为岩浆型，成矿时代为喜马拉雅期。

（五）燃料矿产

仅见库斯拉甫煤矿点(5)1处，矿点位于库斯拉甫乡北西约2km处，隶属阿克陶乡管辖。矿区坐标：东经76°18′00″—76°19′00″，北纬37°57′40″—38°00′00″。矿区出露地层为侏罗系，总体为一复式向斜，含煤地层为一套碎屑岩夹碳酸盐岩及煤层。区内有煤层、煤线25层，多数煤层厚度大于0.4m。向斜西翼煤层总厚度为12.8m。各煤层间距为4～137m，一般为10～40m。含煤地层中含煤系数为2.35%。区内分为下、中两个含煤段：下含煤段含煤层、煤线16层，单层厚0.38～1.95m，出露长度为150～2 000m；中含煤段含煤层、煤线9层，出露长度为2 250m。煤质为中—富灰分、低—中硫、高熔点煤。煤炭总储量为1 587万吨。矿化成因类型为沉积型，成矿时代为侏罗纪。

（六）化工原料非金属矿产

图幅内化工原料非金属矿产种类有磷、硫、蛇纹岩3种，分类叙述如下。

1. 磷矿

图幅内磷矿产地仅有布卡吐维磷矿点(40)1处，矿点位于棋盘南西约34km处，隶属叶城县棋盘乡管辖。矿区坐标：东经76°29′00″，北纬37°29′30″。矿区出露地层为蓟县系博查特塔格组，在其底部的不整合面上有磷矿体呈似层状、透镜状分布于砂岩或砂砾岩中。区内有含磷层3层，圈出4

个矿体，单矿体厚 0.25～0.8m，长 80～200m，矿石类型为砂质胶状磷块岩，矿体平均品位：P_2O_5 为 6.20%～13.0%。地质储量为 1.5 万吨。矿化成因类型为沉积型，成矿时代为蓟县纪。

2. 硫矿

图幅内的硫矿仅见硫铁矿矿点 2 处，分别为阿依布隆硫铁矿点(31)和阿拉姚施塔格硫铁矿点(58)，分述如下。

(1)阿依布隆硫铁矿点

矿点位于达木斯南西约 23km 处，隶属莎车县达木斯乡管辖。矿区坐标：东经 76°21′11″，北纬 37°44′17″。矿区出露下—中奥陶统玛列兹肯群灰白色大理岩，大理岩中有一层硫铁矿，长度大于 300m，厚度为 4m，地表风化成为褐铁矿，新鲜岩石为含黄铁矿大理岩，黄铁矿含量为 30%～50%，呈致密块状、浸染状。褐铁矿的化学成分：S 为 0.45%～1.63%，Co 为 0.034%，Ag 为 1.5×10^{-6}～2.6×10^{-6}。新鲜硫铁矿石的化学成分：S 为 19.20%，Ag 为 2.3×10^{-6}。矿化成因类型为沉积型，成矿时代为奥陶纪。

(2)阿拉姚施塔格硫铁矿点

矿点位于马尔洋南东约 58km 处，隶属塔什库尔干县马尔洋乡管辖。矿区坐标：东经 76°17′30″，北纬 37°04′30″。矿区出露地层为中元古界库浪那古岩群，主要岩性为黑云母片岩、角闪片岩、石英岩、透闪石大理岩、石墨片岩等。辉石岩侵入于库浪那古岩群中。黄铁矿化产于大理岩、石英岩与片岩接触带中。区内见矿化露头 20 余处，最大的矿化露头长 270m，平均厚 5m。矿石矿物有黄铁矿、磁铁矿，次为黄铜矿、方铅矿等。矿石含 S 为 20.52%～24.80%，Cu 为 0.15%～0.17%，估算地质储量：硫铁矿石 27 万吨，铜 432t。矿化成因类型为热液型，成矿时代为华力西期。

3. 蛇纹岩矿

图幅内蛇纹岩矿产地仅有柯岗蛇纹岩矿点(27)1 处，位于大同东约 8km 处，隶属塔什库尔干县大同乡管辖。矿区坐标：东经 76°12′00″—76°29′00″，北纬 37°37′00″—37°45′00″。矿化产于柯岗超镁铁岩体中，方辉橄榄岩经蚀变成为纤蛇纹石和叶蛇纹石。岩体岩石几乎全部蛇纹石化，蛇纹岩平均占 92.2%。岩石化学成分：MgO 含量为 31.05～46.92%，平均为 37%；SiO_2 含量为 29.27%～46.92%，平均为 37%；CaO 含量为 0.06%～0.97%。蛇纹岩地质储量为 24 亿吨。矿化成因类型为岩浆蚀变型，成矿时代为华力西期。

(七)建筑材料及其他矿产

1. 石棉矿

图幅内仅有柯岗布克卡可沟石棉矿点(30)1 处，位于大同北东约 10km 处，隶属塔什库尔干县大同乡管辖。矿区坐标：东经 76°28′00″，北纬 37°38′00″。矿化产于柯岗超镁铁岩体的东南部膨胀地段，石棉矿天然露头呈不规则的椭圆状，长轴方向近南北，长 190m，宽 32～123m，矿化类型为细网状、复式细脉状石棉脉，石棉纤维长度一般为 0.7～6.0mm，最长者达 12～16mm。矿体含棉率为 2.97%～10.49%。经普查求得 C_2 级储量为 41 067t，地质储量为 23 666t。矿化成因类型为热液型，成矿时代为华力西期。

2. 石膏矿

图幅内仅有萨热克塔什石膏矿点(46)1 处，位于达布达尔南东约 19km 处，隶属塔什库尔干县达布达尔乡管辖。矿区坐标：东经 75°33′45″，北纬 37°13′55″。含矿地层为志留系，石膏岩层沿一北西—南东向断裂带延伸，倾向北东，出露长度大于 3 000m，宽度为 150～200m，矿石为白色、灰白色块状硬石膏和纤维石膏，少量泥质石膏。石膏层底版为黑色含碳质板岩，顶板为灰色砂岩。矿石分析结果：$CaSO_4$ 含量为 85.38%，$CaCO_3$ 含量为 2.30%，MgO 含量为 0.20%，K_2O 含量为 0.19%，Na_2O 含量为 0.05%。矿化成因类型为沉积型，成矿时代为新生代。

3. 滑石矿

图幅内仅有柯岗阿格奇河滑石矿点(29)1 处，位于大同北东约 10km 处，隶属塔什库尔干县大同乡管辖。矿区坐标：东经 76°27′30″，北纬 37°39′00″。滑石矿化呈带状产于柯岗蛇纹石化方辉橄榄岩与花岗岩脉接触地带，受断裂构造控制，呈北西向延伸，长 1 700m，宽 100m，其中已发现 11 个矿体，单矿体长 100～200m，厚 1.07～8.55m，控制斜深 50～100m。矿石分为块状滑石矿和菱镁滑石矿两类，滑石含量为 40%～60%，菱镁矿含量为 30%～50%。经普查求得滑石矿石储量为 26.6 万吨。

4. 宝石矿

图幅内仅见达布达尔绿柱石(祖母绿)矿点(41)1 处，位于达布达尔东约 2km 处，隶属塔什库尔干县达布达尔乡管辖。矿区坐标：东经 76°25′52″，北纬 37°21′00″。矿区出露地层为下志留统温泉沟组，黑色辉石岩呈小岩株状侵入于温泉沟组含碳泥质板岩、泥质板岩、灰色条带状大理岩中。绿柱石矿化产于主岩体边缘呈北西—南东向展布的次闪石化蚀变带中，长 120m，宽 20～40m。蚀变带中见多条北东向展布的含绿柱石石英脉、方解石石英脉、方解石脉，以方解石脉中的绿柱石品级为最佳。已查明的矿脉单脉长 1～5m，宽 0.2～0.4m。绿柱石含量一般小于 1%，晶体大小一般为 1mm×3mm，大者可达 10mm×70mm，颜色鲜艳达到宝石级别者甚少。

5. 玉石矿

图幅内有玉石矿点 5 处，成因类型有沉积型、沉积变质型、热液型 3 种(表 6-10)，分类叙述如下。

表 6-10 玉石矿产地

矿产地名称(编号)	成因类型	成矿时代	开采情况
托库孜玉石矿点(21)	沉积	第四纪	已
大同玉石矿点(25)	热液	中元古代	已
兰干玉石矿点(26)	沉积变质	中元古代	已
桑拉荷玉石矿点(49)	热液	中元古代	已
热尔哈诺玉石矿点(55)	热液	中元古代	已

(1)沉积型玉石矿

仅见托库孜玉石矿点 1 处，位于达木斯北西约 17km 处，隶属莎车县达木斯乡管辖。矿区坐标：东经 76°23′50″，北纬 37°45′14″。玉石矿呈砾石状分布于托库孜一带河流的河漫滩中，矿石为淡黄绿色透闪石岩。岩石中透闪石约 95%，方解石约 5%。矿石块度一般为 5～10cm，最大者达 30cm，呈半透明状，属软玉。

(2)沉积变质型玉石矿

仅见兰干玉石矿点 1 处，位于大同北东约 5km 处，隶属塔什库尔干县大同乡管辖。矿区坐标：东经 76°12′40″，北纬 37°40′30″。玉石矿产于中元古界库浪那古岩群中，矿体长度大于 1km，宽度大于 20m。矿石为细—微晶石英岩，石英含量大于 96%，总体呈乳白色—米白色，局部有绿色矿石。矿石晶莹剔透，易染色，工艺名称为帕米尔米白玉或东陵石，矿石资源量较大。

(3)热液型玉石矿

有热液型玉石矿点 3 处，含矿层位均为中元古界库浪那古岩群，含矿岩石为大理岩。以大同玉石矿点为例叙述如下。

矿点位于大同北西约 7km 处，隶属塔什库尔干县大同乡管辖。矿区坐标：东经 76°08′00″，北纬 37°43′00″。玉石矿主要产于蛇纹石化、硅灰石化及透闪石化大理岩中。矿区内有 9 个矿体，单矿体长 1.4～18m，厚 0.25～0.5m。矿石中主要矿物为透闪石。矿石属青玉和白玉，质佳。

6. 水晶矿

图幅内有水晶矿产地 3 处，成因类型有伟晶岩型和热液型两种(表 6-11)，分述如下。

表 6-11　水晶矿产地一览表

矿产地名称(编号)	矿床规模	成因类型	成矿时代
巴尔大隆水晶矿(2)	大型	伟晶岩	印支期
西利比林水晶矿(37)	矿点	热液	华力西期
皮勒水晶矿(48)	小型	热液	华力西期

(1)伟晶岩型水晶矿

仅见巴尔大隆水晶矿床 1 处，位于恰尔隆南西约 40km 处，隶属阿克陶县恰尔隆乡管辖。矿区坐标：东经 75°33′00″—75°46′00″，北纬 37°55′00″—38°03′00″。矿区内大面积出露印支期花岗岩，其中发现伟晶岩脉 107 条，单脉长 1～10m，宽 0.2～10m，一般为 1.5m 左右。伟晶岩矿物成分有微斜长石、钠长石、石英、黑云母等，岩脉分带明显，水晶晶洞分布在块状石英带中，水晶以短柱状、柱状为主，压电水晶含量为 5%～7%。水晶原矿储量为 750.71t，已开采。

(2)热液型水晶矿

图幅内有热液型水晶矿产地 2 处，成矿时代均为华力西期。以皮勒水晶矿床为例叙述如下。

矿床位于马尔洋南东约 34km 处，隶属塔什库尔干县马尔洋乡管辖。矿区坐标：东经 76°06′00″，北纬 37°14′20″。矿区出露地层为石炭系。共发现 689 条石英脉，集中于西部地段，有 172 条石英脉含晶，含晶脉体一般长 1～5m，厚 0.05～0.3m，最大者长 15m，厚 0.8m。晶洞发育于脉体中央及膨大处，一般单个晶洞产晶 8～9kg，最多达 340kg。单晶直径一般为 1.5～4cm。该矿床已采水晶 1 035kg。

7. 云母矿

图幅内有云母矿产地 2 处，成因类型均为伟晶岩型(表 6-12)，以热土坎白云母矿床为例叙述如下。

表 6-12　云母矿产地一览表

矿产地名称(编号)	矿床规模	成因类型	成矿时代
班迪尔白云母矿(15)	矿点	伟晶岩	古元古代
热土坎白云母矿(57)	中型	伟晶岩	古元古代

热土坎白云母矿床位于马尔洋南东约51km处，隶属塔什库尔干县马尔洋乡管辖。矿区坐标：东经76°00′00″—76°10′00″，北纬36°57′00″—37°06′00″。矿区出露地层为古元古界布伦阔勒岩群中深变质岩，发现5条含矿花岗伟晶岩脉。单矿脉长20～100m，宽1～5m。矿石中白云母晶体一般为6～20cm^2，最大为350cm^2。矿体中含矿率为50～150kg/m^3。经普查求得白云母储量为202t。

（八）矿泉水和温泉

1. 矿泉水

图幅内有提孜那甫矿泉水(14)产地1处，位于提孜那甫南东约4km处，隶属塔什库尔干县提孜那甫乡管辖。地理坐标：东经75°13′30″，北纬37°47′50″。泉水自正长花岗岩体内的裂隙中涌出，涌水量600吨/日，水温15℃，泉水清澈透明，味甘。主要有益元素含量：锶为2.35～2.65mg/L，H_2SiO_3为35.1～39mg/L，锂为0.22～0.32mg/L。

2. 温泉

图幅内沿塔什库尔干活动断裂带及其次级断裂有多处温泉发育，主要分布于塔什库尔干县城西北一带。以曲曼温泉(9)为代表，该温泉位于塔合曼南西约10km处，隶属塔什库尔干县塔合曼乡管辖。地理坐标：东经75°07′33″，北纬37°53′46″。温泉水自喜马拉雅期正长花岗岩体内的断裂带中涌出，断裂带呈北西—南东走向，产状45°∠75°，温泉日涌水量200t，泉眼温度一般为70℃，最高温度为81℃，水中富含S、Mg、Ca、Sr等。该温泉已开采利用。

二、成矿规律探讨

（一）矿产在时间上的分布规律

1. 内生矿产在时间上的分布规律

图幅内内生矿产主要有铬铁、铁、钨、铜、铅、锌、钼、金、硫铁、宝石、水晶、白云母、蛇纹岩、滑石、石棉等。按成矿时间的先后可划分为6个成矿期。

第一期：元古宙，为一个主要的成矿期，形成的矿产主要有铁、铬铁、蛇纹岩、水晶、白云母等。

第二期：加里东期，以热液型矿化为主，形成的矿产主要有铜、铅、锌、滑石、石棉等，主要矿种为铜铅锌矿等。

第三期：华力西期，主要形成热液型铜、铅、锌、钼、宝石(祖母绿)、硫铁、水晶等矿产。

第四期：印支期，主要形成伟晶岩型水晶矿。

第五期：燕山期，矿化受制于岩浆热液的活动，主要矿种有钨矿和金矿。

第六期：喜马拉雅期，矿化受制于岩浆热液的活动，主要矿种有金、铜、铅、锌矿。

总体上，早期形成的内生矿产由于矿化叠加次数多，因此矿化强度高，矿化元素多，矿体规模大且连续性好，品位高，矿体集中；晚期的矿化一般元素单一，强度较弱，矿体连续性较差，不易形成大矿。

2. 外生矿产在时间上的分布规律

外生矿产主要有砂金、煤、砂岩型铜、砾石型玉石、沉积型硫铁、磷、石膏等。

磷矿产于蓟县纪；硫铁矿产于奥陶纪；砂岩型铜矿产于泥盆纪；煤矿产于侏罗纪；石膏矿可能产于新生代；砂金矿和砾石型玉石矿产于第四纪现代河床中。

3. 变质矿产在时间上的分布规律

变质矿产主要有铁矿、玉石矿、红柱石矿等。

元古宙为主要的成矿时期，形成的矿产主要有沉积变质型铁矿和玉石矿；燕山期主要形成接触变质成因的红柱石矿。

4. 不同成矿时期的矿化强度及继承性

图幅内的主要成矿时期为元古宙、加里东、华力西、印支、燕山和喜马拉雅期，其中以元古宙和华力西期为强度最大的两个成矿时期，并显示出由早到晚，矿化强度由强转弱的特点。

元古宙主要在古元古界布伦阔勒岩群中形成规模巨大的沉积变质型磁铁矿床和与伟晶岩有关的云母等矿产。

加里东期主要形成与岩浆活动密切相关的热液型铜铅锌和铁矿化。钼矿化是加里东期的独特矿化特点。

华力西期，强烈的岩浆活动形成了一系列与蛇绿岩有关的铜铅锌多金属矿化，矿化强度高。该成矿期的另一个成矿特点是出现了与沉积作用密切相关的铜铅锌矿化，铁克里克断隆上的石炭系白云岩中产出低温角砾岩型铜铅锌矿化，层控特征明显，可能为沉积-低温热液改造成因。

印支期，金属矿产的矿化作用相对较弱，总体表现特点是对早期矿化进行改造。

燕山期和喜马拉雅期，成矿作用在塔阿西结合带以西的明铁盖陆块上表现明显，矿化作用总体较弱，主要为与燕山期、喜马拉雅期岩浆作用有关的热液型钨、金矿化，局部有铅锌矿化。另外，在叶尔羌河谷中，有 5 处砂金矿化产地，是第四纪外生成矿作用的产物。

（二）矿产在空间上的分布规律

矿产在空间上的分布受地质单元、地球化学场、构造、岩相古地理环境的控制。

1. 地质单元控矿特征

图幅内大的地质单元有 4 个，自西向东为明铁盖陆块、塔什库尔干陆块、西昆仑构造带和铁克里克断隆。明铁盖陆块上以热液型钨、金、铜、铅、锌矿化为主要特征，矿化多与燕山期、喜马拉雅期岩浆热液有关，矿化强度表现较弱，矿化较为分散。塔什库尔干陆块上以古元古代沉积变质型铁矿化为主要特征，并有白云母矿化。铁矿化范围大，矿体集中（图版Ⅷ，4），是一条新发现的极有找矿前景的成矿带，含矿岩系为硅铁建造（图版Ⅷ，5），铁矿石构造主要为纹层状和条带状（图版Ⅷ，6，7）、块状（图版Ⅷ，8）、浸染状。自下而上岩性为角闪片岩、含磁铁矿石英片岩、磁铁矿层、石英片岩、二云石英片岩（含石榴石、夕线石）等。铁矿体的产出受沉积环境、海底火山活动强度和海盆沉降速率、区域变质程度、后期构造叠加等多重因素控制。有障蔽的缓慢下降的较深港湾状海盆、较长时期强烈的中基性火山活动有利于形成规模较大的原始富铁沉积层，强烈的区域变质作用有利于铁质重新分配形成再富集，褶皱构造的轴部由于矿质流动有利于形成厚度巨大、品位特高的富铁矿体。西昆仑构造带上分布着中元古代玉石矿化。在构造带西缘的康西瓦-瓦恰断裂带东侧，分布着古生代石炭系及未分奥陶—志留系，其中发现了 3～4 层产于变凝灰质砂岩中的铜铅锌矿化体，矿化规模大，连续性好，属于华力西期具层控特征的火山热液型铜铅锌矿化（VMS 块状硫化物型），矿化规模较大，矿石品位高。石炭纪地层可能为古生代岛弧沉积，其中铅锌铜矿找矿前景较好。铁克里克断隆上以华力西期热液型铜矿化、泥盆纪砂岩型铜矿化和石炭纪层控型铅锌矿化为主要矿化特点，目前虽未发现较大规模的矿产地，但找矿前景良好。

另外，在大同和西若达坂一带已发现斑岩型铜钼矿化线索，在今后的找矿工作中应予以重视。

2. 构造控矿特征

明铁盖陆块上的钨、金、铜、铅、锌矿化多沿近南北向小断裂产出，矿化长度一般小于 20m，宽 1～2m，规模较小，矿化连续性较差。塔什库尔干陆块上的沉积变质型铁矿产于宽大的硅铁建造中，铁矿体的产出受褶皱的控制，在褶皱的轴部矿体一般较厚，品位较高。西昆仑构造带上的铜铅锌矿化，层控特征明显，在层间断裂发育处矿化强度高，矿体连续性较好。玉石矿化发育在库浪那古岩群大理岩中的小断层中，矿化强度受制于断裂带，一般不超出断裂影响的范围。铁克里克断隆上泥盆系中的砂岩型铜矿化层受控于原始沉积建造，在矿化层中发育后期断裂构造时，沿断裂带铜矿化有集中的趋势；石炭系中的铅锌矿化严格受白云岩中的层状角砾状白云岩控制，与白云岩中的层间滑动构造有明显的成因关系。

3. 地球化学场控矿特征

明铁盖陆块上分布着较强的与岩浆活动有关的 W、Sn、Au、Pb、Zn、Cu 化探异常，已发现的铜、铅、锌、金、钨矿化与化探异常吻合较好。塔什库尔干陆块上 Fe、Co、Ni 等铁族元素异常发育，在布伦阔勒岩群中发现的沉积变质型铁矿显示出在该陆块上有较好的铁矿成矿条件。西昆仑构造带上 Cu、Pb、Mo 等多元素异常十分发育，石炭系中的铅锌铜矿化与化探异常吻合较好。铁克里克断隆上 Cu、Mo、Pb、Zn 等异常发育，与已知的铜铅锌矿点大致吻合，显示仍有较好的找矿前景。

4. 岩相古地理环境的控矿特征

布伦阔勒岩群中沉积变质型铁矿形成于有强烈中基性火山喷发活动的海盆环境，很可能代表了一次宇宙事件；硅铁建造中下部为富铁的中—基性岩浆岩，上部为含铁的石英（片）岩，铁矿层的形成受制于岩浆活动旋回，硅铁建造中一般有 2～3 层铁矿。石炭系中的铅锌铜矿化与海底中酸性火山喷发活动有密切关系，矿化产于火山-沉积旋回中，单旋回岩性组合为火山凝灰岩（含铜铅锌矿化）-热水沉积岩（含电气石硅质岩）-碳酸盐岩。玛列兹肯群中的铜矿化属于海相沉积碎屑岩建造。砂金矿和砾石型玉石矿形成于现代河床中或河漫滩中。

（三）成矿带划分

根据图幅内矿产地分布特点，结合成矿地质背景和地球化学背景，在图幅内划分出 5 条成矿带，成矿带均呈北西—南东向延伸，自北东向南西分别为：库斯拉甫-阿克乔喀铜铅锌成矿带，阿孜拜勒迪-米格河铜矿、硫铁矿、砂金成矿带，司热洪-桑拉荷铜铅锌及玉石成矿带，塔合曼-西若达坂铁矿成矿带和明铁盖铜铅锌金钨成矿带。

1. 库斯拉甫-阿克乔喀铜铅锌成矿带

该成矿带分布在铁克里克断隆东部，西缘被达木斯逆冲推覆带所限，成矿带上有两个明显的成矿特点：①泥盆系奇自拉夫组红色碎屑岩中的灰绿色砂岩中有砂岩型铜矿化，已发现 2 处铜矿点；②石炭系白云岩中的层控型铅锌矿化，矿化受制于白云岩中的层间破碎带。

2. 阿孜拜勒迪-米格河铜矿、硫铁矿、砂金成矿带

该成矿带分布在铁克里克断隆西部，西、东缘分别被柯岗结合带和达木斯逆冲推覆带所限，成矿带上的主要矿化特点为：①奥陶系玛列兹肯群浅变质碎屑岩中热液型铜矿化发育；②奥陶系玛列兹肯群大理岩中发现 1 处沉积特征明显的层控型硫铁矿化；③在叶尔羌河支、干河流中发现 3 处砂金矿产地。

3. 司热洪-桑拉荷铜铅锌及玉石成矿带

该成矿带分布在西昆仑构造带上，西缘为康西瓦-瓦恰结合带，东缘为柯岗结合带，成矿带上有两个主要的成矿特点：①司热洪—欠孜拉夫一带石炭系变质砂岩、变凝灰质砂岩、大理岩中的铅锌铜矿化，受制于地层层位，后期矿化叠加亦造成矿化的富集；②桑拉荷一带库浪那古岩群透闪石化大理岩中的玉石矿化，受制于地层中的大理岩和次级断裂构造，热液交代作用是玉石矿化的主要成矿作用。

4. 塔合曼-西若达坂铁矿成矿带

该成矿带分布在塔阿西结合带以东、康西瓦-瓦恰结合带以西，呈北西—南东向展布，地质单元为塔什库尔干陆块。该成矿带上的矿化特点为：含矿地层为古元古界布伦阔勒岩群，含矿岩系为硅铁建造。铁矿化规模大，矿化连续性好，品位高。

5. 明铁盖铜铅锌金钨成矿带

该成矿带分布在克克吐鲁克幅和塔什库尔干幅西部，塔阿西结合带以西，地质体呈北西—南东向展布。预测区内地质单元为明铁盖陆块。矿化特点为铜、铅、锌、金、钨矿化产于近南北向小断裂中，矿化与化探异常吻合较好。

三、成矿预测区划分

根据图幅内地质特征和矿产分布特点，结合成矿带划分情况，在区内划分出4个成矿预测区，分别为：库斯拉甫-阿克乔喀铜铅锌成矿预测区（Ⅰ），司热洪-桑拉荷铜铅锌及玉石成矿预测区（Ⅱ），塔合曼-西若达坂铁矿成矿预测区（Ⅲ），明铁盖铜铅锌金钨成矿预测区（Ⅳ）。

（一）阿孜拜勒迪-阿克乔喀铜铅锌成矿预测区（Ⅰ）

该成矿预测区分布在柯岗结合带以东，地质单元为铁克里克断隆。该成矿预测区呈北西—南东向展布，据其成矿特点不同将其分为2个成矿预测亚区。

1. 库斯拉甫-阿克乔喀铜铅锌成矿预测亚区（$Ⅰ_1$）

区内已发现2处产于泥盆系奇自拉夫组灰绿色砂岩中的砂岩型铜矿点和1处产于石炭系白云岩中的层控型铅锌矿点，具有较好的找矿前景。

2. 阿孜拜勒迪-米格河铜矿、硫铁矿、砂金成矿预测亚区（$Ⅰ_2$）

区内已发现3处热液型铜矿点、1处层控型硫铁矿产地、3处砂金矿产地，找矿前景较好。

（二）司热洪-桑拉荷铜铅锌及玉石成矿预测区（Ⅱ）

该预测区西、东两侧分别为康西瓦-瓦恰结合带和柯岗结合带所限，根据矿产分布特点将其划分为两个成矿预测亚区。

1. 司热洪-欠孜拉夫铅锌铜成矿预测亚区（$Ⅱ_1$）

该预测亚区位于康西瓦-瓦恰结合带东侧，含矿地层为石炭系，含矿岩系为变质砂岩、变凝灰质砂岩、大理岩等。变凝灰质砂岩为主要的含矿岩石。目前，在该亚区内已发现5处铅锌铜矿点，找矿前景良好。

2.桑拉荷玉石成矿预测亚区(Ⅱ$_2$)

该预测亚区位于测区南部、康西瓦-瓦恰结合带东侧，含矿地层为库浪那古岩群，在透闪石化大理岩中发现2处玉石矿点，产出青玉和白玉。在该亚区内有较好的玉石矿找矿前景。

(三)塔合曼-西若达坂沉积变质型铁矿成矿预测区(Ⅲ)

该成矿预测区分布在塔阿西结合带以东、康西瓦-瓦恰结合带以西，呈北西—南东向展布，地质单元为塔什库尔干陆块。该成矿预测区内含矿地层为古元古界布伦阔勒岩群，含矿岩系为硅铁建造。在硅铁建造中已发现4处较大规模的铁矿点。该预测区内铁矿找矿前景广阔。

(四)明铁盖铜铅锌金钨成矿预测区(Ⅳ)

该成矿预测区位于克克吐鲁克幅和塔什库尔干幅西部，塔阿西结合带以西，地质体呈北西—南东向展布。预测区内地质单元为明铁盖陆块。铜、铅、锌、金、钨矿化产于近南北向小断裂中，含矿断裂一般距岩体较近。在该预测区内中酸性岩浆岩发育，Cu、Pb、Zn、W、Au化探异常分布面积大，强度高。区内有一定的铜铅锌金钨找矿前景。

第二节　自然资源与生态环境

调查区位于帕米尔高原腹地，属中纬度高寒缺氧地区，气候恶劣。大部分地区植物生长能力及生物量积累能力低，生态环境比较脆弱和敏感。近年来，随着人口的增长和经济需求增加，加上畜牧业粗放的经营方式，使原本脆弱的高原生态受到影响和破坏，物种消失、生态系统的退化及自然环境的恶化极为突出，威胁着当地人民的生存生活环境，并引起周边及下游地区生态环境的恶化。本次区调采用路线调查与遥感解译相结合的技术方法，结合收集前人的资料，对本区自然资源、生态环境现状、草地退化原因作了初步调查和分析。

一、自然资源概况

自然资源按其自然属性分为气候资源、土地资源、水资源、生物资源、矿产资源、旅游资源等。

(一)气候资源

由于青藏高原阻挡了印度洋水汽北上，造成西昆仑和喀喇昆仑山区气候干燥、降水少的特点，但是挟带北冰洋水汽的强劲西北风有时越过帕米尔高原西北部的阿赖山谷地，进入西昆仑和喀喇昆仑山，造成了一定的降水。同时在复杂高耸的地形影响下，这里的气候表现出明显的垂直分带。

根据康西瓦气象站(1963—1979年)、红其拉甫气象站(1972—1980)、塔什库尔干气象站(1957—1983)的气象统计资料(表6-13)，山区随着高度的增加而气温降低，在接近4 000m处，年平均气温为负值，雪线以上平均气温亦在0℃以下，几乎全年均为冬季。按温度递增规律推算，在5 500～6 000m的高度，1月份的平均气温为－20.4℃，7月份的平均气温为－12℃，年平均气温低于－15℃。高山区降水量在一定范围内与海拔高度的增加相适应，超出这一范围，降水量有减小的趋势。

表 6-13 历年气象资料统计

气象站	气温(℃)					降雨量(mm)			风速(米/秒)		高温季节(月)	低温季节(月)	无霜期	年平均积雪
	平均	最高	最低	极端最高	极端最低	平均	最大	最小	平均	最大				
康西瓦	−1.0	23.2	−27.8	24.8	−31.0	31.2	61.7		2.7	3.2	7—8月	12—2月	23天	45cm
红其拉甫	−2.3	24.2	−33.3	26.5	45.5	50.5	39.7		20～22					
塔什库尔干	3.3			32.0	−39.1	69.1	106.4	20.1	28.0					11cm

测区降水稀少,年平均降水量不足100mm,多集中在6—9月份,这种水热同期的气候特点对牧草生长和营养积累有利。测区年蒸发量达2 109mm,是降水量的20多倍,这种低降水、强蒸发的特点更加重了测区的干燥气候,造成了土壤盐分增高,也使草场植被稀疏、矮小且多为干生草原植被。

测区水热同期的气候特点及高的日照时数和大的温度日差,为草原牧草植被的生长发育提供了有利条件。但由于高寒,积温不足,无霜期极短,加上高原紫外线对植被的抑制作用,致使草原植被群落单调,牧草矮小,产草量低,植被抗逆性差,一旦遭到破坏,则极难恢复。

(二)土地资源

1.地貌和土壤

调查区在全国土壤区划中属于蒙新干草原荒漠土壤区域的暖温带极干旱荒漠土壤地区,为中高山山地地貌,测区绝大部分地区为海拔4 000～6 900m的人迹罕至的高山峡谷区,在塔什库尔干河及半的代里牙河等河谷两岸,不连续分布着少量耕地和人工草地,居民点也主要集中于此。

由于受高原形成时间短、持续隆升的影响,加上高寒环境下寒冻机械风化作用强盛而生物活动受到高寒因素抑制而相对较弱,山区土壤的质地普遍较粗,细颗粒含量少,甚至表层有砂砾石化现象,这也反映了测区土壤发育历史的年轻性。正是这种较为原始的成土过程,决定了土壤抗外界干扰能力低,易受侵蚀的生态脆弱性也是测区多数草地耐牧性较差、易退化的重要原因之一。

调查区由高山至谷地土壤类型的分布规律是:高山冰碛粗骨土、高山冷荒漠土→高山草原、高山草甸粟钙土→山前荒漠草原钙土。其中山地草原和高山草甸粟钙土是测区分布最广、面积最大、最主要的土壤类型,而山前荒漠草原灰钙土则是耕地用土壤,是农业的基础。

2.土地资源现状及评价

两幅图国内总面积达16 330km²,现有可利用草地面积6 100km²,占38.13%(其中人工草地、耕地11km²,居民及交通用地3.9km²);水域面积746km²,占4.66%;裸露—半裸露基岩、砂砾石地及沙漠化等未利用土地9 154km²,占57.21%。

依照《全国草场资源等级划分的原则和标准》,区内4 100km²可利用草场中,几乎全为亩产鲜草小于100kg的7级、8级草场,而亩产超过100kg的6级以上草地仅零星分布在宽谷中的人工草场、沼泽地及冲洪积扇上,占草场总面积不足5%,天然草场的生产能力较低,严重制约了畜牧业的发展。

(三)水资源

图幅内河流较多,均属叶尔羌河水系,但除叶尔羌河及其支流塔什库尔干河外,其他河流径流不大，且季节变化明显。区内无较大天然湖泊，仅在塔什库尔干县城北有一面积约 0.5km² 的水库，其水电站的电量基本上能满足县城及周边地区的生活用电，目前在图幅北部塔什库尔干河下坂地水利枢纽工程正在建设中，可进一步改善该区能源供应不足的状况。

1. 地表水资源

图幅内水域面积为 746km²，其中河流水面面积为 46km²，约占 6%，冰川及永久性积雪面积 700km²，约占 94%。

（1）河流资源

测区河流均属内流水系，由叶尔羌河及其支流塔什库尔干河等组成，均为淡水河，含盐量低，适宜农牧业用水及人畜饮用。其中塔什库尔干河区内全长约 200km，流经图幅西部及北部，向东注入叶尔羌河。以冰雪水补给为主，雨水补给为辅，极少量的地下水补给。其径流受季节变化明显，河流上游四季均较清辙、纯净、无污染，是优质饮用水。叶尔羌河位于东部山区，全长 1 000 余千米，其中区内约 150km。由于其流经风化砂土较多的地区且河道狭窄、坡降大，除了 12 月到次年 3 月外，河水混浊且水流湍急，除少量用于灌溉外难以利用且阻塞交通。

（2）冰雪资源

区内冰川和永久性积雪主要集中在海拔 5 300m 以上的山顶附近，阴坡多而厚，阳坡少而薄。

2. 地下水资源

沿河谷两侧地下水资源较丰富，具有埋藏浅、水质好、储量大的特点，但地下水利用率不高。

区内沿活动断裂温泉也十分发育，其中塔什库尔干县城北 10 余千米的塔合曼乡曲曼温泉，水温可达 80℃左右，每年吸引大批游客。

区内冷泉亦较丰富，其出露大都受地形限制，以山前冲洪积扇地区出露最多。

（四）生物资源

1. 植物资源

测区在中国植物区划中属于蒙新干草原和荒漠区域的荒漠带，其植被以耐寒草本植被为主，木本植被在海拔较低的绿洲上有零星分布。

（1）高山稀疏垫状植被

高山稀疏垫状植被主要分布在雪线以下海拔 4 800m 以上的区域。只有少量菊科、豆科和十字花科植物稀疏生长。其中，菊科中的雪莲是代表品种。

（2）高寒草甸植被

高寒草甸植被分布在高山垫状植被以下 4 000～4 800m 的地段，主要为喜湿耐碱的草本植物和一些矮小的豆科、菊科和柽柳，这些植物生长季节很短。

（3）高寒草甸草原植被

高寒草甸草原植被分布在 3 000～4 000m 的山坡及河谷两岸，为一些禾木科的早熟禾、砂生针茅、棱孤草、偏穗鹅冠草和蒿属以及党参、紫草、青兰、库鲁木提等名贵中药。这里是良好的夏季牧场。

在一些海拔 3 000～3 600m 的山坡阳坡，有小片云彬或爬地柏，并有少量山柳、野蔷薇、忍冬等灌木和芨芨草等草本植物。

（4）沼泽化草甸和沼泽植被

沼泽化草甸和沼泽植被分布在滨河低地及山前冲积扇前缘，面积不大但为重要的冬春牧场所在地，在海拔较低的地段生长着稀疏的高大乔木。

2. 动物资源

调查区属于古北动物区域中亚亚区域的青藏地区。区内动物种类和数量总体较为贫乏，主要的野生动物有雪豹、棕熊、盘羊、青羊、黄羊、野兔、天鹅、鹰、金雕、雪鸡、鹭鸶等，其中雪豹为国家一级保护动物，棕熊、黄羊为国家二级保护动物。由于偷猎以及早期的滥捕滥杀，野生动物数量急剧下降，个别种属濒临灭绝。

二、生态环境现状

测区为高寒地区，地广人稀，植被矮小稀疏，山区谷深坡陡，裸岩裸地遍布，自然环境恶劣。区内经济以牧业为主，农业为辅。以往，稀少的人口以及简单较原始的生活方式，人与动物和谐相处，人与自然融为一体，加上极轻的生活污染，生态环境相对保持较好。随着人口过快增长，生存物质的需求加大了对大自然的索取，加上日常生活中的一些不良行为、偷猎珍稀野生动物等行为，造成草场退化、水土流失、土地盐碱化等生态失衡现象有日益严重的趋势。

（一）草地退化现状

测区除极少数高寒草甸类草场退化不明显外，大多数草场均有不同程度的退化现象，退化较严重的一般是地势较低、放牧条件较好的宽谷草场。经调查，现有退化草场 4 100km^2，占全区草地的 61.21 %。其中轻度退化草场 2 660km^2。退化表现在草场覆盖度降低、草层高度下降、产草量逐年下降等几方面。

（二）水土流失现状

测区植被覆盖率低，土壤大量裸露，易于造成水土流失。其中水蚀、风蚀造成的水土流失最严重。水土流失不但降低土壤肥力，进一步加剧了草场退化，甚至在部分地区引起了土地荒漠化。部分河段洪水期造成河岸崩塌致使土地减少，并危及生命财产的安全。

（三）土地盐碱化现状

测区气候干旱，蒸发量大，造成土地不同程度的盐碱化，特别是在一些山前冲洪积扇上，其表层往往形成厚 2～5cm 的含盐层。在塔什库尔干河两岸的绿洲耕地上由于灌溉使盐分聚集而造成盐碱化，致使粮食、牧草减产。

第三节　地质灾害现状

测区地处帕米尔高原，气候环境恶劣，又因活动断裂十分发育，地震活动频繁，是地质灾害多发区。测区地质灾害除前述水土流失、盐碱化外，主要有地震、崩塌、滑坡、泥石流等。

一、地震

测区位于塔什库尔干-大红柳滩地震带上，地震活动频繁。据《新疆维吾尔自治区构造体系与地震分布规律图说明书》中统计，截止 1979 年底该地震带共发生等于或大于 4.7 级地震 119 次，其中等于或大于 7 级地震 5 次，6～6.75 级地震 14 次，5～5.9 级地震 52 次，4.7～4.9 级地震 48 次，以 1974 年鸭子口 7.3 级地震最为强烈。本带具频度高、大震少、多中强地震、弱震遍布全带的特点，为浅—中源地震混合带，震源深度一般为 30～100km，最深为 1974 年塔什库尔干县 4.7 级，深度为 173km，1882—1975 年塔县共发生 7 级以上地震 5 次。

二、崩塌

由于帕米尔高原强烈隆升，加之植被稀少，区内山体崩塌现象十分普遍，但另一方面，由于人烟稀少，山体崩塌造成的危害并不明显。

区内崩塌形成的地质地貌条件主要与断裂带的分布及强烈的隆升有关。多分布在陡峭山崖及狭窄的河谷地带

三、滑坡

区内发生的滑坡主要集中在地形陡峻的山区和强烈切割的斜坡地带、软硬岩层互层及构造强烈活动区，尤其是褶皱紧闭、断裂发育区，岩层破碎，稳定性差，易形成滑坡体。区内沿主要河谷地带尤其是中新生代盆地发育地区，由于存在较大岩性差异和发育盆缘断裂，容易形成滑坡。

四、泥石流

区内为泥石流多发区。由于地形陡峭，物理风化强烈，地表植被稀疏，几乎每次降雨都有泥石流发生。对区内的影响主要是掩埋、冲毁道路，造成交通中断，对出行及生产生活带来不便和困难，甚至危及人民生命和财产。

第四节 旅游资源概况

塔什库尔干自古就是闻名遐迩的旅游胜地，这里曾经留下过马克·波罗、斯文赫定的足迹，出现过晋时名僧法显、唐代高僧玄奘的身影。神奇迷人的民族习俗、如诗如画的高原风情、壮美妖娆的雪域风光、风姿绰约的葱岭山水，令人留连忘返、浮想联翩。世界三大宗教(佛教、基督教、伊斯兰教)、三大语系(汉藏语系、印欧语系、阿尔泰语系)和三大文化体系(中国文化体系、伊斯兰文化体系、印度文化体系)在这里交叉、碰撞、融合，形成了独特的文化底蕴和人文景观。境内冰山耸峙，峡谷纵横，温泉、湖泊、牧场点缀雪岭。这里既可看到五千年至一万年的古文化遗址，也可感受丝绸古道、城堡驿站、新石器时代的香宝宝古墓、盛唐建筑公主堡的苍海桑田、一天多次日出、日落的美景，吸引来自世界各地的游客来饱览帕米尔的旷世雄奇，领略高山民族"鹰"与"冰山文化"的神奇魅力。

本次工作对区内旅游资源进行了较系统调查，筛选出旅游景点 29 处(其中自然旅游资源 25 处，主要为地质、湖泊、温泉、野生动物旅游资源，人文旅游资源 6 处)。参考《中国旅游资源普查规范》(试行稿 1992)的分类方案，按景观成因将区内自然旅游资源划分为 6 大类、14 种基本类型，将人文旅游资源划分为 6 种基本类型(表 6－14)，在此基础上，编制了区内 1：25 万旅游资源分布图。

表 6-14 测区旅游资源

旅游资源成因分类		基本类型	主要景点名称
自然资源景观	地文景观类	地貌景观	慕士塔格冰山
			萨雷阔勒岭冰山
			莫喀尔特克尔冰山
			塔什库尔干冲洪积扇地貌
			沙里地库拉沟冲洪积扇中扇地貌
			卡拉其古冰碛地貌
			苦子干山前盐碱化地貌
	地质景观	地质构造	沙里地库拉沟侏罗纪地层剖面
			兰干尔巴希板块缝合线
			塔什库尔干活动断裂
		矿产资源景观	半迪尔铅锌矿
			赞坎祖母绿矿、磁铁矿
		气象景观	卡拉其古山口云雾景观
			慕士塔格日照、云雾景观
	水域风光类	风景河段	塔什库尔干河大拐弯
		现代冰川	慕士塔格冰川
		温泉	塔合曼温泉
			沙木拉温泉
			达不达尔乡温泉村
		冷泉	卡拉其古冷泉
			塔合曼冷泉
	生物景观类	野生动物保护区	塔士库尔干野生动物自然保护区
		草原、草甸风光	依勒克苏草原
			卡拉其古草原
			塔合曼草甸
人文景观		古建筑	石头城
			古丝绸之路驿站
		古墓	民族英雄库尔加克墓
		民居	塔吉克民房、蒙古包
		民俗	塔吉克歌物等
		口岸	红其拉甫口岸

一、旅游资源概况

(一)自然景观资源

1. 地文景观类

(1)地貌景观

区内具观赏性地貌景观主要有高山冰川堆积地貌、盐碱化地貌等。

①高山、冰川景观：区内冰山耸峙，重峦叠障，如萨雷阔勒岭冰山、莫喀尔特克尔冰山等，它们像一排排永不下岗的高原哨兵，构成一道独特的高原风景画。

②堆积地貌景观：具观赏性的堆积地貌有塔什库尔干冲洪积扇地貌，沙里地库拉沟、吉尔铁克沟扇中扇冲洪积地貌以及集观赏性与研究性于一体的卡拉其古冰碛地貌等。

③盐碱化地貌景观：在苦子干一带山前冲洪积扇上由于干旱和排水不畅，地表或近地表往往形成白色的盐斑（或盐层），部分盐斑呈规则的六边形图案组合，具有一定的观赏价值。

（2）地质景观

①典型地层剖面：沙依地库拉沟志留系剖面、哈尼沙里地蛇绿岩剖面、卡拉其古侏罗纪剖面等较典型的地层剖面对研究地质历史上沉积环境及进行区域性地层对比具有重要意义，同时还具有一定的观赏价值。

②内动力构造景观：区内有兰干尔巴希板块结合带、塔什库尔干活动断裂等内动力构造景观，既具科研意义，又有观光价值。

兰干尔巴希板块结合带（柯岗蛇绿岩）位于塔什库尔干河与叶尔羌河交汇处南约10km的兰干尔巴希一带，以出现大量超镁铁岩、基性熔岩等蛇绿岩为特征，它是板块碰撞汇聚过程中的洋壳残余，有很好的科研和观赏价值。

塔什库尔干活动断裂位于塔哈曼—卡拉其古一线，是一条活动的边界大断裂，在第四系边部表现为线状断头崖。沿该断裂分布有大量温泉，著名的塔合曼曲曼温泉和南部的沙木拉温泉就分布在这个带上。

（3）矿产资源景观

测区矿产资源丰富，欠孜拉夫铜铅锌矿、昝坎和老并铁矿、绿柱石矿等都是重要的矿产资源景观。

（4）气象景观

①云雾景观：在卡拉其古山口夹带潮湿气流的云雾时常把山谷两岸高山、奇峰拦腰斩断或干脆把山上部遮蔽，形成高山顶破天的壮观景象。

②日照景观：日照有时和云雾相互作用并与高山相互映衬能形成意想不到的美景。在碧空万里的天气里，即使身处测区最南端，100多千米之外的冰山之父——慕士塔格雪山也清晰可见，那半山腰间飘浮的朵朵白云，还有偶尔飞过的几只雄鹰能引起你无限美好的遐想。

2. 水域风光类

测区水资源较丰富，"一河三水"（塔什库尔干河、冰川水、矿泉水、温泉水）是对测区水资源的概括。其中的"三水"以其质纯、无污染而倍受大众喜爱，也是当地正在开发的资源。

（1）风景河段

塔什库尔干河自南向东大拐弯处是著名的风景河段。这里由于修水库建电站，形成狭长的水面，碧波荡漾，水鸟自由游弋其间，水中盛产著名的帕米尔鱼，以其鳞小、刺少、肉嫩而享誉全疆。其北侧是湿地草原，水草茂盛，溪流潺潺，星星野花点缀其间。

（2）现代冰川

测区有不少5 000m以上的山峰，冰川资源丰富。那里常年云雾缭绕，神秘莫测。冰川、冰峰、冰斗、冰碛台地等地貌形态丰富壮观，是观光和进行科学考查的理想去处。

（3）温泉

测区温泉丰富，受活动断裂控制，温泉常呈带状或成群出露，其中塔合曼曲曼温泉是享誉海内外的天然疗养所，每年都有大批中外游客纷至沓来。另外，达布达尔乡南部的温泉村就是因其温泉成群出现而得名，开发前景广阔。

(4)冷泉

测区内冷泉出露较多,往往成群出现。有卡拉其古和塔合曼冷泉群等。泉水清爽纯净,并含有许多人体必需的微量元素,有很大的开发利用价值,已开发出的帕米尔矿泉水就来自日流量1 200t的优质矿泉。

3. 生物资源景观

(1)野生动物保护区

塔什库尔干野生动物自然保护区位于达布达尔乡东南部,面积为1.5万平方千米,是我国最西部的一个国家级自然保护区。这里盘羊跳跃山涧,棕熊出没深谷,旱獭仰头张望,野驴撒蹄狂奔,雪鸡鸣叫着晨曦与黄昏,构成一幅美丽的高原原始自然景观。

(2)草原草甸风光

测区草原草甸风光旖人,如依勒克苏草原、卡拉其古草原、塔合曼草甸等。其中塔合曼草甸属典型的湿地类型。

(二)人文景观

人文景观在测区可以分为古建筑、古墓、民居、民俗等类型。

1. 古建筑

区内古建筑有石头城、古丝绸之路驿站等。

石头城位于塔什库尔干县城东北,距今已有600多年的历史。它依山而建,气势雄伟,虽历经沧桑,仍不失慑人的气魄和凝重的历史古韵。

古丝绸驿站位于塔什库尔干县城南约20km中巴公路旁,它背负着古道的岁月,见证着丝绸之路的沧桑巨变。

2. 古墓

它是后人为纪念民族英雄库尔加克而建的,位于塔什库尔干县城南。

3. 民居

塔吉克定居民房、游牧蒙古包等。其建筑、装饰风格具浓厚的民族气息和地方风格。

4. 民俗

塔吉克民族属欧罗巴人种,其民风纯朴,素有“君子国”之称,民俗风情多姿多彩,喜好歌舞,热情好客。

二、旅游资源总体特点

测区地处帕米尔高原,塔吉克族被称为云彩上的民族。旅游资源十分丰富,类型多样,旅游业发展潜力巨大。

(一)文化底蕴浑厚

测区位于祖国西部边陲,古丝绸之路的出口处,这里曾留下唐朝玄奘西方取经的足迹、马克·波罗的身影。同时这里又是汉文化与伊斯兰文化的交汇处,有着浓厚的文化历史底蕴,自古以来这里就是闻名遐迩的旅游盛地,发展旅游业基础牢固。

（二）独特的高原生态特点

这里雪山高耸，云雾缭绕，每年都有大量海内外游客光顾，随着探险游、登山游的兴起，这里必将受到前所未有的关注。

（三）地质旅游、科考潜力巨大

这里地处西昆仑山脉西端，帕米尔高原东部。印度板块、欧亚板块在这里碰撞，大洋在这里消亡，留给我们记载着这种沧桑巨变的一条条缝合线及沉睡在地层中的化石，堪称地质博物馆，是研究大地构造演化、重塑地质历史的理想场所。同时，因新构造活动强烈，地热资源十分丰富，每年都有许多国内外地学专家来这里观光和科学考察。

（四）民族文化丰富多彩、民风古朴

塔吉克民族更是以勤劳朴实、热情好客而著称。随着国内吃农家饭、住农家屋的农村游的兴起，吃塔吉克饭、住塔吉克屋将另具一番情趣，你可以亲自挤挤羊奶，再喝上自己烧制的奶茶，有兴趣的话可以和塔吉克人一起骑马牧羊，感受一下云彩人家诗一般的牧民生活。

第七章 结 语

自2002年起，经过3年的艰苦工作，项目组克服了地形恶劣、高寒缺氧、山洪、大片无人区以及“非典”等诸多困难，圆满完成了本次区调工作。2005年3月22—25日，中国地质调查局西安地质矿产研究所组织专家在西安市对本区调成果进行了评审。评审认为：“该项目完成了任务书和设计的各项工作任务。报告章节齐全、内容丰富。采用了区调填图新理论、新方法，解决了区内存在的主要基础地质问题，在区调找矿方面取得了丰硕的成果。在西昆仑造山带物质组成与时代的研究方面有新进展，提高了区域地质研究程度，符合《1∶25万区域地质调查技术要求(暂行)》等有关技术规定及要求。”综合评分为91分，优秀级。2007年1月16日，河南省国土资源厅组织专家对该成果进行了科技成果鉴定，认为“本报告总体上达到国内同类成果领先水平”。

第一节 取得的主要成果

一、地层方面

1.基本查明了图幅内地层的时空展布规律，在大地构造分区划分的基础上对地层分区进行了划分，共划分地层区3个，地层分区4个，地层小区4个。

2.以多重地层划分理论为指导，以岩石地层单位为基础，重新厘定和完善了测区地层系统。建立群级岩石地层单位9个，建立组级岩石地层单位11个，新划分地层单位2个，建立第四系非正式岩石地层单位14个，其他非正式岩石地层单位7个，建立生物化石带9个，在古生代地层中划分出Ⅰ级层序1个，Ⅱ级层序2个，Ⅲ级层序7个。

3.发现了一批重要化石。在塔什库尔干县达布达尔乡沙依地库拉沟原划二叠系碳质板岩中首次采获了 cf. *Climacograptus anjiensis* (Yang), *C.* cf. *Minutus* Carruthers, cf. *Diplograptus daformis* Huang et Lu 等早志留世笔石化石；在明铁盖罗布盖孜原二叠系碎屑岩中采获了与温泉沟组相似的微古组合；在塔什库尔干阿然保泰中-塔边境一带原划二叠系灰岩中采获了三叠纪珊瑚化石；在塔什库尔干县卡拉其古一带原划侏罗系红其拉甫组灰岩中采获了珊瑚、鏟、有孔虫等石炭纪化石，将其划归石炭系恰提尔群；在叶城县西南三代达坂附近原划古元古界灰岩中发现了丰富的鏟、珊瑚等二叠纪化石；为准确厘定地层时代、地层区划和区域构造演化研究提供了重要证据。

4.对塔里木南缘原划古元古界赫罗斯坦群片麻岩系的研究取得了新进展。原赫罗斯坦群主体为一套变质变形侵入体，内部仅见有少量角闪质等可能的表壳岩包体，将其命名为赫罗斯坦岩群，对认识该区古老基底特征有重要意义。

5.经调查及对比研究，区内原划的库浪那古群、欧阳麦切特群、拉斯克姆群、科冈达万群的岩石组合、原岩建造、变质变形特征基本一致，分布位置属同一构造单元，证实其为同一套地层因不同时期、不同研究者在不同地区工作而造成的同物异名现象，并将其统一命名为库浪那古岩群。

6.采用野外实地调查与遥感解译相结合的方法，查明了第四系沉积物的成因类型、分布特征及与地貌关系，按时代和成因合理划分了地层单元，初步探讨了第四纪地质与生态、环境等的关系。

二、岩石方面

1. 基本查明了区内侵入岩的岩石类型、分布形态、时代、期次、接触关系及围岩蚀变特征，圈出规模较大的基性—超基性侵入体6个、中酸性侵入岩体47个。划分为7个岩浆旋回，归并为元古宙、加里东、华力西、印支、燕山和喜马拉雅6个大的侵入期，划分出西昆北、西昆中、西昆南3个构造岩浆岩带和4个基性—超基性侵入岩带。

2. 对区内侵入岩的岩石学、岩石地球化学及时空分布等特征进行了系统研究，探讨了岩浆的形成环境、成因机制及与岩浆岩有关的矿产分布规律，总结了岩浆演化规律及其与造山运动的关系。

3. 新发现吐普休白云母花岗岩为过铝花岗岩，是陆-陆碰撞同期壳源物质熔融的结果。这一发现对认识该区构造演化具有十分重要的意义。

4. 查明了区内各时代火山岩的分布、规模、喷发韵律和类型，探讨了火山岩形成的构造环境。

5. 基本查明了区内变质岩石的分布及类型，对各种变质岩石进行了系统的分类和描述，在总结变质地质特征、岩石、矿物特征及岩石化学、稀土元素、微量元素特点的基础上，进行了原岩恢复及形成环境探讨，划分了变质作用类型，并将测区划分为3个变质地区、5个变质地带及7个变质岩带。

6. 确定了3条重要的蛇绿岩带：①柯岗蛇绿岩带，是塔里木板块的西南活动大陆边缘，由超镁铁岩、基性—中性侵入岩、熔岩等组成，东端被塔里木盆地西南缘山前推覆构造带截切，与库地蛇绿岩不是同一条蛇绿岩带；②瓦恰蛇绿岩带，向东南与库地蛇绿岩带断续相连，由超镁铁岩(橄榄岩—辉石岩)、辉长岩、中—基性火山岩等组成，夹灰红色硅质岩，其西侧瓦恰断裂带向南与康西瓦断裂带相连，是西昆仑构造带的西南边界；③塔阿西蛇绿岩带，是明铁盖陆块的东部活动大陆边缘，分布于塔阿西断裂带西侧，由超镁铁岩(辉橄岩等)、蚀变辉石岩(次闪石岩)、玄武岩等组成，在玄武岩中发现其保留有残留的枕状、气孔状构造和硅质岩夹层，取得了变玄武岩锆石U-Pb SHRIMP 433±20Ma的年龄，确认该蛇绿岩带的时代为加里东期。此外，在塔阿西结合带东侧布伦阔勒群内还发现了较多的橄榄岩等超镁铁岩，为进行区内构造演化研究提供了新的资料，具有重要意义。

7. 在塔什库尔干陆块布伦阔勒岩群内发现了石榴石角闪岩带，呈北西向带状展布，部分具有特征的石榴石"白眼圈"构造，应为退变质的高压变质岩石。获得了该石榴石角闪岩锆石U-Pb SHRIMP 451±22Ma的年龄，与其西侧塔阿西蛇绿岩带的年龄基本一致，表明它可能由于俯冲作用而曾深埋于地壳深部。

三、构造方面

1. 基本查明了测区构造格架和主要构造变形要素特征，并重新划分了测区的构造单元，在此基础上对测区的地质构造演化进行了探讨。

2. 通过变形样式和构造变形、几何学及变形年代学的研究确定了塔里木盆地西南缘、西昆仑构造带以及喀喇昆仑构造带在构造演化上的6个主要构造变形期：①古元古代时期(可能主要是古元古五台期)；②中元古末—新元古塔里木期；③早古生代加里东期；④晚古生代华力西期—中生代早期印支期；⑤中新生代早晚期燕山期；⑥新生代的喜马拉雅期。

3. 对区内主要构造边界研究取得了重要进展，确定了区内3条主要构造边界(板块结合带)，对应于前述3条蛇绿岩带。确定了康西瓦结合带在测区内的具体位置，证实其与瓦恰结合带相连。基本确定了3条结合带的形成时间及变形、演化特征，证实西昆仑-喀喇昆仑造山带的构造演化方式不是单向增生、逐级拼贴的，而是多向的，更类似于多岛洋的演化特征，为研究西昆仑-喀喇昆仑造山带的构造提供了新的资料和证据。

四、矿产方面

1. 对区内矿产地质特征和成矿地质背景进行了系统调查和研究，在此基础上总结了测区的成矿规律，划分了成矿远景区，指出了进一步的找矿方向，确认西若-塔合曼（铁）、欠孜拉夫-班迪尔-库克西里克（铅锌、铜）和达木斯-阿克乔喀（铜、铅锌）3个具较好找矿前景的成矿带，为进一步找矿和矿产资源调查评价工作奠定了良好基础。

2. 新发现金、钨、铁、铬、钒、钛、铜、铅锌、宝玉石、非金属等矿（化）点或找矿线索40余处。其中，在西若-塔合曼成矿带上新发现乔普卡里莫、老并、吉尔铁克等铁矿点，均属沉积变质型磁铁矿，赋存于古元古界布伦阔勒岩群中，总远景资源量可达大型以上规模；该铁矿成矿代与北邻区契列克其大型菱铁矿床赋存层位相同，均属古元古界布伦阔勒岩群，表明古元古代时期发生过大区域甚至是全球性的铁沉积事件，在西昆仑-喀喇昆仑地区由于沉积岩相的不同而形成了不同类型的铁矿床。在欠孜拉夫-班迪尔-库克西里克成矿带上新发现欠孜拉夫、司热洪、库克西里克等铜、铅锌矿点，与瓦恰岛弧蛇绿岩建造组合有密切的成因联系，总远景资源量也可达大型以上规模。

五、生态、环境调查方面

重视对测区生态环境、灾害现状及旅游资源等方面的调查研究。在地质调查的同时，专门安排一定的生态调查路线，对动植物分布、草场、湿地范围，荒漠化、盐碱化分布作了详细标定，结合遥感信息解译和前人资料，编制了1∶25万草地生态及生物多样性分布图、灾害现状分布图、旅游资源分布图等系列图件，提出了关于生态环境建设、防灾减灾及发展旅游业方面的一些建议，为多目标填图和区调工作服务于国民经济建设需要进行了有益尝试。

第二节 存在的主要问题

1. 库浪那古群时代由于缺乏可靠的定年数据无法准确确定。

2. 由于样品结果不及时等原因，3条结合带（蛇绿岩带）特别是柯岗蛇绿岩带的时代还无法准确确定，对分析研究整个造山带的构造演化带来不少困难。

3. 由于测区地质情况十分复杂，工作中遇到许多意想不到的新情况、新问题，致使实物工作量大量增加，仅实测剖面长度就超出设计100km以上，因而造成主要测试样品数量紧跟着大量增加，虽在室内整理时筛选掉部分重复或不甚必要的样品，但总数仍有较大超额。另外，由于图幅周期偏短，有些重要地质问题来不及进行深入研究，影响项目整体研究程度的提高。

参考文献

地质矿产部区域地质矿产地质司．火山岩地区区域地质调查方法指南．北京：地质出版社，1987．

地质矿产部直属单位管理局．沉积岩区 1∶5 万区域地质填图方法指南．武汉：中国地质大学出版社，1991．

地质矿产部直属单位管理局．花岗岩类区 1∶5 万区域地质填图方法指南．武汉：中国地质大学出版社，1991．

新疆维吾尔自治区地质矿产局．新疆维吾尔自治区区域地质志．北京：地质出版社，1993．

新疆维吾尔自治区地质矿产局．新疆维吾尔自治区岩石地层．武汉：中国地质大学出版社，1999．

新疆地质矿产局地质矿产研究所，新疆地质矿产局第一区调大队．新疆古生界．乌鲁木齐：新疆人民出版社，1991．

中国地质调查局．青藏高原区域地质调查野外工作手册．武汉：中国地质大学出版社，2001．

中国科学院新疆综合考察队，中国科学院地理研究所，北京师范大学地理系，新疆综合考察队地貌组．新疆地貌．北京：科学出版社，1978．

A．得秀．克什米尔喜马拉雅-喀喇昆仑-兴都库什及帕米尔地区的某些大地构造问题．云南地质，1997（增刊）：75～85．

毕华，王中刚，王元龙，等．西昆仑造山带构造岩浆演化史．中国科学（D 辑），1999，29(5)：398～406．

陈杰，曲国胜，胡军，等．帕米尔北缘弧形推覆构造带东段的基本特征与现代地震活动．地震地质，1997，19(4)：301～311．

陈中强．塔里木西南缘和什拉甫组的微地层分析——点断加积旋回理论的应用．沉积学报，1995，13(增刊)：38～45．

陈中强．塔里木西南缘达木斯剖面晚泥盆世 Cytospirifer 动物群的发现．古生物学报，1995，34(4)：495～500．

程裕淇．中国区域地质概论．北京：地质出版社，1994．

邓万明．喀喇昆仑-西昆仑地区基性—超基性岩初步考察．自然资源学报，1989，4(3)：204～211．

邓万明．喀喇昆仑-西昆仑地区蛇绿岩的地质特征及其大地构造意义．岩石学报，1995，11(增刊)，98～111．

邓秀芹．晚新生代以来塔里木盆地周缘碎屑沉积物与周缘山系隆起时代对比．西北地质科学，1996，17(2)：85～89．

丁道桂，王道轩，刘伟新，等．西昆仑造山带与盆地．北京：地质出版社，1996．

丁道桂，刘伟新，王道轩，等．喀喇昆仑地区早二叠世弧后盆地．中国区域地质，1998，17(1)：74～79．

丁跃潮．塔里木西部石炭—二叠纪地层划分对比．新疆石油学院学报，1995，7(1)：1～11．

都城秋璁．变质作用与变质带．周云生译．北京：地质出版社，1972．

方爱民，李继亮，侯泉林，等．新疆西昆仑"依莎克群"中的放射虫组合及其形成时代探讨．地质科学，2000，35(2)：212～218．

方锡廉，汪玉珍．西昆仑加里东期花岗岩类浅识．新疆地质，1990，3(2)：153～157．

冯天驷．中国地质旅游资源．北京：地质出版社，1998．

高联达，詹家祯．新疆叶城奇自拉夫群 Retispora lepidophyta 的发现及其意义．中国区域地质，1994，13(3)：284．

韩芳林，崔建堂，计文化，等．西昆仑加里东期造山作用初探．陕西地质，2001，19(2)：8～17．

郝杰，刘小汉，方爱民，等．西昆仑"库地蛇绿岩"的解体及有关问题的讨论．自然科学进展，2003，13(10)：1 116～1 120．

郝诒纯，叶留生，郭宪璞，等．塔里木盆地西南地区白垩—第三系界线．北京：地质出版社，2001．

何镜宇，孟祥化．沉积岩和沉积相模式及建造．北京：地质出版社，1987．

何远碧，王振宇，陈景山，等．塔里木盆地寒武—奥陶纪生物组合和生物相．新疆石油地质，1995，16(2)：114～122．

黄汲清，任纪舜，姜春发．中国大地构造演化．北京：科学出版社，1980．

Pearce J A，Harris N B，A G Tinde．花岗质岩石构造环境的痕量元素判别图解．地质矿产部宜昌地质矿产研究所所刊，1986，7(3)：44～61．

计文化，蔺新望，王巨川，等．西昆仑苏巴什蛇绿混岩群带组成、特征及其地质意义．陕西地质，2001，19(2)：40～66．

姜春发，杨经绥，冯秉贵，等．昆仑开合构造．北京：地质出版社，1992．

姜耀辉,芮行健,郭坤一,等. 西昆仑造山带花岗岩研究新进展. 火山地质与矿产,2000,21(1):61～62.

姜耀辉,芮行健,郭坤一,等. 西昆仑造山带花岗岩形成的构造环境. 地球学报,2000,21(1):23～25.

靳是琴,李鸿超. 成因矿物学概论. 长春:吉林大学出版社,1984.

李永安,曹运动,孙东江. 昆仑山西段中国-巴基斯坦公路沿线构造地质. 新疆地质,1997,15(2):116～133.

刘学峰,肖安成,陈毓遂,等. 塔里木盆地西南缘构造形变特征. 江汉石油学院学报,1996,18(2):19～24.

刘训. 天山—西昆仑地区沉积-构造演化史. 古地理学报,2001,3(3):21～30.

刘增仁,奚伯雄,袁文贤,等,塔里木西南缘齐姆根—桑株河地区石炭—二叠系沉积特征及沉积相. 新疆地质,2003,21(3):280～285.

卢新便,何发岐,赵洪生. 塔里木盆地西南缘构造带的地球物理特征、构造及其演化. 石油地质,1997,36(1):43～52.

罗照华,张文会,邓晋福,等. 西昆仑地区新生代火山岩中的深源包体. 地学前缘,2000,7(1):1～7.

潘裕生. 西昆仑构造区划分初探. 自然资源学报,1989,4(3):196～203.

潘裕生. 青藏高原第五缝合带的发现与论证. 地球物理学报,1994,37(2):184～192.

潘裕生. 西昆仑的构造特征与演化. 地质科学, 1992,(3):224～231.

潘裕生. 青藏高原的形成与隆升. 地学前缘,1999,6(3):212～243.

潘裕生. 喀喇昆仑山-昆仑山地区地质演化. 北京:科学出版社,2000.

潘裕生,周伟民,许荣华,等. 昆仑山早古生代地质特征及演化. 中国科学(D辑),1996,26(4):302～307.

沈步明,邓万明,韩秀伶,等. 新疆库地蛇绿岩中变质橄榄岩的结构、矿物组合及其成因——兼论地幔部分熔融及其产物的正确表述. 岩石学报,1996,12(4):499～513.

沈军,汪一鹏,赵瑞斌,等. 帕米尔东北缘及塔里木盆地弧形构造的扩展特征. 地震地质,2001,23(3):381～389.

史基安,陈国俊,王琪,等. 塔里木盆地西部层序地层与沉积成岩演化. 北京:科学出版社,2001.

孙世群,王道轩. 西昆仑造山带北西向拉伸线理特征及其地质意义. 安徽地质,1998,8(3):26～29.

孙书勤,汪云亮,张成江. 玄武岩类岩石大地构造环境的 Th、Nb、Zr 判别. 地质论评,2003,49(1):40～45.

汪玉珍. 西昆仑依莎克群的时代及其构造意义. 新疆地质,1983,1(1):1～8.

王道轩,孙世群. 东帕米尔北缘韧性剪切带中的多硅白云母及其地质意义. 安徽地质,1996,6(1):1～8.

王东安. 西昆仑赛力亚克混杂堆积中砂岩块体的主要特点. 岩石学报,1995,11(1):93～100.

王东安,陈瑞群. 喀喇昆仑地区沉积岩特征及岩相变化. 地质科学,1995,30(3):291～301.

王建平,西藏东部特提斯地质. 北京:科学出版社,2002.

王朴. 西昆仑坎地里克地区奥陶纪含笔石地层的发现. 地层学杂志,2001,25(2):123～124.

王世炎,姚建新,肖序常,等. 新疆塔什库尔干县达布达尔志留纪笔石动物群的新发现. 地质通报,2003,22(10):839～840.

王书来,汪东波,祝新友. 西昆仑中间隆起带花岗岩及与铜金矿化关系. 矿产与地质,2000,14(1):5～10.

王毅,张一伟,金之钧,等. 塔里木盆地构造-层序分析. 地质论评,1999,45,(5):504～513.

王元龙,王中刚,李向东. 西昆仑加里东期花岗岩带的地质特征. 矿物学报,1995,15(4):457～461.

王元龙,李向东,毕华,等. 西昆仑库地蛇绿岩的地质特征及其形成环境. 长春科技大学学报,1997,27(3):304～309.

王元龙,张旗,成守德,等. 新-藏公路 128 公里岩体地球化学特征及其地质意义. 新疆地质,2003,21(4):387～392.

王志洪,李继亮,侯泉林,等. 西昆仑库地蛇绿岩地质、地球化学及其成因研究. 地质科学,2000,35(2),151～160.

吴世敏,马瑞士,卢华夏,等. 西昆仑早古生代构造演化及其对塔西南盆地的影响. 南京大学学报,1996,32(4):650～657.

武致中,刘东海. 塔里木盆地西南坳陷的形成演化. 新疆石油地质,1996,17(3):211～220.

武致中. 塔里木盆地西部及邻区构造形成机制. 新疆石油地质,1996,17(2):97～105.

肖安成,陈毓遂,胡望水,等. 塔里木盆地西南坳陷的构造类型. 新疆石油地质,1995,16(2):102～107.

肖安成,杨树峰,陈汉林,等. 西昆仑山前冲断系的结构特征. 新疆地质,2000,7(增刊):128～135.

肖庆辉,邓晋福,马大铨,等. 花岗岩研究思维与方法. 北京:地质出版社,2002.

肖文交,侯泉林,李继亮,等. 西昆仑大地构造相解剖及其多岛增生过程. 中国科学(D辑),2000,30(增刊):22～28.

肖文交,方爱民,李继亮,等. 西昆仑造山带复式增生楔的构造特征与演化. 新疆地质, 2003, 21(1):31～36.

肖序常,王军,苏犁,等. 再论西昆仑库地蛇绿岩及其构造意义. 地质通报,2003,22(10):745～750.

杨树峰,陈汉林,董传万,等. 西昆仑山库地蛇绿岩的特征及其构造意义. 地质科学,1999,34(3):281～288.

袁超,孙敏,李继亮.西昆仑库地蛇绿岩的构造背景:来自玻安岩的新证据.地球化学,2001,31(1):43～48.

游振东,王方正.变质岩岩石学教程.武汉:中国地质大学出版社,1991.

张传林,赵宇,董永观,等.塔里木铁克里克构造带双峰式火山岩钐-钕同位素特征.矿物岩石地球化学通报,2001,20(4):477～479.

张传林,赵宇,郭坤一,等.塔里木南缘元古代变质基性火山岩地球化学特征——古塔里木板块中元古代裂解的证据.地球科学,2003,28(1):47～53.

张传林,王中刚,沈加林,等.西昆仑山阿卡孜岩体锆石SHRIMP定年及其地球化学特征.岩石学报,2003,19(3):523～529.

张旗,王焰,刘伟,等.埃达克岩的特征及其意义.地质通报,2002,21(7):431～435.

张希明.塔里木盆地中新生代沉积演化特征.新疆地质,2001,19(4):246～250.

张祥松,陈建明,蔡祥兴,等.国际喀喇昆仑公路沿线巴托拉冰川变化预测的验证.冰川冻土,1996,18(2):99～105.

赵治信.塔里木盆地海相石炭系—下二叠统划分对比.新疆石油地质,1990,11(2):122～130.

郑家风,穆曙光.塔里木盆地震旦纪—奥陶纪岩相古地理.西南石油学院学报,1994,17(4),1～5.

周辉,李继亮,等.西昆仑库地蛇绿混杂带中早古生代放射虫的发现及其意义.科学通报,1998,43(22):2 448～2 451.

朱环诚.新疆南部莎车奇自拉夫组晚泥盆世孢子组合及孢粉相研究.古生物学报,1999,38(1):56～64.

朱如凯,罗平,罗忠.塔里木盆地晚泥盆世及石炭纪岩相古地理.古地理学报,2002,4(1):13～24.

Irvine T N,Baragar W R A. A guide to the chemical classification of the co mmon volcanic rocks. Can J Earth Sci, 1971 (8):523～548.

Mullen E D. $MnO/TiO_2/P_2O_5$: a minor element discrimination for basaltic rocks of oceanic environments and its implications for petrogenesis. Earth Planet Sci Lett, 1983 (62): 53～62.

Nakamura N. Determination of REE, Ba, Fe, Ma, Na, and K in carbonaceous and ordinary chondrites. Geochim Cosmochim Acta, 1974 (38): 757～775.

Pearce J A,Cann J R, Tectonic setting of basic volcanic rocks determined using trace element analyses. Earth Planet Sci Lett, 1973 (19): 290～300.

Sun S S, Mcdonoug W F. Chemical and isotopic systematics of oceanic basalts: implication for mantle composition and processes. In: Saunders A D et al. (eds.). Magmatism of Ocean Basin. Geol Soc Spec Pub, 1989 (42): 313～345.

Yang J S, Robinson P T, Jiang C F et al. Ophiolites of the Kunlun Mountains, China and their tectonic implications. Tectonophysics, 1996, 258: 215～231.

图版说明及图版

图版Ⅰ

1. 拟麦状麦𩾃 *Triticites parasecalicus* Chang,×10;采集号:H1006 -南 3;产地:叶城县新-藏公路 89.7km;层位:上石炭统—下二叠统塔哈奇组

2. 紧卷似纺缍𩾃 *Quasifusulina compacta* Lee,×10;采集号:H1028 - 1;产地:叶城县新-藏公路 89.9km;层位:上石炭统—下二叠统塔哈奇组

3. 诺克斯基氏麦𩾃复褶亚种 *Triticites noinskyi plicatus* Rosovskaya,×10;采集号:H1028 - 1;产地:叶城县新-藏公路 89.9km;层位:上石炭统—下二叠统塔哈奇组

4. 平常假纺缍𩾃 *Pseudofusulina vulgaris* Schellwien,×10;采集号:H1006 - 1;产地:叶城县新-藏公路 89.7km;层位:上石炭统—下二叠统塔哈奇组

5. 达格玛麦𩾃 *Triticites dagmarae* Rosovskaya,×10;采集号:H227 - 29 - 5;产地:莎车县达木斯;层位:上石炭统—下二叠统塔哈奇组

6. 可变麦𩾃 *Triticites variabilis* Rosovskaya,×15;采集号:H227 - 29 - 1 - 2,产地:莎车县达木斯,层位:上石炭统—下二叠统塔哈奇组

7. 细弱麦𩾃 *Triticites exilis* Panteleew,×10;采集号:H227 - 29 - 1 - 4;产地:莎车县达木斯;层位:上石炭统—下二叠统塔哈奇组

8. 蚂蚁纺锤𩾃 *Fusulina* cf. *mayiensis* Sheng,×20;采集号:C227/4 - 1;产地:莎车县达木斯,层位:上石炭统阿孜干组

9. 诺英斯基氏麦𩾃褶皱亚种 *Triticites noinskyi plicatus* Rosovskaya,×10;采集号:H227 - 29 - 1 - 4;产地:莎车县达木斯;层位:上石炭统—下二叠统塔哈奇组

10. 似球形假史塔夫𩾃 *Pseudostaffella* cf. *sphaeroidea* Ehrenberg,×20;采集号:C227/4 - 1;产地:莎车县达木斯;层位:上石炭统阿孜干组

11. 车尔𩾃(新种)cf. 科尔维克车尔𩾃 *Zellia* sp. nov. cf. *kolvica* Scherbovich,×20;采集号:H227 - 29 - 1 - 3;产地:莎车县达木斯;层位:上石炭统—下二叠统塔哈奇组

12. 平常假希瓦格𩾃 *Pseudoschwagerina vulgaris* Scherbovich,×10;采集号:H227 - 29 - 1 - 5;产地:莎车县达木斯;层位:下二叠统塔哈奇组

13. 泡沫柱珊瑚(未定种)*Thysanophyllum* sp. ,横切面,×3; 采集号:H1053 - 2;产地:莎车县阿尔塔什西;层位:下石炭统和什拉甫组

图版Ⅱ

1. 石柱珊瑚(未定种)*Lithostrotiin* sp. ,横切面,×8;采集号:H223/44 - 1 -(7);产地:莎车县达木斯;层位:下石炭统

2. 舌珊瑚(未定种)*Kionophyllum* sp. ,横切面,×4;采集号:H225/66 - 1 -(9);产地:莎车县达木斯;层位:下石炭统

3. 广西珊瑚(未定种)*Kwongsiphyllum* sp. , 横切面,×4; 采集号:H1053 - 2;产地:莎车县阿

尔塔什西,层位:下石炭统和什拉甫组

4. 丛管珊瑚(未定种)*Siphonodendron* sp. ,横切面,×4;采集号:H223/44－1－(15);产地:莎车县达木斯;层位:下石炭统

5. 棚珊瑚(未定种)*Dibunophyllum* sp.,横切面,×2;采集号:H225/13－1－(33);产地:莎车县达木斯;层位:下石炭统

6. 棚珊瑚(未定种)*Dibunophyllum* sp.,纵切面,×2。采集号:H225/13－1－(33);产地:莎车县达木斯;层位:下石炭统

7. 杯轴珊瑚(未定种)*Cyathaxonia* sp.,横切面,×5;采集号:H223/39－1－7;产地:莎车县达木斯;层位:下石炭统

8. 杯轴珊瑚(未定种)*Cyathaxonia* sp.,横切面,×5;采集号:H223/39－1－7;产地:莎车县达木斯;层位:下石炭统

图版Ⅲ

1. 印度粗助贝(比较种)*Costiferina* cf. *indica*(Waagen),腹(不完整贝体),×1;采集号:H1055－1;产地:莎车县阿尔塔什西南;时代:P1

2. 印度阿克萨贝 *Acosarina indica*(Waagen),腹,×1;采集号:H1047－2;产地:叶城县棋盘西河;时代:P1

3. 粗糙波斯通贝 *Buxtonia scabricula*(Martin),背,×2;采集号:H1027－4;产地:叶城县棋盘河;时代:C1－2

4. 平凸双腔贝 *Ambocoelia planoconvexa*(Shumard),背,×3;采集号:H1044－1;产地:叶城县横盘河;时代:C2－P1

5. 小形毕涉贝 *Beecheria minima* Merla,腹,×2;采集号:H1024－2;产地:叶城县棋盘河;时代:C2－P1

6. 帝汶始围脊贝 *Eomraginifera timanica*(Tschernyschew),背,×2;采集号:H225/76－1－(6);产地:莎车县达木斯;层位:上石炭统卡拉乌依组

7. 朱氏刺围脊贝 *Spinomarginifera chuchiahuai*(Grab et Yoh),腹,×2;采集号:H1047－8;产地:叶城县棋盘西河;时代:P1

8. 条纹裂线贝(比较种)*Schizophoria* cf. *striatula*(Schlotheim),侧视,×1;采集号:H223/35－1－(2);产地:莎车县达木斯;层位:上石炭统卡拉乌依组

9. 斯壮卫准腕孔贝 *Brachythyrina strangwaysi*(Verneuil),腹,×1,×2;采集号:225/107－1－(6);产地:莎车县达木斯;层位:上石炭统卡拉乌依组

10. 半圆皱戟贝 *Rugosochonetes semicircularis*(Chao),腹,×1,×2;采集号:225/107－1－(6);产地:莎车县达木斯;层位:上石炭统卡拉乌依组

11. 刺瘤轮皱贝 *Echinoconchus punctatus*(Matin),腹,×1;采集号:H223/37－2－(2);产地:莎车县达木斯;层位:上石炭统卡拉乌依组

12. 细网赵氏贝 *Choiella tenuireticulata*(Ustrisky)背外模,×1;采集号:H227/38－1－(1);产地:莎车县达木斯;层位:上石炭统卡拉乌依组

13. 粗糙纹褶贝 *Liraplecta aspera* Chen,后,×1;采集号:H214/72－1－(2);产地:叶城县棋盘;层位:中二叠统棋盘组

14. 肥壮网格长身贝 *Dictyoclostus pinguis* Muir－Wood,背外模,后,×1;采集号:H225/94－1－(13);产地:莎车县达木斯;层位:上石炭统卡拉乌依组

15.多根分喙石燕 *Choristites radicilosus* Lvanov et Ivanova,腹,×1;采集号:H225/76 - 1 -(5);产地:莎车县达木斯;层位:上石炭统卡拉乌依组

图版Ⅳ

1.欣德古长身贝 *Antiquatonoa hindi* Muir - wood,腹、侧,×1;采集号:H225/94 - 1 -(5);产地:莎车县达木斯;层位:上石炭统卡拉乌依组

2.粗糙纹褶贝 *Liraplecta aspera* Chen,侧、腹,×1;采集号:H214/72 - 1 -(2);产地:叶城县棋盘;层位:中二叠统棋盘组

3.西门线纹长身贝 *Linoproductus simenensis*(Tschernyschew),腹、侧,×1;采集号:H225/401 - 1 -(3);产地:莎车县达木斯;层位:上石炭统卡拉乌依组

4.甘肃甘肃贝 *Kansuella kansuensis* Chao,腹,×1;采集号:H223/44 - 1 -(13);产地:莎车县达木斯;层位:上石炭统卡拉乌依组

5.塔什库尔干县大同北阔克吉勒嘎,超镁铁质角砾岩

6.塔什库尔干县大同北阔克吉勒嘎,超镁铁岩体

图版Ⅴ

1.阿克陶县塔尔东,塔尔岩体中的变杏仁状安山岩

2.塔什库尔干县种羊场东沟,辉橄岩

3.塔什库尔干县达布达尔东,辉长岩

4.塔什库尔干县种羊场东南,枕状熔岩

5.塔什库尔干县种羊场东南,气孔-杏仁状火山岩

6.莎车县坎地里克,坎地里克岩体外貌

7.叶城县苏特开什南,透辉正长岩外貌

8.塔什库尔干县明铁盖河北侧,穷陶木太克岩体侵入 J1 - 2l 流纹岩

图版Ⅵ

1.塔什库尔干县明铁盖河北侧,中粒黑云二长花岗岩外貌(近景)

2.塔什库尔干县大同乡栏杆村东柯岗断裂带及其西侧(右),库浪那古岩群片岩褶皱特征

3.塔什库尔干县司热洪北,向南远眺瓦恰断裂带

4.塔什库尔干县塔阿西南,塔阿西断裂带特征

5.莎车县阿尔塔什西,C_2k 背向斜

6.塔什库尔干县马尔洋乡老并西,布伦阔勒岩群片麻岩褶皱

7.塔什库尔干县达布达尔乡吉尔铁克,布伦阔勒岩群石英片岩中小褶皱

8.塔什库尔干县达布达尔乡吉尔铁克,布伦阔勒岩群铁矿层褶皱

图版Ⅶ

1.塔什库尔干县达布达尔乡沙依地库拉沟,温泉沟组灰岩平卧褶皱

2.塔什库尔干县达布达尔乡沙依地库拉沟,温泉沟组灰岩斜卧褶皱

3.塔什库尔干县达布达尔乡沙依地库拉沟,温泉沟组灰岩褶皱转折端形态

4.塔什库尔干县罗布盖孜河,温泉沟组硅质岩中变石英砂岩夹层褶皱特征

5.塔什库尔干县沙依地库拉沟,志留纪笔石

6.塔什库尔干县沙依地库拉沟,志留纪笔石
7.塔什库尔干县沙依地库拉沟,志留纪笔石
8.塔什库尔干县沙依地库拉沟,志留纪笔石

图版Ⅷ

1.塔什库尔干县塔合曼,铁矿层及围岩
2.塔什库尔干县欠孜拉夫,含铜凝灰质砂岩
3.塔什库尔干县欠孜拉夫,块状铜铅锌矿石
4.塔什库尔干县吉尔铁克,宽大铁矿体全貌
5.塔什库尔干县乔普卡里莫,铁矿体及上盘石英片岩
6.塔什库尔干县吉尔铁克,条带状矿石
7.塔什库尔干县老并,条带状铁矿石
8.塔什库尔干县吉尔铁克,块状富矿石

图版Ⅸ

1.塔什库尔干县哈尼沙里地,蛇纹石化方辉橄榄岩
2.塔什库尔干县哈尼沙里地,超基性岩露头
3.塔什库尔干县哈尼沙里地,辉长岩露头
4.塔什库尔干县哈尼沙里地,野外辉长岩样品
5.塔什库尔干县哈尼沙里地,辉长岩镜下照片(单偏光)
6.塔什库尔干县哈尼沙里地,辉长岩镜下照片(正交偏光)
7.塔什库尔干县哈尼沙里地,玄武岩露头
8.塔什库尔干县哈尼沙里地,块状玄武岩

图版Ⅹ

1.塔什库尔干县哈尼沙里地,气孔-杏仁构造玄武岩
2.塔什库尔干县哈尼沙里地,残余枕状构造玄武岩
3.塔什库尔干县莎-塔公路1127点东,长英质糜棱岩
4.塔什库尔干县水电站东南,片麻岩(糜棱岩)
5.塔什库尔干县莎-塔公路1143点,花岗质岩石中条状暗色包体
6.塔什库尔干县科科什老克西1144点,长英质糜棱岩
7.塔什库尔干县达布达尔乡沙依地库拉沟,温泉沟组灰岩平卧褶皱
8.阿克陶县塔尔东,塔尔岩体中次闪石岩包体

图版 I

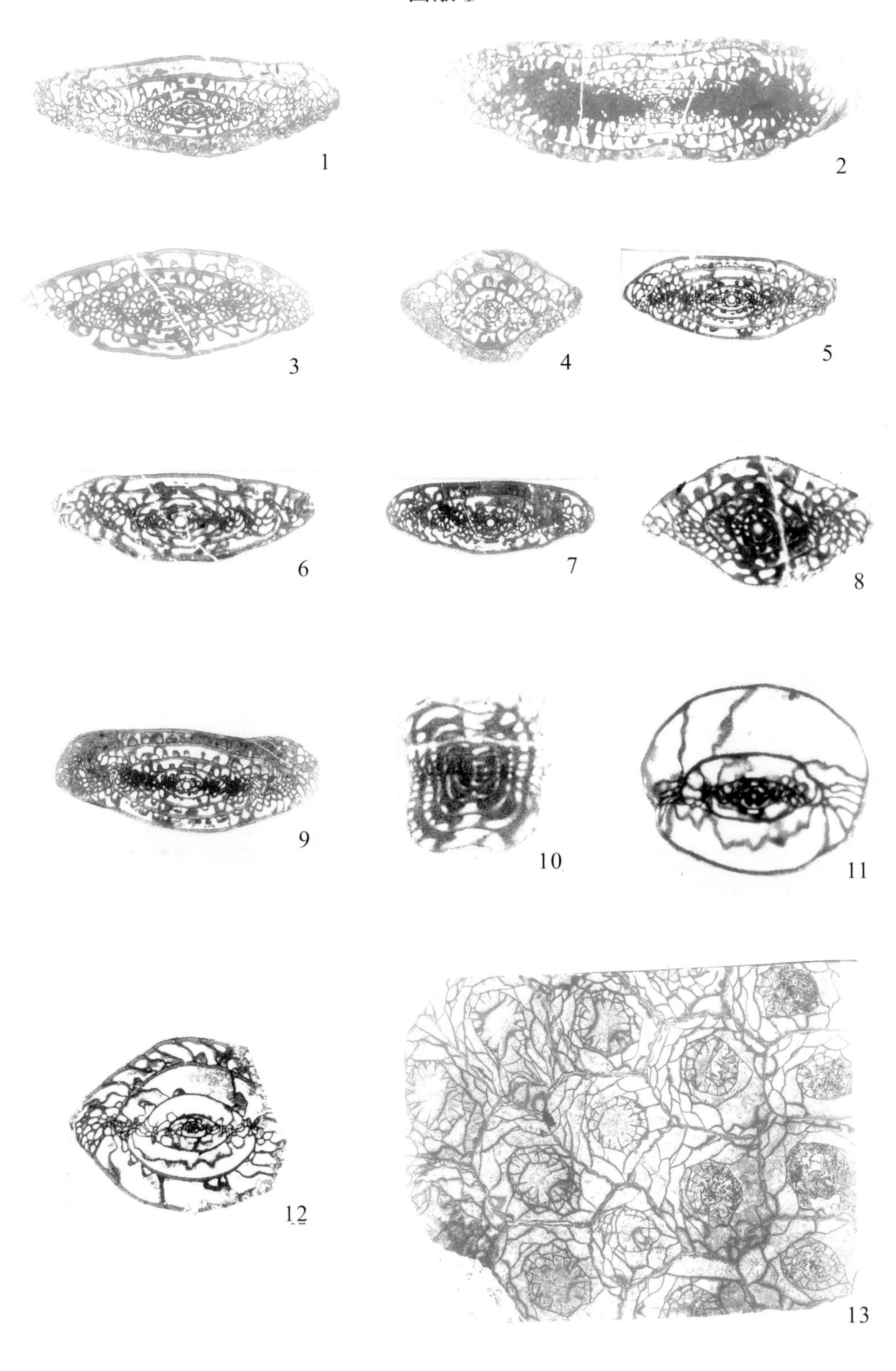

图版Ⅱ

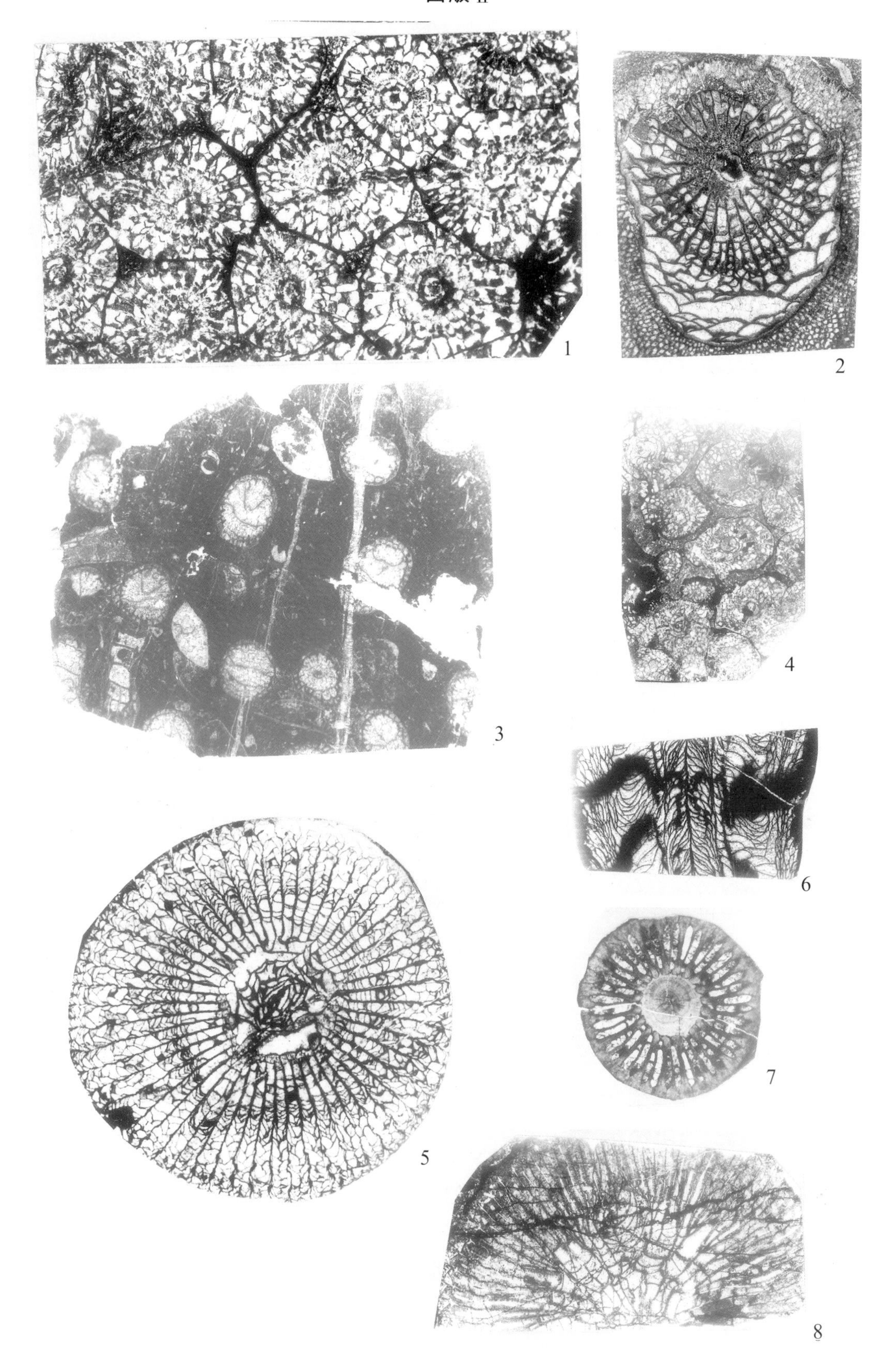

图版Ⅲ

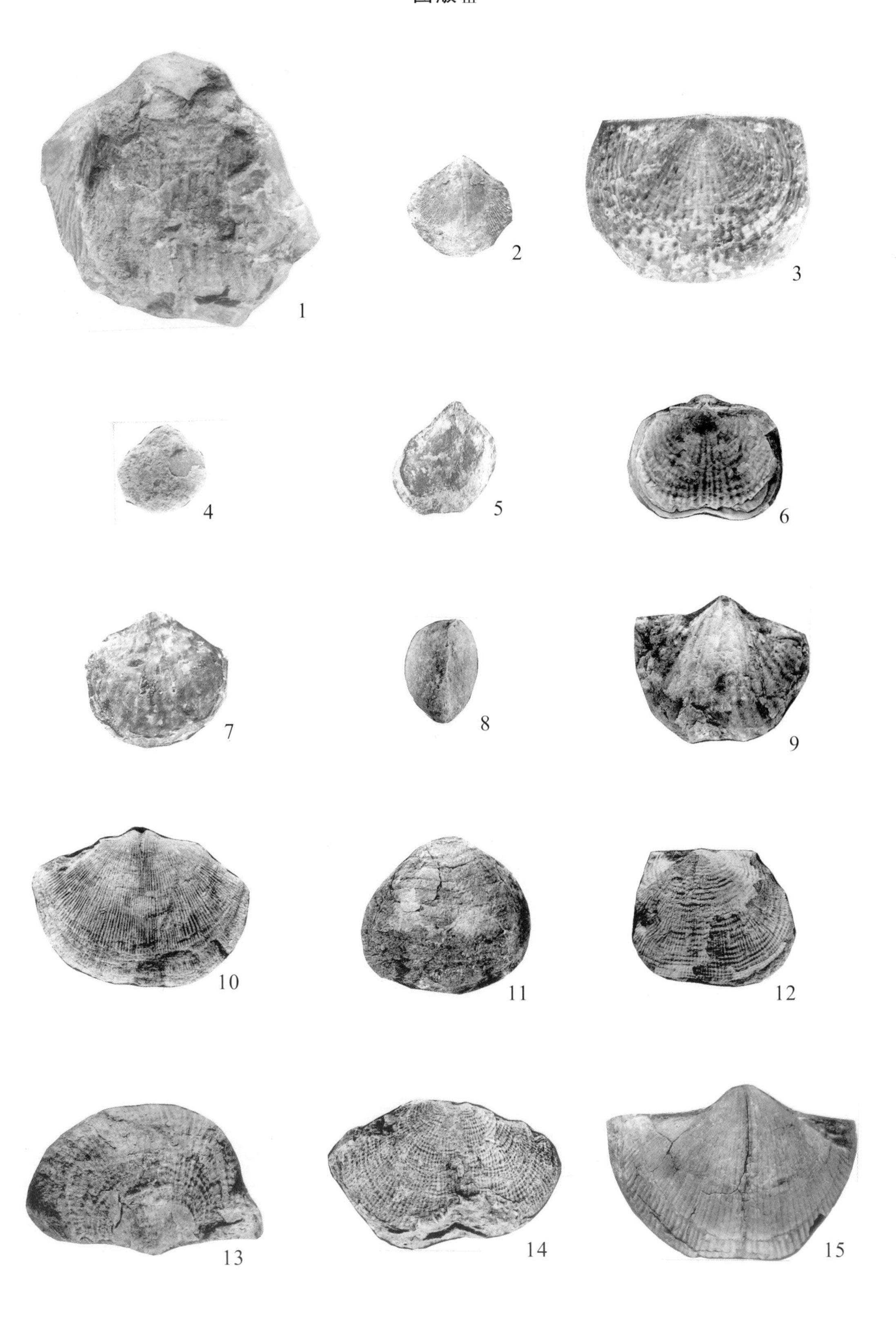

图版Ⅳ

图版Ⅴ

图版Ⅵ

图版Ⅶ

图版Ⅷ

图版 IX

图版 Ⅹ